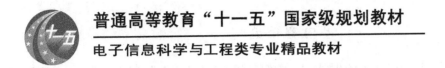

普通高等教育"十一五"国家级规划教材

电子信息科学与工程类专业精品教材

多媒体通信技术基础

（第 4 版）

蔡安妮　等编著

电子工业出版社

Publishing House of Electronics Industry

北京·BEIJING

内 容 简 介

本书是普通高等教育"十一五"国家级规划教材。作者紧密跟踪国际上多媒体技术发展的动向和研究成果，在分析本领域内大量具有代表性的文献及书籍的基础上，结合多年的科研和教学经验，综合提炼出本书的大纲和内容。全书比较全面地介绍了这一新领域内的主要理论与技术，内容包括：多媒体技术的特征、视觉特性与彩色电视信号、数据压缩的基本技术、视频数据的压缩编码、音频数据的压缩编码、多媒体传输网络、多媒体同步与数据封装、多媒体通信终端与系统、视频数据的分组传输、视频在异构环境中的传输等。全书在理论上力求严谨、叙述上尽量深入浅出。

本书选材兼顾到研究生及本科生教学两个方面的教学需要，同时可以作为从事通信、信息及相关行业的科研和工程技术人员的参考。

未经许可，不得以任何方式复制或抄袭本书之部分或全部内容。

版权所有，侵权必究。

图书在版编目(CIP)数据

多媒体通信技术基础 / 蔡安妮等编著. — 4 版. —北京：电子工业出版社，2017.8
ISBN 978-7-121-31957-0

Ⅰ. ①多… Ⅱ. ①蔡… Ⅲ. ①多媒体通信－通信技术－高等学校－教材 Ⅳ. ①TN919.85

中国版本图书馆 CIP 数据核字(2017)第 139695 号

策划编辑：陈晓莉
责任编辑：凌　毅　　　文字编辑：陈晓莉
印　　刷：北京虎彩文化传播有限公司
装　　订：北京虎彩文化传播有限公司
出版发行：电子工业出版社
　　　　　北京市海淀区万寿路 173 信箱　邮编 100036
开　　本：787×1092　1/16　印张：21.75　字数：750 千字
版　　次：2000 年 8 月第 1 版
　　　　　2017 年 8 月第 4 版
印　　次：2023 年 1 月第 10 次印刷
定　　价：49.00 元

第 4 版前言

本书自 2000 年出版第一版以来,已经是第 4 版了。在这十几年中,作者一直是按照下述方向努力的:首先阅读这个新技术领域中绝大多数有代表性的论文、书籍,并根据自己的科研和教学经验,经过消化、提炼,分门别类,使其系统化;然后用自己的语言,尽量严谨、通俗、简繁适当地写出来。

本书选材时尽量兼顾了本科生教学和研究生教学两方面的需要,以及在通信、信息及相关领域中从事研究开发的工程技术人员掌握多媒体技术的需要。在高等院校使用本教材时,可根据本校、本系的特点,选择书中的不同章节、或不同章节中的部分内容分别作为本科生、研究生讲课使用。为了加深理解和拓展各章中的内容,每章之后都附有一定数量的习题和参考文献。

本书第 4 版的修订主要沿着如下三条主线进行:

第一条主线是视频压缩编码。由于近年来技术的发展,H. 264/AVC 和 H. 265/HEVC 正在逐步取代以往的压缩编码标准,因此我们在第 2 章删去了模拟彩色电视的细节,增加了高清晰度和超高清晰度数字电视信号。在第 4 章大大简化了对早期编码标准的介绍,而将 H. 264 和 H. 265 分别列为单独的一节;在率失真优化的模式选择中,突出了在 H. 265 中的应用;在速率控制中删去了某些具体算法的细节,而将其总结为 Q 域、ρ 域和 λ 域三类控制算法,其中 λ 域方法是在 H. 265 速率控制中提出的。此外,在第 10 章增加了一节对 H. 265 可伸缩性编码(SVC)的介绍。H. 265 的 SVC 采用了与以前的 SVC 颇不同的结构,可以期望这种改变能够促进 SVC 的市场化推广。

第二条主线是将多媒体同步和传输层协议合并成新的一章——多媒体同步与数据封装。这一章删去了一些不实用的同步方法,分别讨论了用于广播应用的 MPEG 2 TS,用于分组网传输应用的 RTP/RTCP 和用于存储应用的多媒体文件等数据封装方式以及同步方法,从而自然地引出 MPEG 最新提出的 MMT 标准。该标准适用于以上三类应用的数据封装,是下一代的多媒体传输协议。

第三条主线是多媒体终端与系统。原先对各种系统的讲述有些凌乱,这次从技术的角度将其梳理为两大类,分别为会话与会议系统和流媒体系统;后者又分为基于 RTP/UDP 的系统、基于 HTTP/TCP 的系统,以及覆盖广阔地域的系统(CDN、P2P 和基于云的 CDN)。此外,在第 9 章增加了讨论流媒体系统自适应速率控制的一节。

其余各章也做了部分修改,并增删了少量习题和参考文献。

本书第 5 章由苏菲编写;第 3.8 节、第 10.2.3 节和第 10.3 节由庄伯金编写;其余由蔡安妮编写。

本书取材于众多的文献,作者在此对这些推动多媒体技术发展的人们表示敬意;同时,对给本书提出意见和建议的老师和学生表示感谢。最后,作者仅以本书缅怀北京邮电大学多媒体通信与模式识别实验室创建人、本书第一版作者之一孙景鳌教授,由于他在实验室对多媒体方向科研的倡导和坚持,才有今天这本书。

作 者

2017 年 7 月

目　　录

第1章　概论——多媒体技术的特征

1.1　概述

在技术发展史上,计算机、通信和广播电视一直是三个互相独立的技术领域,各自有着互不相同的技术特征和服务范围。但是,近几十年来,随着数字技术的发展,这三个原本各自独立的领域相互渗透、相互融合,形成了一门崭新的技术——多媒体。多媒体技术最初体现的是配之以声卡、视卡的多媒体计算机。它一出现立即在世界范围内,在家庭教育和娱乐方面得以广泛的应用,并且迅速地向网络化的远程应用发展。多媒体技术的应用与发展,又反过来进一步加速了这三个领域的融合,使多媒体通信成为通信技术今后发展的主要方向之一。

有许多技术,从它们开始出现时就给人以清楚明了的概念。例如电话技术,从最初用两根电线把两部简陋的电话机连接起来实现远距离通话时起,它就被称为电话技术;后来经历了人工交换、步进制交换、程控交换,以至于发展到数字式移动电话,仍然是电话技术。多媒体技术所遇到的情况则有所不同。使人们不容易清楚地建立起"什么是多媒体"的概念的因素很多。首先,通信、计算机与彩色电视本来都是技术面宽而复杂的技术,由它们融合在一起而产生的多媒体技术,其技术覆盖面自然就更宽,技术的交叉更为复杂。这就使得多媒体不能像其他诸如电话、电影、电视、汽车、马车等事物那样一目了然。另外,为了经济上或商业上的利益,某些商家把本来不属于多媒体的技术说成是多媒体技术,人为地造成了概念上的混乱。此外,新闻报道中某些不准确的用词也产生了概念上的误导。由于上述种种原因,造成了这样的局面:"如果你向 10 个不同的人请教多媒体一词的含义,你至少会得到 10 种不同的答案"[1]。

鉴于上述情况,我们力图在本章中,使读者对多媒体和多媒体技术建立起一个比较完整和全面的概念。

1.2　多媒体的概念与含义

1984 年美国 RCA 公司在普林斯顿的 David Sarnoff 实验室,组织了包括计算机、广播电视和信号处理三个方面的 40 余名专家,综合了前人已经取得的科研成果,经过 4 年的研究,将彩色电视技术与计算机技术融合在一起,于 1987 年在国际第二届 CD -ROM 年会上展出了世界上第一台多媒体计算机。这项技术后来定名为 DVI(Digital Video Interactive)。这便是**多媒体**(Multimedia,由 Multiple Media 两个词组合而成)技术的雏形。

多媒体技术一出现,在世界范围内立即引起巨大的反响,因为它清楚地展现出信息处理与传输(即通信)技术的革命性的发展方向。国际上在同一年内立即成立了交互声像工业协会,当该组织1991 年更名为交互多媒体协会 IMA(Interactive Multimedia Association)时,已经有 15 个国家的200 多个公司加入了。

多媒体计算机与普通计算机有什么不同,它的出现何以如此引人瞩目? 早期的计算机只能进行数学运算,后来又具有了文字处理能力,经过若干年的发展之后又增加了图形与动画的功能。而多媒体计算机则是增加了对包括伴音在内的活动图像(即动作连续的电视图像)的处理、存储和显示的能力。这在技术上是一个质变性的飞跃。

为了比较深入地理解这一飞跃,首先让我们来做一个简单的计算。20 世纪后期存在于我国的模拟电视制式在一帧图像内有 625 行,去掉在扫描逆程(不显示图像的部分)中占去的约 50 行,出现在一幅画面上有效的扫描行数是 576 行左右。电视画面的宽与高尺寸之比是 4:3,要保证图像在水平方向上单位距离内可分辨的像素数与垂直方向上相等,那么在图像水平方向上的像素数应为 576×4/3＝768。将这样一幅单色的电视图像数字化,其取样点数应不少于 768×576。

根据三基色原理,一幅彩色图像是由红、绿、蓝 3 幅单色图像组成的,每秒钟要传送 25 幅彩色图像才能保证电视图像的连续性。如果每一个像素采用 8 比特量化,1 秒钟时间内需要传送的数据量则为

$$768 \times 576 \times 3 \times 8 \times 25 \approx 265 \text{ (Mb)} = 33 \text{ (MB)}$$

一部 2 小时电视电影的总数据量为

$$33 \times 60 \times 60 \times 2 = 238 \text{ (GB)}$$

在 20 世纪 80 年代,计算机硬盘的容量是 40 MB,总线传输能力在 3Mb/s 左右,由此可见,普通微机不具有存储未经压缩的活动图像信号的能力,也无法通过总线将其传送到显示器上进行连续显示。

多媒体计算机的出现,标志着人们已经在电视图像信号(或称视频信号)的实时压缩、存储、传送、解压缩和显示等技术上取得了突破性的进展,具有划时代的意义。

多媒体计算机区别于普通计算机的第二个技术特征,是解决了同时存储、读取和显示两个在时间上紧密相关的数字信号(即伴音信号和图像信号)时,如何在时间上保持**同步**的问题。同步的必要性很容易理解,屏幕上说话的人嘴形与声音配不上就是不同步。在电视系统中,图像信号与伴音信号是组合成一个信号传送的,二者之间总是保持着同步。在多媒体计算机中,数字形式的伴音与视频图像信号是可以作为两个信号分别处理的,要保证同步就需要考虑二者在读取、传送和显示过程中的正确时间关系。在单纯处理数字、文字和图形的早期计算机中并不需要维护这种严格的时间约束关系。当多媒体扩展到远程应用时,服务器与客户端(或两个对等的终端)通过网络连接,由于网络延时和延时抖动的存在,保证声/像信号在传输过程中的同步也是有别于传统数据传输的新问题。

根据以上分析我们看到,多媒体计算机所增加的处理包括伴音在内的电视图像的功能,不仅使计算机在功能数量上多了一项,而是一个质变的过程。声音和电视图像在传统上是属于通信技术和电视技术的研究对象的,多媒体计算机已经将计算机延伸到电视技术和通信技术领域了。

前面的简单计算表明,包括伴音在内的电视信号,是各种媒体中数据量最大的一种。既然技术已经发展到了能用计算机处理这种数据量最大的业务,其他数据量小的,如信息查询、电子邮件、电话、传真、可视电话等项业务,都将可以融合到一起,在一台多媒体终端上实现。这是多媒体中"多"字的另一层含意。也有人用**集成**一词来描述多媒体将多种媒体、多项业务集合在一起的这一特点。

有的学者从数据本身的特点来理解多媒体技术与其他技术的区别。多媒体数据是由内容上相互关联的文本、图形、图像、声音、动画、活动图像等媒体的数据所形成的**复合数据**。这一数据合成的过程是在计算机控制下完成的[2]。在这里首先说明了多媒体所涉及的信号是数字化的,而不是模拟的;其次应当注意"内容上相互关联"和"合成"这两个要点,内容上毫不相干的文字、图形、声音、活动图像等数据的集合并不是多媒体数据。通常对时间敏感的声音、活动图像的数据称为**实时数据**,其他类型的数据则是**非实时数据**。如果说某个数据是多媒体数据,则意味着该复合数据中至少包含有一种实时数据和一种非实时数据[3]。

能够通过计算机对视频数据进行操作,形成了多媒体技术的另一个基本特征,即**交互性**(Interactive)。人—机交互是计算机固有的技术特征。通过键盘或鼠标打开一个文件,就会显示你所要的内容,经过修改、补充之后,再写入到给定的文件名下,或者通过一条打印指令则可在打印机上将文章打印出来。这种人与计算机之间通过指令"对话"式的操作就是交互操作,这已经是人们几十

年来所熟知的常识。而多媒体强调的是以交互的方式对活动图像(包括伴音)进行操作,例如,对其进行"快进"、"暂停"等录像机式的操作。

当人—机交互中的"人"和"机"处于不同的地域时,二者之间的交互需要通过双向的信道来完成,例如,北京的通信终端自动地从位于上海的数据库内调取电视节目时的交互工作(如图1-1所示)。这项业务使用了双向的非对称信道。所谓非对称是指两条线路的信道带宽或数据率等参数不相同。**上行线**(由用户向信息中心)传送指令,是低速率的;**下行线**传送读取的电视信号,是高速率的。需要强调的是,这项业务中的上、下行信道中传输的信息是相互关联的,体现了人—机交互操作。

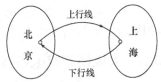

图1-1 人—机交互中的双向通信

除了人—机交互之外,一些多媒体系统支持人与人之间的交互,例如,可视电话、多媒体会议和协同工作就是典型的例子。传统的电话也是实现人与人交互的通信系统;支持人与人之间交互的多媒体系统与电话的最大区别在于,它使用了更多的媒体(除相互听得见外还相互看得见)和允许同时进行更多的业务(如除通话外还可以共同观看、修改文件等)。

通过上面的讨论,我们可以对多媒体的特征作一个简要的总结,即它具有**集成性**、**同步性**和**交互性**。其中集成性包括多种媒体的集成和多种业务的集成;交互性包括人与人的交互和人—机交互。

1.3 多媒体产生的技术背景

一种新技术的产生与发展往往是与其特定的技术背景相联系的,是以其他有关技术的发展作为基础的。实际上,多媒体技术之所以能够在20世纪80年代末期出现,主要得益于下述几个方面的技术成果。

1.3.1 图像压缩编码技术的成熟

在通信领域中,人人都知道数字通信具有模拟信号通信所无法比拟的优越性。模拟信号在传输过程中产生了失真或者混进去噪声,在接收端难以使其恢复原形。数字信号则不同,因为发送的脉冲信号形状是已知的,如果在传输中产生失真或叠加上噪声,在接收端经过放大、幅度切割等整形处理,失真和噪声可以在很大程度上被消除。

数字通信的缺点是将模拟信号变为数字信号以后,对信道带宽的要求大幅度增加。以电话为例,一个模拟话路只需要3.4 kHz的带宽。变成数字信号时,取样频率取8 kHz,每个取样点采用8比特量化,一路数字电话的数据率则为64 kb/s。当用二进制码传输时,每赫兹带宽最高只能传送2 b/s(采用多进制码传输时,这个数字可以高一些)。可见一路电话从模拟传送改为数字传送,对信道带宽的要求提高了很多。彩色电视所遇到的情况则更为困难。我们在1.2节里已粗略地估算了彩色电视信号的数据率。按照国际标准,一路按分量进行编码的彩色电视信号(不包括伴音)的数据率$R=216$ Mb/s,而一路模拟彩色电视信号的带宽只有6 MHz。正是由于这个原因,虽然早在1937年A. Reeues就发明了PCM(脉冲编码调制),但数字通信得到广泛的应用还是在20世纪70年代之后。

要以数字方式传输电视信号,必须解决数据率的压缩问题,这也称为信源编码问题。人们对信源压缩编码已进行了几十年的深入研究,进入20世纪80年代,这项技术已经较为成熟,能够将数字电视信号数据率实时地压缩到34 Mb/s左右。这里所讲的技术的成熟是指压缩方法,而实时是指压缩与解压缩的速度跟得上25帧/秒或30帧/秒的图像显示要求。处理速度的高低取决于用以实现压缩和解压缩的电子电路的集成化水平。

人们研究数字电视信号的压缩编码问题的最初出发点，是要解决电视信号长距离传输中的抗干扰问题，也就是说，将电视台发出的信号数字化，然后压缩编码以求用较低的数据率传送，传到目的地以后(如从北京传到上海)，数字信号经过切割整形，再还原为模拟信号，送到本地发射机发射出去。因此在多媒体出现之前的几十年中，电视信号的压缩编码一直是针对通信领域中的应用的。

将图像压缩编码的研究成果应用到计算机领域则导致了新技术的产生。当 DVI 技术与世人见面时，它已经能够将图像信号和伴音信号实时地压缩 100 倍以上(包括适当地将电视信号的图像分辨率降低)，其速率为 1.2～1.4 Mb/s，这使得活动图像数据能够在当时的计算机总线上传输，从而成为计算机可以处理的数据类型之一。同时也使得一张 CD-ROM 能记录 74 分钟的电视节目，如果数字电视信号没有经过压缩，则只能记录 30 秒钟的电视节目。

1.3.2 大规模集成电路技术的发展

代表大规模集成电路技术水平的主要参数之一是制作在芯片上的线的宽度。线宽做得越窄，一块芯片上能容纳的元件便越多，集成度也便越高。至 20 世纪 80 年代末，已经能在芯片上制作线宽小于 0.5 μm 的线了。在多媒体技术发展初期，CPU(如 80286)的处理能力还比较低，那时数据的压缩和解压缩运算要靠专用的芯片来完成。在 Intel 公司的 DVI 技术中，图像的压缩、解压缩是用 2 个芯片来完成的，其中每个包含有 26 万多个晶体管[4]。这个数字清楚地表明，要实时地将彩色电视信号的数据率压缩到几个 Mb/s 以下，电路的集成度不高是无法实现的。

让我们看一下这几个数字，286 CPU 只集成了 13.4 万只晶体管，386 CPU 则有 27.5 万只，发展到 486、586(P5)和 686(P6)时，CPU 内集成的晶体管数分别为 120 万、300 万和 350 万只。这些数字充分说明了大规模集成电路技术发展之迅速，从而也为多媒体技术的发展提供了良好的条件。使早期的多媒体终端的成本降低到普通家庭的购买力能接受的水平，在很大程度上也有赖于大规模集成电路技术的发展。

1.3.3 大容量数字存储技术的发展

激光视盘(LVD，后称 LD)是 20 世纪 70 年代研究成功的，能够在 1 张直径 12 英寸的大盘上记录大约 30 分钟的电视节目。LVD 的出现最初并没有引起太大的重视，人们的注意力还集中在探讨究竟光盘机与磁带录像机哪一种技术更有发展前途。光盘记录技术于 1982 年被用来记录音乐、流行歌曲，1 张 5 英寸直径的小盘 CD(Compact Disc)能够记录超过 70 分钟的数字化的、高质量的音乐节目。CD 的出现与迅速发展提醒了人们用它来记录计算机程序与数据。

用来记录计算机数据的光盘与记录音乐的光盘有不同的技术要求。首先，音乐的播放通常是顺序进行的，即从头至尾地播放；当需要从这个曲子跳到另一个时，跳跃的间隔也比较大。计算机数据的读取则不同，它要求可以从光盘的任何一点取出数据，这通常称为**随机访问**(Random Access)。其次，个别数据发生错误将降低音乐播放的质量，但是 CD 的误码率在不高于 10^{-8} 时，人们并不容易察觉到播放质量的降低。而对于计算机数据而言，这个错误率是不能容忍的。

随着光盘技术的发展，随机访问问题的解决，并且能够将误码率降低至 10^{-12}，于 1984 年出现了记录计算机数据的 CD-ROM(Read Only Memery)。最初 1 张 CD-ROM 的存储容量为 660～1080 MB，读取速率是 150 kB/s，寻道时间(即找到文件的起始位置的时间)为几百毫秒。至此，光盘的容量已经满足存储一个电影节目(1 小时左右)的要求，而读出速率已经足够支持实时地提取已压缩的活动图像数据流的需要(1.2 Mb/s)，这就为多媒体技术的诞生提供了另一个必要条件。

差不多与 CD-ROM 迅速得到广泛应用的同时，只写一次光盘(Write Once)研究成功。这种 12 英寸的光盘最初能记录 1 GB 的数据，后来其容量也迅速扩展到 5 GB 和 10 GB。

近年来可读/写光盘和计算机硬盘的容量迅速增大，并出现了磁盘阵列、光盘阵列等大型数据存储设备，为多媒体技术的实际应用和全面发展提供了充分的条件。

1.4　多媒体系统的基本类型

多媒体计算机是多媒体技术的最直接、最简单的表现形式。因其本身具有存储、运算、处理和显示的能力，具有独立的功能，如动画显示、视频播放等，因此，多媒体计算机一出现便立即在家庭、教育和娱乐方面得到广泛的应用。但是，多媒体技术真正的意义在于与网络的结合，在于通过网络（局域网和广域网）为用户以多媒体的方式提供信息服务。

基本的多媒体系统除了以多媒体计算机为基础的独立（Stand-Alone）商亭式系统之外，通过网络提供业务的系统可以分为两大类：一类是人与人之间交互的系统，如多媒体会议与协同工作、多媒体即时通信等；另一类是人机交互的系统，如多媒体信息检索与查询、视频点播等，本节中将分别对这些系统及其技术特点进行介绍，而其中所涉及的关键技术将在以后的章节中加以讨论。

1.4.1　独立商亭式系统

凡是以一台多媒体计算机为核心的应用系统，例如商场的导购系统、展览馆的导游系统等，我们都称为独立商亭式系统。在这类系统中，除了各种媒体的采集、表示、压缩存储和解压缩播放之外，如何组织素材，并运用多媒体手段将信息有效地、具有感染力（或艺术性）和方便地提供给用户是制作应用软件时应考虑的重要问题。这里涉及的不仅有技术、艺术，甚至还有社会、心理学等方面的问题。**多媒体制作软件**（如 Authoring Tool、Authorware 等），或者原有操作系统的多媒体扩展（如 Video for Windows），是为制作应用软件而提供开发环境的软件。它不仅向应用程序的开发者提供多媒体输入/输出设备的接口，更重要的是，还提供建立媒体数据之间的空间布局和播放时间顺序等关系的手段。因此，开发优秀的制作软件本身远比开发应用软件困难。

在这类系统中，操作系统的实时性是值得重视的另一个问题。在嵌入式系统或工业控制机中常常涉及实时操作系统，在那里强调的是对事件中断的实时响应。而在多媒体系统中，由于视频和音频数据需要在一定时间约束条件下（如每秒 25 幅图像）连续不断地送到输出设备上供用户聆听和观看，因此这里操作系统的实时性强调的是，处理这些有时间要求的连续媒体流的能力。

提供更友好的人—机接口是商亭式系统技术发展的一个方向。除了使用键盘和鼠标，触摸式输入也很普遍，人们还试图通过声音、手势，甚至表情等多种模态的接口对系统进行控制，从而构成更人性化的多媒体交互环境。

如 1.2 节所述，实时数据引入进计算机导致了多媒体的诞生，因此本书更关注音、视频的表示、压缩/解压缩和传输的问题。至于其他媒体（文字、图形、图像等）的表示和处理（包括压缩），以及多媒体的制作、人—机接口等，读者可以参考从计算机角度来阐述多媒体的书籍。

除了独立商亭式系统外，下面将要介绍的 4 类系统都是在多媒体终端与终端之间、终端与应用服务器之间有网络相连接的**多媒体通信系统**。

1.4.2　多媒体信息检索与查询

通过因特网进行信息查询已是十分普及的应用。多媒体信息检索与查询 MIS（Multimedia Information Service）系统除可以根据关键字等对文本资料进行查询之外，也同时具有对活动图像和声音的查询能力。从通信方式而言，MIS 是点对点（信息中心对一个用户），或一点对多点（信息中心对多个用户）的双向非对称系统。从用户到信息源只传送查询命令，要求的传输带宽较小，而从信息源传送到用户的信息则是大量的、宽带的（见图 1-1）。

MIS 所涉及的两个重要技术问题是：① 如何向用户提供丰富的信息和如何让用户快速、有效地查询与浏览这些信息；② 如何合理、有效地组织多媒体数据的存储和检索。

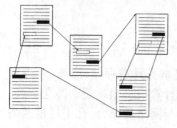

为了对第一个问题有所认识，首先让我们回顾一下人人都熟悉的读书过程。对于阅读一本小说来说，人们通常是从头至尾逐页阅读的，或者说是按顺序阅读的。但在有些情况下，特别是在技术或社会科学领域，在阅读某本书的过程中，经常需要从另一本书或论文查找某个论点，或者说，在几本书之间需要交叉参考的情况常常发生。图 1-2 表示出用电子的方法来实现交叉参考的情况，这实际上已经是大家在因特网的查询中十分熟悉的过程：用鼠标点击黑框所标的地方，就会显示出箭头所示的有关参考信息，看完该信息后可以回到原

图 1-2 超文本文件结构

来的页面，或者再进入其他页面，…… 箭头指向的页面(信息单元)可能与原来的页面在同一个文件中，也可能在其他文件里。这种信息的非顺序(或称为非线性)的组织结构称为**超文本**，超文本中信息单元之间的链接称为**超链**。当上述信息组织方式不仅用于文本，还包括其他媒体数据，特别是音频和视频数据时则称为**超媒体**。超文本和超媒体这两个词在很多文献中也常常被混用。

超媒体为用户提供了一种在文件内部和文件之间迅速查找和浏览多媒体信息的方法，但是人们希望在更大的范围内迅速、有效地获取信息，这就不能不提到推动因特网突飞猛进发展的 **WWW 技术**。WWW(World-Wide Web)最初是 1989 年在日内瓦 CERN 启动的一个研究项目的名称，由于它的巨大成功，现在 WWW 已经意味着在超媒体原理下发展起来的一系列概念和通信协议。**Web** 这个词也代表了世界范围内由因特网相互连接起来的众多的信息服务器所构成的巨大的数字化的信息空间，也有的学者将之称为**超空间**。

WWW 的基本思想和它所解决的问题主要体现在如下几个方面：

(1) 在超空间中没有一个统一的管理者。任何人都可以创建超文本文件、将其与其他文件链接，并放入超空间中去。标准的超文本文件采用 **HTML**(Hyper Text Markup Language)格式。超文本的数据交换和传递使用 **HTTP**(Hypertext Transfer Protocol)协议。HTTP 定义了客户端和服务器之间请求和应答的语言和规则。

(2) 定义了一种在超空间中寻找所需要的文件的机制，称为**统一资源定位器** URL(Universal Resource Locator)。通过 URL 可以知道每个文件处于哪一台机器，叫什么名字，以及以何种机制可以将该文件传输到需要链接它的地方去。

(3) 具有一个统一的、简单的用户界面，无论查询到的信息来自本机，还是来自远方的服务器，用户从界面上看起来都是一样的。实现 WWW 用户端功能的软件称为**浏览器**。通过浏览器不仅能够调取 HTML 格式的文件，还可以调取以任何形式存储在已有的数据库，或信息库中的信息(虽然此时不具备超链接功能)。

以上 3 个问题的解决，使得世界上使用不同硬件和软件的分离的信息系统，通过因特网构成了一个庞大的统一的信息系统，从而为用户打开了通往一个大得难以想象的信息库的大门。这正是 WWW 取得巨大成功的原因。为了使用户不至于面对浩瀚的信息而不知所措，人们又进一步设计了帮助用户过滤掉无用信息、尽快找到所需要的信息的专门软件，这就是所谓的**搜索引擎**。

随着声音和活动图像等实时信息的逐步增加，因特网正在演变成世界范围内最大的 MIS 系统。由于以上所介绍的如何向用户有效地提供和查找信息的技术首先是从文字信息查询与检索发展起来的，关于这些技术的书籍已经很多，所以本书将不准备讨论这方面的内容，但是从后面的章节我们将会看到，Web 技术对多媒体技术的发展有着重要的影响。

MIS 系统涉及的第二个重要技术问题是多媒体数据的存储和检索。与存储传统的数据不同，多媒体数据需要有适当的数据结构，以表达不同媒体数据之间在空间上与时间上的相互关系；对不

同媒体要有合理的存储方式;对于数据量大而在时间上又有严格要求的音频和视频数据流,要有实时的提取算法;等等。目前多媒体数据一般是以特定格式的文件存储的。

此外,传统的、利用关键字或属性描述等来进行信息查询的方式,比较适用于文字信息,用来对声音、图像等多媒体信息的查询则有不方便之处。**基于内容的检索**是伴随着视频和音频查询而发展起来的新技术。利用这种技术,给出(或从查找对象中自动提取出)所要求的特征,例如图像中物体的形状、颜色等,就能找出具有同样、或类似特征的物体的图像来。更高级的查询方式则是给出"概念"或"事件",如国旗、山脉、骑自行车的人等,找出具有同样概念或事件的图像或视频来。这种方式也称为**基于语义的检索**。基于内容和基于语义的检索涉及图像和视频的分析与理解、语义提取、模式识别、机器学习与人工智能等,是当前多媒体领域中的一个重要研究方向。由于本书侧重于多媒体通信,因此将不准备讨论这方面的内容。

1.4.3 多媒体会议与协同工作

可视电话和会议电视是早在多媒体出现之前就已经存在的人与人之间进行通信的手段。**计算机支持的协同工作**CSCW(Computer Supported Co-operative Work)也是早在 20 世纪 80 年代初在计算机领域内提出的概念。它是指用来支持多个用户共同参与一件工作(如共同编辑文件、修改设计图等)的计算机系统及其相关的技术,但合作者之间不能"见面"与交谈。多媒体的出现为这两种交流形式提供了结合的基础,合作者既能看得见、听得到,又能一起处理事务,使他们真正像聚集在同一个房间里面对面地交流与工作。这种通信系统和业务称为**多媒体协同工作 MMC**(Multimedia Collaboration)。多媒体远程医疗诊断系统、多媒体远程教育系统等都是融入了一定MMC 功能的应用。

1. 会议室会议电视系统

传统的电视会议需要在专门的会议室内进行。由电视摄像机对着主会场、主席等拍摄,通过电缆、光缆、微波或卫星信道送到分会场收看。如果要求主会场也能看到、听到分会场发言的情况,传输信道则是双向的,以将分会场的信号送到主会场。主会场(或者通信网的某个节点上)有信号切换设备,用来选取某一分会场的信号,并将该信号送至其他分会场;或者将几个分会场的信号综合起来,以分画面的形式送各个会场。在有的系统中,主会场还可以对分会场摄像机的摄取方向等进行控制。

这类系统的一个重要特点是,需要像电视台的演播室一样,对被拍摄的景物(人、黑板、会场的全景等)给以专门的照明(普通室内照明设施不能满足要求)。由于会议电视系统拍摄的景物没有什么剧烈的运动,主要是讲话人面部和形体的运动,而广播电视要传送包括诸如运动员的快速动作在内的高速运动的图像,所以会议电视的摄像机、信道设备等相对于广播电视所用设备而言比较简单,而且在同样的图像分辨率下,会议电视的数据率可以被压缩更大的倍数。另外,由于同样的原因,为了保证动作的连续,电视图像每秒钟需要传送 25 帧,而会议电视每秒传送 10~15 帧即可以被接受。数据率为 384 kb/s 的系统所给出的图像质量已经可以令人满意了。

在会议室会议电视系统中,通过电子白板等辅助人机交互设备的使用,可以多媒体方式呈现、修改、记录和存储计算机中的文件,实现与会各方对信息的共享。

2. 桌面或手持终端会议电视系统

用计算机或手持智能设备取代会议室会议电视系统中的编解码设备和显示设备,是这类会议电视系统的基本特征。

在会议室会议电视系统中,摄像机不仅要拍摄讲话者还要能够对整个会场进行拍照,这要求摄像机有较大的视野和较高的灵敏度,因此其照明条件必须达到演播室的标准。而在桌面或手持系统中,摄像机只需要对准讲话的人,这不仅降低了照明要求,也降低了对摄像机的视野和灵敏度要求,摄像机大为简化。

在这类系统中,音、视频的处理与文字等其他媒体的处理被集成在一个系统中,这使得实现与会各方的信息共享和协同工作更为方便,有利于系统向多媒体协同工作的方向发展。

3. 多媒体协同工作

MMC 的最终目标是希望使身处异地的人们,能够像处于同一房间内面对面一样地交谈、协商工作,下面列举的是人们向着这一目标所正在作的努力。

教师从显示器屏幕的 3 个窗口分别看到在 3 个地方听课的学生,与在一个教室中面对全体学生的感觉是不一样的。利用计算机的图形功能可以生成类似真实图像的虚拟图像,例如具有天花板、窗户、灯具的教室,并将从 3 个地方传送来的学生的现场图像与计算机生成的虚拟教室图像结合在一起,构成一个全体学生在内的完整的教室全貌,将会给人以更真实的感觉。

在现实生活中举行会议时,某个与会者有时需要和邻座说一些不愿意让别人听到的悄悄话,或拿出一份文件与其小声商量;有时与会者要边讨论、边对一个文件或一份设计图纸同时进行修改,甚至需要共同操纵一台仪器进行实验;如此等等。在多媒体会议中,要实现类似现实生活中的这些行为要涉及许多技术问题。

显示器的屏幕是平面的,无论屏幕上显示的景象是多么的有立体感,人们仍然是身在其外,而不是身在其中。如何将**虚拟现实**与协同工作结合起来,使人们在虚拟的三维环境之中协同工作是一个值得研究的课题。

人们会面时的第一个动作往往是一边握手,一边说"你好"。如果 MMC 终端可以用语言(不是键盘)输入、并配有机械手,可能使你感受到远方合作者向你握手问好的真实感觉。除了听觉和视觉之外,将其他的感觉,如触觉、嗅觉等结合进协同工作环境;或者将多媒体协同工作与机器人技术结合起来,使合作者能够共同进行除了屏幕上的工作(如编辑文件之类)以外的事情,这些都是研究者在探索的问题。

总之,多媒体协同工作将从各种不同的方面,向着能够使得被空间距离分开的人,在必要的时候可以像已经聚在一起,有面对面地一起工作的条件与自我感觉的方向发展。但要真正达到这一目标,要走的路途还相当遥远。这里包括的不仅是技术问题,还有许多为社会学和心理学家们所感兴趣和值得研究的问题。

从通信的角度来看,MMC 系统是对通信系统要求最高的应用。它要求一点对多点,或者多点对多点的双向信息传输。另外,在 MMC 系统中,声像信号是实时产生的,需要实时地压缩、传送,整个系统的时延要足够小,才能满足人们对话时自然应答的时间要求。在复杂的协同工作系统中,要实现"开小会"和进行共同操作等,还要能够随时建立、撤销某些专有信道。当涉及视、听之外的其他形式的传感器时,通信机制的复杂程度则会更高。

1.4.4 多媒体即时通信

即时通信系统更完整的表述是**出席与即时消息系统**(Present and Instant Messaging System, IMS)。它允许用户相互之间了解各自的状态和状态的改变,如在线、离线、繁忙、隐身等,并允许用户相互之间传递即时的短消息。第一个即时通信系统于 1996 年在以色列诞生。人们通过 IM 系统发送文本型的短消息,由于消息传送的即时性,对方可以立即给予回应,一来一往如同"聊天";可以多个人一起聊,仿佛在一个聊天室,也可以两个人进行"私聊",等等。由于这种交流方式的方便和快捷,IM 在世界范围内得到了迅速的发展,成为最流行的网络应用之一。现在,IM 从最初的个人聊天应用,逐步扩展到成为企业内部进行工作交流的有力工具,企业可以随时查看各部门在线人员情况,沟通各分支机构等。同时,IM 从原来支持简单的文本短消息交流,发展到加入图片和文件传输、视/音频消息的即时传送，以及双方和多方的视/音频通话，等等。因此我们在本节标题中将它称为多媒体即时通信，它是一项极具潜力的业务，微信的广泛使用就是一个例子。

　　加入了视、音频的 IM 系统从功能上讲与可视电话或会议系统类似，但实现方法并不相同。可视电话系统由通话双方通过呼叫协议直接建立双向的连接；而经典的 IM 系统采用客户端/服务器（C/S）结构，"聊天"双方的信息需要通过服务器进行中间转接。当进行视/音频通话时，由于数据量大，服务器中转可能引起响应的不及时，此时可以在"聊天"双方建立直接连接，但这个连接的建立通常也需要在服务器的帮助下完成。由于服务器是 IM 系统的核心，用户必须先登录服务器才能接受各种服务，因此服务器了解各用户的状态及状态的变化，从而能够向一个用户提供其他用户的状态信息，让他了解其他人的在线情况。这就是**"出席"**（present）服务。而在可视电话系统中，被叫方并不需要事先"出席"，主叫方可以通过一定的通信协议呼叫对方（如振铃），对方应答就直接建立连接了。

　　如上所述，一个典型 IM 系统包含两种基本服务：**出席服务和即时消息服务**。图 1-3（a）为出席服务的基本框图。出席服务有两类客户，一类称为出席者（presentity），另一类称为观察者（watcher）。出席者向服务器上的出席服务提供自己的出席信息。观察者可以定期或不定期地向出席服务请求得到某些出席者的当前出席信息；也可以订阅出席信息，此时出席服务会在出席者的出席信息发生变动时主动告知订阅者。

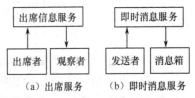

图 1-3　即时通信

　　图 1-3（b）为即时消息服务的基本框图，其中发送消息的一方称为发送者，接收消息的一方称为即时消息箱。发送者向服务器上的即时消息服务发送消息，消息中包含目的即时消息箱的地址；即时消息服务则根据目的地址向该即时消息箱转发消息。当用户之间需要进行视、音频通话时，发送者从服务器获得接收方的地址和状态信息，并通过一定的协议在服务器的帮助下建立起二者之间的直接连接。然后在此连接上视、音频数据可以采用与可视电话和会议系统中类似的方式进行传输。

　　由于即时通信主要传递的是文字、图片和短文件等非实时数据；在进行视频通话时又采用了与可视电话类似的技术（除了建立连接的方法不同外），因此本书将不专门讨论即时通信系统。

1.4.5　视频点播与直播

　　多媒体计算机出现以后，由于它具有以交互操作的方式调取包括伴音在内的活动图像的功能，立即导致了这样的构思：在节目中心，将节目以压缩后的数据形式存入视频节目库；用户在家里可以按照菜单调取任何一套节目，或者一套节目中的任何一段，并能实现录像机式的功能，即快进、快退、重放、慢动作以及播放静止画面等，这种系统与业务便是**视频点播**（Video on Demand，**VOD**）。

　　从使用功能上讲，VOD 与多媒体信息检索与查询系统是类似的，但是二者的业务特点却有很大不同，因而技术的侧重点也有所不同。在多媒体信息查询系统中，信息的主要部分通常是通过文字、图片表达的，其中需要显示的视频片断一般时间不长，通常是完全下载后才播放。在 VOD 系统中，视频节目的长度是以小时计算的，完全下载播放将使用户的等待时间过长，因此节目是一边传输、用户一边播放的。电视信号的数据率很高，其中标准清晰度的电视信号达 2～4 Mb/s。这意味着在几个小时中，每一秒钟都需要传送几兆比特的数据，才能使用户正常、不中断地收看节目。如何保证在同一时间内向成千上万、甚至更多的用户提供内容不同，而又连续不间断的高速数据流是这类系统需要解决的关键技术问题。

　　图 1-4 是一个 VOD 系统示意图。图中负责按用户提出的要求向用户传送节目数据流的设备

称为**视频服务器**。用户终端则用来接收节目数据、并将其解码、显示,同时,还负责将用户的查询命令发送到上行线路上。

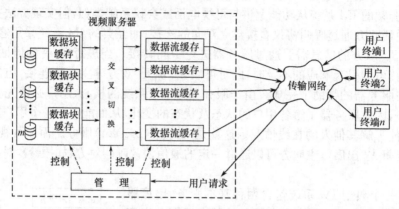

图 1-4 VOD 系统的简单示意图

现在让我们来考虑视频服务器如何为众多的用户服务。必须注意,在任何瞬间,服务器只能从一个磁盘上提取一个节目的数据。通常一个节目被分成若干段,每一段分别存储在一个磁盘中,多个磁盘构成一个阵列。当服务器从第一个磁盘为用户 1 取出一段数据送至用户 1 的数据流缓存区中后,用户 1 就可以开始获得数据、观看节目了。这时服务器则接着从第二个磁盘中为用户 1 取第二段数据,在用户 1 的缓存区中的数据被用空之前,将第二段数据补充进去,使送至用户 1 的数据流不至中断;与此同时服务器又从第一个磁盘中为用户 2 取出第一段数据等等。如果从磁盘中提取数据的速率超过向用户传送数据的速率,磁盘数 m 可以小于用户数 n。从磁盘中提取数据的速率越快,可以服务的用户数越多。图中的交叉切换模块代表对各个数据流进行调度和控制的硬件与软件。可以看到,这里的视频服务器,其硬件和软件比多媒体信息查询系统中的 Web 服务器要复杂得多。如果某些用户要进行快进、快退等录像机式的操作,则将进一步增加服务器数据提取、调度和控制的复杂性。

近年来人们借助 Web 技术提出了另一种实现视频点播的方案。也就是,将视频文件划分成短视频文件,用户逐段下载后将其顺序拼接进行播放;而且还可以在网络带宽变化时,选择不同速率的视频段下载,以自适应地调整媒体流的速率。此时的服务器可以采用一般的 Web 服务器,而无需造价昂贵的视频服务器。

除了内容提供商提供的节目外,用户上传的自制节目也可以进行视频点播;除了 VOD 外,也可以进行网上直播。所谓**直播**是指将天线、卫星或电缆接收的电视节目,或者用户自拍的视频先传送到服务器,再由服务器利用前面所述的技术向众多用户推送。

在通信网络方面,相比于其他多媒体应用,视频点播与直播是对带宽要求最高的应用。在用户端,要求有宽带的接入。当存储节目的信息中心与用户在地理位置上相距很远时,要在远程网络上长时间地传送众多的持续不断且速率很高的数据流,网络流量是相当大的。

1.5 网络融合与业务融合

如本章开始所述,计算机、通信和广播电视原本是三个独立的技术领域,它们之间的相互渗透和融合产生了多媒体技术;而多媒体技术出现以来,对多媒体业务的需求又进一步促进了这三个领域的融合。

1.5.1　网络的融合

本节简要回顾网络融合的有关进程。

20 世纪 90 年代关于 ATM 和 IP 之争在三网融合的发展过程中占有至关重要的地位。**ATM**是国际电联为宽带综合业务数字网(B-ISDN)所规定的传输模式,而 B-ISDN 则是当时人们期望的下一代通信网络,未来各种宽带业务都希望通过 B-ISDN 这个统一的传输平台来提供。B-ISDN 虽然具有较为先进的设计,并被期待具有理想的性能,但是它在许多方面,如交换设备、终端设备、传输模式等,与现有的通信系统有较大的区别。对于庞大的现存系统而言,"废旧立新"遭遇到强大的社会和经济阻力,因此 B-ISDN 并未得到预期的发展。IP 是 20 世纪 70 年代出现的用于计算机网络的一组协议,它比较好地解决了采用不同传输协议的网络之间相互连接问题。通过 IP,不同的网络之间能够进行数据交换,并能够向用户提供一致的通信服务。正是借助于 IP,分散在不同地方的不同网络才得以互相连接构成了一个世界范围内的统一的网络——互联网。也正是由于 IP 这种开放性,即允许物理层和数据链路层采用不同的传输协议,并允许不同的应用在它之上工作,使得它在与 ATM 之争中获胜,并已成为通信网和计算机网融合中网络层的事实上的标准。对于通信行业的从业人员来说,20 世纪 90 年代 IP 还是一个生疏的计算机领域的名词,而今天却是一个必须掌握的基本概念了。

基于 IP 的网络,如互联网,初期主要用于传送计算机数据,其传输方式和性能不能满足传送数据量大、实时性要求高的音频和视频的需要。为了能在 IP 网上提供电话、电视和各种多媒体业务,各国生产和运营企业,以及研究和工程技术人员进行了大量的工作,这些工作的进展主要体现在两个方面:一是增加核心网和接入网的带宽,为各种业务,特别是宽带多媒体业务提供充足的资源;二是设计有效的资源分配和管理机制,在有限的资源下,为不同的媒体提供不同的服务保障,例如保障数据传输的可靠性和保障音频、视频传输的实时性等。后者常称为**服务质量**(Qualify of Service,**QoS**)保障机制。近年来,对于现已存在的网络和新出现网络的 QoS 机制的研究受到了广泛的重视,这些工作为在融合的(IP)网络上不同媒体数据,特别是音、视频数据的传输改善了条件。

同时在核心网方面,一个值得关注的技术趋势是网络控制和数据传输功能的分离。在传统的通信网中,电话的呼叫控制、路由选择和数据转发都集中在程控交换机中完成。而数据在分组交换的网络上传输时,则需要采用另一种类型的节点设备(如路由器)来完成呼叫、路由和数据转发等功能。近年出现的技术,如软交换、通用多协议标记交换(GMPLS)等,在网络节点处将控制和传输功能分离,使这两个功能得以分别独立地演变和发展,从而为核心网络的融合提供了极大的灵活性。新的传输技术发展过程中出现的新交换方式,如光网络中的波长交换和光纤端口交换等,可以与传统的时分复用交换和分组交换一起,在节点由统一的控制模块控制,从而建立起不同类型线路之间的连接通路。

在接入网方面,原本接入用户家庭的传送电话的双绞线和传送有线电视节目的同轴电缆,通过 xDSL 和电缆调制/解调等技术已经能够同时支持电话、电视、数据和各种多媒体业务;宽带的光纤直接接入用户也有很大发展。而更令人瞩目的是无线接入方式的发展。以电话为主要业务的第二代(2G)移动电话网已经进入第 4 代(4G),在保持原有良好移动性的同时,扩展到更大的带宽,并从传统的电路交换模式转向在 IP 的框架下工作。在另一方面,由计算机网络发展而来的无线局域网(WiFi)和无线城域网(WiMAX)在具有较大带宽的基础上,正在向支持更好的移动性的方向发展。可以期望这 3 种无线网络将逐渐演变和融合成为宽带化、移动化和全 IP 化的网络,从而与各种固定接入网一道,为多媒体业务提供"无处不在"的接入服务。

在通信网和计算机网逐渐融合的相当长的时间内,广播网络仍旧保持着自己的独立性。在数字电视中,视频及伴音信号首先在基带上复接,然后调制到地面无线电、电缆或卫星的高频信道上传送给广大用户。在这样的网络中加入其他类型的媒体、引进其他信息源(如互联网)的信息以及进行用户的交互操作是困难的。因此在后面的章节中我们将会看到,近几年来广播电视业界也开始了将电视广播向 IP 平台上转移的工作。

1.5.2 多媒体业务的融合

在 1.4 节中我们介绍了几种典型的多媒体系统,实际上这些系统提供的业务已经在逐步融合。例如大多数的即时通信系统已具备视频电话和多人会议的功能;视频点播也可以融入多媒体信息检索和查询系统;等等。

原来针对某种单一业务的终端,如电视机、计算机和手机,逐渐变为"多功能"的多媒体终端。通过智能电视(或电视机+机顶盒)、计算机、智能手机及其他手持设备都可以看电视、上网、打电话、点播视频等。新的融合型应用也正在出现,比如在看电视(如体育比赛)的同时,屏幕上可以同时在小窗口上显示用户从网上查询的信息(如运动员资料);又如,几个朋友在不同的地理位置上观看同一个电视节目,与此同时,相互之间还可以就看到的内容进行实时交谈和评论,这称为"**社交电视**"(Social TV);等等。

当终端是多功能的时候,自然期望各种功能集中于一个统一的用户界面。近年出现的**HTML5**使得浏览器可以无需外部播放插件即可呈现音视频的播放(见 7.11.1 节);而正在兴起的 **Web RTC**(Web Real-Time Commumcation)技术则进一步将支持声音、视频的实时通信能力纳入 Web 浏览器。过去浏览器之间需要加入特定的插件,而且只有具有相同插件才能相互通信。使用WebRTC,在任何类型终端上的两个浏览器之间都可以直接交换实时媒体数据,这使得涉及宽带音频和视频的可视电话、多人聊天和多人网络游戏等都可以通过浏览器进行。像支持文字和图像查询的浏览器对因特网发展所起的促进作用一样,可以预期,符合 WebRTC 的浏览器的出现也将催生一批新的多媒体业务。

习 题 一

1-1 请论述什么是多媒体和多媒体技术的基本特征。

1-2 多媒体系统有哪几种主要的类型? 每一种类型中最关键的技术有哪些?

1-3 网络融合已经取得什么样的进展? 还存在哪些困难?

1-4 试建议几种在网络融合基础上可以提供的新业务。

参 考 文 献

[1] G. R. Wichman, "Software without Border,"Sun World, Vol. 4, No. 12, 1991

[2] N. D. Georganas, "Multimedia Communication,"IEEE J. SAC, Vol. 8, No. 4, 1990

[3] D. Minoli and R. Keinath, Distributed Multimedia through Broadband Communications Services, Boston; Artech House, 1994

[4] A. C. Luther, Digital Video in the PC Environment, New York; McGraw-Hill, 1991

第2章 视觉特性和彩色电视信号

2.1 人的视觉特性

2.1.1 图像对比度与视觉的对比度灵敏度特性

1. 图像的对比度

对比度表示图像相邻区域或相邻点之间的亮度差别。对比度 C 由下式定义：

$$C = \frac{I_{max}}{I_{min}} \tag{2-1}$$

式中，I_{max}、I_{min} 分别代表图像中的最大和最小亮度。

在自然景物中，对比度经常可以达到 200∶1，甚至更高。电视机和显示器只有给出类似的对比度，电视上的景物才有自然景物那么明亮和层次丰富。

2. 视觉的对比度灵敏度特性

在给定的某个亮度环境下，人眼刚好(以 50％的概率)能够区分两个相邻区域的亮度差别所需要的最低对比度，称为**临界对比度**，或称为**视觉阈**。在研究数据压缩技术时，人们关心人眼是否能够察觉到压缩所引入的图像(对比度)失真，因而对视觉阈的研究就是十分必要的了。临界对比度的倒数，称为**对比度灵敏度**。

视觉阈的大小与观察条件(如周围环境的亮度、邻近区域亮度的变化等)有关。假设我们考虑图 2-1(a)所示的情况，其中环境亮度为 L_S，图的中间有一个张角为 1.5°、亮度为 L_B 的环，环内包围着一个亮度为 L 的小区域。调节 L 的大小使其刚好能被觉察到与 L_B 有所不同，则 $L-L_B=\Delta L$ 为视觉阈。在不同的 L_S 下，经实验得到 ΔL 随 L_B 变化的曲线如图 2-1(b)所示(图中 mL 为毫流明)。在 $L_S=L_B$ 的情况下，$\Delta L/L_B$ 接近于常数，这称为**韦伯(Weber)定律**。ΔL 与 L_B 成正比意味着，人眼区分图像亮度差别的灵敏度与它附近区域的背景亮度(平均亮度)有关，背景亮度越高，灵敏度越低。

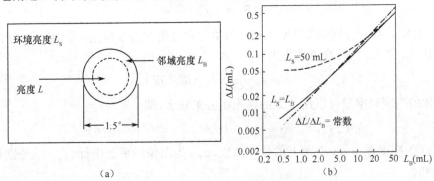

图 2-1 视觉阈的测量(背景亮度固定)[1]

3. 空间域的掩蔽效应

视觉阈的大小不仅与邻近区域的平均亮度有关，还与邻近区域的亮度在空间上的变化(不均匀性)有关。假设将一个光点放在亮度不均匀的背景上，通过改变光点的亮度测试此时的视觉阈，人们发现，背景亮度变化越剧烈，视觉阈越高，即人眼的对比度灵敏度越低。这种现象称为视觉的**掩蔽效应**(Masking)。

2.1.2 空间频率与视觉的空间频率响应

1. 空间频率

人们所熟悉的**时间频率**是用单位时间内某物理量(如交变的电流、电压、波动或机械振动等)周期性变化的次数来定义的,单位为周/秒。类似地,**空间频率**的定义是:物理量(如图像的亮度)在单位空间距离内周期性变化的次数,即

$$f_x = \frac{\mathrm{d}\varphi(x)}{\mathrm{d}x} \ (周 / 米) \tag{2-2}$$

式中,f_x 表示亮度信号在 x 方向的空间频率,x 是空间距离变量,$\varphi(x)$ 表示亮度信号沿 x 方向的相位变化。

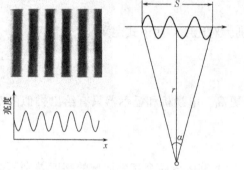

以图 2-2(a)所示的正弦光栅为例,如果光栅亮度在 1 厘米内变化 10 次,那么它的空间频率为 $f_x = 1000$ 周/米。

人们通常有这样的经验,从不同距离上观察空间频率相同的正弦光栅,感觉光栅亮度变化的密集程度是不同的。因此在涉及观察者时,需要将空间频率用每度多少周表示,这里的度是几何角度的单位。这样表示的空间频率可以理解为从某一观察点来看,亮度信号在单位角度内周期性变化的次数,即

（a）正弦光栅　　（b）空间频率的两种单位之间的转换

图 2-2　空间频率的单位

$$f_x = \frac{\mathrm{d}\varphi(\alpha)}{\mathrm{d}\alpha} \quad (周 / 度) \tag{2-3}$$

式中,α 为图 2-2(b)中所表示的角度,$\varphi(\alpha)$ 代表亮度信号在角度 α 内的相位变化。两种空间频率单位间的转换可以通过图 2-2(b)来推算。假设图中 $S \ll r$,则存在如下的近似关系:

$$S = 2r \tan \frac{\alpha}{2} \approx 2r \frac{\alpha}{2} = r\alpha \tag{2-4}$$

式中,α 的单位为弧度。因为信号在 S 长度内变化的周期数等于在 α 角内变化的周期数,故可得下式:

$$f_{xm}S = f_{xd} \alpha \frac{180°}{\pi} \tag{2-5}$$

式中,f_x 的下角标 m 和 d 分别用来区别以长度为单位和以角度为单位的空间频率。将式(2-4)代入式(2-5),得到 f_{xd} 和 f_{xm} 之间的转换公式

$$f_{xd} = \frac{\pi}{180°} \ rf_{xm}(周 / 度) \tag{2-6}$$

二维图像的空间频率谱可以用二维的傅氏积分来表示,即

$$F(f_x, f_y) = \int_{-\infty}^{\infty} \int_{-\infty}^{\infty} L(x, y) \mathrm{e}^{-\mathrm{j}2\pi(f_x x + f_y y)} \mathrm{d}x\mathrm{d}y \tag{2-7}$$

式中,$L(x,y)$ 为亮度在 $x-y$ 平面上的分布函数,x、y 为图像的平面坐标,f_x、f_y 分别是在 x、y 方向上的空间频率。

对于图 2-3(a)所示的正弦光栅,其亮度函数为

$$L(x,y) = \frac{1}{2}\big[1 + \cos 2\pi(f_{x0} x + f_{y0} y)\big] \quad (f_{x0} > 0 \quad f_{y0} > 0) \tag{2-8}$$

根据式(2-7)得到它的频谱如图 2-3(b)所示,其中包含直流分量和 $f_x = f_{x0}$、$f_y = f_{y0}$ 的频率分量。与一维的频谱分析相类似,任何一个复杂的亮度函数(图像),都可以通过傅氏分析将其分解成为一系列不同频率分量(正弦光栅)之和。

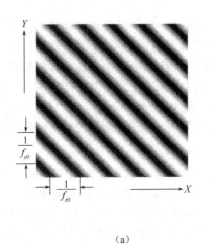

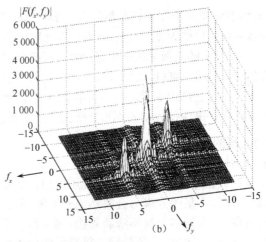

（a）　　　　　　　　　　　　　　　　　　　　　（b）

图 2-3　一个正弦光栅和它的空间频率谱

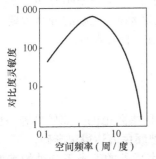

图 2-4　视觉的对比度灵敏度响应
（正弦光栅的亮度为 600 坎德拉/米²）[1]

2. 视觉的空间频率响应

人的视觉系统基本上可以认为是一个线性系统。图 2-4给出了视觉对不同空间频率的正弦光栅的响应[1]，它表示了该线性系统的频率域特性。从图可以看出，当空间频率在 3～4.5 周/度时，视觉的对比度灵敏度最高，即人眼对这些空间频率的分辨能力最强。由于眼睛的光学孔径大小的限制和视网膜上光敏细胞分布的密度不够等原因，对于空间频率高于 50～60 周/度的正弦光栅，人眼就很难分辨了。视觉系统频率响应在低端的下降，则需要用眼睛的横向抑制效应来解释[2]。

2.1.3　视觉的时间域响应

1. 视觉惰性与闪烁

人眼的视觉是有惰性的，这种惰性现象也称为视像的暂留。就是说，当眼前实际的景物已经消失后，所看到的影像却不立即消失。如果让观察者观察按时间顺序重复的亮度脉冲（如黑暗中不断开、关的手电筒），当脉冲重复频率不够高时，人眼就有一亮一暗的感觉，称为**闪烁**。如果重复频率足够高，闪烁感觉消失，看到的则是一个恒定的亮点。闪烁感觉刚好消失时的重复频率叫做**临界闪烁频率**。脉冲的亮度越高，临界闪烁频率也相应地增高[3]。

视觉惰性现象很早就被人们巧妙地运用到电影和电视当中，使得本来在时间上不连续的图像，给人以真实的、连续的感觉。在通常的电影银幕亮度下，人眼的临界闪烁频率约为 46 Hz。所以在传统的使用胶片的电影中，普遍采用每秒钟向银幕上投射 24 幅画面的标准，而在每幅画面停留的时间内，用一个机械遮光阀将投射光遮挡一次，得到每秒 48 次的重复频率，使观众产生亮度是连续的、不闪烁的感觉。人们也曾做过用遮光阀将每幅画遮挡两次的实验，这时可以在不产生闪烁感觉的前提下将每秒钟投影的画面幅数减少到 16，从而能够进一步缩短电影复制所需的胶卷的长度。但是，每秒钟投影 16 幅画面时，对于速度稍高的运动物体，由于前一幅画面和后一幅画面中的物体在空间位置上的差别过大，会产生像动画片那样的动作不连续的感觉。在 2.2.2 节中我们将会看到，类似的思想也在传统的电视中得到应用。

2. 运动的连续性

对于一般的运动物体，要保持画面中物体运动的连续性，要求每秒钟摄取的最少画面数约为 25

帧左右,即帧率要求为 25 Hz;而临界闪烁频率则远高于这个频率。传统的电视系统采用电子束扫描的阴极射线管(CRT)作为显示设备。CRT 的像素在受到电子束激发时发光,电子束移开后就开始暗淡,要保持显示器上的图像无闪烁感必须由摄像机传送过来的画面及时地(高于临界闪烁频率)刷新。但是在现代的液晶显示屏(LCD)中,其像素受电流激发后可以在相当长时间内保持状态直到下一次被刷新。由于图像在两次刷新之间不会暗淡消失,因此在较低的刷新频率下也不会产生闪烁感,此时对帧率的要求主要由保持运动的连续性所决定。提高帧率对呈现高速运动物体的流畅性是有益的。

3. 时间域的掩蔽效应

影响时间域掩蔽效应的因素比较复杂,对它的研究还不够充分。这里仅介绍一些实验结果,这些结果可能在数据压缩方面有潜在的应用价值。实验表明[4],当电视图像中相邻的画面变化剧烈(如场景切换)时,人眼的分辨力会突然剧烈下降,例如下降到原有分辨力的 1/10。也就是说,当新场景突然出现时,人基本上看不清新景物,在大约 0.5 秒之后,视力才会逐渐恢复到正常状态,很显然,在这 0.5 秒的时间内,传送分辨率很高的图像是没有必要的。一些心理生理学实验表明[5],视觉的空间和时间频率响应之间存在有相互作用。在时间频率增高时,空间频率响应的上限频率降低;反之亦然。研究者还发现[6],当眼球跟着画面中的运动物体而转动时,人眼的分辨力要高于不跟着物体而转动的情况。而通常在看电视时,眼睛是很难跟踪运动中的物体的。

2.1.4 彩色的计量和彩色视觉

1. 彩色的定量表示

人们在生活中,用红、橙、黄、绿、青、蓝和紫等名词来描述彩色的大致范围。如果再进一步地细分,红色则有深红、浅红、大红、粉红等。即使这样细分,仍然不能把颜色表达得很准确。

根据德国科学家格拉兹曼所总结的法则,任何一种彩色都可由另外的不多于三种的其他彩色按不同的比例合成。这意味着,如果选定了三种人所共知的标准基色(标准基色必须是独立的,即其中一种不能由其他两种产生),那么任何一种彩色,可以用合成这一彩色所需的 3 种基色的数量来表示。例如,选择波长分别为 700 nm、546.1 nm 和 435.8 nm 的红、绿、蓝光作为基色,用不同比例的三基色光可以配出任何一种彩色。三种光的能量之和决定了合成光的**亮度**,而三种光强之间的比例关系决定了合成光的**色调**(颜色)和**饱和度**(颜色深浅)。一个任意光(A)和三基色光之间的关系可以写成下式

$$(A) = r_a(R) + g_a(G) + b_a(B) \tag{2-9}$$

式中带有括号的大写字母只代表某种光。例如(R)只代表红光,并不具有数量和量纲的含义,数量由它们各自的系数代表。

式(2-9)表明,在基色光(R)、(G)和(B)选定以后,任何一种彩色(A)都可以用三个相应的数值 r_a、g_a 和 b_a 来表示。这事实上已经解决了用数学的方法严格地定义彩色的问题。但是在实际的应用中发现,这样的三个数有时相互之间在数量上可以相差几个数量级,以至于有的数值小到在进行色度计算时可以忽略,而它在光的合成中却起着明显的作用,又不能忽略。解决这一问题的办法,是用合成某种标准白光(如等能白光)所对应的三个系数值,分别作为三种基色光的 1 个计量单位。以此计量单位度量的任意彩色(A)的三个系数称为**三色系数**(Tristimulus),用 R,G,B 表示。

在 R,G,B 三种基色构成的颜色空间中,以三色系数为坐标,任何一种彩色都可以由这三个坐标值所确定的矢量来表示。矢量的幅值代表了彩色的亮度,矢量的方向代表了它的颜色信息(色调和饱和度)。图 2-5 中,坐标原点 O 是 R、G 和 B 都等于零的点,代表黑色。与 O 点相对的立方体的顶点的三个坐标值都等于 1,代表**等能白色**。从图看出,具有同样颜色、不同亮度的矢量都与虚线三角形相交于同一点,这说明虚线平面三角形内的一点,唯一地确定了一种颜色;三角形包围的区域定义了在这种三色坐标下所有可能产生的颜色。

图 2-5 中虚线平面三角形中的一点唯一地确定一种彩色,说明彩色只需要两个(而非三个)变量就可以描述。我们将三色系数作如下的归一化:

$$r=\frac{R}{R+G+B}$$

$$g=\frac{G}{R+G+B} \tag{2-10}$$

$$b=\frac{B}{R+G+B}$$

则有 $r+g+b=1$。这样,一种彩色只需要两个变量,例如 r 和 g,就可以严格定义了。

由于用 r 和 g 来描述自然界中的彩色有计算上的不便之处,国际照明委员会(CIE)于 1931 年基于假想的三个基色 X,Y,Z 建立了一个标准色度系统。XYZ 系统中的三色系数可以由 RGB 三色系数经线性变换获得[7]。在 XYZ 系统中,以 x 和 y(对应于 RGB 系统中的 r 和 g)为坐标表示的色度图如图 2-6 所示。图中舌形的区域展示了人类可见的所有彩色,外侧曲线边界是光谱(单色)光轨迹。一个多媒体或电视系统能够展示给观众的彩色由其显示设备的发光特性所决定。以图 2-6 中实线三角形为例(中心处 D65 代表参考白色),其中三个顶点分别代表超高清晰度(UHD)电视系统 R、G、B 发光材料的色坐标。由于一个系统所呈现的彩色是由三角形顶点定义的三个基色合成的,因此三角形包围的面积就代表了该系统可以展示的所有彩色。图 2-6 中虚线三角形定义了高清晰度(HD)电视所能呈现的彩色,它比超高清电视明显地要少。

除了 RGB 和 XYZ 坐标系外,还有其他的彩色坐标系统,如在电视和多媒体系统中经常使用的 YUV(见 2.3.2 节),在艺术和计算机视觉领域广泛使用的 HSV、HSI,以及 CIE 定义的 Lab 等。有兴趣的读者,可以参阅有关的文献[1,8]。

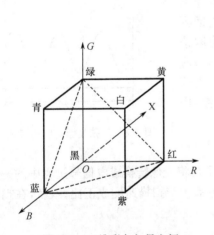

图 2-5　三维彩色矢量空间

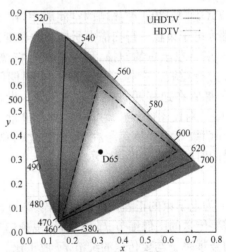

图 2-6　x-y 坐标色度图

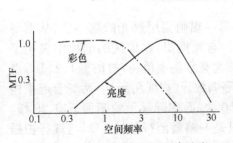

图 2-7　彩色视觉的空间频率响应

2. 彩色视觉的空间频率响应

图 2-7 给出了视觉对彩色变化的频率响应。由图看出,人眼对亮度的分辨力要明显的比彩色的高。对间隔较密的黑白正弦光栅我们可能可以分辨清楚,而同样间距的蓝黄光栅,我们可能分不清,而只能看到一片绿。

3. 彩色的掩蔽效应

在亮度变化剧烈的背景上,例如在黑白跳变的边沿上,人眼对色彩变化的敏感程度明显地降低。相类似地,在亮度变化剧烈的背景上,人眼对彩色信号的噪声(如彩色信号的量化噪声)也不易察觉。这些都体现了亮度信号对彩色信号的掩蔽效应。

2.2 扫描

2.2.1 空间频率到时间频率的转换

普通的照相设备通过光电转换器件可以将实际景物拍摄成一幅照片。然而对于电视和多媒体系统而言,还需要将二维的图像转换成一维的电信号才能进行传输。在电视系统中,摄像管是通过从左到右、从上到下的电子束扫描(利用 CCD 摄取信号的过程与这一方式完全等效)将图像分解成与像素对应的随时间变化的电信号的。在接收端,显像管则以完全相同的方式,利用扫描将电视图像在屏幕上显示出来。

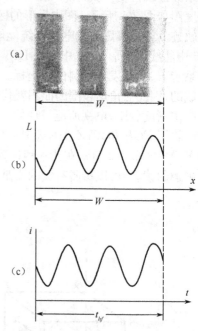

假定落到摄像管光电靶面上的图像是一幅正弦光栅,如图 2-8(a)所示,其光栅亮度 L 沿水平方向 x 的分布是按图(b)所示的正弦规律变化的。在摄像管中,电子束从左到右、从上到下扫描形成电信号。图(c)是与图(a)相对应的一个扫描行上的电信号。该信号称为视频信号或电视信号,其特点是它的下限频率可以接近于零频(当一个扫描行上的像素是等亮度时)。图(b)和图(c)都是正弦波,但它们的纵坐标一个是亮度,另一个是信号电流,而横坐标则分别为水平距离 x 和时间 t。

假设 f_x(周/米)为正弦光栅的空间频率,W 为光栅的宽度,$f_x W$ 则为电子束在一行扫描中所扫过的亮度波形的总周期数。电子束从左至右的扫描,称为**行正程扫描**;从右回到左端,则称为**行逆程**。摄像管电子束在逆程期间不拾取信号,因此,显像管在逆程期间也不呈现图像。设行正程对应的时间为 t_{hf}。对比图(b)与(c)可以看到,在时间 t_{hf} 内,电信号变化总周期数等于亮度信号在 W 内变化的总周期数,因此,电信号的时间频率 f 可以表示为

图 2-8 正弦光栅对应的视频信号

$$f = f_x \frac{W}{t_{hf}} \qquad (2-11)$$

式中,W/t_{hf} 为电子束的正程扫描速度。式(2-11)说明了在将光像转换成电信号过程中的一个基本概念:当需要传送的图像细节 f_x 固定时,视频信号的频率 f 与扫描速度成正比;或者,在扫描速度固定时,信号频率 f 与要传送的细节 f_x 成正比。

2.2.2 隔行扫描与逐行扫描

在电影技术中,每秒钟向银幕上投影 24 幅画面,再将每一幅画面用遮光阀挡一次,从而得到 48 次的重复频率,将一个电影胶卷的长度降低了一半。与此类似,在传统的电视中采用了图 2-9(a)所示的**隔行扫描**(Interlaced Scan)方式:第一场(称为奇数场或顶场)扫描第 1、3、5 等奇数行(实线所示),第二场(称为偶数场或底场)扫描 2、4、6 等偶数行(虚线所示)。两场合起来构成一幅画面,称为**一帧**。这样,每秒钟光栅闪烁的次数是 50 次,而实际显示的画面只有 25 幅,即场频为 50 Hz,而帧频只有 25 Hz。因为每一场的行数只是一幅画面行数的 1/2,与**逐行扫描**(Progressive Scan)相比,即 50 次中的每一次都扫遍所有的行[如图 2-9(b)所示],其扫描速度只

是后者的一半。由式(2-11)可知,在传送细节相同的条件下,采用隔行扫描时所需要的视频带宽为逐行扫描的1/2。

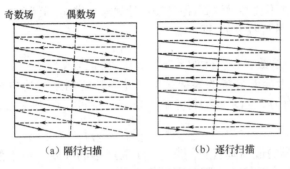

（a）隔行扫描　　　　　　　（b）逐行扫描

图 2-9　隔行扫描与逐行扫描

隔行扫描存在一定的缺点。虽然从整体上看光栅在一帧中被点亮了两次,但对每一个扫描行而言只亮了一次,因此可能产生行间的闪烁。即使采用 LCD 显示屏,闪烁不是问题,但如果物体在一场时间内发生了明显的位移,那么将引起物体边界的失真。在电视发展的初期带宽是主要的矛盾,隔行扫描是一个好的解决方法;而在数字技术和显示技术有很大发展的今天,隔行扫描则成为由于历史原因遗留下来的一种扫描格式了。

2.3　模拟彩色电视信号

20 世纪 50 年代诞生的模拟彩色电视,从该世纪末开始至今已被数字电视逐步取代。在这一过渡过程中,数字电视的一些参数不可避免地受到原有模拟技术的影响,因此本节将对模拟彩色电视信号作一简要的介绍。

2.3.1　电视信号的带宽

在隔行扫描中,场频 $f_v = 2f_f$,其中 f_f 为帧频率。从图 2-9(a)中可以看到,电子束在扫完每一场的最后一行之后,要回到顶端开始下一场的扫描。从下端回到顶端所用的时间,称为**场扫描逆程时间**。设 k_1 为**场扫描正程时间**与完成一场扫描(场正程＋场逆程)的总时间之比,即

$$k_1 = \frac{场扫描正程时间}{场扫描周期} \tag{2-12}$$

如前所述,电子束在结束行正程扫描以后,也需要有一定的逆程扫描时间才能开始下一行的正程扫描。设 k_2 为行扫描正程时间与扫描一行的总时间(行正程＋行逆程)之比,即

$$k_2 = \frac{t_{hf}}{T_h} \tag{2-13}$$

这里,T_h 为行扫描周期。

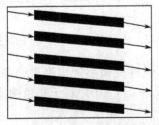

图 2-10　黑白相间的水平条纹与扫描光栅的相对位置

假设每帧(两场)图像的总扫描行数(包括正程和逆程)为 Z,帧正程扫描**(有效)行数**为 $n = k_1 Z$。我们注意到电子束在进行扫描时,并不是任何情况下每一扫描行都能代表系统在垂直方向上一行的分解力的。例如图 2-10 所示的由黑白相间的水平条纹组成的图像,如果扫描光栅的位置刚好是前一行扫过白条纹,后一行扫过黑条纹,那么扫描的行数等于它在垂直方向上所能分辨的黑白条纹的数目。如果电子束扫描的位置恰好跨在黑白条纹之间,系统则完全失去了分辨这些条纹的能力,这时电视屏幕上显示出来的将是一片灰色。很明

显,对于这种极端的情况,只有将黑白条纹的密度降低一半,或者有效行数 n 提高一倍,电视系统才能将其分解清楚。这时系统在垂直方向上的分解力等于有效行数的 $1/2$。虽然像图 2-10 所示的这种极端的情况在实际景物中并不会经常遇到,但是按统计规律来讲,电视系统在垂直方向上能够分辨的线数(黑白条纹)N_v 要比有效行数 n 低,即

$$N_v = Kn \tag{2-14}$$

式中,K 称为**凯耳(Kell)系数**。在实际的系统设计中,K 取 0.7。

在垂直或水平方向上能够分辨的**线数**是电视业界传统用来描述电视系统分辨细节能力的参数,也称垂直或水平分解力。如果我们将分解力换算成空间频率,则式(2-14)变为

$$f_{y\,max} = \frac{N_v}{2H} = \frac{Kn}{2H} \tag{2-15}$$

式中,$f_{y\,max}$ 为系统可分辨的最高垂直空间频率;H 为屏幕的高度。由于黑白两条线构成一个亮度变化周期,因此在将分解力转换成空间频率时应除以 2。

人眼在视觉敏锐的视场范围内,其垂直和水平方向上的分辨力是近似相同的,因此要求电视系统在这两个方向上也具有相等的分解力,或者说,系统在两个方向上的空间截止频率应该相同。即要求

$$f_{x\,max} = f_{y\,max} \tag{2-16}$$

将式(2-15)和式(2-16)代入式(2-11)得到电视信号的上限频率为

$$f_{max} = \frac{W}{H} \cdot \frac{K}{2} \cdot \frac{n}{t_{hf}} \tag{2-17}$$

式中,W/H 为屏幕的宽高比。根据帧扫描行数、行频和帧频的关系以及式(2-13),式(2-17)可写成

$$f_{max} = \frac{W}{H} \cdot \frac{Kk_1}{2k_2} \cdot Z^2 f_f \tag{2-18}$$

上式给出了电视图像信号的上限频率,它在数值上等于视频信号的带宽,因为视频信号的下限频率为零频。可以看到,如果采用隔行扫描,上式中 f_f 可以取 25 Hz,如果采用逐行扫描,f_f 则需要取 50 Hz 才能使闪烁的感觉减弱到令人满意的程度。使用隔行扫描将视频带宽降低了 1 倍。考虑到对模拟视频信号进行频带压缩十分困难,因此模拟电视中普遍采用了隔行扫描的方式。

2.3.2 彩色空间的处理

从 2.1.4 节中已经知道,三种基色光的强度 R、G、B 之和代表了它们合成彩色的亮度,而它们之间的比值 $R:G:B$ 则代表了合成彩色的色调和饱和度。也就是说,亮度、色调与饱和度相互关联,共同由 R、G、B 三个量来代表。

在彩色电视发展的初期,社会上已经存在着相当数量的黑白电视机和黑白电视台,为了扩大节目的收看率,要求彩色电视系统的设计必须考虑到与已有的黑白电视之间的兼容。所谓**兼容**,即是彩色电视机能收看到黑白电视台播送的节目,而黑白电视机也能收看彩色电视台播送的节目。当然,在这两种情况下所收看到的兼容节目都只能是黑白图像。为了满足兼容的要求,需要将表示亮度和表示颜色的信号分离开,如图 2-11 所示,

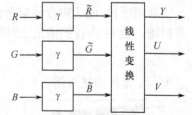

图 2-11 从 R、G、B 到 Y、U、V 的转换

这可以将 R、G、B 通过线性变换来实现。例如,在 PAL 电视制式中,线性变换后产生**亮度信号** Y 和两个**色差信号** U 和 V,其中 $U=B-Y$,$V=R-Y$。对于黑白图像,$U=0$,$V=0$。对于彩色图像,U 和 V 的比值决定**色调**,而 $\sqrt{U^2+V^2}$ 代表彩色的**饱和度**。

由于摄像管的光电转换特性,特别是显像管的电光转换特性存在较强的非线性,即它发出的光强近似正比于电信号强度的 γ 次方,为了使最终显示出来的光像的亮度层次不出现畸变,必须在将

R、G、B 电信号送上显像管之前进行非线性校正,这称为 γ 校正。为了降低接收机的成本,γ 校正通常预先在摄像机内进行。图 2-11 中 $\tilde{R}$、$\tilde{G}$、$\tilde{B}$ 信号即为经过 γ 校正的电信号,其中 $\tilde{R} \propto R^{1/\gamma}$,$\tilde{G}$,$\tilde{B}$ 也类似。

图 2-11 中的线性变换实际上是一个解相关的过程。经变换后,表示亮度和表示彩色的量被分离开,这不但有利于彩色与黑白电视的兼容,而且可以利用视觉对彩色的分辨力低于对亮度细节的分辨力的特点,将色差信号用比亮度信号窄的频带传送。例如,在 PAL 制式下,Y 的带宽为 6MHz,U 和 V 的带宽仅为 1.3 MHz。

式(2-19)给出了线性变换的一种具体形式:

$$\begin{pmatrix} Y \\ U \\ V \end{pmatrix} = \begin{pmatrix} 0.299 & 0.587 & 0.114 \\ -0.169 & -0.331 & 0.5 \\ 0.5 & -0.419 & -0.081 \end{pmatrix} \begin{pmatrix} \tilde{R} \\ \tilde{G} \\ \tilde{B} \end{pmatrix} \tag{2-19}$$

式中,$\tilde{R}$、$\tilde{G}$、$\tilde{B}$ 均为值在 0~1 范围内的模拟信号,而 Y 的取值范围为 0~1,U 和 V 的取值范围为 −0.5~0.5。

2.3.3 模拟彩色电视制式

黑白电视中只需要传送一个亮度信号,而在彩色电视中,则需要在满足与黑白电视兼容,而且在不增加黑白电视所规定的信道带宽(即一个亮度信号占用的带宽,如 6 MHz)的条件下,同时传送亮度信号和两个色差信号。如何找到一个可取的方案去实现这一要求,是彩色电视制式所要解决的问题,而解决这一问题的卓越思想,则是**频谱交错**。

众所周知,周期性信号的频谱是线状的,其谱线分布在基频(周期的倒数)和它的谐波上。由于扫描,电视信号在行和场的周期上都呈现着一定的周期性,因此视频信号的能量主要分布在行扫描频率 f_h 及其各次谐波 nf_h 上(见图 2-12);在两条相邻谱线之间,能量则很微弱,以至于可以把它看做是空白的。色差信号 U 和 V 的频谱分布也遵循同样的规律。如果选择某一特定数值,例如等于 $(2n+1)f_h/2$(半行频的奇数倍)的载频 f_{sc},先将色差信号调制到 f_{sc} 上,然后再与亮度信号叠加在一起,色差信号的能量就刚好落在亮度信号频谱的空白处而互不干扰,如图 2-12 虚线所示。在接收端,再用频率响应像梳子一样的滤波器(称为**梳状滤波器**)将两种信号分离开。这就是亮度信号与色差信号按照频谱交错间置、共频带传送的基本原理。

为了与将基带电视信号调制到传输信道频带上的载频相区别,f_{sc} 称为**副载频**。由于色差信号有两个,所以在彩色电视中,是先采用平衡(抑制载频)正交调制,将两个色差信号分别调制在副载频的两个正交相位上,然后再加到亮度信号上的。从 2.3.2 节我们知道,色差信号的带宽比亮度信号小很多,因此可以选择适当的 f_{sc},使得经 f_{sc} 调制的色信号频谱落在亮度信号频谱的高端(见图 2-13),以减轻对亮度信号的干扰。亮度和色差信号叠加后的信号称为**全电视信号**,它仍然是一个基带信号,而且包含亮度和两个色差信号的全电视信号与单独一个亮度信号占用同样的带宽。

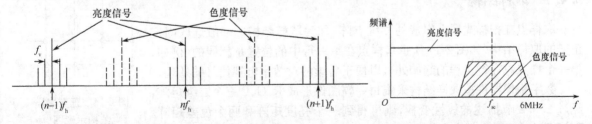

图 2-12　亮度信号与色度信号的频谱交错　　　　图 2-13　共频带的亮度信号和色度信号

根据扫描格式和对色差信号处理方式的不同,世界上曾存在 NTSC,PAL 和 SECAM 三种模拟彩色电视制式,表 2-1 给出了三种制式下电视信号的主要参数。

表 2-1　模拟彩色电视信号的主要参数

制式	帧率(Hz)	扫描行数/ 有效行数	屏幕宽高比	扫描方式	亮度信号带宽 (MHz)	色差信号带宽 (MHz)	包括伴音的 总带宽(MHz)
NTSC	29.97	525/483	4:3	隔行	4.2	I:1.5,Q:0.5	6.0
PAL	25	625/576	4:3	隔行	6.0	U 和 V:1.3	8.0
SECAM	25	625/576	4:3	隔行	6.0	U 和 V:>1.0	8.0

NTSC 主要应用于美国和日本等国家,我国、德国及西欧一些国家采用的是 PAL 制,而 SE-CAM 则在法国、东欧等国使用。为了节省带宽,所有制式都采用了隔行扫描的方式。从 *RGB* 导出的 NTSC 色差信号 *I*、*Q* 与其他两种制式的 *U*、*V* 有所不同;三种制式在副载波频率和色差信号的调制方式上也有具体的差别,这里不再详述。

在 2.1.3 节我们讨论了帧率与消除闪烁感和保持运动连续性的关系,由于历史的原因,帧率还与电力网的频率有关,因为早期的电视设备经常受到电源信号的干扰,致使扫描光栅随着电源频率与帧(场)频的差频而波动。为了克服这个问题,三个制式分别采用了与当地交流电频率(60Hz 或 50Hz)一致的场频。当扫描与电源信号同步时,电源干扰可能使扫描光栅有些扭曲,但不会产生令人不快的动态的波动。

2.4　数字电视信号

数字电视起源于 1990 年前后,经过 20 多年的发展已经在世界上许多国家里取代了模拟电视。相比于模拟信号,数字信号在有杂波和易受外界干扰的环境下有较高的可靠性,其信号处理电路也比较简单、稳定。具体到电视信号更为重要的是,数字化后易于进行频带压缩,这就有可能在与模拟电视相同的带宽上向用户提供更多频道或更高清晰度的节目。此外,数字信号也便于存储和通过计算机进行控制。因此,数字电视得到了迅速的普及。与此同时,如 1.3 节所述,相伴随地出现了多媒体技术。

一般来说,对数字电视的讨论应该包含视频信号格式、信源压缩编码方法、信道编码及传输调制方式和条件接入等内容,但本节从多媒体的角度出发仅讨论它的视频格式,因为这也是多媒体中视频信号采用的格式。

国际电联无线电组(ITU Radio Sector,ITU-R)分别为不同清晰度的数字电视信号制定了不同的标准。其中 BT-601 针对标准清晰度电视(Standard Definition TV,**SDTV**),BT-709 和 BT-2020 则分别针对高清晰度电视(High Definition TV,**HDTV**)和超高清晰度电视(Ultra HDTV,**UHDTV**)。

2.4.1　取样结构

取样点在扫描光栅上组成的二维点阵,称为**取样结构**。一般选取固定正交的取样结构(如图 2-14 所示),样点在每一行中的位置是相同的(例如,第一个样点总在行正程的起始处),以便于后续的对数字电视信号的处理。

数字摄像器件按取样结构采集每一幅图像形成 R、G、B 三个二维矩阵,经过 2.3.2 节描述的线性变换,则可得到一个亮度矩阵和两个色差矩阵。ITU-R 在 BT-601 标准中规定了几种亮度和色差信号的取样结构,这些结构也为国际电联和国际标准化组织(ISO)的活动图像专家组(Moving Picture Experts Group,

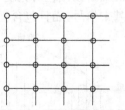

图 2-14　正交取样
结构示意图

MPEG)后来制定的一些视频编码标准所采用。如果亮度和色差信号的分辨率相同,即它们每行包含的像素数和每帧包含的行数都相同[如图 2-15(a)所示],则称为 4:4:4 结构。用 4 来标记这个取样结构,是表示每传送 4 个亮度信号样值,每个色差信号也需要传送 4 个样值。由于人眼对彩色的分辨力较差,色差信号可以用较少的样值来表达。例如,图 2-15(b)给出一个这样的取样结构,称为 4:2:2,即每传送 4 个亮度样值时,每个色差信号只传送 2 个样值。图 2-15(c)和(d)表示两种传送更少色差样值的结构,分别称为 4:1:1 和 4:2:0。二者每帧包含的色差样值个数相同,不同的是 4:1:1 与 4:4:4 的垂直分辨率相同,水平分辨率只是其 1/4;而 4:2:0 的水平和垂直分辨率均为 4:4:4 的 1/2。后者是多媒体应用中最常使用的取样结构。

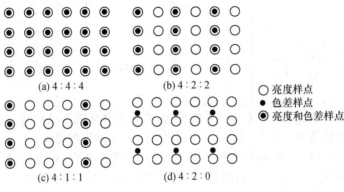

图 2-15 不同的取样结构

2.4.2 彩色空间

从 2.1.4 节我们知道,显示器件的三种基色发光材料的色坐标,决定了该器件所能呈现的彩色。表 2-2 列出了 ITU-R 制定的三个数字视频标准所规定的三基色和参考白色(D65)的色坐标,一组色坐标值决定了 XYZ 彩色系统中的一种颜色。2.1.4 节中的色度图(图 2-6)就是根据 BT-709(HDTV)和 BT-2020(UHDTV)给出的色坐标画出的。从图 2-6 看出,UHDTV 能够呈现出的彩色要比 HDTV 丰富得多,因此基于 BT-2020 三基色表示的数字视频信号不能在根据 BT-709 设计的显示器上直接显示,必须转换到适当的三基色上才能再现真实的彩色。由表 2-2 看出,BT-601 与 BT-709 的三基色的差别不是太大,其中分为 60 场/秒和 50 场/秒两种情况是为了分别与 NTSC 和 PAL 电视制式相对应,以便于从模拟到数字电视的过渡。

表 2-2 彩色空间参数

标准		参考白色(D_{65})		三基色					
		x_W	y_W	x_R	y_R	x_G	y_G	x_B	y_B
BT-601	50 场/秒	0.3127	0.3290	0.640	0.330	0.290	0.600	0.150	0.060
	60 场/秒	0.3127	0.3290	0.630	0.340	0.310	0.595	0.155	0.070
BT-709		0.3127	0.3290	0.640	0.330	0.300	0.600	0.150	0.060
BT-2020		0.3127	0.3290	0.708	0.292	0.170	0.797	0.131	0.046

2.4.3 主要参数

表 2-3 列出了 ITU-R 的三个标准为 SDTV、HDTV 和 SHDTV 数字视频制定的主要参数。

表 2-3　数字视频的主要参数

标准	分辨率 (有效像素数×有效行数)	屏幕宽高比	量化级数 (比特/样值)	扫描方式	帧率(Hz)
BT-601	720×480(60 场/秒) 720×576(50 场/秒)	4∶3 或 16∶9	8 或 10	隔行	60/1.001,50 (场/秒)
BT-709	1920×1080	16∶9	8 或 10	隔行(i) 逐行(p)	30,30/1.001,25(i) 60,60/1.001,50,30, 30/1.001,25,24, 24/1.001(p)
BT-2020	3840×2160　(4k) 7680×4320　(8k)	16∶9	10 或 12	逐行	120,120/1.001,100, 60,60/1.001,50, 30,30/1.001,25, 24,24/1.001

表 2-3 中的分辨率参数是针对 4∶4∶4 格式的,当采用其他取样结构时,色差信号的分辨率则按 2.4.1 节所示的方法降低。表中(i)和(p)分别代表隔行和逐行扫描。

最早制定的 BT-601 标准考虑到模拟电视到数字电视的过渡,它支持的两种分辨率(720×480,720×576)和场频(60/1.001,50)分别对应于 NTSC 和 PAL 模拟电视的相应参数,其中隔行扫描的频率 60/1.001 场/秒等同于 NTSC 的帧率 29.97 帧/秒。BT-601 还规定了将模拟电视信号分量(RGB 或 Y)数字化的取样频率为 13.5MHz。UHDTV 定义了两种分辨率,一种是 3840×2160,简称 4k;另一种 7680×4320,简称 8k,以便于以两个阶段向 UHDTV 演进。

从表 2-3 可以看到,从 SDTV、HDTV 到 UHDTV,图像分辨率和量化级数逐步增加,以提供更清晰和色彩层次更丰富的画面供人们欣赏。屏幕宽高比从 4∶3 变化到 16∶9,水平视野加宽,其目的是为了利用人的眼角余光可以感受到某些环境和深度信息的功能(称为**周边视觉**),增强观看时的真实感和“参与感”。虽然 BT-2020 只规定了 16∶9 的宽高比,一些 UHDTV 在 4k 分辨率上也支持 21∶9,此时每行有 5120 个像素。此外,如 2.1.3 所述,由于广泛使用的现代平板显示器件可以显现帧率从 24~60Hz 的图像而无任何闪烁,因此 BT-709 和 BT-2020 两个标准支持了若干比临界闪烁频率更低的帧率。在物体运动不剧烈时,采用较低的帧率可以产生较少的数据量;而对于更高帧率的支持(如 120 帧/秒),如 2.1.3 节所述,则对呈现高速运动物体的平滑性和增强画面的真实感有所帮助。

2.4.4　亮度信号与色差信号

为了利用人眼对亮度细节的分辨能力高于彩色的特性,数字电视与模拟电视一样,也将摄像器件采集到的 R、G、B 信号,先转换成亮度信号(Y)和两个色差信号(称为 C_b、C_r),然后进行后续处理和传输,在显像端再转换成 RGB 信号去激励发光物质。本节介绍 ITU-R 三个标准规定的 RGB 与 YC_bC_r 之间的转换关系。

摄像器件按取样结构采集的 R、G、B 样值在空间上是离散的,但在信号取值上还是连续的。三个标准规定的将取值连续(量化前)的 RGB 转换到亮度和色差信号的关系可以统一地用式(2-20)式表示:

$$Y' = K_r \widetilde{R} + K_g \widetilde{G} + K_b \widetilde{B}, \quad K_r + K_g + K_b = 1 \tag{2-20}$$

$$C'_b = \frac{\widetilde{B} - Y'}{2(1 - K_b)} \tag{2-21}$$

$$C'_r = \frac{\widetilde{R} - Y'}{2(1-K_r)} \qquad (2\text{-}22)$$

式中，$\widetilde{R}$、$\widetilde{G}$、$\widetilde{B}$ 为经 γ 校正后的信号，Y、C_b、C_r 的上标 $'$ 表示其信号取值是连续的。表 2-4 列出了三个标准相应的 K_r、K_g 和 K_b 值。

表 2-4　RGB 到 YC_bC_r 的转换系数

标准	K_r	K_g	K_b
BT-601	0.2990	0.5870	0.1140
BT-709	0.2126	0.7152	0.0722
BT-2020	0.2627	0.6780	0.0593

当 $\widetilde{R}$、$\widetilde{G}$、$\widetilde{B}$ 均取值 0～1 时，经过式(2-20)的转换，亮度信号 Y' 取值在 0～1 之间，而色差信号 C'_b、C'_r 则取值在 -0.5～0.5 之间。2.3.2 节中式(2-19)所示的从 RGB 到 YUV 的转换矩阵符合 BT-601 的规定，将表 2-4 的数据代入式(2-20)～式(2-22)很容易得到证明。

式(2-23)～式(2-25)给出了对 Y'、C'_b、C'_r 进行量化的公式，即

$$Y = \mathrm{Int}\big[(219Y' + 16) \cdot 2^{n-8}\big] \qquad (2\text{-}23)$$

$$C_b = \mathrm{Int}\big[(224C'_b + 128) \cdot 2^{n-8}\big] \qquad (2\text{-}24)$$

$$C_r = \mathrm{Int}\big[(224C'_r + 128) \cdot 2^{n-8}\big] \qquad (2\text{-}25)$$

式中，n 为量化级数；$\mathrm{Int}[\ ]$ 代表取整。对于 8 比特量化而言，量化后 Y 的取值范围为 16～235，C_b 和 C_r 则为 16～240。直接由量化后的 RGB 转换到 YC_bC_r，或由量化后的 YC_bC_r 转换成 RGB 的关系可以查阅 ITU-R 的三个标准。

习　题　二

2-1　什么叫空间频率？在不涉及和涉及观察者的两种情况下，图像空间频率的高、低各与哪些因素有关？

2-2　请设计一个实验，用以测量得到图 2-4 的视觉空间频率响应。

2-3　在一个 0.1m×0.1m 的平面内，画出下列函数的亮度分布图，其中 $f_{x0} = 25$ 周/m，$f_{y0} = 30$ 周/m：

(1) $L(x) = \dfrac{1}{2}\big[1 + \cos 2\pi f_{x0}x\big]$　　(2) $L(x) = \dfrac{1}{2}\Big[1 + \cos\Big(2\pi f_{x0}x + \dfrac{\pi}{2}\Big)\Big]$

(3) $L(x) = \dfrac{1}{2}\big[1 + \cos 2\pi f_{y0}y\big]$　　(4) $L(x) = \dfrac{1}{2}\Big[1 + \cos\Big(2\pi f_{y0}y - \dfrac{\pi}{6}\Big)\Big]$

$\quad$ (a) $\qquad$ (b)

习题 2-4 图

2-4　假设一个 0.1m×0.1m 的屏幕上显示出图示的正弦光栅。

(1) 分别写出它们包含的频率分量；

(2) 写出光栅的周期和方位角与空间频率 f_{x0} 和 f_{y0} 之间的一般关系式；

(3) 负的时间频率有物理意义吗？负的空间频率呢？

2-5　已知一个亮度分布函数 $f(x,y) = \{1 + \cos[2\pi(f_{x0}x + f_{y0}y)]\}$，其中 $f_{x0} = 3$ 周/cm，$f_{y0} = 4$ 周/cm，请你

(1) 在 x-y 平面上画出 1cm×1cm 区域内的二维亮度分布图；

(2) 求 $f(x,y)$ 的二维空间频率谱 $F(f_x,f_y)$，并在 f_x-f_y 平面上标出各频率分量的位置；

(3) 用取样频率 $f_{sx} = 2$ 周/cm，$f_{sy} = 5$ 周/cm 对 $f(x,y)$ 取样，在 f_x-f_y 平面上标出取样后信号频谱 $F'(f_x,f_y)$ 的各频率分量的位置；

(4) 用下面的低通滤波器对 $F'(f_x,f_y)$ 进行滤波

$$L(f_x,f_y) = \begin{cases} 1 & |f_x| \leqslant \dfrac{f_{sx}}{2},\ |f_y| \leqslant \dfrac{f_{sy}}{2} \\ 0 & \text{其他} \end{cases}$$

画出经滤波后的重建亮度分布图。

2-6　在我国 625 行/帧、25 帧/秒的隔行扫描的模拟电视制式下,行、场扫描正程时间与行、场总周期的比值约为 $k_2=0.81$ 和 $k_1=0.92$,屏幕宽高比 $\alpha=W/H=4/3$。假设电视机屏幕上显示如右图所示的黑白正弦光栅图案,请你

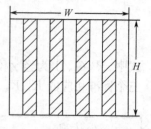

　　(1) 求出对应于该图像的电视信号的最高频率;

　　(2) 当人在距离屏幕 $6\,H$ 远处观看电视时,如果不断地改变屏幕上栅条的密集程度,当屏幕上有多少条光栅时人眼分辨得最清楚?光栅增加到大约多少条时,人只能看到模糊一片了?

　　(提示:根据图 2-4,分别取 4 周/度和 50 周/度为图中曲线的峰值点和截止点对应的横坐标位置。)

习题 2-6 图

2-7　电视系统(或多媒体系统)中为什么要进行 γ 校正?这项校正通常在系统的哪个部分进行?不经过 γ 校正就在屏幕上显示的图像会是什么样的?如果将一幅存储好的图像提取出来,人为地加大 γ 校正值,显示的图像又有什么效果?可利用 Photoshop 进行实验观察。

2-8　画出在 4∶1∶1 格式中,亮度信号和两个色差信号取样后所形成的矩阵的大小。与 4∶2∶0 格式相比,对于每一帧图像,两种格式所产生的数据量是否相同?垂直和水平分辨率是否相同?

2-9　假设 $4k$ UHDTV 的电视信号,帧率为 120 帧/秒,每个样值 $12b$ 量化深度,取样格式为 4∶2∶0,求该视频信号未经压缩的比特率。

参 考 文 献

[1]　A. N. Netravali and B. G. Haskell, Digital Pictures:Representation, Compression and Standards, 2nd Ed. , Plenum Press,New York,1995

[2]　F. W. Campbell,"The Human Eye as an Optical Filter," Proc. IEEE,Vol. 59,No. 6,1968,1009-1014

[3]　D. H. Kelly, "Visual Response to Time-Dependent Stimuli",J. Opt. Soc. Amer. ,Vol. 51,1961,422-429

[4]　A. J. Seyler and Z. L. Budrikis,"Detail Perception after Scene Changes in a Television Image Presentations," IEEE Trans. IT,Vol. IT-11,No. 1,1965,31-43

[5]　V. Nes,et al.,"Spatio-temperal Modulation Transfer in the Human Eye,"J. Opt. Soc. of America,Vol. 57,No. 9,1967

[6]　M. Miyatara,"Analysis of Perception of Motion in Television Signals and its Application to Bandwidth Compression," IEEE Trans. Communications,Vol. Com-23,No. 7,1975,761-766

[7]　孙景鳌,蔡安妮. 彩色电视基础. 北京:人民邮电出版社,1996

[8]　[美]冈萨雷斯著. 数字图像处理(第二版).阮秋琦等译. 北京:电子工业出版社,2003

第 3 章　数据压缩的基本技术

3.1　概述

数据压缩技术的研究已有几十年的历史。从基本原理来看,压缩技术可以分为两大类。第一类方法是基于香农(Shannon)理论[1]的。在这类方法中,视频图像序列利用在空间上和时间上取样得到的一组像素(灰度、彩色)值来表示(声音用在时间上对波形取样的一系列样值表示);而压缩的方法则是采用一般信号分析的方法来消除数据中的冗余,最终使得用来表示图像的一组数据是互不相关的,且是最简约的。对于这些方法,重要的是了解信源的统计特性,而不关心图像的具体内容,也不考虑或较少考虑人的视觉特性。因此,此类方法称为**基于像素**(或**基于波形**)的压缩方法,也称为第一代图像压缩编码方法。

第一代图像压缩编码方法在 20 世纪 80 年代初趋于成熟,许多优秀成果已被收入近年来制定的有关图像和视频数据压缩的国际标准,如 JPEG,MPEG 和 H.26X 等。由于希望对图像数据进行几十倍,以至于百倍以上的压缩,采用单一的压缩方法往往不能奏效,因此,各种国际标准都综合利用了多种基本压缩方法来达到所要求的压缩比。当需要进行极低码率的图像数据压缩时,第一代技术往往不能提供令人满意的解码重建图像。

"第二代图像压缩编码方法"这一术语是在 20 世纪 80 年代中期正式出现的[2]。极低码率的图像数据压缩往往采用第二代技术。这类方法在很大程度上依赖于对人类视觉特性的研究,其核心思想是力图发现人眼是根据哪些关键特征来识别图像或图像序列的,然后根据这些特征来构造图像模型。例如,根据人眼对物体的轮廓比对物体内部细节更为敏感的特点,可以利用物体(而不是像素)的集合来表示图像。所谓"物体"是指按边缘信息将某特定图像分割成的若干区域,每个区域内部具有相同的特性(如同一灰度、纹理或运动速度等)。分别对这些区域进行编码将比基于像素的编码方式有效得多。根据视觉特性的其他特点,还可以构造其他的图像模型和编码方式。

鉴于第二代技术尚未达到成熟的阶段,在有关的图像和视频压缩编码的国际标准中也未大量应用,因此,在本章中我们着重讨论第一代技术。

3.2　数据压缩的理论依据

在讨论数据压缩的时候,需要涉及研究广义通信系统的理论——信息论。香农所创立的信息论对数据压缩有着极其重要的指导意义。它一方面给出了数据压缩的理论极限,另一方面又指明了数据压缩的技术途径。本节将对无信息损失条件下数据压缩的理论极限作一简要的介绍;而下一节将讨论限定失真条件下数据压缩的理论极限。

3.2.1　离散信源的信息熵

在日常生活中,当我们收到书信、电话或看到图像时,则说得到了消息,在这些消息中包含着对我们有用的信息。通常,消息由一个有次序的符号(如状态、字母、数字、电平等)序列构成。例如,一封英文信是利用由 26 个英文字母加上标点符号所构成的序列来传递消息的。一个符号所携带的**信息量** I 用它所出现的概率 p 按如下关系定义:

$$I = \log(1/p) = -\log p \tag{3-1}$$

上述定义符合我们日常生活中的概念。例如,如果符号出现的概率为1,这说明传递给我们的是一条几乎肯定要发生的事件的消息,对我们来说是"不出所料",没有什么信息量;因此,$I=0$。反之,概率较小的符号(事件),出现的不确定性大,那么收到这个事件发生的消息时,带给我们较大的信息量。

当式(3-1)中的对数以2为底时,它的单位是比特。从后面的讨论中将会看到,表示信息量的比特其含义与二进制符号中的比特并不完全相同。

若信息源所产生的符号取自某一离散集合,则该信源称为**离散信源**。离散信源 X 可以用下式来描述:

$$X = \left\{ \begin{matrix} s_1 & s_2 & \cdots & s_n \\ p(s_1) & p(s_2) & \cdots & p(s_n) \end{matrix} \right\}, \quad \sum_{i=1}^{n} p(s_i) = 1 \tag{3-2}$$

式中,$p(s_i)$ 为符号集中的符号 s_i 发生(或出现)的概率。由于信源产生的符号 s_i 是一个随机变量(在符号产生之前,我们不知道信源 X 将发出符号集中的哪一个符号),而信息量 I 是 s_i[或 $p(s_i)$]的函数,因此 I 也是一个随机变量。对于一个随机变量,研究它的统计特性更有意义。考虑 I 的统计平均值

$$H(X) = \langle I[p(s_i)] \rangle = -\sum_i p(s_i) \log_2 [p(s_i)] \quad \text{比特 / 符号} \tag{3-3}$$

式中,$\langle \ \rangle$ 表示数学期望。

借用热力学的名词,我们把 H 叫做熵。在符号出现之前,熵表示符号集中符号出现的平均不确定性;在符号出现之后,熵代表接收一个符号所获得的平均信息量。因此,熵是在平均意义上表征信源总体特性的一个物理量。

3.2.2 信源的概率分布与熵的关系

由式(3-3)可以看出,熵的大小与信源的概率模型有着密切的关系。如果符号集中任一符号出现的概率为1,则其他符号出现的概率必然为零,信源的平均信息量(熵)则为零。如果所有符号出现的概率都小于1,熵则为某一正值。当各符号出现的概率分布不同时,信源的熵也不同。下面我们来求证,当信源中各事件服从什么样的分布时,熵具有极大值,即求解

最大化 $\quad H(X) = -\sum_{i=1}^{n} p(s_i) \log_2 p(s_i)$

从属于 $\quad \sum_{i=1}^{n} p(s_i) = 1 \tag{3-4}$

根据求条件极值的拉格朗日乘数法,我们有

$$\frac{\partial \left[H(X) + \lambda \left(\sum_{i=1}^{n} p(s_i) - 1 \right) \right]}{\partial p_i} = 0 \quad (i = 1, 2, \cdots, n) \tag{3-5}$$

式中,λ 为拉格朗日常数。解方程组(3-5)得到

$$p(s_1) = p(s_2) = \cdots = p(s_n) = \frac{1}{n} \tag{3-6}$$

此时,信源具有最大熵

$$H_{max}(X) = \log_2 n \tag{3-7}$$

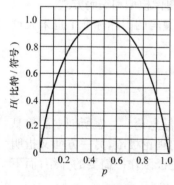

图 3-1 二进制信源的熵与概率 p 之间的关系

这是一个重要结论,有时称为**最大离散熵定理**。

以 $n=2$ 为例,熵随符号"1"的概率 p 的变化曲线如图3-1所示。$p=0$ 或 1 时,$H(X)=0$。当 $p=1/2$ 时,$H(X)=1$ 比特 / 符号。p 为其他值时,$0 < H(X) < 1$。从物理意义上讲,通常

存储或传输 1 位的二进制数码(1 或 0),其所含的信息量总低于 1 比特;只有当字符 0 和 1 出现的概率均为 1/2 时,不确定性最大,1 位二进数码才含有习惯上所说的 1 比特的信息量。

3.2.3　信源的相关性与序列熵的关系

上面讨论的离散信源所能输出的信息量,是针对一个信源符号而言的。实际上,离散信源输出的不只是一个符号,而是一个随机符号序列(离散型随机过程)。若序列中各符号具有相同的概率分布,该序列(过程)是**平稳的**。若序列中各符号间是统计独立的,即前一个符号的出现不影响以后任何一个符号出现的概率,则该序列是**无记忆的**。

假设离散无记忆信源产生的随机序列包括两个符号 X 和 Y(即序列长度等于2),且 X 取值于式(3-2)所表示的集合,而 Y 取值于

$$Y = \begin{Bmatrix} t_1 & t_2 & \cdots & t_m \\ q(t_1) & q(t_2) & \cdots & q(t_m) \end{Bmatrix}, \quad \sum_{j=1}^{m} q(t_j) = 1 \tag{3-8}$$

那么接收到该序列后所获得的平均信息量称为**联合熵**,定义为

$$H(X \cdot Y) = -\sum_i \sum_j r_{ij} \log_2 r_{ij} \tag{3-9}$$

式中,r_{ij} 为符号 s_i 和 t_j 同时发生时的联合概率。由于 X 和 Y 相互独立,$r_{ij} = p(s_i)q(t_j)$,式(3-9)变为

$$H(X \cdot Y) = H(X) + H(Y) \tag{3-10}$$

将上面的结果推广到多个符号的情况,可以得到如下结论:离散无记忆信源所产生的符号序列的熵等于各符号熵之和。要知道收到其中一个符号所得到的平均信息量(即序列的平均符号熵)可以用序列熵除以序列的长度求得。显然,当序列是平稳的,任一符号的熵就是序列的平均符号熵。

假设离散信源是有记忆的,而且为了简单起见,只考虑相邻两个符号(X 和 Y)相关的情况。由于其相关性,联合概率 $r_{ij} = p(s_i)P_{ji} = q(t_j)P_{ij}$,其中 $P_{ji} = P(t_j/s_i)$ 和 $P_{ij} = P(s_i/t_j)$ 为条件概率。

在给定 X 的条件下,Y 所具有的熵称为**条件熵**,即

$$H(Y/X) = \langle -\log_2 P_{ji} \rangle = -\sum_{i=1}^{n} \sum_{j=1}^{m} r_{ij} \log_2 (r_{ij}/p(s_i)) \tag{3-11}$$

上式中在对 $-\log_2 P_{ji}$ 进行统计平均时,由于要对 s_i 和 t_j 进行两次平均,所以用的是联合概率 r_{ij}。利用式(3-9)和式(3-11)以及联合概率与条件概率之间的关系,不难证明联合熵与条件熵之间存在下述关系:

$$H(X \cdot Y) = H(X) + H(Y/X) = H(Y) + H(X/Y) \tag{3-12}$$

上式表明,如果 X 和 Y 之间存在着一定的关联,那么当 X 发生,在解除 X 的不确定性的同时,也解除了一部分 Y 的不确定性。但此时 Y 还残剩有部分的不肯定性,这就是式(3-12)中 $H(Y/X)$ 的含义。我们把无条件熵和条件熵之差定义为**互信息**,即

$$I(X;Y) = H(Y) - H(Y/X) \tag{3-13}$$

$$I(Y;X) = H(X) - H(X/Y) \tag{3-14}$$

显然,$I(X;Y) = I(Y;X) \geqslant 0$。

两个事件的相关性越小,互信息越小,残剩的不确定性便越大。当两事件相互独立时,X 的出现,丝毫不能解除 Y 的不肯定性。在这种情况下,联合熵变为两个独立熵之和[参见式(3-10)],从而达到它的最大值。图 3-2 给出了无条件熵、条件熵和互信息之间关系的示意。

由式(3-12)和式(3-10),可以得到

$$H(X \cdot Y) = H(X) + H(Y/X) \leqslant H(X) + H(Y) \tag{3-15}$$

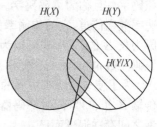

互信息 $I(X;Y)=H(Y)-H(Y/X)$

图 3-2　无条件熵、条件熵和互信息之间的关系

对于信源输出序列中有多个符号相关的情况,也可以得到类似的结果。序列熵与其可能达到的最大值之间的差值反映了该信源所含有的冗余度。信源的冗余度越小,即每个符号所独立携带的信息量越大,那么传送相同的信息量所需要的序列长度越短,或符号数越少。因此数据压缩的一个基本途径是去除信源产生的符号之间的相关性,尽可能地使序列成为无记忆的。而对于无记忆信源而言,如3.2.2节所述,在等概率情况下,离散平稳无记忆信源单个符号的熵(平均信息量)具有极大值。因此,在无信息损失的情况下,数据压缩的另一基本途径是改变离散无记忆信源的概率分布,使其尽可能地达到等概率分布的目的。

3.3 信息率—失真理论

本节将从信息论的角度,对在有信息损失情况下数据压缩的理论极限进行较为严谨的讨论。有信息损失情况下的数据压缩,就是将信源输出的数据转化为简化的或压缩的版本,而它的逼真度的损失不超出某一容限。它属于信源编码的范畴。

3.3.1 通信系统的一般模型

图3-3为常见的简单通信系统模型。我们将信道编、译码器归入信道,所以信道可以看成是无噪声的。

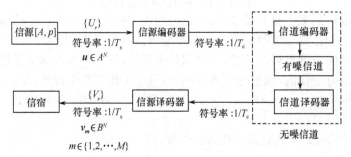

图 3-3　通信系统模型

设信源产生离散随机过程$\{U_r\}$,$r=-\infty,\cdots,-2,-1,0,1,2,\cdots,\infty$,即随机变量序列。$u$是信源符号$U$的样,$u\in A$,$A$是信源符号集。信源的特征可以用符号集$A$以及相应的概率分布表示。$A$可以是实数集,有限集,波形集,二维空间的亮度分布集,等等。概率特征可记为p,它是一族N维概率密度或分布函数。对信源还可能有平稳、遍历、独立、限功率等制约。

设信源为恒速率信源,它每T_s秒产生A的一个符号,即信源符号率R_s为$1/T_s$。信源编码器将每个长度为N的信源符号组编为K个编码符号组成的码字,编码符号取自于符号集E,我们将该码字姑且称为**编码码字**。若E中包含a个符号,则可能构成的编码码字数$M=a^K$。设信道为恒速率数字信道,它的传输率为$R_c=1/T_c$,即每T_c秒传输一个编码符号。信源译码器将信道输出还原为长N的、其形式可以为信宿接受的符号组,该符号组称为**还原码字**。由于编码码字数为M,还原码字数也为M。还原码字串成随机过程$\{V_r\}$,v是V的样,$v\in B$。B可以等于A,也可以不同于A。为了使全系统有协同的符号流量,须使$NT_s=KT_c\triangleq T$,即在信源产生N个符号的期间,信道传输K个符号,同时译码器输出N个符号。这将保证$\{V_r\}$与$\{U_r\}$有相同的符号率,只不过通常二者之间存在迟延而已。

如果编码器是数据压缩设备,则定义压缩率(或称码的符号压缩率)$\xi=K/N=T_s/T_c=R_c/R_s$,即每个信源符号平均所需的编码符号数。

前面已说明,信道可以是无噪声的,因此可以认为信源序列$\{U_r\}$直接由编、译码器映射为信宿序列$\{V_r\}$。假设A中有l个符号,则可能出现的信源符号组$\boldsymbol{u}$有l^N种。如前所述,不论B是否与A相等,构成信宿序列的还原码字v_m只有M种。为了达到压缩的目的,需要$M<l^N$。显然,信宿端接收到的用M种码字表示的符号组(N个符号)与信源用l^N种信源符号发送的符号组(N个符号)之间有可能存在信息的损失。

从信息论的观点,逼真度的损失可以用**失真**来度量。定量地表征失真的是失真函数$d(u,v)$,它是一个二元函数,用来确定在信宿用v代替信源输出u时失真的大小。所以,$d(u,v)$常为非负的实数集内的一个数值。由于U和V都是随机量,$d(u,v)$也是随机量,因此通常须定义**平均失真**$\bar{d}$:

$$\bar{d} = \langle d(U,V) \rangle \tag{3-16}$$

这里$\langle\ \rangle$是在$U\in A$和$V\in B$上的数学期望。再考虑到信源输出和信宿输入均为随机序列,可定义长度为N的符号组的平均失真为

$$\bar{d}_N = \frac{1}{N}\sum_{r=1}^{N}\langle d_r(U_r,V_r)\rangle, \qquad 1\leqslant N<\infty \tag{3-17}$$

对于不同的$r,d_r(\ \cdot\ )$可以相同,也可以不同。我们将这种以单符号失真来衡量逼真度的准则记为F_d。

数据压缩的基本问题是,在给定的一类编码器G_E和一类译码器G_D下,可能达到的最佳性能,或最小平均失真有多大。最小平均失真由下式计算:

$$D^{(N)}(G_E,G_D) = \inf_{(G_E,G_D)}\langle\bar{d}_N\rangle \tag{3-18}$$

其中下确界 inf 是在给定类的所有编、译码器上确定的。因为编、译码器的构造受到实际的限制,所以没有采用极小值,而取下确界。所谓某一类编、译码器是以它们的复杂性或压缩要求,或其他约束条件来划分的,例如,可以指所有的M级的量化器、所有的长度一定和符号集大小一定的分组码,或给定形式且输出熵受约束的所有的时不变滤波器等。

上述基本问题也可以逆向提出,即在给定一定的逼真度,或平均失真不超过D的条件下,所需传输的最低信息率(按每信源符号计)有多大,从而再据此设计编、译码器。信息论的有关基本定理是从这个角度出发的,因为这样的命题更结合实际,也更严谨。

3.3.2　信息率—失真函数

信息率—失真理论,简称率—失真理论,是信息论的一个分支,它研究信源的熵超过信道容量时出现的问题。香农在 1948 年的《通信的数学理论》中开始涉及这一问题,而 Berger 1971 年所著的《信息率失真理论》[3]给读者提供了这方面的系统知识。

根据 3.3.1 节的讨论,设信源输出被分割成长度为N的符号组。我们希望每一个符号组(或向量)$\boldsymbol{u}\in A^N$通过编、译码被变换为一个在$\bar{d}_N$意义下最佳的$\boldsymbol{v}\in B^N$(即使$\bar{d}_N$为最小),其中$\boldsymbol{u}$表示$(u_1,\cdots,u_N)$,$\boldsymbol{v}$表示$(v_1,\cdots,v_N)$。

对于给定的信源,$p(\boldsymbol{u}),\boldsymbol{u}\in A^N$是确定的。对于每个指定的条件概率分布$P(\boldsymbol{v}\mid\boldsymbol{u}),\boldsymbol{u}\in A^N$,$\boldsymbol{v}\in B^N$,可以得到信宿的概率分布为

$$q(\boldsymbol{v}) = \sum_{\boldsymbol{u}\in A}p(\boldsymbol{u})P(\boldsymbol{v}/\boldsymbol{u}), \qquad \boldsymbol{v}\in B \tag{3-19}$$

而U^N和V^N间的互信息为

$$I(U^N;V^N) = H(V^N) - H(V^N/U^N) = \sum_{\boldsymbol{u}\in A^N}p(\boldsymbol{u})\sum_{\boldsymbol{v}\in B^N}P(\boldsymbol{v}/\boldsymbol{u})\log_2\frac{P(\boldsymbol{v}/\boldsymbol{u})}{q(\boldsymbol{v})} \tag{3-20}$$

因为$p(\boldsymbol{u})$是给定的,互信息量将随$P(\boldsymbol{v}/\boldsymbol{u})$而改变,而$p(\boldsymbol{v}/\boldsymbol{u})$反映了编、解码器的性能。现在可以提出这样一个问题,如果将平均失真$\bar{d}_N$限制在一个规定值D以下,$I(U^N;V^N)$至少要多大?也就是

说,还原码字中至少要包含信源符号组的多少信息才能满足 $\overline{d}_N \leqslant D$？为了回答这一问题,需要定义信源 $[A,p]$ 相对于 F_d 的**率失真函数** $R(D)$,即

$$R(D) = \frac{1}{N} \min_{P(v/u)\in P_D} I(U^N;V^N) \tag{3-21}$$

其中 P_D 是满足 $\overline{d}_N \leqslant D$ 的所有条件概率分布 $P(v/u)$ 的集合,即

$$P_D = \{P(\boldsymbol{v}/\boldsymbol{u}) \mid \overline{d}_N = \sum_{\boldsymbol{v}\in B^N}\sum_{\boldsymbol{u}\in A^N} p(\boldsymbol{u})P(\boldsymbol{v}/\boldsymbol{u})d_N(\boldsymbol{u},\boldsymbol{v}) \leqslant D\} \tag{3-22}$$

当信源为平稳、无记忆时,式(3-21)可以简化为

$$R(D) = \min_{P(v/u)\in P_D} I(U;V) \tag{3-23}$$

其中

$$I(U;V) = \sum_{u\in A} p(u) \sum_{v\in B} P(v/u)\log_2 \frac{P(v/u)}{q(v)} \tag{3-24a}$$

$$P_D = \{P(v/u) \mid \overline{d}_N = \sum_{u\in A}\sum_{v\in B} p(u)P(v/u)d(u,v) \leqslant D\} \tag{3-24b}$$

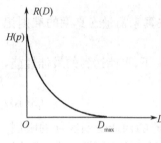

图 3-4　离散信源的率失真函数

这就是说,为了使失真度不大于 D ,信源序列传送给信宿的最小平均信息率是 $R(D)$ 。这个函数既依赖于信源的统计特性,也依赖于失真的度量,同时与编、解码器的类型 $p(v/u)$ 有关。$R(D)$ 是在失真不大于 D 的情况下,对信源信息率压缩的理论极限。

可以证明[3],尽管在式(3-21)用 min,而不用 inf,$R(D)$ 是存在的;同时,$R(D)$ 在定义域内是单调递减的下凸函数。关于 $R(D)$ 的其他性质,可参阅文献[3,4]。对于离散信源,$R(D)$ 一般如图 3-4 所示,其中 $H(p)$ 为熵函数。

3.3.3　限失真信源编码定理

在实际的通信系统中,用来传送信源信息的信息率远大于 $R(D)$ 函数所规定的值。那么,这个极限值是否能够达到或接近呢？下面介绍的编码定理将回答这个问题。

用 G 表示解码还原的字集 $G = \{v_1, v, \cdots, v_M\}$,称 G 为长度 N、字数为 M 的还原码,G 的元素称为(还原)码字。现在用 G 对信源 $[A,p]$ 的输出进行编、译码,即每个长度为 N 的信源符号组被映射为某一码字 $v\in G$,以使 $d_N(\boldsymbol{u},\boldsymbol{v})$ 为最小,记此最小值为

$$d_N(\boldsymbol{u} \mid G) = \min_{v\in G}\{d_N(\boldsymbol{u},\boldsymbol{v})\} \tag{3-25}$$

G 的平均失真为

$$d(G) = \langle d_N(U \mid G)\rangle_p = \sum_{\boldsymbol{u}\in A^N} p(\boldsymbol{u})d_N(\boldsymbol{u} \mid G) \tag{3-26}$$

式中,$\langle\ \rangle_p$ 表示在 $p(\boldsymbol{u})$ 上的平均。因此,$d(G)$ 是随机产生的信源符号组 $\boldsymbol{u} = (u_1,\cdots,u_N)$ 以 G 中最近码字为近似时所产生的失真的统计平均值。

字数为 M、长为 N 的还原码 G 的信息率通常定义为

$$R = \frac{1}{N}\log_2 M \quad （比特／信源符号） \tag{3-27}$$

这是显而易见的,因为还原码字 v 只有 M 种可能值,其最大可能信息率为 $\log_2 M$(bit/码字)。如果 $d(G) \leqslant D$,称 G 是 **D 容许的**。将字数最少的 **D 容许码**记为 $M(N,D)$ 。

有了这些预备知识,我们可以给出如下的信源编码定理和它的逆定理,定理的证明可参考文献[3]。

正定理　对于给定平稳离散无记忆信源 $[A,p]$ 和单符号逼真度准则 F_d ,设相对于 F_d 的 $[A,p]$ 的率失真函数为 $R(\cdot)$ 。那么,给定任意 $\varepsilon > 0$ 和 $D \geqslant 0$,可以找到正整数 N ,以使一个长度为 N 的 $(D+\varepsilon)$ 容许码存在,且其信息率 $R \leqslant R(D)+\varepsilon$ 。也就是说,在 N 充分大时,以下不等式成立:

$$\frac{1}{N}\log_2 M(N, D+\varepsilon) < R(D)+\varepsilon \tag{3-28}$$

换句话说,失真接近于 D、而信息率任意接近于 $R(D)$ 的码是存在的。

逆定理 不存在信息率小于 $R(D)$ 的任何 D^- 容许码,即对于所有的 N 下式成立:

$$\frac{1}{N}\log_2 M(N, D) \geqslant R(D) \tag{3-29}$$

简单地说,当失真为 D 时,信息率不能小于 $R(D)$ 。

现在考虑信源编码正、逆定理如何用于图 3-3 所示的系统。假设对这个系统的要求是信宿相对于 F_d 以失真 $D+\varepsilon$ 还原平稳离散无记忆信源$[A, p]$。编码器可以用$(D+\varepsilon)$容许码,将每个长度为 N 的信源输出序列 u 映射为一个码字 v,以使 $d_N(u, v)$ 为最小。因为正定理保证 $R < R(D)+\varepsilon$,所以只要信道容量 C(以每信源符号计)满足

$$C > R(D)+\varepsilon \tag{3-30}$$

编码器的输出就可以在译码器中以任意小的差错概率还原。图 3-3 中信道(可能包含信道编、译码器)输入、输出的符号则是无关紧要的,因为经过传输所增加的失真度为任意小,所以全系统仍以失真度 $D+\varepsilon$ 工作。另外,每个信源序列 u 映射为码字 v 是确定性的,所以信源译码器放在信道输出对上述结果并不产生影响。由此,可得下面的信息传输定理[3]:

正定理 对于 $\varepsilon > 0$,前述离散无记忆信源可以在容量 $C > R(D)+\varepsilon$ 的任何离散无记忆信道的输出端还原,而失真度为 $D+\varepsilon$。

逆定理 前述离散无记忆信源不可能在信道容量 $C < R(D)$ 的任何离散无记忆信道的输出以失真 D 还原。

这两个定理表明,信源和信宿间在限失真 D 下的通信,要求信道容量为 $R(D)$ 既是必要的,也是充分的。若一个系统在信道容量 $C = R(D)$ 时可使平均失真等于 D,则这个系统是**理想的**。在理想系统中,信源编码和信道编码可以完全分开处理。信源编码在给定的信源和逼真度准则下谋求最佳码,而不管信道结构,只要容量相等,任何信道都可以应用。信源编码器的输出的熵在码字充分长时趋近于信道容量。根据信源的渐近等分性(AEP),在信源序列长度无限增大时,所有典型序列的概率和趋近于 1,且每个序列的概率接近于相等,所以编码器输出的码字也是接近于等概率的(可以舍弃那些总概率接近于零的非典型序列)。当然,这里已经应用了遍历性,通常我们假设所讨论的信源是遍历的。这样,就允许信道编码器针对这些典型序列工作,而不管信源的细节;它只需建立信源码字和信道码字之间的一一对应关系。

以上的讨论只涉及平稳离散无记忆信源。对于其他信源的率失真理论,有兴趣的读者请参阅文献[4]。

3.4 取样频率的转换

我们知道,对于某一给定的模拟信号,取样频率越高,取样后所获得的样值越多,量化编码后的比特率也就越高。在某些情况下,在已经获得了数字信号之后,可能希望通过降低原有数字信号的取样率来降低信号的码率,例如希望利用视觉对彩色的分辨能力较低的特性,将 4:4:4 的色差信号降低到 4:2:2 格式,或者由于传输带宽的变化,希望从传送高分辨率(720×576)的图像改为传送低分辨率(360×288)的图像。这种由高取样率的样值去推算低取样率样点数值的技术,在数字信号处理中称为**抽取**,或**下取样**。相对应地,由低取样率的样值去估计较高频率的取样点上的数值,这种技术称为**内插**,或**上取样**。如何在降低取样率时尽可能地减少混叠失真,以及如何在内插时获得尽可能准确的估值,是本节讨论的主要内容。

3.4.1 下取样

下取样也称为**亚取样**。图 3-5(a)是一个离散时间(或空间)信号的频谱,其取样频率 f_1 略高于奈氏频率。如果我们希望将取样频率降低到 $f_2 = f_1/n$(n 为正整数),而 f_2 低于奈氏频率时,不能简单地采取隔 n 个样点抽取一个、丢弃其余样点的做法,因为这样做完全等效于用 f_2 作为取样频率直接对原模拟信号进行抽样,将会造成频谱的混叠。对频谱如图(a)所示的离散时间信号进行 2 抽 1(每隔 1 个样点丢弃 1 个样点)以后造成混叠失真的情况如图(b)所示,图中阴影部分为频谱混叠的区域。当图中的横坐标以对取样频率归一化的角频率 ω 度量时,$0 \sim 2\pi$ 表示了频谱的一个周期,$[0, \pi]$ 区间对应于正频率部分,$[\pi, 2\pi]$ 区间对应于负频率部分。在数字信号处理中,对于周期性延拓的频谱,通常只针对 1 个周期进行讨论。

若图像存在混叠失真,通常可以通过观察其高频部分(边界线、栅格等)察觉。例如,图 3-6(a)所示的锯齿状边界线(原本应该是直线),或(b)所示的两个规则直线栅条叠加后视觉上感受到的第三种图形,称为**莫尔图形**(Moiré Pattern),都是由混叠失真造成的。

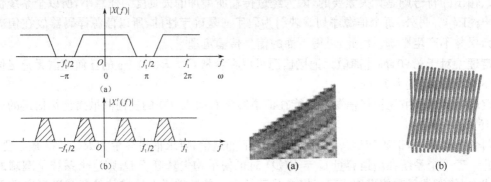

图 3-5　离散时间(或空间)信号的频谱　　　图 3-6　图像的混叠失真

一种避免混叠失真的做法是,先用一个截止频率为 $f_1/2$ 的低通滤波器将图 3-5(a)所示频谱的基带部分取出,恢复出原来的模拟信号;然后用另一低通滤波器将此模拟信号的带宽限制到 $f_2/2$,再重新取样得到取样频率为 f_2 的样值[见图 3-7(a)]。实际上,我们可以省略恢复模拟信号的中间步骤,将图中的两个滤波器合并为一个,其截止频率由带宽较窄的滤波器确定($f_2/2$)。此滤波器称为**抗混叠滤波器**。

图 3-7(b)从频谱的角度描述了下取样的实现过程。其中 $X(e^{j\omega})$ 是输入信号 $x(n)$ 的频谱;$|H(e^{j\omega})|$ 是抗混叠滤波器的频率响应,它的截止频率为 $\dfrac{f_2}{2} = f_1/2n$,n 为下取样的比值(图中 $n = 4$);$|W(e^{j\omega})|$ 为通过抗混叠滤波器后信号 $w(n)$ 的频谱,它的最高频率被限制到下取样频率 (f_1/n) 的 $1/2$;$|Y(e^{j\omega'})|$ 为经下取样后的信号 $y(m)$ 的频谱。值得注意,图中的 ω 和 ω' 是分别相对于 f_1 和 f_2 归一化的。

抗混叠滤波器通常用具有线性相频特性的 FIR 数字滤波器来实现,它的基本构成如图 3-8 所示,其中 z^{-1} 代表一个时钟周期的延时。由图可知,滤波器的输出信号为

$$w(n) = \sum_{i=0}^{M-1} a(i)x(n-i) \tag{3-31}$$

不难看出,该滤波器的冲激响应为 $\{a(i), i = 0, 1, \cdots, M-1\}$,是有限长度的。FIR 滤波器在工作时通常要对 $w(n)$ 每一个样值进行计算(加权、求和),但在下取样中使用时,有数量众多的样值最终要被丢弃,对这些将要被丢弃的样点值进行计算是一种资源的浪费。如果将 FIR 和再取样结合在一起,则可以有效地解决这个问题。此时,图 3-8 中的延时单元按输入信号的时钟频率 f_1 工作,

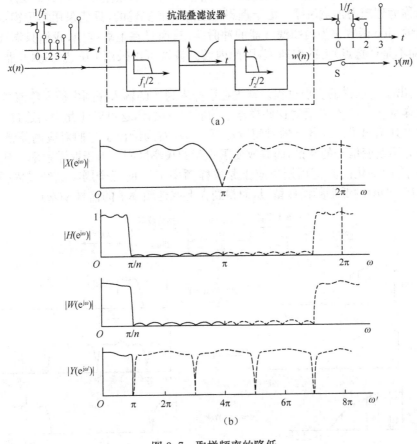

图 3-7 取样频率的降低

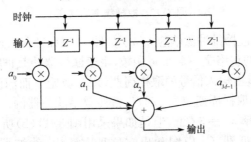

图 3-8 FIR 数字滤波器

而乘法器和加法器则工作在较低的输出信号的时钟频率 $f_2 = f_1/n$ 上。

3.4.2 上取样

取样定理告诉我们，以不低于奈氏频率取样得到的离散时间(或空间)信号，经过截止频率为 1/2 取样频率的理想低通滤波器，可以完全(无差错)地恢复出原来的模拟信号来。图 3-9 说明了这个过程。由于理想低通的冲激响应为 sinc 函数，信号的每个样值(图中的黑点)通过滤波器后形成一个 sinc 脉冲，这些 sinc 脉冲相互叠加的结果就得到原来的模拟信号 $f(t)$。由此可见，通过

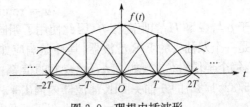

图 3-9 理想内插波形

理想低通滤波器,我们可以获得输入样值之间任意点的内插值,截止频率为1/2取样频率的理想低通滤波器可以称为**理想内插滤波器**。由于理想低通是不能实现的,只能采用矩形窗或其他形式的低通窗截断后的 sinc 函数作为内插滤波器的冲激响应;而且在上取样中,我们只需要得到在上取样频率样点(而不是任意点)上的内插值,因此内插滤波器可以采用 FIR 数字滤波器,并不必须是模拟滤波器。

图 3-10 给出了上取样的实现过程。首先在取样率为 f 的输入序列中插入零值样点,使其达到要求的输出取样率 $f'=Lf$;然后对这些样点上的值进行估计,这可以让此序列通过内插滤波器来实现。图下方左列给出了系统各点的时间波形($L=3$),右列给出了它们对应的频谱。由图看出,插入零值样点并不改变信号的频谱,而只改变了观察的频率区间。由于取样频率上升了3倍,一个用上采样频率 f' 归一化的频谱周期对应于原取样频率 f 下的三个周期。经过内插低通滤波器 $h(m)$ 之后,只有 $w(m)$ 的低端频谱保留,从而得到在上取样频率下的信号 $y(m)$。

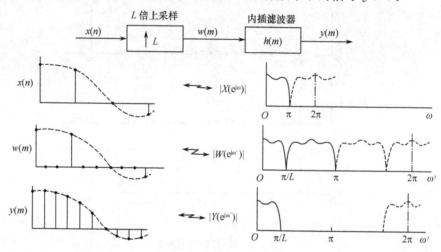

图 3-10 取样频率的增高

假设图 3-10 的内插滤波器的冲激响应 $h(m)$ 如图 3-11(a)所示,这里 m 代表与取样点相对应的时间 t 的离散值。$h(m)$ 的包络是一个 sinc 函数,由于滤波器的截止频率为原取样频率的 1/2,即 $f/2$,所以 $h(m)$ 的主瓣宽度由输入信号的取样周期($1/f$)决定。而滤波器需要内插出取样频率为 $3f$ 的样点值,因此 $h(m)$ 的取样周期应为 $1/3f$。按照数字滤波器的一般设计方法,滤波器的所有单元都应工作在较高的频率 $f'=3f$ 上,但是如果采用图 3-11(b)所示的分相位内插的方法,各单元的工作频率则可以降低到 f。由图看出在这种方法中,滤波器冲激响应 $h(m)$ 由 $h_0(m)$、$h_1(m)$ 和 $h_2(m)$ 三个并行分支组成,$h_1(m)$ 和 $h_2(m)$ 相对于 $h_0(m)$ 分别有 $1/(3f)$ 和 $2/(3f)$ 的延时。取样开关每隔 $1/f'$ 切换一个分支,依次选择不同分支的输出。

线性内插是一种广泛使用的内插方法,它利用两相邻样值的加权和内插出二者之间任意位置上的数值,每个样值的权值与该样值到内插位置的距离成反比。假设对图 3-12(a)所示的图像进行 2∶1 上取样,其中,深色方块为输入图像的像素,浅色方块为需要内插出的像素。对于像素 b 有

$$b = \mathrm{round}[(G+H)/2] \tag{3-32}$$

由于 b 与 G 和 H 的距离相等,因此使用了相同的权值。从内插滤波器的角度来看,式(3-32)代表的是一个双抽头的 FIR 滤波器,其冲激响应如图(b)的上一行所示。让我们再来看另一种内插方法:每个半像素位置(如 b,h,m,s)上的值都由一个冲激响应(权值)为 $\{1/32,-5/32,5/8,5/8,-5/32,1/32\}$ 的 6 抽头 FIR 滤波器内插出来。例如,

$$b = \mathrm{round}[(E-5F+20G+20H-5I+J)/32] \tag{3-33}$$

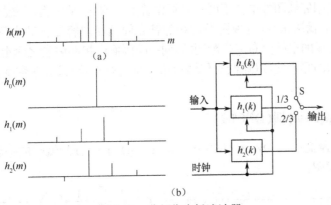

图 3-11　分相位内插滤波器

图(b)的下一行画出了该滤波器的冲激响应。比较图 3-12(b)所示的两个冲激响应, h_2 比 h_1 更接近于理想内插滤波器的冲激响应(sinc 函数),因此,其对应的内插结果更接近于原模拟信号在新取样频率上的样值。

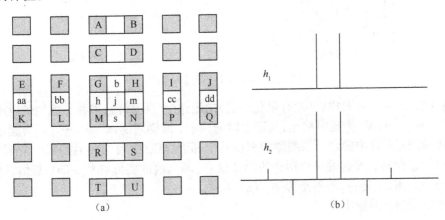

图 3-12　两种 2：1 内插滤波器的比较

3.4.3　分数比率转换

在有些情况下,上取样或下取样的倍数不一定是整数。此时,取样频率从 $f_1 = mf$ 到 $f_2 = nf$(m 与 n 之比不为整数)的转换,可分成两个整数比率的转换进行。第一步将 f_1 内插到数值为 f_1和 f_2 的最小公倍数的频率 mnf 上;第二步再对所得到的序列用 f_2 重新取样。图 3-13 表示出这一过程。图中第一个滤波器为内插滤波器,第二个为重新取样前的搅混叠滤波器。在实际实现时,这两个滤波器可以合并为一个,其截止率为 f_1 和 f_2 之中较低的一个。

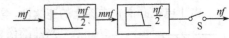

图 3-13　取样频率为分数比率的转换

3.5　预测编码

预测编码依据 3.2 节中介绍的压缩的基本途径,旨在去除相邻像素之间的冗余度,只对不能预测的信息进行编码。这里说的"相邻"可以指像素与它在同一帧图像内上、下、左、右的像素之间的空间相邻关系,也可以指该像素与相邻的前帧、后帧图像中对应于同一空间位置上的像素之间时间上的相邻关系。其中后者,即相邻帧图像中位于同一坐标位置上的像素,常称为该像素的**同位(co-located)像素**。人们在几十年之前就认识到,电视图像的相邻帧之间画面内容变化甚小,存在着大量的重复信息;另外,图像亮度、色度的空间分布多是渐变的,同一帧画面内相邻像素之间也存在着重复信息。但是,要降低像素间信息的冗余度,以降低对传输信道容量的要求,则只有在数字电视中才有了实际实现的可能。

3.5.1 差分脉冲编码调制(DPCM)

差分脉冲编码调制简称为**DPCM**(Differential PCM),它是预测编码的一种基本方式。图 3-14 为 DPCM 的原理方框图。

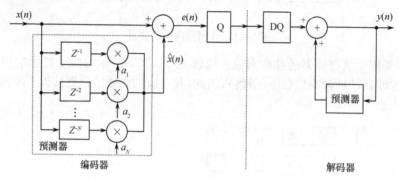

图 3-14　DPCM 的原理方框图

假设输入信号 $x(n)$ 是取样后(没有量化以前)的图像信号的样值,虚线方框内的电路称为**预测器**,其中 $z^{-i}(i=1,\cdots,N)$ 为延时单元,其延迟时间为 i 个取样周期,$a_1,a_2,\cdots,a_N$ 为固定的加权系数,其数值在预测器设计中确定。预测器根据前几个邻近样值(数目为 N)推算出当前样值的估计值 $\hat{x}(n)$。Q 为量化器。发送端只对预测的误差信号[即当前的实际样值 $x(n)$ 与估计值 $\hat{x}(n)$ 之差]$e(n)$ 进行量化编码、传送,而不是传送 $x(n)$ 本身。

图 3-14 中预测器的输出为

$$\hat{x}(n) = \sum_{i=1}^{N} a_i x(n-i) \tag{3-34}$$

式中,N 称为预测器的**阶数**。由于 $\hat{x}(n)$ 等于各输入样值的线性叠加,该预测器称为**线性预测器**。

在解码器中有一个相同的预测器,收到的预测误差信号经解量化器 DQ 以后,与预测器的输出相加,从而恢复出原信号。由于在编码端预测误差信号已被量化,因此在解码端所恢复出的信号 $y(n)$ 只是原信号 $x(n)$ 的近似值。

由于电视画面在内容上的连续性,空间域相邻像素之间有很强的相关性,可以利用这些相关性对当前的像素进行预测。这通常称为**空间域预测**。在解码端,根据前几个样值所得到的预测值 $\hat{x}(n)$ 是可知的,如果当前值 $x(n)$ 与 $\hat{x}(n)$ 相同[即 $e(n)=x(n)-\hat{x}(n)=0$],就不需要再传送新的数据给解码端了。因此,通过预测将 $x(n)$ 转换成 $e(n)$,在很大程度上降低了信息源的冗余度,这便是利用 DPCM 进行数据压缩的基本原理。

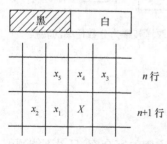

图 3-15　对应于图像黑白边界处的几个像素

在图 3-15 中,X 表示被预测的像素,$x_1,x_2,\cdots,x_5$ 则是根据扫描顺序在解码端已知的像素,它们有可能被选择用来对 X 进行预测。如果用作预测的样值与被预测的样值在同一行内(如图中的 x_1、x_2 与 X),称为**一维预测**;当用作预测的样值位于相邻的不同行上时(如图中 x_3、x_4 与 X)则称为**二维预测**。

一维预测利用了像素之间在水平方向上的相关性。对水平方向亮度变化缓慢的图像,有较好的预测效果。如果水平方向上亮度有突变,例如图 3-15 所示的图像是以 x_1 和 X 为界的黑白条,那么一阶的一维预测为

$$\hat{x} = x_1 = 0 \qquad (\text{黑电平}) \tag{3-35}$$

会给出错误的预测数值。在这种情况下,采用下面的二维预测给出较好的预测值,即

$$\hat{x} = x_1 + \frac{x_4 - x_5}{2} = \frac{1}{2} \tag{3-36}$$

下面考虑 N 阶预测器的设计问题。预测误差信号 $e(n)$ 平方值的统计平均由下式表示:

$$\langle e^2(n) \rangle = \langle [x(n) - \hat{x}(n)]^2 \rangle = \langle [x(n) - \sum_{i=1}^{N} a_i x(n-i)]^2 \rangle \tag{3-37}$$

式中 $\langle\ \rangle$ 表示均值。显然,$\langle e^2(n) \rangle$ 最小时,表示在最小均方误差意义下,预测最准确,此时的预测器称为在最小均方误差 MMSE(Minimum Mean Square Error)意义下的**最佳预测器**。最佳预测器的系数 $a_i (i=1,\cdots,N)$ 可以通过如下求 $\langle e^2(n) \rangle$ 极小值的方法获得:

$$\text{令} \qquad \frac{\partial}{\partial a_i} \langle e^2(n) \rangle = 2\langle e(n) \frac{\partial}{\partial a_i} e(n) \rangle = 0 \qquad (i=1,2,\cdots,N) \tag{3-38}$$

$$\begin{aligned}
\langle e(n) \frac{\partial}{\partial a_i} e(n) \rangle &= \langle [x(n) - \sum_{k=1}^{N} a_k x(n-k)][-x(n-i)] \rangle \\
&= -\langle x(n)x(n-i) \rangle + \sum_{k=1}^{N} a_k \langle x(n-k)x(n-i) \rangle \\
&= 0 \qquad (i=1,2,\cdots,N)
\end{aligned} \tag{3-39}$$

将上式用输入序列的自相关函数 R 来表示:

$$R(i) - \sum_{k=1}^{N} a_k R(i-k) = 0 \qquad (i=1,2,\cdots,N) \tag{3-40}$$

如果对需要压缩的某类图像的自相关函数已经做过测量的话,则可通过求解式(3-40)所表示的方程组,获得最佳预测器的系数值。此时的均方误差值则为

$$\langle e^2(n) \rangle_{\min} = \langle e(n)[x(n) - \sum_{k=1}^{N} a_k x(n-k)] \rangle \tag{3-41}$$

由式(3-39)可知,

$$\langle e(n)x(n-i) \rangle = -\langle e(n) \frac{\partial}{\partial a_i} e(n) \rangle = 0 \tag{3-42}$$

于是式(3-41)可简化为

$$\langle e^2(n) \rangle_{\min} = \langle e(n)x(n) \rangle = R(0) - \sum_{k=1}^{N} a_k R(k) \tag{3-43}$$

由上式可以看出,预测误差的平均功率比原信号的功率 $R(0)$ 要小。在相同的均方量化误差下,$e(n)$ 比 $x(n)$ 要求较少的量化级数,因此,传送 $e(n)$ 比传送 $x(n)$ 的数据率要低。

在图 3-14 所示的电路中,量化器处于预测差分环路之外。编码端利用原始信号为参考进行预测,而在解码端却是以量化后的信号为参考进行预测的,这种两端参考信号不相同的情况,称为**失配**,它导致重建信号 $y(n)$ 与输入信号 $x(n)$ 之间存在较大误差。图 3-16 给出了一个严格意义上的 DPCM 原理方框图,图中编码器的反馈环路模拟了解码端的结构:量化后的预测误差信号经解量化器后,与预测值相加构成预测器的输入信号,从而使解码端重建信号的误差降低。

值得指出,由于量化器的存在,在图 3-14(或图 3-16)所示的预测编码过程中存在着信息损失,

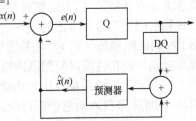

图 3-16　量化器处于预测环路之内的预测编码电路

属于有损编码。如果 $x(n)$ 是一个量化后的数字信号,编码电路中也没有对 $e(n)$ 进行进一步量化的量化器,那么此时的编码过程称为**无损 DPCM**,在解码端可以精确地恢复出原信号 $x(n)$。

3.5.2 序列图像中运动矢量的估值

1. 运动矢量估值的必要性

电视图像是由在时间上相互间隔为帧周期(1/25s、或 1/30s)的一帧帧图像组成的图像序列。可以想象,在拍摄同一场景时,时间上相邻的两幅图像之间在内容上差异不会太大,或者说后一帧的内容与前一帧重复的部分很多。用数学的术语来讲,二者是相关的。消除序列图像在时间上的相关性(冗余度),是视频信号压缩编码的一条重要途径。

序列图像在时间上的冗余情况可分为如下几种:① 对于静止不动的场景,当前帧和前一帧的图像内容是完全相同的;② 对于运动的物体,只要知道其运动规律,就可以从前一帧图像推算出它在当前帧中的位置来;③ 摄像镜头对着场景进行横向移动(称为滑镜头)、焦距变化等操作会引起整个图像的平移、放大或缩小,对于这种情况,只要摄像机的运动规律和镜头改变的参数已知,图像随时间所产生的变化也是可以推算出来的。由电视图像的这些特点我们可以想到,发送端不一定必须把每帧图像上所有的像素都传给接收端,而只要将物体(或摄像机)的运动信息告知收端,收端就可根据运动信息和前一帧图像的内容来更新当前帧图像,这比全部传送每帧图像的具体细节所需的数据量小得多。

要这样做,一个首先需要解决的问题是如何从序列图像中提取出有关物体运动的信息,这通常称为**运动估值**。本节讨论的内容就是运动估值的方法。摄像机的运动和参数变化影响到图像的每个像素,我们将这种由摄像机运动导致的像素位置变化称为**全局运动**。本节将不涉及全局运动估值问题,有兴趣的读者可以参考其他文献[5]。

为了简单起见,本节介绍的物体运动估值方法基于如下的假设:

(1) 物体是刚体,且只在与摄像机镜头的光轴(即穿过镜头球面中心和球心的轴)垂直的平面内移动。这就是说,物体的形变、旋转、镜头焦距的变更等因素不考虑在内;

(2) 无论物体移动到任何位置,照明条件都不变,也就是说,同一物体在所有序列图像中亮度没有变化;

(3) 被物体遮挡的背景和由于物体移开而新暴露出来的背景部分不做特殊考虑。在上述假设下,t 时刻运动物体的像素 b_t 可以用它在时间 τ 以前的值 $b_{t-\tau}$ 表示出来,即

$$b_t(z) = b_{t-\tau}(z - \boldsymbol{D}) \tag{3-44}$$

式中,b 代表像素亮度值;$z=(x,y)^{\mathrm{T}}$ 为位置矢量,T 代表矢量的转置;$\boldsymbol{D}$ 为在时间间隔 τ 内物体运动的**位移矢量**(Displacement Vector)。严格地讲,位移矢量与**运动矢量**(Motion Vector,MV),在概念上是有区别的,因为位移只是物体运动的一种方式,但由于在当前技术条件下,位移几乎是进行视频数据压缩时所考虑的唯一运动方式,因此在相关的文献中,常将 $\boldsymbol{D}$ 称为运动矢量。上式表示 t 时刻的图像是 $(t-\tau)$ 时刻的图像经适当移位后的结果。因此通过比较相距时间为 τ 的两帧图像可以估计出在这段时间间隔内物体的位移 $\boldsymbol{D}$。根据这一公式进行运动估值的方法主要分为两大类[2,6],分别称为**块匹配方法**和**像素递归方法**。由于块匹配方法是目前视频压缩编码广泛采用的方法,因此本节仅针对它进行讨论。

2. 块匹配方法

按照一般的想法,运动估值应当首先将图像中的静止背景和运动物体区分开来,然后对运动物体的实际位移进行估值,但是从图像中分割出物体常常是一个困难的任务。为了回避这个困难,在块匹配方法中,将图像划分为许多互不重叠的块(如 16 像素×16 像素),并假设块内所有像素的位移量都相同。这实际上意味着将每个块视为一个"运动物体"。假设在图像序列中,t 时刻对应于

第 k 帧图像,$t-\tau$ 时刻对应于 $k-1$ 帧图像。对于 k 帧中的一个块,在 $k-1$ 帧中找与其最相似的块,称为**匹配块**,并认为该匹配块在 $k-1$ 帧中的位置,就是 k 帧块位移前的位置,根据式(3-44)则可以得到该块的位移矢量 $\boldsymbol{D}$。此时,$k-1$ 帧称为 k 帧的**参考帧**。

为了节省计算量,在 $k-1$ 帧中的匹配搜索只在一定范围内进行。假设在 τ 时间间隔内块的最大可能水平和垂直位移量为 d_m 个像素,则搜索范围 SR 为

$$SR = (M+2d_m) \times (N+2d_m) \tag{3-45}$$

式中,M、N 分别为块在水平和垂直方向上的像素数。图 3-17 给出了块与搜索范围的相对位置关系。显然,在块匹配方法中最重要的两个问题是:判别两个块匹配的准则和寻找匹配块的搜索方法。对这两个问题的不同解决方案构成了不同的算法。

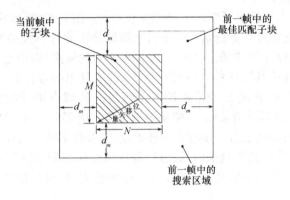

图 3-17　块与搜索范围 SR 的位置关系

判断两个块相似程度的最直接的准则是归一化的二维互相关函数 NCCF,其定义为

$$\text{NCCF}(i,j) = \frac{\sum\limits_{m=1}^{M}\sum\limits_{n=1}^{N} b_k(m,n)b_{k-1}(m+i,n+j)}{\left[\sum\limits_{m=1}^{M}\sum\limits_{n=1}^{N} b_k^2(m,n)\right]^{1/2}\left[\sum\limits_{m=1}^{M}\sum\limits_{n=1}^{N} b_{k-1}^2(m+i,n+j)\right]^{1/2}} \tag{3-46}$$

式中的时间和位置已用相应的离散量表示,分子为在第 k 帧中的块与在 $k-1$ 帧中与该块对应位置相差 i 行、j 列的块之间的互相关函数,分母中括号里的项分别代表这两个块各自的自相关函数的峰值。当 NCCF 为最大值时两个块匹配,此时对应的 i、j 值即构成位移矢量 $\boldsymbol{D}$。

在实际应用中,常常使用如下计算比较简单的判断块匹配的准则:

(1) 块亮度的均方差值(MSE)

$$\text{MSE}(i,j) = \frac{1}{MN}\sum_{m=1}^{M}\sum_{n=1}^{N}\left[b_k(m,n)-b_{k-1}(m+i,n+j)\right]^2$$
$$(-d_m \leqslant i,j \leqslant d_m) \tag{3-47}$$

(2) 块亮度差的绝对值均值(MAD)

$$\text{MAD}(i,j) = \frac{1}{MN}\sum_{m=1}^{M}\sum_{n=1}^{N}\left|b_k(m,n)-b_{k-1}(m+i,n+j)\right|$$
$$(-d_m \leqslant i,j \leqslant d_m) \tag{3-48}$$

(3) 块亮度差的绝对值和(SAD)

$$\text{SAD}(i,j) = MN \cdot \text{MAD}(i,j) \tag{3-49}$$

当 MSE 或 MAD 或 SAD 最小时,表示两个块匹配。

研究结果表明,匹配判别准则的不同对匹配的精度,也就是对位移矢量估值的精度影响不大。因此,式(3-49)所表示的不含有乘法和除法的 SAD 准则成为最常使用的匹配判别准则。

为了寻找最佳的匹配块,我们需要将 $k-1$ 帧中对应的块在整个搜索区内沿水平和垂直方向逐个像素移动,每移动一次计算一次判决函数(如 SAD)。总的移动次数(搜索点)Q 为

$$Q = (2d_m + 1)^2 \tag{3-50}$$

这种搜索方式称为**全搜索**。全搜索的计算量是相当大的。使用 SAD 为准则时每个像素要进行三个基本运算(相减、求绝对值、求和),对一个块进行全搜索要求 $3 \times (2d_m+1)^2 \times MN$ 次运算。假设视频图像的分辨率为 $N_W \times N_H$,则每帧有 $(N_W \times N_H)/MN$ 个块,即使在 $d_m = 7$、$[N_W, N_H] = [352, 288]$ 和帧率 $f = 30$ 时,所需的运算量也达到 2.05 千万次/秒。一般来说,运动估值的计算量通常占到现行标准下视频压缩编码的 $60\% \sim 80\%$。

3. 块匹配的快速搜索方法

为了加快搜索过程,人们提出了许多不同的搜索方法。图 3-18 所示的**三步法**是早期提出的一个典型快速搜索算法。它通过降低搜索点的数目来降低算法的计算复杂度。其搜索过程为:第一步,以待匹配块中心的**同位像素**(即前一帧中与之位置相同的像素)为中心,在中心点和与其相距 4 个像素的 8 个邻域点上计算判决函数 SAD 值,取 SAD 值最小的点作为下一步搜索的中心;第二步,以该点为中心,对与中心相距 2 个像素的未搜索过的邻域点进行搜索;第三步,以上一步中 SAD 值最小的点为中心,对距离中心 1 个像素的未搜索过的邻域点进行搜索,最终找到最佳匹配位置。图中带有数字的圆圈代表每一步骤中的搜索点,带有数字的方块代表该步骤中 SAD 值最小的位置。本例中,在 $d_m \leqslant 7$ 的搜索范围内,通过三步找到最佳匹配位置 $(i+7, j-2)$。早期提出的其他算法,如二维对数法、共轭方向法等[2,5,6],与三步法相类似,只是每个步骤搜索点所构成的图形的**形状**和**大小**不同。

几乎所有的快速搜索算法都基于如下的假设:当偏离最佳匹配位置(运动矢量 $\boldsymbol{D} = \boldsymbol{D}_{\text{opt}}$)时,判决函数(匹配误差)值是单调上升的。因此无需搜索所有的点,只要沿着误差值减少的方向进行搜索,就能找到最佳匹配位置。图 3-19 给出了一维情况下沿误差曲线搜索的情况(如图实线上箭头所示)。但是当误差曲线非凸时(如图中虚线示),这种搜索方法则可能落入局部极值点,例如从图中 A 点左侧邻近点沿误差减小方向的搜索将中止于 A 点,而不能搜索到最佳匹配位置(全局极小点)。

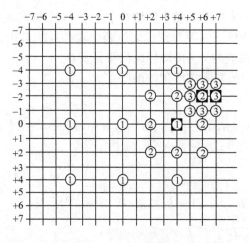

图 3-18　三步法的搜索过程

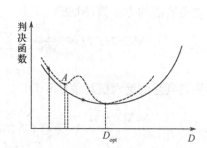

图 3-19　运动矢量估值过程示意图

保证在任何情况下找到全局极值点是一个困难的问题,但是从另一个角度来考虑,在全局极值点的邻近区域,误差曲线(二维时为曲面)为凸的假设总是成立的,因此只要有一个搜索点落在全局极值点的附近,搜索到最佳匹配位置的概率就会很大。

根据上述想法,近年来人们提出了许多新的快速搜索算法,具有代表性的有 EPZS 和 TZS

等[7,8]，它们不仅大大提高了搜索的速度，而且具有与全搜索方法相当的性能。这些算法的基本策略可以概括如下。

（1）运动矢量预测

由于图像内容的连续性，相邻块的运动矢量一般是相近的，换句话说，运动矢量场（运动矢量的分布函数）在空间和时间上一般是平滑、渐变的，因此，我们可以根据已进行过运动估值的相邻块的运动矢量（假设它们的估值是正确的），对当前待匹配块的运动矢量进行预测，然后从预测位置开始进行搜索。如果预测得足够准确，那么预测点落在误差曲线的全局极值点附近，这不仅能够缩短搜索需要的时间，而且使搜索到全局极值点的概率增高。

在图 3-20 中，设 k 帧中灰色块为当前待匹配的块，它的 MV 的最常用预测值为：$(0,0)$、当前块的左、上和右上三个空间邻域块的运动矢量 $\boldsymbol{MV}_L$、$\boldsymbol{MV}_T$ 和 $\boldsymbol{MV}_{TR}$，以及这三个 MV 的中值 $\boldsymbol{MV}_{med}$，前一帧同位块的运动矢量 $\boldsymbol{MV}_C$。其他预测值还可以考虑：前一帧同位块的上、下、左、右 4 个邻域块的 MV、前 2 帧的"加速度"$\boldsymbol{MV}=\boldsymbol{MV}_C+(\boldsymbol{MV}_C-\boldsymbol{MV}_{C2})$（见图 3-20），以及上述各预测值的线性组合等。我们将各个 MV 预测值所确定的一组点作为搜索的候选起始点，计算它们的 SAD 值，并选择 SAD 值最小的点作为最佳起始点；然后以该点为中心类似于三步法那样，计算规定的搜索图形上各搜索点的 SAD 值，并按 SAD 值减小的方向移动搜索图形，直至找到最佳匹配位置为止。由于搜索采用了多个候选起始点，所以使得因 MV 预测不准确而引起的起始点远离全局极值点的风险降低。

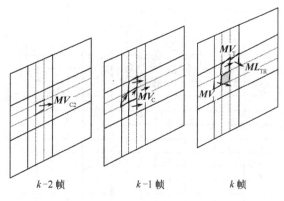

图 3-20　运动矢量的预测

（2）搜索提前中止

所谓"**提前中止**"是指，在某个搜索点上如果匹配误差 SAD 小于预先设定的阈值 T，则认为匹配已经足够好，搜索中止。人们通过研究发现，大多数图像块的运动矢量与空间邻块运动矢量的中值 $\boldsymbol{MV}_{med}$ 相关性最强，与 $(0,0)$、$\boldsymbol{MV}_L$、$\boldsymbol{MV}_T$、$\boldsymbol{MV}_{TR}$ 和 $\boldsymbol{MV}_C$ 的相关性次之，与其他 MV 预测值的相关性则小一些。显然，先搜索相关性强的预测点，可能较早满足提前中止的条件，从而提高搜索效率。

提前中止阈值 T 的选取是一个值得考虑的问题，阈值过小达不到提前中止以减少计算量的目的；过大则搜索不到最佳匹配位置。一般来说，针对不同情况可以设置不同的阈值，例如对相关性强的点，阈值严格一些，对相关性弱的点则宽松一些。除了固定阈值之外，还可以动态地选取阈值。考虑到待匹配块的 SAD 值与它的空间邻域（左、上和上右）和时间邻域（同位）块的 SAD 值之间也存在着相关性，一种动态阈值的选择方法为

$$T = a \cdot \min(\mathrm{SAD}_L, \mathrm{SAD}_T, \mathrm{SAD}_{TR}, \mathrm{SAD}_C) + b \tag{3-51}$$

式中，a、b 为预定的常数。

（3）有效的搜索图形

图 3-21 给出了几个在快速搜索算法中常用的图形，其中（a）为钻石形；（b）为正方形；（c）为扫

描栅格状的;(d)为对角状的。所有4种图形都可以在一步搜索中检查8个方向。(c)和(d)用于距离匹配点较远的地方;(a)和(b)用于距匹配点较近的地方,且在趋向于匹配点的搜索过程中,图形尺寸可以减小(如图中深色方块所示)。判断当前搜索点距离匹配点的远近可以有多种准则,一种常用的办法是检查搜索点 SAD 值的大小。SAD 值小意味着接近匹配点,可以使用小尺寸图形。

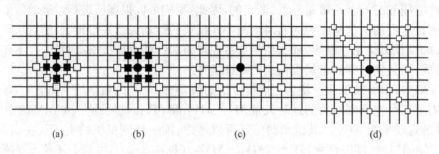

图 3-21　搜索图形

上述三种基本策略的不同运用形成了不同的算法。图 3-22 给出了一个搜索过程的示例,其中带有数字的圆圈代表每一个步骤的搜索点,带有数字的方块代表该步骤中的 SAD 值最小的位置(见本章习题7)。搜索图形为小钻石。

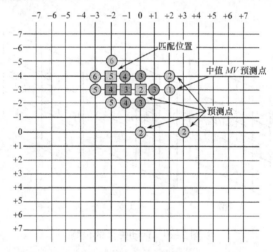

图 3-22　搜索过程示例

3.5.3　具有运动补偿的帧间预测

1. 前向预测

与消除图像中相邻像素间的空间冗余度一样,消除序列图像在时间上的相关性,也可以采用预测编码的办法,即不直接传送当前帧(即 k 帧)的像素值 x[见图 3-23(a)],而传送 x 与前一帧(即 $k-1$ 帧)同位像素 x' 之间的差值,这称为**帧间预测**。对隔行扫描的电视信号,也可以用前一场来预测当前场的像素(场间预测)。当图像中存在着运动物体时,简单的预测不能收到好的效果。例如图 3-23(b)中,当前帧与前一帧的背景完全一样,只是小球平移了一个位置。如果简单地以 $k-1$ 帧的同位像素值作为 k 帧像素的预测值,则在实线和虚线所示的圆内预测误差都不为零。如果已经知道了小球的位移矢量,可以从小球在 $k-1$ 帧的位置推算出它在 k 帧中的位置来,而背景图像(不考虑被遮挡的部分)仍以前一帧的背景代替。将这种考虑了小球位移的 $k-1$ 帧图像作为 k 帧的预测值,就比简单的预测准确得多,从而可以达到更高的数据压缩比。这种预测方法称为**具有运**

动补偿的帧间预测。

从原理上讲,具有运动补偿的帧间预测应包括如下几个基本步骤:

（1）将图像分割成静止的背景和若干运动的物体,各个物体可能有不同的位移,但构成同一物体的所有像素的位移相同。通过运动估值得到每个物体的位移矢量;

（2）利用位移矢量计算经运动补偿后的预测值;

（3）除了对预测误差进行编码、传送以外,还需要传送位移矢量以及如何进行运动物体和静止背景分割等方面的附加信息。

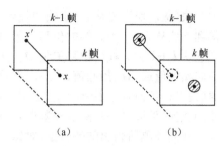

图 3-23　帧间预测与具有运动补偿的帧间预测

图 3-24 给出了这种预测器的原理方框图。图中向下的虚线箭头标出分割的结果送进运动估值单元,以便针对不同物体进行位移估值。而向上的虚线箭头表示用估值的结果和分割的结果一起去控制预测器,以得到经运动补偿后的预测图像。编码器的最终输出为帧间预测误差、位移矢量和分割产生的地址信息等。

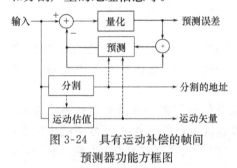

图 3-24　具有运动补偿的帧间预测器功能方框图

如前所述,将图像分割成静止区域和不同的运动区域是一项困难的工作,当要求实时地完成这项运算时就更加困难。一种简化的办法是将图像分割成块,每块看成是一个物体,按 3.5.2 节中讲的块匹配的方法估计每个块的位移矢量,将经过位移补偿的帧间预测误差（Displaced Frame Difference,**DFD**）和位移矢量 **D** 传送给接收端,接收端就可以按下式从已经收到的前一帧信息中恢复出该块:

$$b_k(z) = b_{k-1}(z - \mathbf{D}) + \mathrm{DFD}(z, \mathbf{D}) \qquad (3\text{-}52)$$

图 3-25 中表示出了 k 帧各块及它们在 $k-1$ 帧中对应的匹配块之间的关系。从该块的预测误差和它的位移矢量所指向的 $k-1$ 帧中的匹配块,可以恢复出 k 帧中的块来。显然,当一个块中的像素实际上属于位移量不同的物体时,这种对整个块用同一位移作的预测则不够准确,这将使预测误差 DFD 增加,从而影响数据压缩比的提高,但是值得指出,这并不造成重建(恢复出)的 k 帧中的块的图像失真。

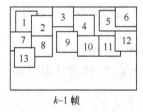

图 3-25　块匹配方式的帧间预测

2. 后向预测和双向预测

上面介绍的用 $k-1$ 帧预测 k 帧图像的预测方式称为**前向预测**。如果待预测的块是在 k 帧,而搜索区域处于 $k+1$ 帧之内,也就是从后续的 $k+1$ 帧图像预测前面的 k 帧图像,这种方式称为**后向预测**。对于在 $k-1$ 帧中被覆盖,而从 k 帧开始新暴露出的物体(或背景),使用后向预测可以得到更好的预测值。

第三种预测方式是采用前、后两帧来预测中间帧,这称为**双向预测**。如图 3-26 所示,对于 k 帧中的块（灰色块），先从 $k-1$ 帧中找到它的最佳匹配块，从而得到该块从 $k-1$ 到 k 帧的位移矢量 D_1，再利用后向预测得到它从 $k+1$ 到 k 帧的位移矢量 D_2，然后将经过运动补偿的前向预测值或后向预测值，或二者平均值作为 k 帧块的预测值（视哪种预测误差最小而定）。这样的做法与单纯的前向预测相比，可以进一步降低预测误差，从而提高数据压缩比。

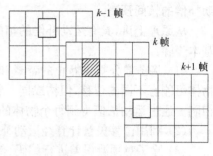

图 3-26 双向预测

双向预测所付出的代价是，对每一个图像块需要传送两个位移矢量给接收端，而且 k 帧的恢复必须等到 $k+1$ 帧解码之后才能进行。也就是说，输入序列的帧顺序是 $k-1$、k、$k+1$，编码和解码运算的帧顺序是 $k-1$、$k+1$、k，而图像显示的顺序又是 $k-1$、k、$k+1$。要保持处理和显示的连续性，在编码端和解码端分别需要引入一帧的延时。

3.6 正交变换编码

3.6.1 最佳线性正交变换

正交变换编码与预测编码一样，都是利用去除信源的相关性来达到数据压缩的目的。它们之间的不同之处在于，预测编码是在空间域或时间域内进行，而变换编码则是在变换域（频率域）内进行的。

在数据压缩中，进行正交变换的目的是希望为给定的某类信号找到一种最有效的表示方式。假定一个离散时间（或空间）信号由 N 个采样值所组成，则可以认为它是一个在 N 维空间中的点，而每个采样值代表 N 维信号空间中数据向量 X 的一个分量。为了找到有效的表示方法，我们选取 X 的一个正交变换，使

$$Y = TX \tag{3-53}$$

式中，Y 与 T 分别为变换向量和正交变换矩阵。我们的目的是要寻找一个变换矩阵 T，将经上式变换得到的 Y 用一个由 $M(M<N)$ 个分量构成的子集来近似，当删去 Y 中剩下的 $(N-M)$ 个分量，仅用这个子集来恢复 X 时，不引起明显的误差。这样就可以用 Y 的这个只有 M 个分量的子集来代表有 N 个分量的信号 X，从而达到数据压缩的目的。

为了找到"最佳"的正交变换，通常使用的判断准则是，能使得在恢复 X 时所产生的均方误差最小。

设变换矩阵具有如下形式：

$$T^H \equiv T^{*T} = [\Phi_1, \Phi_2, \cdots, \Phi_N] \tag{3-54}$$

式中，上标 $*$ 和上标 T 分别代表矩阵的共轭与转置，上标 H 代表共轭、且转置，Φ_i 是 N 维的列向量，且是**标准正交**（Orthonormal）的，即

$$\Phi_i^H \cdot \Phi_k = \begin{cases} 1 & (i=k) \\ 0 & (i \neq k) \end{cases} \tag{3-55}$$

由于 Φ_i 相互正交，所以它们是线性独立的，即它们之中的任何一个不能由其余向量的线性组合来产生。我们知道，N 个线性独立的向量可以生成一个 N 维空间，这一组向量称为该空间的**基**，其中的每一个 Φ_i 称为**基向量**。例如，三维欧几里得空间的三个基向量分别是 i、j 和 k。

由式（3-54）式（3-55），得到 $TT^H = T^H T = I$，即 T 的逆矩阵为

$$T^{-1} = T^H \tag{3-56}$$

满足上述条件的矩阵称为**酉矩阵**，它所对应的变换称为**酉变换**。当 T 为实数矩阵，且 $T^{-1} = T^T$ 时，T 称为**正交矩阵**，其对应的变换称为**正交变换**。数据压缩中所研究的主要是正交（或酉）变换。我们熟

悉的傅氏变换,当其基向量 $\boldsymbol{\Phi}_i = \dfrac{1}{\sqrt{N}}[\mathrm{e}^{\mathrm{j}\frac{2\pi}{N}i\cdot 0}, \mathrm{e}^{\mathrm{j}\frac{2\pi}{N}i\cdot 1}, \cdots, \mathrm{e}^{\mathrm{j}\frac{2\pi}{N}i(N-1)}]^{\mathrm{T}}$ 时,就是一个酉变换。

由式(3-53)和式(3-56),得到

$$X = T^{\mathrm{H}}Y = y_1\boldsymbol{\Phi}_1 + y_2\boldsymbol{\Phi}_2 + \cdots + y_N\boldsymbol{\Phi}_N = \sum_{i=1}^{N} y_i\boldsymbol{\Phi}_i \tag{3-57}$$

上式表明将 X 转换到由基向量 $\boldsymbol{\Phi}_i(i=1,\cdots,N)$ 生成的 N 维空间(通常称为**变换域**)中,y_i 代表 X 在 $\boldsymbol{\Phi}_i$ 上投影的大小,称为**变换系数**。因此,由变换系数所构成的向量 Y 是信号 X 在变换域中的表示。

假设信号 X 是一个均值为零的随机向量,即$\langle X \rangle = 0$。若只保留 $M(M<N)$ 个变换系数,将其余$(N-M)$个系数置为零,则所得到的 X 的近似值 X_M 与原信号的差值 ΔX 为

$$\Delta X = X - X_M = \sum_{i=M+1}^{N} y_i\boldsymbol{\Phi}_i \tag{3-58}$$

其均方误差 MSE 则为

$$\mathrm{MSE} = \langle \|\Delta X\|^2 \rangle = \langle \Delta X^{\mathrm{H}} \cdot \Delta X \rangle = \langle \sum_{i=M+1}^{N}\sum_{k=M+1}^{N} y_i^* \cdot y_k\boldsymbol{\Phi}_i^{\mathrm{H}} \cdot \boldsymbol{\Phi}_k \rangle$$

$$= \sum_{i=M+1}^{N} \langle |y_i|^2 \rangle \tag{3-59}$$

上式的最后一步由基向量的正交性得到。由式(3-53)可知,$y_i = \boldsymbol{\Phi}_i^{\mathrm{H}} \cdot X$,且标量的转置为其自身,则式(3-59)可改写为

$$\mathrm{MSE} = \sum_{i=M+1}^{N} \langle y_i \cdot y_i^{\mathrm{H}} \rangle = \sum_{i=M+1}^{N} \boldsymbol{\Phi}_i^{\mathrm{H}} \langle X \cdot X^{\mathrm{H}} \rangle \boldsymbol{\Phi}_i \tag{3-60}$$

当$\langle X \rangle = 0$ 时,$\langle X \cdot X^{\mathrm{H}} \rangle$ 即为 X 的协方差矩阵 $\boldsymbol{\Sigma}_X$。

利用拉格朗日乘数法可以证明[9],在 $\boldsymbol{\Phi}_i^{\mathrm{H}} \cdot \boldsymbol{\Phi}_i = 1$ 的条件下,使 MSE 为最小的条件是

$$\boldsymbol{\Sigma}_X\boldsymbol{\Phi}_i = \lambda_i\boldsymbol{\Phi}_i \quad (1 \leqslant i \leqslant N) \tag{3-61}$$

由上式看出 $\boldsymbol{\Phi}_i$ 和 λ_i 分别是矩阵 $\boldsymbol{\Sigma}_X$ 的本征向量和本征值。这也就是说,以信号的协方差矩阵 $\boldsymbol{\Sigma}_X$ 的本征向量 $\boldsymbol{\Phi}_i(i=1,2,\cdots,N)$ 组成的变换矩阵是均方误差最小准则下的最佳变换矩阵,用此矩阵构成的最佳变换 $Y = TX$ 称为卡南—洛伊夫变换(Karhunen-Loeve Transform),简称 **KLT**。

经 KL 变换后,Y 的协方差矩阵 $\boldsymbol{\Sigma}_Y$ 为

$$\boldsymbol{\Sigma}_Y = <Y \cdot Y^{\mathrm{H}}> = T\boldsymbol{\Sigma}_X T^{\mathrm{H}} = \begin{bmatrix} \lambda_1 & & & \\ & \lambda_2 & & 0 \\ & & \ddots & \\ & 0 & & \\ & & & \lambda_N \end{bmatrix} \tag{3-62}$$

根据协方差矩阵的定义可知,$\boldsymbol{\Sigma}_Y$ 矩阵对角线上的元素为 Y 的分量 y_i 的方差,而非对角线上的元素代表 Y 的分量之间的协方差值。式(3-62)说明,KL 变换解除了随机向量 X 的分量之间的相关性,在变换域中 Y 的各分量之间是互不相关的(因为协方差为零),从而有利于对各分量分别独立地进行处理。同时,将式(3-61)代入式(3-60),得到

$$\mathrm{MSE}_{\min} = \sum_{i=M+1}^{N} \lambda_i \tag{3-63}$$

上式说明最小均方误差等于 Y 向量中被丢弃的分量的方差之和。由此可知,应该选择具有较大方差的 M 个 Y 分量所构成的子集来恢复 X,以使得恢复后所产生的误差最小(能量损失最小)。

由于构成 KL 变换的基向量是 X 协方差矩阵的本征向量,因此,KLT 的基向量与信号的统计特性有关,必须针对某一类信号具体地设计。这一点是与傅氏变换不同的。在傅氏变换中,不管对具有何种特性的信号,均使用同样的基向量。此外,KLT 也缺乏相应的快速算法,因此在数据压缩

中应用并不普遍,但它常被用来作为评价各种变换的性能的基准。

3.6.2 离散余弦变换

选择不同的正交基向量,可以得到不同的正交变换。从数学上可以证明,各种正交变换都能在不同程度上减小随机向量各分量之间的相关性[9],而且信号经过大多数正交变换后,能量会相对集中在少数变换系数上,删去对信号贡献小(方差小)的系数,只利用保留下来的系数恢复信号时,不会引起明显的失真。因此,不同的正交变换,例如,离散傅氏变换(DFT),离散余弦变换(DCT),哈尔变换(HT),沃尔什—哈达马变换(WHT)等均在数据压缩中得到应用,只是在均方误差准则下,性能不如 KLT 好。

当信号的统计特性符合一阶平稳马尔柯夫过程,而且相关系数接近于 1 时(许多图像信号都可以足够精确地用此模型描述),DCT 十分接近于信号的最佳变换 KLT[9],变换后的能量集中程度较高。即使信号的统计特性偏离这一模型,DCT 的性能下降也不显著。由于 DCT 的这一特性,再加上其基向量是固定的,并具有快速算法等原因,它在图像和视频数据压缩中得到了广泛的应用。

顾名思义,DCT 的基向量由余弦函数构成。一维 DCT 的正变换和反变换分别由下式定义:

$$S(n) = (\frac{2}{N})^{1/2} C(n) \sum_{k=0}^{N-1} s(k)\cos \frac{(2k+1)n\pi}{2N} \qquad (n=0,1,\cdots,N-1) \qquad (3\text{-}64)$$

$$s(k) = (\frac{2}{N})^{1/2} \sum_{n=0}^{N-1} C(n)S(n)\cos \frac{(2k+1)n\pi}{2N} \qquad (k=0,1,\cdots,N-1) \qquad (3\text{-}65)$$

式中,$s(k)$ 为信号样值;$S(n)$ 为变换系数,且

$$C(n) = \begin{cases} \frac{1}{\sqrt{2}} & n=0 \\ 1 & n \neq 0 \end{cases} \qquad (3\text{-}66)$$

由一维的 DCT 可以直接扩展到二维,即

$$S(u,v) = \frac{2}{N}C(u)C(v)\sum_{j=0}^{N-1}\sum_{k=0}^{N-1} s(j,k)\cos \frac{(2j+1)u\pi}{2N}\cos \frac{(2k+1)v\pi}{2N}$$
$$(u=0,1,\cdots,N-1;v=0,1,\cdots,N-1) \qquad (3\text{-}67)$$

$$s(j,k) = \frac{2}{N}\sum_{u=0}^{N-1}\sum_{v=0}^{N-1} C(u)C(v)S(u,v)\cos \frac{(2j+1)u\pi}{2N}\cos \frac{(2k+1)v\pi}{2N}$$
$$(j=0,1,\cdots,N-1;k=0,1,\cdots,N-1) \qquad (3\text{-}68)$$

其中

$$C(u) = \begin{cases} \frac{1}{\sqrt{2}} & u=0 \\ 1 & u \neq 0 \end{cases} \qquad (3\text{-}69)$$

$$C(v) = \begin{cases} \frac{1}{\sqrt{2}} & v=0 \\ 1 & v \neq 0 \end{cases} \qquad (3\text{-}70)$$

图 3-27(a)表示出了二维 DCT 的基函数,图(b)表示了 $N=8$ 时的信号矩阵和变换系数矩阵。

DCT 与 DFT 一样,如果没有快速算法,就很难在实际中得到应用。如果直接利用正变换公式进行一个一维 N 点 DCT 的计算,需要作 N^2 次乘法运算和 $N(N-1)$ 次加法运算,与直接计算的 DFT 运算量相同。与 FFT 相类似,根据基函数的周期性和对称性,人们已经提出许多种快速 DCT 算法,典型的快速算法请参见本章参考文献[10]～[12]。

二维的 DCT 可以直接计算,也可以通过这样的办法来实现:先按照行(或列)进行一维 DCT 变换,然后将变换结果再按列(或行)进行一维变换。

DCT 与 DFT 之间存在一定的关系。假设有一个 N 点实数序列 $s(k),k=0,1,\cdots,N-1$,我们

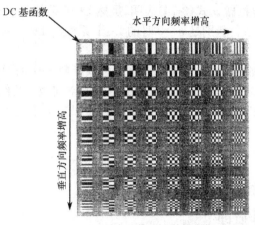

（a）二维 DCT 的基函数

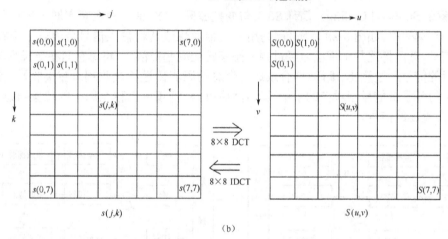

（b）

图 3-27　(a)二维 DCT 的基函数　(b)$N=8$ 时的信号矩阵和变换系数矩阵

定义一个与此序列相对于$(2N-1)/2$ 点对称的序列（见图 3-28），即

$$s(2N-k-1) = s(k) \qquad (k = N, N+1, \cdots, 2N-1) \tag{3-71}$$

则整个 $K=2N$ 点序列的 DFT 可表示为

$$F(n) = \sum_{k=0}^{N-1} s(k) W_K^{nk} + \sum_{k=N}^{2N-1} s(2N-k-1) W_K^{nk} \tag{3-72}$$

其中，$W_K \equiv \exp(-\mathrm{j}2\pi/K)$。

令 $i = 2N-k-1$，并注意到 $W_K^{2N} = 1$，上式则变为

$$F(n) = \sum_{k=0}^{N-1} s(k) W_K^{nk} + \sum_{i=0}^{N-1} s(i) W_K^{-n(i+1)} \tag{3-73}$$

用 k 代替 i，并在等式两边同乘以 $W_K^{n/2}/2$，则得到

$$\frac{1}{2} F(n) W_K^{n/2} = \sum_{k=0}^{N-1} s(k) \cos \frac{(2k+1)n\pi}{2N} \tag{3-74}$$

上式说明一个 N 点序列的 DCT 系数，可以由它对应的对称序列的前 N 个 $2N$ 点 DFT 系数乘以适当的数值得到。图 3-28 表示了这个过程。根据 DCT 与 DFT 的关系值得指出：

（1）我们知道，二维信号的傅氏变换的系数代表它

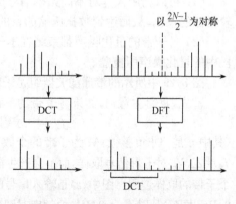

图 3-28　DCT 与 DFT 的关系

所对应的空间频率分量的复振幅。式(3-74)表明,虽然 DCT 系数并不与空间频率分量的复振幅严格相等,但有一定的对应关系。特别是 $n=0$ 时的 DCT 系数与 DFT 的零频分量一样,代表空间域内信号的均值;

(2) 如前所述,一个函数的 DCT 系数可以通过与该函数对应的偶函数的 DFT 系数得到。由于偶函数的对称性减小了 DFT 中由于周期延拓而产生的空间域中边缘的不连续性,从而使能量在频率域内更为集中。因此在数据压缩的应用中,DCT 比 DFT 具有更好的性能。

3.7 子带编码

子带编码主要用于音频信号的数据压缩。

3.7.1 子带编码的工作原理

子带编码(Subband Coding),简称 **SBC**,与变换编码一样,是一种在频率域中进行数据压缩的方法。在子带编码中,如图 3-29 所示,首先用一组带通滤波器将输入信号分成若干个在不同频段上的子带信号,然后将这些子带信号经过频率搬移转变成基带信号,再对它们在奈氏频率上分别取样。取样后的信号经过量化、编码,并合成成一个总的码流传送给接收端。在接收端,首先把码流分成与原来的各子带信号相对应的子带码流,然后解码、将频谱搬移至原来的位置,最后经带通滤波、相加得到重建的信号。

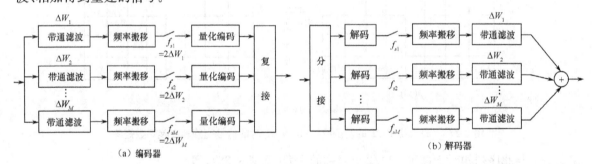

图 3-29　子带编、解码工作原理框图

在子带编码中,若各子带的带宽 ΔW_k 是相同的,则称为**等带宽子带编码**;若 ΔW_k 是互不相同的,则称为**变带宽子带编码**。将信号分成若干个子带进行编码的好处是:

(1) 可以利用人耳对不同频率信号的感知灵敏度不同的特性,在人的听觉不敏感的频段采用较粗糙的量化,从而达到数据压缩的目的;

(2) 各子带的量化噪声都束缚在本子带内,这就可以避免能量较小的频带内的信号被其他频段中的量化噪声所掩盖。

图 3-29 中所示的带通滤波器组是子带编码的重要部件,它影响到子带编码的复杂程度和性能。

首先,我们注意到,如果各子带的下截止频率 f_{lk} 恰好是该子带宽度 ΔW_k 的整数倍,即

$$f_{lk} = n\Delta W_k \qquad (k = 1, 2, \cdots, M) \qquad (3-75)$$

(其中 n 是一非负整数,M 为子带的个数),则可以不必将带通信号搬移到基带上,直接以取样频率 $f_{sk} = 2\Delta W_k$ 对子带信号取样,而不会产生混叠失真。以 $M=4$ 的变带宽子带为例,图 3-30 给出了第三个子带的取样过程。图中(a)是输入信号的频谱;图(b)是第三个子带信号的频谱,其下截止频率 $f_{l3} = 2\Delta W_3$;图(c)是以 $f_{s3}=2\Delta W_3$ 的频率对图(b)取样后,所得到的信号的频谱。

满足式(3-75)条件的子带滤波器组称为**整数子带滤波器组**。采用整数子带滤波器组省去了

进行频谱搬移所需要的调制器和解调器,使系统得以简化。同时,我们还可以将带通滤波和取样的次序互换,即输入模拟信号先以 $f_s=2W$ 的频率取样,然后再经带通滤波和抽取获得各子带信号。其中 W 为输入信号的总带宽,按下式计算:

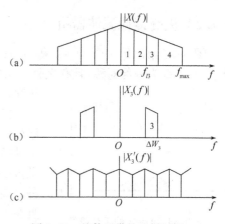

图 3-30 整数子带的取样过程

$$W = \sum_{k=1}^{M} \Delta W_k \qquad (3-76)$$

图 3-31(a)表示出使用抽取和内插的、$M=2$ 的子带编码和解码的原理方框图。此时,我们可以将系统的输入和输出看成是已在奈氏频率下取样的离散信号,图(b)给出了它对应的频谱。假设用带通滤波器取出图(b)中斜线所示的上子带,根据 3.4.1 节中讲述的原则,很容易得到经 2∶1 抽取后的上子带的频谱如图(c)所示。在解码端,再用 1∶2 的内插器,将频谱恢复到原来的位置。

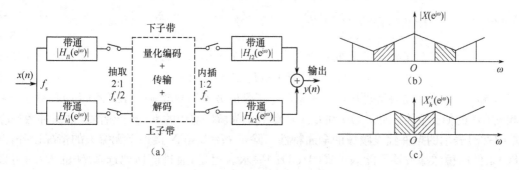

图 3-31 整数子带编码和解码原理

在采用整数子带滤波器的系统中,其总的传输速率 I 为

$$I = \sum_{k=1}^{M} f_{sk} R_k = \sum_{k=1}^{M} 2\Delta W_k R_k \qquad (3-77)$$

式中,R_k 为第 k 个子带中每个样值量化的比特数。

对于子带编码的带通滤波器,我们注意到的第二个问题是,滤波器的具体实现不可能是理想的带通,其幅度响应不可避免地带有有限的滚降。因此在划分子带时,只能或者使子带间有交叠,如图 3-32(a)所示;或者使子带之间有一定的间隙,如图 3-32(b)所示。在图(a)的情况下,按照奈氏频率取样将会产生混叠失真;而在图(b)的情况下,由于原有信号的部分频带经滤波而损失掉了,重建的信号会有失真,例如对语音来讲,重建的语音会产生混响的主观感觉。3.7.2 节将要介绍的正交镜像滤波器比较好地解决了混叠失真的问题,从而降低了对滤波器滚降特性的要求,简化了滤波器的复杂性,成为子带编码中最常采用的形式。

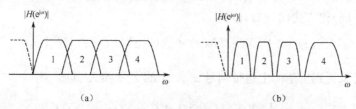

图 3-32 4子带滤波器组的幅度响应

3.7.2　正交镜像滤波器组

图 3-33 给出了一个 $M=2$、等带宽的**正交镜像滤波器组**的幅频特性图,其中上、下子带的幅频响应以 $f_s/2$ 为镜像对称,且有交叠。如果在图 3-31(a) 中使用这样的滤波器,该图就是所对应的正交镜像滤波的子带编、解码系统。

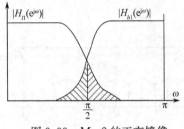

图 3-33　$M=2$ 的正交镜像
滤波器组的幅频特性

由于系统的输入是在奈氏频率上对信号取样所得到的离散序列,因此在 2∶1 抽取后,下子带的大于 $f_s/2$ 的部分会以 $f_s/2$ 为轴折叠到上子带中,而上子带的小于 $f_s/2$ 的部分会以 $f_s/2$ 为轴折叠到下子带中(见图 3-33 中斜线部分)。在一般的情况下这种混叠失真是不能消除的,但是如果满足下面所介绍的条件,失真在子带解码过程中将得以抵消。对于具有偶数个抽头(即 N 为偶数)的对称及反对称的 FIR 滤波器:

$$h_1(n) = h_1(N-1-n) \qquad (n=0,1,\cdots,N/2-1) \qquad (3\text{-}78)$$

$$h_u(n) = -h_u(N-1-n) \qquad (n=0,1,\cdots,N/2-1) \qquad (3\text{-}79)$$

这些条件是

$$h_u(n) = (-1)^n h_1(n) \qquad (n=0,1,\cdots,N-1) \qquad (3\text{-}80)$$

$$h'_1(n) = h_1(n) \qquad (n=0,1,\cdots,N-1) \qquad (3\text{-}81)$$

$$h'_u(n) = -h_u(n) \qquad (n=0,1,\cdots,N-1) \qquad (3\text{-}82)$$

而且

$$|H_1(e^{j\omega})|^2 + |H_u(e^{j\omega})|^2 = 1 \qquad (3\text{-}83)$$

其中 $h_1(n)$ 和 $h_u(n)$ 分别为编码器中的下子带和上子带滤波器的冲激响应,$H_1(e^{j\omega})$ 和 $H_u(e^{j\omega})$ 分别为 $h_1(n)$ 和 $h_u(n)$ 的傅氏变换,而 $h'_1(n)$ 和 $h'_u(n)$ 则分别为解码器中的下、上子带滤波器的冲激响应。

式 (3-83)表示的条件代表频域的全通特性。除了 $N=2$ 和 N 接近于无穷大的情况以外,满足式(3-80)条件的镜像滤波器不能满足式(3-83)的要求。但是,通过谨慎地选择 N 的大小,可以极其接近式(3-83)的要求。参考文献 [13,14] 中给出了 N 在 $8\sim64$ 范围内符合上述条件的正交镜像滤波器的系数值。

下面我们证明,在不考虑量化失真和信道误码的情况下,满足式(3-78)至式(3-83)条件的正交镜像滤波器组能够消除混叠失真,正确地重建输入信号。设输入序列 $x(n)$ 的 Z 变换为 $X(z)$,经过下子带滤波器后,得到

$$X_1(z) = X(z) \cdot H_1(z) \qquad (3\text{-}84)$$

根据数字信号处理的有关理论(见本章习题3),经 2∶1 抽取后的下子带信号 $l(n)$ 的 Z 变换 $L(z)$ 为

$$L(z) = \frac{1}{2}\left[X_l(z^{1/2}) + X_l(-z^{1/2})\right] \qquad (3\text{-}85)$$

经 1∶2 内插之后为

$$L'_1(z) = L(z^2) \qquad (3\text{-}86)$$

再经 $H'_1(z)$(即 $h'_1(n)$ 的 Z 变换)的滤波,得到

$$X'_1(z) = L'_1(z)H'_1(z) \qquad (3\text{-}87)$$

将式(3-84)至式(3-86)代入式(3-87),得到

$$X'_1(z) = \frac{1}{2}\left[X(z)H_1(z) + X(-z)H_1(-z)\right]H'_1(z) \qquad (3\text{-}88)$$

用相类似的方法,可以得到重建的上边带信号 $x'_u(n)$ 的 Z 变换 $X'_u(z)$ 为

$$X'_u(z) = \frac{1}{2}\left[X(z)H_u(z) + X(-z)H_u(-z)\right]H'_u(z) \qquad (3\text{-}89)$$

因此,输出信号 $x'(n)$ 的 Z 变换 $X'(z)$ 为

$$X'(z) = X'_1(z) + X'_u(z)$$

$$= \frac{1}{2}[H_1(z)H'_1(z) + H_u(z)H'_u(z)]X(z) +$$

$$\frac{1}{2}[H_1(-z)H'_1(z) + H_u(-z)H'_u(z)]X(-z) \tag{3-90}$$

上式等号右边的第一项代表所需要的重建信号,第二项代表混叠失真。由式(3-80)至式(3-82),我们有

$$H_u(z) = H_1(-z) \tag{3-91}$$

$$H'_1(z) = H_1(z) \tag{3-92}$$

$$H'_u(z) = -H_u(z) \tag{3-93}$$

将式(3-91)至式(3-93)代入式(3-90),得到

$$X'(z) = \frac{1}{2}[H_1^2(z) - H_u^2(z)]X(z) \tag{3-94}$$

从上式可以看出,式(3-80)至式(3-82)所表示的条件保证了使式(3-90)中的混叠失真项为零。由式(3-78)和式(3-79)所示的子带滤波器的对称性,我们可以导出

$$H_1(e^{jw}) = |H_1(e^{jw})| e^{-jw(N-1)/2} \tag{3-95}$$

$$H_u(e^{jw}) = |H_u(e^{jw})| e^{-jw(N-1)/2} \cdot e^{j\pi/2} \tag{3-96}$$

将式(3-95)和式(3-96)代入式(3-94),并考虑到 $z = e^{jw}$ 和式(3-83)的条件,得到

$$X'(e^{jw}) = \frac{1}{2}X(e^{jw})e^{-jw(N-1)} \tag{3-97}$$

上式说明正交镜像子带编、解码可以准确地恢复出原有的信号,而仅引入 $(N-1)$ 个取样间隔的延时。

3.7.3 时域混叠消除

时域混叠消除法(Time Domain Alias Cancellation,**TDAC**)也是一种子带编码,它与正交镜像滤波方法之间具有对偶性。正交镜像滤波在频率域内抵消混叠失真,TDAC 则在时间域内抵消混叠失真。

假设有图 3-34(a)所示的系统,其输入信号为一个长时间序列 $y(n)$(如宽带的数字音频信号),用一个长度为 K 的窗 $h(n)$ 将其截断,将截取的部分 $y(n)h(n)$ 变换到频率域得到 K 个变换系数 $X(k)$,$k = 0, 1, K-1$。然后将窗移动 $K/2$,重复上述过程。这样,就把一个时间序列分解成了 K 个变换系数序列[见图 3-34(b)],这一过程称为**分析**。

由变换系数还原为时间序列的过程称为**综合**。首先将一组变换系数(即变换系数序列在同一时间 m 的样值)经反变换后得到 K 个时间域的样值 $g(n)$。然后用一个同样长度的窗 $f(n)$ 对 $g(n)$ 加权。依次对每组变换系数都进行上述处理,并将所得到的具有 K 个样值的时域序列逐次移动 $K/2$ 个样点后相加,就还原出一个长时间序列 $\hat{y}(n)$。

在图 3-34(a)所示系统中使用的变换不是一般的 DFT 或 DCT,而是修正的(Modified)离散余弦和离散正弦变换,简称 **MDCT/MDST**。MDCT 的正变换与反变换分别定义如下:

$$X(k) = \frac{1}{K}\sum_{n=0}^{K-1} x(n) \cos\left[\frac{2\pi k}{K}(n+n_0)\right] \quad (k = 0, 1, \cdots, K-1) \tag{3-98}$$

$$x(n) = \frac{1}{K}\sum_{k=0}^{K-1} X(k) \cos\left[\frac{2\pi k}{K}(n+n_0)\right] \quad (n = 0, 1, \cdots, K-1) \tag{3-99}$$

其中 $n_0 = (K/2+1)/2$ 为一固定的时间偏移。与 MDCT 类似,MDST 的正、反变换分别定义为

$$X(k) = \frac{1}{K}\sum_{n=0}^{K-1} x(n) \sin\left[\frac{2\pi k}{K}(n+n_0)\right] \quad (k = 0, 1, \cdots, K-1) \tag{3-100}$$

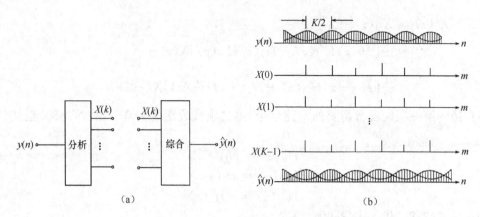

图 3-34　MDCT/MDST 分析与综合系统

$$x(n) = \frac{1}{K} \sum_{k=0}^{K-1} X(k) \sin\left[\frac{2\pi k}{K}(n+n_0)\right] \quad (n=0,1,\cdots,K-1) \tag{3-101}$$

系统在分析过程中交替地使用 MDCT 和 MDST。将窗函数从初始位置开始移动的次数记为 m。当 m 为偶数时，用 MDCT 对窗所截取的数据进行变换，m 为奇数时使用 MDST 变换。从式(3-98)和式(3-100)，我们注意到

$$X(k) = X(K-k) \quad (k=0,1,\cdots,K/2) \quad \text{(MDCT)} \tag{3-102}$$
$$X(k) = -X(K-k) \quad (k=0,1,\cdots,K/2) \quad \text{(MDST)} \tag{3-103}$$

即 K 个点的 MDCT/MDST 只产生 $\frac{K}{2}+1$ 个独立的系数。

如果我们将分析所得到的变换系数序列(仅指独立的变换系数)经时分复用后构成一个输出序列，并要求输出序列与输入序列 $y(n)$ 具有相同的比特率，那么每个变换系数序列的比特率只能为输入比特率的 $2/K$。满足这一要求的系统称为**临界取样系统**。从图 3-34(b)可以看出，窗 $h(n)$ 每次移动 $K/2$，正好将 $X(k)$ 的速率降低到临界取样所要求的数值。

现在来看信号的综合过程。由于 MDCT 和 MDST 正变换所产生的独立系数的个数少于 K，因此反变换不可能精确地恢复出原来的时间序列。以 MDCT 为例，将式(3-98)代入式(3-99)，并经简单的三角关系的推导，得到

$$\hat{x}(n) = \frac{1}{2K} \sum_{r=0}^{K-1} x(r) \left\{ \sum_{k=0}^{K-1} \cos\left[\frac{2\pi k}{K}(r-n)\right] + \sum_{k=0}^{K-1} \cos\left[\frac{2\pi k}{K}(r+n+2n_0)\right] \right\} \tag{3-104}$$

考虑到

$$\sum_{k=0}^{K-1} \cos\left(\frac{2\pi k}{K}n\right) = \begin{cases} K & (n=sK,\ s\ \text{为整数}) \\ 0 & (\text{其他}) \end{cases} \tag{3-105}$$

得到

$$\hat{x}(n) = \frac{x(n)}{2} + \frac{x(K-n-2n_0)}{2} \tag{3-106}$$

由上式看出，反变换的结果是在原时间序列上再加上一个混叠项。由于离散变换周期性延拓的特点，混叠项中的负时间值可看作是高端的折叠，例如，$x(-1)=x(K-1)$。

与 MDCT 类似地，可以得到 MDST 反变换的结果为

$$\hat{x}(n) = \frac{x(n)}{2} - \frac{x(K-n-2n_0)}{2} \tag{3-107}$$

在图 3-34(a)所示的系统中交替地使用 MDCT/MDST，其综合过程的输出正好使得在时间域内的混叠相互抵消，精确地恢复出原序列。我们现在以 $m=i(i$ 为偶数)的一段数据为例说明这一过程。在输出序列 $\hat{y}(n)$ 中，$n=0,1,\cdots,K/2-1$ 的值是本段($m=i$)数据经 MDCT 分析/综合的结果和前一段($m=i-1$)数据经 MDST 分析/综合的结果之和，即

$$\hat{y}_i(n) = f_i(n)\left[\frac{y_i(n)h_i(n)}{2} + \frac{y_i(K-n-2n_0)\,h_i(K-n-2n_0)}{2}\right] + f_{i-1}\left(n+\frac{K}{2}\right)$$

$$\left[\frac{y_{i-1}\left(n+\frac{K}{2}\right)h_{i-1}\left(n+\frac{K}{2}\right)}{2} - \frac{y_{i-1}\left(\frac{K}{2}-n-2n_0\right)h_{i-1}\left(\frac{K}{2}-n-2n_0\right)}{2}\right]$$

$$(n=0,1,\cdots,\frac{K}{2}-1) \tag{3-108}$$

其中 $h(n)$ 和 $f(n)$ 分别为分析窗和综合窗函数。假设 $f(n)=h(n)$ 和 $h(K-1-n)=h(n)$。考虑到 $m=i$ 和 $m=i-1$ 的两个窗有 50% 的重叠,即

$$y_i(n) = y_{i-1}\left(n+\frac{K}{2}\right) \tag{3-109}$$

则式(3-108)可变为

$$\hat{y}_i(n) = \frac{y_i(n)\left[h_i^2(n)+h_i^2\left(n+\frac{K}{2}\right)\right]}{2} \qquad (n=0,1,\cdots,K/2-1) \tag{3-110}$$

因此,只要满足下式:

$$h_i^2(n) + h_i^2\left(n+\frac{K}{2}\right) = 2 \tag{3-111}$$

则 $\hat{y}(n)=y_i(n)$,$(n=0,1,\cdots,K/2-1)$,即可精确地恢复出原来的时间序列。图 3-35 描述了上述分析/综合的过程。

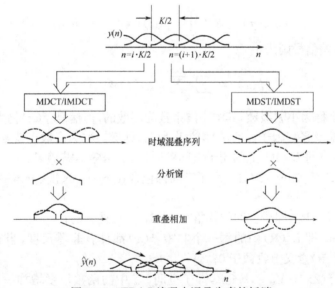

图 3-35　TDAC 编码中混叠失真的抵消

3.8　小波变换编码

　　小波变换与正交变换类似,是对信号进行分析的一种工具。我们知道,信号经傅氏变换(或余弦变换)后被分解成许多不同频率的分量,即分析的结果在频域内有精细的分辨;但是从理论上讲正弦波在时域(空间域)上是无限伸展的函数,因此傅氏分析在时上不具有分辨能力,它只能刻画信号在整个时间域 $(-\infty,+\infty)$ 上的频谱特性,而不能反映信号在时间的局部区域上的频率特征。与傅氏分析不同,小波分析在时域和频域上同时具有良好的局部化性质,可以通过伸缩和平移对信号

进行多尺度分析,解决傅氏变换等无法解决的许多问题。小波变换也因此被誉为"数学显微镜"。

3.8.1 多尺度分析

设函数 $\Psi \in L^2(\mathbf{R})$,$\mathbf{R}$ 为实数集,若 Ψ 满足允许条件:

$$C_\Psi = 2\pi \int \frac{|\hat{\Psi}(\omega)|^2}{|\omega|} d\omega < \infty \tag{3-112}$$

其中 $\hat{\Psi}(\omega)$ 为 $\Psi(x)$ 的傅氏变换,则称 Ψ 为**基小波**,或**母小波**。由允许条件可知 Ψ 满足 $\hat{\Psi}(0)=0$ 和 $\hat{\Psi}(\infty)=0$,因此 Ψ 实质上为一带通滤波器。

相应于 Ψ 的小波变换为

$$W_\Psi(f,a,b) = |a|^{-\frac{1}{2}} \int_{-\infty}^{+\infty} f(x) \Psi(\frac{x-b}{a}) dx \tag{3-113}$$

而

$$\Psi_{a,b}(x) = |a|^{-\frac{1}{2}} \Psi(\frac{x-b}{a}) \tag{3-114}$$

称为**小波**,不难看出它是母小波经平移和伸缩后的结果,其中 a 和 b 分别为伸缩及平移因子。若将 a,b 离散化($a=a_0^m, b=nb_0a_0^m$),就可以得到离散的小波函数,例如取 $a_0=2, b_0=1$ 时,就得到一个**二进小波**,$\Psi_{m,n}(x) = 2^{-\frac{m}{2}} \Psi(2^{-m}x-n), m,n \in Z, Z$ 为整数集。二进小波变换是数字图像处理中最常用的一类小波。

由式(3-113)可得,二进小波变换的变换系数为

$$C_{m,n}(f) = 2^{-m/2} \int_{-\infty}^{+\infty} f(x) \Psi(2^{-m}x-n) dx \tag{3-115}$$

由小波系数重构的原始信号则为

$$f(x) = \sum_{m=-\infty}^{+\infty} \sum_{n=-\infty}^{+\infty} C_{m,n}(f) \Psi_{m,n}(x) \tag{3-116}$$

式(3-115)所示的变换称为小波级数,其中小波系数为离散的,但信号 $f(x)$ 仍为连续函数。当输入信号 $f(x)$ 和小波伸缩及平移因子(a 和 b)均为离散时,则变换称为**离散小波变换**(DWT)。

设平方可积函数空间 $L^2(\mathbf{R})$ 上的闭子空间序列 $\{V_m\}$,$m \in Z$,若满足:

① $\cdots \subset V_1 \subset V_0 \subset V_{-1} \subset \cdots$,即每一个子空间都包含在下一个尺度(分辨率增加一倍)的子空间内;

② $\overline{(\bigcup_{m \in Z} V_m)} = L^2(\mathbf{R})$,即子空间的并集在 $L^2(\mathbf{R})$ 中是稠密的;

③ $(\bigcap_{m \in Z} V_m) = 0$,即 $L^2(\mathbf{R})$ 中的每一个非零 $f(x)$ 都具有非零尺度,当 $m \to \infty$ 时,它的投影 $f^{(m)}(x)$ 在 $L^2(\mathbf{R})$ 意义上收敛于 0;

④ $f(x) \in V_m \Leftrightarrow f(2x) \in V_{m-1}, m \in Z$,即子空间 V_m 中的函数尺度增加一倍,则成为较高尺度 V_{m-1} 内的函数;

⑤ $f(x) \in V_m \Leftrightarrow f(x-2^m n) \in V_m, m,n \in Z$,即 V_m 中的函数平移后仍在此子空间内(分辨率不变);

⑥ 存在函数 $\Phi(x) \in L^2(\mathbf{R})$,使得 $\{\Phi_{0,n}(x): n \in Z\}$ 构成 V_0 的一组标准正交基,其中 $\Phi_{m,n}(x) = 2^{-\frac{m}{2}} \Phi(2^{-m}x-n), m,n \in Z$;

则 $\{V_m\}$ 形成一个**二进多尺度分析**,$\Phi(x)$ 称为**尺度函数**。

由④、⑤、⑥可知,固定 m,$\{\Phi_{m,n}(x): n \in Z\}$ 构成了 V_m 的一组正交基。$\Phi(x)$ 的存在性也是显而易见的,例如取 $\Phi(x)$ 区间 $[0,1]$ 上的示性函数(即当 $x \in [0,1]$ 时,$\Phi(x)=1$,其他情况 $\Phi(x)=0$),就构成了 V_0 的一组标准正交基。

当一组闭子空间序列满足上述①～⑥时,可以证明存在 $L^2(\mathbf{R})$ 的一组小波正交基 $\{\Psi_{m,n}(x):m, n\in Z\}$,使得 $\{\Psi_{m,n}(x):n\in Z\}$ 为 V_{m-1} 中关于 V_m 的正交补空间 W_m 的一组标准正交基,即

$$V_{m-1} = V_m \oplus W_m, m \in Z \tag{3-117}$$

既然 m 是任意整数,因此有

$$V_{m-1} = V_{m+1} \oplus W_{m+1} \oplus W_m \tag{3-118}$$

我们还可以以此类推,因此由多尺度分析可得:$L^2(\mathbf{R})=\oplus_{m\in Z}W_m$ 或 $L^2(R)=V_J\oplus_{m=-\infty}^{J}W_m$。

上面的式子说明,某一子空间中的任意函数(信号)可以分解为在较低尺度子空间的该信号的一个近似值,再加上一系列由小波分解产生的函数,后者可以认为是信号在 W_m 上的投影,代表了信号取近似值后损失的细节信息。

可以证明[15],尺度函数与小波函数之间存在双尺度关系:

$$\Phi(x) = \sum_n h_n \Phi(2x-n) \tag{3-119}$$

$$\Psi(x) = \sum_n g_n \Phi(2x-n) \tag{3-120}$$

$\{\Psi_{m,n}(x):m,n=\in Z\}$ 构成 $L^2(\mathbf{R})$ 的标准正交小波基,也就是说,通过多尺度分析的尺度函数 $\Phi(x)$ 可以构造标准正交母小波 $\Psi(x)$。式(3-119)和式(3-120)是下一节介绍的级联算法的一个基础,其中 $\{h_n\}$ 和 $\{g_n\}$ 是对应的数字低通滤波器和高通滤波器的冲激响应。

3.8.2 二进小波变换

1. 二进小波分解

设 $\{c_{0,n}\}$,$L_0 \leq n \leq L_1$ 为初始信号,$\{h_n\}$ 和 $\{g_n\}$ 分别为二进小波分解低通滤波器和高通滤波器,也称为**分析滤波器**,则有小波分解公式:

$$c_{m,n} = \sum_j h_{j-2n} c_{m-1,j} \tag{3-121}$$

$$d_{m,n} = \sum_j g_{j-2n} c_{m-1,j} \tag{3-122}$$

其中 $\{c_{m,n}\}$ 为第 m 次小波分解后所得到的低通信号,即在 V_m 上信号的近似值;$\{d_{m,n}\}$ 为相应的高通信号,即在 W_m 上的细节信息。由于二进小波分解的每一个尺度分辨率降低一半,所以两个输出信号分别以简单的"2 抽 1"方式进行下取样,然后对于在 m 尺度上的信号近似值 $c_{m,n}$ 进行 $m+1$ 尺度上的继续分解……图 3-36 的左侧给出了一个三层的级联分解过程。

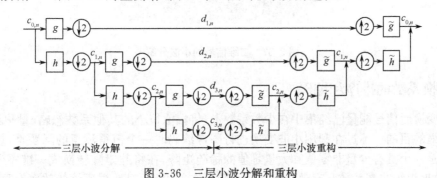

图 3-36　三层小波分解和重构

2. 二进小波重构

设 $\{\tilde{h}_n\}$ 和 $\{\tilde{g}_n\}$ 分别为二进小波重构低通滤波器和高通滤波器,也称为**综合滤波器**,m 次小波分解后的信号如式(3-121)和式(3-122),则有小波重构公式:

$$c_{m-1,i} = \sum_j \tilde{h}_{i-2j} c_{m,j} + \sum_j \tilde{g}_{i-2j} d_{m,j} \tag{3-123}$$

图 3-36 右侧给出了信号的重构过程。

对于正交小波,重构滤波器与分解滤波器是相同的。但是,由于对称的正交小波只有简单的 Haar 小波,而对称小波滤波器在数字信号处理中具有保持线性相位和降低小波变换复杂度等优势,所以在进行数字滤波时往往采用**对称双正交小波滤波器**,常用的有 Daubechies 5-3 滤波器组和 9-7 滤波器组。

3. 二维信号的小波分解

对于二维图像信号的小波分解,通常先对二维信号按行做一维小波分解,然后再按列做一维小波分解。重构时,依次进行相应的列信号重构与行信号重构即可恢复原信号。

图 3-37(a)表示出二维小波分解过程。行方向分解生成左边为低通子带、右边为高通子带的中间结果;再经列方向分解后形成 LL、LH、HL 和 HH 4 个子带,其中 LL 是原始图像的粗略近似,LH、HL 和 HH 分别包含水平、垂直和 45°倾斜的高频分量。图(b)给出两层分解的子带分布情况;图(c)则给出一个实际图像经过 2 层小波分解后的结果。由图(c)看出,经小波变换后能量多集中在 LL 子带内。

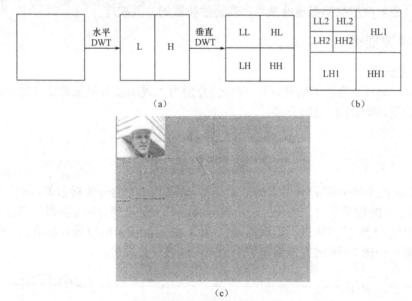

图 3-37　二维信号的小波分解

3.8.3　变换系数的排序和编码

经小波变换后信号能量已经集中在少数系数上,将幅值很小的其他系数忽略(量化到 0),则可达到数据压缩的目的。不过在利用小波变换进行图像编码时一个值得注意的问题是,量化后的变换系数矩阵是一个具有少量非零值和大量零值的稀疏矩阵,在将此矩阵转换成一维序列进行编码时,如何有效地组织非零系数和有效地表达零系数所在的位置,对数据压缩的效率有重要的影响。本节讨论与此有关的问题。

1. 嵌入零树小波编码

人们发现,如果低频子带中某个系数为非零值,则在高频子带对应位置上的系数也为非零值的概率很大。根据这个特点,Lewis 和 Knowles 在 1992 年提出了**小波零树编码算法**。在小波零树编码算法中,图像经过 N 层离散二维小波变换后得到小波系数,这些系数按照子带的相同方向形成小波树结构。图 3-38 为图像经过三层离散二维小波变换后形成的小波树结构示意图。其中:

① 低频子带 LL3 的每一个小波系数为树的根节点,它在同层小波变换的高频子带 HL3、LH3 和 HH3 中相同空间位置上均有一个子节点;

② 每个高频子带的小波系数在同方向较高频子带上具有 4 个子节点;

③ 最高频子带的每个小波系数没有子节点,因此也被称为叶节点;

④ 父节点是与子节点相对的一个称呼,B 是 A 的子节点,则称 A 为 B 的父节点;

⑤ 一个节点的子节点及其子节点的子节点等称为该节点的后代;

⑥ 一个节点的父节点及父节点的父节点等称为该节点的祖先;

⑦ 小波系数与它的后代组成一个小波树。

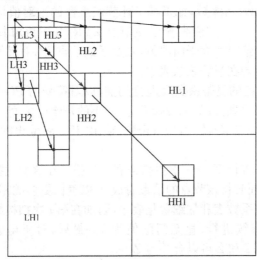

图 3-38　EZW 编码的小波树结构示意图

小波零树编码就是利用小波树的强相关性,将父节点的绝对值与门限值进行比较,当父节点绝对值小于门限值时,认为该小波树均不是显著系数,因此将该小波树都以零值编码,形成大量的小波零树,从而减少数据。零树编码不是十分完美,譬如父节点不显著时,也存在后代节点是重要的情形,此时忽略子孙节点将造成较大的误差。

1993 年 Shapiro 在小波零树编码算法的基础上提出了**嵌入零树小波编码**(Embedded Zerotree Wavelet,**EZW**)算法[16]。在 EZW 算法中,用 5 种符号表示小波系数:正符号、负符号、孤立零值、小波零树和零符号。正符号(Positive Symbol,POS)表示绝对值大于门限值,且值为正的小波系数;负符号(Negative Symbol,NEG)表示绝对值大于门限值,且值为负的小波系数;孤立零值(Isolated Zero,IZ)表示绝对值小于门限值,但是存在后代节点的绝对值大于门限值的小波系数;小波零树(Zerotree,ZTR)表示绝对值小于门限值,且后代节点的绝对值都小于门限值的小波系数;零符号(Zero Symbol,Z)表示绝对值小于门限值的叶节点。由于在规定的扫描顺序下小波树的位置能完全确定下来,所以在实际编码中小波零树和零符号可以用同一符号来表示。

(1) 门限值的选取

初始门限值:$T_0 = 2^{\lfloor \log_2 (max |V_{DWT}|) \rfloor}$,其中 V_{DWT} 表示小波系数,$\lfloor \cdot \rfloor$ 表示取不超过该数的最大整数值。此后每次扫描的门限值:$T_n = \dfrac{T_{n-1}}{2}$,$n = 1, 2, \cdots$。

(2) 扫描顺序

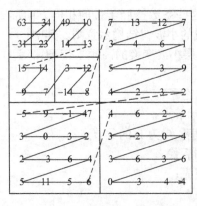

图 3-39　对 3 层分解的小波系数的扫描

在编码过程中,对小波系数通常采用如图 3-39 所示的 Zig-Zag(Z)顺序进行多次扫描,前一次扫描获得的数据比后一次更重要。

(3) 编码过程

编码主要分为三个过程:主扫描过程,主要确定小波系数的符号;辅扫描过程,对小波显著系数(正符号和负符号)进行加细量化;符号编码过程,对符号进行熵编码。

首先,在第 i 次主扫描过程中,根据门限 T_{i-1} 确定每个系数对应的符号。绝对值大于门限值的系数,称为显著系数,依据它的正、负赋予符号 POS 或 NEG。绝对值小于门限值的系数,如果其子孙节点系数的绝对值均小于门限值,则它们构成零树,赋予该节点 ZTR,并不再对其子孙节点进行扫描;如果其子孙节点中有一个系数的绝对值大于门限值,则赋予该节点 IZ,对其子孙节点的扫描照常进行。将扫描得到的符号按顺序记录在显著系数表中。

第 i 次辅助扫描是对当前的显著系数表进行扫描,以对符号为 POS 和 NEG 的系数的绝对值进行加细量化。将 $[T_{i-1}, 2T_0)$ 划分成 $[T_{i-1}, 2T_{i-1})$ 大小的若干个区间,若系数的绝对值落入某一个区间的下半部(小于区间中点值),输出"0";否则,输出"1"。将输出的"0"和"1"按扫描顺序记录在加细量化表中。

然后,在新门限值 T_i 下进行第 $i+1$ 次主扫描和辅扫描。在这次主扫描中,前面已经确定为显著系数的节点将不再扫描,同时将该节点的系数看成 0,以确保更多的零树产生。主扫描和辅扫描得到的结果将分别存入显著系数表和加细量化表中(附加在第 i 次扫描结果之后)。

上述的两步扫描过程继续进行,直至门限值为 1。最后,对所得的两个表进行熵编码得到 EZW 码流。编码中的符号 IZ 和 Z 可以合并为 Z。

由上看出,EZW 编码对数据进行逐次逼近量化,将重要性高的数据优先编码(在表的前面),而且可以在任意一点停止扫描编码,形成重建质量不同的码流,保留码流越长,系数量化精度越细,重建图像质量越高。这种编码方式称为**嵌入式编码**。多尺度分析的特性使小波变换编码具备良好的嵌入式编码性能。

2. 其他高性能的小波编码算法

Said 和 Pearlman 受 EZW 算法的启发,在 1996 年提出了**多级树集合分裂算法**(Set Partitioning In Hierarchical Trees, **SPIHT**)[17]。SPIHT 算法依然利用小波零树特性进行编码,尽管与 EZW 算法有很多相似之处,但也存在一些明显的区别。第一,SPIHT 算法在小波树结构上与 EZW 算法有所不同,同时定义了两种零树,比 EZW 划分的更为细致;第二,EZW 编码的扫描顺序是一种固定的光栅扫描,而 SPIHT 编码的扫描顺序取决于以前编码的树的显著性;第三,显著性扫描过程与加细量化过程与 EZW 算法的顺序相反。与 EZW 算法一样,SPIHT 算法也是一种嵌入式编码方法,它可以在任意点截断比特流,得到不同质量的图像数据。

EZW 算法和 SPIHT 算法都利用了小波变换中存在的父—子节点的相关性。然而更进一步的研究表明,基于小波变换的图像编码算法编码增益更多地得益于小波变换的能量压缩性质,而不是特定的图像数据的相关性。因此,对每个子带进行独立的编码也可以获得良好的编码性能。

Taubman 在 2000 年提出的**基于优化截断嵌入式块编码**(Embedded Block Coding with Optimal Truncation, **EBCOT**)[18]就是一种对各子带进行独立编码的方法。EBCOT 算法将每个子带分成相对较小的块(64×64 或 32×32),这些块称为"码块",每个码块独立进行编码,产生基本的嵌入式流。最后由这些基本嵌入式比特流可以合成一个总嵌入式流,称为"组合流"。合成组合流时,每个码块截断点比特流长度与失真的关系是已知的,可以根据这种关系优化截断各码块比特流以获得效率更高的组合流,这种优化截断方法称为压缩后(Post-Compression)率失真优化方法。EBCOT算法是对每个码块进行独立编码的,因此通过EBCOT算法不仅可以实现失真的可伸缩性,通过选择不同子带的码块比特流还可以实现分辨率的可伸缩性,结构比EZW和SPIHT算法更灵活。同时对每个码块进行独立编码也为在硬件中实现并行算法提供了可能性。当压缩比特流出现误码时,误码的影响也仅出现在相应的码块中,并不影响其他码块的解码,因此EBCOT算法还具有良好的抗误码性能,适合在网络中进行传输。EBCOT算法的这些特性促成了JPEG2000采用EBCOT编码方法。

3.9 量化

量化是将具有连续幅度值的输入信号转换到只具有有限个幅度值的输出信号的过程。量化后的信号再经反量化一般不能精确地恢复原值,即存在信息缺失。在压缩编码中,量化是一个对压缩后的码率和重建图像质量均产生重要影响的步骤。

3.9.1 均匀量化器

在量化器中从输入信号 x 到输出信号 y 的转换过程可以表示为

$$y = Q(x) = y_i \qquad (x \in A_i) \tag{3-124}$$
$$A_i : \{x_i < x \leqslant x_{i+1}\}$$

式中,x_i 为判决电平;y_i 为输出电平。

图3-40给出了几种均匀量化器的量化特性 $Q(x)$。图中量化器的特性都是对称的,且

$$y_{i+1} - y_i = \Delta \tag{3-125}$$
$$x_{i+1} - x_i = \Delta \tag{3-126}$$

式中,Δ 称为**量化台阶**或**量化步长**。图3-40(a)所示的量化特性称为**中平型**(Mid-Step,或Mid-Tread),而图(b)所示的称为**中升型**(Mid-Riser)。二者的区别仅在于输出电平是否包括了零电平。除了(a)、(b)两种特性以外,在压缩编码中还常常用到图(c)所示的量化特性。图(c)与(a)所示特性的区别在于输出零电平所对应的输入电平范围较宽,因而有利于数据的压缩。这个较宽的范围通常称为**死区**(Dead Zone)。

对于一个中平型量化器,一般其输出电平

$$y = \text{round}\left(\frac{x}{\Delta}\right) \tag{3-127}$$

其中 round($\cdot$) 代表四舍五入运算。但是如果令

$$y = \text{floor}\left(\frac{x}{\Delta}\right) \tag{3-128}$$

其中 floor($\cdot$) 代表取整运算,则量化器将产生一个死区。

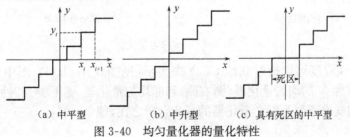

(a) 中平型   (b) 中升型   (c) 具有死区的中平型

图 3-40 均匀量化器的量化特性

量化器输出幅度与输入幅度之差,称为**量化误差**,其均方误差值 σ_d^2 为

$$\sigma_d^2 = <[x - Q(x)]^2> = \sum_{i=1}^{N} \int_{x_i}^{x_{i+1}} (x - y_i)^2 p(x) dx \qquad (3\text{-}129)$$

式中,$p(x)$ 为量化器输入信号 x 的概率分布密度,N 为量化级数。

3.9.2 最小均方误差量化器

如果输入信号的统计特性[如概率密度函数 $p(x)$]是已知的,则可以通过使均方量化误差 σ_d^2 达到最小,来设计量化级数为 N 的量化器的输出电平 y_i 和判决电平 x_i。这样得到的量化器通常称为**劳依得—麦克思(Loyd-Max)量化器**。

使均方量化误差

$$\sigma_d^2 = \sum_{i=1}^{N} \int_{x_i}^{x_{i+1}} (x - y_i)^2 p(x) dx \qquad (3\text{-}130)$$

为最小的必要条件是,σ_d^2 对 x_i 和 y_i 的偏导数均为零。由此得到

$$x_{i,\text{opt}} = \frac{y_{i,\text{opt}} + y_{i-1,\text{opt}}}{2} \qquad (i = 2, 3, \cdots, N) \qquad (3\text{-}131)$$

$$y_{i,\text{opt}} = \frac{\int_{x_{i,\text{opt}}}^{x_{i+1,\text{opt}}} x p(x) dx}{\int_{x_{i,\text{opt}}}^{x_{i+1,\text{opt}}} p(x) dx} \qquad (i = 1, 2, \cdots, N) \qquad (3\text{-}132)$$

式(3-131)说明,最小均方误差量化器的判决电平应取在两相邻输出电平的中间,而式(3-132)说明,该量化器的输出电平应选择在两相邻判决电平间隔所对应的概率密度函数的重心。如果概率密度函数不是均匀分布的,那么所得到的最佳量化器是一个非均匀量化器。图 3-41(a)给出了一个非均匀量化特性的例子。

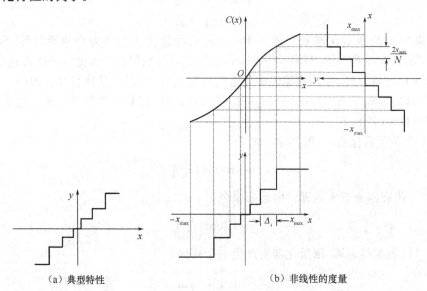

(a) 典型特性　　　　　　　　(b) 非线性的度量

图 3-41　非均匀量化器

量化器的非线性程度可以通过曲线 $C(x)$ 来表示[见图 3-41(b)]。图中给出了动态范围为 $[-x_{\max}, x_{\max}]$、级数为 N 的均匀量化器(图右侧)和非均匀量化器(图下方)特性之间的对比。当 N 足够大时,$C(x)$ 的斜率近似为两个量化器的量化台阶之比,即

$$\frac{dC(x)}{dx} \approx \frac{2x_{max}}{N\Delta_i} \qquad (3\text{-}133)$$

3.9.3 最小熵量化器

级数为 N 的量化器的输出通常以二进制方式编码。每个样值所对应的码字的长度 L 用下式表示：

$$L \geqslant \log_2 N \quad （比特／样值） \qquad (3\text{-}134)$$

当 N 为 2 的整数幂时，上式取等于号。

假设将量化器输出视为一个具有 N 个符号的离散无记忆信源（例如，在具有最佳预测器的 DPCM 系统中，可以足够精确地假设量化器输出是统计独立的），则该信源的熵 $H(Q)$ 为

$$H(Q) = -\sum_{i=1}^{N} P_i \log_2 P_i \qquad (3\text{-}135)$$

式中，P_i 为量化器输出电平 y_i 出现的概率。P_i 由下式给出：

$$P_i = P\{Y = y_i\} = \int_{x \in A_i} p(x)dx \qquad (3\text{-}136)$$

$H(Q)$ 代表了信源的平均信息量。我们将会从 3.10 节中了解，利用熵编码（通常是变长的）可以将输出码字的平均码长降至接近于或等于信源的熵。这就是说，当熵编码是理想的时候，它可以将平均码长压缩到比采用二进制编码时短，二者的差值记为 ΔL，则

$$\Delta L = \log_2 N - H(Q) \qquad (3\text{-}137)$$

为了使 ΔL 尽可能地大，我们将量化器的设计优化问题重新定义为：在给定 σ_d^2 的条件下，求判决电平和输出电平，使得输出熵为最小值。也就是说，我们把量化器和熵编码结合在一起来考虑它们的联合优化问题。与 3.9.2 节中最小均方误差准则下的最佳量化器相对应，这样设计的量化器称为**最小熵量化器**。

当量化级数 N 足够大，即量化台阶足够小时，我们可以假设在 x_i 和 x_{i+1} 之间 $p(x)$ 是一个常数，且 y_i 取 x_i 和 x_{i+1} 的平均值，则

$$\int_{x_i}^{x_{i+1}} (x - y_i)^2 p(x)dx \approx \frac{1}{12} p(x_i)\Delta_i^3 \qquad (3\text{-}138)$$

其中 $\Delta_i = x_{i+1} - x_i$ 为第 i 个量化台阶。将式(3-138)和式(3-133)入式(3-129)，得到

$$\sigma_d^2 \approx \frac{1}{12} \sum_{i=1}^{N} p(x_i)\Delta_i^3 \approx \frac{x_{max}^2}{3N^2} \int_{-x_{max}}^{x_{max}} p(x) \left[\frac{dC(x)}{dx}\right]^{-2} dx \qquad (3\text{-}139)$$

同样由于 N 足够大，式(3-135)可以写成

$$H(Q) = -\sum_{i=1}^{N} p(x_i)\Delta_i \log_2 p(x_i) - \sum_{i=1}^{N} p(x_i)\Delta_i \log_2 \Delta_i \qquad (3\text{-}140)$$

其中第一项近似为量化器输入信号 x 的熵 $H(X)$。将式(3-133)代入式(3-140)，得到

$$H(Q) = H(X) + \log_2 \frac{N}{2x_{max}} + \int_{-x_{max}}^{x_{max}} p(x)\log_2\left[\frac{dC(x)}{dx}\right]dx \qquad (3\text{-}141)$$

根据拉格朗日乘数法，在 σ_d^2 为常数的条件下求 $H(Q)$ 的极小值问题，可以变为求下式的极值问题：

$$p(x)\log_2\left[\frac{dC(x)}{dx}\right] + \lambda p(x)\left[\frac{dC(x)}{dx}\right]^{-2} \qquad (3\text{-}142)$$

其中 λ 为任意常数。令式(3-142)对 $dC(x)/dx$ 的导数为零，得到

$$\frac{dC_{opt}(x)}{dx} = \left(\frac{-\lambda}{3}\right)^{\frac{1}{2}} = 常数 \qquad (3\text{-}143)$$

在图 3-41(b)所示的 $C(x_{max}) = x_{max}$ 和 $C(0) = 0$ 的边界条件下，则有

$$C_{\text{opt}}(x) = x \tag{3-144}$$

上述结果说明,当 N 足够大时,对于给定的量化失真,最小熵量化器是一个均匀量化器。

关于量化器和熵编码联合优化的问题,也可以从另一个角度来进行,即在给定熵 $H(Q)$ 的条件下,求判决电平和输出电平,使得量化误差 σ_d^2 为最小值。此时获得的量化器称为**熵约束最佳量化器**。从这个角度进行的优化结果表明[5],当 N 足够大时,均匀量化器也接近于最佳。如果我们在量化器和熵编码的联合优化中,将熵 $H(Q)$ 看成"速率"(熵编码输出的每符号比特数),那么无论是在失真约束下最小化速率,还是在速率约束下最小化失真,均匀量化器都是或者接近于最佳的。因此,在图像和视频压缩编码的国际标准中,都采用了均匀量化和熵编码结合的方法。

3.9.4 自适应量化

在压缩编码中还常常使用自适应量化器。**自适应量化器**有一组预先设定好的、具有不同量化台阶的均匀量化器,在工作时根据信号特性的动态变化自动切换到相应的量化器(即切换到相应的量化步长)。例如在图像数据压缩中,根据视觉的空间域掩蔽效应,在图像细节丰富的部位使用量化步长大的量化器,在细节少的部位使用量化步长小的量化器,以使图像各部位由量化而产生的噪声的能见度大致相同。

度量图像细节的丰富程度可以有多种准则,例如,在空间域中,以相邻像素间的灰度之差的绝对值为依据、以已接收到的前几个像素预测误差值的加权和为依据,或直接以预测误差信号本身为依据等。一种频域度量方法则是,定义图像的**活动性函数** A_F,

$$A_F = 1 + q \sum_{i=1}^{N-1} |y_i|^2 \tag{3-145}$$

式中,y_i 为第 i 次系数;q 为归一化常数;N 为变换系数的个数。由于上式的求和符号中没有包含 $i=0$ 的系数,因此 A_F 代表了图像 AC 分量的能量(即空间域亮度变化的快慢)。根据 A_F 值的大小将图像块分为几种类型,每一种类型使用不同的量化器。值得指出,多数判断准则都以解码端也同时具备的信息为依据,这样不必将量化台阶变动的情况传送给解码端,解码端就能够根据同一准则正确地解量化。

3.9.5 预测误差和 DCT 系数的量化

预测误差通常近似地遵从拉普拉斯分布。已知概率分布,根据前面介绍的方法,即可设计量化器。

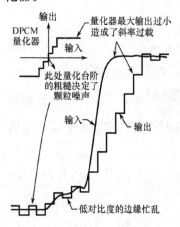

图 3-42 DPCM 的量化误差

用量化后的预测误差重建原来的信号将引入失真,典型的失真情况如图 3-42 所示。在信号较为平坦处(预测误差小),信号微小的变化使量化后的预测误差在量化器两个最小电平之间波动,造成重建信号的颗粒噪声(Granular Noise)。当信号忽高忽低时,预测误差的变动较大,如果量化粗糙的话,重建信号将产生边缘忙乱(Edge Business)。在信号的上升沿较陡(预测误差幅度很大)时,如果量化器的动态范围(最高量化电平)过小,重建信号将"赶不上"原信号的变化,这称为斜率过载(Slope Overload)。

预测误差的量化误差只引起周围邻近区域内(局部)图像的失真,而一个 DCT 系数的量化误差却对产生此系数的整块(全局)图像的质量产生影响。考虑到图像特性的空间不均匀性,通常将一幅图像划分成 8×8 或 16×16 的块,再对块图像进行变换。在图像分块做 DCT 时,直流(及低频)分量的量化误差将扩大块与块之间平均灰度的差异，从而在重建图像上显现出明显的分块结构，称为**块效应**。这种失真在平坦的彩色区域（如天空、人脸等）更加明显。在图像纹理不多的区域，如果量化的比特数不足，还会产生**带状失真**（Banding Artifacts），表现为原本平坦的区域变成由亮度（或彩色）渐变的带状区域构成。DCT 的高频系数在其幅度相当小时，将被"截断"（即量化到零）。高频系数的量化误差（包括因截断而产生的误差），将降低图像的分辨率，使细节模糊；在亮度突变的附近由于吉布斯（Gibbs）效应而产生亮暗相间的条纹（Ringing），同理在彩色突变处产生颜色的泄漏（Color Bleeding）等。在活动图像序列中，这些失真还可能造成原来被运动物体遮挡而新暴露出来的背景处出现"脏痕"。

与预测误差的量化相同，变换系数的量化器也要根据其概率分布来设计。图像信号 DC 分量的概率分布一般近似为均匀分布。至于 AC 分量的分布，虽然以前很长一段时间曾沿用高斯分布，但实际上用均值为零的拉普拉斯分布来近似更为适合[6]。

3.10 熵编码

3.10.1 熵编码的基本概念

在前面几节中我们分别讨论了预测编码和各种变换编码，这些编码都可以看成是通过解除空间或时间上的相关性，将原始信号转换成另一种形式（预测误差或变换系数）来表达。在这种新的形式下，信源可以近似认为是无记忆的，即各样值之间已没有相关性，再经过量化后信源只产生有限个数的符号，因此可近似看成是一个离散无记忆信源（见图 3-43）。由 3.2.2 节的论述可知，对于离散无记忆信源只要各事件出现的概率不相等，该信源就仍然有冗余存在，还有进一步进行数据压缩的可能性，这就是在熵编码中所考虑的问题。

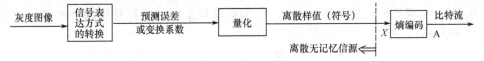

图 3-43 熵编码所处的位置

如前所述，在预测编码、变换编码、子带编码或小波变换之后，将预测误差、变换系数或子带信号量化，将造成少量信息的丢失。存在信息丢失的编码方法称为**有损编码**。本节介绍的熵编码不引起信息损失。无信息损失的编码方法称为**无损编码**。

我们以下式所表示的一个具有 4 个电平（即 4 个符号）的离散信源为例来进行讨论。

$$X = \begin{Bmatrix} s_1 & s_2 & s_3 & s_4 \\ 1/2 & 1/4 & 1/8 & 1/8 \end{Bmatrix} \tag{3-146}$$

该信源中 4 个符号出现的概率是不同的。此信源的熵为 $H(X) = 1.75$ 比特/符号。如果用表 3-1 第三行所示的 2 位的二进制数码来代表这 4 种电平，例如用 10 来表示电平 s_3，这一过程叫编码，10 称为**码字**，如表 3-1 所示的符号与码字一一对应关系的集合称为**码表**或**码本**。

表 3-1 一个 4 符号信源的码表

符　　号	s_1	s_2	s_3	s_4
出现的概率	1/2	1/4	1/8	1/8
编码方式 I	00	01	10	11
编码方式 II	0	10	110	111

在第一种编码方式中（表中第三行），每个符号所给予的码字长度都相同，平均码长 $\overline{N} = 2$ 比特/符

号，$\overline{N}$ 大于熵（1.75 比特/符号）。也可以改换成另一种编码方式，如表 3-1 中第四行所示。在这种编码方式中各符号所对应的码有不同的长度，称为**变长编码** VLC(Variable Length Coding)。设符号 s_i 所对应的码的字长为 $n(s_i)$ 比特，则平均码长为

$$\overline{N} = \sum_i p(s_i)n(s_i) \quad (\text{比特}/\text{符号}) \tag{3-147}$$

将第二种编码方式中各个符号的码字长及其对应的概率代入式(3-147)，对于本例而言，$\overline{N}=1.75$ 比特/符号，正好等于信源的熵。显然第二种编码方式比第一种具有更低的数据率，并且已达到了基本极限。这意味着，按照香农信息论，不可能再找到任何其他的无失真编码方式，其平均字长比这种编码方式更短。

当用二进符号表示输出码字时，相当于从一个新符号集 $A=\{0,1\}$ 中，选取符号 $a_i(i=1,2)$ 来代表原信源所输出的序列。为了达到数据压缩的目的，按照 3.2.2 节的介绍应使新符号集 A 的概率模型尽可能接近于等概率分布。也就是说，使信源 A 的熵最大，每个符号 a_i 平均携带的信息量最多，从而表达原信源输出所需要的符号 a_i 数目最少。这从下面的例子中可以得到证实。当采用表 3-1 中的第 2 种编码方式时，原输出序列与编码后的序列有如下关系：

$$\begin{array}{lllllllll}
\text{原信源输出序列} & s_1 & s_2 & s_1 & s_3 & s_2 & s_1 & s_1 & s_4 \cdots \\
\text{方式 II} \quad \text{编码后的序列} & 0 & 10 & 0 & 110 & 10 & 0 & 0 & 111\cdots \\
\text{方式 I} \quad \text{编码后的序列} & 00 & 01 & 00 & 10 & 01 & 00 & 00 & 11\cdots
\end{array} \tag{3-148}$$

可以看出，用方式 II 编码后的序列中 0 和 1 出现的重复频率相同，因此这种编码方式能够给出较低的数据率。在式(3-148)中，编码方式 II 只用 14 个符号，而编码方式 I 需用 16 个符号表示同一个原始信源序列。

如果编码符号集 A 中符号的个数为 M，经编码以后可能达到的最大熵值则为 $\log_2 M$。若原信源的熵为 $H(X)$，经编码后的平均码长为 $\overline{N}$，编码符号集中一个符号所携带的平均信息量则为 $H(A)=H(X)/\overline{N}$。显然

$$\frac{H(X)}{\overline{N}} \leqslant \log_2 M \tag{3-149}$$

我们将**编码效率** η 定义为

$$\eta = \frac{H(X)}{\overline{N}\log_2 M} \tag{3-150}$$

当 $\eta=1$ 时，有

$$\overline{N}_{\min} = \frac{H(X)}{\log_2 M} \tag{3-151}$$

这就是在编码中可能达到的最小平均码长的极限。当 M 取 2 时，例如 $A=\{0,1\}$，最小平均码长则等于原信源的熵。熵编码的宗旨在于找到信源符号集内的符号与码字的一一对应关系，以使平均码长达到上述极限。不难看出，这种编码方式是无失真的。

实际应用中的熵编码方式主要有霍夫曼编码和算术编码，下面分别进行介绍。

3.10.2　霍夫曼编码

霍夫曼(Huffman)编码的基本思想是，对出现概率较大的符号 s_i 取较短的码长，而对概率较小的符号则取较长的码长，因此它是一种变长码。霍夫曼码通常被称为最优码。最优的含义是，对于给定的符号集和概率模型，找不到任何其他整数码比霍夫曼码有更短的平均字长。所谓整数码是指每个符号所对应的码字的位数都是整数。

现在通过 $M=2$ 的例子来介绍霍夫曼码的编码过程。设原信源为

$$X = \begin{Bmatrix} x_1 & x_2 & \cdots & x_m \\ p_1 \geqslant p_2 \geqslant & \cdots & \geqslant p_m \end{Bmatrix} \tag{3-152}$$

其编码的具体步骤如下。

(1) **合并**:将信源中最小概率的两个事件合并成一个事件。由于这些事件是统计独立的,合并后的事件出现的概率等于原来两个事件的概率和。

(2) **置换**:将合并后的信源的事件重新按概率大小排列(概率相等的事件可按任意顺序排列)。

(3) 若合并后的信源中事件的个数大于2,重复执行步骤(1)和(2);若合并信源中事件个数等于2,则进行步骤(4)。

(4) **赋值**:在最后得到的信源

$$X^{m-2} = \begin{Bmatrix} x_1^{(m-2)} & x_2^{(m-2)} \\ p_1^{(m-2)} \geqslant p_2^{(m-2)} \end{Bmatrix} \tag{3-153}$$

中,给 $x_1^{(m-2)}$ 和 $x_2^{(m-2)}$ 分别赋值0(或1)和1(或0)。

(5) **反推**:由于 $x_2^{(m-2)}$ (或 $x_1^{(m-2)}$)一定是由两个事件构成的,因此,对应于这两个事件的码字由 $x_2^{(m-2)}$ 的码字分别加上0和1构成。以此类推,一直到返回原信源符号为止。

现在利用图3-44来说明上述编码过程。假设构成信源的符号以及它们各自出现的概率为

$$X = \begin{Bmatrix} s_1 & s_2 & s_3 & s_4 & s_5 \\ 1/3 & 1/4 & 1/5 & 1/6 & 1/20 \end{Bmatrix} \tag{3-154}$$

图3-44中从左到右用虚线标出的4个部分表示4个合并与置换的步骤。在第1步中,概率最小的 s_4 和 s_5 合并,其合成事件的概率为13/60。由于1/5<13/60<1/4,因此合成事件在第2步中排在 s_2 和 s_3 之间。以此类推,在第4步中,只剩下了两个事件,合并过程结束。然后给每一个节点(图中○点处)的两个分支分别赋以0和1。如图所示的树状结构称为**码树**。从树根(图中用箭头指出的节点)到左端树梢的各个分支所经过的码串接起来就构成该树梢上符号所对应的码字。例如,从树根经过两个节点到 s_3 所构成的码为11。

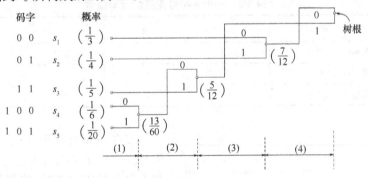

图3-44 霍夫曼编码过程示意图

由于一个节点的上下两个分支既可赋值0(或1),也可赋值1(或0值),而且对概率相同的两个事件的排列顺序也是任意的,因此对同一信源所构成的霍夫曼码并不是唯一的,但是它们的平均字长却是一样的。

这样构造的霍夫曼码是无歧义的。所谓**无歧义**是指在译码过程中,对某个码字的解释是唯一的。现在举一个例子来说明。对于表3-1所给出的信源概率模型,读者根据霍夫曼码的构码过程,可以证明表中给出的第二种码即为霍夫曼码。假设该信源输出序列和编码后的序列如式(3-148)所示,当接收端收到码流01001101000111…时,按照码表,以0开头的码字只有0,因此解出第一个符号为 s_1 ;除去已解的码0以后,码流则剩下1001101000111,码表中以一个1开头的码只有10,因此得到第二个符号 s_2 ;除掉10之后,码流剩下01101000111,第一个码0决定了译码结果只能是 s_1 ;在剩余码流1101000111中,开头的两个码为11,而码表中2比特的码字只有10,因此可以断定应该按3位来译码,得到 s_3 ;以此类推。

由以上译码过程可以看出,虽然霍夫曼码是变长的,码流中又没有分隔码字的标识符,但由于它独特的**前缀(Prefix)特性**,即短码字永远不会成为长码字的开头,因此,完全能够从码流直接恢复原信源所输出的符号序列来。

值得注意的是:①由于霍夫曼构码过程的最基本依据是信源的概率分布,如果信源的实际概率模型与构码时所假设的概率模型有差异,实际的平均码长将大于预期值,编码效率下降。如果差异很大,则有可能比使用定长码(如表 3-1 中的第一种编码方式)的平均字长还要长。对于这种情况,解决的办法是更换码表,使之与实际概率模型相匹配;或者直接使用定长码。②霍夫曼码对传输错误十分敏感,如果码流中出现 1 比特错误,不仅对应的码字会译错,而且由于前缀特性被破坏,可能使后续的译码在错误的码字边界上进行,从而使错误传播下去。

3.10.3 算术编码

算术编码是另一种能够趋近于熵极限的最佳编码方式,它与霍夫曼编码一样,也是对出现概率较大的符号采用短码,对概率较小的符号采用长码。但是它的编码原理却与霍夫曼编码很不相同,也不局限于非使用整数码不可,这使得它比霍夫曼码有更高的效率。

1. 算术编码的基本原理

假设一个具有 4 个电平的信源,其概率模型如表 3-2 所示。把各符号出现的概率表示在如图 3-45(a)所示的单位概率区间之中,区间的宽度代表概率值的大小。由图可以看出,各符号所对应的子区间的边界值,实际上是从左到右各符号的累积概率。在算术编码中通常采用二进制的分数来表示概率,表 3-2 和图 3-45(a)中都标出了相应的二进概率数值。每个符号所对应的概率区间都是半开区间,即该区间包括左端点,而不包括右端点,如 s_1 对应 $[0, 0.001)$,s_2 对应 $[0.001, 0.011)$,等等。

表 3-2　一个 4 符号信源的概率模型

符　　号	s_1	s_2	s_3	s_4
概率(十进制)	1/8	1/4	1/2	1/8
概率(二进制)	.001	.01	.1	.001
累积概率(二进制)	0	.001	.011	.111

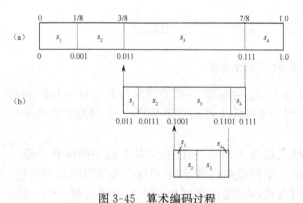

图 3-45　算术编码过程

现在以符号序列 $s_3 s_3 s_2 s_4 \cdots$ 为例来解释编码过程。算术编码所产生的码字实际上是一个二进制分数值的指针,该指针指向所编的符号对应的概率区间。按照这一法则,序列的第一个符号为 s_3,我们用指向图 3-45(a)中第三个子区间的指针来代表这个符号。从原理上来讲,指针指向 $[0.011, 0.111)$ 区间内的任何部位都可代表 s_3,但通常约定为指向它的左端点,由此得到码字 0.011。后续的编码将在前面编码指向的子区间内进行。将 $[0.011, 0.111)$ 区间再按符号的概率值划分成 4 份,如图 3-45(b)所示。对第二个符号 s_3,指针指向 0.1001(s_3 区间的左端),也就是码字串变为 0.1001。然后如图(b)所示,s_3 所对应的子区间又被划分为 4 份,开始对第三个符号进行编码。余下的步骤以此类推。

总结上述划分子区间的递归过程,可将算术编码的基本法则归纳如下:

(1)初始状态

编码点(指针所指处)$C=0$

区间宽度 $A=1.0$

(2)新编码点 $C=$原编码点 $C+$原区间 $A\times P_i$　　　　　　　　　　(3-155)

新区间 $A=$原区间 $A\times p_i$　　　　　　　　　　(3-156)

其中 p_i 和 P_i 分别为所编符号 s_i 对应的概率和累积概率。

根据上述法则,对序列 $s_3 s_3 s_2 s_4\cdots$进行编码的过程如下。

第一个符号(s_3):

$$C=0+1\times0.011=0.011$$
$$A=1\times0.1=0.1$$

第二个符号(s_3):

$$C=0.011+0.1\times0.011=0.1001$$
$$A=0.1\times0.1=0.01$$

第三个符号(s_2):

$$C=0.1001+0.01\times0.001=0.10011$$
$$A=0.01\times0.01=0.0001$$

第四个符号(s_4):

$$C=0.10011+0.0001\times0.111=0.1010011$$
$$A=0.0001\times0.001=0.0000001$$

该码字串 0.1010011 用 7 位表示了 4 个符号,平均码长为 $7/4=1.75$ 比特/符号。

在解码器中,当收到码字串 0.1010011 时,由于这个码字串指向子区间 $[0.011,0.111)$[见图 3-45(a)],因此,解出的第一个符号应为 s_3。然后,采取与编码过程相反的步骤,即从码字串中减去已解符号子区间的左端点的数值(累积概率),并将差值除以该子区间的宽度(概率值),则得到新码字串 $(0.1010011-0.011)\div(0.1)=0.100011$。由图 3-45(a)中可以看出,新码字串仍落在 $[0.011,0.111)$ 区间之内,因此,解出的第二个符号仍为 s_3。后面的过程可以此类推。

在算术编码中,一个值得注意的问题是**进位**。在霍夫曼编码中,如式(3-148)所示,后续符号的码字只是简单地附加到已编好的码字串之尾,并不改变已有的码字串。而在算术编码中则不同,如在上面的例子中,编完第三个符号之后得到的码字串为 0.10011,在对第四个符号编码时,将码串的前 3 位由 0.100 变成 0.101,这便是由于相加运算中的进位引起的。

2. 二进制算术编码

二进制算术编码是一种常用的算术编码方法,所谓二进制是指输入的字符只有两种。如果信源字符集内包含有多个字符,则先将这些字符经过一系列的二进判决,变成二进制字符串。图 3-44 所示的霍夫曼树就是这样的判决方法之一(不遵从霍夫曼概率置换原则的二进树也可以)。在那里,字符 s_4 的转换过程可以分解成三次二进判决(100)。

在二进制算术编码器的两个输入字符中,出现概率较大的一个通常称为 **MPS**(More Probable Symbol),另一个称为 **LPS**(Less Probable Symbol)。假设 LPS 出现的概率为 Q_e,MPS 出现的概率则为 $(1-Q_e)$,图 3-46 表示出这两个符号所对应的概率区间。

对这两个符号构成的序列的编码与前面介绍的算术编码的基本原理是相同的,仍然是不断划分概率子区间的递归过程。如果我们规定编码指针指向子区间的底部(见图 3-46),那么编码规则为:

对于 MPS

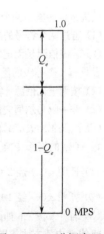

图 3-46　二进概率区间

$$C = C \tag{3-157}$$

$$A = A(1 - Q_e) = A - AQ_e \tag{3-158}$$

对于 LPS

$$C = C + A(1 - Q_e) = C + A - AQ_e \tag{3-159}$$

$$A = AQ_e \tag{3-160}$$

在霍夫曼编码中,最短的码字为 1 比特,所以即使在对最常出现的符号进行编码时,也需要在前面已编好的码字串上再增加 1 比特。而在算术编码中,由式(3-157)可以看出,对 MPS 编码不增加已编好的码字串的长度。这是算术编码比霍夫曼编码优越的地方。

在具体实现上述算法时,如下几个问题值得注意:

① 在概率子区间不断划分的过程中,区间宽度 A 越来越小,因此,用来表示 A 的数字的位数则需要越来越多;

② 完成式(3-158)至式(3-160)的运算都要用到成本较高(无论是用硬件实现还是用软件实现)的乘法运算;

③ 当已编好的码字串中连续出现多个 1 时,若后续编码过程中在最后一位上加 1,将连续改变前面已编好的码字,产生连续多个 0,直到出现 1 为止,这就是前面提到过的进位问题。

用有限精度的算术运算来计算概率区间 A,可以保证 A 的有效数字的位数不至于随码字串的增加而增加。例如 $A = 0.001$ 可以用 1.0×2^{-3} 来表示,当 A 被分割到更小值时,则增加指数值,而有效数字的位数仍保持在规定的范围之内。

关于进位的问题,可以用在编码器输出之前设置一个缓存器的办法来解决。连续出现 1 的码字串(如连续的 8 个 1)先不输出,而将它送入一个堆栈暂存,若后续编码引起进位,则改变堆栈中的数据后再输出。若不引起进位,则直接输出堆栈中的码字。

式(3-158)～式(3-160)中包含的乘法运算是二进制算术编码的瓶颈。为了有效地实现编码算法,人们提出了若干办法来近似地求解乘积,从而构成了不同类型的二进制算术编码器,如 Q 编码器[19]、QM 编码器[20]、MQ 编码器[18] 和 M 编码器等。我们将在 4.3.5 节介绍其中的 M 编码器。

与霍夫曼编码一样,如果输入信号的实际概率模型(二进编码中的 Q_e 值)与假设值不一样,算术编码的效率也要下降。为了提高编码效率,可以通过一定方式实时地对实际输入信号的 Q_e 值进行估计,编码器则根据所估值动态地更新 Q_e,这就构成了所谓的**自适应二进制算术编码**。

习 题 三

3-1 设离散信源输出两个符号的序列,这两个符号从符号集 $A = \{0, 1\}$ 中随机地选取,并且 $P(1) = 0.8, P(0) = 0.2$,

(1) 若这两个符号的条件概率为 $P(0/1) = 0.1$ 和 $P(1/0) = 0.4$,求该信源的序列熵;

(2) 若该信源是无记忆的,求该信源的序列熵,并与(1)的结果进行比较。

3-2 设具有 4 个等级的量化器的输出序列为 $\{1, 1, 3, 4, 2, 1, 2, 1, 3, 1, 1, 2, 4, 2, 1, 1\}$,

(1) 按无记忆信源计算其熵;

(2) 按一阶马尔柯夫信源计算其熵,并与(1)的结果进行比较。

(提示:马尔柯夫信源熵等于条件熵的加权平均,即熵以信源所处的某个状态为条件,而加权值等于此状态的概率。)

3-3 设 $x(n)$ 的傅氏变换 DFT 为 $X(e^{j\omega})$,

(1) 证明 $x(n)$ 经 2:1 抽取后的频谱为 $\frac{1}{2}[X(e^{j\omega/2}) + X(-e^{j\omega/2})]$;

(2) 证明 $x(n)$ 经 1:2 内插后的频谱为 $X(e^{j2\omega})$;

(3) 若 $|X(e^{j\omega})|$ 如图所示,画出经抽取和内插后的幅度谱示意图。

3-4 将线性内插方法扩展到二维信号,就得到**双线性内插方法**。它利用相邻 4 个像素(如下图中深色方块 A, B, C, D)内插出 4 者之间区域内任意点(如下图中 a)上的数值,具体做法是:在一个方向(如行方向)上利用线性

内插分别求出与 a 同列、与 A、B 同行和与 a 同列、与 C、D 同行的两个像素值；再将这两个像素值在另一个方向(列方向)上通过线性内插求出 a 的数值。根据上述思想，写出用 A、B、C、D 表示的 a 的内插值。

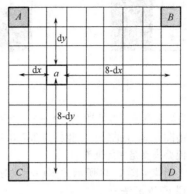

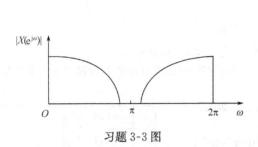

习题 3-3 图　　　　　　　　　　　习题 3-4 图

3-5　为什么内插滤波器和抗混叠滤波器通常都使用 FIR 滤波器，而不是 IIR 滤波器？

3-6　在具有运动补偿的帧间预测编码中，如果运动矢量估计得不准确产生的后果是什么，会不会引起解码后的图像失真，为什么？

3-7　根据图 3-22，请说明

(1) 初始(第一步)的搜索点是如何确定的？

(2) 第二步的搜索点是如何确定的？

(3) 为什么选择左上方点进行第 3 步搜索？

(4) 搜索是如何中止的？ 是否使用了早期中止策略？

3-8　(1) 若 $\boldsymbol{\Sigma}$ 是对称实数矩阵，且 $\boldsymbol{\phi}$ 是 N 维矢量，证明 $\nabla_{\phi}[\boldsymbol{\phi}^{\mathrm{T}}\boldsymbol{\Sigma}_X\boldsymbol{\phi}]=2\boldsymbol{\Sigma}_X\boldsymbol{\phi}$ 和 $\nabla_{\phi}[\boldsymbol{\phi}^{\mathrm{T}}\boldsymbol{\phi}]=2\boldsymbol{\phi}$；

(2) 利用上述结论，在 MMSE 准则下，证明式(3-61)。

3-9　设有一个信源矩阵 $\boldsymbol{X}$ 如下图所示。

(1) 用下述正交矩阵进行变换，称为**哈达玛变换**。求图示信源矩阵的变换系数矩阵 $\boldsymbol{Y}$；

5	11	8	10
9	8	4	12
1	10	11	4
19	6	15	7

习题 3-9 图

$$\boldsymbol{Y}=\frac{1}{2}\begin{bmatrix}1 & 1 & 1 & 1\\ 1 & 1 & -1 & -1\\ 1 & -1 & -1 & 1\\ 1 & -1 & 1 & -1\end{bmatrix}\cdot\boldsymbol{X}\cdot\begin{bmatrix}1 & 1 & 1 & 1\\ 1 & 1 & -1 & -1\\ 1 & -1 & -1 & 1\\ 1 & -1 & 1 & -1\end{bmatrix}$$

(2) 根据以上结果说明哈达玛变换是否具有能量集中特性，能否用于数据压缩；

(3) 写出哈达玛反变换的公式。

3-10　设一个 8×8 图像块的像素在 $[0,255]$ 区间取值

(1) 什么样的图像会使 DCT 系数出现最大值？ 最大值是多少？

(2) 如果对每个像素减去 128 再作 DCT，系数 $F[2,3]$ 发生什么变化？

(3) 减去 128 对编码这个图像块所用的比特数有什么影响？

(4) 在作 IDCT 时，如何恢复减去的数值？

3-11　对图中所述三种 8×8 的亮度图形进行 DCT 变换后，估计(不必实际计算)在系数矩阵的哪些位置上，变换系数有较大数值。

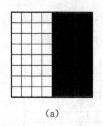 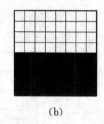 

| (a) | (b) | (c) |

习题 3-11 图

3-12 说明第 2 章习题 2-4 图中两个正弦光栅的 DCT 频率谱是否相同？解释原因。

3-13 指出图 3-35 中的每一个步骤与 3.7.3 节中的哪一个(或哪几个)公式相对应，从而说明在 TDAC 编码过程中混叠失真是如何抵消的。

3-14 设一图像经图 3-38 所示的多层小波分解后，其系数如图所示。

按照 EZW 算法，

(1) 确定初始门限值，并进行第 1 次主扫描，得到显著系数表；

(2) 进行第 1 次辅扫描，得到加细量化表；

(3) 缩小门限值，继续进行上述两步扫描，直至门限值为 1。写出各门限值下的显著系数表和加细量化表。

62	−34	49	10	7	13	−12	7
−31	23	14	−13	3	4	6	−1
15	14	3	−12	5	−7	3	9
−9	−7	−14	8	4	−2	3	2
−5	9	−1	47	4	6	−2	2
3	0	−3	2	3	−2	0	4
2	−3	6	−4	3	6	3	6
5	11	5	6	0	3	−4	4

习题 3-14 图

3-15 说明 DCT 系数的量化误差可能在图像上造成哪些失真。试选择易于产生指定失真的图像，编程实现其中的带状失真和 Ringing 失真(见 3.9.5 节)，观察并展示失真的图像。

3-16 设有一离散无记忆信源

$$X = \begin{Bmatrix} S_1 & S_2 & S_3 & S_4 & S_5 & S_6 \\ 0.3 & 0.2 & 0.2 & 0.1 & 0.1 & 0.1 \end{Bmatrix}$$

(1) 计算该信源的熵；

(2) 为该信源构造一霍夫曼码，并计算平均码长及编码效率；

(3) 为什么该码的编码效率小于 1？试总结在什么情况下，霍夫曼码的编码效率能够达到 1？(提示：符号 S_i 携带的信息量是多少？表示 S_i 的码字的码长是多少？)。

3-17 根据下述码表产生的码字序列，在译码时是否是无歧义的？说明原因。

y_1	y_2	y_3	y_4	y_5	y_6	y_7	y_8
010	0001	0110	1100	00011	00110	11110	101011

3-18 假设有下表所示的 5 种运动矢量，其出现的概率如表所示。

试用一般算术编码对 MV 序列{−2,−1,0,2}进行编码，

(1) 给出编码过程和最后输出的码字(允许最后一位不能正确解码)；

(2) 输出码字需要用几比特表示？编码效率为多少？

(3) 同一序列若采用霍夫曼编码，编码效率为多少？

MV	概率(十进制)
−2	0.1
−1	0.2
0	0.4
1	0.2
2	0.1

参考文献

[1] C. E. Shannon, "A mathematical theory of communication," Bell Sys. Tech. J., 1948, 379-423, 623-656

[2] H. G. Musman, et. al., "Advances in picture coding," Proc. IEEE, Vol. 73, 1985, 523-548

[3] T. Berger, Rate-Distortion Theory, Prentice-Hall, 1971

[4] 周炯槃. 信息理论基础. 北京：人民邮电出版社，1983

[5] Y. Wang, et al., Video Processing and Communications, Prentice-Hall, 2002

[6]　A. Netravali and B. Haskell, Digital Pictures, Representation, Compression and Standards, Plenum, New York, 1995

[7]　A. M. Tourapis, "Enhanced predictive zonal search for single and multiple frame motion estimation," Visual Communications and Image Processing, Proc. SPIE, vol. 4671, 2002, 1069-1079

[8]　N. Purnachand, L. N. Alves, A. Navarro, "Improvements to TZ. search motion estimation algorithm for multiview video coding", IEEE IWSSIP, 2012

[9]　[美]N. 阿罕麦德, K. R. 罗著. 数字信号处理中的正交变换. 胡正名, 陆传赍译. 北京:人民邮电出版社, 1979

[10]　W. Chen, et al., "A fast computational algorithm for the discrete cosine transform," IEEE Trans. Communications, COM-25, 1977, 1004

[11]　C. Loeffler et al., "Practical fast 1-D DCT algorithm with 11 multiplications," Proc. IEEE ICASSP', 1989, Vol. 2, 988-991

[12]　B. G. Le et al., "FCT——A fast cosine transform," Proc. IEEE ICASSP, 1984, Vol. 2, 1-4

[13]　R. E. Crochiere, "SuB-Band Coding," Bell Sys. Tech. J., Sept. 1981, 1633-1654

[14]　R. E. Crochiere and L. R. Rabiner, Multirate Digital Processing, Prentice Hall, 1983

[15]　S. Mallat, " A theory for multiresolution signal decomposition: the wavelet representation," IEEE Trans. PAMI, Vol. 11, No. 7, 1989, 674-693

[16]　J. M. Shapiro, "Embeding image coding using zerotrees of wavelet coefficients" IEEE Trans. SP, Vol. 41, No. 12, 1993, 3445-3462

[17]　A. Said and W. A. Pearlman, "A new fast and efficient image codec based on set partitioning in hierarchical trees," IEEE Trans. CSVT, Vol. 6, No. 3, 1996, 243-250

[18]　[美] D. S. Taubman and W. Marcellin 著. JPEG2000 图像压缩基础、标准和实践. 魏江功等译. 北京:电子工业出版社, 2004

[19]　W. B. Pennebaker, et al., "An overview of the basic principles of the Q-coder adaptive binary arithmetic coder," IBM J. Res. Develop., Vol. 32, No. 6, 1988, 717-726

[20]　W. B. Pennebaker and J. L. Mitchell, JPEG: Still Image Data Compression Standard, Chapmann & Hall, 1993

第4章 视频数据的压缩编码

4.1 基于帧的视频编码

我们将视频编码的方法分为基于帧(或称基于块)的编码和基于对象的编码两大类。本节介绍基于帧的视频编码和解码。这类编、解码方法以视频帧为基本编码单元,综合利用了第3章中介绍的第一代压缩编码技术,并为多数现行的国际标准所采用。

基于对象的编码意味着以可视对象为基本单元进行编码和解码。所谓的可视对象可以是矩形的视频帧、视频场景中的某一物体或者是由计算机生成的2D或3D图形等。针对每个对象分别进行编码比针对整个视频帧编码可以为人机交互提供更大的灵活性,例如,可以将不同渠道摄取的自然对象以及计算机生成的对象组合在一个场景中;允许用户通过交互手段对场景的构成进行操作,如从场景中删掉某个对象等。但是这种编码方法就目前看来市场应用有限,因此本书将不予讨论,有兴趣的读者可参阅文献[1]。

4.1.1 典型的编码器与解码器

一个典型的视频编码器和解码器方框图如图4-1所示,它包括具有运动补偿的帧间预测、DCT变换、量化、熵编码,以及与固定速率的信道相适配的速率控制等几个部分,用以在保证图像有满意的质量的前提下,最大限度地压缩码率。由于图4-1所示的编码器采用了多种压缩编码技术,所以常被称为**混合(Hybrid)编码器**。

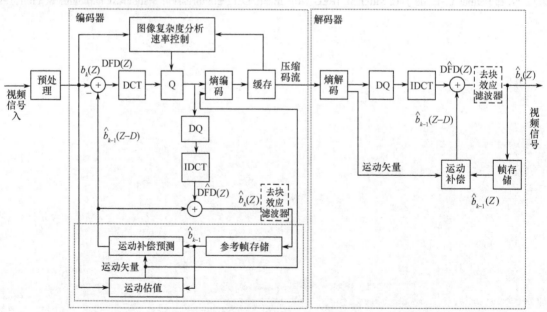

图 4-1 典型的视频编码器和解码器

对视频图像的压缩编码通常是分块进行的。如图4-2(a)所示,将一帧图像首先分成若干**条**

(Slice),或称片,每条又分成许多块。对于 4:2:0 格式来说,亮度图像块所包含的像素数目一般为 16×16,对应的色度块像素数为 8×8。一个亮度块及其对应的两个色信号块构成一个基本处理单元,称为**宏块**(Macroblock),标为 **MB**[见图 4-2(b)]。每一条所包含的宏块数可以是不相同的,每一帧划分的条数也视具体应用而定。现在来讨论编码器的基本工作原理。

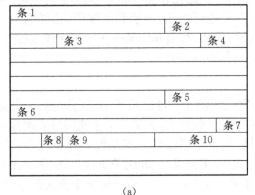

(a)

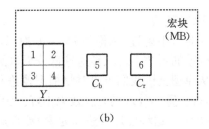

(b)

图 4-2　条与宏块

1. 图像信号的预处理

图像信号的预处理过程如图 4-3 所示。

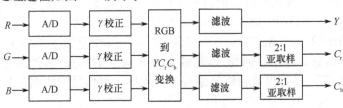

图 4-3　图像信号的预处理

模拟 R、G、B 信号首先经过 8 比特或 10 比特的 A/D 变换变成数字信号,然后分别进行 γ 校正。根据 2.4.4 节介绍的内容将 R、G、B 信号转换成亮度信号和色差信号,并按式(2-23)至式(2-25)得到 Y、C_r 和 C_b。

如果希望利用人眼对色差信号高频分量的敏感程度比对亮度低的特性,在信号变换到 Y、C_b 和 C_r 空间之后可以用数字滤波器将 C_b、C_r 的带宽限制到 Y 信号带宽的 1/2。然后对于 4:2:0 的格式,在垂直和水平方向上进行 2:1 的抽取,这样得到的色信号矩阵的样点数只是 Y 矩阵的 1/4,如图 4-2(b)所示。

2. 运动估值/补偿

为了消除帧间冗余信息,编码器采用具有运动补偿的帧间预测(图 4-1 下部虚线框)。在运动估值部分,当前帧的亮度图像 b_k 被分成 16×16 的块,然后利用块匹配方法在参考帧中找到每个块 $b_k(\mathbf{Z})$ 的最佳匹配块,从而估计出每个块的位移矢量值。在匹配过程中,参考帧内的搜索范围根据不同的应用而定,例如可以取 $\pm128(\mathrm{H})\times\pm32(\mathrm{V})$,H 和 V 分别表示垂直方向和水平方向。当参考帧为前一帧 b_{k-1} 时,进行的是前向预测;参考帧为后一帧 b_{k+1} 时,则进行的是后向预测。

利用每个块的位移矢量 $\mathbf{D}$,可以从参考帧得到经过运动补偿的当前块的预测值 $\hat{b}_{k-1}(\mathbf{Z}-\mathbf{D})$,然后通过减法器求出当前块和预测块的差值图像(或称为位移后的帧间差 DFD)。在 DFD 中,时间冗余信息已经大大减少,但还可能保留着空间冗余信息。为了降低空间冗余度,将在后续步骤中对 DFD 进行 DCT 变换和量化。运动估值中用到的参考帧是在经过反量化和反 DCT 恢复出

$\hat{DFD}(\mathbf{Z})$ 之后,与 $\hat{b}_{k-1}(\mathbf{Z}-\mathbf{D})$(或 $\hat{b}_{k+1}$)相加得到的。上述带有"ˆ"的符号表示该量引入了量化误差。同时,在 3.5.2 节中介绍块匹配方法时已经讲过,位移矢量必须伴随着 DFD 送到接收端,接收端才能从已接收帧中恢复出当前帧来。图中标出此支路直接进入熵编码模块。

按上述方法编码的块通常称为**帧间编码块**(Inter MB)。但是在有些情况下,如场景切换时,帧间预测误差很大,此时图像块可以不进行预测编码,而直接进行 DCT 变换和熵编码,这样的块称为**帧内编码块**(Intra MB)。在采用帧间预测编码的一幅图像中,如果其中某一块的预测误差很大,对该块也可以采用帧内编码。对于帧内编码块,可以看成其预测值为 0。

3. DCT 变换

在 3.6 节中讲过,图像经 DCT 变换以后,DCT 系数之间的相关性已经很小,而且大部分能量集中在少数的系数上。只传送这部分系数给收端,既可以降低数据率,而又不至于使图像有明显的损伤。从原理上讲我们可以对整幅图像进行 DCT 变换,但由于图像各空间位置上细节的丰富程度不同,这种整体处理的方式效果不好。为此,采用了将宏块再分成 8×8 的子块、对每个子块进行 DCT 的办法。这种处理方法称为**块 DCT**(后续内容中常常省略"块"字)。位于细节丰富区的子块,可以保留较多的 DCT 系数;而细节不丰富的子块,则保留较少的系数。采用块 DCT 的办法不仅便于每个子块根据各自的图像特点进行独立处理,而且降低了运算量和对存储空间的要求。

对色信号的处理与上面讨论的对亮度信号的处理方法类似,只是对色信号 C_b、C_r 一般不做运动估值,而是直接使用同一宏块中的亮度块的位移矢量作为色信号子块的位移矢量。根据这些位移矢量对 C_r 和 C_b 进行具有运动补偿的帧间预测,然后对预测差值图像进行块 DCT 变换。

对于隔行扫描的图像,由于相邻两行来自于不同场,相关性较小,此时可以将宏块的行重新组织,即上 8 行来自奇场,下 8 行来自偶场,以增强垂直方向上的相关性,然后再进行 DCT,称为**场DCT**。在解码端作 IDCT 之后,再重新恢复原有的行顺序。色信号宏块因为只有 8×8 的大小,所以不进行场 DCT。

值得注意,式(3-67)~式(3-70)所示的 DCT 需要浮点运算,其精度受到有限字长的影响。在实际应用中,编码器和解码器可能具有不同的字长,这使得 IDCT 有可能不能足够精确地重建DCT 之前的数值,称之为**失配**。保证 DCT 和 IDCT 的匹配是需要注意的一个问题。

4. 量化

量化是编码器中唯一产生信息损失的地方。通过量化,保留下重要的 DCT 系数,并将其数值进一步离散化,不重要的 DCT 系数被量化到零。这是对数据进行压缩的很重要的一步。经过DCT 变换后,系数之间的相关性已经很小,因此可以用各自独立的量化器分别进行量化。所有系数都采用均匀量化器,但对不同的 DCT 系数根据其重要程度的不同采用不同大小的量化台阶。例如,低频系数的量化台阶较小,而高频系数的量化台阶则选得比较大。8×8 个系数的量化台阶构成一个矩阵,称为**量化矩阵**。

图 4-4(a) 和(b) 分别给出了帧内编码块和帧间编码块的量化矩阵的例子。对于只进行帧内编码的块,DCT 系数值对应于该图像块的空间频率谱,因此,图(a)所示量化矩阵中低频系数的量化台阶较小,而高频系数的最化台阶较大。而对于帧间编码的子块,由于帧间预测误差的 DCT 系数与原图像的空间频率谱关系很小,因而其直流和交流分量均采用相同的量化器量化。

量化器量化台阶的大小既影响编码器的输出码率,又影响解码器重建图像的质量。当速率或图像质量受到约束时,例如要求输出码率恒定或重建图像上量化噪声的能见度均匀(此时图像平坦部分可使用小量化台阶,细节变化多的部分则用大量化台阶),就需要在编码时根据图像的复杂度动态地调节量化台阶的大小。这种可调节的量化台阶是通过量化矩阵乘以一个**比例因子**(Scale)来实现的。比例因子有时也称为**量化参数 QP**。

8	16	19	22	26	27	29	34		16	16	16	16	16	16	16	16
16	16	22	24	27	29	34	37		16	16	16	16	16	16	16	16
19	22	26	27	29	34	34	38		16	16	16	16	16	16	16	16
22	22	26	27	29	34	37	40		16	16	16	16	16	16	16	16
22	26	27	29	32	35	40	48		16	16	16	16	16	16	16	16
26	27	29	32	35	40	48	58		16	16	16	16	16	16	16	16
26	27	29	34	38	46	56	69		16	16	16	16	16	16	16	16
27	29	35	38	46	56	69	83		16	16	16	16	16	16	16	16

(a)帧内编码　　　　　　　　　　　　　　　(b)帧间编码

图 4-4　量化矩阵

若用 DCT(i,j)和 QDCT(i,j)分别表示量化前后的 DCT 系数,则

$$QDCT(i,j) = f\left(\frac{\alpha \cdot DCT(i,j)}{Q(i,j) \cdot Scale}\right) \tag{4-1}$$

其中,a 为一个常数,Q 为量化矩阵,$f(\cdot)$在帧内编码时采用 round$(\cdot)$,在帧间编码时则使用 floor$(\cdot)$,以得到量化空间中的死区。比例因子通常是在某一规定数值区间(如[1,31])内的一个整数。在不同编码标准中,对它的取值方法和范围有不同的定义。调节比例因子,则所有量化器的量化台阶同时被相应地调整。

5. 从二维矩阵到一维序列的转换

DCT 系数矩阵在量化之后已经变得很稀疏,相当多的系数已量化到零,只剩下低频系数和少数的高频系数。为了进行熵编码,我们将按图 4-5(a)所示的之字形顺序,将二维的系数矩阵转化成一个一维的数据序列。图中所示的扫描顺序,首先经过低频再到高频。这样,重要的系数多数都集中在序列的开始。当扫描到高频区域遇到若干个零之后才有一个非零值时,为了记录该非零值的位置,该值前面的零的个数用**游程编码**表示。当剩下的所有系数均为零时,用符号 **EOB**(End of Block)来代表序列的截止。以这种方法可以将 64 个系数有效地排列成一个短序列,而每一个系数则用一个数组(run,level)来表示,其中 run 表示系数在矩阵中的位置,level 表示它的值。例如,(3,−1)代表这个系数前面有 3 个零,它的值为−1。

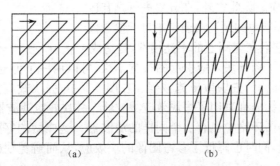

　　　　　(a)　　　　　　　　　　　　　　(b)

图 4-5　DCT 系数的扫描顺序

对隔行扫描的图像进行编码时,由于相邻扫描行来自不同的场,如果在一场时间内物体的位置有明显的移动,垂直方向上的相关性会降低,导致该方向空间频率分量的幅值下降较慢,之字形的顺序就不是最佳的了。这时可以采用图 4-5(b)所示的交替扫描方式,这种方式优先扫描了垂直方向的系数。实验表明[2],相比于之字形扫描,在隔行扫描中应用交替扫描,其解码重建图像的峰值信噪比可提高 0.3dB。

另一种处理办法是,为了增加垂直相关性,在做 DCT 之前,先取奇数场的 8 行,再取偶数场的 8 行,分别作 8×8 的 DCT,这时仍可采用图(a)方式进行扫描。在解码时,经过 IDCT 以后再恢复正常的行顺序。

6. 熵编码

已经在第 3 章中讲述过，熵编码是实现无损数据压缩的一种重要方法。可以采用霍夫曼编码，也可用采用算术编码来消除上面所形成的一维序列（包含 DCT 系数的位置和幅度信息）中的统计冗余信息，给序列中的每个符号指定一个码字，从而产生编码器输出的比特流。

从 3.10 节可知，无论是霍夫曼码还是算术编码，信源实际的概率模型必须与设计码表时所采用的模型相匹配，否则编码效率会显著降低。因此在一些国际标准中采用了自适应熵编码，即在编码过程中，根据图像相邻区域的已编码的数据，估计当前符号的概率分布，然后动态地更新码表；或者切换到符合当前分布的码表。在后一种情况下，编、解码器都有一组事先根据数据不同统计特性设计的码表。

在实际设计码表时，通常不是将一个 DCT 系数值看成一个符号，而是将游程编码后的组合（run, level）看成一个符号，给予一个码字，这样的码表有时称为**二维霍夫曼表**。在不同的国际标准中霍夫曼码表的具体形式有所不同。以 H.263/MPEG4 的 DCT 系数码表为例，该标准对出现频率较高的符号定义了 VLC 码表，而不常见的符号仍采用定长码表示。表 4-1 给出了它的 VLC 码表的前 20 个码字。该表是一个（last, run, level）的三维码表，last 代表是否是序列的最后一个符号（last＝1，"是"），run 代表非零系数前面的零的个数，level 代表该系数的绝对值，系数的正、负则由码字的最后一个比特 s 表示，0 为正值，1 为负值。例如，一个不在序列末尾的系数（3，−1），根据该表被编为 011011。

表 4-1 VLC 码表（部分）

Last	Run	Level	码字
0	0	1	10s
0	1	1	110s
0	2	1	1110s
0	0	1	1111s
1	0	1	0111s
0	3	1	01101s
0	4	1	01100s
0	5	1	01011s
0	0	3	010101s
0	1	2	010100s
0	6	1	010011s
0	7	1	010010s
0	8	1	010001s
0	9	1	010000s
1	1	1	001111s
1	2	1	001110s
1	3	1	001101s
1	4	1	001100s
0	0	4	0010111s
0	10	1	0010110s
...	...	...	...

7. 去块效应滤波器

从 3.9.5 节可知，块 DCT 直流及低频分量的量化误差会导致重建图像上的块效应。除此之外，在分块进行具有运动补偿的帧间预测时，相邻宏块的预测块通常来自于参考帧中的不同（非相邻）位置，它们在空间上的不连续性，是造成块效应的另一个原因。为了降低块效应引起的视觉不快，可以用一个低通滤波器来对解码后的重建图像进行平滑，此滤波器称为**去块效应滤波器**。在图 4-1 中，去块效应滤波器用虚线框表示，是因为不是所有的编码国际标准都采用了去块效应滤波器。去块效应滤波器放在了解码器的预测环路之中；为了不失配，编码器环路中也有一个同样的滤波器。这样做的好处是，不仅提高了解码器输出图像的主观视觉质量，同时也降低了参考图像的块效应，从而避免块效应产生的残差，有利于压缩码率的降低。

8. 速率控制

由于编码的原因，例如熵编码产生的是变长码、帧内编码和帧间编码产生的数据量不同等，同时由于视频信号的统计特性不平稳，复杂度高的图像经压缩后所产生的数据量大，因此编码输出的比特流速率是变化的。为了在恒定比特率的信道上传送，需要在进入信道之前加一个缓冲器，用以对输出码流的速率进行平滑和控制。关于速率控制问题将在 4.6 节中做进一步的介绍。

在图 4-1 中还给出了解码器的功能方框图。解码是编码的逆过程，这里不再多述。

4.1.2 视频序列的编码

对一个视频图像序列进行压缩编码,需要用到帧间预测编码,因为它是消除时间冗余信息(即各帧图像之间的冗余信息)的一种有效方法,但在不同的应用中帧间预测的具体做法有所不同。由于后向或双向预测在解码显示时引入额外的延时,所以在实时性要求高的应用中,如可视电话和视频会议,一般不采用。在这些应用中,通常第一帧采用帧内编码,后继帧均采用前向预测编码。

在另外一些应用中,例如在数字电视广播中接收机刚开机或改换频道时,或在视频点播中接收机进行录像机式的快进、快退等操作时,需要从码流的某个中间点(不是序列的起始点)处开始解码,这称为**随机接入**(Random Access)。如果序列除第 1 帧外全部采用前向预测,此时会因为没有前一帧参考图像而不能解码。为了解决随机接入的问题,有必要隔一段时间传送一帧只采用帧内编码的图像作为参考图像,使得预测环路能在没有某一个参考帧时,迅速获得另一个参考帧,从而恢复到正常工作状态。图 4-6(a)表示出这样一个图像序列,图中 I 帧表示帧内编码图像,P 帧和 B 帧分别表示采用前向预测和双向预测的图像。P 帧由与其相邻的前一个 P 帧或 I 帧来预测,B 帧则由前、后相邻的 I 帧或 P 帧预测。在这类应用中,实时性要求不那么苛刻,因此可以使用 B 帧提高压缩比,但 B 帧一般不作为 P 帧和后续 B 帧的参考图像。两个 I 帧之间的图像构成一个组,称为 **GOP**(Group of Picture)。在一组图像中,P 帧和 B 帧的数目可以根据实际应用的需要选择。

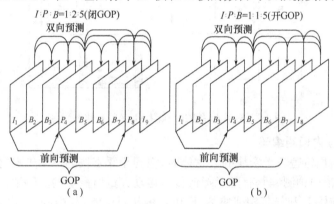

图 4-6　使用 I 帧、P 帧和 B 帧编码的图像序列

需要注意,在 GOP 中 B 帧既引起编码的延时,也引起解码的延时。如图 4-6(a)所示的情况,只有在 P_4 编码之后才能对 B_2 进行编码,与输入序列相比,编码器引入了 2 帧(连续出现的 B 帧的个数)的延时。为了使解码器引入的延时最小,已编码的图像按如下顺序进行存储或传输:$I_1\ P_4\ B_2\ B_3\ P_8\ B_5\ B_6\ B_7 \cdots \cdots$。不难看出,要正确地解码和显示该序列图像,解码器需要存储 2 帧已解码的图像,而引入的延时为 1 帧。

当 GOP 以 B 帧为结束帧时[见图 4-6(b)],最后的 B 帧的编、解码需要以下一个 GOP 的 I 帧作为参考帧,这样的 GOP 称为**开 GOP**;当 GOP 以 P 帧为结束帧时[见图 4-6(a)],不需要参考下一个 GOP 的 I 帧,这样的 GOP 称为**闭 GOP**。

4.1.3 帧内预测编码

在图 4-1 的简化框图中虽然没有显式地标出,但实际上,为了最大限度地降低数据的冗余,在不同的编码标准中也程度不同地采用了帧内预测编码。

1. DC 系数的帧内预测编码

每个 8×8 的帧内编码块 DCT 系数中的 DC 分量代表了该块的平均灰度,而在空间域内图像的灰度是连续变化的,因此相邻块的 DC 分量之间存在相关性。利用空间邻域已编码块的 DC 分量对当前块的 DC 分量进行预测,然后对预测误差再进行熵编码,可以降低 DC 系数所占用的比特数。

图 4-7(a)给出了进行 DC 系数预测的相邻块与当前块的位置图。当前块 X 的 DC 系数可以直接由 A 块的 DC 系数预测,例如在 MPEG-2 中就采用了这种方法。更好的方式(如 MPEG-4 所采用)是按下式选择 DC 系数梯度变化较小的方向进行预测。

$$\text{If } |DC_A - DC_B| < |DC_B - DC_C|$$

　　从 C 预测 X

else

　　从 A 预测 X

一般取 A 或 C 的 DC 系数乘以一个小于 1 的权值作为块 X 的 DC 系数的预测值。

同理,空间相邻的帧内编码块的 DCT 系数的低频分量之间也存在着一定的相关性,因此,DCT 系数矩阵的第一行和第一列也可以利用帧内预测编码来降低它们占用的比特数。图 4-7(b)给出了低频 AC 系数(图中灰色位置)预测的一个例子。

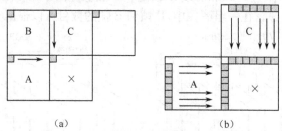

(a)　　　　　　　　　　(b)

图 4-7　(a)DC 系数的预测,(b)AC 系数的预测

2. 运动矢量的帧内预测编码

当图像中存在面积覆盖若干宏块的大物体时,空间相邻宏块的运动矢量之间存在着相关性,因此,对运动矢量采用帧内预测编码有可能降低传送运动矢量所需要的比特数。

图 4-8 给出当前块 E 和与其相邻块 A、B 和 C 的相对位置,其中(a)假设进行运动估值的块大小相同(如都是 16×16 时)的情况。在有些国际标准中允许使用不同大小的块来进行运动估值(见4.1.4 节),图(b)表示出 E 和邻域块大小不同时的一个例子。最简单的预测方法是用左邻域块的运动矢量 MV_A 作为当前块 E 的运动矢量 MV_E 的预测值;更好的方法如下式所示:

$$MV_{Ex} = \text{median}\{MV_{Ax}, MV_{Bx}, MV_{Cx}\}$$

$$MV_{Ey} = \text{median}\{MV_{Ay}, MV_{By}, MV_{Cy}\} \tag{4-2}$$

式中,下标 x、y 分别代表运动矢量在 X 和 Y 方向上的分量,median{·}代表取中值。如果当前块是 16×8 或 8×16 的[如图(c)或(d)中虚线分隔的情况],则可以分别按图中箭头所示方向进行预测。运动矢量经过帧内预测,再对当前值与预测值之差进行熵编码和传输。

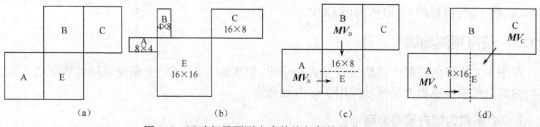

(a)　　　　　(b)　　　　　(c)　　　　　(d)

图 4-8　运动矢量预测中当前块与邻块的位置关系

3. 图像的帧内预测编码

在 4.1.1 节中讲过,对于帧内编码的帧(或块)不做帧间预测,直接进行块 DCT 和熵编码。但实际上,图像在空域内的相关性是很强的,如果对于帧内编码模式,首先进行空间域预测编码,再作 DCT 和熵编码可以明显的提高编码效率。因此在较晚制定的国际标准(如 H.264、H265)中,增加了图像的帧内预测编码的模式。

根据 3.5.1 节可知,预测器系数的设计与图像信号的内容(统计特性)有关。为了适应不同的图像内容,通常给出一组不同的预测器。图 4-9 列出了几个例子。图中白色块表示当前待预测像素,大写字母表示邻接的像素。图(a)定义了各像素的相对位置;图(b)用顶部像素分别预测当前块对应列的各像素;图(c)和(d)中像素由周边像素的加权和来预测,例如图(c)中

$$d = \text{round}\left(\frac{B}{4} + \frac{C}{2} + \frac{D}{4}\right) \tag{4-3}$$

$$c = h = \text{round}\left(\frac{A}{4} + \frac{B}{2} + \frac{C}{4}\right) \tag{4-4}$$

显然,图(b)和图(c)分别适用于垂直方向和对角线方向相关性强的图像,而图(d)适用于灰度沿左下对角方向变化的图像。在 4.3.2 节和 4.4.3 节我们还将看到其他一些预测器。

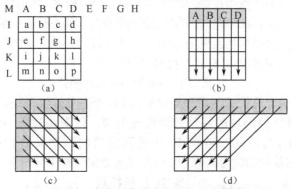

图 4-9　亮度图像帧内预测的几个模式

4.1.4　帧间预测编码的优化

在图 4-1 所示的混合编码器中,帧间预测编码对数据压缩起着至关重要的作用,因此对其进行改进,一直是近年来视频压缩编码研究的一个重要组成部分。下面介绍这些研究所获得的一部分成果,它们已分别在不同的国际标准中被采用。

1. 隔行扫描图像的预测

当编码器的输入是隔行扫描的图像时,由于相邻扫描行来自不同的场,如果在一场时间内物体的位置有明显的移动,垂直方向上的相关性会降低。在这样的情况下,为了提高预测的准确性,可以采用以下的模式:

(1) 场图像的场间预测

这种方式与帧间预测类似,也采用 16×16 的宏块,只是被预测的宏块是从某一场图像(而不是帧图像)中取出的(对应于一帧中 16×32 的面积)。此时如图 4-10 所示,P 帧上场的参考图像可以是前一个 I 帧或 P 帧的上场或下场,而 P 帧下场的参考图像可以是本帧的上场或前一个 I 帧或 P 帧的下场;而 B 帧某一场的参考图像则可以由其前一个 I 或 P 帧的任何一场与后一个 I 或 P 帧的任何一场构成。

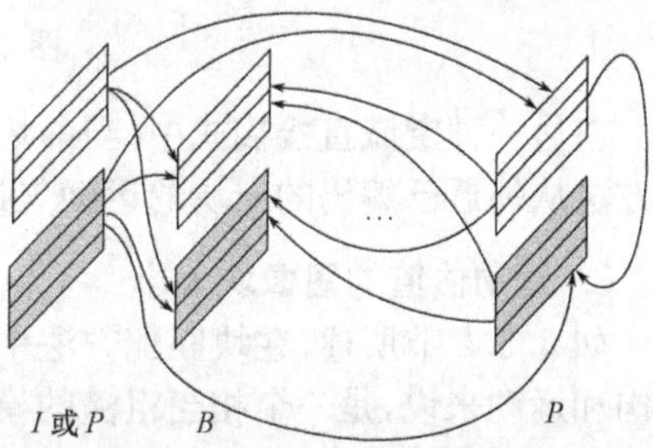

图 4-10　隔行扫描图像的帧间预测

（2）帧图像的场间预测

将帧图像中 16×16 的宏块分成两个 16×8 的场宏块,两个场宏块分别由奇数场和偶数场的像素构成。对这两个场宏块分别用类似于(1)的方法进行场间运动估值,只是 P 帧的下场不再用本帧的上场,而改为前一个 I 或 P 帧的上场作为参考图像。这样,对前向预测而言,每个帧宏块有两个运动矢量;对双向预测而言,每个帧宏块则有 4 个运动矢量。这种预测方式用于图像运动较快的情况。

（3）场图像的 16×8 预测

将场图像的 16×16 宏块按前 8 行和后 8 行分为两个 16×8 的部分,每个部分分别进行场间预测。这种方式主要用于运动剧烈且不规则的情况。

2. 帧间预测编码中几种特殊情况的处理

（1）不受限的运动矢量

对靠近图像边缘处的宏块进行运动估值时,其匹配块可能部分地落在参考图像之外(见图 4-11)。为了降低预测误差,从而降低此时编码所需的比特数,可以将图像边界上的像素值简单线性外插到边界外(如图中阴影所示),编码效率会因此而略有提高。

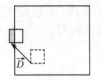

图 4-11　匹配块部分地落在参考图像之外的例子

（2）跳过模式

若当前编码块采用**跳过(Skip)模式**,则不传送当前块的任何编码信息。在解码时,利用相邻已解码块[图 4-8(a)中的 A、B、C]运动矢量的中值作为当前块的运动矢量,然后在参考图像中找到经运动补偿的块作为跳过块的解码值(此时,预测误差为零)。

（3）P 和 B 帧的**直接(Direct)模式**

在这种模式中,只传送当前块的图像预测误差,而不传送当前编码块的运动矢量,当前块的两个双向预测运动矢量通过已编码块的运动矢量推导出来。以图 4-12 所示的**时域直接模式**为例。设当前编码块位于 B_5 帧,其后向参考帧 P_6 中的同位块的运动矢量指向 I_1,且数值为 $\boldsymbol{MV} = (+2.5, +5)$。那么当前块的前向参考帧也为 I_1,其运动矢量按下式计算:

$$前向预测 \ \boldsymbol{MV}_F = \frac{B_5 \ 到 \ I_1 \ 的帧数}{P_6 \ 到 \ I_1 \ 的帧数} \cdot \boldsymbol{MV} = (2, 4)$$

$$后向预测 \ \boldsymbol{MV}_B = \frac{B_5 \ 到 \ P_6 \ 的帧数}{P_6 \ 到 \ I_1 \ 的帧数} \cdot \boldsymbol{MV} = (-0.5, -1) \tag{4-5}$$

当前块的解码值则等于由 $\boldsymbol{MV}_F$ 和 $\boldsymbol{MV}_B$ 决定的双向预测值与预测误差之和。

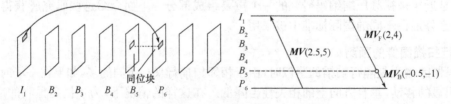

图 4-12　双向预测中的直接模式

在另一种**空域直接模式**中,当前块的前向和后向运动矢量用 4.1.3 节介绍的运动矢量帧内预测方法从邻近已编码的宏块的运动矢量导出。

3. 运动估值的图像块大小

如 3.5.2 节所述,在块匹配方法中,将图像分块并将每一个块视为一个"运动物体",对于图像结构和运动来说,是一个相当粗糙的模型。如果一个块中包含若干个向不同方向运动的物体,则很难在参考帧中找到合适的匹配块。

根据图像内容的复杂程度选择不同大小和形状的块来进行运动估值,可以在一定程度上改善上述状况,减小预测误差,从而降低码率。因而在一些国际标准中除了 16×16 的块以外,还允许在运动估值中采用其他的分块方式。图 4-13 给出了 H.264 支持的各种分块模式,其中包括 16×16、16×8、8×16 和 8×8 的块;当选择 8×8 的块时,可以进一步细分为 8×4,4×8 和 4×4,这常称为**树结构**的层次化块划分。值得注意的是,更细地划分块在可能降低预测误差的同时,增加了需要传送的运动矢量的个数(例如对 4×4 的前向预测,每个宏块有 16 个运动矢量)和匹配搜索的复杂程度;同时,所选择的是什么形状和尺寸的块(**块模式**)也必须作为附加信息传送给解码器。

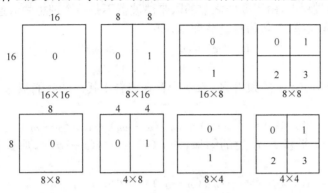

图 4-13　分层划分的块模式

对一个图像宏块进行运动估值时,究竟划分为多大的块好呢?原则上说,需要对所有可划分的模式进行试探,看哪一种模式下所需的编码(预测误差、运动矢量和块模式等的编码)总比特数最少。显然,这需要很大的计算量,因此对于模式选择快速算法的探索是研究者们一直感兴趣的问题。4.5 节将对模式选择的方法进行讨论。

4. 亚像素精度运动矢量估计

在 3.5.2 节所介绍的运动估值中,当前帧和参考帧具有相同的空间分辨率,这样得到的当前块和它在参考帧中的匹配块之间的位移值是像素取样间隔的整数倍,或者说,所得到的运动矢量是整数像素精度的。很显然,物体的实际帧间位移与像素点的取样间隔之间并没有必然的联系。对实际位移进行更精细(亚像素精度)的估值,有可能进一步减小帧间预测误差从而降低码率。由于在进行亚像素(例如 1/2 像素、1/4 像素等)精度的运动估值时,首先需要通过内插得到参考图像在亚像素位置上的数值,以便实现对当前块位移的更精细的匹配,因此对亚像素精度运动估值的研究,包括运动矢量的精度和参考图像的内插方法分别对降低预测误差的影响这样两个问题。

(1) 运动矢量的精度对降低预测误差的影响

研究表明[3],运动矢量从整像素精度提高到亚像素时,帧间预测误差有显著降低,但到了一定的"临界精度"之后,预测误差降低的可能性则减小。对一系列典型测试序列的实验表明[3],当运动矢量的精度从整像素提高至 1/8 像素时,编码比特率的降低比较明显;当提高至 1/16 像素后,则无明显的进一步的改善。同时,具有小物体、或低信噪比的序列相对于大物体、或高信噪比的序列而言,提高运动估值精度的效果相对要差,这是因为如果一个块中包含向不同方向运动的物体,或者量化误差较大,都会对运动估值形成干扰,进一步提高精度则没有多大意义。

(2) 内插滤波器对降低预测误差的影响

从概念上讲,只要如 3.4.2 节所述采用理想低通作为内插滤波器,就可以精确地恢复出参考图像在亚像素位置上的数值。但是实验表明,按照上述方法进行具有运动补偿的帧间预测,效果并不理想。这是因为输入信号中包含着摄像机噪声和其他信号成分,这些噪声不能被很好地被预测从而保留在预测误差之中。研究者通过假设噪声的主要成分来源于输入信号中的混叠失真[4],从理论和实验上比较好地解释了上述问题。

为了分析的简单，我们只考虑一维的情况。假设 $t-1$ 和 t 时刻的输入模拟图像信号分别为 $l_{t-1}(x)$ 和 $l_t(x)$，二者分别取样后得到 $b_{t-1}(x_n)$ 和 $b_t(x_n)$。若 $l_{t-1}(x)$ 的频谱为 $L_{t-1}(\omega)$，则 $b_{t-1}(x_n)$ 的频谱为

$$B_{t-1}(\omega) = \frac{1}{T}\sum_{k=-\infty}^{\infty} L_{t-1}(\omega - k\omega_s) \tag{4-6}$$

式中，ω_s 为取样角频率；T 为取样周期。不失一般性，令 $T=1$，以忽略上式中的常数 $1/T$。

假设在数据采集过程中，由于取样之前的限带滤波器不是一个理想的低通，没有在 $1/2$ 的取样频率（但在 1 倍的取样频率）上将信号衰减到零，即

$$\begin{aligned} L_{t-1}(\omega) &\neq 0 \qquad |\omega| \geqslant \omega_s/2 \\ &= 0 \qquad |\omega| \geqslant \omega_s \end{aligned} \tag{4-7}$$

则取样后的离散信号 $b_{t-1}(x_n)$ 的频谱 $B_{t-1}(\omega)$ 中存在混叠干扰。让我们只考虑该频谱的基带部分（见图 4-14），

$$B_{t-1}(\omega) = L_{t-1}(\omega) + L_{t-1}(\omega + \omega_s) + L_{t-1}(\omega - \omega_s) \tag{4-8}$$

假设 $l_t(x)$ 只是 $l_{t-1}(x)$ 平移了 d_x 后的结果，即 $l_t(x) = l_{t-1}(x - d_x)$，那么取样后的当前帧信号 $b_t(x_n)$ 的频谱为

$$B_t(\omega) = l_{t-1}(\omega)e^{-jd_x\omega} + L_{t-1}(\omega + \omega_s)e^{-jd_x(\omega+\omega_s)} + L_{t-1}(\omega - \omega_s)e^{-jd_x(\omega-\omega_s)} \tag{4-9}$$

上式后两项代表 $B_t(\omega)$ 中的混叠成分。根据式（4-7）可知，这两个混叠项是互不重叠的（见图 4-14），因此式（4-9）可化为

$$B_t(\omega) = l_{t-1}(\omega)e^{-jd_x\omega} + L_{t-1}\left[\omega\left(1 - \frac{\omega_s}{|\omega|}\right)\right]e^{-jd_x\left(1-\frac{\omega_s}{|\omega|}\right)\omega} \tag{4-10}$$

由式（4-10）可以看出，在基带内混叠项的位移 d_{xa} 为

$$d_{xa} = -d_x\left(\frac{\omega_s}{|\omega|} - 1\right) \qquad -\frac{\omega_s}{2} < \omega < \frac{\omega_s}{2} \tag{4-11}$$

式（4-11）表示混叠项位移 d_{xa} 的大小与频率 ω 有关，同时 d_{xa} 与图像本身的位移是相反方向的。由于运动补偿只能按照一个位移矢量进行，在对图像本身的运动进行补偿时，混叠项将遗留在预测误差之中，造成补偿效果的不理想。

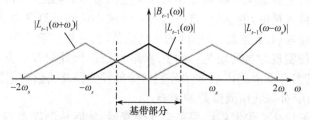

图 4-14 输入信号 $b_{t-1}(x_n)$ 的频谱

下面我们来具体分析混叠失真对预测误差的影响。图 4-15 给出了具有运动补偿的预测器的一般框图。图中 $\hat{b}_{t-1}(x_n)$ 和 $\tilde{b}_t(x_n)$ 分别代表重建的前一帧参考图像和对当前帧的预测值，$l'_{t-1}(x)$ 代表经内插滤波器 $h(x)$ 得到的模拟参考图像，$\hat{l}_t(x) = l'_{t-1}(x - \hat{d}_x)$，$\hat{d}_x$ 为运动矢量的估计值。在这里我们假设其估计值等于实际值，即 $\hat{d}_x = d_x$。最后一个模块对模拟信号 $\hat{l}_t(x)$ 以周期 $T=1$ 进行再取样。

根据图 4-15 很容易得到频域内各信号间的关系式：

$$L'_{t-1}(\omega) = H(\omega)\hat{B}_{t-1}(\omega) \tag{4-12}$$

$$\hat{L}_t(\omega) = L'_{t-1}(\omega)e^{-jd_x\omega} \tag{4-13}$$

$$\widetilde{B}_t(\omega) = \sum_{k=-\infty}^{\infty} \hat{L}_t(\omega - k\omega_s) \qquad (4\text{-}14)$$

式中，$H(\omega)$ 为内插滤波器的频率响应。如果内插滤波器是理想低通型，即

$$H(\omega) = \begin{cases} 1 & |\omega| < \omega_s/2 \\ 0 & \text{其他} \end{cases} \qquad (4\text{-}15)$$

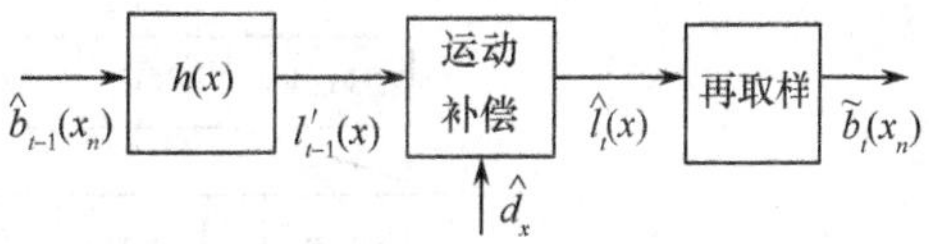

图 4-15　具有运动补偿的帧间预测器一般框图

假设忽略量化误差，即参考图像等于原图像，那么根据式(4-12)和式(4-15)，$L'_{t-1}(\omega) = B_{t-1}(\omega)$，且在 $|\omega| > \omega_s/2$ 时，$L'_{t-1}(\omega) = 0$。因此根据式(4-8)和式(4-14)，在基带中有：

$$\widetilde{B}_t(\omega) = L_{t-1}(\omega)e^{-jd_x\omega} + L_{t-1}(\omega + \omega_s)e^{-jd_x\omega} + L_{t-1}(\omega - \omega_s)e^{-jd_x\omega} \qquad (4\text{-}16)$$

根据式(4-10)和式(4-16)得到预测误差的频谱 $E(\omega)$ 为

$$E(\omega) = B_t(\omega) - \widetilde{B}_t(\omega) = L_{t-1}\left[\omega\left(1 - \frac{\omega_s}{|\omega|}\right)\right]\left[e^{-jd_x\left(1 - \frac{\omega_s}{|\omega|}\right)\omega} - e^{-jd_x\omega}\right]$$

$$= 2L_{t-1}\left[\omega\left(1 - \frac{\omega_s}{|\omega|}\right)\right] \cdot \sin\left(\frac{d_x\omega_s\omega}{2|\omega|}\right) \cdot e^{-jd_x\left(\omega - \frac{1}{2}\omega_s\omega/|\omega|\right) + j\pi/2} \qquad (4\text{-}17)$$

上式表示在对图像进行理想的预测时，对混叠项的预测是不完善的。从式(4-17)看出，残留在预测误差中的混叠失真大小（绝对值）与位移量 d_x 有关，在整像素位移（$d_x = 0, \pm T, \pm 2T, \cdots$）时，残留误差消失，而在半像素位移时最大。

为了减小预测误差中残存的混叠失真，我们必须修正预测信号[式(4-16)]，使其更接近于当前帧信号 $B_t(\omega)$[式(4-10)]。由于亚像素位移产生混叠残留误差，故而进行内插的滤波器 $h(x)$（见图 4-15）可以兼用来对预测信号中的混叠失真进行衰减。我们知道在最小均方误差准则下，对带有加性噪声的随机信号进行预测的最佳预测器是**维纳滤波器**，因此在国际标准中建议的内插滤波器是根据信号和噪声统计特性设计的维纳滤波器，它具有与一般低通类似的频谱形状，不同的是它考虑了混叠失真（噪声）的影响。实际上，式(3-33)就是 H.264 给出的一个 6 抽头的维纳滤波器；而双线性内插滤波器等效于长度为 2 的维纳滤波器。

4.1.5　码流结构

如 4.1.1 节所述，视频序列是以帧为单位进行编码的；每一帧又被划分为条、宏块和块分别进行具有运动补偿的帧间预测和 DCT 编码，然后转换成一维的符号序列，经熵编码形成一串由 0 和 1 组成的码流。要使解码器能够从码流恢复出原来的视频序列，必须给出码流的各段与帧、条、宏块与块之间的对应关系，这通常是将码流按层次结构来组织，并在每个层次插入相应的头信息来完成的。图 4-16 给出了一个典型的码流层次结构图。

在图 4-16 中，码流共分为 6 个层次：

(1) **图像序列**。序列头给出图像分辨率、宽高比、帧率和比特率等信息。

(2) **图像组**（GOP）。它是进行随机存取的单元，其头信息是可选的，包括 GOP 的开、闭等。

(3) **图像帧**。它是基本的编码单元，其头信息中记录着该帧的类型（I、P 或 B）、按帧或场编码及量化表等。

(4) **条**（Slice）。一幅图像可以分成一个或多个条，在每条的开始，进行 DPCM 的参量（如 MV 和 DC 系数）的预测值都重新置到零（称为**再同步**），这可以防止解码时误差的传播。条是一帧中最大的可独立解码的单元，也称为再同步的单元。条的头信息包括条的起始位置和长度，是否全部宏块为帧内编码等。

(5) **宏块**。它是进行运动补偿的基本单元，其头信息包括宏块的编码类型、MV 个数和量化参数 QP 等。

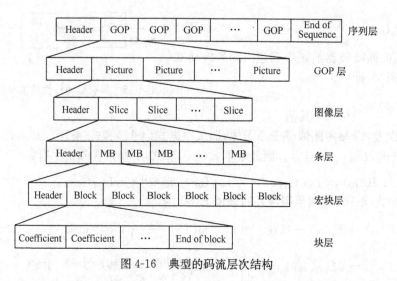

图 4-16　典型的码流层次结构

（6）**块**。它是进行 DCT 的基本单元。

4.2　视频压缩编码的国际标准

4.2.1　国际标准的制定

目前国际上有三大组织从事视频压缩编码国际标准的制定，它们分别是国际电联电报组（ITU Telegraphy Sector，ITU-T），国际标准化组织（International Standards Organization，ISO）和国际电工委员会（International Electrotechnical Commission，IEC）。这三个组织又分别或联合组建了相应的分支来负责具体的工作，例如，ITU-T 组建了视频编码专家组（Video Coding Experts Group，**VCEG**），ISO/IEC 组建了活动图像专家组（Moving Picture Experts Group，**MPEG**），ITU-T VCEG 和 ISO/IEC MPEG 又共同组建了联合视频组（Joint Video Team，**JVT**）和视频编码联合组（Joint Collaborative Team on Video Coding，**JCT-VC**）等。

启今为止，这些工作组已经制定了若干视频压缩编码的国际标准。图 4-17 列出了这些标准的名称和制定时间，其中 H.26X 系列为 ITU-T 的标准，MPEG 系列为 ISO/IEC 的标准。在这些标准中，H.264 和 H.265 是被市场广泛接受和具有前景的新一代标准，它们分别由 JVT 和 JCT-VC 制定，我们将在 4.3 节和 4.4 节作专门的介绍。H.262/MPEG2 是目前数字电视广播（SDTV，HDTV）和 DVD 仍在采用的标准，而其他标准则已经使用不多或已被淘汰。

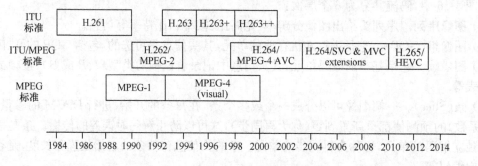

图 4-17　视频压缩编码的国际标准

4.2.2 几个术语

通常，国际标准并不对编码器的设计作限制，这给编码器的开发者留下了设计的余地。国际标准只规定已编码的码流（见图 4-16）必须遵循的**句法**、**语义**和一个标准解码器。所谓句法是指表述码流各层次信息的标识符的集合；语义则是句法中各标识符所对应的定义。因此，只要一个厂家开发的编码器产生的码流符合国际标准，就能被其他厂家开发的标准解码器正确解码。

每一个编码标准都定义了若干编码**范畴**（Profile）和**层次**（Level）。二者定义了编码码流句法和语法的子集，从而决定了解码器的解码能力。编码范畴规定了该范畴所支持的编码工具，例如，是否可处理隔行扫描图像，是否可以进行前向或双向预测（容许 P 帧或 B 帧），允许采用的取样结构，有无去块效应滤波器，所使用的熵编码器的类型等；而层次则定义了对解码器的负载和内存占用影响较大的关键参数的约束，如最大分辨率、最高帧率、最高视频码率等。

编码标准在定义编码范畴和层次时通常采用表 2-3 所示的数字电视参数，但是由于历史的原因，世界各国采用的电视制式不同（如 PAL、NTSC、SECAM），所规定的图像扫描格式（决定电视图像分辨力的参数）也不同，当要在这些国家之间建立可视电话或会议业务时，无法直接采用电视所规定的格式，而必须统一到一个公共图像格式上来。为此，国际标准中还规定了一组 **CIF**（Common Intermediate Format）图像格式如表 4-2 所示。CIF 的亮度信号分辨率为 352×288，色差信号 C_r 和 C_b 的水平和垂直分辨率均为亮度信号的二分之一，即为 176×144。图像帧率最高为 29.97 帧/秒。在信道速率较低时，帧率可以降至 10 帧/秒左右。

表 4-2 CIF 图像格式

图像格式	亮度样值/行	亮度行数/帧
Sub-QCIF	128	96
QCIF	176	144
CIF	352	288
4 CIF	704	576
16 CIF	1 408	1 152

4.2.3 早期的国际标准

1. H.261

最早制定的一个视频编码国际标准是 H.261，它是由 ITU-T 为在窄带综合业务数字网（N-ISDN）上开展速率为 $p * 64\text{bit/s}$ 的双向声像业务（可视电话、会议）而制定的，其中 $p = 1 \sim 30$。H.261 压缩编码由具有运动补偿的帧间预测、块 DCT 和霍夫曼编码组成。由于该标准用于实时业务，希望编/解码延时尽可能小（$\leqslant 150\text{ms}$），所以只利用前一帧作参考帧进行前向预测。除初始帧为 I 帧外，后续帧一般为 P 帧。编、解码器的复杂程度相当（或称为对称）是 H.261 标准的一个特点，这是因为会话的双方都同时需要编码器和解码器的缘故。虽然 H.261 已被淘汰，但它对后续标准的制定产生过很大的影响。

2. MPEG-1

MPEG-1（ISO/IEC 11172）由 ISO 活动图像专家组为速率为 $1 \sim 1.5$ Mb/s 能够提供录像质量（VHS）的数字声像信息的存储而制定，共分为视频编码、音频编码和声像同步与复用（系统）3 个部分。它可以处理亮度信号为 352×240 像素 $\times 30$ 帧/秒（NTSC）或 352×288 像素 $\times 25$ 帧/秒（PAL）逐行扫描的图像。此时在 4：2：0 模式下，视频信号压缩后的码率约为 1.2 Mb/s；再加上压缩以后、具有 CD 质量的双声道立体声伴音，总速率约为 1.4 Mb/s。

MPEG 1 采用 4.1.1 节中介绍的典型编码算法(但无去块效应滤波器)。由于针对数字存储的应用而制定,因此它的编、解码器是不对称的,位于存储中心的编码器比位于用户端的解码器要复杂得多。此外,为了支持对存储在数字存储介质上的已编码流进行随机的存取(例如快进、快倒等操作),MPEG-1 码流通常具有 GOP 结构。

3. MPEG-2/H.262

MPEG-2(ISO/IEC 13818)由 ISO 的活动图像专家组和 ITU-T 于 1994 年共同制定,在 ITU-T 的协议系列中,被称为 H.262。MPEG-2 像 MPEG-1 一样,也分为系统、视频和音频 3 个部分。其中系统部分在 ITU-T 协议中称为 H.222.0,我们将在 7.7 节中讨论。

MPEG-2 的编码方式与码流结构如 4.1.1 节、4.1.2 节和 4.1.5 节所讲述。与 MPEG-1 相比,MPEG-2 主要增加了下述几项功能。(1)**处理隔行扫描的能力**。增加了 4.1.4 节中隔行扫描的几种预测模式,即场图像的场间预测、帧图像的场间预测等,以及图 4-5(b)所示的交替扫描等对隔行扫描图像更有效的编码方式。(2)**更高的色信号取样**。除了 4:2:0 外,还支持 4:2:2 和 4:4:4 格式。(3)**更精细的 DCT 系数量化和比例因子调节**。在 MPEG-2 中,DCT 系数量化到 $[-2048,2047]$,而在 MPEG-1 中则是 $[-256,256]$。在 MPEG-2 中,比例因子除了可以选择为 $[1,31]$ 内的一个整数(称为线性量化)外,还提供了一种非线性量化如表 4-3 所示。当选择 $[1,31]$ 中的一个整数时,例如 10,根据表 4-3 此时的 Scale 取 12。(4)**可伸缩性视频编码**。所谓可伸缩性视频编码是指一次编码所产生的码流具有下述特性:对码流的一部分进行解码可以获得完整的重建图像,但其质量要比对全部码流解码获得的图像质量(分辨率、帧率或信噪比)要低。MPEG-2 所支持的可伸缩性视频编码有空间可伸缩性、时间可伸缩性和信噪比可伸缩性 3 种,我们将在 10.2 节中介绍。

表 4-3 MPEG-2 的非线性比例因子

i	1	2	3	4	5	6	7	8	9	10	11	12	13	14	15	16
scale	1	2	3	4	5	6	7	8	10	12	14	16	18	20	22	24
i	17	18	19	20	21	22	23	24	25	26	27	28	29	30	31	
scale	28	32	36	40	44	48	52	56	64	72	80	88	96	104	112	

MPEG-2 定义的范畴和层次分别见表 4-4 和表 4-5,其中 Main/Main 的范畴/层次组合(MP@ML)是 MPEG2 的主要应用形式,应用于标准清晰度(BT-601)的数字电视,其压缩后的码率为 4~10Mb/s;对于 30Hz 的 BT-709 高清晰度电视,其压缩后的码率为 20~40Mb/s。

表 4-4 MPEG-2 范畴

范　畴	特　征
简单(Simple)	4:2:0 取样,仅用 I/P 帧,无可伸缩性
主(Main)	以上参数,加上 B 帧
信噪比(SNR)	以上参数,加上 SNR 可伸缩性
空间(Spatial)	以上参数,加上空间可伸缩性
高(High)	以上参数,改为 4:2:2 取样

表 4-5 MPEG-2 层次

层　次	最高分辨率/帧率
低(Low)	352×288　亮度信号样值,30 Hz
中(Main)	720×576　亮度信号样值,30 Hz
高(High)—1440	1 440×1 152 亮度信号样值,60 Hz
高(High)	1 920×1 152 亮度信号样值,60 Hz

4. H.263

H.263 是 ITU-T 制定的低比特率(64 kb/s 及以下)视频信号压缩标准,主要应用于可视电话和视频会议。在 H.263 的发展中,先后出现过两个改进版本,H.263+和 H.263++,这些改进的内容目前已经作为不同的 Annex 补充进标准的文本。因为针对的是会话型业务,所以 H.263 支持的是如表 4-2 所示的 CIF 系列图像格式,其中 QCIF 和 Sub-QCIF 适于低比特率下的应用。

H. 263 是在 H. 261 的基础上加以改进而形成的，它的主要改进如下。（1）**高效率的编码模式**。增加了若干编码模式，以提高编码效率。这包括半像素精度的运动补偿、运动矢量的帧内预测、不受限的运动矢量、8×8 块的帧间预测、DCT 系数的帧内预测和基于句法的算术编码等；（2）**PB 帧模式**。为了保证电话和会议应用的实时性要求，H. 263 不使用附加延时较大的 B 帧，而采用了 P 帧和 B 帧作为一个单元来处理的方式，即将 P 帧和由该帧与上一个 P 帧所共同预测的 B 帧一起进行编码，称为 PB 模式。（3）**使用去块效应滤波器**。（4）**抗误码措施**。为了改善在高噪声信道上视频传输的质量，H. 263 在编码上增加了一些抗误码模式。例如，参考图像选择、错误跟踪、独立分段解码等，我们将在 9.4 节中给予讨论。

5. MPEG-4

MPEG-4（ISO/IEC 14496）与其他国际标准不同，它着重的是视频与其他媒体数据（如计算机产生的图形、图像）的集成和交互式多媒体应用。MPEG-4 能够描述由若干个对象所构成的多媒体场景，这些对象可以是视频、音频、计算机产生的 2D 或 3D 物体、动画、电子音乐、文字或图形等。从自然界摄取的视频图像序列可以以矩形帧为单元，也可以以任意形状的对象为单元进行编码。后者需使用本章开始提到的基于对象的编码方法[1]。虽然对任意形状对象进行编码，理论上使得用户可以直接对场景中的单个对象进行"加入"、"删除"和"编辑"等操作，但是这种功能并未得到市场化的应用。

在可视对象的编码方面，MPEG4 具有以下特点。（1）**高效率和强鲁棒性的编码**。MPEG-4 借鉴了 H. 263 中高效的编码工具，例如 8×8 的帧间预测、不受限的运动矢量和 DCT 系数的帧内预测编码，同时允许 1/4 像素精度运动补偿和全局运动补偿等。此外，还采取重复传送包头信息、可逆变长编码、数据分割等措施（见 9.4 节），提高已编码流在噪声信道上传输的鲁棒性。正是由于上述原因，以矩形帧为可视对象的 MPEG-4 编码曾经在低码率和高噪声环境下得到广泛的应用。（2）**静止背景编码**。在许多情况下，背景在整个视频序列中没有太大的变化，此时可以将它作为一个整体，称为 Static Sprite，进行编码和传输。通常将大于屏幕可见区域的完整背景压缩后先传送给接收端，然后接收端根据后续接收到的参数对背景进行一定的平移和卷曲，并将适当的部分呈现在屏幕上来模拟摄像机位置和角度变化产生的效果。这种方式提高了背景的压缩效率。（3）**可伸缩性编码**。支持空间可伸缩性、时间可伸缩性和信噪比可伸缩性编码。在信噪比可伸缩性中，它支持细粒度可伸缩性，为传输速率的调整提供了极大的灵活性，我们将在 10.2.4 节中加以讨论。此外，MPEG-4 还支持对动画对象的编码，并允许使用小波变换对静态图像的纹理进行编码。这里的图像可以是覆盖在 2D/3D 动画框架上的表面纹理，也可以是一个任意形状对象的纹理部分，或一个矩形视频帧。

4.2.4 其他编码标准

1. AVS

AVS（Audio Video Coding Standard）是我国具有自主知识产权的视频编码国家标准，它也分为音频、视频和系统 3 个部分。其中视频标准定义了"基准"范畴和 4 个层次，支持的最大图像分辨率从 720×576 到 1 920×1 080，最大比特率从 10 Mb/s 到 30 Mb/s。

AVS 也采用典型的混合编码框架，包括帧内和帧间预测、变换、量化和熵编码等。它与其他国际标准不同之处在于提出了一批具体的优化技术，例如，采用 16 位精度加法和移位即可完成的 8×8 整数变换与量化、多种块大小的运动补偿和多参考帧预测、二维熵编码，以及不同的内插滤波器和环路（去块效应）滤波器等，在稍低的复杂度下实现了与 H. 264 相当的技术性能。

2. VP8 和 VP9

VP8 是 Google 开发的开放编码标准,其码流结构和标准解码器的规范在 **IETF**(Internet Engineering Task Force)的建议书 RFC 6386 中描述。VP9 是 VP8 改进版本。VP8 和 VP9 也采用典型的混合编码框架,旨在使编解码的算法更简单和高效。例如有更多的帧内和帧间预测编码模式、$\frac{1}{8}$ 像素精度运动矢量、8 抽头可切换的亚像素内插滤波器、改进的熵编码和环路滤波器、更大块 (16×16 和 32×32)的整数变换编码等,而且整个算法采用固定精度的整数运算。VP8 和 VP9 可以分别达到与 H.264 和 H.265 相当的编码性能,且为采用 HTML5 的 Web 浏览器所支持,比较适合于互联网上的视频应用。

4.3 H.264/AVC

H.264,也称为 MPEG-4 Part 10(ISO/IEC 14496-10),简称 AVC(Advanced Video Coding),是 ITU 和 ISO 联合组织的 JVT 在 2003 年制定完成的视频压缩编码国际标准。在保持相同重建图像质量的条件下,它的压缩性能比 MPEG2 提高了 50%,比 H.263+和 MPEG4 以帧为基本单元编码的性能提高了 30%。H.264 能够覆盖从极低比特率到高比特率很宽范围的应用,并已被市场广泛地接受,成为蓝光光盘、HDTV 广播电视、因特网流媒体传输、实时会话及会议系统、Web 软件,以及移动和手持设备应用普遍采用的标准。

与早期的标准类似,H.264 也使用图 4-1 示的基于帧(或块)的典型混合编码框架,但对每个模块的细节进行诸多改进。H.264 定义了表 4-6 所示的几种范畴。

表 4-6　H.264 支持的范畴

范畴(Profile)		取样结构 量化比特/样值	扫描	特点	应用
基本(Baseline)		4:2:0 8	逐行	低复杂度,高鲁棒性	可视电话、会议等
主要(Main)		4:2:0 8	逐行,隔行	高压缩效率	数字电视广播及存储等
扩展(Extended)		4:2:0 8	逐行,隔行	高压缩效率,高鲁棒性	网络视频,如 VOD,IPTV 等
高(High)	HP	4:2:0 8	逐行,隔行	高压缩效率	专业质量的 HDTV
	Hi10P	4:2:0 10			
	Hi422P	4:2:2 10			
	Hi444P	4:4:4 12			

4.3.1　帧间预测编码

基于宏块的具有运动补偿的帧间预测编码是 H.264 的一个重要编码工具。它允许采用图 4-13所示的树结构层次化的块划分方法,根据图像内容的复杂程度选择不同形状和大小的子块来进行运动估值,以减小预测误差。同时,H.264 亮度图像采用 1/4 像素精度的运动矢量。在搜索获得整像素精度的运动矢量后,需将邻域参考图像内插到 1/4 像素位置上,以便提高运动矢量估值的精度。

首先参照图 3-12,利用式(3-33)内插出半像素位置上(如 b,h,m,s 和 aa,bb,cc,dd)的数值,式中 $\text{round}[(\cdot)/32]$ 的运算可以通过下式有效地实现

$$x=(x+16)\gg5 \tag{4-18}$$

其中≫代表向右的移位操作。位于 4 个整像素中心点的半像素位置(如 j)上的数值,可以由与整像素相邻的已经内插出来的半像素值获得,例如

$$j=aa'-5bb'+20h'+20m'-5cc'+dd' \tag{4-19}$$

$$j=(j+512)\gg10 \tag{4-20}$$

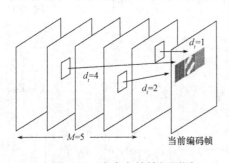

图 4-18 1/4 像素内插

式中上标"′"代表该像素未经 $\text{round}[(\cdot)/32]$ 运算时的值。然后,参照图 4-18(图 3-12 的中间部分)进行 1/4 像素位置上的内插。对于邻近整像素和半像素的 1/4 像素,例如图中 a,c,d,n,f,q,i,k,其内插值用邻近的整像素和半像素的平均值(线性内插)来代替,例如,

$$a=(G+b+1)\gg1 \tag{4-21}$$

对于处于 4 个半像素中心点的 1/4 像素,例如图中 e,g,p,r,其内插值则等于处于对角线上的两个半像素值的平均值,例如

$$e=(b+h+1)\gg1 \tag{4-22}$$

为了进一步降低预测误差,H.264 允许使用 4.1.4 节中的 Skip 以及 P 和 B 帧的直接模式,还允许使用**多参考帧预测**。在早期的国际标准中,通常采用前(或后)一帧作为当前帧的参考图像,但在某些情况下,采用前面(或后面)若干帧中的某一帧作为参考可能会获得更好的预测效果(更低的预测误差)。这些情况包括:

(1) 被遮挡和新暴露出的背景——背景被运动物体或阴影遮挡,当它重新暴露出来时,可能在它的前一(被遮挡)帧中找不到匹配部分,而在数帧之前它未被遮挡的帧中,可以得到良好的匹配;

(2) 物体重复性的运动,或摄像机抖动、角度交替变换等,在这些情况下当前帧可能与数帧之前(或之后)的图像更具相似性;

(3) 由于运动相对于取样栅格的变化、照明变化、噪声或其他原因,尽管在视觉上并不一定感觉数帧前(或后)的图像与当前帧更相像,但对某些宏块而言,却往往可以在数帧前(或后)的图像中找到比前一帧为参考的更好的匹配。

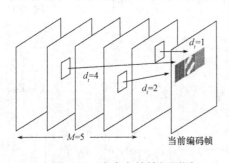

图 4-19 多参考帧帧间预测

由此可见,采用多参考帧预测能够在一定程度上提高编码效率。图 4-19 给出了一个例子。当前帧中左边黑色块的参考块在前 2 帧中,而中间条纹块的参考块则在前面第 4 帧中(对于反向和双向预测亦类似)。此时,对于每个宏块而言,不仅要传送预测误差和运动矢量,还要传送其参考块所在的图像的位置。多参考帧帧间预测编码效率的提高是以加大运算量(需要在多帧中搜索匹配块)和存储容量(需要存储多个参考帧)为代价的,同时,编、解码器需要同步地管理参考帧缓存区也增加了复杂程度[1],但是并不加大播放延时。通常,参考帧缓存区有两个,一个称为 **list 0**,用于前向预测参考,另一个称为 **list 1**,用于后向预测参考。两个缓存器中存放的帧都允许在播放顺序上先于或后于当前帧。

在获得了足够精度的运动矢量之后,H.264 采用图 4-8 所示的方法进行运动矢量的帧内预测编码,然后再送往熵编码器。

由于采用了多种形式的块划分、1/4像素精度的运动矢量、多参考帧预测和运动矢量的帧内预测编码等措施，H.264的帧间预测编码有很高的效率。

4.3.2 图像的帧内预测编码

在早期的标准中，帧内编码宏块比帧间编码宏块产生的比特数多很多，为了改善这种情况，H.264引入了4.1.3节介绍的图像的帧内预测编码。进行预测的图像块的大小可以是4×4、8×8或16×16。对于4×4和8×8的亮度块可以采用9种预测方式，其中一个称为DC模式（用上边界和左边界像素的均值预测当前块）；另外8个为有方向的，图4-20给出它们的预测方向，当前块的像素由所选模式方向上的周边像素的加权和来预测。方向预测有利于对该方向上的图像边缘进行编码。图4-9（b），(c)，(d)实际上就是H.264 4×4帧内预测的模式0，4和3。对于16×16的亮度块，H.264支持4种预测模式：水平、垂直、DC和**平面（Plane）模式**。所谓平面模式是利用左边界和上边界上两两像素的线性内插值作为对角连线上的像素的预测值，适用于亮度平缓过渡的区域。

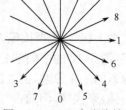

图4-20 4×4亮度块帧内预测的方向

值得注意，帧内预测在进入去块效应滤波器之前的重建图像上进行。帧内预测产生的预测误差输出到变换编码和熵编码。这一过程可以参见图4-23（图4-1中没有画出帧内预测编码的部分）。

4.3.3 低计算复杂度的变换编码与量化

8×8 DCT是早期视频编码国际标准常用的变换编码方式，但是DCT通过浮点运算完成，由于有限字长效应，且编码器和解码器的计算单元的精度可能不同，因此逆变换不一定能精确地重建变换前的数值，这称为编、解码变换的**失配**。失配造成解码图像质量一定程度上的降低。为了解决变换失配问题并降低变换的计算复杂度，在H.264中引入了一种4×4的正交变换。

1. 4×4正交变换

我们首先从4×4 DCT开始来推导这种低计算复杂度的4×4变换。根据式(3-67)得到以矩阵形式表示的4×4 DCT如下式所示：

$$\boldsymbol{Y} = \boldsymbol{A}\boldsymbol{X}\boldsymbol{A}^{\mathrm{T}} = \begin{bmatrix} a & a & a & a \\ b & c & -c & -b \\ a & -a & -a & a \\ c & -b & b & -c \end{bmatrix} \begin{bmatrix} \boldsymbol{X} \end{bmatrix} \begin{bmatrix} a & b & a & c \\ a & c & -a & -b \\ a & -c & -a & b \\ a & -b & a & -c \end{bmatrix} \tag{4-23}$$

其中 $\boldsymbol{X}$、$\boldsymbol{Y}$ 分别为像素矩阵和变换系数矩阵，$\boldsymbol{A}$ 为变换矩阵，

$$a = \frac{1}{2}, \quad b = \sqrt{\frac{1}{2}}\cos\left(\frac{\pi}{8}\right), \quad c = \sqrt{\frac{1}{2}}\cos\left(\frac{3\pi}{8}\right) \tag{4-24}$$

将式(4-23)转化为

$$\boldsymbol{Y} = (\boldsymbol{C}\boldsymbol{X}\boldsymbol{C}^{\mathrm{T}}) \otimes \boldsymbol{E} = \left(\begin{bmatrix} 1 & 1 & 1 & 1 \\ 1 & d & -d & -1 \\ 1 & -1 & -1 & 1 \\ d & -1 & 1 & -d \end{bmatrix} \begin{bmatrix} \boldsymbol{X} \end{bmatrix} \begin{bmatrix} 1 & 1 & 1 & d \\ 1 & d & -1 & -1 \\ 1 & -d & -1 & 1 \\ 1 & -1 & 1 & -d \end{bmatrix} \right) \otimes \begin{bmatrix} a^2 & ab & a^2 & ab \\ ab & b^2 & ab & b^2 \\ a^2 & ab & a^2 & ab \\ ab & b^2 & ab & b^2 \end{bmatrix} \tag{4-25}$$

其中 $\otimes$ 代表 $(\boldsymbol{C}\boldsymbol{X}\boldsymbol{C}^{\mathrm{T}})$ 矩阵中的每个元素与 $\boldsymbol{E}$ 矩阵中的对应位置上的元素相乘，$d = c/b$。为了简化计算，令

$$d = \frac{c}{b} \approx 0.414 \approx \frac{1}{2} \tag{4-26}$$

我们可以验证式(4-25)中的变换 C 是正交的,但要保证它的基向量是归一化的,则需要将乘数矩阵 E 中的 b 改为

$$b = \sqrt{\frac{2}{5}} \qquad (4\text{-}27)$$

再将式(4-25)中 C 的第2和第4行和 C^T 的第2和4列分别乘以2,以避免变换中的除2运算产生非整数,与此同时将 E 中对应的因子除2,则得到

$$Y = (C_f X C_f^T) \otimes E_f = \begin{bmatrix} 1 & 1 & 1 & 1 \\ 2 & 1 & -1 & -2 \\ 1 & -1 & -1 & 1 \\ 1 & -2 & 2 & -1 \end{bmatrix} \begin{bmatrix} X \end{bmatrix}$$

$$\begin{bmatrix} 1 & 2 & 1 & 1 \\ 1 & 1 & -1 & -2 \\ 1 & -1 & -1 & 2 \\ 1 & -2 & 1 & -1 \end{bmatrix} \otimes \begin{bmatrix} a^2 & \dfrac{ab}{2} & a^2 & \dfrac{ab}{2} \\ \dfrac{ab}{2} & \dfrac{b^2}{4} & \dfrac{ab}{2} & \dfrac{b^2}{4} \\ a^2 & \dfrac{ab}{2} & a^2 & \dfrac{ab}{2} \\ \dfrac{ab}{2} & \dfrac{b^2}{4} & \dfrac{ab}{2} & \dfrac{b^2}{4} \end{bmatrix} \qquad (4\text{-}28)$$

由式(4-28)看到 4×4 变换 $C_f X C_f^T$ 只由整数加法、减法和移位($\times2$)操作完成。如果输入矩阵 X 的元素值在 $[-255,255]$(即 8 b)之内,变换系数值的范围最大可扩展 6^2 倍,因此整个变换操作可由 16 b 的整数运算完成(除了极偶然的非正常输入之外)。最后与 E_f 相乘时需要对每个系数进行一次乘法,考虑到量化也涉及乘(除)法运算,我们可以将此合并到后面的量化过程中去,利用一次乘法完成。值得注意,虽然 4×4 变换 $C_f X C_f^T$ 可以由整数运算完成,但这是将它所需的乘数部分移到量化中去而实现的,因此它不能称为严格意义上的整数变换。

式(4-28)的变换是一个正交变换,但由于 b 和 d 的变化[见式(4-26)和式(4-27)],它并不等于式(4-23)表示的 DCT。它与 DCT 的性能相近。研究表明[5],对于相关系数等于 0.9 的平稳高斯—马尔柯夫输入过程,式(4-28)的变换编码增益为 5.38 dB,而 DCT 的编码增益为 5.39 dB,0.01dB 的增益差别不会造成可察觉的性能损失。对于预测误差而言,相关系数往往低于 0.9,则编码增益的差别更小,可以忽略不计。

4×4 的逆变换由下式给出:

$$X = C_i^T (Y \otimes E_i) C_i = \begin{bmatrix} 1 & 1 & 1 & 1/2 \\ 1 & 1/2 & -1 & -1 \\ 1 & -1/2 & -1 & 1 \\ 1 & -1 & 1 & -1/2 \end{bmatrix}$$

$$\left[\begin{bmatrix} Y \end{bmatrix} \otimes \begin{bmatrix} a^2 & ab & a^2 & ab \\ ab & b^2 & ab & b^2 \\ a^2 & ab & a^2 & ab \\ ab & b^2 & ab & b^2 \end{bmatrix} \right] \begin{bmatrix} 1 & 1 & 1 & 1 \\ 1 & 1/2 & -1/2 & -1 \\ 1 & -1 & -1 & 1 \\ 1/2 & -1 & 1 & -1/2 \end{bmatrix} \qquad (4\text{-}29)$$

由式(4-29)看出,变换系数首先乘以乘数矩阵 E_i(与反量化一起进行),然后再进行反变换。为了减小动态范围的扩展,矩阵 C_i 和 C_i^T 的元素取为 1 和 1/2,其中的除2运算可以由向右移位来完成。

2. 整数运算的量化
基本的量化操作如下式所示:

$$| Z_{ij} | = \text{floor}\left(\frac{| Y_{ij} |}{Q} + f \right), \qquad f < 1 \tag{4-30}$$

式中，Y_{ij} 和 Z_{ij} 分别为量化前、后的变换系数，Q 为量化步长，f 反映量化器死区宽度。

表 4-7 规定了 52 种量化步长，表中 QP 为索引值，也称为**量化参数**，Q 为量化步长的实际大小。

表 4-7　H.264 编码器的量化步长

QP	0	1	2	3	4	5	6	7	8	9	10	11
Q	0.625	0.6875	0.8125	0.875	1	1.125	1.25	1.375	1.625	1.75	2	2.25
QP		18		24		30		36		42	···48	···51
Q		5		10		20		40		80	160	224

将式(4-28)中的 $\boldsymbol{E}_f$ 结合进量化，式(4-30)变为

$$| E_{ij} | = \text{floor}\left(\frac{| W_{ij} | \cdot PF}{Q} + f \right) \tag{4-31}$$

式中，W_{ij} 为经($\boldsymbol{C}_i \boldsymbol{X} \boldsymbol{C}_i^{\mathrm{T}}$)变换后的系数，$PF$ 为该系数对应位置上的乘数(a^2，$ab/2$ 或者 $b^2/4$)。为了回避除法运算产生浮点数，可以将 PF/Q 乘以一个很大的数，然后再进行右移位操作，即令

$$\frac{MF}{2^q} = \frac{PF}{Q} \tag{4-32}$$

其中：

$$q = 15 + \text{floor}(QP/6) \qquad (\text{比特}) \tag{4-33}$$

根据式(4-31)和式(4-32)，量化过程可以由下式所示的整数运算完成：

$$| Z_{ij} | = (| W_{ij} | \cdot MF + f \cdot 2^q) \gg q \tag{4-34}$$

$$\text{Sign}(Z_{ij}) = \text{Sign}(W_{ij}) \tag{4-35}$$

其中≫代表二进制的右移位操作。如果将不同 QP 下对应于不同系数位置的 MF 值预先制成表，那么在对每一个变换系数进行量化时，查到该系数对应的 MF 值，只需一次乘法就可以同时完成量化和式(4-28)所要求的相乘两个运算，明显降低了计算的复杂度。式中 f 为常数，在 H.264 的参考模型软件中，对帧内和帧间编码模块 f 分别取 1/3 和 1/6。

值得注意，表 4-7 表示出 QP 每增加 6，量化步长增大 1 倍，这意味着 MF 减小 1 倍，因此在式(4-33)中 QP 每增加 6，q 增加 1b。从式(4-32)看出，这使得我们只需要针对 QP 的前 6 个值制作 MF 表。对于 $QP > 5$ 的情况，可以周期性地重复使用该表。

基本的反量化过程由下式所示：

$$Y'_{ij} = Z_{ij} \cdot Q \tag{4-36}$$

将式(4-29)所要求的相乘运算合并到反量化过程中，则得到

$$W'_{ij} = Z_{ij} \cdot Q \cdot PF \cdot 64 \tag{4-37}$$

其中 PF 为式(4-29)中 $\boldsymbol{E}_i$ 对应位置上的元素(即 a^2，ab 或 b^2)，乘以 64 是为了避免舍入误差。对 W'_{ij} 进行式(4-29)的逆变换 $\boldsymbol{C}_i^{\mathrm{T}} \boldsymbol{W} \boldsymbol{C}_i$，再除以 64(通过移位完成)，则可获得重建的 $\boldsymbol{X}$ 值。为了简化运算，令 $V = (Q \cdot PF \cdot 64)$，并像 MF 一样将前 6 个 $QP(0 \leqslant QP \leqslant 5)$ 对应于不同系数位置的 V 值预先制成表，则式(4-36)变为

$$W'_{ij} = Z_{ij} \cdot V_{ij} \cdot 2^{\text{floor}(QP/6)} \tag{4-38}$$

每个变换系数的反量化和式(4-29)要求的相乘也只需一次乘法完成。当 $QP > 5$ 时，V 值表可以周期性地重复使用，因为由 QP 增大引起的 Q 所增大的倍数已由 $2^{\text{floor}(QP/6)}$ 表示。

顺便指出，对于 16×16 帧内编码的宏块，由于宏块中 16 个 4×4 变换后产生的 DC 系数之间存在较强的相关性，因此可以对由 4×4 个 DC 系数组成的矩阵再进行**哈达玛**(Hadamard)**变换**[1]，以进一步提高压缩编码的效率。

4.3.4　基于上下文的自适应变长编码

在 H.264 中，头信息、运动矢量和其他非残差信号采用 **Exp-Golomb 码**[1]编码；而量化后的残差信号采用基于上下文的自适应变长编码 **CAVLC**(Context Adaptive VLC)编码。为了适应图像内容(统计特性)的变化，H.264 设计了若干组变长码表，根据已编码的邻域(左和上方)块信息为当前块选择合适的码表，这称为 CAVLC。

我们知道量化后的变换系数值很稀疏，其高频系数即使未被量化到 0，也常常为 −1 或 +1，称之为 trailing-1s。假设一个当前块和 3 个邻域块如图 4-21 所示。对当前块编码时，首先按照图中虚线所示的之字扫描顺序，将 4 个块的二维矩阵转换成一维序列 0 3 0 −2 1 0 −1 1 0 0 0 0 0 0 0 0。然后根据下面步骤进行编码。

(1) 非零系数总数和 trailing-1s 的个数(coeff-token)

对一个 coeff-token(即非零系数总数和 trailing-1s 个数的一对值)进行编码可以有 4 种编码值(即从 4 个不同的码表中选择值)，具体选择哪一种取决于左面和上面已编码块(上下文)内的非零系数的个数。当邻域块非零系数个数较少时，给予短码，较多时给予长码。在图 4-21 的例子中，根据相邻块的非零系数数目的均值小于 2，将非零系数总数＝5 和 trailing-1s 个数＝3 编码为 0000100(查 H.264 标准的表 9-5 而得[6])。我们将此过程列于表 4-8 的第 2 行。

(2) trailing-1s 的符号

按反方向顺序(即从一维序列的最后一个开始)逐个编码 trailing-1s 的符号，正值编为 0，负值编为 1。表 4-8 的第 3~5 行表示出图 4-21 例子的这一过程。需要说明，H.264 只允许最多 3 个 trailing-1s；如果序列尾部有 3 个以上的 1，则多余的 1 作为一般非零系数处理。

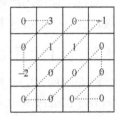

图 4-21　一个 4×4 块和它的 3 个邻域块

(3) 剩余非零系数的数值

除了 trailing-1s 外，剩余的非零系数也按反方向顺序进行编码。每个非零系数的数值(包括正、负符号)编码成一个码字，该码字由前缀(prefix)和后缀(suffix)两部分组成。后缀的长度为 0~6，具体取决于新近编码的非零系数的绝对值(体现了基于上下文)。当此绝对值大于某个预设的阈值时，后缀长度加长(系数绝对值大的，对应长码)。在我们的例子中，最先编码的非零系数是 −2。由于初始后缀长度为 0，因此 −2 编码为 0001(前缀)。然后由于新编码的非零系数的绝对值 2 大于此时的阈值 0，后缀长度增加 1，因此下一个系数 3 被编码为 001(前缀)0(后缀)。表 4-8 的 6 和 7 行表示出这一过程。

(4) 最后一个系数之前的零的总数

图 4-21 所示的矩阵中，最后一个非零系数之前的所有 0 的个数采用一个码字传送。在我们的例子中，最后一个系数 1 之前有 3 个 0，编码为 111(列于表 4-8 第 8 行)。

表 4-8　图 4-21 例子的码字生成

数据	值	编码
coeff_token	TotalCoeffs＝5，Trailing_1s＝3	0000100
Trailing_1[4]Sign	＋	0
Trailing_1[3]Sign	−	1
Trailing_1[2]Sign	＋	0
Level[1]	−2(SuffixLength＝0)	0001(prefix)
Level[0]	3(SuffixLength＝1)	001(prefix)0(suffix)
Total zeros	3	111

数据	值	编码
run_before[4]	zeros_left=3,run_before=0	11
run_before[3]	zeros_left=3,run_before=1	10
run_before[2]	zeros_left=2,run_before=0	1
run_before[1]	zeros_left=2,run_before=1	01
run_before[0]	zeros_left=1,run_before=1	无需编码

(5) 每个非零系数之前的零的个数

按反向顺序,对每个非零系数前面 0 的个数进行编码。根据该系数之前的所有 0 的个数(run_left)和该系数到前一个非零系数之间的 0 的个数(run-before)两个参数查表(H.264 标准的表 9-10[6])得到相应的码字。假设该系数之前总共有 2 个 0,run-before 可能有 3 个取值,即 0,1,2,因此 VLC 只需 2bit 长;如果前面总共有 5 个 0,run-before 则可取 6 个值(0~5),VLC 就需要较长的码字。在我们的例子中,最后一个非零系数 1 前面总共有 3 个零,到前一个系数—1 之间没有 0,查得相应码字 11(列于表 4-8 第 9 行)。相类似地,可以得到表 4-8 第 10~13 行的结果。在最后一行,由于只剩下一个 0 和一个非零系数,run-before 只能为 1,因此,无需再指定码字。

通过上述编码过程我们可以看到,步骤(1)、(3)和(5)对当前符号的编码都需要利用已编码的邻域块或符号的信息来选择适当的码字,这体现了基于上下文进行自适应 VLC 编码的特点。

4.3.5 基于上下文的自适应算术编码

H.264 的 Main 和 High 范畴支持基于上下文的自适应二进制算术编码 **CABAC**(Context Adaptive Binary Arithmetic Coding)。它主要包括如下的几个步骤。

(1) 二值化

如 3.10.3 节所述,如果信源字符集包含有多个字符,例如预测残差的变换系数有[0,255]种数值,则需要经过一系列的二进判决将输入字符串变换成二进制字符串,才能进行二进制的算术编码。H.264 提供了 5 种进行二值化的方法[6]。当输入字符串转换成二进字符串后,每一位二进字符(即 0 或 1)称为一个 **bin**。然后对每一个 bin,重复进行下面(2)—(4)的操作。

(2) 选择上下文模型

所谓**上下文模型**是指对应于某种上下文关系的一个或多个 bin 的概率模型,即在这个(或多个)bin 上出现 0 或 1 的条件概率。H.264 为不同的编码符号(如宏块类型、编码模式、预测误差的变换系数等)提供了不同的二值化的方法和数量相当多(总计近 400 个)的上下文模型。

当对某一个符号进行编码时,根据已编码的邻域信息来为当前待编码符号选择适当的上下文模型。我们以运动矢量的帧内预测误差 mvd 为例。假设一个 mvd 经二值化后转换成 9 位(bin)的二进码字,其中第 1 个 bin 的上下文模型可以根据下式和表 4-9 来选择。

$$e_k = |mvd_{Lk}| + |mvd_{Uk}| \tag{4-39}$$

式中下标 k 代表垂直或水平方向,mvd_{Lk} 和 mvd_{Uk} 分别为已编码的左邻域块 L 和上邻域块 U 在 k 方向上的运动矢量残差。根据式(4-39)和表 4-9 所选择的上下文模型只应用于 mvd 第一个 bin 的 k 方向上。对于余下的 bin,则与此类似地从另外 4 种上下文模型中进行选择。

表 4-9 **bin 1 的上下文模型**

e_k	上下文模型
$0 \leqslant e_k < 3$	模型 0
$3 \leqslant e_k < 33$	模型 1
$33 \leqslant e_k$	模型 2

（3）二进制算术编码

选择好概率模型后，当前 bin 就可按 3.10.3 节的二进制算术编码方法进行编码。为了简化式(3-158)~式(3-160)中的乘法运算，H.264 采用了查表的方法。这种编码器称之为 Modulo 编码器，简称 **M 编码器**。

M 编码器中的乘法表是一个 4×64 的表格，其中编码区间 A 量化到 4 个数值，LPS 的概率 Q_e 量化到 64 个数值，按照 A 和 Q_e 则可从表中直接获得预先计算好的乘积的数值。由于表中只包含有限个数的 A 和 Q_e 的积，因此此种方法也称为有限精度的算术编码。但是已有的研究表明[7]，这种精度损失对最后编码性能的影响并不显著。当编码在递归过程中，概率区间 A 被分割到小于规定的范围 $[2^8, 2^9)$ 时，则将 A 乘以 2、负指数加 1，使得 A 的有效数字仍保持在规定的范围之内，这个过程称为**重新归一**。由于有了重新归一，乘法表只需按照 A 的规定范围来设计。

（4）概率模型的更新

当一个 bin 编码完成之后，需要对所使用的上下文模型进行更新。例如，如果 bin 1 所选的上下文模型是模型 2，编码完的符号是 0，那么模型 2 中 0 出现的频数加 1；当下次这个模型被选中的时候，0 的概率就会高一点。当模型的 0 和 1 出现的总数大于某一预定阈值时，则将 0 和 1 的频数同时降低一个比例，以便使新近出现的观察占有更大的比重。

H.264 的 CABCA 除了上面**常规模式**（Regular mode）的编码外，还支持一种称为**旁路模式**（Bypass mode）的简单编码方法。旁路模式适用于某些概率分布接近于均匀分布（即 $Q_e \approx 1 - Q_e$）的编码符号，在这种方式中不需要进行计算复杂度较高的上下文模型的选择。

H.264 CABAC 的实现还涉及许多细节，有兴趣的读者可参见文献[7]。

4.3.6 去块效应滤波器

如 4.1.1 节所述，去块效应滤波器的主要目标是对块的边界进行平滑，以削弱基于块的编码方法在块边界上造成的像素值的跳变，但是又不希望模糊掉位于块边界附近的图像原有的边缘。因此编码器需要根据边界两侧的像素特性和编码参数是否容易产生块效应失真（例如量化参数、相邻块的编码模式和图像在边界处的斜率等）来判断边界处的渐变是来自图像原有的真实边缘，还是由块效应产生的，以决定是否对其进行平滑滤波以及滤波的强度。

H.264 的去块效应滤波器应用于宏块中 4×4 的水平和垂直边界。根据边界两侧的编码信息（编码模式、参考帧、运动矢量等）规定了 5(0,1,2,3,4)种**边界强度**（Boundary Strength，**BS**）。等级越高，意味着块效应失真可能越显著，需要更强的滤波。

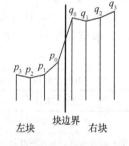

图 4-22　左、右两个块的 1D 边界

BS 决定了滤波的强度，而决定是否需要对边界像素 $p_2, p_1, p_0, q_0, q_1, q_2$（见图 4-22）进行滤波则需同时满足如下条件：

（1）BS>0；

（2）$|p_0 - q_0| < \alpha$，$|p_1 - p_0| < \beta$，$|q_1 - q_0| \leqslant \beta$

其中 α, β 为标准中规定的阈值，二者均为左右两个块的平均量化参数 QP 的函数。当 QP 较小时，产生块效应失真的可能性较小，因此阈值 α, β 也设定得较小。条件(2)检验的是边界附近的图像的斜率，如果斜率足够大，则可能是图像原有的边缘，此时应该关闭去块效应滤波器。

4.3.7 其他特点

H.264 的一些其他特点：

（1）**SP/SI 帧**。定义了两种新的帧类型：SP 帧和 SI 帧。SP 帧也采用具有运动补偿的帧间预测编码,与一般 P 帧不同的是,SP 帧可以参照不同的参考帧重构出相同的帧,因此在 SP 帧处可以像在 I 帧那样进行两个速率或帧率不同的流之间的切换、拼接、随机接入、快进快退及错误恢复等。由于 SP 帧的码率开销远比 I 帧要低,因此降低了上述应用中的带宽要求。SI 帧是基于帧内预测的编码技术,其功能和实现原理与 SP 帧类似,主要用于不同内容(节目)的流之间的切换;(2)**对传输错误的鲁棒性和对不同网络的适应性**。我们将在 9.4.2 节和 7.10 节中讨论。(3)**可伸缩性编码**。有关这方面的知识将在第十章中介绍。(4)**多视角编码**。多视角编码是将从多个摄像机角度同时采集同一场景的视频压缩编码成一个视频码流的方法,主要用于立体(3D)电视和自由视点(Free Viewpoint)电视等应用。所谓**自由视点电视**是指用户可以自由选择从不同的视角来观看同一节目。本书不涉及这方面的内容。

4.4 H.265/HEVC

H.265 是 ITU—T 的 VCEG 和 ISO/IEC 的 MPEG 联合组成的 JCT—VC 所制定的视频编码国际标准,它的第一版于 2013 年完成,也被称作 MPEG-H Part 2(ISO/IEC 23008—2),或 HEVC (High Efficiency Video Coding)。

2014 年 JCT—VC 制定了它的第 2 版,其中增加了格式深度扩展(Format Range Extension,**RExt**)、可伸缩性编码(Scalable HEVC,SHEVC)和多视角编码(Multi View HEVC,MV—HEVC)。RExt 支持单色和 4:2:2、4:4:4 的取样格式,以及高于 10 比特/样值的量化深度。它提供高码率/高比特深度下的高效和高灵活性的编码工具,其中包括无损或接近无损的编码,以适应演播室和视频编辑等高要求应用的需要。之后,2015 年的 HEVC 第 3 版增加了 3D 视频编码(3D—HEVC);2016 年的 HEVC 第 4 版则增加了屏幕内容编码(Screen Content Coding,**SCC**),旨在提高包含大量静态或动态的计算机图形、文字和动画的视频的编码效率。

最初制定 H.265 的主要出发点有两个:(1)需要有更高效的编码方法来对分辨率不断增加的视频(如 4k 和 8k UHDTV)进行压缩;(2)需要利用不断涌现的并行设备和算法来加速复杂的压缩/解压缩程序。H.265 的最初目标是在同等视频质量的条件下,将数据量压缩到 H.264 的 50%,而它所达到的实际结果已超过了最初的目标。H.265 是新一代的高效编码方法,它与 H.264 一样可以广泛应用到从低码率到高码率的各种视频和多媒体系统中。

本节只介绍 H.265 的第一个版本。它所支持的范畴如表 4-10 所示。

表 4-10 H.265 支持的范畴

范畴(profile)	取样结构	量化比特/样值	扫描方式
主要(Main)	4:2:0	8	逐行
主要 10(Main10)	4:2:0	8 或 10	逐行
主要静止画面(Main Still Picture)	4:2:0	8	逐行(不支持帧间预测)

H.265 支持 13 个层次,其亮度图像分辨率覆盖从 176×144(QCIF)到 7680×4320(8k UHDTV)的范围,而 MPEG2 支持的最高分辨率仅为 1920×1152,H.264 为 4096×2304。

4.4.1 编码器与图像的划分

H.265 仍采用混合编码的框架,图 4-23 给出了它的编码器结构。与图 4-1 相比,图 4-23 显式地画出了帧内预测的支路,其中帧内估计模块以重建图像为参考为当前输入图像块搜索合适的预测模式;帧内预测模块则根据估计的预测模式给出当前图像块的预测值。与帧间预测一样,帧内预测也采用重建图像、而不是原始图像为参考,以避免编、解码器的失配。图 4-23 中的编/解码器环路中除了去块效应滤波器外,还多了一个 SAO 滤波器,我们将在 4.4.6 节中介绍它的用途。

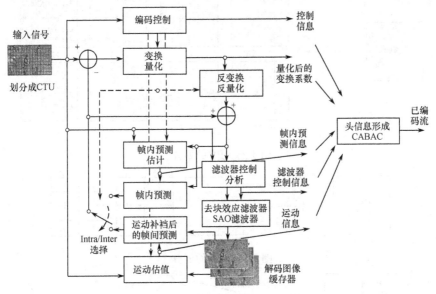

图 4-23   典型的 H.265 编辑器

在先前的视频编码标准中,一帧图像通常划分成条,然后将条划分成宏块。条是最大可独立解码(再同步)的单元,而宏块则是编码的基本单元。当被编码图像的分辨率显著增大后(如 UHDTV),固定的 16×16 的宏块不能适应图像空间统计特性的变化。为了提高编码效率,H.265 定义了一个**编码树单元**(Coding Tree Unit,**CTU**),它包含了一个亮度**编码树块**(Coding Tree Block,**CTB**)和两个彩色 CTB,但是其大小 L×L 是可选择的,L=16,32,或者 64。CTB 可以根据编码的需要划分成 4 个更小的正方形的块,称为**编码块**(Coding Block,**CB**)。一个亮度 CB 和它对应的两个彩色 CB 构成一个**编码单元**(Coding Unit,**CU**)。CU 与宏块相对应,是编码的基本单元。如图 4-24 所示,一个 64×64 的 CU 可以划分成 4 个 32×32 的 CU,并进一步划分成 16×16 的 CU,等等。最小允许的亮度 CB 是 8×8 的。

一个 CB 在进行预测编码和变换编码时,还可以根据具体情况分别进一步划分成**预测块**(Prediction Block,**PB**)和**变换块**(Transform Block,**TB**)。一个亮度 PB 与两个彩色 PB 一起构成一个**预测单元**(Prediction Uint,

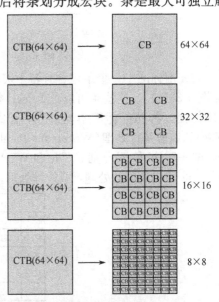

图 4-24   CU 的划分

PU);一个亮度 TB 与两个彩色 TB 一起构成一个**变换单元**(Transform Unit,**TU**)。图 4-25 和图 4-26 分别给出了允许的 PB 和 TB 划分。TB 必须是正方形的,它的边界不能超过 CU,但允许跨过 PB 的边界,因为 PB 可以不是正方形的。最小允许的 PB 和 TB 均为 4×4。

H.265 采用 4 叉树来有效地组织和描述不同层次的块的划分。图 4-27(a)给出一个 64×64 的 CTB 划分的例子,其中实线代表 CB 的边界,虚线代表 TB 的边界,最小的 TB 为 4×4。各个层次的块按 Z 字形顺序构成 4 叉树,如图 4-27(b)所示。

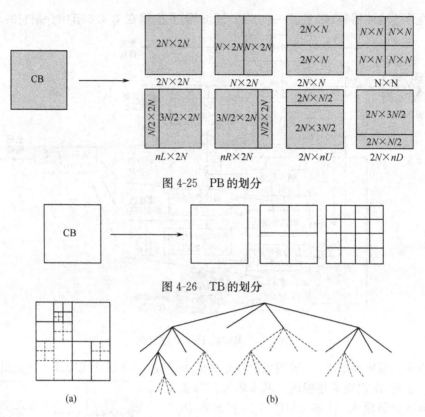

图 4-25　PB 的划分

图 4-26　TB 的划分

图 4-27　一个 CTB 的划分及对应的 4 叉树

与先前标准中一个条包含有若干宏块相类似,在 H. 265 中若干 CTU 也可构成长度任意的条[见图 4-28(a)]。这些条可以是 I 条、P 条或 B 条。我们知道,条是再同步单元,有利于阻隔传输误差的传播。与先前标准不同的是,H. 265 还引入了另外两种组合 CTU 的方式,分别称为**瓦片(Tile)**和**波前并行处理**(Wavefront Parallel Processing,**WPP**),其目的是支持编/解码算法的并行处理。图 4-28(b)和(c)分别为 Tile 和 WPP 的例子。一个 Tile 是一个矩形区域,它可以包含多个条;不同的 Tile 可由不同的处理器或线程处理。而在 WPP 中,各行可以按图(c)所示的顺序并行处理。

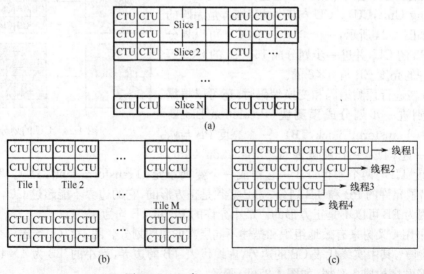

图 4-28　(a)条;(b)Tile;(c)WPP

4.4.2 帧间预测编码

H. 265 采用 1/4 像素精度的运动矢量进行具有运动补偿的帧间预测,其具有特色的地方是(1)使用多种形状和大小的图像块进行运动估值;(2)使用更精确的内插滤波器直接计算 1/4 像素位置上的像素值;(3)使用更灵活和紧凑的方法进行运动矢量的预测编码,以降低运动信息占用的比特数。

1. 预测模式

图 4-25 给出了可以进行运动估值的 PB 的形状,其中上面一行称为对称运动划分(**SMP**),下面一行称为非对称运动划分(**AMP**)。N×N 模式只有当 CB 等于最小允许大小时才使用,因为 CB 较大时,N×N 就是下一级划分的 2N×2N。当一个 CB 划分成 1 个、2 个或 4 个 PB 之后,需要对每个 PB 进行多参考帧的运动估值。不同大小和形状的 PB 可以更好地近似图像中真实物体的边界,以降低预测误差,提高编码效率。

此外,为了提高编码效率,H. 265 还支持一种**层次预测结构**(Hierarchical Prediction Structure)。与早期的编码标准不同,在层次预测结构中 B 帧也可以作为参考帧。在如图 4-29 所示的例子中,首先 P_4 由 I_0 以及 P_8 由 P_4 预测,然后在第 2 个层次上,B_2 由 I_0 和 P_4,以及 B_6 由 P_4 和 P_8 预测;最后,第 3 个层次上的 B_1、B_3、B_5 和 B_7 分别由层次 1 和 2 上的 I、P 和 B 帧预测。此时 I 帧、P 帧和低层的 B 帧都称为**参考帧**,而在最高层次(第 3 层)上的 B 帧则称为**非参考帧**。

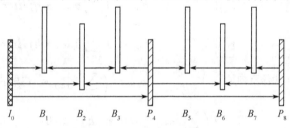

图 4-29　层次化预测结构

2. 1/4 像素内插

在进行运动估值时,H. 265 分别采用表 4-11 的 8 抽头的 FIR 滤波器(表中第二行)获得参考图像在 1/2(即 2/4)像素位置上的像素值和一个 7 抽头的滤波器(表中第三行)直接获得 1/4 像素位置上的像素值。这与 H. 264 不同,如 4.3.1 节所述,H. 264 需要采用一个 6 抽头滤波器先获得 1/2 像素位置上的值,再通过整像素和半像素位置上像素值的线性内插求得 1/4 像素位置上的值。由于 H. 265 中无需对 1/2 像素位置上的中间结果进行四舍五入,且使用的滤波器更长,因此比 H. 264 的内插结果更精确。

表 4-11　半像素和 1/4 像素亮度内插滤波器系数

k	-3	-2	-1	0	1	2	3	4
hfilter[k]	-1	4	-11	40	40	-11	4	1
qfilter[k]	-1	4	-10	58	17	-5	1	

我们以图 4-30 为例说明内插过程,图中大写字母 $A_{i,j}$ 代表已知的整像素位置上的亮度值,小写字母代表需要内插的亮度值。样值 a,b,c,d,e 和 f 可以由下式获得,

$$a_{i,j} = \left(\sum_{k=-3}^{3} A_{i,j+k} \cdot qfilter[k] \right) \gg (B-8) \tag{4-40}$$

$$b_{i,j} = \left(\sum_{k=-3}^{4} A_{i,j+k} \cdot hfilter[k] \right) \gg (B-8) \tag{4-41}$$

$$c_{i,j} = \left(\sum_{k=-2}^{4} A_{i,j+k} \cdot qfilter[1-k] \right) \gg (B-8) \tag{4-42}$$

$$d_{i,j} = \left(\sum_{k=-3}^{3} A_{i+k,j} \cdot qfilter[k] \right) \gg (B-8) \tag{4-43}$$

$$e_{i,j} = \left(\sum_{k=-3}^{4} A_{i+k,j} \cdot hfifter[k] \right) \gg (B-8) \tag{4-44}$$

$$f_{i,j} = \left(\sum_{k=-2}^{4} A_{i+k,j} \cdot qfilter[1-k] \right) \gg (B-8) \tag{4-45}$$

其中 B 为每个样值的量化比特数。在大多数应用中，$B=8$。其他位置上的样值可以由下式获得

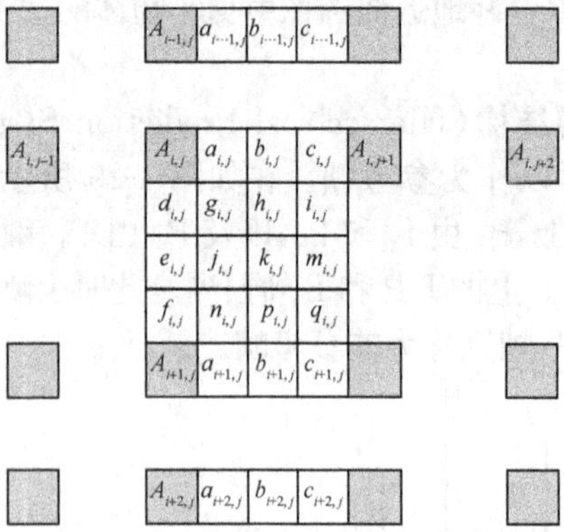

图 4-30　亮度图像的 1/4 像素内插

$$g_{i,j} = \left(\sum_{k=-3}^{3} a_{i+k,j} \cdot qfilter[k] \right) \gg 6 \tag{4-46}$$

$$j_{i,j} = \left(\sum_{k=-3}^{4} a_{i+k,j} \cdot hfilter[k] \right) \gg 6 \tag{4-47}$$

$$n_{i,j} = \left(\sum_{k=-2}^{4} a_{i+k,j} \cdot qfilter[1-k] \right) \gg 6 \tag{4-48}$$

$$h_{i,j} = \left(\sum_{k=-3}^{3} b_{i+k,j} \cdot qfilter[k] \right) \gg 6 \tag{4-49}$$

$$k_{i,j} = \left(\sum_{k=-3}^{4} b_{i+k,j} \cdot hfilter[k] \right) \gg 6 \tag{4-50}$$

$$p_{i,j} = \left(\sum_{k=-2}^{4} b_{i+k,j} \cdot qfilter[1-k] \right) \gg 6 \tag{4-51}$$

$$i_{i,j} = \left(\sum_{k=-3}^{3} c_{i+k,j} \cdot qfilter[k] \right) \gg 6 \tag{4-52}$$

$$m_{i,j} = \left(\sum_{k=-3}^{4} c_{i+k,j} \cdot hfilter[k] \right) \gg 6 \tag{4-53}$$

$$q_{i,j} = \left(\sum_{k=-2}^{4} c_{i+k,j} \cdot qfilter[1-k] \right) \gg 6 \tag{4-54}$$

当 $B=8$ 时，内插滤波器在水平和垂直方向上是可分离的，因此可以先进行垂直方向上的内插，再进行水平方向的内插。只要实现得当，整个运动补偿过程可以用 $16b$ 的运算来完成。

3. 运动信息的编码

对于具有运动补偿的帧间编码而言，除了需要将补偿后的图像残差传送给解码端之外，还需要传送给解码端一些运动信息，这包括运动矢量（即水平和垂直方向上的位移值）、一个或两个参考帧所在的参考帧列表（list0 和/或 list1）以及在列表中的编号等。当一个 CB 被划分成多个 PB 时，运动信息占用的比特数不容忽视。由于相邻的图像块很可能对应于同一个较大的物体，且物体的位移通常是连续的，因此当前块的运动矢量与它邻域块和相邻帧的同位块的运动矢量常常具有相似性。在以前的编码标准中常常利用这种相关性对运动矢量进行预测编码，而 H.265 则进一步提出 AMVP 和 Merge 两种模式对运动信息进行编码，显著降低了运动信息占用的比特数。

先进的运动矢量预测（AMVP）模式。 在进行运动矢量的预测编码时，H.264 规定了以固定的邻域块的运动矢量的中值作为当前块运动矢量的预测值，图 4-8 给出了当前块（E）与参考邻域块（A、B、C）的几种相对位置。但是由于 H.265 允许多个参考帧和多个层次的多种 PU 划分方法，这使得当前块和邻域块的相对位置关系十分复杂。图 4-31 给出了一个极端的例子，图中一个 64×64

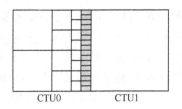

图 4-31 当前块和邻域
参考块的位置关系

的亮度 PB(CTU1)左侧有 16 个 8×4 的邻域 PB(在 CTU0 中)。因此需要一种方法既保持邻域参考块选择的灵活性以提高运动信息的编码效率,又能以简洁的方式告知解码器参考邻域块的具体位置,这就是 AMVP(Advanced Motion Vector Prediction)方法,也称为运动信息编码的 **Inter 模式**。

对于一个待编码的 PU,AMVP 构造一个邻域块运动矢量候选集。编码器用候选集内块的编号来告知解码器,用哪一个邻域块的运动矢量作为当前块运动矢量的预测值。为了在编码复杂度和性能之间取得折中,送给解码器的候选集中只有两个邻域参考块(假设为 A 和 B)的运动矢量,这两个参考块是编码器从 5 个空间邻域块和 2 个时间邻域块(见图 4-32)中选择出来的。选择原则简述如下。

(1) 空间邻域块的选择。首先考虑从当前块(灰色块)左下角的 $\{A_0, A_1\}$ 依次选择 A,然后从上方的 $\{B_0, B_1, B_2\}$ 依次选择 B。如果 A_0 和 A_1 是可用的(即二者是帧间编码块且在当前 CTU 之内),选择其帧间编码的参考帧编号与当前块参考帧编号相同的块为 A;如果二者的参考帧均不同于当前帧的,则采用与式(4-5)相似的方法根据 A_0(或 A_1)的参考帧与当前块参考帧的"时间距离"折算出候选矢量。选择 B 的方法与选 A 的类似。

(2)冗余检验。候选集中如果存在运动信息完全相同的块,则只应保留一个。

(3)时间邻域块的选择。如果未能从空域参考块中选出足够的候选矢量,则按 $\{C_0, C_1\}$ 的顺序继续进行选择,其中 C_0 位于当前块在参考帧中的同位块的右下角,C_1 则位于同位块的中心。

在 AMVP 模式中,编码器根据率失真优化(见 4.5 节)的原则最后选定候选集中最好的一个作为当前块运动矢量的预测值。由于构成候选集的成员都对应于已解码的块,解码器可以在线生成候选集,因此编码器需要传送给解码器的运动信息只包括:所选定的预测矢量在候选集中的编号,当前块的参考帧所在的帧列表和在列表中的编号,以及当前块运动矢量与其预测值之间的差值。

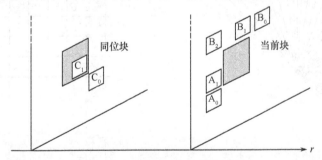

图 4-32 空间和时间邻域候选块

Merge/Skip 模式。H.265 支持的 4 叉树结构允许将图像划分成不同大小的 CB,这种灵活性有利于编码器的设计,但是由于一个块只能分成 4 个子块,属于不同父块的子块之间相互没有关联,这就容易产生过分割的现象,尤其会在运动物体的边界处运动矢量场有突变的地方产生过细的子块,而许多子块实际上都属于同一个运动体,具有相同的运动矢量。将所有这些运动矢量都传给解码器是很浪费的。为了解决这个问题,H.265 提出了一种 Merge 模式,可以将树叶端的具有相同运动信息的邻域子块融合起来,从而只需向解码器传送一次运动信息,极大地减少了运动信息占用的比特数。

在 Merge 模式中,也有一个邻域运动矢量候选集,不同的是它通常含有 5 个候选矢量,其中 4 个来自于空间邻域块,1 个来自于时间邻域块。空间和时间邻域候选块的选择与 AMVP 模式相类似,只是空间邻域块改为按 $\{A_1, B_1, B_0, A_0, B_2\}$ 的顺序进行选择。如果经过空域和时域的选择没有得到足够数量的候选矢量,则需要生成一些补充的候选矢量。对于 B 条而言,补充矢量按预定的顺序由两个已选定的候选矢量生成。例如,第 1 个补充矢量由 list0 的第一个候选矢量和 list1 的第 2 个候选矢量生成。对于 P 条或者候选矢量数目仍然不够时,则可以填充进零运动矢量。保持候选集中候选矢量的个数固定的好处是,可以增强候选集解析和抵抗传输错误的鲁棒性。

在 Merge 模式中,给出所确定的候选矢量在候选集中的编号,意味着当前块被融合进编号所代表的候选块,当前块就可以在解码时重新使用所确定的候选块的运动信息,包括运动矢量、参考帧所在的列表和在列表中的编号等。

Merge 模式的一个特例是跳过(Skip)模式。在 Skip 模式中,CU 只包含一个 PU(2N×2N 的);它不向解码器传送运动信息,解码器通过给定的 Merge 候选集的编号得到运动信息。同时,Skip 模式也不向解码器传送经运动补偿后的图像帧间预测残差。而 AMVP 和一般的 Merge 模式只是对运动信息的编码,编码器还需要对帧间预测的图像残差进行变换编码和熵编码,然后传送给解码器。

4.4.3 图像的帧内预测编码

在 H.265 中,进行帧内预测的 PB 必须是正方形的,其大小可以从 4×4 到 32×32。所有大小的 PB 都支持同样的预测模式,这些模式与 H.264 类似,包括 DC、平面和方向预测三类,但是预测方向增加到 33 个[见图 4-33(a)],而 H.264 只有 8 个方向。这是因为 H.265 的 PB 比较大,而且更多的方向允许找到更优的预测值。考虑到自然图像的统计规律和预测处理的有效性,预测方向在接近水平和垂直方向上设计得比较密,而在对角线方向上比较稀疏。在方向预测的角度很密时进行预测,经常需要用到亚像素位置上的像素值,这些值由两个整像素位置上的边界像素值经双线性内插得到,其精度为 1/32 像素。

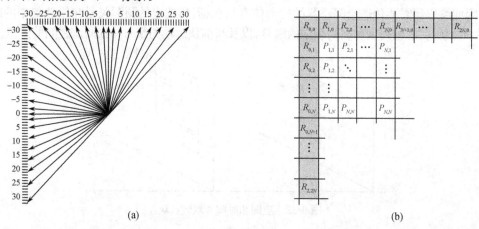

(a)   (b)

图 4-33 (a)帧内预测的方向;(b)边界像素

当对 N×N 的 PB(即 CB 分成 4 个 PB 时)进行预测时,不但可以利用当前块左、上和上右的已解码的边界像素,也可以利用左下的边界像素(如果它们已解码)[8],如图 4-33(b)中的深色块所示,图中的白色块为当前待编码的像素。对于有些模式,边界像素在进行预测之前还先经过一次简单的平滑滤波,这有助于提高尺寸较大的 PU 的预测性能。[8]

4.4.4 变换编码与量化

1. 基于 DCT 的整数变换矩阵

如先前的编码标准一样,H.265 对帧间和帧内预测编码的残差进行变换编码,但与 H.264 只支

持 4×4 的变换不同，H.265 支持 $4\times4,8\times8,16\times16$ 和 32×32 的 4 种变换矩阵。在标准中只规定了 32×32 的变换矩阵 $\boldsymbol{H}_{32\times32}$，其他较小的变换矩阵由对 $\boldsymbol{H}_{32\times32}$ 的采样构成。例如，$\boldsymbol{H}_{16\times16}$ 有如下的形式：

$$
\boldsymbol{H}_{16\times16}=
\begin{bmatrix}
64 & 64 & 64 & 64 & 64 & 64 & 64 & 64 & 64 & 64 & 64 & 64 & 64 & 64 & 64 & 64 \\
90 & 87 & 80 & 70 & 57 & 43 & 25 & 9 & -9 & -25 & -43 & -57 & -70 & -80 & -87 & -90 \\
89 & 75 & 50 & 18 & -18 & -50 & -75 & -89 & -89 & -75 & -50 & -18 & 18 & 50 & 75 & 89 \\
87 & 57 & 9 & -43 & -80 & -90 & -70 & -25 & 25 & 70 & 90 & 80 & 43 & -9 & -57 & -87 \\
83 & 36 & -36 & -83 & -83 & -36 & 36 & 83 & 83 & 36 & -36 & -83 & -83 & -36 & 36 & 83 \\
80 & 9 & -70 & -87 & -25 & 57 & 90 & 43 & -43 & -90 & -57 & 25 & 87 & 70 & -9 & -80 \\
75 & -18 & -89 & -50 & 50 & 89 & 18 & -75 & -75 & 18 & 89 & 50 & -50 & -89 & -18 & 75 \\
70 & -43 & -87 & 9 & 90 & 25 & -80 & -57 & 57 & 80 & -25 & -90 & -9 & 87 & 43 & -70 \\
64 & -64 & -64 & 64 & 64 & -64 & -64 & 64 & 64 & -64 & -64 & 64 & 64 & -64 & -64 & 64 \\
57 & -80 & -25 & 90 & -9 & -87 & 43 & 70 & -70 & -43 & 87 & 9 & -90 & 25 & 80 & -57 \\
50 & -89 & 18 & 75 & -75 & -18 & 89 & -50 & -50 & 89 & -18 & -75 & 75 & 18 & -89 & 50 \\
43 & -90 & 57 & 25 & -87 & 70 & 9 & -80 & 80 & -9 & -70 & 87 & -25 & -57 & 90 & -43 \\
36 & -83 & 83 & -36 & -36 & 83 & -83 & 36 & 36 & -83 & 83 & -36 & -36 & 83 & -83 & 36 \\
25 & -70 & 90 & -80 & 43 & 9 & -57 & 80 & -87 & 57 & -9 & -43 & 80 & -90 & 70 & -25 \\
18 & -50 & 75 & -89 & 89 & -75 & 50 & -18 & -18 & 50 & -75 & 89 & -89 & 75 & -50 & 18 \\
9 & -25 & 43 & -57 & 70 & -80 & 87 & -90 & 90 & -87 & 80 & -70 & 57 & -43 & 25 & -9
\end{bmatrix}
\tag{4-55}
$$

$\boldsymbol{H}_{8\times8}$ 由 $\boldsymbol{H}_{16\times16}$ 的第 $0,2,4,6\cdots$ 行的前 8 个元素构成；$\boldsymbol{H}_{4\times4}$ 由 $\boldsymbol{H}_{16\times16}$ 的第 $0,4,8$ 和 12 行的前 4 个元素构成，即

$$
\boldsymbol{H}_{4\times4}=
\begin{bmatrix}
64 & 64 & 64 & 64 \\
83 & 36 & -36 & -83 \\
64 & -64 & -64 & 64 \\
36 & -83 & 83 & -36
\end{bmatrix}
\tag{4-56}
$$

从变换矩阵我们看到与 H.264 一样，H.265 的变换编码只包含整数运算。但由于矩阵比较大，为了限制运算中间值的动态范围，H.265 规定在进行列的一维变换后（2D 变换可以分解成先按照列进行 1D 变换，然后再按照行进行 1D 变换），对其结果进行 7b 右移和 16b 限幅，这样可以保证 8b 量化视频在变换过程中所有中间结果都在 16b 之内。

在 H.264 中，变换矩阵的设计着重于减少运算量，致使它的基函数的模相互相差很大，需要在量化之前预先乘以矩阵 $\boldsymbol{E}_{\mathrm{f}}$[见式(4-28)]来平衡它们。但 H.265 则不存在这样的问题，因为其整数变换很好地近似了 DCT 的基函数。H.265 整数变换和反变换避免了编、解码器失配。由于它保持了足够的对称性特性，因此可以部分地使用蝶形结构来进行快速运算。同时，小的变换矩阵嵌入在大的矩阵之中，也简化了变换算法实现的复杂程度。

2. 基于离散正弦变换的矩阵

对于 4×4 的帧内预测的亮度块，还可以选择如下的矩阵对其残差进行变换，

$$
\boldsymbol{H}=
\begin{bmatrix}
29 & 55 & 74 & 84 \\
74 & 74 & 0 & -74 \\
84 & -29 & -74 & 55 \\
55 & -84 & 74 & -29
\end{bmatrix}
\tag{4-57}
$$

该变换是**离散正弦变换**（Discret Sine Transform，**DST**）的整数近似，它的计算复杂度不比式(4-56)高多少。由于帧内预测是以左侧和上侧边界像素为参考的，因此对当前块内靠近这些边

界的像素预测较好,残差较小,而对远离边界的像素则预测较差。与式(4-56)相比,式(4-57)的基函数能更好地对残差的这种特性建模,可以降低大约1%的比特率[9]。然而在其他大小的TB上,这种编码增益并不明显。

3. 量化

由于H.265整数变换矩阵中的元素非常近似地正比于标准正交的DCT基函数的数值,因此不需要像H.264式(4-28)中的针对不同频率分量的相乘矩阵E_f,这大大有利于降低中间结果值的存储空间。与H.264类似,H.265也使用[0,51]区间内的52个量化参数QP。QP每增加1,相当于量化步长增加约12%(即$2^{1/6}$);而QP每增加6,则量化步长增加一倍。当QP=4时,量化步长为1。

4.4.5 熵编码

H.265只采用编码效率较高的CABAC进行熵编码,它的核心算法与H.264的CABAC类同,但在降低数据间的依赖性、便于并行处理方面进行了不少改进,在不影响编码效率的情况下,显著提高了编解码的吞吐量。

1. 上下文模型

选择合适的上下文模型是提高CABAC编码效率的关键。在H.265中,除了利用已编码的空间邻域信息外,还利用CU和TU划分的层次(见图4-24和图4-26)信息,也称为编码树或变换树的**深度**,来为当前编码符号选择上下文模型。虽然H.265 CABAC的上下文模型的个数比H.264少了很多,但编码性能却提高了。同时,H.265还采取了一些措施尽可能地使用了旁路模式,从而提高了CABAC的运算效率。

2. 从2D矩阵到1D序列的转换

在先前的编码标准中,通常利用之字形扫描[图4-5(a)]将2D的变换系数矩阵转换成1D的系数序列,然后进行熵编码。H.265采取了不同的扫描方式。无论对多大尺寸的TB,都按4×4的小块进行扫描。扫描的方式分为对角线、水平和垂直3种(见图4-34)。第1种用于所有的帧间预测块和16×16或32×32的帧内预测块。对于4×4和8×8的帧内预测块,若预测方向接近于水平方向则使用水平扫描;若接近于垂直方向,使用垂直扫描;其他方向则使用对角线扫描。在不同模式下使用不同扫描方式的目的在于,根据预测残差的特性尽可能地加长记录零变换系数位置的游程长度,以缩短1D序列的长度,提高编码效率。

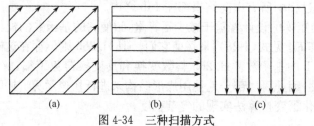

(a)　　　　　　　　　(b)　　　　　　　　　(c)

图4-34　三种扫描方式

4.4.6 环路滤波器

H.265编、解码器环路中有两个滤波器,一个是去块效应滤波器,另一个是称之为**样值自适应偏置**(Sample-Adaptive Offset,**SAO**)的滤波器(见图4-23)。

1. 去块效应滤波器

H.265的去块效应滤波器与H.264的原理相似,但更为简单一些,而且能够支持并行处理。像H.264中一样,滤波器只对邻近PU或TU边界的像素进行平滑。需要注意,PU和TU的边界都需要考虑,因为在有的帧间预测模式中,PU 和 TU 边界是不重合的。

H. 265 的去块效应滤波在 8×8 的块边界上进行,而不像 H. 264 那样是在 4×4 块的边界上进行的。与 H. 264 相类似,H. 265 也利用编码信息来决定边界强度(BS),不过其 BS 只分为 0,1,2 三个等级,其中等级 0 对应于不作滤波。当 BS>0 时,通过检查边界两侧 4 个像素长的区域内像素值的变化(而不是 H. 264 中的 2 个像素)与阈值的关系来决定是否滤波和滤波的强度。这里的阈值也是量化参数 QP 的函数。

在 H. 265 的去块效应滤波中,一帧图像被划分成互不重叠的 8×8 的区域,每个区域可以独立地进行滤波。同时,不像 H. 264 那样滤波以宏块为单元,H. 265 首先对全帧图像的垂直边界进行滤波,而后再对水平边界进行滤波。另外,还有其他一些措施降低去块效应过程对邻域的依赖。所有这些措施都使得不同形式的并行处理算法可以方便地实现。

2. SAO 滤波器

如 3.9.5 节所述,量化不仅可能产生块效应,还可能产生振荡(Rining)和带状(Banding)失真等其他形式的失真,特别是当变换矩阵比较大以及使用更多抽头的亚像素内插滤波器的时候,失真更为明显。因此,H. 265 引入了一个新的环路滤波器,称为 SAO。SAO 旨在降低一个区域(例如 CTB)中像素的平均失真。它首先利用分类器将区域中的像素划分成几类,并获得每一类像素值的偏差,然后在解码端将这个偏差加到区域内该类像素上,以达到校正偏差降低失真的目的。显然,编码端使用的 SAO 信息(像素分类及偏差值等)应当告知解码端。

H. 265 的 SAO 分为两种模式,即**带偏移**(Band Offset)和**边缘偏移**(Edge Offset)。在带偏移模式中,像素根据其幅度进行分类。像素幅度的整个取值范围被等分成 32 个条带。编码器根据率失真最小的原则,决定从哪个条带开始进行偏差校正以及具体的偏差值(通过比较输入图像和重建图像而得),解码器则将属于这个条带和它后继的 3 个条带(共 4 个条带)的像素值都加上这同一个偏差,以降低带状失真的影响。为了简单,H. 265 允许的带偏差值只有 4 个。

在边缘偏移模式中,根据图 4-35 所示的方向模板对像素进行分类。编码器根据率失真最小的原则为当前 CTB 选择一个类别,并将此类别传送给解码端。对于给定的方向类别,当前 CTB 中的所有像素通过比较当前像素 p 和在类别方向上的两相邻像素 n_0 和 n_1 的数值被分为表 4-12 所示的 5 种情况。编码器对后 4 种情况的边缘偏差值进行估计,并将偏差的绝对值传送给解码端。偏差值的符号解码器可以在本地根据表 4-12 的条件导出:情况 1 和情况 2 的偏差是负的;情况 3 和情况 4 的偏差是正的。解码器根据接收到的方向类别和偏差绝对值以及表 4-12,为当前 CTB 中的像素加上适当的偏差值。

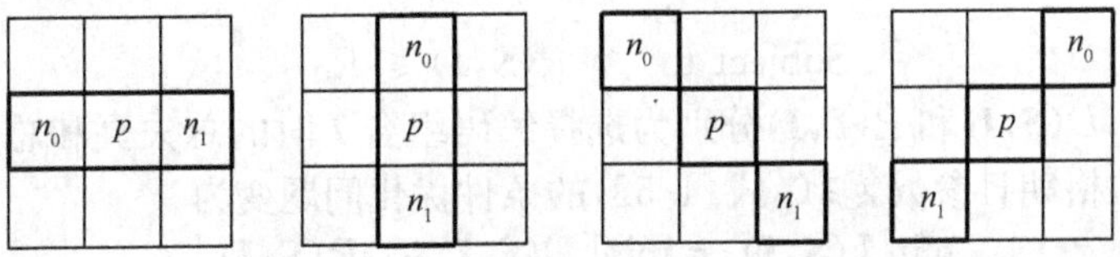

图 4-35　SAO 边缘偏移使用的方向模板

表 4-12　边缘偏移的 5 种像素类型

类型索引	条件	偏差值	
0	其他	0	平坦区域
1	$p < n_0$ 且 $p < n_1$	−	本地极小值
2	$p < n_0$ 且 $p = n_1$ 或者 $p < n_1$,且 $p = n_0$	−	凹角
3	$p > n_0$ 且 $p = n_1$,或者 $p > n_1$,且 $p = n_0$	+	凸角
4	$p > n_0$ 且 $p > n_1$	+	本地极大值

边缘偏移模式在图像边缘的下凹处(情况 1 和情况 2)加上一个偏差值,在图像边缘的上凸处(情况 3 和情况 4)减去一个偏差值,可以使边缘变得平滑,这对降低由吉布斯效应引起的振荡(Ringing)失真是有益的。

4.4.7 其他特点

H.265 还支持几种特殊模式:① **I-PCM**。在这种模式中,图像不经过预测、变换、量化和熵编码,直接将定长的 PCM 样值传送给解码器。这仅在其他各种编码模式都不能压缩码率时使用。② **无损编码**。这种模式对帧内和帧间预测的残差不再作量化,而直接送去进行熵编码。③ **跳过变换**。在这种模式中不进行变换编码,主要用于某些特定的数据,如计算机生成的图像或图形,而且只用于 4×4 的 TB。

如 H.264 一样,H.265 采取了一些措施来增强对传输错误的鲁棒性和对不同网络的适应性;并对可伸缩性编码和 3D 编码,以及包含大量计算机生成的图形和图像的视频编码作了相应的规定。

4.5 基于率—失真优化的编码模式选择

4.5.1 率—失真优化的基本方法

在视频编码标准中,通常允许进行多种模式的编码,例如一个编码单元(如宏块)在编码的时候,可以采用帧内编码或帧间编码,而帧间编码又可能采用前向、后向和双向模式;帧内编码可能采用多种预测方向,那么究竟采用哪种模式好呢? 在 3.5.3 节中曾经根据 DFD 值最小来选择前向、后向或双向预测模式。根据经验,预测误差小所需的编码比特数就少。但是在新的编码标准中,如 H.264、H.265,允许更多和更灵活的图像划分方式和编码模式,最小化预测误差的判断准则就显得过于简单了。在另一方面,上述准则并没有全面考虑一个宏块编码所需的总比特数。除了预测误差之外,一些辅助信息,如运动矢量和**编码模式**(如帧内/帧间、块大小和多帧参考中的参考帧号等)的标识也需要占用一定的比特,在低码率的应用中,这部分开销尤为不可忽视。

根据 3.3 节介绍的率—失真理论,一个更为合理的编码模式选择准则是率—失真优化(Rate Distortion Optimization),简称 **RDO**。假设信源样值(或宏块)集合(序列)为 $\boldsymbol{S}=(S_1,\cdots,S_K)$,$I_k$ 为编码 S_k 所用的模式,且 $I_k \in \boldsymbol{O},\boldsymbol{O}$ 为该编码标准所有可选择的编码模式(包括量化器)的集合,那么在不考虑噪声的情况下,用于该信源序列的编码模式应该满足

$$\min_{I} \quad D(\boldsymbol{S},\boldsymbol{I}) \tag{4-58}$$
$$\text{Subject to} \quad R(\boldsymbol{S},\boldsymbol{I}) \leqslant R_C$$

其中 $\boldsymbol{I}=(I_1,\cdots,I_K)$,$D(\boldsymbol{S},\boldsymbol{I})$ 和 $R(\boldsymbol{S},\boldsymbol{I})$ 分别为选择编码组合 $\boldsymbol{I}$ 时的总失真和总速率,R_C 为给定的速率限制值。引入拉格朗日参数 $\lambda \geqslant 0$,式(4-58)的条件优化问题变为

$$\min_{I} J(\boldsymbol{S},\boldsymbol{I}) = \min_{I}[D(\boldsymbol{S},\boldsymbol{I}) + \lambda R(\boldsymbol{S},\boldsymbol{I})] \tag{4-59}$$

其中 $J(\boldsymbol{S},\boldsymbol{I})$ 称为**代价函数**。

理论上讲,$D(\boldsymbol{S},\boldsymbol{I})$ 应该为对原始图像与解码重建图像之差的度量,$R(\boldsymbol{S},\boldsymbol{I})$ 包括量化后的预测误差的变换系数和所选模式的所有辅助信息编码所用的比特数之和。显然,二者都与量化步长 Q 的大小有关。式(4-59)是一个复杂的优化问题,再考虑到混合编码中,许多编码参数是经过空域或时域预测以其差值传送的,一个宏块参数的编码涉及邻域或邻帧的其他宏块,这就使得问题更加复杂化。为此,研究者提出了多种简化方案来减少优化的搜索空间,以适应实际编码器设计的需要。

一个被广泛接受的方案是假设失真和速率度量均为加性的,且仅依赖于每个宏块本身的编码参数的选择,则式(4-59)化为

$$\min_{\boldsymbol{I}} \sum_{k=1}^{K} J(S_k, \boldsymbol{I}) = \sum_{k=1}^{K} \min_{I_k} J(S_k, I_k) \qquad (4\text{-}60)$$

式(4-60)中 K 为一帧宏块的个数,求和与求最小符号可以互换是因为对所有 k,$J(S_k,\boldsymbol{I})>0$。从上式右端可知,优化问题可以针对每个宏块独立进行。因此对于每个宏块我们有:

$$\min_{I_k \in \boldsymbol{O}} J(S_k, I_k/Q) = \min_{I_k \in \boldsymbol{O}} [D_{\text{REC}}(S_k, I_k/Q) + \lambda_{\text{MODE}} R_{\text{REC}}(S_k, I_k/Q)] \qquad (4\text{-}61)$$

其中 $\boldsymbol{O}$ 在不同标准中代表不同的集合,例如对于逐行扫描的 P 帧而言,在 MPEG 2 中,$\boldsymbol{O}=\{\text{Intra}, \text{Skip}, \text{Inter\_16}\times16\}$;在 H. 263/MPEG 4 中,$\boldsymbol{O}=\{\text{Intra}, \text{Skip}, \text{Inter\_16}\times16, \text{Inter\_8}\times8\}$;在 H. 264 中,$\boldsymbol{O}=\{\text{Intra\_4}\times4, \text{Intra\_16}\times16, \text{Skip}, \text{Inter\_16}\times16, \text{Inter\_16}\times8, \text{Inter\_8}\times16, \text{Inter\_8}\times8, \text{Inter\_8}\times4, \text{Inter\_4}\times8, \text{Inter\_4}\times4\}$,H. 265 则有更庞大的集合。上式中的失真项

$$D_{\text{REC}}(S_k, I_k/Q) = \sum_{(x,y) \in A_k} |S(x,y,t) - S'(x,y,t)|^2 \qquad (4\text{-}62)$$

式中,A_k 为当前宏块。$S'(x,y,t)$,是对经变换和量化的预测误差进行重建后的像素值。式(4-61)中的速率项 R_{REC} 是辅助信息和预测误差所使用的总比特数。式(4-62)表示的失真也称为**平方误差和(SSE)**。图 4-36 表示出计算式(4-61)的**率—失真代价**(RD-cost)的流程。

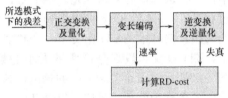

图 4-36　率—失真代价计算

　　由于所有编码标准中的帧间预测模式涉及运动补偿,因此我们将这一部分分成两个串行的优化问题来解决。对每一种帧间预测模式,首先忽略对预测误差进行编码(即变换、量化和熵编码)的过程,只对帧间编码的各种模式进行速率约束下的运动估值,即找到最佳的运动矢量 v_{opt} 使下列代价函数最小:

$$\min_{v \in \boldsymbol{V}} [D_{\text{DFD}}(S_k, v) + \lambda_{\text{MOTION}} R_{\text{MOTION}}(S_k, v)] \qquad (4\text{-}63)$$

其中 $\boldsymbol{V}$ 代表所有可能的运动矢量的集合,$R_{\text{MOTION}}(S_k, v)$ 代表采用 v 时,运动矢量编码所用的比特数;在多帧预测中,$v = (v_x, v_y, v_t)$,其中 v_t 代表参考帧的标识。上式中的失真项为

$$D_{\text{DFD}}(S_k, v) = \sum_{(x,y) \in A_k} |S(x,y,t) - S'(x-v_x, y-v_y, t-v_t)|^p \qquad (4\text{-}64)$$

其中 $S(x,y,t)$ 和 $S'(x,y,t)$ 分别为原始和预测的像素值。当 $p=1$ 时,式(4-64)为 SAD;$p=2$ 时,为平方误差和(SSE)。式(4-63)首先在整像素精度上求解,找到最佳的整像素精度运动矢量后,再在该像素周围的亚像素精度上进行搜索,直至找到满足式(4-63)的最佳运动矢量 v_{opt}。然后,按照图 4-36 所示的过程计算率—失真代价,与其他帧间预测模式和帧内模式一起进行模式选择。

　　在具体实现上述优化时,我们还需要解决拉格朗日参数的选择问题。

　　假设率—失真函数 $D_{\text{REC}}(R_{\text{REC}})$ 是凸的,那么式(4-61)的代价函数 $J_{\text{MODE}}(R_{\text{REC}}) = D_{\text{REC}}(R_{\text{REC}}) + \lambda_{\text{MODE}} R_{\text{REC}}$ 也是凸的。令 J_{MODE} 的一阶导数为零,则可得到 J 取最小值时

$$\lambda_{\text{MODE}} = -\frac{\mathrm{d}D_{\text{REC}}}{\mathrm{d}R_{\text{REC}}} \qquad (4\text{-}65)$$

上式说明拉格朗日参数 λ_{MODE} 对应于率—失真函数的负斜率,因此可以从率—失真函数来确定 λ。在假设足够高码率的条件下,可以得到熵约束量化器的率—失真函数的近似表达式和失真与 Q 之间的关系式,并通过实验确定其中的常数,从而得到如下的拉格朗日参数[10]。

对 H. 263/MPEG 4:　　　　$\lambda_{\text{MODE}} = 0.85QP^2$ $\qquad (4\text{-}66)$

对 H. 264/AVC:　　　　　$\lambda_{\text{MODE}} = 0.85 \times 2^{(QP-12)/3}$ $\qquad (4\text{-}67)$

其中 QP 为编码量化参数,在不同的标准中,QP 与 Q 之间有不同的关系(例如表 4-7)。在式(4-64)中,若 DFD 取 SAD 值,则 $\lambda_{\text{MOTION}} = \sqrt{\lambda_{\text{MODE}}}$;若取 SSE 值,则 $\lambda_{\text{MOTION}} = \lambda_{\text{MODE}}$。考虑到 D_{REC} 和 R_{REC} 都与量化步长 Q 有关,λ_{MODE} 与 QP 有式(4-64)和式(4-67)的依赖关系就是可以理解的了。

在进行式(4-61)的优化时,要得到帧间或帧内预测误差经变换、量化(对所有可能的量化步长)和变长编码及所有辅助信息所占用的比特数 R_{REC},以及重建后产生的失真 D_{REC},需要针对每一种模式完成多次(多个 QP)编码/解码的全过程,计算量是十分庞大的。因此,从基于率—失真优化的编码模式选择方法提出以来,对其快速算法的研究就一直是一个活跃的领域。这些快速算法的基本思想通常是:①根据图像在空间域与时间域上的特征或相关性和邻域已编码模块的信息,限定搜索模式的种类,或确定优先搜索的模式(或模式类别);②设定适当的阈值,当代价函数小于阈值时即认为达到最优,使搜索及早中止;或当代价函数大于某个阈值时,及早跳转到对其他模式的搜索等。

4.5.2　H.265 的率—失真优化方法

为了提高编码效率,H.265 支持许多灵活的编码模式,这使得它的 RDO 更为复杂。在 H.265 中,CTU 是基本的编码单元。一个 CTU 可以利用 4 叉树将其划分成 4 个相等的 CU,循环重复此过程从 64×64 到 8×8 可以得到 4 个层次上的 CU(见图 4-24)。通常,所划分的层次数称为 4 叉树的**树深**。树叶端的 CU 定义了一个共享相同类型预测模式(帧内、帧间、Merge 或 Skip)的区域。每个叶端 CU 又可以划分成两种大小的帧内预测 PU 或 8 种不同大小和形状的帧间预测 PU 如图 4-25所示。每个叶端 CU 的预测误差可以按 4 等分逐层划分成 TU,如图 4-26 所示。这样形成的 4 叉树称为**残差 4 叉树**。每个 TU 内的像素采取相同的变换和量化过程。对于帧间编码,需要为每个 PU 估计运动矢量;对于帧内编码,则有 DC、平面和 33 种对角方向的预测模式可以选择。理论上讲,在 CTU 的每个层次上,编码器都要利用上节介绍的式(4-61)对所有的 PU 和 TU 组合以及每一种模式计算 RD-cost,以寻求最佳的编码模式和参数(包括 PU 与 TU 的大小和形状、帧内编码的预测方向、帧间编码的运动信息等)。但实际上由于计算复杂度太高这样做是不可行的。为了解决这个问题,研究者已经进行了许多工作,下面我们仅作一个概括的介绍。

1. 几种代价函数

为了降低计算的复杂度,在 H.265 的参考软件中[11]定义了两种在帧内预测和帧间预测中可以使用的简化的代价函数。

$$J_{pred,SAD} = SAD_{luma} + \lambda_{pred} \cdot R_{pred} \qquad (4-68)$$

其中下标 pred 和 luma 分别表示预测模式和亮度分量。式中的失真项采用了 SAD,而没有采用需要计算平方的 SSE[参见式(4-64)]。

$$J_{pred,SATD} = SATD_{luma} + \lambda_{pred} \cdot R_{pred} \qquad (4-69)$$

其中 SATD 是一个在变换域上计算的失真量,称为**哈达玛变换系数 SAD**,

$$SATD = \left[\sum_{(i,j) \in A} | T(i,j) - T'(i,j) | \right] / 2 \qquad (4-70)$$

其中 $T(i,j)$ 和 $T'(i,j)$ 分别为原图像和预测图像经哈达玛变换后的系数值。既然在编码器中被编码的是变换系数,那么在变换域估计失真是合理的。用哈达玛变换(见习题 3-9)近似编码器实际使用的变换,是因为前者计算简单。

式(4-68)和式(4-69)中的拉格朗日参数 λ_{pred} 类似于 4.5.1 节中的 λ_{MOTION},

$$\lambda_{pred} = \sqrt{\lambda_{mode}} \qquad (4-71)$$

其中,
$$\lambda_{mode} = \alpha \cdot W_k \cdot 2^{(QP-12)/3} \qquad (4-72)$$

$$\alpha = \begin{cases} 1.0 - \text{Clip3}(0.0, 0.5, 0.05 \cdot \text{number\_of\_B frames}) & \text{(对参考帧)} \\ 1.0 & \text{(对非参考帧)} \end{cases}$$

$$\text{Clip3}(x,y,z) = \begin{cases} x & (z < x) \\ y & (z > y) \\ z & (其他) \end{cases} \qquad (4-73)$$

W_k 是一个取决于编码设置的参数[11]。

此外,H.265 在式(4-61)的失真项中考虑了色信号的影响,此时的代价函数称为**全代价函数**,它具有如下形式:

$$J_{mode} = (SSE_{luma} + W_{chroma} \cdot SSE_{chroma}) + \lambda_{mode} \cdot R_{mode} \tag{4-74}$$

其中

$$W_{chroma} = 2^{(QP-QP_{chroma})/3} \tag{4-75}$$

$$SSE_{chroma} = SSE_V + SSE_U \tag{4-76}$$

2. 优化过程的分解

借鉴 4.5.1 节中将复杂的优化过程分解成两个串行的子优化过程的思想,我们可以将 H.265 的 RDO 分解成几个子优化过程。一种思路如图 4-37 所示,它从最大的 CU 开始进行搜索,在一个树深上分为帧间编码、帧内编码和 CU 分裂终止判决几个子过程。

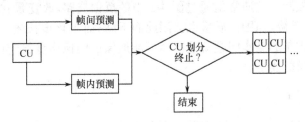

图 4-37 一种 H.265 的 RDO 框架

对于在某个树深上的一个 CU,进行如下的操作:

(1)帧间预测模式及参数的搜索

一个 PU 作帧间预测时可以采用 Skip/Merge 和 Inter(AMVP)两种模式。Skip 只能采用 2N×2N 的 PU,而 Inter 可以有多种方式分裂为更小的 PU。针对每一种 PU,①对于 Skip/Merge 模式,利用代价函数 $J_{pred,SATD}$ 在该 PU 的 Merge 运动矢量候选集中找到 RD-cost 最小的一个。此时 SATD 是原始和预测像素值的变换系数之差,R_{pred} 是编码 Skip/Merge 标识所占用的比特数。②对于 Inter 模式,与 4.5.1 节中讲述的方法类似,利用代价函数 $J_{pred,SAD}$(在亚像素精度上也可以利用 $J_{pred,SATD}$)进行速率约束下的运动估值,找到最佳的运动矢量,此时 SAD 值是原始和预测像素值之差;R_{pred} 是运动信息(运动矢量、参考帧列表及在表中的编号等)占用的比特数。③在 $J_{pred,SATD}$ 的基础上比较①和②的结果,取 RD-cost 最小的。

(2)帧内预测模式及参数的搜索

首先,利用代价函数 $J_{pred,SATD}$ 为每一种尺寸的 PU 从所有可能的预测模式中,初选出 N 个(预定设定好的数量)模式作为候选模式。此时 R_{pred} 是编码模式标识所占用的比特数。然后,利用式(4-74)的全代价函数 J_{mode} 在候选模式中找到最佳的预测模式和参数。全代价函数的计算包含了实际编、解码的全过程(变换、量化、熵编码及其逆运算)。此时的 SSE 是原始和解码重建像素值之差的平方,R_{mode} 为残差变换系数和编码模式标识总共使用的比特数。

(3)模式选择与 CTU 分裂判决

首先利用 J_{mode} 为当前 CU 选择 RD-cost 最小的最佳 PU 划分方法及其编码模式(Skip/Merge、Inter 或 Intra),这需要搜索用(1)和(2)的方法筛选出来的所有帧间和帧内 PU 的组合。然后,将此 CU 的全代价函数与它划分成 4 个子 CU 的全代价函数之和进行比较,以决定是否进行 CU 分裂。如果进行分裂,则在下一个树深上重复前面的模式选择过程。值得指出当使用全代价函数时,由于它的计算包含了变换编码,而 H.265 允许 CU 划分成不同的 TU,因此暗含着沿残差 4 叉树搜索最佳 TU 的过程。

对于 H.265 的 RDO 框架和子优化过程的处理流程还可以有其他思路。针对帧内预测模式选择、帧间预测模式选择和 CTU 树深选择等也已经存在不少快速算法。在这些算法中,提高速度的方法也如 4.5.1 节所述,通常是根据某些准则限制可使用的模式类型的个数、优先搜索最可能的模式、提前中止搜索或提前中止树的分裂等;而准则的制定则常常利用了空域和时域上相邻块之间的相关性。对 H.265 RDO 的快速算法的研究目前仍在继续。

4.6 恒定速率编码器的速率控制

如 4.1.1 节所述,编码器所产生的码流其数据率一般是变化的,为了适应恒定速率(CBR)信道的要求,在编码器和信道之间需要设置一个缓存器。当码流的平均速率高于信道的传输速率时,缓存器会越来越满;而码率低于信道速率时,缓存器则越来越空。为了防止缓存器溢出或变空,需要对压缩码流的速率进行控制。这通常是通过图 4-1 中的反馈支路,改变量化器的量化步长来实现的。量化步长加大,码率下降,但图像质量也会因此而下降;而量化步长减小,则导致码率上升,图像质量随之变好。速率控制的基本问题就是在尽可能地保证图像质量稳定的条件下,使压缩码流的速率适应恒定速率信道的要求。

4.6.1 速率控制的例子

速率控制是编码器设计的一个重要问题。在展开对这个问题的讨论之前,本节先介绍一个简单的例子,以使读者对速率控制有一些感性的认识。这个例子就是视频编码标准 MPEG-2 的测试模型(Test Model 5,TM5)给出的速率控制算法,它分为目标比特分配、码率调整和自适应量化三个步骤。

1. 目标比特分配

所谓**目标比特分配**就是在每帧(或每个宏块)编码之前,根据一定的原则为其规定好编码的比特数,称为**目标比特数**。分配的基本原则是,编码产生的码流平均速率与指定的信道速率相匹配。在 TM5 中,除上述原则外,还考虑到帧的编码类型(I、P、B)和图像内容的复杂程度。由于在一组图像(GOP)中,通常 I 帧产生的比特数多,而 B 帧编码后的比特数较少,P 帧居中,为了使图像质量在帧间不出现显著的变化,分配给 I、P、B 图像的比特数(目标比特数)T_i、T_p 和 T_b 满足 $T_i > T_p > T_b$。此外,图像复杂程度由一个全局复杂度变量 $X_x = S_x \cdot Q_x$,$(x=i,p,b)$ 来衡量,其中 S_x 为前一个 x 帧(即 I 帧、P 帧或 B 帧)实际产生的比特数,Q_x 为该帧编码时所有宏块实际使用的量化参数的平均值。由于图像内容在时间上的相关性,我们可以用 X_x 来估计当前帧的复杂程度。

在一个 GOP 开始的时候。分配给该 GOP 的目标比特数 T_{GOP} 为

$$T_{GOP} = \frac{R_c}{f_f} \cdot N + R'$$
(4-77)

式中,N 为 GOP 内的图像帧数,R_c 为指定的速率,f_f 为帧率,R' 为上一个 GOP 编码所剩余的比特数。编码完 GOP 中的一帧图像后,T_{GOP} 更新为

$$T_{GOP} = T_{GOP} - S_X$$
(4-78)

在编码一帧图像之前,分配给该帧的比特数根据帧类型(i,p,b)不同分别由下面的式子计算:

$$T_i = \max \left\{ \frac{T_{GOP}}{1 + N_p \dfrac{X_p}{X_i K_p V} + N_b \dfrac{X_b}{X_i K_b}}, \quad R_c / 8 f_f \right\}$$
(4-79)

$$T_p = \max \left\{ \frac{T_{GOP}}{N_p + N_b \dfrac{X_b \cdot K_p}{X_p \cdot K_b}}, \quad R_c / 8 f_f \right\}$$
(4-80)

$$T_b = \max\left\{ \frac{T_{GOP}}{N_b + N_p \dfrac{X_p \cdot K_b}{X_b \cdot K_p}}, \quad R_c/8f_f \right\} \tag{4-81}$$

式中，N_P、N_b 分别为余下的 P 帧和 B 帧的个数，K_p 和 K_b 为由量化矩阵所确定的控制松紧的系数。以式(4-80)为例，$N_b \cdot X_b/X_p$ 可以看成是将剩余的 B 帧折算成 P 帧时的等效帧数。$\max\{\cdot\}$ 符号中后一项给出每帧目标比特数的下限。

2. 码率调整

所谓**码率调整**是指在每一帧的编码过程中，通过动态调整每个宏块的量化参数，使该帧实际产生的比特数接近预分配的目标比特数。为了达到这个目的，我们假设了三个虚拟缓存器，每一个用于一种类型(I、P 或 B)图像的编码输出，编码器输出缓存器的实际充满程度是三个虚拟缓存器充满程度之和。以其中一个虚拟缓存器为例，它的容量等于该帧所分配的目标比特数 T_x。图 4-38 表示出缓存器充满程度随已编宏块数的变化曲线。图中虚线表示 T_x 按宏块均匀分配时缓存器占有量增长的情况，实线表示实际占有量的变化。在进行第 j 个宏块的编码之前，检查缓存器占有量 d_j^x 超过预分配值的大小：

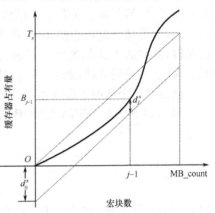

$$d_j^x = d_0^x + B_{j-1} - \frac{T_x}{MB\_count}(j-1) \tag{4-82}$$

式中，d_0^x 为缓存器的初始占有量，即前面各帧编码所产生的数据超过预分配值的大小，B_{j-1} 为本帧前$(j-1)$个宏块编码所实际产生的比特数，MB_count 为本帧的总宏块数。

图 4-38　虚拟缓存器占有量随已
编宏块数目的变化曲线

d_j^x 越大，表示后面的宏块应该使用比平均分配值更小的比特数，才能使本帧图像编码产生的总比特数接近目标值 T_x。因此，第 j 个宏块的参考量化参数取为：

$$Q_j = \frac{d_j^x \cdot 31}{r} \tag{4-83}$$

式中，$r = 2R_c/f_f$，为响应参数。

3. 自适应量化

考虑到视觉的掩蔽效应，某个宏块实际使用的量化步长是由参考量化参数 Q_j 和该宏块图像的活跃程度(即亮度变化的剧烈程度)两个因素最后确定的。将 16×16 的亮度块划分成 4 个 8×8 的子块，定义该亮度块的**空间活动度**(Activity Function)为

$$act_j = 1 + \min_k(Var\_sbl_k) \tag{4-84}$$

式中，Var_sbl_k 为该宏块中的第 $k(k=0,1,2,3)$个子块像素值的方差。将 act_j 归一化，得到

$$N\_act_j = \frac{2 \cdot act_j + avg\_act}{act_j + 2 \cdot avg\_act} \tag{4-85}$$

式中，avg_act 为前一帧的 act_j 的均值。用 N_act_j 对从比特率要求导出的参考量化参数 Q_j 加权，得到该宏块的量化参数[在[1…31]范围内取整即为式(4-1)中的 Scale]为

$$(quantization\_scale)_j = Q_j \cdot N\_act_j \tag{4-86}$$

当 $act_j \gg avg\_act$ 时，表示图像亮度变化剧烈，$N\_act_j \approx 2$，根据视觉的掩蔽效应，在这种情况下可以采用较大的量化步长；反之，$act_j \ll avg\_act$，$N\_act_j \approx \frac{1}{2}$，表示图像亮度变化平坦，量化噪声的能见度较高，则采用较小的量化步长。

4.6.2 速率控制的基本步骤

针对不同的编码标准,人们已经提出了许多速率控制的算法。在每个标准的参考软件(Test Model)中也建议了一些速率控制算法。所有这些算法像我们在 4.6.1 节给出的例子中看到的,一般都包含如下两个基本步骤。

(1)目标比特分配

针对编码的各个层次分配合适的目标比特数,这些层次通常包括 GOP 层、帧层和编码单元层(宏块或 CU)。比特分配一般根据指定的速率 R_c、视频帧率 f_f 和缓存器的占有量 B 等因素来确定。一方面 R_c/f_f 决定了每帧编码的平均目标比特数,另一方面还要在编码过程中保持缓存器的空满程度适当,不要溢出和变空,因为溢出会导致数据丢失,变空则导致视频的不连续。在一些实时应用中,如视频会议和监控,由于要求低延时通常使用 $I,P,P\cdots$ 的结构,而且只能使用容量很小的缓存器,此时防止溢出就尤其需要注意。当有必要时(缓存器占有量大于某个门限值),可以采取**跳帧**的措施(不编码该帧)来避免缓存器的溢出。

下面给出一个考虑了缓存器占有量的比特分配的例子[12]。对于 GOP 级的比特分配,第 i 个 GOP 的第 j 帧编码时分配给该 GOP 的比特数为

$$T_{\text{GOP}}(i,j)=\begin{cases} \dfrac{R_c}{f_f}\cdot N-B(i,j) & j=1 \\ T_{\text{GOP}}(i,j-1)-S_i(i,j-1) & j=2,3\cdots \end{cases} \tag{4-87}$$

$$B(i,1)=B(i-1,N) \tag{4-88}$$

式中,N 为该 GOP 的总帧数,$B(i,j)$ 为当前的缓存器占有量,$S(i,j-1)$ 为 $j-1$ 帧编码实际产生的比特数,式(4-87)上半部表明,除了按指定速率分配给 GOP 比特数外,还需考虑当时缓存器的占有量。编码完一帧后,缓存器占有量更新为

$$B(i,j)=B(i,j-1)+S(i,j-1)-\frac{R_c}{f_f}, \qquad j=2,3\cdots \tag{4-89}$$

式(4-89)表明编码完 $j-1$ 帧之后,缓存器在原有的占有量上增加了 $(j-1)$ 帧编码实际产生的比特数,减去了一帧时间内输出的比特数 R_c/f_f。编码完一个 GOP 后的缓存器的占有量将影响下一个 GOP 的比特分配。对比式(4-87)与式(4-77)和式(4-78)我们看到,TM5 算法虽然没有直接利用缓存器占有量的概念,但也通过 R' 考虑了前一个 GOP 编码的结果,若先前编码剩余的比特数 R' 多,则分配多一些比特;反之,则少一些。当然,如何将先前编码的结果考虑在内,还有其他一些考量方法。

对于帧级的比特分配,我们从 TM5 的例子中看出不仅应考虑当前 GOP 剩余比特数和剩余的帧数,为了尽可能地保持视频质量的稳定,还应考虑到当前帧的类型 (i,p,b) 和当前帧图像内容的复杂程度,后者在 TM5 中用一个根据前一帧编码的比特数和量化参数预测的全局复杂度变量 X_x 来描述。

帧级的比特分配也可以借助于缓存器的概念来实现。例如,给第 i 个 GOP 中第 j 帧分配的比特数 $T_i(j)$ 为

$$T_i(j)=\beta\hat{T}_i(j)+(1-\beta)\tilde{T}_i(j) \tag{4-90}$$

其中 $\hat{T}_i(j)$ 为根据 GOP 剩余比特数、剩余的帧数以及帧类型分配的比特数,而 $\tilde{T}_i(j)$ 为根据缓存器占有状态分配的比特数,β 为小于 1 的权值。假设当前帧为 p 帧,

$$\hat{T}_i(j)=\frac{\overline{W}_{p,j}(j-1)\cdot T_{\text{GOP}}(i,j)}{\overline{W}_{p,j}(j-1)\cdot N_{p,r}+\overline{W}_{b,j}(j-1)\cdot N_{b,r}} \tag{4-91}$$

其中,$N_{p,r}$ 和 $N_{b,r}$ 分别为第 i 个 GOP 中剩余的 p 和 b 帧数,$\overline{W}_{p,j}(j-1)$ 和 $\overline{W}_{b,j}(j-1)$ 是权值,分别

是由第 i 个 GOP 中前 $(j-1)$ 个已编码帧获得的 p 和 b 帧的平均图像复杂度。图像复杂度与 TM5 类似,也可以用已编码的实际比特数和量化参数之积来衡量。在层次化预测结构中(见图 4-29),则需按帧的层次设定不同的权值 $\overline{W}$,随着层次的增高,可以使用较大的量化步长,因为较高层次的帧不作参考帧,或只被较少的帧参考。

根据缓存器状态分配的比特数 $\widetilde{T}_i(j)$ 可以用下式表示,

$$\widetilde{T}_i(j) = \frac{R_c}{f_f} + \gamma \cdot [缓存器状态] \tag{4-92}$$

其中,γ 是一个小于 1 的常数。不同的算法对缓存器的定义常常不同,这里我们只用[缓存器状态]来概括。

至于编码单元级的比特分配,则通常利用当前编码单元的原始像素值与已编码的空间或时间邻域编码单元构成的预测值之间的 MAD 值来分配比特。MAD 值大的,分配的目标比特数多。

(2) 按分配的比特数调整码率

当为编码的某一层次预分配了目标比特数之后,下一个步骤就是在编码过程中调整编码参量使实际编码的比特数尽可能地接近目标比特数,同时使图像失真尽可能地小。我们知道,有许多编码参量,如编码模式、运动矢量、量化参数 QP 等,都会影响已编码流的速率,可以通过调整它们之中的一个或几个来实现满足预分配比特数的目标。最常见的做法是,只调整 QP,而固定其他编码参量。改变 QP(或量化步长)可以调整码率,但也影响图像质量,QP 加大时,量化步长加大,码率降低,图像的失真也随之加大。

根据 3.3 节我们知道,速率和失真之间的关系由率失真函数决定。因此像 4.5 节的模式选择问题一样,速率控制问题也可以放入率失真优化的框架中来解决,即

$$\{para\}_{opt} = \arg\min_{\{para\}}(D + \lambda R) \tag{4-93}$$

其中 $\{para\}$ 为用于调整速率的编码参量,如 QP。也就是说,速率控制问题是在 $R-D$ 曲线上目标速率的附近寻找率失真代价最小的点。由此看来,根据率失真函数建立相应的模型来指导码率的调整是一个合理的思路。

为此,研究者已经提出若干模型,并借助于这些模型来实现对编码参量的调整,以使实际编码的速率接近目标速率。概括起来,这些模型可以分为 Q 域、ρ 域和 λ 域速率控制三大类,4.6.3~4.6.5 节将分别给予介绍。

4.6.3 Q 域速率控制

Q 域速率控制算法假设可调的编码参量只有量化步长 Q,并直接对速率 R 和 Q 建模。假设经运动补偿后残差的 DCT 系数是近似互不相关的,且符合拉普拉斯分布:

$$p(y) = \frac{\alpha}{2}e^{-\alpha|y|} \qquad -\infty < y < \infty \tag{4-94}$$

并假设失真度量为

$$d(y, \tilde{y}) = |y - \tilde{y}| \tag{4-95}$$

其中 $\tilde{y}$ 为 y 的重建值,则率—失真函数可以用下面的解析函数表示[13]

$$R(D) = \ln(1/\alpha D) \tag{4-96}$$

其中

$$D_{min} = 0, \quad D_{max} = 1/\alpha, \quad 0 < D < \frac{1}{\alpha}, \tag{4-97}$$

将式(4-96)进行泰勒级数展开,得到

$$R(D) = \left(\frac{1}{\alpha D} - 1\right) - \frac{1}{2}\left(\frac{1}{\alpha D} - 1\right)^2 + R_3(D)$$

$$= -\frac{3}{2} + \frac{2}{\alpha}D^{-1} - \frac{1}{2\alpha^2}D^{-2} + R_3(D) \tag{4-98}$$

式中，$R_3(D)$ 为余项。根据上式提出的率—失真模型如下[13]：

$$R = X_1 Q^{-1} + X_2 Q^{-2} \tag{4-99}$$

式中，Q 为量化步长，X_1 和 X_2 为模型参数。式(4-99)称为**二次(Quadratic)率-失真模型**。根据这个模型，已知 R 可以直接计算出 Q。

在推导上述模型时隐含地假设了每一帧(或宏块)图像的复杂度是近似相同的，因此同样的比特数下，每帧图像的失真相同。如果将每帧(或宏块)图像的复杂度实际并不相同这一因素考虑在内，式(4-99)变成

$$\frac{R}{S} = X_1 Q^{-1} + X_2 Q^{-2} \tag{4-100}$$

式中，S 为表示图像复杂度的一个参量，例如经运动补偿后残差的 MSE，或 MAD。当用 MAD 表示复杂度 S 时，当前帧(或宏块)的 MAD_c 值可以通过下面的线性模型进行估计

$$\text{MAD}_c = a \cdot \text{MAD}_p + b \tag{4-101}$$

其中，MAD_p 是前一个已编码的同类型帧(或宏块)的 MAD 值，a 和 b 为模型参数。

式(4-99)的另一个不足是，没有将编码辅助信息(如 MV、编码模式及头信息等)所需的比特数考虑在内。为此而改进的模型如下式所示：

$$\frac{R-H}{S} = X_1 Q^{-1} + X_2 Q^{-2} \tag{4-102}$$

式中，H 为对辅助信息进行编码所需的比特数。

在实际应用中使用上述率—失真模型，我们需要知道模型参数 X_1 和 X_2。这可以利用若干已知数据点对 (R_i, Q_i)，$i=1, 2, \cdots, n$，对 X_1 和 X_2 进行估计来得到，这里 Q_i 和 R_i 分别为已编码帧(或宏块)实际使用的量化步长和实际产生的比特数[对于式(4-102)，速率值使用 $(R_i - H_i)/S_i$]。利用**最小二乘法**，在最小均方误差意义下，使式(4-99)与观测值 (R_i, Q_i) 有最佳拟合的模型参数如下：

$$\begin{bmatrix} X_1 \\ X_2 \end{bmatrix} = (\boldsymbol{Z}^{\mathrm{T}} \cdot \boldsymbol{Z})^{-1} \cdot \boldsymbol{Z}^{\mathrm{T}} \cdot \boldsymbol{Y} \tag{4-103}$$

式中，$\boldsymbol{Z}_{n \times 2} = [1, 1/Q_i]$，$\boldsymbol{Y}_{n \times 1} = [Q_i \cdot R_i]$。当获得模型参数 X_1 和 X_2 之后，根据式(4-99)或式(4-102)所示的模型和当前帧(或当前宏块)分配的目标比特数，就可以计算出当前帧(或宏块)应该使用的量化步长 Q。根据不同标准中 Q 与量化参数 QP 的关系，即可折算出 QP。

4.6.4 ρ 域速率控制

ρ 定义为变换系数经量化后为零的个数与变换系数总个数之比。显然，ρ 与量化步长 Q 是相关的，Q 加大，ρ 的比例上升。ρ 域速率控制通过对速率 R 和 ρ 的关系建模，间接地建立起 R 和编码参量 Q 之间的对应关系。

研究者经过大量的实验发现[14]，无论对于帧内编码还是帧间编码的图像，编码速率 R 与 ρ 都非常近似地呈线性关系。考虑到当 $\rho = 100\%$ 时，编码比特率 $R = 0$，即 $R(\rho)$ 必然经过 $(1.0, 0.0)$ 点，那么我们有

$$R(\rho) = \theta(1 - \rho) \tag{4-104}$$

其中，θ 为斜率，是一个与被编码视频的内容有关的量。

假设变换系数的分布连续且是正的，ρ 将随 Q 的增大而单调上升。这意味着 ρ 与 Q 有一对一的对应关系，因此失真 D 可以表示为 ρ 的函数 $D(\rho)$。$R(\rho)$ 和 $D(\rho)$ 构成 ρ 域的速率—失真分析。考虑到变换系数的幅值小于量化器死区阈值 f 时，系数被量化到零，则有

$$\rho(f) = \sum_{|C_{i,j}| < f} P(C_{i,j}) \approx \frac{1}{M} \sum_{|C_{i,j}| < f} Z(C_{i,j}, i, j, f) \tag{4-105}$$

其中，$C_{i,j}$为i行j列的变换系数值，$P(C_{i,j})$为变换系数的概率密度函数。式(4-105)的后半段代表用直方图对概率密度函数进行近似，其中M为变换系数的总数，$Z(C_{i,j},i,j,f)$是一个指示函数，

$$Z(C_{i,j},i,j,f)=\begin{cases} 0 & |C_{ij}|>f \\ 1 & |C_{i,j}|\leqslant f \end{cases} \tag{4-106}$$

从3.9.1节可知，f与量化步长相关，因此式(4-105)表示了ρ与Q之间的关系。

从式(4-104)和式(4-105)看出，θ是ρ域R-D模型中唯一的一个参数，而且只需要已知一组点(ρ_0, R_0)就可以确定这个参数。在一些ρ域算法中是采取两个步骤来实现速率控制的。

(1) 选定一个初始$Q_{initial}$(或$QP_{initial}$)，经预编码得到此时的ρ_0和R_0。根据式(4-104)，则可计算出斜率θ；或者将式(4-104)改写成

$$\rho(R)=\frac{R_0-R(1-\rho_0)}{R_0} \tag{4-107}$$

(2) 根据分配的目标比特R_{target}和式(4-104)[或(4-107)]得到ρ_{target}；然后，根据ρ_{target}和式(4-105)确定Q_{target}(或QP_{target})。在这过程中，要注意死区阈值和Q(或QP)在不同的标准中具体的对应关系有所不同。

如果不采用(1)中的预编码，也可以用其他方式估计R_0和ρ_0。例如，假设$QP_{initial}=1$，针对特定编码标准的具体规定估计R_0和ρ_0(参见10.3.4节转码的ρ域速率控制)；或者根据已编码的空间(或时间)邻域块的编码结果来估计。

ρ域模型比较简单，尤其适合于低码率下的应用，但是它与Q域模型一样，在速率控制时只有一个编码参量(量化参数QP)可以调整，即暗含假设了R与Q(或QP)有一一对应的关系。

4.6.5 λ域速率控制

如前所述，在Q域和ρ域算法中只通过调整Q来达到目标速率R，但H.264，特别是H.265支持大量的图像划分方式、灵活的编码模式和编码参量的选择。实际上，这些选择的不同也影响着码率。图4-39表示一个例子，尽管采用相同量化参数QP，帧内和帧间编码单元可能产生的码率很不相同。这说明R和QP并不存在一对一的对应关系。

速率控制与4.5节介绍的基于RDO的模式选择之间存在着相互依赖的关系。在Q域和ρ域速率控制中需要了解残差信息来选择适当的QP；而残差信息只有在进行了RDO模式选择之后才能获得。在另一方面，进行RDO又必须知道QP，以对失真和码率决定的RD-cost进行估计。这就构成了一个鸡生蛋、蛋生鸡的悖论，增加了Q域和ρ域速率控制算法的复杂性。

此外，在新编码标准中支持大量、灵活的编码模式，使得用于辅助信息(头信息、MV等)的比特数增多。由于这些信息并不经过量化，因此通过调整QP无法改变这部分信息所占用的比特数。

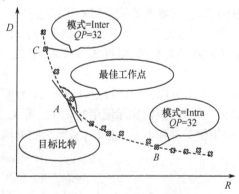

图4-39 典型的R-D曲线

鉴于前面几个原因，近年来研究者提出了一种新的λ域的速率控制方法[15]。λ就是4.5节介绍的RDO中的拉格朗日参数。λ域方法旨在通过对R与λ的关系建模，以达到在指定的目标速率下，找到率—失真最小的编码参量的目的。

失真—率函数$D(R)$常常用指数函数或双曲函数来表达，这里我们采用后一种，即[15]

$$D(R)=CR^{-K} \tag{4-108}$$

式中，C 和 K 是与图像内容有关的模型参数。如式(4-65)所示，λ 是 R-D 曲线的斜率

$$\lambda = -\frac{\partial D}{\partial R} = CK \cdot R^{-K-1} \tag{4-109}$$

将上式改写为

$$R = \left(\frac{\lambda}{CK}\right)^{-\frac{1}{K+1}} \triangleq \alpha\lambda^{\beta} \tag{4-110}$$

根据式(4-108)和式(4-110)得到，

$$D = C \cdot \left(\frac{\lambda}{CK}\right)^{\frac{K}{K+1}} \triangleq \alpha_1\lambda^{\beta_1} \tag{4-111}$$

式(4-110)和式(4-111)代表了 λ 域中的率失真关系。从式(4-110)看出，R 与 λ 之间存在一对一的对应关系。对于给定的目标比特 R，通过式(4-110)可以求出对应的 λ。λ 对应于 R-D 曲线的斜率。通过 R 确定 λ，相当于确定了 R-D 曲线上的工作点(参见图4-39)，同时等效于调整了 RDO 的代价函数，因此也对编码辅助信息所使用的比特数产生影响。

我们知道，在各种编码标准中，λ 都是 QP 的函数，但在 H.265 中，λ 还与编码预测结构有关[见式(4-72)和式(4-73)]。不过，人们通过大量的实验研究发现，对于 H.265，λ 与 QP 存在如下的近似关系[16]，

$$QP = 4.2005 \cdot \ln(\lambda) + 13.7122 \tag{4-112}$$

当已知 λ 时，可以通过上式找到应该选用的 QP。虽然此 QP 未必对所有编码单元都是最佳的，但从平均效果来看是一个很好的选择。因此在速率控制中，通过 λ 域 R-D 模型，可以从所分配的目标比特 R 求出 QP，而无需知道残差信息，这就破解了速率控制和 RDO 模式选择之间的嵌套关系。

在文献[15]的后续工作中，根据 λ 域的 R-D 模型还提出了一种由视频内容导向的最佳目标比特分配方法。在 GOP 的目标比特分配好之后，该方法根据率—失真优化准则，即在 GOP(或帧)目标比特约束下，最小化序列(或帧)中所有帧(或所有编码单元)的整体失真，来进行帧级(或编码单元级)的目标比特分配。这种方法兼顾了图像内容对比特分配的影响。例如，在帧级比特分配中，以往的分配方法大多侧重于帧类型(I、P、B)的不同，而该方法考虑了各个帧对图像序列整体重建质量的影响，对重要的帧分配的比特数多。

为了在给定 R 时从 $R(\lambda)$ 模型求得 λ，必须要知道模型参数 α、β，二者均与图像内容有关。为了适应不同特性的视频，根据式(4-109)定义

$$\lambda = a(bpp)^b \tag{4-113}$$

式中，bpp 为每像素的比特数，此时 a、b 为模型参数。我们可以假设一个模型参数的初始值，或者先编码一帧，从该帧实际使用的 bpp_{real} 和 λ_{real} 求出模型参数作为 a,b 的初始值。对于速率控制而言，初始值的好坏不是决定性的，因为随着编码的进行，模型参数可以用下式进行更新[15]。

$$\lambda_{\text{comp}} = a_{\text{old}}(bpp)^{b_{\text{old}}}_{\text{real}}$$

$$a_{\text{new}} = a_{\text{old}} + \delta_a \cdot (\ln\lambda_{\text{real}} - \ln\lambda_{\text{comp}}) \cdot a_{\text{old}}$$

$$b_{\text{new}} = b_{\text{old}} + \delta_b \cdot (\ln\lambda_{\text{real}} - \ln\lambda_{\text{comp}}) \cdot \ln(bpp)_{\text{real}} \tag{4-114}$$

式中，λ_{comp} 为根据 bpp_{real} 由式(4-113)计算出的 λ 值，δ_a 和 δ_b 为两个预定的常数因子，控制更新的速度。

4.7 变速率视频编码

1. 变速率编码与恒速率编码

通过上节的讨论我们知道，I、P 和 B 帧经编码后所产生的比特数有很大差异；而且除了帧类型以外，已编码流的速率还与图像的活动性，即场景的复杂度、运动的快慢和场景切换的多少等有

关。编码器[见图 4-40(a)]需要通过仔细的比特分配和编码参数(如 QP)的调整,才能向信道输出恒定速率的码流。我们知道,量化步长的变化将改变解码后重建图像的信噪比,图 4-40(a)的右侧给出了恒定码率(CBR)编码的重建图像质量(SNR)变化情况。在某些低延时、低码率的应用(如可视电话或会议)中,输出缓存器的容量由于延时要求的限制不能太大,而小的缓存器对码率变化的平滑又是不利的。当图像活动剧烈、编码所产生的数据突发性很强时,可能整个帧的数据都必须舍弃(跳帧),此时重建图像的信噪比大大降低。

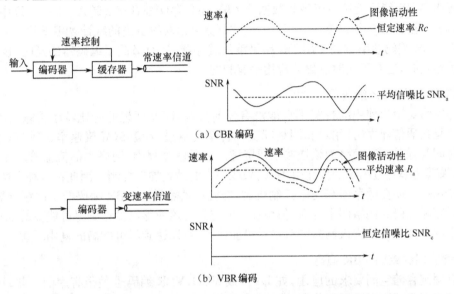

图 4-40 CBR 和 VBR 编码的概念以及速率、信噪比随时间变化的例子

如果信道允许理想的变码率传输,这里的"**理想**"是指信道可以传输任意速率的码流,且解码器具有无限大的缓存器,那么我们可以在编码过程中保持重建图像质量不变,随着图像活动性变化而产生的变速率码流无需经过速度控制和缓存器的平滑。此时的编码器称为**自由变速率编码器**。图 4-40(b)给出了自由变速率(VBR)编码器的结构、已编码流速率及重建图像信噪比的变化情况。除了速率控制部分以外,VBR 的编码算法与 CBR 编码的算法没有什么不同。

图 4-41 从速率—失真函数的角度表示出 CBR 和自由 VBR 编码的不同。图中的阴影部分简略地描述了速率—失真函数随图像信号特性变化的范围。在 CBR 编码中,由于速率保持为一固定值,失真随着图像特性的变化而在 D_1 到 D_2 的范围内变化[见图(a)];而在 VBR 编码中,由于失真固定,速率则随着图像活动性的变化而在 R_1 到 R_2 的范围内变动[见图(b)]。

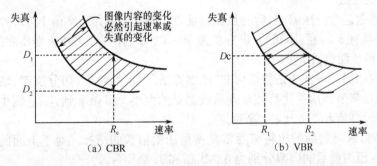

图 4-41 从速率—失真函数的角度对 CBR 和 VBR 编码的比较

在使用相同的编码算法和让恒定速率 R_c 等于 VBR 编码的平均速率 R_a 的条件下,CBR 编码

的重建图像的平均信噪比 SNR。要低于 VBR 编码重建图像的信噪比 SNR。，而且重建图像质量的主观评价也较差。在另一方面，当 CBR 和 VBR 编码给出相似的重建图像质量时，VBR 编码给出较低的平均码率和较少的总数据量。例如，对某个 15 分钟的视频序列编码，CBR 编码器给出 6 Mb/s 码流，其总数据量为 675 MB，而 VBR 编码产生的码流的平均速率为 3 Mb/s，总数据量仅为 355 MB[17]。其原因是，如果在某一段时间内视频内容是简单和没有多少运动的，CBR 编码器仍需使用过小的量化步长以产生足够多的比特数来满足 CBR 的要求，从而降低了编码效率。上述两方面的结果表明，VBR 编码无论对于视频数据的传输，还是存储都具有优越性。在 DVD 中采用的就是 VBR 编码。此外，在分组网络中，VBR 编码的码流可以获得更高的统计复用增益。

在自由 VBR 编码器中省去了用于速率平滑的缓存器，从而降低了编码器的延时，也就降低了端到端的传输延时，这对于实时多媒体应用是有利的。

2. 速率约束的 VBR 编码

实际的网络对用户使用的带宽不可能没有任何限制，因此理想的变比特率传输是不实际的。通常的做法是在通信建立时，用户和网络就变比特率传输进行 QoS（峰值速率、平均速率、突发的最大持续时间等）的协商，网络为该连接预留资源。在通信过程中，网络中的流监管对用户数据进行监测，如果其速率超过约定的变化范围，则采取一定的措施加以控制。因此在这种有速率约束的 VBR 编码器中，也存在缓存器和速率控制机制，但缓存器容量比 CBR 编码器中的缓存器要小，而速率控制要兼顾编码和网络两个方面，信源速率的选择应该使编码器达到尽可能高的视频质量，同时信道速率的选择应该使进入网络的流量尽可能地平稳，以达到尽可能高的复用增益。

3. 存储空间约束的 VBR 编码

对于有固定存储空间要求的应用，如 DVD 或 VCD，VBR 编码也是很有用的。此时固定的存储空间相当于要求码流在长时间内的平均速率不超过限定值，但在短时间内码率可以是变化的。由于这种应用不要求实时性，因此通常采用 2 次（Two-Pass）编码的方法进行速率控制。在第 1 次编码时获得整个序列中每一帧的 R-Q 函数（即不同量化步长下产生的比特数），以便为每一帧选择满足存储空间和解码器缓存容量要求的量化步长；第 2 次编码则使用选择好的量化步长对序列进行实际的编码。

4.8 压缩编码算法性能的评价

数据压缩方法的优劣主要由所能达到的压缩倍数，以及从压缩后的数据所恢复（或称重建）的图像（或声音）质量两个方面来衡量。除此以外，算法的复杂性、延时等也是应该考虑的因素。

1. 数据压缩的倍数

图像压缩的倍数通常由压缩前、后的总数据量之比表示。例如一幅由 720×576 个像素组成的黑白图像，每像素具有 8 b，通过降低分辨率变为 360×288 的图像，又经数据压缩使每个像素平均仅用 0.5 b 表示，则压缩倍数为 64 倍。

衡量压缩倍数的另一种方法是将任何非"压缩算法"产生的效果（如分辨率、帧率的降低等）排除在外，用平均每像素所使用的比特数来表示数据量的大小。可以看到，在上例中压缩前、后的数据量分别为 8 比特/像素和 0.5 比特/像素。

对于视频序列，编码前后的比特率通常是衡量压缩倍数的指标。对于上面的例子，在帧率为 25 帧/s 的情况下，压缩前后的码率分别为 83Mb/s 和 1.3Mb/s。

2. 重建图像质量的客观评价

重建图像的质量通常用重建图像与原图像之间像素值的均方误差（MSE）来衡量。将均方误差作为由数据压缩而产生的噪声能量，可以定义如下 2 种形式的信噪比（SNR）：

$$\text{SNR} = 10 \lg\left(\frac{\sigma^2}{\text{MSE}}\right) \quad \text{(dB)} \tag{4-115}$$

$$\text{PSNR} = 10 \lg\left(\frac{x_{\max}^2}{\text{MSE}}\right) \quad \text{(dB)} \tag{4-116}$$

其中的 MSE 用下式计算：

$$\text{MSE} = \frac{1}{N^2} \sum_{i=1}^{N^2} (x_i - \hat{x}_i)^2 \tag{3-117}$$

上述式子中 x_i 和 $\hat{x}_i$ 分别为原图像和重建图像中对应的像素值，N^2 为 $N \times N$ 图像中的总像素数，σ^2 为输入图像的方差，$x_{\max}$ 为原图像中像素的最大灰度值（对于 8 比特图像，$x_{\max}=255$）。由于式(4-116)定义的简单性，使它成为经常使用的定义信噪比的形式，称为**峰值信噪比**。

当考虑彩色图像时，根据不同分量的重要性，对于常用的 4∶2∶0 格式，其平均峰值信噪比可计算为

$$\text{PSNR} = \frac{6 \cdot \text{PSNR}_Y + \text{PSNR}_{Cb} + \text{PSNR}_{Cr}}{8} \tag{4-118}$$

3. 视频压缩的率失真性能

两个视频编码器的性能通常通过综合考虑它们压缩后的码流速率和重建图像的信噪比，即它们的率-失真（RD）性能来进行比较。以图 4-42(a)为例，图中的数据点(·或 x)记录的是两个编码器分别在 4 种不同的量化参数 QP 下，对同一个视频序列编码的结果。拟合 4 个数据点的曲线反映了该编码器的率-失真性能。显然，编码器 2 的性能好于编码器 1，因为在同样的比特率下，它的 PSNR 值要高。

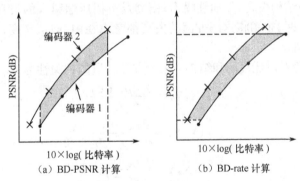

图 4-42　视频编码器性能比较

RD 曲线的比较虽然直观，但不能给出定量的结论。国际电联的视频编码专家组（VCEG）建议了一种计算两条曲线的平均信噪比差（BD-PSNR）和平均比特率差（BD-rate）的方法[18]，并提供了相应的工具[19]。该方法首先将比特率用 $\log_{10}$ 表示（以 dB 为单位的 PSNR 已经取了对数）；对数坐标下的 4 个数据点的 RD 曲线，可以用三阶多项式来拟合，即

$$\text{PSNR} = a + b \cdot B + c \cdot B^2 + d \cdot B^3$$

或者

$$B = a + b \cdot \text{PSNR} + c \cdot \text{PSNR}^2 + d \cdot \text{PSNR}^3$$

$$\tag{4-119}$$

式中 B 为比特率。对两条曲线的拟合函数分别积分并求差值（图中灰色区域），再除以积分区间，就得到 **BD-PSNR**（或 **BD-rate**）。为了不必对测试数据进行外插，计算平均信噪比差和平均比特率差所使用的积分区间分别如图 4-42(a)、(b)中虚线所示。

4. 重建图像质量的主观评价

由于信噪比并不能完全反映人对图像质量的主观感觉，ITU-R 在标准 BT 500-13 中规定了在严格的观测条件（图像尺寸、对比度、亮度、观察距离、照明等）下，对一组标准图像压缩前后的质量

进行对比的主观评定标准。具体的做法是，由若干人(分专业人员组和普通人员组)对所观测的重建图像的质量(很好、好、尚可、不好、坏)，或对重建图像中噪声的明显程度(不可见、可见、明显、令人烦恼、无法看)按 5 级分评定，然后按下式计算**平均评价分数**(Mean Opinion Score,**MOS**)：

$$\text{MOS} = \sum_{i=1}^{k} n_i c_i \Big/ \sum_{i=1}^{k} n_i \tag{4-120}$$

式中，k 为类别数，即有几个分数等级，c_i 为分数，n_i 为该类别的人数。如果将 MOS 看成是一个随机变量的均值，那么相对于此均值的方差反比于参加测试的总人数 $N = \sum_{i=1}^{k} n_i$。这说明测试规模需要足够大，才能得到较稳定的评价。

对于音频数据压缩算法的质量评价也与此类似，可以用信噪比、各种形式的加权信噪比，以及主观评定的 MOS 等来度量。

5. 结构相似指数

粗略地说，对于峰值信噪比高于 40 dB 的图像，通常主观感觉是"很好"的，而 20 dB 以下的图像往往是"不好"的。但是主观感觉还受到许多其他因素的影响，例如对于一个背景模糊、而前景较清晰的图像，人的主观评价可能比对一个整体信噪比略高、而背景和前景不予区分的图像要高。由于主观评测费时、费力，而且不能将其集成进系统的质量反馈控制环路中去，因此寻求能够准确地反映主观评价的客观测试方法，已成为一个吸引人的研究领域。这方面的一个成果就是用**结构相似指数**(Structural Similarity Index,**SSIM**)来评价两个图像之间的相似(或失真)程度。

一般来说，重建图像相比于原始图像的失真可以分为两类：(1)非结构失真，如亮度、对比度、γ 失真及空间移位等；(2)结构失真，如加性噪声、模糊及有损压缩引入的失真等。SSIM 在比较两幅图像(或图像块)$\mathbf{X}$ 和 $\mathbf{Y}$ 时，企图将这两方面的失真都考虑在内，即从亮度、对比度和结构三方面来考虑 $\mathbf{X}$ 与 $\mathbf{Y}$ 之间的差别。

假设 $\mathbf{X}$ 与 $\mathbf{Y}$ 从亮度 l、对比度 c 和结构 s 三个方面度量的相关性为

$$l(\mathbf{X},\mathbf{Y}) = \frac{2\mu_x\mu_y + C_1}{\mu_x^2 + \mu_y^2 + C_1}$$

$$c(\mathbf{X},\mathbf{Y}) = \frac{2\sigma_x\sigma_y + C_2}{\sigma_x^2 + \sigma_y^2 + C_2}$$

$$s(\mathbf{X},\mathbf{Y}) = \frac{\sigma_{xy} + C_3}{\sigma_x\sigma_y + C_3} \tag{4-121}$$

其中，μ_x 和 μ_y 分别为 $\mathbf{X}$ 和 $\mathbf{Y}$ 的均值，σ_x 和 σ_y 分别为 $\mathbf{X}$ 和 $\mathbf{Y}$ 的标准差，σ_{xy} 为 $\mathbf{X}$ 和 $\mathbf{Y}$ 之间的相关系数，C_1、C_2 和 C_3 为小的常数，以平衡分母接近于零的情况。

综合上述 3 式，结构相似指数 SSIM 定义为

$$\text{SSIM}(\mathbf{X},\mathbf{Y}) = [l(\mathbf{X},\mathbf{Y})]^{\alpha} [c(\mathbf{X},\mathbf{Y})]^{\beta} [s(\mathbf{X},\mathbf{Y})]^{\gamma} \tag{4-122}$$

当取 $\alpha = \beta = \gamma = 1$ 和 $C_3 = C_2/2$ 时，

$$\text{SSIM}(\mathbf{X},\mathbf{Y}) = \frac{(2\mu_x\mu_y + C_1)(2\sigma_{xy} + C_2)}{(\mu_x^2 + \mu_y^2 + C_1)(\sigma_x^2 + \sigma_y^2 + C_2)} \tag{4-123}$$

习 题 四

4-1 在图 4-1 所示的典型编码器中，

(1) 经上述编码器压缩的图像，在解压缩之后会出现"块效应"，产生"块效应"的原因是什么？

(2) 阐述在 DCT 变换之后进行之字形扫描的目的；对隔行扫描的帧图像块为何要采用图 4-5(b)的扫描方式。

(3) 为什么要进行速率控制？保持编码器输出速率恒定所付出的代价是什么？

(4) 编码和解码哪个过程花费的时间多？解释原因。

4-2 在早期编码标准中为什么对帧内编码宏块和对帧间编码的宏块要采用不同的量化矩阵（如图 4-4 所示）？通常在熵编码之前对这两种宏块的 DC 分量的处理是否相同？为什么？

4-3 运动矢量的估值可以达到半个像素的精度。所谓**半像素位移矢量估值**是首先在原始分辨率的图像上搜索到 SAD 最小的位置 (i,j)（见习题 4-3 图），然后通过内插得到 (i,j) 周围的 8 个半像素点（见图中 × 的位置）的灰度值，在这 8 个点再加上 (i,j) 本身共 9 个点中进行搜索，找到最终的匹配点。若 k 帧中待预测块的中心坐标为 $(168,152)$，$k-1$ 帧中 (i,j) 点的坐标为 $i=147, j=163$，匹配块中心位于 (i,j) 点右上角的半像素点，写出半像素点精度的位移矢量。

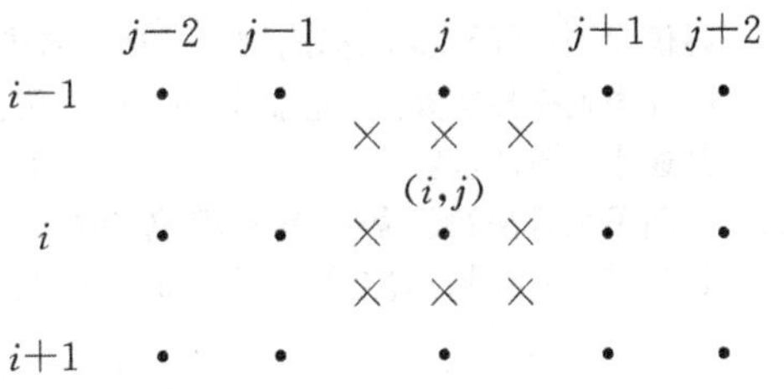

习题 4-3 图

4-4 如下的函数中，哪些可以作为描述 8×8 块内的亮度变化剧烈程度的空间活动度函数？对 A_F 值较大的块，量化时所分配的比特数应该多，还是少？解释原因。

(a) $A_F = \sum_{i=1}^{64} |p_i|^2$ 　　(b) $A_F = \sum_{i=2}^{64} |p_i|^2$ 　　(c) $A_F = \sum_{i=1}^{64} |p_i - \bar{p}|^2$

(d) $A_F = \sum_{i=1}^{64} |y_i|^2$ 　　(e) $A_F = \sum_{i=2}^{64} |y_i|^2$ 　　(f) $A_F = \sum_{i=1}^{64} |y_i - \bar{y}|^2$

其中 p_i 为块内的像素值，y_i 为该块对应的 DCT 系数矩阵中的元素值，$\bar{p}$ 和 $\bar{y}$ 分别为 p_i 和 y_i 的均值。

4-5 一个逐行扫描的帧内编码块，经 DCT 和量化之后，得到如图示的结果（未写数字的位置其值为 0），
(1) 将图示的矩阵排成一维的数据序列；
(2) 写出该序列经游程编码后的结果；
(3) 按照表 4-1 对该序列进行霍夫曼编码。

4-6 在 JPEG 标准中，经 DCT 和量化后的系数在变成一维序列 (run, level) 之后，又将 level 分解成 (sss, Value)，其中 sss 表示将 level 编码所需的比特数，Value 为该值的二进制数值（负值用取反表示）；然后将 (run/sss) 作为符号，构成如下的霍夫曼表。每一个 (run, level) 最后表示为 (run/sss) 霍夫曼码＋Value 二进制码。根据上述原则和下表写出 (0,6)(0,7)(3,3)(0,−1)(0,0) 经编码后的码流。

run/sss	码字
0/3	100
3/2	111110111
0/1	00
0/0	1010

习题 4-5 图

习题 4-6 图

4-7 在上题中只对 (run/sss) 进行霍夫曼编码，对 Value 则采用二进制码；相类似地，4.1.1 节中介绍的 H.263/MPEG−4 DCT 系数只对出现频率高的 (run, level) 组合进行霍夫曼编码，出现频率低的则采用二进制编码，请解释为什么不在所有情况下都用霍夫曼码？

4-8 若在一个有 6 帧图像的 GOP 中，各帧的比例为 $I:P:B=1:2:3$。画出该 GOP 序列，用箭头标明 P 帧和 B 帧的参考帧，并给出各帧输入、编码、传输、解码和显示的顺序。说明编码延时和解码延时各为多少，以及延时与 B 帧数目的关系。

4-9 H.261 在初始 I 帧之后只有 P 帧，MPEG1 则引入了 B 帧，而且运动估值时的搜索范围从 H.261 的 [−15,15] 增加到 [−512,511.5]。说明两种标准为什么在帧结构和搜索范围上有这样的差别。

4-10 H.264 和 H.265 中都用整数变换代替了 DCT，为什么要这么做？说明这两种整数变换哪个更具优势。为什么？

4-11 从式(4-55)导出 H. 265 的 8×8 的变换矩阵。

4-12 说明去块效应滤波器的优点和缺点,并说明 H. 264 和 H. 265 在块效应滤波器的实现上的区别。

4-13 比较用固定尺寸的宏块和用多尺寸的 PB 进行帧间预测编码的优、缺点。什么样的图像适合于采用固定尺寸的宏块?

4-14 在恒定速率编码器的速率控制中,通常考虑哪些因素来进行帧级目标比特的分配?

4-15 有几类速率控制算法? 它们的率—失真模型分别是什么? 它们分别通过什么编码参量来调节速率? 简述其速率调整的步骤。

4-16 判断下列说法的正确性:"PSNR 高的图像质量总是好的,而 PSNR 低的图像质量未必低"。两帧图像的内容近似,使用相同的 QP,但分辨率很不相同,它们的 PSNR 值相差大吗?

参 考 文 献

[1] I. E. G. Richardson, H. 264 and MPEG-4 Video Compression, John Wiley & Sons, 2003

[2] B. G. Haskell, et al., Digital Video: An Introduction to MPEG-2, Chapman & Hall, 1996

[3] B. Girod, "Motion-compensating prediction with fractional-pel accuracy," IEEE Trans. Communications, Vol, 41, No. 4, 1993, 604-611

[4] T. Wedi and H. G. Musmann, "Motion and aliasing compensated prediction for hybrid video coding," IEEE Trans, on CSVT, Vol. 13, No. 7, 2003, 577-586

[5] H. S. Malvar, el al., "Low-complexity transform and quantization in H. 264/AVC," IEEE Trans. CSVT, Vol. 13, No. 7, 2003, 597-603

[6] ISO/IEC 14496-10, Advanced video coding for generic audiovisual services, 2009

[7] D. Marpe, et al., "Context based adaptive binary arithmetic coding in H. 264/AVC video compression standard," IEEE Trans. CSVT, Vol. 13, N0. 7, 2003, 620—636

[8] J. Lainema, et al., "Intra coding of the HEVC Standard," IEEE Trans. CSVT, Vol. 22, No. 12, 2012, 1792—1801

[9] G. J. Sullivan, et al., "Overview of the high efficiency video coding(HEVC) standard," IEEE Trans. CSVT, Vol. 22, No. 12, 2012, 1649—1668

[10] T. Wiegand and B. Girod, "Lagrange multiplier selection in hybrid video coding control," ICIP, 2001, 542-545

[11] HEVC Test Model 16(HM16), JCTVC-V1002, Oct. 2015

[12] K. P. Lim, et al., JVT-N046, Jan. 2005

[13] H. J. Lee, et al., "Scalable rate control for MPEG-4 video," IEEE Trans. CSVT, Vol. 10, No. 6, 2000, 878-894

[14] Z. He, et al., "Low-delay rate control for DCT video coding via ρ domain source modeling," IEEE Trans. CSVT, Vol. 11, No. 8, 2001, 928—940

[15] B. Li, et al., "λ domain rate control algorithm for high efficiency video coding," IEEE Trans. IP, Vol. 23, No. 9, 2014, 3841—3854

[16] B. Li, et al., "QP refinement according to Lagrange multiplier for HEVC," IEEE Int. Symp. on Circuits & Systems, 2013, 477—480

[17] S. Gringeri, et al., "Transmission of MPEG-2 video stream over ATM," IEEE Multimedia, 1998, 58-71

[18] G. Bjontegaard, "Calculation of average PSNR difference between RD curves," ITU-T SG16/Q6, VCEG-M33, Apr. 2001

[19] K. Senzaki, et al., "BD-PSNR rate computation tool for five data points," JCTVC-B055, 2010

第5章 音频数据的压缩编码

5.1 概述

音频压缩编码研究的基本问题是,在给定编码速率的条件下,如何能够得到尽量好的重建语音质量,同时应该尽量减少编解码延时以及算法的复杂程度;或者说在给定编码质量、编解码延时及算法复杂度的条件下,如何降低语音所需的比特率。这4个因素之间有着密切的联系,在不同的应用中对各方面的侧重要求也有所不同。

音频信号通常可以分为话音(人的说话声音)和一般声音(如音乐)两类。对于语音编码有很多种划分方法,例如:

按照编码速率来分,可以将语音编码分为 5 类:高速率(32 kb/s)以上、中高速率(16~32 kb/s)、中速率(4.8~16 kb/s)、低速率(1.2~4.8 kb/s)和极低低速率(1.2 kb/s 以下)。

按照被编码信号所在的域可以将语音编码划分为时域编码和频域编码。时域编码是指对语音的时间域信号直接进行编码,例如脉冲编码调制(PCM)、自适应增量调制(ADM)、自适应差分编码(AD-PCM)等。频域编码是指对语音的频率域信号进行编码,例如子带编码(SBC)。

按照编码的方法可以分为波形编码、参数编码和混合编码 3 类。波形编码是根据语音信号的波形导出相应的数字编码形式,力求使重建的语音信号波形基本上与输入语音信号波形相同。波形编码具有适应能力强、语音质量好等优点,但编码速率较高,一般在 16~64 kb/s 之间。参数编码又称声源编码或声码器,它是通过对语音信号特征参数的提取和编码,力图使重建的语音信号具有尽可能高的可懂性,重建的音频信号的波形不必与输入的音频信号波形相同。参数编码的优点是编码速率低,而主要问题在于合成音频质量差,自然度较低。通道声码器、线性预测声码器等都属于参数编码器。混合编码是新一代的参数编码算法,这种算法克服了原有波形编码和参数编码的弱点,结合了它们各自的长处,既能保留原语音的自然音色,又具有较高的压缩效率。多脉冲激励线性预测编码(MPLPC)、码本激励线性预测编码(CELP)以及感知编码等都属于混合编码器。

5.2 人的听觉特性

正常人的听觉系统是极其灵敏的,人耳所能感觉到的最低声压接近空气中分子热运动所产生的声压。当声音弱到人的耳朵刚刚可以听见时,我们称此时的声音强度为"听觉阈"。正常人可听声音的频率范围为 16 Hz~16 kHz,年轻人可听到 20 kHz 的声音,而老年人可听到的高频声音减少到 10 kHz 左右。

5.2.1 响度级和响度

声音的响度就是声音的强弱。在物理上,声音响度的客观测量单位是声压 dyn/cm²(达因/平方厘米)或声强 W/cm²(瓦特/平方厘米)。由于人的听觉系统所接受的声强范围很大,因而一般使用对数的形式表示声强(SPL),其单位为分贝(dB),即 $SPL = 10\lg\dfrac{I}{I_0}$,其中基准声压 $I_0 = 10^{-16}$ W/cm²。对应于声波物理模型的声强,在心理上,主观感觉声音的强弱使用响度级"方(Phon)"或者响度"宋(Sone)"来度量。

确定一个声音的响度级时,需要将它与1kHz的纯音相比较,调节1 kHz纯音的声强,使它听起来与被确定的声音同样响,这时的声压级就规定为该声音的响度级。例如,某噪声的频率为100 Hz,强度为50 dB,其响度与频率为1 kHz,强度为20 dB的声音响度相同,则该噪声的响度级为20方。取响度级为40方(等于响声压级为40 dB的1 kHz纯音)的声音的响度为1宋。方和宋之间的关系为 $S = 2^{(P-40)/10}$,或者 $P = 33.33 \log S + 40$。

实验表明,人耳感知的声音响度是频率和声压级的函数,通过比较不同频率和幅度的声音可以得到人耳的等响度曲线,如图5-1所示。图中每条曲线表示等响度时的频率范围。例如,在响度为10方时,对于1 kHz的纯音,相当于10 dB的声压级;而对于100 Hz的纯音,为使它听起来与10方的1 kHz的纯音同样响,则声压级为30 dB,这说明人耳对于不同频率的声音的响应是不平坦的,而且还与声音的响度级有关,声音越大,响应越平坦。图中最下面的一条曲线描述了最小可听声场,也称"绝对听阈"曲线,即在正常情况下,在可听频带范围内,人耳能够感知的最小声压级。

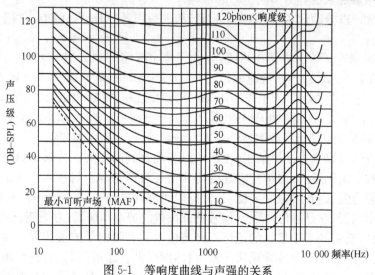

图 5-1 等响度曲线与声强的关系

5.2.2 听觉灵敏度

听觉灵敏度曲线表示了在给定频率上,耳朵能够听到声音的最小声压级,如图5-2所示。竖轴表示与这段信号相比其他频率信号能被听到的强度,用分贝表示。从图5-2中可以看出,人耳对不同频率的敏感程度差别很大,其中对2～4 kHz范围的信号最为敏感,在这个频段以外,人耳的听觉灵敏度逐渐降低。一般来说,两个相同能量不同频率的信号,听起来是不一样大的。例如图5-2

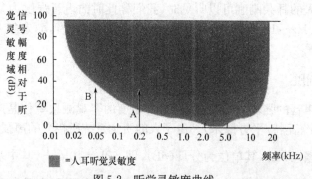

■ =人耳听觉灵敏度

图 5-2 听觉灵敏度曲线

中的 A 和 B 强度一样，但只有 A 能被听到，因为 A 在听觉最低灵敏度之上。类似地，人耳能够听到的噪声和失真也随频率而改变。

5.2.3　听觉掩蔽

掩蔽现象是一种常见的心理声学现象，它是由人耳对声音的频率分辨机制决定的。即在一个较强声音的附近，相对较弱的声音将不能被人耳察觉，即被强音所掩蔽。掩蔽效应分为频域掩蔽和时域掩蔽两种。

当音频信号中存在多个信号时，强信号会降低人耳对该信号频率附近其他信号的敏感度，这种现象称为**频域掩蔽**，也称**同时掩蔽**（simultaneous masking）。图 5-3 的曲线表示在一个强信号附近人耳灵敏度的变化。可以看到，由于信号 B 的强度大于信号 A 导致了在信号 B 周围人耳的基本听觉灵敏度曲线被扭曲，这时 A 虽然在单频信号的听觉灵敏度之上也不会被听到。掩蔽效应的大小通常也是随频率变化的，如图 5-4 所示。图中不同曲线表示不同频率信号的掩蔽效应，曲线宽度表示受影响的频率范围，它随频率的增加而增加。

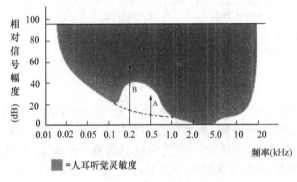

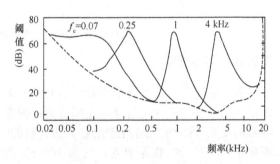

图 5-3　频域掩蔽　　　　　　　　　　　　　图 5-4　不同频率的掩蔽效应

此外，人耳听到一个强音后，会经过一个短暂的延时才能听到较弱的声音，这称为**时域掩蔽**，也称**异时掩蔽**（non-simultaneous masking）。时域掩蔽分为超前掩蔽（pre－masking）和滞后掩蔽（post－masking）两种。超前掩蔽是指一个信号被前面发出的噪声（或另一个信号）掩蔽；滞后掩蔽则是指一个信号被后面发出的一个噪声（或一个信号）掩蔽。产生时域掩蔽的主要原因是人的大脑需要一定的时间来处理信息。图 5-5 给出了同时掩蔽和时域掩蔽现象，从图中可以看出，同时掩蔽是一种较强的掩蔽效应，异时掩蔽随着时间的推移很快衰减。一般来说，超前掩蔽很短，只有大约 5～20 ms，而滞后掩蔽可以持续 50～200 ms。

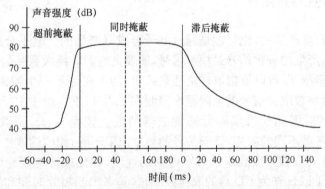

图 5-5　时域掩蔽

频域掩蔽和时域掩蔽作用合并可以形成一个时间－频率曲线,如图 5-6 所示,落入曲线以下的声音都会被掩蔽。人类听觉系统的掩蔽效应需要用一个心理声学模型来描述,依据该模型可以估计出掩蔽阈值,从而能够改变信号,并对其进行合理的编码。

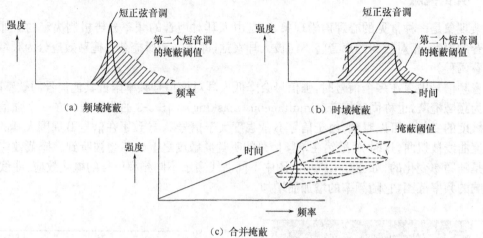

图 5-6　频域和时域掩蔽合并后产生的时间－频率曲线图

5.2.4　临界带宽

为了描述窄带噪声对于纯音调信号的掩蔽效应,人们引入了临界带宽的概念。一个纯音可以被以它为中心频率并且具有一定频带宽度的连续噪声所掩蔽,如果在这一频带内噪声功率等于该纯音的功率,这时该纯音处于刚好能被听到的临界状态,则称这一带宽为**临界带宽**。实验表明,频率低于 500 Hz 时,临界带宽是约为 100 Hz 的常数。当频率高于 500 Hz 时,临界带宽近似地以100 Hz 的倍数线性增加。例如,一个 1 kHz(2×500 Hz)的信号,临界带宽大约是 200 Hz(2×100 Hz);5 kHz 的信号的临界带宽是 1 kHz 等。

临界带宽的单位可以用 Bark(巴克)来表示,1Bark＝一个临界频带宽度。一般我们将20 Hz～16 kHz 之间的频率分为 24 个临界带宽,即 24 个 Bark。关于 24 个临界带宽的编号、中心频率、临界带宽以及频率范围的详细数据见参考文献[1]。

临界带宽的编号 Z(Bark)与频率 f(Hz)之间的关系也可以近似表示为

$$Z \approx 26.81 f/(1960 + f) - 0.53$$

5.3　音频信号的数字化

音频信号可能是自然产生的,也可能是通过电子合成器产生的。电子合成的音频信号是以数字形式产生的,而自然产生的音频信号是模拟信号,需要把它们转换成数字信号。

音频信号的取样频率 f_s 可以依据取样定理来确定;为了保证不产生频谱混叠,还需要在取样之前,利用低通滤波器将被取样信号的上限频率限制在 $f_s/2$ 以下。由于实际的低通滤波器难以具有理想陡峭的截止特性,因此如果实际低通滤波器的截止频率为 f_c,则取样频率应选为 $f_s = (2.2\sim2.5)f_c$。根据各种不同的应用,音频信号的频率上限不同,相应的取样频率可以从 8 kHz 到192 kHz。实际应用中可以根据所要求的数字电路的速度、存储或传输媒介的容量进行折中。例如,制造厂商选择 44.1 kHz 作为 CD 盘的取样频率,这是考虑到播放时间和媒介造价等几个方面的因素,而 DVD 盘则使用 192 kHz 的取样频率。

在一个二进制数字系统中,字长决定了可以量化的间隔数。n 比特的字长可以提供 2^n 个量化电平。比特数越多,越接近于模拟值。当量化误差小到某种程度时,可以认为是听不见的。一般认为音频信号采用 16~20 比特的字长就相当令人满意了。当然,这并不排除使用更长的字长和其他的信号处理技术来降低量化误差。例如,DVD 格式采用 24 比特编码,许多音频记录设备中也会采用噪声整形技术来降低带内量化噪声。

根据声音的频带、取样频率和样本精度等,通常把声音的质量分成 5 个等级(见表 5-1),由低到高分别是电话、调幅(AM)广播、调频(FM)广播、激光唱盘(CD)和数字录音带(DAT)的声音。

表 5-1　声音质量和数据率

质量	采样频率(kHz)	精度(bit/样本)	单道声/立体声	数据率(kb/s)(未压缩)	频率范围
电话*	8	8	单道声	8	200~3 400 Hz
AM	11.025	8	单道声	11.0	20~15 000 Hz
FM	22.050	16	立体声	88.2	50~7000 Hz
CD	44.1	16	立体声	176.4	20~20 000 Hz
DAT	48	16	立体声	192.0	20~20 000 Hz

* 电话使用 μ 律编码,动态范围为 13 位。

5.4　音频自适应差分脉冲编码调制

语音信号常常采用 3.5.1 节介绍的差分脉冲编码调制(DPCM)的方法进行压缩。在 DPCM 的基础上,加上自适应量化步长调整,使其能够根据信号的幅度来改变差分信号所用的比特数,从而对变化范围小的差分值用较少的比特编码,就可以达到节省带宽或改善信号的质量的目的。这种编码方式就是**自适应差分脉冲编码调制**(Adaptive DPCM,ADPCM)。

图 5-7 为 ADPCM 编码器框图,它是一种波形编码技术。图中的预测器也是自适应的,预测以帧为单位进行(帧长的典型值为 20ms),根据本帧语音波形的时间相关性确定预测器系数,使预测误差的方差最小。自适应线性预测又可以分为前向预测和后向预测两种,前向预测采用当前帧的取样值计算预测器系数,其预测精度高,代价是引入一帧

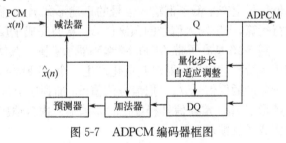

图 5-7　ADPCM 编码器框图

时间的算法时延。反向预测采用上一帧的样本值计算预测器系数,它虽然没有算法时延,但预测精度较低。

ITU-T 制定的 G.721 标准采用了 32 kb/s 的 ADPCM。在此基础上制定的扩充标准 G.723,可将数据率降低到 40 kb/s 和 24 kb/s。

5.5　音频子带编码

ITU-T 关于 64 kb/s 7 kHz 带宽的高音质音频编码标准 G.722,采用子带编码(见 3.7 节),其编解码框图如图 5-8 所示。输入的 224 kb/s(16 kHz 取样,16 比特/样值)的 PCM 信号,经 24 阶的发送正交镜像滤波器组(QMF),将全频带的信号分为两个子带:高子带(4 000~7 000 Hz)分量和低子带(50~4 000 Hz)分量,取样频率为 8 kHz。上子带信号采用 16 kb/s 的 ADPCM 进行编码,下子带采用 48/40/32 kb/s 的 ADPCM 编码,因此称为 **SB-ADPCM** 编码。G.722 可以提供三种不同

的编码速率(对应三种工作模式):64 kb/s、56 kb/s 或 48 kb/s。其中,56 kb/s 或 48 kb/s 的编码速率可以在总体 64 kb/s 的速率中,分别设立一个 8 kb/s 和 16 kb/s 的辅助数据传输通道。解码端分接器将收到的比特流分为高、低两个比特流,分别进行 ADPCM 解码,再经过接收 QMF 合并成 224 kb/s 的 PCM 信号输出。

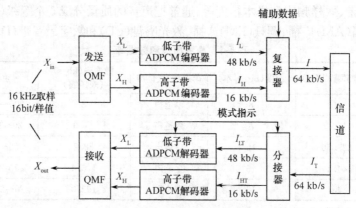

图 5-8　G.722 编解码器方框图

下面我们以工作模式一(64 kb/s)为例,简单介绍两个子带 ADPCM 编码过程。此模式下,低子带的编码速率为 48 kb/s,高子带为 16 kb/s,复接后形成 64 kb/s 的信号。

低子带的 ADPCM 编码器框图如图 5-9 所示。低子带输入信号 X_L 减去其预测值 S_L 得到差值 e_L,用 60 阶的自适应量化器进行量化,产生 48 kb/s 比特流 I_L。在反馈环里,删除输出信号 I_L 的两个最低有效比特,产生一个 4 bit 信号 I_{Lt},I_{Lt} 一方面用于调整量化器参数,一方面通过 15 阶逆量化器产生差值信号 d_{Lt},用于自适应预测器对当前值的预测。预测出的信号 S_L 加到量化产生的差值信号上产生低子带输入信号的重建形式 r_{Lt}。重建信号和量化的差值信号都由自适应预测器进行运算,产生输入信号的预测值 S_L,从而完成了反馈环。

图 5-10 是高子带 ADPCM 编码器示意图。其输入信号 X_H 减去预测值 S_H 得到差分信号 e_H,使用 4 阶自适应量化器对其量化产生一个 16 kb/s 的信号 I_H。逆自适应量化器对 I_H 进行处理产生量化的插值信号 d_H。把信号估值 S_H 加到这个量化的差值信号 d_H 上以产生高子带输入信号的重建形式 r_H。重建信号和量化的差值信号由自适应预测器进行运算,产生输入信号的估值 S_H,从而完成了反馈环。

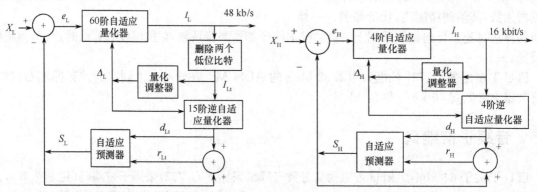

图 5-9　G.722 低子带 ADPCM 编码器方框图　　　图 5-10　G.722 高子带 ADPCM 编码器方框图

ITU-T 的 G.726 标准同样使用子带编码,输入语音带宽最高为 3.4 kHz,编码后速率为 40、32、24 或 16 kb/s。

5.6 线性预测编码

线性预测编码（Linear Predictive coding，LPC）的原理就是通过分析时间信号波形，提取出其中重要的音频特征，然后将这些特征量化并传送。在接收端用这些特征值重新合成出声音，其质量可以接近于原始信号。LPC属于参数编码，由于它只传输代表语音信号特征的一些参数，所以可以获得很高的压缩比，4.8 kb/s就可以实现高质量的语音编码，甚至可以在更低速率(2.4 kb/s或者1.2 kb/s)传输较低质量的语音，其缺点则在于人耳可以感觉到再生的声音是合成的。因此LPC编解码器主要应用于窄带信道的语音通信和军事领域，因为在这里降低带宽是最重要的。

如何提取听觉特征值是LPC算法的核心。根据语音信号的特点，**音调**、**周期**和**响度**这三个特征值可以决定一个语音信号所产生的声音。另外，声音中的**浊音**（由声带产生，例如与字母m、v和l相关的声音）和**清音**（声带展开时产生，例如与字母f和s相关的声音）也是很重要的参数。一旦从声音波形中获得这些参数，就能够利用合适的声道模型再生原始的语音信号。LPC编解码器的基本原理如图5-11所示。首先将输入信号划分为帧，然后对每帧信号提取听觉参数，将结果编码并传输。编码器的输出是一个帧序列，每帧包含相应的字段，用以表示音调、响度、周期（由取样频率决定）、信号是清音还是浊音的标识以及一组新计算出来的模型系数值。在接收端，由声道模型逐帧再生出语音信号。

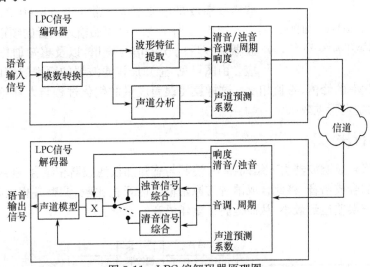

图 5-11　LPC 编解码器原理图

5.7 码激励线性预测编码(CELP)

语音混合编码是在线性预测编码(语音参数编码)的基础上，引入波形编码，使用合成分析法而形成的一种新的编码技术。混合编码克服了参数编码激励形式过于简单的缺点，成功地将波形编码和参数编码两者的优点结合起来，即利用了语音产生模型，通过对模型参数编码，减少了被编码对象的数据量，又使编码过程产生接近原始语音波形的合成语音，以保留说话人的各种自然特征，提高了语音质量。

码激励线性预测编码(Code Excited Linear Prediction，CELP)属于混合编码，它以语音线性预测模型为基础，对残量信号采用矢量量化，利用合成分析法(ABS，Analysis-By-Synthesis)搜索最佳激励码矢量，并采用感知加权均方误差最小判决准则，获得高质量的合成语音和优良的抗噪声性能,在 4.8～16 kb/s 的速率上获得了广泛的应用。ITU－T 的 G.728、G.729、G.729（A）和 G.723.1 四个标准都采用这一方法来保证低数据速率下较好的声音质量。

5.7.1 感知加权滤波器

感知加权滤波器(Perceptually Weighted Filter)利用了人耳听觉的掩蔽效应,通过将噪声功率在不同频率上的重新分配来减小主观噪声。在语音频谱中能量较高的频段(共振峰附近)的噪声相对于能量较低的频段的噪声而言,不易被人耳所感知。因此在度量原始输入语音与重建语音(合成语音)之间的误差时,可以充分利用这一现象:在语音能量较高的频段,允许两者的误差大一些;反之则小一些。感知加权滤波器的传递函数为

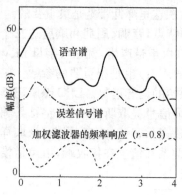

图 5-12 原始语音信号谱、加权后误差信号谱及感知加权 $W(f)$

$$W(z) = \frac{A(z)}{A(z/\gamma)} = \frac{1 - \sum_{i=1}^{p} a_i z^{-i}}{1 - \sum_{i=1}^{p} a_i \gamma^i z^{-i}} \qquad 0 < \gamma < 1$$

(5-1)

式中,a_i 为线性预测系数,γ 是感知加权因子。γ 值决定了滤波器 $W(z)$ 的频率响应,恰当地调整 γ 值可以得到理想的加权效果。最合适的 γ 值一般由主观听觉测试决定,对于 8 kHz 的取样频率,γ 的取值范围通常介于 0.8～0.9。

图 5-12 所示为一段原始输入语音的频谱经过感知加权滤波器加权后的误差信号频谱,以及感知加权滤波器的频率响应。由图可见,感知加权滤波器的频率响应的峰值、谷值恰好与原始输入语音频率的峰值、谷值相反。这样就使误差度量的优化过程与人耳感觉的掩蔽效应相吻合,产生良好的主观听觉效果。

5.7.2 合成分析法

合成分析法将合成滤波器引入编码器中,使其与感知加权滤波器相结合,在编码器中产生与解码器端完全一致的合成语音,将此合成语音与原始输入语音相比较,调整各相关参数,使得两者之间的感知加权均方误差达到最小,从而提高了重建语音的质量。

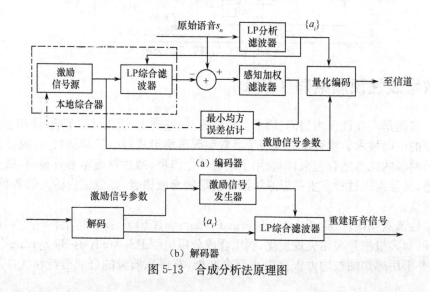

（a）编码器

（b）解码器

图 5-13 合成分析法原理图

合成分析法的原理如图 5-13 所示。与 LPC 编码器相比,在编码器端增加了 LP 合成滤波器和感知加权滤波器。输入的原始语音信号一方面送到 LP 分析滤波器产生预测系数$\{a_i\}$,另一方面与 LP 合成滤波器输出的本地合成语音信号相减,再通过感知加权滤波器,调整激励信号源等相关参数,使原始语音信号与本地合成的语音信号之间误差的感知加权均方值最小,然后将相应的分析参数$\{a_i\}$和激励信号参数进行编码、传送。在解码器端,将信号解码获得$\{a_i\}$及激励信号参数,用这些参数控制调整相应的合成滤波器及激励信号发生器,产生合成语音。

5.7.3 CELP 编解码原理

CELP 是典型的基于合成分析法的编码器,包括基于合成分析法的搜索过程、感知加权、矢量量化和线性预测技术。它从码本中搜索出最佳码矢量,乘以最佳增益,代替线性预测的残差信号作为激励信号源。CELP 采用分帧技术进行编码,帧长一般为 20~30 ms,并将每一语音帧分为 2~5 个子帧,在每个子帧内搜索最佳的码矢量作为激励信号。

CELP 的编码原理如图 5-14 所示,图中虚线框内是 CELP 的激励源和综合滤波器部分。CELP 通常用一个自适应码本中的码字来逼近语音的长时周期性(基音)结构,用一个固定码本中的码字来逼近语音经过短时和长时预测后的差值信号。从两个码本中搜索出来的最佳码字,乘以各自的最佳增益后再相加,其和作为 CELP 的激励信号源。将此激励信号输入到 P 阶合成滤波器,得到合成语音信号$\hat{S}(n)$,$\hat{S}(n)$与原始语音信号$s(n)$之间的误差经过感知加权滤波器$W(z)$,得到感知加权误差$e(n)$。通过感知加权最小均方误差准则,选择均方值最小的码字作为最佳的码字。CELP 编码器的计算量主要取决于码本中最佳码字的搜索,而计算复杂度和合成语音质量则与码本的大小有关。

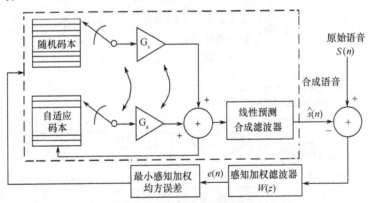

图 5-14　CELP 编码器示意图

CELP 的解码器示意图如图 5-15 所示。解码器一般由两个主要的部分组成:合成滤波器和后置滤波器。合成滤波器生成的合成语音一般要经过后置滤波器滤波,以达到去除噪声的目的。解码的操作也按子帧进行。首先对编码中的索引值执行查表操作,从激励码本中选择对应的码矢量,通过相应的增益控制单元和合成滤波器生成合成语音。由于这样得到的重构语音信号往往仍旧包含可闻噪声,在低码率编码的情况下尤其如此。为了降低噪声,同时又不降低语音质量,一般在解码器中要加入后置滤波器,它能够在听觉不敏感的频域对噪声进行选择性抑制。

5.7.4　G.729 编解码器

G.729 语音编解码器是 ITU－T 制定的 8 kb/s 语音压缩标准,它采用共轭结构代数码激励线性预测(**CS-ACELP**)编码,其原理如图 5-16 所示,其中图(a)是编码器结构,图(b)为解码器结构。编码器分析出的参数有线性预测系数、基音延迟、基音增益、固定码本激励码字的索引和增益。在

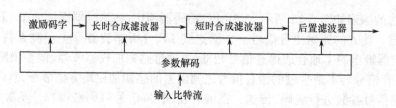

图 5-15　CELP 解码器示意图

解码器中,自适应码本与固定码本的向量分别乘上各自的增益,相加后得到激励信号。将激励信号输入 10 阶的线性预测合成滤波器来重建语音信号。

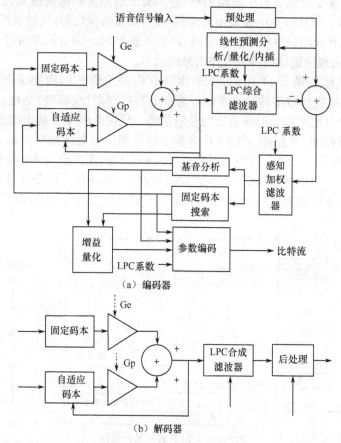

（a）编码器

（b）解码器

图 5-16　G.729 编解码器原理图

下面把 G.729 编解码器的主要部分作一简单介绍,详细情况请参阅相关标准。

（1）线性预测与量化

编码器首先对输入的 8 kHz 取样的 16 bit PCM 信号进行预处理,然后对每帧(10 ms)语音进行线性预测分析,得到 LPC 系数,并将其转换为 LSP 参数,接着对 LSP 参数进行二级矢量量化。编码器中的预处理模块完成以下两个工作:①缩减信号幅度:将输入信号幅度除以 2,使得在对信号定点运算时,降低溢出概率;②高通滤波器:使用截止频率为 140 Hz 的二阶极点/零点滤波器,滤掉不需要的低频成分。

（2）基音分析

基音分析是为了获得语音信号的基音时延。为了降低搜索过程的复杂性,整个过程采用开环基音搜索和闭环基音搜索相结合的方法。首先对每帧(10 ms)语音信号作开环基音搜索,得到最佳

时延 T 的一个候选 T_{op}，然后根据 T_{op} 在每一个子帧(5 ms)内进行闭环搜索,得到各自的最佳基音时延参数。

（3）固定码本结构和搜索

G.729 中规定的固定码本采用了代数结构,因此算法简单,码本不需要存储,其码矢量为 40 维,其中有 4 个非零脉冲,每个脉冲的幅度是 +1 或者 -1,它们出现的位置如表 5-2 所列。

表 5-2 固定码本结构

脉 冲	符 号	位 置
i_0	$S_0 \pm 1$	m_0 : 0,5,10,15,20,25,30,35
i_1	$S_1 \pm 1$	m_1 : 1,6,11,16,21,26,31,36
i_2	$S_2 \pm 1$	m_2 : 2,7,12,17,22,27,32,37
i_3	$S_3 \pm 1$	m_3 : 3,8,13,18,23,28,33,38 4,9,14,19,24,29,34,39

固定码本搜索的目的就是要找到 4 个非零脉冲的位置和幅度,还需要对自适应码本增益和固定码本增益进行量化。除了 LSP 参数每帧更新外,其他编码参数每一子帧更新一次。

固定码本搜索是 G.729 编码器中最耗时的一步,因此有很多相关的研究致力于简化此部分的计算量。在 G.729 中使用了焦点搜索法(Focused Search),仍然占据很大的计算量,所以一种精简版的 G.729A 是用最深树状搜索法(Depth-First Tree Search),有效地降低了计算量,相关细节可以参考相关规范。

（4）解码器

在 G.729 的解码器端,通过对接收到的各种参数标志进行解码得到相应的 10 ms 语音帧编码器的参数,解码器在每一子帧内,对 LSP 系数进行内插,并将其变换为 LP 滤波器的系数,然后依次进行激励生成、语音合成和后置处理工作。

G.729 编解码器的合成语音质量较好,实现复杂度较低,主要用于个人移动通信、低轨道卫星通信和无线通信等领域。

5.8 感知编码

感知编码(Perceptual Coding)原理是利用人耳的听觉特性及心理声学模型,通过剔除人耳不能接收的信息来完成对音频信号的压缩。感知编码器首先对输入信号的频率和幅度进行分析,然后将其与人的听觉感知模型进行比较。编码器利用这个模型来去除音频信号中的不相干和统计冗余部分。感知编码器可以将信道的比特率从 768 kb/s 降至 128 kb/s,将字长从 16 比特/样值减少至平均 2.67 比特/样值,数据量减少了约 83%。尽管这种编码的方法是有损的,但人耳却感觉不到编码信号质量的下降。

感知编码基本框图如图 5-17 所示。其中采用了自适应的量化方法,根据可听度来分配所使用的字长。重要的声音分配多一些比特数来确保可听的完整性,而对于不重要的声音的编码位数就会少一些,不可听的声音根本不进行编码,从而降低了比特率。感知编码中常见的压缩率是 4:1、6:1 或 12:1。

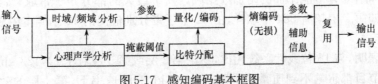

图 5-17 感知编码基本框图

感知编码采用前向自适应分配和后向自适应分配两种比特分配方案。在前向自适应分配方案中,所有的分配都在编码器中进行,编码信息也包含在比特流中。它的优点是在编码器中采用了心理声学模型,仅仅利用编码数据来完全地重建信号。当改进了编码器中的心理声学模型时,可以利用现有的解码器来重建信号。缺点是需要占用一些比特位来传递分配信息。在后向自适应分配方案中,比特分配信息可以直接从编码的音频信号中推导出来,不需要编码器中详细的分配信息,分配信息也不占用比特位。由于解码器中的比特分配信息是根据有限的信息推导出来的,精度必然会降低。另外解码器相应也比较复杂,而且不能轻易地改变编码器中的心理声学模型。

5.9　MPEG-1 音频编码

5.9.1　概述

MPEG-1 音频系统应用了感知编码和子带编码模型来对声音数据进行压缩。有关音频部分的标准(ISO/IEC11172-3)已经成功地应用在 VCD、CD-ROM、ISDN、视频游戏及数字音频广播中,它支持每声道比特率为 32～224 kb/s 的 32 kHz、44.1 kHz 和 48 kHz 的 PCM 数据,也可以支持带宽为 1.41 Mb/s 下 CD 机的音频编码,以及比特率在 64～448 kb/s 范围内的立体声。

MPEG-1 音频标准的基础是自适应声音掩蔽特性的通用子带综合编码和复用技术(Masking pattern adapted Universal Sub-band Integrated Coding And Multiplexing,**MUSICAM**)与自适应频率感知熵编码(Adaptive Spectral Perceptual Entropy Coding,**ASPEC**)技术。MUSICAM 是比较早且比较成功的感知编码算法。它将输入信号分成 32 个子带,采用基于最小可听阈和掩蔽的感知编码模型达到数据压缩的目的。在取样频率为 48 kHz 时,每个子带的宽度为 750 Hz。根据子带内的 12 个取样值的峰值给每个子带分配 6 比特的标称因子,然后以 0～15 比特的可变字长进行量化。标称因子每隔 24 ms 计算一次,对应 36 个取样值。这里只针对在掩蔽阈值以上的可听信号的子带进行量化,比阈值越高的信号的子带编码的位数也越多,即在给定的比特率下,将比特位分配给最需要的地方,从而得到比较高的信噪比。掩蔽阈值的计算是通过对输入信号进行傅里叶变换得到的。在 128 kb/s 下对 MUSICAM 的测试表明,编码器的保真度与 CD 本身几乎没有差别,至少 2 个编码器级联不会造成音频质量的下降。MUSICAM 编码在复杂度和编码延迟上都比较好,ASPEC 编码器可以保证低数据率下的声音质量。

MPEG-1 音频压缩包括三种模式,称为层次 1、2 和 3。随着层次的增高,复杂度增高,但是各层次之间具有兼容性,即层次 3 的解码器可以对层次 2 或 1 编码的码流进行解码。用户对层次的选择可在复杂性和声音质量之间进行权衡。MPEG-1 第 1 层的复杂度最小,编码器的输出数据率为 384 kb/s,主要用于小型数字盒式磁带;第 2 层采用 MUSICAM 压缩算法,输出数据率为 256～192 kb/s,其应用包括数字声音广播、数字音乐和 VCD 等;第 3 层采用 MUSICAM 和 ASPEC 两种算法的结合,压缩后的比特率为每声道 64 kb/s,其音质仍然非常接近 CD 音乐的水平。

MPEG-1 的声音数据按帧传输,每一帧可以独立解码。帧的长度由所采用的算法和层决定,第 2、3 层的帧长相同。每帧都包含:①用于同步和记录该帧信息的同步头,长度为 32 比特;②用于检查是否有错误的循环冗余码 CRC,长度为 16 比特;③用于描述比特分配的比特分配域;④比例因子域;⑤子带取样域;⑥有可能添加的附加数据域。帧中最大的部分是子带取样,其个数在不同层次有所不同。例如第 1 层帧有 384 个取样,由 32 个子带分别输出的 12 个样本组成;在第 2、3 层总共有 1152 个取样。

全面的测试表明,与 16 位线性系统相比,不论第 2 层或第 3 层对于 2×128 kb/s 或者192 kb/s 联合立体声音频节目都感觉不到质量的下降;在 384 kb/s 的速率下,第 1 层的效果与 16 比特的 PCM 相同。

5.9.2　MPEG-1 心理声学模型

　　MPEG-1 标准建议了两种决定最小掩蔽阈值的心理声学模型。规定只在编码器中使用该模型,而且对于一些简单的编码器可以不使用心理声学模型。在比特分配中利用最大信号电平和掩蔽阈值之间的差异来设定量化级。通常模型 1 用在层 1 和层 2 中,模型 2 用在层 3 中。在这两种情况下,都有一个算法来输出各个子带或者子带组的**信号掩蔽比**(Signal-to-Mask Ratio,SMR)。下面以模型 1 中的算法为例进行说明:

　　(1) 进行时域到频域的映射。采用 512 或 1024 点的 FFT 并加汉明窗来减少边界效应,将时域数据转换到频域,以精确计算掩蔽值;

　　(2) 确定最大声压级。在每个子带内根据比例因子和频谱数据进行计算。在确定掩蔽阈值时采用取最大的方法;

　　(3) 确定安静阈值,形成最低掩蔽边界;

　　(4) 识别音调和非音调成分。由于信号中的音调和非音调成分的掩蔽阈值不同,首先要识别音调和非音调成分,然后分别来进行处理;

　　(5) 掩模换算,得到相关的掩模;

　　(6) 计算掩蔽阈值。每个子带噪声的掩蔽阈值由信号的掩蔽曲线决定。当子带相对于临界带宽比较宽时,选择最小阈值;当其比较窄时,将覆盖子带的阈值进行平均;

　　(7) 计算全局掩蔽阈值。全局阈值通过对相应的各子带掩蔽阈值和安静阈值求和得到;

　　(8) 确定最小掩蔽阈值。基于全局掩蔽阈值来确定每个子带的最小掩蔽阈值;

　　(9) 计算信号掩蔽比。最大信号电平和最小掩蔽阈值之间的差异决定了每个子带的信号掩蔽比值,这个值将用于比特分配。

5.9.3　编码层次

　　MPEG-1 音频标准中 3 层的基本模型是相同的。其中层 1 是最基础的,层 2 和层 3 都在层 1 的基础上有所提高。每个后继的层都有更高的压缩比,但需要更复杂的编解码器。下面分别进行讨论。

1. 第 1 层

　　层 1 采用的是简化的 MUSICAM 标准。心理声学模型仅使用了频域掩蔽特性。图 5-18 是单声道第 1 层编解码器的方框图。它可以在较高的数据率下得到高的保真度。

　　编码器的输入可以是模拟的,也可以是以 32 kHz、44.1 kHz、48 kHz 为取样频率的 PCM 数字信号。在这三种取样频率下,子带带宽分别是 500、689 和 750 Hz,帧周期分别是 12、8.7 和 8 ms。

　　在编码的时候,首先使用多相位滤波器组将音频信号分成 32 个等宽的子带,并进行取样;然后将 32 个子带中的每 12 个子带分成一组形成 1 帧,对每一组的 12 个取样进行比特分配,不可听的子带不进行分配。MPEG-1 的三层中都使用这种 32 子带的多相位滤波器组。

　　采用浮点数对样值编码,尾数决定分辨率,整数决定动态范围。当某个子带不需要编码时,则传输一个空的分配信息,在这种情况下,整数和尾数都不传输。对于每一个经过比特分配的子带,根据它的最大样值计算比例因子来对 1 帧中的 12 个子带进行归一化处理。因为音频信号与取样频率相比是慢变化的,掩蔽阈值和比例因子对于每一组的 12 个取样只计算一次。

　　心理声学模型通过对比例因子信息以及对 512 点 FFT 的频谱分析,将得到的数据与最小阈值曲线进行比较,通过比特分配器对归一化的样值进行量化,达到数据压缩的目的。对于信号掩蔽比 SMR 比值比较大的那些子带多分配一些字长,较小的子带则少分配一些字长。即 SMR 值决定了

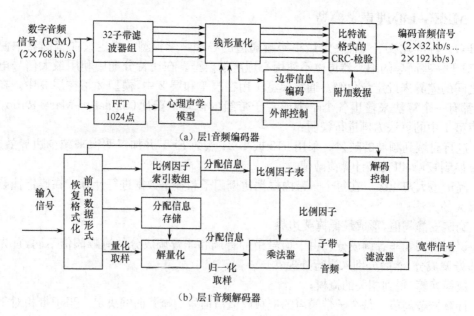

（a）层1音频编码器

（b）层1音频解码器

图 5-18　MPEG-1 层 1 音频编码器和解码器

对子带取样量化的最小信噪比。量化是循环进行的，必要时通过在码字中增加附加比特的方法将 S/N 提升到最小值以上。

层 1 的解码过程如图 5-18(b)所示，一帧一帧地对比特分配信息及比例因子进行解码。通过子带解码器，利用比特分配信息和比例因子将数据重新排列成线性 PCM。收到的比例因子放置在一个 32 行 2 列的数组里，每个数据占用 6 bit。每一列代表一个输出的信道，每一行代表一个子带。将子带样值与比例因子相乘以恢复原始的量化值，空的子带自动赋零。合成重建滤波器将这 32 个子带合并成一个宽带音频信号。由于在解码器中没有使用心理声学模型、比特分配和其他的运算，它的造价很低。尤其重要的是，对于改进的编码器而言，解码器是透明的。

2. 第 2 层

层 2 对层 1 做了一些直观的改进，相当于三个层 1 的帧，每帧有 1152 个样本。在心理声学模型同时使用频域掩蔽和时间掩蔽特性，并且在低、中和高频段对比特分配作了一些限制，对比特分配、比例因子和量化样本值的编码也更紧凑，这样就可以用更多的比特来表示声音数据，音质也比层 1 更高。

图 5-19 给出了层 2 的详细编码过程。滤波器产生 32 个等宽的子带，帧的尺寸为 3×12×32，对应每个信道有 1152 个宽带取样。每个子带的数据按照三组 12 个样值来编码（层 1 使用 1 组）。FFT 增加到 1024 点以便更好地判断音调和非音调成分。

对每组的 12 个子带样值进行比特分配，每个子带最多有三个比例因子，每一个对应一组 12 个子带样值。为了减小比例因子的比特率，当组间差别很小或出现时间掩蔽时则共用比例因子。量化范围为 3～65 535 比特，由子带决定可以得到的量化级。例如低的子带最多采用 15 比特，中等的子带则为 7 比特，比较高的子带限制在 3 比特。在每一个频段，给突出的信号分配较长的码字。为了保证高效率，这里将三个连续的样值组成一个区组进行量化。

和层 1 一样，层 2 的解码过程也比较简单。解码器将数据帧解包，然后将数据送入重建滤波器。层 2 编码可以使用立体声编码，通过动态范围控制来适应不同的听众，而且使用了固定长度的数据字段。最小编码和解码延迟分别为 30 ms 和 10 ms。表 5-3 中对层 1 和层 2 进行了比较。

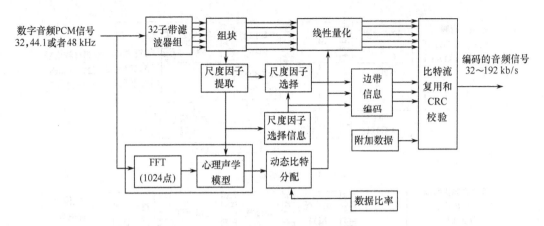

图 5-19　MPEG-1 层 2 音频编码器

表 5-3　**MPEG-1 音频第 1、2 层参数比较**

参　　数	MPEG-第 1 层	MPEG-第 2 层
帧长(取样)	384	1152
子带	32	32
子带取样	12	36
FFT	512	1 024
比特分配	4p	2～4(由子带决定)
尺度因子选择信息	无	2/子带
尺度因子	6/子带	6～18 /子带
取样组	无	3 /子带

3. 第 3 层

MPEG-1 第 3 层合并了 MUSICAM 和 ASPEC 算法,相比第 1、2 层都要复杂,在低数据率时能够得到好的保真度。第 3 层的输出就是通常所说的 **MP3**。层 3 使用了比较好的临界频带滤波器,把声音频带分成非等带宽的子带,心理声学模型除了使用频域掩蔽特性和时间掩蔽特性之外,还考虑了立体声数据的冗余,并且使用了霍夫曼编码器。虽然层 3 所用的滤波器组与层 1 和层 2 所用的滤波器组的结构相同,但是层 3 还使用了修正的离散余弦变换 MDCT(见 3.7.3 节),对层 1 和层 2 的滤波器组的不足作了一些补偿。MDCT 把子带的输出在频域里进一步细分以达到更高的频域分辨率,同时也部分消除了多相滤波器组引入的混叠效应。图 5-20 是单信道时 MPEG-1 第 3 层的编码器和解码器的原理图。

层 3 指定了两种 MDCT 的块长:长块的块长为 18 个样本,短块的块长为 6 个样本,相邻变换窗口之间有 50% 的重叠。长块对于平稳的声音信号可以得到更高的频域分辨率,而短块对跳变的声音信号可以得到更高的时域分辨率。在短块模式下,三个短块代替一个长块,而短块的大小恰好是一个长块的 1/3,所以 MDCT 的样本数不受块长的影响。对于给定的一帧声音信号,MDCT 可以全部使用长块或全部使用短块,也可以长短块混合使用。因为低频区的频域分辨率对音质有重大影响,所以在混合块模式下,MDCT 对最低频的 2 个子带使用长块,而对其余的 30 个子带使用短块。这样既能保证低频区的频域分辨率,又不会牺牲高频区的时域分辨率。长块和短块之间的切换有一个过程,一般用一个带特殊长转短或短转长数据窗口的长块来完成这个长短块之间的切换。

在分配控制算法中采用动态量化,用噪声分配迭代循环方法来计算每个子带的最佳量化噪声。采用分析合成方法计算量化的频谱,以满足掩蔽阈值模型要求的噪声。频谱的量化过程可以根据

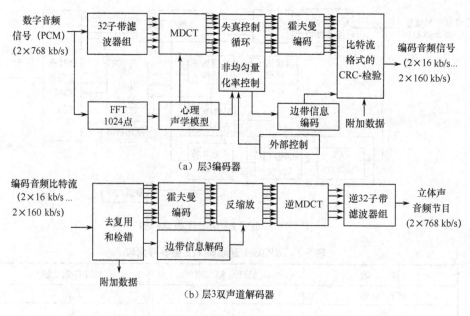

（a）层3编码器

（b）层3双声道解码器

图 5-20　MPEG-1 第 3 层的编码器和解码器

所观察的比特率的限制来调整，采用非均匀量化法。然后根据音频信号的统计特性采用霍夫曼编码或游程编码达到数据压缩的目的。

在 MPEG-1 第 3 层中，帧与帧之间的数据速率可以改变，这可以应用于变速率录音。先根据心理声学模型计算出需要多少比特位，然后设定帧比特率。变比特率对于多媒体应用中的点播传输很有效。当然变比特流不能通过恒定数据率的系统进行实时传输。当要求恒定速率时，第 3 层允许通过一个可选择的比特转换进行更准确的编码，使平均传输数据率比峰值数据率小。虽然每帧的比特数都变化，但是在长程平均上基本保持恒定。

为了利用立体声信道间的冗余，第 3 层支持 **MS 编码**和立体声编码。MS 编码使用矩阵运算，因此也把 MS 编码称为**矩阵立体声编码**（Matrixed Stereo Coding）。MS 编码不传送左、右声道信号，左、右信号在量化之前分别混合成两者之和与两者之差，以避免立体声中断屏蔽。"和"信号用于中央 M（**M**iddle）声道，"差"信号用于边 S（**S**ide）声道，因此 M/S 编码也叫做"和-差编码（Sum-Difference Coding）"。另外，当左、右信道之间的相关性很高时，可以减小差信号来节约比特位。在编码中，为了节约比特位，只传输每一个比例因子的方向信息。编码可能有的缺陷是造成立体声场的变化，尤其对于瞬态信号。第 3 层允许在 4 种立体声编码方法中进行选择，即左、右信道独立的立体声编码、整个频谱都采用 MS 编码的 MS 模式、低频部分编码为 L/R、高频部分采用强度编码的强度编码模式，以及低频采用 MS 编码、高频部分采用强度编码的 MS 与强度编码混合模式。

第 3 层的解码器采用霍夫曼解码解出比特分配信息。在逆变换中利用频谱系数，在合成滤波器中将 32 个子带合并成一个音频信号。

5.10　MPEG-2 音频编码

MPEG-2 定义了两种声音数据压缩格式，一种称为 MPEG-2 Audio，或者称为 MPEG-2 多通道声音，因为它与 MPEG-1 音频是兼容的，所以又称为 **MPEG-2 BC**（Backward Compatible）；另一种称为 **MPEG-2 AAC**（Advanced Audio Coding），因为它与 MPEG-1 声音格式不兼容，因此也称为非后向兼容 MPEG-2 NBC（Non-Backward-Compatible）。MPEG 组织于 1994 年制定的 ISO/IEC 13818-3 和 1997 年制定的 ISO/IEC 13818-7 分别给出上述两种标准。

5.10.1　MPEG-2 BC

　　MPEG-2 BC 使用与 MPEG-1 音频标准相同种类的编解码器，层 1、层 2 和层 3 的结构也相同。在很多情况下，为应用 MPEG-1 设计的算法也适用于 MPEG-2。由于后向兼容性，MPEG-2 的解码器可以接收 MPEG-1 的比特流，MPEG-1 的解码器可以从 MPEG-2 比特流中得到立体声。

　　与 MPEG-1 标准相比，MPEG-2 音频标准做了如下扩充：①增加了 16 kHz、22.05 kHz 和 24 kHz 取样频率；②扩展了编码器的输出速率范围，由 32～384 kb/s 扩展到 8～640 kb/s；③增加了声道数，支持 5.1 声道和 7.1 声道的环绕声。此外 MPEG-2 还支持线性 PCM 和杜比 AC-3 编码（见 5.11 节）。表 5-4 总结了 MPEG-2 音频标准和 MPEG-1 音频标准的差别。

表 5-4　MPEG-1 和 MPEG-2 的声音数据规格

名称	MPEG-2 Audio	MPEG-1 Audio
取样频率	16/22.05/24/ 32/44.1/48 kHz	32/44.1/48 kHz
样本精度 （每个样本的比特数）	16	16
最大数据传输率	8～640 kb/s	32～448 kb/s
最大声道数	5.1/7.1	2

　　MPEG-2 的 1、2、3 层提供了三个附加的低频取样频率 16 kHz、22.05 kHz 和 24 kHz，这些附加频率不向后兼容 MPEG-1，这部分标准就是 **MPEG-2 LSF**。层 3 对于这些低比特率表现出了较好的性能。一般只需对 MPEG-1 的比特流和比特分配表作很小的改变，就可以适应这种 LSF 格式。MPEG-2 质量上的改进是通过多相位滤波器组在低频和中频区域改进频率分辨率，从而高效地利用掩蔽效应完成的。

　　在多声道的 MPEG-2 形式中采用基本的 5 声道方法，有时也称为 3/2 +1 立体声（三个前端、两个环绕扬声器声道和一个亚低音扬声器）。亚低音扬声器的低频音效加强声道（Low Frequency Effects，LFE）是可选的，其提供的信号范围最高可至 120 Hz。采用分层的形式使 3/2 多声道可以向下混合为 3/1、3/0、2/2、2/1、2/0 和 1/0 的较低电平音频格式。多声道 MPEG-2 形式采用编码器矩阵，允许用一个双声道解码器对兼容的双声道信号进行解码，这个信号是多声道比特流的一个子集。多声道的 MPEG-2 像其他 MPEG-2 声道一样兼容 MPEG-1 的左、右声道的立体声信息，如图 5-21 所示。附加的多声道数据放置在附加的辅助数据区中。标准的双声道解码器将辅助信息忽略，只重建主要的声道。解码器中的解码矩阵电路在有些情况下会产生附加效应，即声道中的声音被抵消掉，却保留下量化噪声。

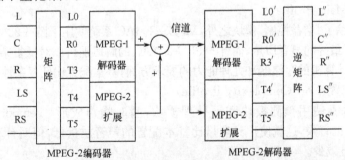

图 5-21　MPEG-2 中的音频编解码器中采用的 5.1 环绕形式

5.10.2　MPEG-2 AAC

MPEG-2 AAC 是 MPEG-2 标准中的一种非常灵活的声音感知编码标准。就像所有感知编码一样，MPEG-2 AAC 主要使用听觉系统的掩蔽特性来减少声音的数据量，并且通过把量化噪声分散到各个子带中，用全局信号把噪声掩蔽掉。

MPEG-2 AAC 编码除去不向后兼容 MPEG-1 之外，其他的性能均比 MPEG-2 BC 优越。它支持 32 kHz、44.1 kHz、48 kHz 取样频率，也支持其他8～96 kHz 的取样频率，并可支持 48 个主声道、16 个低频音效加强通道 LFE、16 个配音声道（Overdub Channel）或者叫做多语言声道（Multi-lingual Channel）和 16 个数据流。MPEG-2 AAC 在压缩比为 11∶1，即每个声道的数据率为（44.1×16 ）/11＝64 kb/s，而 5 个声道的总数据率为 320 kb/s 的情况下，很难区分还原后的声音与原始声音之间的差别。为了改进误差性能，系统的设计能够在噪声存在时保持比特流同步，从而能很好地进行噪声抵消。

图 5-22(a)和(b)分别给出了 MPEG-2 AAC 编码器和解码器的方框图。为了保证输出音频质量的灵活性，MPEG-2 AAC 定义了三种配置：基本配置、低复杂性配置和可变采样率配置。

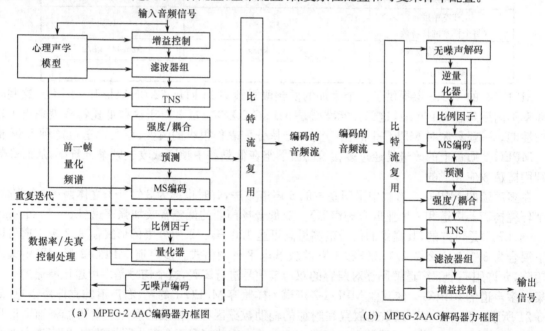

（a）MPEG-2 AAC编码器方框图　　　　　　　（b）MPEG-2AAG解码器方框图

图 5-22　MPEG-2 AAC 编解码器方框图

（1）基本配置（Main Profile）

在这种配置中，除了"增益控制"模块之外，MPEG-2 AAC 系统使用了图 5-22 中所示的所有模块，在三种配置中提供了最好的声音质量，而且 MPEG-2 AAC 的解码器可以对低复杂性配置编码的声音数据进行解码，但对计算机的存储器和处理能力的要求方面，基本配置比低复杂性配置的要求高。

（2）低复杂性配置（Low Complexity Profile）

在这种配置中，不使用预测模块和预处理模块，瞬时噪声成形（Temporal Noise Shaping，TNS）滤波器的级数也有限，这就使声音质量比基本配置的声音质量低，但对计算机的存储器和处理能力的要求可明显减少。

（3）可变采样率配置（Scalable Sampling Rate Profile）

在这种配置中，使用增益控制对信号作预处理，不使用预测模块，TNS 滤波器的级数和带宽也都有限制,因此它比基本配置和低复杂性配置更简单,可用来提供可变采样频率信号。

下面对 MPEG-2 AAC 的基本模块作一些简单的介绍。

(1) 增益控制模块

在可变取样率配置中采用该模块,它由多相正交滤波器 PQF(Polyphase Quadrature Filter)、增益检测器和增益修正器组成,其作用是把输入信号分离到 4 个相等带宽的频带中。

(2) 滤波器组

滤波器组将输入信号从时域变换到频域,它采用了修正离散余弦变换 MDCT 和时域混叠消除 TDAC(见 3.7.3 节)技术。两个相邻的窗互相重叠 50%。当感知的重要成分间隔小于 140 Hz 时使用正弦窗,当各成分间距大于 220 Hz 时,使用 Kaiser-Bessel 窗。窗函数的切换是无缝的。对于取样频率可伸缩的情况,在解码器中可以忽略上部 PQF 频带来得到低取样率信号。例如,18 kHz、12 kHz、6 kHz 的带宽可以通过忽略 1、2、3 频带来得到。

(3) 瞬时噪声成形 TNS

在感知编码中,瞬时噪声成形 TNS 模块是用来控制量化噪声的瞬时形状的一种方法,解决掩蔽阈值和量化噪声的错误匹配问题。这种技术的基本想法是,在时域中的音调信号在频域中有一个瞬时尖峰,TNS 使用这种双重性来扩展已知的预测编码技术,把量化噪声置于实际的信号之下以避免错误匹配。

(4) 立体声编码技术

MPEG-2 AAC 中使用了两种立体声编码技术,即强度编码和 MS 编码。这两种方法可以根据信号频谱选择使用,也可以混合使用。

(5) 预测和量化器

MPEG-2 AAC 中用一个 2 阶后向自适应预测器来消除平稳信号的冗余,它采用非均匀的量化。

(6) 无噪声编码

无噪声编码实际上就是霍夫曼编码,它对量化的频谱系数、比例因子和方向信息进行编码。

5.11 杜比(AC-3)编码

杜比 **AC-3** 是一种灵活的音频数据压缩技术,它具有将多种声轨格式编码为一种低码率比特流的能力。支持 8 种不同的声道配置方式,从传统的单声道、立体声,到拥有 6 个分离声道的环绕声格式(左声道、中置声道、右声道、左环绕声道、右环绕声道及低音效果声道)。AC-3 的比特流可以支持 48 kHz、44.1 kHz,或 32 kHz 三种取样频率,所支持的码率从 32 kb/s 到 640 kb/s 不等。

杜比 AC-3 编码系统属于感知编码器,采用 MDCT 的自适应变换编码算法,利用临界频带内一个声音对另一个声音信号的掩蔽效应最明显,将整个音频频带分割成若干个较窄的频段,划分频带的滤波器组要有足够锐利的频率响应,以保证临界频带外的噪声衰减足够大,使时域和频域内的噪声限定在掩蔽门限以下。由于人类的听觉对不同频率的声音具有不同的灵敏度,因此各频段的宽度并不完全一样,每一个频段所占有的数据量不是平均分配的。编码器通过人耳的听觉掩蔽特性,根据信号的动态特性来决定在某一时刻的数据应当如何分配给各个频段。对于频谱密集、音量大的声音元素应该获得较多的数据占有量,而那些由于掩蔽效应而听不到的声音则少占用或不占用数据量。

AC-3 编码器原理如图 5-23 所示。在编码器中首先采用 TDAC 滤波器(见 3.7.3 节)把时域内的 PCM 取样数据变换到频域,每个变换系数以二进制指数形式表示,即由一个指数和一个尾数构成。指数部分反映信号的频谱包络,经编码后构成了整个信号大致的频谱。频谱包络在比特分配过程中用来决定对每个尾数编码所需的比特数。最后由 6 个音频块的频谱包络、粗量化的尾数及相应的参数组成 AC-3 数据帧格式,打包并进行传输。

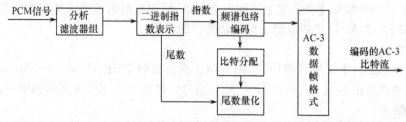

图 5-23 AC-3 编码器原理图

由时域变换到频域的块长度的选择是变换编码的基础,在 AC-3 中定义了两种由时域变换到频域的块长度,一种是 512 个样值的长块,一种是 256 个样值的短块。对于稳态信号,其频率随时间变换缓慢,为提高编码效率,要求滤波器组有好的频率分辨力,即要求一个长块;而对于快速变化的信号,则要求好的时间分辨力,即要求一个短块。在编码器中,输入信号在经过 3 Hz 高通滤波器去除直流成分后,再经过一个 8 kHz 的高通滤波器取出高频成分,用其能量与预先设定的阈值相比较,通过检测信号的瞬变情况来选择变换的块长度。

在 AC-3 编码器的比特分配中,采用了前向和后向自适应比特分配法则。前向自适应方法是编码器计算比特分配,并把比特分配信息明确地编入数据比特流中,其特点是在编码过程中使用听觉模型,因此修改模型对接收端的解码过程没有影响;其缺点是由于要传送比特分配信息而占用了一部分有效比特,降低了编码效率。后向自适应方法不需要得到编码器明确的比特分配信息,而是从比特流中产生比特分配信息。其优点是不占用有效比特,因此有更高的传输效率;缺点在于由于要从接收的数据中计算比特分配,如果计算太复杂会使解码器的成本升高;此外,解码器的算法也会随着编码器听觉模型的改变而改变。由于 AC-3 中采用了前/后向混合自适应比特分配方法以及公共比特池等技术,在提高码率和降低成本之间进行了折中,因而可使有限的码率在各声道之间、不同的频率分量之间获得合理的分配。

AC-3 的比特流是由帧构成的,如图 5-24 所示。在恒定的时间间隔内,其所有编码的声道所包含的信息就能体现在 1 536(6 个编码的块,每块的 256 个取样)个 PCM 采样值的信息。每一个AC-3 的帧都具有固定的尺寸,只由采样频率及编码数据率决定。同时,每个帧都是独立的实体,且不与前一个帧分享数据,除了在 MDCT 所固有的去交叠变换。在每个 AC-3 帧的开头是 SI 域(Sync Information)及 BSI 域(比特流信息)。SI 域及 BSI 域描述了比特流的结构,包括采样频率、数据码率、编码声道的数目及其他一些系统描述的元素。每个帧都包含两个 CRC 用于错误检测,一个在帧的末尾,一个在 SI 的头中,由解码器选择 CRC 来进行校验。在每个帧的结尾处有一个可选的辅助数据域。在这个区域内允许系统设计者在 AC-3 比特流中嵌入可在整个系统内传递的、自有的控制字及状态字信息。

同步	CRC#1	SI	BSI	音频块 0	音频块 1	音频块 2	音频块 3	音频块 4	音频块 5	辅助数据	CRC#2

图 5-24 AC-3 帧结构

每个帧有 6 个声音块,每个块表示为每个编码声道包含 256 个 PCM 取样,如图 5-25 所示。声音块中的内容包括块转换标志、耦合坐标、指数、比特分配参数、尾数等。

块交换标志 (Block Switch Flags)	抖动标志 (Dither Flags)	动态范围控制 (Dynamic Range Control)	耦合策略 (Coupling Strategy)	耦合坐标 (Coupling Coordinates)	指数策略 (Exponent Strategy)	指数 (Exponents)	比特分配参数 (Bit Allocation Parameters)	尾数 (Mantissa)

图 5-25 AC-3 声音块结构

AC-3 解码器如图 5-26 所示。首先解码器必须与编码数据流同步,然后从经过数据纠错校验的比特流中分离出控制数据、系统配置参数、编码后的频谱包络及量化后的尾数等内容,根据声音的频谱包络产生比特分配信息,对尾数部分进行反量化,恢复变换系数的指数和尾数,再经过合成滤波器组,把数据由频域变换到时域,最后输出重建的 PCM 样值信号。

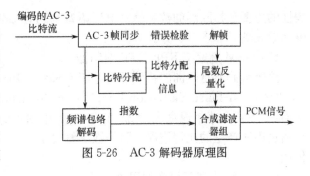

图 5-26　AC-3 解码器原理图

AC-3 的编/解码器被设计成一个完整的音频子系统的解决方案,它拥有普通的低码率编/解码所没有的许多特性。这些特性包括适用于消费类音频回放系统的动态范围压缩特性、对话归一(Dialog Normalization)以及缩混特性(Downmixing)。其中缩混特性可以将多声道音频进行转换为特定数目的声道输出。动态范围控制的控制字是嵌入在 AC-3 比特流内,在解码器中使用,可以使同一个比特流源在不同模式下进行还音。杜比 AC-3 技术中充分利用了人耳的听觉模型,针对不同性质的信号,采取了相应有效的算法,达到了在保证较高音质的前提下实现较高压缩率的目的,是一种非常高效而又经济的数字音频压缩系统。AC-3 是美国数字电视系统的强制标准,是欧洲数字电视系统的推荐标准。

5.12　音频压缩编码的国际标准

语音编码技术在近十几年得到了突破性的发展,出现了许多实用的高质量的语音编码算法。针对不同的应用,国际电联 ITU、MPEG 标准化组织以及一些地区标准协会已经制定了一系列的语音编码标准。

1. ITU-T 语音编码标准

ITU-T 制定的语音编码的标准为 G 系列标准,具体如表 5-5 所示。其中 G.726 是 G.721 与 G.723 的合成,G.726 被推出后,G.721 和 G.723 就被删除了。

表 5-5　波形编码国际标准

标准	制定时间	语音质量	编码速率 (kb/s)	编码算法	复杂度		延迟时间 (ms)
					MIPS	RAM (字节)	
G.711	1972	长途电话	64	μ/A 律 PCM	<<1	1	0.125
G.726 (G.721　G.723)	1988 (1984　1986)	长途电话	40/32/24/16	ADPCM	1.25	<50	0.125
G.727	1990	长途电话	40/32/24/16	ADPCM	1.25	<50	0.125
G.722	1988	长途电话	64/56/48	SBC	10	1 K	1.5
G.728	1994	长途电话	16	CELP	30	2 K	0.625
G.723.1	1995	<长途电话	5.3,6.3	多脉冲,CELP	20	2 K	30
G.729	1996	长途电话	8	CELP	25	3 K	10

2. 地区性语音编码标准

随着移动通信技术的迅速发展和普遍应用,也出现了一些针对应用的地区性标准。其中有代表性的主要包括欧洲的数字蜂窝电话语音编码器、北美的数字蜂窝语音编码器和日本的数字蜂窝电话编码器。如表 5-6 所示。

(1) GSM 全速率 RPE-LTP 编码器

这个编码器是欧洲的特别移动小组 GSM 于 1987 年为全欧洲数字蜂窝电话而制定的。RPE-LTP(Regular-Pulse Excitation Long Term Prediction)表示有长期预测器的规则脉冲激励线性预测器。GSM 全速率通道支持 22.8 kb/s,其中附加的 9.8 kb/s 用于信道编码,来保护编码器在无线信道中所产生的比特错误。除了数字蜂窝电话的应用外,这个编码器的低复杂度可以用于情报传送。

(2) GSM 半速率语音编码器

这个编码器是为了将 GSM 蜂窝系统的容量加倍而提出的,采用了摩托罗拉公司设计的 5.6 kb/s 矢量和激励线性预测编码器 VSELP(Vector Sum Excited Linear Prediction),通道中的很大一部分用于误码保护。

(3) 自适应多速率 AMR 编码器

AMR(Adaptive Multi-Rate,自适应多速率)编码是欧洲电信标准化协会(ETSI)为 GSM 系统所制定的语音压缩编码标准,已被 3GPP 采纳作为第三代移动通信 WCDMA 系统的语音压缩编码标准。AMR 的基本概念是以更加智能的方式解决信源和信道编码的速率分配问题,使得无线资源的配置和利用更加灵活和高效。

AMR 中采用了代数码激励线性预测技术(ACELP),编码器输入为 8 kHz,16 比特量化的线性 PCM 编码,编码操作以 20 ms 语音为 1 帧。发送端编码器提取 ACELP 模型参数进行传输,接收端译码器再根据这些参数构成的激励信号合成出重建的语音信号。

AMR 标准支持八种不同码速的语音流:12.2 kb/s,10.2 kb/s,7.95 kb/s,7.4 kb/s,6.7 kb/s,5.9 kb/s,5.15 kb/s 和 4.75 kb/s,具体的编码原理参见参考文献[2,3]。这八种编码模式可使 AMR 标准应用于不同架构或版本的移动网络。与 GSM 语音编码采用固定的编码速率相比,在实际应用中,AMR 编码标准可以根据无线信道和传输状况来自适应地选择一种最佳编码模式,以保证语音通信的正常进行。

(4) IS-54 7.95 kb/s VSELP

这个编码器是北美电信工业联盟 TIA 为北美的时分多址(TDMA)数字蜂窝电话制定的。这个编码器在失真性能上的质量指标与 RPE-LTP 相比还是有一些差距。

(5) IS-96 8.5 kb/s 变速率码激励线性预测 QCELP

变速率码激励线性预测 QCELP 编码器是 TIA 为北美的码分多址数字蜂窝电话制定的标准。它是 IS-96 的一部分,用在 IS-96 所规定的系统中。QCELP 是一个可变速率的编码器,它使用数字语音内插技术,以获得数据速率的降低。在通话时间内,它以 8.5 kb/s 的速率运行;当通道内不存在语音的时候,它的速率会降低到 0.8 kb/s。

(6) 日本的数字蜂窝语音编码器 JDC-VSELP

这个标准是日本无线系统研究和发展中心(RCR)为日本的 TDMA 数字蜂窝系统制定的标准。它与 IS-54 VSELP 非常相似。JDC-VSELP 比 RPE-LTP 和 IS-54 两个编码器在性能上的要求要低一些。

(7) JDC 半速率 3.45 kb/s 音调同步 CELP(PSI-CELP)语音编码器

这个标准是为了让日本的 TDMA 个人数字蜂窝系统(PDC)容量加倍而制定的。采用了音调同步的 CELP 革新方案,使用自适应固定码书,以改善低速率语音编码器的语音质量。

表 5-6　地区性标准

标准	制定机构	制定时间	语音质量	编码速率（kb/s）	编码算法	延迟时间(ms)
GSM 全速率	ETSI	1987	接近长途电话	13	RPE—LTP	20
GSM 半速率	ETSI	1994	接近长途电话	5.6	VSELP	24.375
AMR	ETSI	1999	通信	12.2/10.2/7.95/7.4/6.7/5.9/5.15/4.75	ACELP	25
IS—54	ITA	1989	接近长途电话	7.95	VSELP	20
IS—96	ITA	1993	IS—54	8.5/4/4/0.8	QCELP	20
JDC 全速率	RCR(日)	1990	IS—54	6.7	VSELP	25
JDC 半速率	RCR(日)	1993	同全速率	3.45	PSI-CELP	50

3. MPEG 制定的音频标准

前面我们已经详细介绍了 MPEG 组织制定的 MPEG-1 和 MPEG-2 音频标准。MPEG-1 的音频信号标准包括三种压缩模式,即层次 1、2 和 3。随着层次的增高,复杂度增高,各层次之间具有兼容性。MPEG-2 中包含两种声音数据压缩格式 MPEG-2 BC 和 MPEG-2 AAC。

4. AC-3 音频压缩标准

AC-3 标准通常应用于数字电视广播和 HDTV 系统的音频数据压缩,它是一种灵活的音频数据压缩技术,具有将多种声轨格式编码为一种低码率比特流的能力。

习 题 五

5-1　假设我们使用下面的预测器:

$$\hat{f}_n = \text{trunc}[\frac{1}{2}(\tilde{f}_{n-1} + \tilde{f}_{n-2})], \qquad e_n = f_n - \hat{f}_n$$

并且使用量化方程 $\tilde{e}_n = Q[e_n] = 16 * \text{trunc}[(255 + e_n)/16] - 256 + 8$,如果输入信号值如下:20,38,56,74,92,110,128,146,164,182,200,218,236,254;DPCM 编码器的输出如下(不含熵编码):20,44,56,74,89,105,121,153,161,181,195,212,243,251。

(1)编写程序实现该算法,并验证结果;

(2)假设在无损编码中,由于我们使用预测器时发生了错误,使用原始信号值而不是量化信号值,所以在解码端,我们获得了如下的重构信号:20,44,56,74,89,105,121,137,153,169,185,201,217,233。可以看出误差在逐渐加剧,编写程序验证结果。

5-2　编程实现一个 CELP 编码器,用你自己录制的声音数据测试该编码器。

5-3　如果在 MPEG 音频第一层的取样频率是 32 kb/s,那么每一个 32 子带中的子带带宽是多大?

5-4　自己录制一段声音数据取样,取出其中连续的 36 个样本信号,分别实现 MDCT 和 DCT,比较两者得到的频率。当声音频率较低时,哪种方法能更好地把能量集中到前面几个系数?

参 考 文 献

[1]　[美]ken c. pohlmann 著. 数字音频原理与应用. 苏菲译. 北京:电子工业出版社,2002

[2]　高成伟. 移动多媒体技术——标准、理论与实践. 北京:清华大学出版社,2006

[3]　王炳锡. 变速率语音编码. 西安:西安电子科技大学出版社,2004

第6章 多媒体传输网络

6.1 概述

要实现分布式的多媒体应用,必须用网络将处于不同地理位置的多媒体终端、服务器等设备连接起来,并使这些设备相互之间能够进行所需要的多媒体信息的传输。一方面由于多媒体数据的集成性,使它的传输既不像传统的通信业务那样,在一次呼叫中只传送一种媒体,例如只传声音或是文字(传真),也不像计算机通信那样单纯传送数据,多媒体通信在一次呼叫中需要传送由多种媒体复合构成的信息。另一方面,在传统电视广播网上传输的虽然是声音和图像两种媒体,但这种网络是单向的,不支持多媒体的交互功能。因此,利用传统的网络(无论是通信网,还是计算机网、电视广播网)进行多媒体信息传输,都不是理想的解决方案;但是从社会和经济的角度来看,多媒体信息的传输又不能完全摆脱这些具有长期历史的、已经"无处不在"的传统网络。这就形成了这一问题的复杂性。将这些针对不同应用目标设计的网络"融合"在一起以形成理想的多媒体业务网,虽然近年来已经取得了长足的进展,但要达到最终的目的还需要相当的过程。

在这里,我们所说的支持多媒体信息传输的"网络"是指这样几个部分:(1) 连接多媒体终端和网络节点之间以及节点与节点之间的传输介质和光、电部件,如光缆、电缆、无线信道、中继器、收/发设备等;(2) 在网络节点上接收一条链路上传来的信息、并将其转发到另一条链路上的交换设备,如各种类型的交换机、路由器、基站等;(3) 保障终端之间能够进行信息传输与交换的通信协议;(4) 网络服务与管理系统。如果从表 6-1 所示的开放系统互连(Open System Interconnection,OSI)的 7 层参考模型(OSI-RM)来看,本章的内容主要涉及物理层、数据链路层和网络层技术。

表 6-1 OSI 参考模型

层　　次	功　　　能
应用层	与用户应用进程的接口
表示层	数据格式的转换
会话层	会话管理与数据传输的同步
传输层	从端到端有效、可靠地经网络透明地传送报文
网络层	分组传送、路由选择和流量控制
数据链路层	在链路上无差错地传送帧
物理层	将比特流送到物理介质上传送

本章将从多媒体信息传输的角度对现有的主要网络及其演进过程进行讨论。

6.2 多媒体信息传输对网络的要求

6.2.1 性能指标

1. 吞吐量

吞吐量是指网络传送二进制信息的速率,也称比特率,或带宽。带宽从严格意义上讲是指一段频带,是对应于模拟信号而言的。在一段频带上所能传送的数据率的上限由香农信道容量所确定。不过通常在讨论数据传输时也常简单地说带宽,即指比特率。有的多媒体应用所产生的数据速率是恒定的,称为**恒比特率**(CBR)应用;而有的应用则是**变比特率**(VBR)的。衡量比特率变化的量称为**突发度**(Burstness):

$$突发度 = \frac{PBR}{MBR} \tag{6-1}$$

式中,MBR 为整个会话(Session)期间的平均数据率,而 PBR 是在预先定义的某个短暂时间间隔内的峰值数据率。支持不同应用的网络应该满足它们在吞吐量上的不同要求。

持续的、大数据量的传输是多媒体信息传输的一个特点。从单个媒体而言,实时传输的活动图像是对网络吞吐量要求最高的媒体。更具体一些,按照图像的质量我们可以将活动图像分为 5 个级别:

(1) 高清晰度(HD)及超高清晰度(UHD)电视。例如,分辨率为 3 840×2 160,帧率为 50 帧/秒的 UHDTV,采用 H.265 压缩,其数据率大约在 25~40 Mb/s;

(2) 演播室质量的普通电视。其分辨率采用 CCIR 601 格式,经 MPEG-2 压缩之后,数据率可达 6~8 Mb/s;

(3) 广播质量的电视。它相当于从模拟电视广播接收机所显示出的图像质量。从原理上讲,它应该与演播室质量的电视没有区别,但是由于种种原因(例如接收机分辨率的限制),在接收机上显示的图像质量要差一些。它对应于数据率在 2~6 Mb/s 左右的经 MPEG-2 压缩的码流;

(4) 录像质量的电视。它在垂直和水平方向上的分辨率是广播质量电视的二分之一,经 MPEG-1 压缩之后,数据率约为 1.4 Mb/s(其中伴音为 200 kb/s 左右);

(5) 会议质量的电视。CIF 格式,即 352×288 的分辨率、帧率为 10 帧/秒以上的会议电视,经 H.261 标准的压缩后,数据率为 128~384 kb/s(其中包括声音)。在手机等低端设备中进行可视电话或会议时,可采用 QCIF 格式,经 H.263 或 MPEG-4 压缩后,数据率为 64 kb/s 左右。

以上以早期压缩编码标准给出的数据,如果采用 H.264 或 H.265 压缩,可以获得更低一点的数据率。

声音是另一种对吞吐量要求较高的媒体,它可以分为如下 4 个级别:

(1) 话音。其带宽限制在 3.4 kHz 之内,以 8 kHz 取样、8 比特量化后,有 64 kb/s 的数据率。经压缩后,数据率可降至 32 kb/s、16 kb/s,甚至更低,如 4 kb/s;

(2) 高质量话音。相当于调频广播的质量,其带宽限制在 7 kHz,以 22kHz 取样、16 比特量化,数据率为 352 kb/s。经压缩后,数据率为 48~64 kb/s;

(3) CD 质量的音乐。它是双声道的立体声,带宽限制为 20 kHz,经 44.1 kHz 取样、16 比特量化后,每个声道的数据率为 705.6 kb/s。在使用 MUSICAM(见 5.9 节)压缩之后,两个声道的总数据率可降低到 192 kb/s。更高层次的音频压缩方法还可将其速率降到 128 kb/s,音乐质量仍可接近于 CD;而要得到演播室质量的声音时,数据率则为 CD 质量声音的 2 倍;

(4) 5.1 声道立体环绕声道的带宽为 3~20 kHz,取样率为 48 kHz,每个样值量化到 22 比特,采用 AC-3(见 5.11 节)压缩后,总数据率为 320 kb/s。

一般文字浏览对传输速率的要求是很低的,大约在每秒几十到几百比特。

2. 传输延时

网络的**传输延时**(Transmission Delay)定义为信源发送出第一个比特到信宿接收到第一个比特之间的时间差,它包括电(或光)信号在物理介质中的**传播延时**(Propagation Delay)和数据在网中的处理延时(如复用/解复用时间、在节点中的排队和切换时间等)。

另一个经常用到的参数是**端到端的延时**。它通常指一组数据在信源终端上准备好发送的时刻,到信宿终端接收到这组数据的时刻之间的时间差。端到端的延时,包括在发端数据准备好而等待网络接受这组数据的时间(Access Delay)、传送这组数据(从第一个比特到最后一个比特)的时间和网络的传输延时三部分。在考虑到人的视觉、听觉主观效果时,端到端的延时还往往包括数据在收、发两个终端设备中的处理时间,例如,发、收终端的缓存器延时、音频和视频信号的压缩编码/解码时间、打包和拆包延时等。

对于实时的会话应用,ITU-T 规定,当网络的单程传输延时大于 24 ms 时,应该采取措施(使用方向性强的麦克风和喇叭、或设置回声抑制电路)消除可听见的回声干扰。在有回声抑制设备的情况下,从人们进行对话时自然应答的时间考虑,网络的单程传输延时允许在100~400 ms 之间,一般应小于 150 ms。在查询等交互式的多媒体应用中,系统对用户指令的响应时间也不应太长,一般应小于1~2秒。如果终端是存储设备或记录设备,对传输延时就没有严格要求了。

3. 延时抖动

网络传输延时的变化称为网络的**延时抖动**。度量延时抖动的方法有多种,其中一种是用在一段时间内(如一次会话过程中)最长和最短的传输延时之差来表示。

产生延时抖动的原因可能有如下一些:

(1) 传输系统引起的延时抖动,例如符号间的相互干扰、振荡器的相位噪声、金属导体中传播延时随温度的变化等。这些因素所引起的抖动称为**物理抖动**,其幅度一般只在微秒量级,甚至于更小。

(2) 对于电路交换的网络(如公用电话网),只存在物理抖动。在本地网之内,抖动在毫微秒量级;对于远距离跨越多个传输网络的链路,抖动在微秒的量级。

(3) 对于共享传输介质的局域网(如以太网),延时抖动主要来源于**介质访问时间**(Medium Access Time)的变化。终端准备好欲发送的信息之后,必须等到共享的传输介质空闲时,才能真正进行信息的发送,这段等待时间就称为介质访问时间。

(4) 对于广域的分组网络(如 IP 网),延时抖动的主要来源是流量控制的等待时间(终端等待网络准备好接收数据的时间)的变化和存储转发机制中由于节点拥塞而产生的排队延时的变化。在有些情况中,后者可长达秒的数量级。

在第 7 章中我们将会了解,延时抖动将破坏多媒体的同步,从而影响音频和视频信号的播放质量。例如,声音样值间隔的变化会使声音产生断续或变调的感觉;图像各帧显示时间的不同也会使人感到图像停顿或跳动。人耳对声音的变化比较敏感,如果从你所熟悉的音乐中删节很小的一段,例如 40 ms,便立刻会有所感觉。人眼对图像的变化则没有这样敏感,在熟悉的录像片中间删节掉1 秒钟(无伴音时)长的一段,你未必感觉出来[1]。因此,声音的实时传输对延时抖动的要求比较苛刻。尽管可以用一定的方法在终端对网络的延时抖动给予补偿(见第 7 章),但补偿需要使用大的缓存器,因而会增加端到端的延时。

对于文字、图形、图像等的传输,网络的延时抖动不产生什么影响。

4. 错误率

在传输系统中产生的错误由以下几种方式度量:

(1) **误码率** BER(Bit Error Rate),指在从一点到另一点的传输过程(包括网络内部可能有的纠错处理)中出现残留的错误比特的频率。BER 通常主要衡量的是传输介质的质量。对于光缆传输系统,BER 通常在 $10^{-12} \sim 10^{-9}$ 之间;而在无线信道上,BER 可能达到 $10^{-4} \sim 10^{-3}$,甚至 10^{-2}。

(2) **包错误率** PER(Packet Error Rate),是指同一个包两次接收、包丢失或包的次序颠倒而引起的包错误。包丢失的原因可能是由于包头信息的错误而未被接收,但更主要的原因往往是由于网络拥塞,造成包的传输延时过长、超过了应该到达的播放时限而被接收端舍弃,或网络节点来不及处理而被节点丢弃（节点缓存器溢出）。

（3）**包丢失率** PLR(Packet Loss Rate)，它与 PER 类似，但只关心包的丢失情况。

在多媒体应用中，将未压缩的声像信号直接播放给人看时，由于显示的活动图像和播放的声音是在不断更新的，错误很快被覆盖，因而人可以在一定程度上容忍错误的发生。从另一方面看，已压缩的数据中存在误码对播放质量的破坏显然比未压缩的数据中的误码要大，特别是发生在关键地方（如头信息、运动矢量等）的误码要影响到前、后一段时间和/或空间范围内的数据的正确性。此外，误码对人的主观接收质量的影响程度还与压缩算法和压缩倍数有关。下面我们给出在一般情况下（即使用第 4 章讨论的典型算法和码率时）获得"好"的质量所要求的误码率指标[1]。对于电话质量的语音，BER 一般要求低于 10^{-2}。对未压缩的 CD 质量的音乐，BER 应低于 10^{-3}；对已压缩的 CD 音乐，应低于 10^{-4}。对于已压缩的会议电视，BER 应低于 10^{-8}；对已压缩的广播质量的电视，应低于 10^{-9}；对已压缩的 HDTV，则应低于 10^{-10}。如果对已压缩的视频码流采用**前向纠错技术**（见 9.3.2 节），可允许的误码率则大约为上述数据乘以 10^4。

与声音和活动图像的传输不同，数据对误码率的要求很高，例如银行转账、股市行情、科学数据和控制指令等的传输都不容许有任何差错。虽然物理的传输系统不可能绝对不出差错，但是可以通过检错、纠错机制，例如利用所谓**自动重发请求** ARQ（见 9.3.1 节）协议在检测到差错、包次序颠倒或超过规定时间限制仍未收到数据时，向发端请求进行数据重传，使错误率降为零。

6.2.2 网络功能

1. 单向网络和双向网络

单向网络指信息传输只能沿一个方向进行的网络。例如，传统的有线电视（CATV）网，信息只能从电视中心向用户传输，而不能反之。支持在两个终端之间或终端与服务器之间互相传送信息的网络称为双向网络。当两个方向的通信信道的带宽相等时，称为**双向对称信道**；而带宽不同时，则称为**双向不对称信道**。由于多媒体应用的交互性，多媒体传输网络必须是双向的。

上述概念是从信道的角度来定义的。在有关通信的书籍中，还常常遇到单工、半双工和全双工的概念，这是从传输方法的角度来定义的。**单工**是信号向一个方向传输的方法；**半双工**是信号双向传输的方法，但在某一时刻只会朝一个方向传输；**全双工**是同时双向传输的方法。支持半双工传输的网络，例如传统的以太网，从多媒体应用的角度来说我们也认为它是双向网络。

2. 单播、多播和广播

单播（Unicast）是指点到点之间的通信；**广播**（Broadcast）是指网上一点向网上所有其他点传送信息；**多播**（Multicast）、或称为组播，则是指网上一点对网上多个指定点（同一个工作组内的成员）传送信息。

发送终端通过分别与每一个组内成员建立点到点的通信联系，能够达到多播的目的。但是在这种情况下，发送端需要将同一信息分别送到多个信道上［见图 6-1(a)］。同一信息的多个复制版本在网上传输，无疑要加重网络的负担。多播是指网络具备这样的能力：其中间节点能够按照发端的要求将欲传送的信息在适当的节点复制，并送给指定的组内成员，这也称为**多点路由功能**。图 6-1(b)给出了一个多播的例子，图中灰色圆点代表网络中进行信息复制的节点，粗箭头表示多播的数据流走向。

不同的多媒体信息系统需要不同的网络结构来支持。简单的可视电话只需要点对点的连接，而且这一连接是双向对称的。在多媒体信息检索或 VOD 系统中，用户和中心服务器之间建立的可能是点对点的联系，也可能是点对多点的联系（服务器向多个用户传送共同感兴趣的同一信息或节目），但使用的信道都是双向不对称的。通常从用户到信息中心（**上行**）的线路只传送查询命令，所需要的带宽较窄；而从信息中心到用户（**下行**）传送大量的多媒体数据，需要占用频带较宽的线

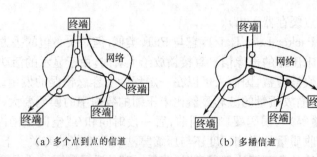

| (a)多个点到点的信道 | (b)多播信道 |

图 6-1　多播

路。分配型的多媒体业务,例如数字电视广播,则需要广播型的网络。多媒体合作工作是对通信机制要求最高的应用,它要求多点对多点之间的双向对称连接。此时,多播功能是必需的。因此,支持综合多媒体业务的传输网络应当支持单播、多播和广播。

6.2.3　服务质量(QoS)和用户体验质量(QoE)的保障

1. QoS 定义

服务质量 QoS(Quality of Service)是多媒体网络中的一个重要的概念。在传统的网络中,没有提出 QoS 的概念,这是因为传统的网络都是针对某个专项业务的要求而设计的,例如,电话由公用电话网传送,一路电话占有固定的带宽(或时隙),当终端进行呼叫时,网络不需要再询问终端对带宽的要求;而且一旦网络将此呼叫接通,在整个会话过程中,终端一直拥有这一带宽,服务质量也就自然是恒定地得到保障的。但是在一个支持多媒体综合业务的网上,由于要在同一个网络上支持不同的业务,而不同的业务对网络的性能又有不同的要求,因此有必要在开始实际的信息传输之前,将某项业务的特定要求告知网络,QoS 的概念也就随之出现。

ITU 将 QoS 定义为决定用户对服务的满意程度的一组服务性能参数。这些参数可以用多种方式来描述,例如确定性方法和统计描述方法。

确定性描述方法:　　$QoS\_Parameter \leqslant Upper\_bound$

$$QoS\_Parameter \geqslant Lower\_bound \tag{6-2}$$

统计描述方法:　　$Prob[QoS\_Parameter \leqslant Upper\_bound] \geqslant Prob\_bound$

$$Prob[QoS\_Parameter \geqslant Lower\_bound] \geqslant Prob\_bound \tag{6-3}$$

6.2.1 节中介绍的吞吐量、传输延时、延时抖动和错误率则是常用的网络 QoS 参数。

2. 定量 QoS 服务和定性 QoS 服务

从提供的服务种类来区分,QoS 服务可以分为定量和定性的两种。所谓定量服务,是指用户用确定性描述方法,或统计描述方法提出具体的 QoS 指标,网络在数据传输过程中保证满足这些指标。在定性服务中,对 QoS 参数不指定具体的指标,但是网络能够对某些应用提供比另一些应用更"好"的服务。一个典型例子就是网络提供不同优先级的服务,高优先级的数据优先得到服务而具有较小的延时,或较少的丢包率。

3. 针对流和针对包类型的 QoS 服务

从服务对象来区分,QoS 服务可以分为针对流(Per-flow)和针对包类型(Per-class)的两种。前者是网络对某一个应用产生的数据流提供同样(定量或定性)的 QoS 服务。显然,能够提供针对流的服务的网络(网络节点)必须首先能够识别和区分不同应用所产生的流。在针对包类型的服务中,所有的用户数据都根据某种准则,如应用类型、QoS 要求或协议簇等,被划分为几种类型,网络对相同类型的数据包(无论是哪个应用产生的)提供同样的服务。显然,这样的网络(网络节点)首先必须具备区分包类型的能力。针对包类型的服务通常是定性的 QoS 服务,为了与能够定量地保障带宽或延时的 QoS 服务相区别，也常称为 **CoS**(Class of Service)服务。

4. QoS 机制

不同的多媒体应用对网络的性能有不同的要求。在通信起始时，用户向网络提交的 QoS 参数实际上描述了应用对网络资源的需求，网络可以以此作为对网络内部共享资源（如带宽、处理能力、缓存空间等）进行管理的依据。如果网络资源不能满足用户的 QoS 要求，或者接纳一个新的用户要侵犯预留给正在进行通信的用户的资源、从而降低这些通信的 QoS 的话，网络将不接纳这个新用户。这种机制通常称为**连接接纳控制**(Connection Admission Control，CAC)。一旦网络接纳了某个用户的呼叫，它就有责任在整个会话过程中保障该用户所提出的 QoS 要求。因此，网络要为这个呼叫预留资源，并在通信过程中进行性能监控和资源的动态调整；当资源不能保障用户的 QoS 要求时，通知有关的用户，直至中止相关的通信。上述各种功能构成了网络的 **QoS 保障机制**。目前只有一些网络实现或部分地实现了这些功能，QoS 保障的问题尚处于发展之中。

5. QoE 概念

用户体验质量(Quality of Experience，QoE)是近年提出的一个新概念，用以度量用户获得和使用某项多媒体业务的主观满意程度。前述的网络 QoS 保障是 QoE 保障的一个重要组成部分，但二者并不等同。QoE 涉及从信息内容的制作到显示的整个端到端的业务链，它不仅限于对网络传输质量的要求，还包括用户对重建媒体质量的主观评价、对业务的性价比、使用的方便性和舒适度等方面的要求。因此，QoE 的保障机制不但需要考虑 QoS 机制、网络覆盖和终端性能等技术因素，还需要考虑业务的便利和快捷性、价格、客服支撑等非技术因素。

6.3 网络类别

在本节中将从不同的角度对现有的网络进行归类，以便对不同网络对多媒体信息传输的支持情况有一个总括的了解。

6.3.1 电路交换网络和分组交换网络

根据数据交换的方式，可以将现有的网络分成电路交换和分组交换两大类型。所谓**交换**是指在网络中给数据正确地提供从信源到信宿的路由，并引导数据通过此路由的过程。

在**电路交换**的网络中，一旦两个终端之间通过信令协议建立起了一条经过网络的通信连接，它们之间就独占了一条物理信道［见图 6-2(a)］。在频分复用(FDM)的信道中，这个"物理信道"意味着一个固定的频带；而在时分复用(TDM)系统中，则意味着一个固定的时隙。即使这一对用户进行信息交换的速率低于信道提供的速率，甚至停止信息交换（如说话的间隙）、信道处于空闲状态，只要用户不通知网络撤销这个连接，该信道就不能为其他用户所使用。同时，这一对用户开始通信后，不管网络变得多么繁忙，该用户所独占的资源（传输速率）也不会被其他后来的用户所侵占。当网络不能给更多的用户提供信道时，则只能简单地不接纳后来的呼叫。

从多媒体信息传输的角度考虑，电路交换网络的优点是：① 在整个会话过程中，网络所提供的固定的比特率是得到保障的；② 路由固定，虽然信号传输之前存在一段建立通信连接的延时，但连接建立后传输延时短，延时抖动只限于物理抖动。这些都有利于固定比特率的音、视频数据的实时传输。电路交换网络的缺点是：①带宽利用率较低；②不支持多播，因为这些网络原来是为点到点的通信而设计的。

普通公用电话网(PSTN)、窄带综合业务网(N-ISDN)、数字数据网(DDN)和第 1 代和第 2 代的蜂窝移动网等都属于电路交换网络。

分组交换也称为**包交换**。在分组交换网络中,信息不是以连续的比特流的方式来传输的,而是将数据流分割成小段,每一段数据加上头和尾,构成一个包或称为分组(在有的网络中称为帧或信元),一次传送一个包。当长距离传输需要经过网络的中间节点时,节点先将整个包存储下来,然后再转发到适当的路径上,直至到达信宿,这通常称为**存储-转发机制**。分组交换网络的一个重要特点是,多个信源可以将各自的数据包送进同一线路,当其中一个信源停止发送时,该线路的空闲资源(带宽)可以被其他信源所占用,也就是说,其他信源可以传送更多的数据,这就提高了网络资源的使用效率。但是这种复用一般来说是统计性的。在某个信源的通信过程中,如果有过多的其他信源加入网络,则该信源的资源可能被其他信源所侵占,导致它所要求的比特率得不到保障,传输延时加长;如果在某个时刻多个信源同时送进过多的数据,还可能造成网络负荷超载的情况。

根据节点对包的处理方式不同,分组交换可以分成两种工作模式:数据报(Datagram)和虚电路(Virtual Circuit)。在**数据报**模式中,为了将同一线路上的不同信源的数据包区分开,每一个数据包的包头中都含有信宿的标识,网络根据标识将数据包正确地送至目的地,这同邮局按照用户写在信封上的地址送信的过程类似。由于节点为每个包独立地寻找路径,因此送往同一信宿的包可能通过不同的路径传到信宿[见图 6-2(b)]。在**虚电路**模式中,两个终端在通信之前必须通过网络建立逻辑上的连接;连接建立后,信源发送的所有数据包均通过该路径顺序地传送到信宿(无需再对每个包作路由选择);通信完成后拆除连接。这与电路交换的方式很相似,但其根本的区别是,节点对包的处理采用的仍是存储-转发机制。这个逻辑上的连接称为虚电路,在本书中也称为逻辑信道。值得指出,在通信书籍中讨论网络的交换问题时,逻辑信道这个词与虚电路有不同的含义,它代表信道的一个编号,只有占用和空闲状态,不存在建立和拆除。一条虚电路则由各段的逻辑信道(号)连接而成。在本书中由于不讨论网络层的细节,所以常将这两个词混用。

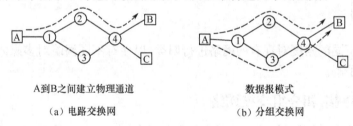

A到B之间建立物理通道　　　　　　数据报模式

(a) 电路交换网　　　　　　　　　(b) 分组交换网

图 6-2　电路交换与分组交换

分组交换网络的优点是:①带宽利用率高;②能够使用优先级别,网络节点可以首先传输优先级高的分组,从而提供定性的 QoS 服务;③有的分组交换网允许在一次连接中建立多条逻辑通道,这对多媒体信息的传输很有利。正如我们在 6.2.1 节中所看到的,音、视频等实时媒体和文字、图形等非实时媒体对网络性能的要求有很大的差异,用同一通道传送,则该通道的每一项指标都必须满足各种数据中要求最高的那一种,才能保证多媒体的良好传输。如果采用不同的逻辑通道分别传送具有不同 QoS 要求的媒体数据,则网络资源可以得到更合理的利用。分组交换网对多媒体信息传输不利之处是:①由于采用存储转发机制,传输延时较大,且存在抖动;②网络性能,即占有的比特率、传输延时和延时抖动,随网络负荷的增加而恶化;严重时还产生包的丢失;③在数据报模式下,包的到达顺序可能不是它们的发送顺序。

局域网,以及以 IP 为传输协议的网络都属于分组交换的网络。

6.3.2　面向连接方式和无连接方式

电路交换和分组交换中讨论的是信息在网络内部如何传送的,现在要讨论的则是连接问题,即在什么条件下网络才接受数据。

在**面向连接**的网络中,两个终端之间必须首先建立起网络连接,即网络接纳了呼叫并给予连接,然后才能开始信息的传输。在信息传输结束后,终端还必须发出拆连请求,网络释放连接。电话是一个典型的例子,只有在网络响应了振铃并接通线路之后,通话才能开始。通话结束,用户挂机后,网络才释放这条电路。在**无连接**的网络中,一个终端向另一个终端传送数据包并不需要事先得到网络的许可,而网络也只是将每个数据包作为独立的个体进行传递,例如分组交换中的数据报模式。以邮件的投递作为一个理解无连接的例子:人们并不需要向邮局作任何声明就可以投信;而邮局对每一封信都独立(与其他信无关联)地进行处理,并不关注是否还有其他信件投向同一个目的地址。

电路交换网络是面向连接的。连接可以通过呼叫动态地建立,也可以是永久性或半永久性的专线连接。分组交换的网络则可分为面向连接的和无连接的两种:采用虚电路模式的,如 MPLS(见 6.7.3 节),属于面向连接的;而采用数据报模式的,如以太网、无线局域网(WLAN)则是无连接的。在面向连接的网络中,网络在建立连接时,能够(或有可能)为该连接预留一定的资源;当资源不够的时候,还可以拒绝接纳用户的呼叫,从而使 QoS 得到(或有一定程度的)保障。在无连接的网络中,由于网络"觉察"不到连接的存在,资源的预留就显得困难;不过,"无连接"也省去了呼叫建立所产生的延时。

6.3.3 资源预留、资源分配和资源独享

任何一个网络上总有许多对通信过程同时存在,它们以某种方式共享着网络资源。资源的管理与 QoS 保障有着密切的关系,现在我们从这个角度来区分不同的网络。

网络为某个特定的通信过程预留(Reserve)资源是指它从自己的总资源(如吞吐量、节点缓存器容量等)中规划出一部分给该通信过程,但是这部分资源并没有"物理地"给予该通信过程,网络只是通过资源预留来对自己的资源进行预算,以决定是否接纳新的呼叫。由于预留的资源并不等于通信过程所实际消耗的资源,"超预算"的事情很可能发生,因而通信过程的 QoS 也只是从统计的意义上来说得到保障。这和我们用电话向航空公司预订机票类似:航空公司并未给顾客一个座位号,而只根据预约电话的多少、飞机可容纳的总人数及预定而不实际乘机的概率等因素给顾客一个大概的承诺。显然,顾客预订后得不到机票的可能性是存在的,但是,航空公司毕竟以某种机制在做座位预订的工作,能预订总比不预订要好。从统计的意义上来说,进行预约得到座位的可能性要比不预约大得多。

资源分配(Allocated)则比资源预留进了一步,它是把一部分资源实际分配给了某个特定的通信过程。但是,当网络发现该通信过程没有充分利用分配给它的资源,或者在网络发生严重拥塞时,可能动态地将部分已分配给它的资源重新分配给其他的通信过程。因此该通信过程的 QoS 保障可能是确定的,也可能是统计意义上的。这类似于我们在向航空公司预订机票时得到了一个确定的座位号,只要航空公司没有不小心把这个座位号给出去两次,登机时你可以放心一定会有你的座位。反之,如果你没有赶上飞机,航空公司也可能在飞机起飞前将你的座位分配给其他旅客。

网络在建立通信过程时就把一部分资源"物理地"划归该通信过程所有,并在该通信过程结束之前,不会将划归给它的资源让其他通信过程分享,也不会再重新分配给他人,这就是资源独享(Dedicated)的情况。此时,该通信过程的 QoS 是得到确定性保障的。在电路交换的网络中,分配给一对终端使用的带宽就是独享的。

如果网络既不给通信过程预留,也不给它们分配资源,只是利用自己的全部资源尽力而为地为所有的通信过程服务,那么,这些通信过程的 QoS 就与网络的负荷有关,也就是说,QoS 是没有保障的。这样的网络通常称为**"尽力而为"**(Best-Effort)网络,传统的共享介质的以太网就属于这种类型。

6.4 电路交换广域网对多媒体信息传输的支持

6.4.1 电路交换广域网

广域网(Wide-Area Network,WAN)是指跨越长距离并需要使用干线传输系统和节点设备的网络。电路交换的广域网通常由电信部门运营。如前所述,电路交换网络的特点是:

(1) 是面向连接的,且在整个会话过程中独享固定的比特率;

(2) 传输延时由传播延时和所经过的中间设备的延时之和决定。ITU-T 规定每个同步 TDM 中间设备或交换机的延时应小于 $450\ \mu s$,因而传输延时一般在几毫秒到几十毫秒的量级,是比较小的;

(3) 仅存在物理延时抖动,可以认为传输延时是恒定的;

(4) 不支持多播。当需要多播时,必须加入**多点控制单元 MCU**(Muptipoint Control Unit)。从前三个特点来看,电路交换网络适合于多媒体信息特别是音、视频的实时传输,而且其 QoS 是得到确定性保障的。下面我们对几种电路交换广域网作一些具体分析。

公用电话网的骨干网建立在准同步/同步数字系列 PDH/SDH(Plesio-Chronous Digital Hierachy/Synchronous Digital Hierachy)的基础上,但其本地回路使用双绞线传输,信道带宽较窄(3.1 kHz),而且是模拟的。xDSL 技术(见 6.9.1 节)使用户可以通过普通电话线得到几 Mb/s 以上的传输速率,但此时它是作为因特网的一种宽带接入方式,并不在电路交换的模式下工作。

N-ISDN 既可以经过交换机,也可以用专线方式提供业务。它的用户速率有如下几种:(1)基本速率接口 BRI(Basic Rate Interface):两个 64 kb/s 的 B 信道和一个 16 kb/s 的 D 信道,总共 144 kb/s;(2)一次群速率接口 PRI(Primary Rate Interface):30 个 64 kb/s 的 B 信道和两个 64 kb/s 的 D 信道,总共 2.048 Mb/s(E1 接口);(3)ITU-T 还允许在一次链接中,将连续的 DS-0(64 kb/s)信道合并在一起提供给用户。其模式有 H0:6 个 DS-0 信道,总共 384 kb/s;H11:24 个 DS-0 信道,总共 1 536 kb/s;H12:30 个 DS-0 信道,总共 1 920 kb/s;(4)ISDN 多速率(ISDN Multirate)允许从 2～24 个 DS-0 信道合并的模式接入。N-ISDN 的这些接口可用于中等质量或较高质量的会议电视。

DDN 提供永久、或半永久连接的数字信道,传输速率较高,可为 $n\times64$ kb/s($n=1\sim32$)。DDN 传输通道对用户数据完全"透明",即对用户数据不经过任何协议的处理、直接传送,因此适于多媒体信息的实时传输。但是,在 DDN 网上无论开放点对点还是多点的通信,都需要由网管中心来建立和释放连接,这就限制了它的服务对象只能是大型用户的租用。会议室型的电视会议系统常常使用 DDN 信道。

早期的蜂窝移动网(见 6.8.3 节)是电路交换的网络,但是发展到可以支持多媒体应用的第 2.5 代之后,已开始转向分组交换的网络。

6.4.2 多点控制单元

在只支持点到点通信的电路交换网络中,要实现 n 个用户之间的会议型服务,必须在每两个参与者之间建立一条双向的链路,共需 C_n^2 条链路。如图 6-3(a)中的 4 用户系统,需要建立 6 对线路才可能将每个参与者的声音和图像传送给其他的参与者。当 n 增大时,网络资源的浪费将很大。

如果在电路交换的网络中加入多点控制单元(MCU)支持多播的功能,则如图 6-3(b)所示,一个 4 用户系统,只需建立 4 对线路。此时,各用户终端的多媒体数据传送到 MCU,经过 MCU 的处理再返回各个终端。

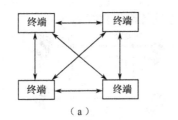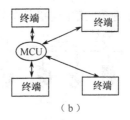

（a）   （b）

图 6-3 电路交换网络中实现多点通信的两种方式

MCU 也常称为**多点控制服务器**（MCS），它的处理功能主要包括：

（1）音频信号桥接。将各终端送来的音频信号混合，这通常称为桥接，然后再送回各个终端；或者从中选择出一路信号送给其他终端，这通常称为切换。选择的方式可以是轮流传送每一路信号（轮询）、固定只传送主会场信号，或由主席控制信号的切换等。

（2）视频信号切换或混合。采取轮询、主席控制等方式将某一路视频信号送给各个终端；也可以采用声音激励的方式进行切换，将发言者的图像送给各参与者。MCU 还可以将多路图像组合成一个多窗口画面通过一个信道送给参与者。

（3）数据切换。将会议中涉及的数据按与音频或视频信号类似的方法处理。

（4）会议控制。对发言权、共享设备（如摄像机、白板）的控制，以及有关的通信控制（见 8.2.6 节）等。

一个 MCU 设备的输入/输出端口的个数是有限的，当与会者的数目超过端口数时，需要用多个 MCU 构成网络，图 6-4 给出一个两层结构的例子。MCU 的规模可按树形结构进行扩展。

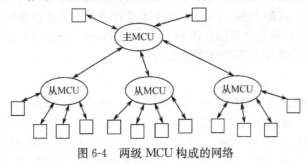

图 6-4 两级 MCU 构成的网络

6.5 局域网对多媒体信息传输的支持

局域网（Local Area Network，LAN）是计算机网络中的概念，它是指在一个建筑物内或一个园区内的独立的计算机网。传统的局域网包括**以太网**（Ethernet）、**令牌环**（Token Ring）和 **FDDI**（Fiber Distributed Data Interface）。由于近年来网络技术的迅速发展使得以太网成为最重要的局域网，大量的多媒体终端设备都支持以太网接口；同时，以太网也成为颇具潜力的城域网甚至广域网技术，因此，本节重点介绍以太网的发展及它对多媒体信息传输支持。

6.5.1 共享介质的局域网

1. 局域网通信的特点

传统局域网的共同特点是将所有的终端（在计算机领域中常称为**站**）都连接到一个共同的传输介质（例如一条同轴电缆、一对双绞线、或一根光缆）上。局域网的几种常见拓扑结构是总线、树形、环形和星形（见图 6-5）。其中总线是树形的特殊形式，它只有一个不带树枝的树干。在现代局域网中,星形拓扑占主要地位,其中连接各个站的中心设备称为集线器。

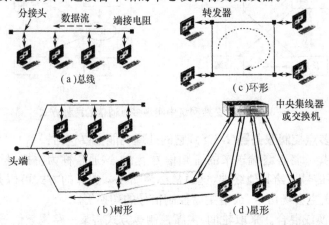

图 6-5　局域网的拓扑结构

出于安全性和可靠性的考虑,可能不希望将太多站连到一个传输介质上;而且局域网的性能会随着站数目的增加或传输介质长度的增加而降低。此时,可以将共享的介质分成段,每段连接一定数目的站,称为网段。网段之间用桥或路由器相连。

公共介质构成了连接在它上面的多个站之间的相互通信的通道,但是由于传统 LAN 采用基带信号进行传输,当一个通信连接占有传输介质时,另一对站之间就不能进行通信。为了实现多对站之间的同时通信,发送信息的站将数据流分成段(称为帧),在各自占有传输介质的时间间隙内,逐段将数据发送出去。这实际上是一种异步时分复用的模式。发送站在何时取得介质的占有权取决于一套预先制定的规则,称为介质访问控制 MAC(Medium Access Control)协议(是数据链路层的一部分),协议的不同就形成了不同类型的 LAN。

2. 以太网

以太网的 MAC 协议称为 **CSMA-CD**(Carrier Sense Multiple Access with Collision Detection)协议,由 IEEE 802.3 和 ISO 8802.3 标准所规定。任何一个站在欲进行数据发送之前,先通过检测总线上的信号获知总线是否空闲,如果空闲,则可发送一个数据帧(数据帧产生的电信号沿总线向两个方向传输);如果不空闲,则该站可以等待一个随机的时间,再行检测,或者一直连续不断地检测,直至总线空闲便立即发送。由于检测是各站各自分别进行的,有可能多个站同时检测到总线空闲而同时发送数据,这些数据发生"碰撞"而在总线上形成非正常的电平。首先检测到"碰撞"的站将通过总线向其他站告警。总线上所有的站都能收到告警信号,正在发送数据的站则立刻停止发送,各自等待一个随机的时间之后再重新尝试数据的发送。同时,为了避免网络负载的进一步加重,等待时间的长短随尝试次数的增加而按一个称为**截断二进指数回退**(Trancated binary exponential backoff)的算法呈指数增长[2]。相互"碰撞"的数据作废需要重发,在很多站都要进行数据发送时,"碰撞"可能连续发生,因此存在着数据完全发送不出去的可能性。

连接以太网网段的桥和路由器以存储—转发的方式工作。当数据需要跨越网段时,路由器(或桥)必须首先将整个数据帧接收下来,并进行某些处理后,再发送到另一个网段上,这显然要引入一定的延时。

传统以太网的总线吞吐量为 10 Mb/s,后来发展到 100 Mb/s,称为快速以太网。

3. 传统以太网的性能

假如一个 10 Mb/s 的以太网段上只有一对站在相互进行通信,总吞吐量可达 9 Mb/s;如果有 100 个站同时在发送平均长度为 1 kb 的数据帧,该网段的实际总吞吐量只能达到其最大值的

36%，即 3.6 Mb/s。[1] 100 Base-T 以太网将吞吐量提高了 10 倍，但由于其 MAC 协议仍然是 CSMA-CD，每个站所享有的吞吐量还是受网络负荷影响的。

减少一个网段上的站数，甚至于一个网段上只连接一个站，是提高单个站点享有带宽的一种解决方案。但是要使一定数量的站点同在一个网上工作，就需要用若干个路由器（或桥）将各网段连接在一起。此时，路由器或桥将成为系统的瓶颈。同时，路由器上的存储—转发工作模式将增加传输延时，这对实时多媒体数据的传输也是不利的。

以太网的传输延时很大程度上取决于得到介质访问权所需要的等待时间。网络负荷增大时，"碰撞"的可能性增大，等待时间加长。多媒体数据传输所要求的对延时时间和延时抖动大小的限制难以在这样的网络上得到保障。

所有共享介质的 LAN 支持帧一级的广播和多播。LAN 实质上是一个广播型的网络，每个站都具有从公共介质上接收所有信息的能力。如果数据帧前面所加的地址是特定的广播地址，则每一个站都知道自己应当接收这个信息。多播也可用类似的方式实现，这时加在数据帧前面的地址是"组地址"，即属于该组成员的站接收这一信息。但问题是，端站的网络接口往往不能区分本站是否属于该组，它只能把信息接收下来交由 CPU 去分析、取舍，这个过程要消耗 CPU 资源，实际上与广播模式没有什么不同。因此，LAN 上的多播功能是有局限性的。

4. 以太网帧交换

共享介质的特点造成了前面讨论的许多缺陷，人们开始考虑将交换的概念引入局域网。用交换机代替图 6-5(d)中的集线器，数据就可以通过交换机直接到达信宿的端口，而不必像使用集线器那样需要经过每一个端站。

以太网交换机的使用并不改变传统端站的网络接口，但它部分地改变了传统 LAN 共享介质的特点，它通过交叉连接可以支持多对（取决于交换机的容量）端站间的同时通信。因此，可以在一个网段上只连少数端站甚至于一个端站（通常是服务器），以保证多媒体数据传输所需的吞吐量；同时，用以太网交换机代替桥或路由器连接各个网段，缓解了由路由器产生的瓶颈和过长的时延。

以太网交换机能够处理长度不固定的以太网帧，并支持帧一级的多播。由于交换在数据链路（MAC）层进行，因此以太网交换机也称为**第二层交换机**。

6.5.2 吉比特以太网

吉比特以太网继承了传统以太网的许多特性，如帧结构、最小和最大帧长，以及高层协议等，使得原来在 10 Mb/100 Mb 以太网上开发的应用可以无需改变地在吉比特以太网上运行。但是在另一方面，吉比特以太网并不是传输速率上的简单升级，它在数据链路层和物理层上的技术变革，改变了传统以太网共享传输介质所引起的传输效率低和传输距离短的局限性，使得吉比特以太网可以作为 LAN 的骨干网、城域网甚至广域网技术而应用在更大的地域范围上。本节将着重介绍后一方面的情况。

1. 系统结构

一个吉比特以太网站点的系统结构如图 6-6 所示。从图上可以看出，吉比特以太网是只涉及数据链路层和物理层的技术，只要设备驱动符合标准的网络驱动接口，高层的各种协议，如 TCP/IP 等，并不

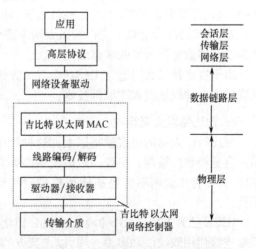

图 6-6　吉比特以太网系统结构

因底层网络技术的变化而受影响。吉比特以太网的网络控制器包括介质访问控制实体、线路编码/解码和驱动器/接收器3个部分,其中线路编码/解码的作用是将数据转换成适合于传输介质传输的形式;驱动器/接收器是传输介质所要求的发送和接收装置,例如对于铜导线来说可能是电子装置,对于光缆来说可能是激光器和光检测器。

2. 全双工工作

吉比特以太网以**全双工**方式工作。为了对它的特点有比较清楚的了解,让我们回顾一下传统以太网的工作方式。

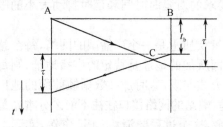

图6-7 传统以太网信道冲突时间图

我们知道传统以太网的传输介质(铜缆)是由多台主机共享的。对于某一对主机而言,无论数据的发送还是接收,都经过同一条传输介质,因此收、发不能同时进行,是以**半双工**方式工作的。对于多台主机而言,当一台主机占用信道时,其他主机不能使用该信道,多台主机争用信道的冲突问题由以太网的 MAC 协议 CSMA/CD 来解决。

使用 CSMA/CD 协议使以太网的传输距离和数据帧的长度受到一定的限制,现在以图 6-7 所示的例子加以说明。假设图中 A、B 两个主机之间的单程传输延时为 τ。在 A 开始发送一个数据帧之后的 $t_b(t_b<\tau)$ 时刻,B 欲进行发送,由于 A 所发送的数据尚未到达 B,B 通过监听认为信道是空闲的,于是进行发送。A、B 的数据帧在 C 点"碰撞",而 A 和 B 则分别要到 $(\tau+t_b)$ 和 τ 时刻才知道已经发生"碰撞",并各自发出"告警"信号。当 t_b 接近于 τ 时,A 监听到"碰撞"的时间约为双程传输延时 2τ。根据 CSMA/CD 协议,主机在边发送时边监听,如果监听到信道发生冲突,双方停止发送,"碰撞"的帧需要稍后再重发。假设 A 在检测到冲突时数据帧已发送完毕,A 将无法判断是否是自己的帧受到"碰撞",也不会再重发。因此要保证冲突检测的正常进行,最短的以太网帧的传输时间必须大于最坏情况下(A、B 在网的两个最远端)的双程传输延时 2τ。这同时也说明了对传输距离的限制。

以太网交换机在很大程度上改变了传统以太网共享传输介质的状况。如果交换机的每个端口上只连接一台主机,主机通过两对双绞线与交换机相连,可以构成一个支持同时进行发送和接收的全双工信道。不过由于标准的以太网接口(网卡)是按半双工工作设计的,它将本机的边发送边接收认为是"冲突",因此必须对接口作一些改造才能实现全双工工作。所幸的是,接口无需加入任何功能,而只需要中止某些功能,如载波监听、冲突检测和收、发信道间的回路等,就可以完成这一改造。由此可以看出,全双工工作的以太网不需要 MAC 协议,它与半双工网相同的部分只是数据帧结构以及传输介质所需的线路编码方法。

由于吉比特以太网通常工作在全双工方式下,此时传输距离不受 MAC 协议限制,因此它能够发展成为一种城域网或广域网技术。

3. 吉比特以太网标准

吉比特以太网的出现使得以太网这种简单、便宜、能与 TCP/IP 一起很好工作的技术可以从终端一直延伸到广域网。协议一致的统一网络将提高光缆带宽的利用率,减少管理的开销。与 SDH 相比,吉比特以太网不需要那样严格的时钟同步要求,但是它在可靠性和 QoS 支持方面尚有所不及。

IEEE 已为 1Gb、10Gb 和 40G/100G 以太网分别制定了 802.3z、802.3ae 和 802.3ba 标准。短距离连接使用双绞线和多模光缆,以点到点的方式提供站内服务器机群和交换机之间的互联;长距离连接使用多模或单模光缆,在城域网或广域网中应用。

6.5.3 以太网 QoS 保障

1. 流量控制

传统的以太网没有流量控制,进行通信的两台主机通过高层协议(如 TCP)来保证数据的发送速度不高于接收端的接收能力和不造成接收端缓存区的溢出。在以太网中引入以太网交换机以后,交换机节点无法使用上述办法控制流量。当数据率较高、交换机端口较多时,交换机缓存器可能在某些时刻溢出,造成数据帧的丢失。当数据率高达吉比特时流量控制就显得更为必要。

IEEE 802.3x 为全双工以太网规定了流量控制的方法,该方法只适用于点到点的链路,即两个主机之间、一个主机与一个交换机、或两个交换机之间的链路。该方法可以对两个方向的链路进行流量控制,这称为对称式的;也可以只对一个方向的链路进行流量控制,这称为非对称式的。吉比特以太网的流量控制在自动协商过程中进行配置。

2. 包分类服务

IEEE 802.1p 为以太网规定了包(以太网帧)分类的方法,以便交换机根据包的优先级分别进行处理,使以太网具有 MAC 层的 CoS 能力。

IEEE 802.1p 利用 IEEE 802.1q 插入的标签来表示优先级。IEEE 802.1q 是关于虚拟局域网(VLAN)的标准。支持 IEEE 802.1q 的主机在发送数据帧时,在原来以太网帧头中插入一个 4B 的标签头,图 6-8 表示出标签头所处的位置及包含的域。其中 TPID 是 IEEE 802.1q 标签的标识,CFI 用于识别是否是标准的以太网 MAC 地址,VID 是 VLAN 的标识符。IEEE 802.1p 利用标签头中 3b 的优先级域来标识 8 个服务类别。

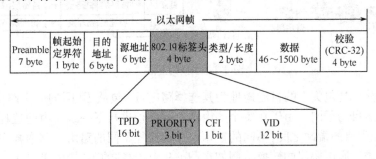

图 6-8   802.1q 标签头

对这 8 个优先级,IEEE 给出了一个宽泛的定义(非强制性):最高级 7 用于网络关键业务,如路由协议的路由表更新;优先级 6 和优先级 5 用于对延时敏感的业务,如交互视频与音频;优先级 4 到优先级 1 可分别分配给从"控制负荷"(Controlled load)业务(如流媒体或企业关键信息)到"允许包丢失"业务的不同类别业务;优先级 0 作为默认,用于尽力而为的业务。

6.6   IP 网对多媒体信息传输的支持

IP 网指使用一组称为因特网协议的网络。因特网是由 1969 年开始的美国国防部的研究网络 ARPAnet 发展而来的。20 世纪 70 年代中期出现的著名的 TCP/IP 协议促进了该网络的发展,使其连接范围扩展到大学、研究单位、政府机关、公司等机构;20 世纪 90 年代初出现的 World Wide Web 技术进一步推动了因特网的迅速发展,使之演变成为一个世界范围内的、最具影响力的信息网络。近年来针对在 IP 网上提供多媒体服务所存在的问题,各国科学研究和工程技术人员进行了大量的工作，使其性能已经并继续得到改善，再加上它固有的简单性和开放性（独立于它的上层和下层协议），IP已经成为电信网与计算机网融合中网络层的事实上的标准；而且我们将会在7.11节中看到，在不久的将来，IP也将成为广播系统的网络平台。

6.6.1 传统的 IP 网(IPv4)

1. 网际互联的原理

单个网络内的资源往往无法满足用户的需求。为了让用户能够利用所在网络范围之外的资源，就需要将各种不同类型（如使用不同传输介质和/或不同通信协议）的网络互相连接起来，使得位于任何成员网络（或称为子网络）上的两个站点之间能够互相通信。TCP/IP 较好地解决了这一问题。

IP 协议由推动因特网技术发展的组织 **IETF**(Internet Engineering Task Force)提出的建议 RFC 791 所规定。IP 协议采用无连接的分组交换方式（数据报）来实现网际互联，子网之间的连接设备称为路由器。图 6-9 给出了两个子网互联的例子，其中(b)为(a)中设备对应的协议栈。上层的用户数据在 IP 层被分割打成 IP 包（或称数据报），并加上一个固定 20B 和一个可变选项字段的包头（见图 6-10）。IP 允许的包长最大至 64kB，但太大的包长可能引起延时过长和拥塞问题，一般采用的包长是 1500B，因为这能适应以太网 1536B 的典型帧，且有利于降低重传时间和提升高速链路的性能。

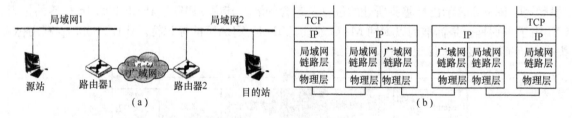

图 6-9　子网的互联

路由器根据每个 IP 包头中的目的地址为其选择路由，IP 包从 IP 网的一个路由器跳转到下一个路由器，直至到达目的子网。由于在每个路由器上都必须进行下一跳路由的选择（每个包都是独立的），因此同一源和目的端站之间，不同的数据包可能途径不同的路由。路由器采用存储-转发机制传递数据包，并进行底层协议的转换。例如在图 6-9 中，源站的 IP 接收来自上层（如 TCP）需要发送的数据块，将其加上 IP 头部构成 IP 数据报，然后这个数据报通过局域网协议封装成帧，并发送至路由器 1。路由器 1 剥掉接收到的局域网帧的封装以读取 IP 数据报，然后将该数据报按广域网协议字段进行封装，并通过广域网送至路由器 2。路由器 2 剥去广域网的字段，将其恢复成数据报，然后再用适合于局域网 2 的协议字段封装，并将其送到目的站。我们看到，这种方式可以在不同类型的网络上向用户提供一致的通信服务。

图 6-10　IPv4 数据报格式

2. 传统 IP 网的性能

由于 IP 网是由研究机构而非电信运营部门设计的网络，所以它着重于效率而不是可靠性。它要求协议简洁、速度快、尽可能地与底层具体传输系统的性能无关，对于传输中的差错，如丢包、包次序颠倒等，则留给终端去解决。传统 IP 网设计中也未考虑 QoS 保障和计费等问题。

IPv4 是一个无连接的、"尽力而为"的分组交换网络。由于路由器采用存储转发机制工作，又没有资源预留机制，因而传输延时会存在抖动。在网络负荷过重时，传输延时的变化可能达到秒的数量级。同时路由器可能由于其存储缓存器溢出而丢弃数据包并且不通知终端（有的路由器可能向信源传送一个网络暂时拥塞的指示，称为 Source-Quench）。此外，由于路由器为每一个 IP 包独立地选择路由，因此到达接收端的包的顺序不一定能得到保证。

上述问题的存在使得传统 IP 网上多媒体传输的带宽和延时抖动等要求都得不到保障。

6.6.2 IP 多播

1. 多播地址与多播组

IP 多播是 IP 的扩展功能。IP 网通过接收地址的格式来区分一般 IP 数据包和多播 IP 数据包。如果 32 位 IP 地址的前 4 位是"1110"，说明它是一个多播数据包，这类地址称为 D 类地址，地址的后 28 位是多播组的标识。

在 IP 多播中，组成员的状况可以是动态的，也不需要有主席（Central Authority），任何终端可以在任何时间加入或退出任何一个组。这也称之为**开放式**的组。组内的终端可以是只发送的、只接收的、或者又发又收的。同一个终端还可以同时处于几个不同的组之中，图 6-11 给出了一个这样的例子，图中 A/V 站向 B 组发送视频信号，同时向 A 组发送音频信号。

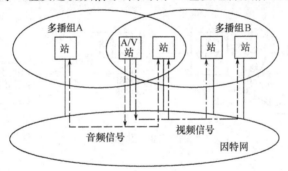

图 6-11　同一终端在不同多播组中的例子

如果一个主机想发起一个会议，首先需要由它的应用给出一个多播地址，或者通过多播地址动态用户分配协议 **MADCAP**（Multicast Address Dynamic Client Allocation Protocol）向 MADCAP 服务器申请一个多播地址；然后通过一定方式，例如通过**会话通知协议 SAP**（Session Announcement Protocol），或在称之为会话目录（Session Directory）的目录下，公布这个地址以及会议的起始时间和大概的持续时间等，欲参加者则可根据这些信息在会议进行中随时加入。

2. 因特网组管理协议（IGMP）

因特网组管理协议 IGMP（Internet Group Management Protocol），用于终端与距它最近的本地多播路由器间的联络，它由 RFC 1112 所规定。

多播路由器，如图 6-12 中的路由器 1，周期性地向本地子网上所有主机发送 IGMP Query 消息，要求所有主机报告它们当前是哪个组的组成员；每个主机则必须为每个它为成员的组返回一条独立的 Report 消息。值得注意，多播路由器并不需要详细掌握每个组的组成员名单，因为只要在它所属的子网内有一个组成员返回了 Report 消息,它就需要向该子网传递这个组的数据报文。如果多播路由器没有收到任何 Report,则说明本子网上该组的所有成员都已退出会议,路由器不再转发该组的报文。

从以上过程可以看出,一个主机退出一个多播组并不需要通知多播路由器;而参加一个多播组则需要立即向本地多播路由器发送一个 Report 消息,而不是等待路由器的 Query 消息之后再发。这样可以保证当此主机为本地网上该组第一个成员时,能及时地收到该多播组的信息。不过在 IGMP 的新版本中,为了减小"退出延时",退出的主机也要向所有(如果有一个以上的话)本地多播路由器发送一条 Leave 消息,并给出退出的组地址。收到这条消息的路由器则针对该地址发送一个特定组的 Query 消息。如果没有返回相应的 Report,说明刚才退出的主机是本子网中该组的最后一个成员,路由器可以停止转发该组的报文。

3. 多播路由协议

多播路由协议使路由器具备多点路由的功能,即识别节点的多播组并寻找到达组内所有成员的最小代价的路径,此路径的拓扑常称为**多播树**。多播树应具有较低的端到端的延时,能够长期生存和易于扩展,并能支持动态成员。多播路由协议可以分为**域内多播协议**和**域间多播协议**两大类。域内多播协议实现数据包在域内的多播,其难点在于组内成员动态地改变,以及尽可能减少网络负载并避免环路路由的产生。典型的算法有 DVMRP(Distance Vector Multicast Routing Protocol)、MOSPF(Multicast Open Shortest Path First Routing)、CBT(Core-Based Tree)和 PIM(Protocol Independent Multicast)等[3]。域间多播协议完成数据包在域间的多播功能,其难点是选择一条最佳的域外链路把数据包送至位于域外的主机。典型的算法有 MBGP(MultiProtocol Border Gateway Protocol)、MSDP(Multicast Source Discovery Protocol)和 BGMP(Border Gateway Multicast protocol)等[3]。

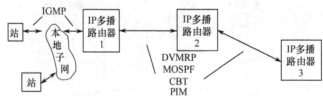

图 6-12　IP 多播

4. MBone

由于一般的因特网路由器并不都支持多播功能,而且传统因特网的运营者也由于计费的困难对提供此项业务不甚积极,因此支持多播的局部网络形成了"孤岛"。所谓的 **MBone**(Virtual Internet Backbone for Multicast IP, 简称 Multicast Backbone)是一个将多个多播子网("孤岛")连接成一个大网的虚拟多播网络,两个多播子网之间通过 IP **管道**技术建立逻辑链路。图 6-13 给出了 MBone 的示意图。建立管道的具体的做法是,将链路一端的含有多播地址的 IP 报文装入另一个 IP 报文的用户数据字段中,这个外层 IP 报文的目的地址设为链路另一端目的多播路由器的众所周知的 IP 单播地址。通过这种方式,多播报文就可像单播报文一样,穿过不支持多播的网络到达逻辑链路的另一端。在目的多播路由器上,报文被恢复成多播报文进入另一个多播子网。

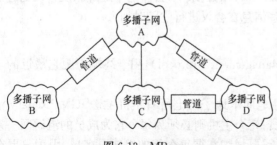

图 6-13　MBone

6.6.3 新一代 IP(IPv6)

IETF 于 1995 年年底公布了 RFC 1752,名为下一代的 IP,也称为 IPv6。图 6-14 给出了 IPv6 数据报的格式,其包头长度为 40B。

从多媒体信息传输的角度而言,IPv6 与 IPv4 相比有如下特点:

1. 地址空间和包头

如图 6-14 所示,在 IPv6 中,地址的位数升至 128 位,地址空间增加了 2^{96} 倍!这不仅为因特网的发展留下了足够大的空间,而且可以在构建地址时使用更多的网络结构层次,以减少路由表的大小和寻找路由的时间。虽然 IPv6 的包头比 IPv4 长(IPv4 包头为 20 字节),但域的数目比 IPv4 包头少,因此路由器对 IPv6 包头进行解析所需的时间较少。

TC:业务等级

图 6-14 IPv6 数据报格式

2. 任播地址

除去单播和多播地址外,IPv6 增加了一种用于提高寻径效率的特殊单播地址,称为**任播地址**。一组接口(例如某个网络服务提供商所属的一组路由器)可以具有同一个任播地址。当一个节点欲向该地址传送数据包时,根据寻径协议度量"距离"的准则,数据包将传送给这组接口中"距离最近"的那一个。在某些应用场合任播地址是十分有用的。例如,给予分布在网络边缘的具有相同数据库的一组服务器(如 VOD 视频服务器)同一个任播地址,当用户请求点播时,该请求会自动送交给距离用户最近的服务器。

3. 包长

IPv6 只允许信源对消息进行分段。如果段长(包长)大于传输路径上允许的**最大传输单元 MTU**(Maximum Transmission Unit)的长度,路由器不像 IPv4 那样再对包进行拆分,而只简单丢弃,然后向信源传送一个出错消息。因此信源通常将消息分成最大为 576B 的段,这是多数网络支持的最小 MTU 的大小;或者通过"Path MTU Discovery"程序事先了解传输路径上 MTU 的大小。路由器不对包进行拆分,则有利于提高它的传输速率。

4. QoS 能力

IPv6 包头中的**业务等级**(Traffic Class)域和**流标志**(Flow Label)域可以用来区分包的不同等级。

业务等级域(优先级域)与 IPv4 中的服务类型域(见图 6-10)类似,可以将从一个信源发出的数据包分为源提供拥塞控制的和源不提供拥塞控制的两种类型,每一种类型又可以分为 8 个优先级。所谓提供拥塞控制是指信源能对拥塞做出反应。例如源端 TCP 在连续接收到收端发回的数个具有相同确认号的 ACK 时,会推断网络发生拥塞,信源将重发信息(见 9.2.1 节),因此延时抖动较大。而源无拥塞控制的业务比较适合于实时数据的传输。在两类 16 个优先级中,级数高的优先级高,其中 0~7 用于允许尽力而为服务的应用,8~15 用于涉及音、视频等实时媒体的应用。协议建议了不同应用对应的优先级,例如压缩视频比不压缩的音频的优先级高等。

流标志域定义具有相同传输服务要求的数据包序列。从某一信源到某一(单播或多播)目的地的具有相同流标志的一个数据包序列,称为流(Flow)。沿途的路由器对该序列中的数据包作相同的处理。为了与音、视频媒体流(stream)相区别,我们称其为**业务流**。业务流可以由音、视频媒体流形成,也可以由传送的文件、数据或控制消息形成。

流标志域与业务等级域密切相关。对于尽力而为的业务,该域置为 0。对于无拥塞控制的业务,由发送端设定流标志,但须以某种方式(例如通过信令协议、或段间可选扩展包头)告知沿途的路由器对具有该标志的数据包应作何种特殊处理。这些处理可能涉及路径、资源分配、丢弃准则、计费和安全等方面,例如将数据包放进特殊的队列,以加快处理速度等。沿途的路由器则根据每个包头中的流标志、源地址和目的地址识别特定的流,并结合指定的业务等级来保障该流需要的 QoS。

5. 安全体系

IPv4 除了在包头中有一个可选的安全标志域之外,没有什么安全机制,有关安全的措施只能在应用层实现。IPv6 能够提供 IP 层的安全机制,容易在此基础上建立多层安全网络和虚拟专用网。

6.7　IP QoS 保障机制

传统的 IP 网不能满足多媒体信息传输的要求,但近年来通信技术的迅速发展已经极大地改善了这种状况。在一方面,高速路由器和标记交换的引入,以及先进的宽带传输技术,例如**密集波分复用** DWDM(Dense Wave-Devision Multiplexing),甚至**全光网络**的出现,使得 IP 核心网的带宽大幅度地提高。在另一方面,IETF 近年来又提出了几种 IP 网服务模型和 QoS 机制,为不同类型媒体的有效传输创造了条件。本节将讨论这后一方面的内容。

6.7.1　综合服务模型与资源预留协议 RSVP

IETF RFC 1633 提出了一个**综合服务模型**(Intergrated Service Model, **Intserv**),其基本思想是通过资源预留来实现 QoS 保障,因此该模型的核心部分为一个**资源预留协议 RSVP**(Resource Reservation Protocol)。与 RSVP 和综合服务有关的过程由 RFC 2205－2216 规定。RSVP 是一种无连接方式的方法,保持着与 IP(以及 IP 多播)的兼容性。

在综合服务模型中除了"尽力而为"的服务之外,又引入了两类服务等级。一类属于虽然不能有确定性保障,但能提供与轻负荷时尽力而为服务相同等级质量的服务,可以用于具有数据调整能力、允许较小丢包率和排队延时的多媒体应用。这类服务称为**负荷受控**(Controlled-Load)**服务**。另一类用于有实时要求的应用,如声音和视频信号的实时传输。在这类应用中希望延时和延时抖动有预定的限制范围,以及带宽有一定程度的保障。这类服务称为**可保障**(Guaranteed)**服务**。

RSVP 为每一条单播或多播业务流预留资源,一条流由源和目的 IP 地址及(可选)传输层端口号所定义。RSVP 的一个显著特点是在无连接的网络上,实现由接收端启动的资源预留。在多点会议或一个服务器同时与多个终端通信的情况下,接收终端可能是异构的(QoS 能力不同),由接收端各自申明自己要求的服务质量启动资源预留,比由发送端(服务器)向网络提出 QoS 要求更为合理。但是接收端启动也存在问题,因为接收端并不直接了解数据包所经过的路径。为了解决这个问题,发送端在会话开始时要发送一个称之为"路径"(Path)的消息,该消息途径各路由器到达收端(见图 6-15)。Path 消息中不仅包含了有关发端的信息,如发端 IP 地址、端口号、发送的数据格式以及以令牌桶形式定义的业务流特性,还包含了由沿途路由器所更新的"路径状态"信息,如前一跳路由器的 IP 地址,以及让接收端了解端到端服务情况的信息。接收端收到 Path 消息后,沿原路径返回一个"预留"(Reserve)消息,其中以**"流说明符"**给出所请求的 QoS,如带宽、延时或丢包率;

以"**过滤器说明符**"表明哪些数据包享受这一 QoS,即预留的资源是由所有发送者(会议情况下)共享的,还是其中某个(或几个)发送者独享的。网络在回传 Reserve 消息时,沿途路由器根据自己的资源情况可以接受或拒绝这个请求。如果拒绝,则返回一个错误消息给接收端,呼叫被中止;如果接受,则为该业务流分配带宽和缓存空间。Path 和 Reserve 消息可以由协议号为 46 的 IP 包传送,也可以打成 UDP 包传送。

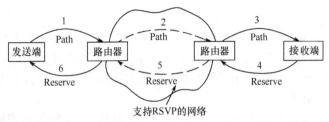

图 6-15　资源预留协议

值得注意,RSVP 预留资源是从发端到收端单方向的,双向预留需要两方终端分别启动预留机制。另外需要注意的是,路由器预留的资源只维持一段时间,发端和收端必须周期性地发送 Path 和 Reserve 消息来保持预留状态,否则资源将被释放。这称为**软状态**。软状态有利于多媒体会议成员动态进入和退出情况下资源的有效利用。

综合服务模型由如图 6-16 所示的 4 个部分来具体实现:

(1) RSVP。RSVP 不负责路由,它实际上是一个信令协议,即要求负荷受控或可保障服务的发送端和接收端必须先通过 RSVP 建立起路径并预留好资源以后,才能开始数据的正式传送。在会话结束后,则用"撤销"(Tear-down)消息撤销连接。

(2) 监管控制和接纳控制。监管控制负责检查用户是否具有预留资源的权力(还可能包括认证、计费和接入控制);接纳控制负责监测系统资源和决定节点是否有能力接受一个新的流。在这两项检测通过后,RSVP 守护才将有关的控制信息送给包分类器和调度器,完成资源预留。

(3) 分类器。当路由器接收到一个数据包后,分类器根据过滤器说明符将包分类,并按服务类型将包送到不同的队列中去。

(4) 包调度器。调度器按包的 QoS 要求(流说明符)进行调度。

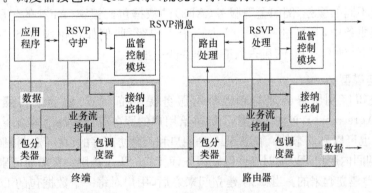

图 6-16　综合服务模型的实现

要获得可保障的服务,整个链路上的路由器都必须是支持综合服务的(即包括以上 4 部分)。如果链路上的路由器有的支持综合服务,有的不支持,则只能获得负荷受控服务。

6.7.2 区别服务

由于综合服务模型和 RSVP 实现起来比较复杂，IETF 在 RFC 2475 中提出另一种 QoS 保障机制，称为**区别服务模型 DS**(Differentiated Services，**Diffserv**)。与 DS 有关的建议见 RFC 2427～74 和 2597～98。

1. 服务类型

在 IPv4 的数据包的包头中有一个字节的"服务类型"域，该字节被分为如图 6-17 所示的 5 个子域，其中 3 个比特表示优先级，D、T、R 3 位表示所希望的传输类型，D 代表低延时，T 代表高吞吐率，R 代表高可靠性(低丢失率)。在 IPv4 中上述要求都是用户指定的，不带有强制性，在多数情况下网络往往忽视这些请求。

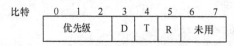

图 6-17　IP 数据包头中服务类型域的子域结构

DS 利用 IPv4 服务类型域(或 IPv6 业务等级域)来区别服务的类型，在 DS 中，它们被称为 **DS 域**。通过 DS 域的前 6 个比特可以定义丰富的服务类型，以及一套对于不同类型的数据包如何进行传递的方式。这 6 个比特称为**区别服务码点** DSCP(Diffserv Codepoint)，而这些传递方式则称为**每段性能** PHBs(Per-Hop Behaviors)。根据 DS 域标识的不同类型，将数据包以不同的方式传递，这便是区别服务这个名称的由来。

DS 域中可定义的服务有：要求低延时、低抖动的最高服务(Premium Service)，要求比"尽力而为"服务有更高可靠性的确保服务(Assured Service)和具有金、银、铜三种质量的奥林匹克服务(Olympic Service)。

最高服务采用快速传递方式，称为 **EF PHB**(Expedited Forwarding PHB)，提供穿越 DS 网络的低延时、低抖动、低丢包率、保证带宽的端到端的服务。对于用户而言，相当于一条虚拟租用线路。最高服务的推荐码点为 101110，标有此码点的数据包在路由器中被送往特定的队列。同时，路由器为 EF PHB 配置一个最小输出速率，只要输入速率小于最小输出速率，延时和带宽要求就能得到保障。

其余 4 个类别的服务采用有保障的传递方式，称为 **AF PHB**(Assured Forwarding PHB)。类别不同提供质量不同的服务，例如金牌服务(AF3)的数据包比银牌(AF2)的包所途经的负荷要轻一些。在同一类服务中，又可进一步划分为三个丢包级别，例如在银牌服务中，码点为 AF21＝010010 的包比 AF22＝010100 的包丢失的概率要小一些。

2. 区别服务模型

用户要想获得区别服务必须先和因特网服务提供商(ISP)协商取得**服务水平协定 SLA**(Service Level Agreement)，该协定规定了提供给用户的服务等级和每个等级所允许的流量。SLA 可以是静态的，也可以是动态的。静态 SLA 是用户和 ISP 协商好的、在一定期限(如 1 个月)内有效的协定，在规定期间内用户可以随时享受区别服务；而动态 SLA 是用户在需要区别服务时，通过信令协议(例如 RSVP)建立起来的。当 SLA 建立起来之后，用户对每一个数据包的 DS 域进行标识。在 ISP 网络的入口处，接入(或边界)路由器根据 SLA 对数据包进行分类和不同的处理(见图 6-18)。

接入路由器按服务类别将每个输入包流(又称为**微流**)的数据包分类[见图 6-19(a)]。包被分类后，由图中测量器测量微流是否遵从协商好的业务流特性，如峰值和平均速率、突发度等，并将微流遵从约定的情况通知标记器，决定是否将一部分包改为较低的服务等级；同时通知丢包器决定包是否丢弃。流成形和丢包操作使进入本地 DS 网络和进入核心网的流能够符合约定的特性。在核心(内部)路由器中[见图 6-19(b)]，操作只针对聚合流进行。具有相同 DS 码点的微流的聚合称为

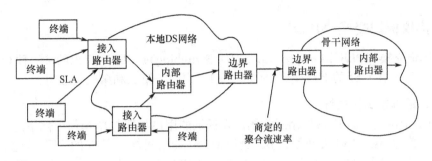

图 6-18　DS网络结构示例

行为聚合流 BA(Behavior Aggregate)。不同 BA 的包进入不同的队列,并使用不同的调度和丢包策略(PHB)处理。

　　如果链路上的路由器有的支持 DS,有的不支持,不支持 DS 的路由器忽视数据包中 DS 域的标识,只给予"尽力而为"的服务。但是由于支持 DS 的路由器对要求特殊服务的包会给予应有的处理,因此从整体性能来看,要求特殊服务的包还是得到了比"尽力而为"更好的服务。

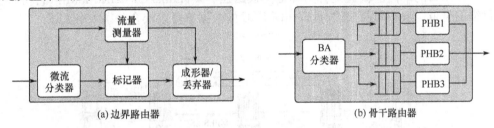

(a) 边界路由器　　　　　　　　　　　　　　(b) 骨干路由器

图 6-19　DS 模型的实现

3. 区别服务与综合服务的比较

　　区别服务的实现要比综合服务简单,因为二者之间有如下的根本性的区别:

　　(1) 在综合服务中,用户对每一条流提出不同的 QoS 要求,而 DS 只提供有限的服务类别,因此在 DS 中路由器只需记录不同类型服务的状态信息,而不像在综合服务中那样,需要花费大量的存储空间和处理能力来记录每一条流的状态信息;

　　(2) 在 DS 中,对报文进行复杂的分类、标识和处理过程均在用户和网络的交界处进行,核心路由器只对聚合流进行操作,因此较为简单,有利于在网络核心部分实现包的快速传递;而用户速率一般较慢,允许与之相连的边界路由器花费较多的时间来进行报文分类和处理。在综合服务中则不是这样,所有的路由器都必须支持图 6-16 所示的 4 种功能,因此对路由器的要求是很高的。

　　表 6-2 给出了两种模型的概要比较。区分服务的缺点是它不能实现端到端的确定的 QoS 保障,它所提供的只是一种 CoS 的相对的服务质量。

表 6-2　综合服务与区分服务比较

	Intserv	Diffserv
包处理	特定流	服务类别
传递服务	端到端	段到段
资源分配	信令启动	静态或动态 SLA
路由器	复杂	核心路由器简单
规模伸缩性	差(用户增加,消耗的资源大大增加)	好

6.7.3 多协议标记交换(MPLS)

多协议标记交换 **MPLS**(Multiprotocol Label Switching)是 IETF 提出的又一种 QoS 保障机制(RFC 3031~32)。在 OSI 的七层模型中(见表 6-1),它位于第二和第三层之间。

1. MPLS 的基本工作过程

图 6-20(a)给出一个 MPLS 网络示意图。发送端的用户数据包在 MPLS 网络的入口(边界)路由器中进行分类,并在 IP 包头和第二层(链路层)包头之间加入相应的 MPLS 包头,然后进入 MPLS 网。MPLS 包头如图 6-20(b)所示。包头的前 20b 为一个**标记**(Label),接着是 3b CoS 域、1b 标记堆栈指示和一个 8b 的生存期(TTL)域。标记用来标识一条虚电路,支持 MPLS 的路由器或称为**标记交换路由器 LSR**(Label Switched Router)根据标记对包进行转发和处理。CoS 域用来表示服务等级。在 MPLS 网络中以相同方式(沿相同路由、相同服务等级)传送的数据包称为**转发等价类 FEC**(Forwarding Equivalence Class)。一个特定的数据包属于哪个等价类是在入口路由器中决定的。在 MPLS 网络的出口(边界)路由器中,数据包的 MPLS 头被去掉,然后进入另一种网络。从入口到出口的单向逻辑通道称为**标记交换路径 LSP**(Label Switched Path),它相当于穿过 MPLS 网络的管道。从不同源来的、具有相同 FEC 的数据流可以聚合共享一个 LSP。

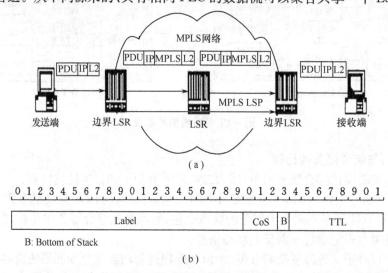

图 6-20 MPLS 网络示意图

MPLS 在传输数据之前,需要根据数据包的目的地址通过路由协议寻径,但一旦从入口到出口路由器的 LSP 建立并获得了对应的标记(通过 MPLS 的信令和控制协议——**标记分发协议 LDP**来完成)之后,后续包的传送则只根据标记,而不再关心原来的 IP 地址。

2. MPLS 的 QoS 功能

如前所述,MPLS 是面向连接的,且可以对不同服务等级的包提供不同的服务。由于包的 FEC 分类是在边界路由器上进行的,因此 MPLS 很容易与 Diffserv 这样的 QoS 机制相融合。E-LSP(Exp-infered-LSP)和 L-LSP(Label-infered-LSP)[4]就是 MPLS 与 Diffserv 结合的两种方式。

在传统的 IP 路由协议中,路径(例如最短路径)完全由目的 IP 地址决定。在 MPLS 中,允许具有同样目的地址的业务流遵循不同的预定路径传输,也就是说,既可以从最短路径,也可以从显式指定的其他路径传输。后者使 MPLS 成为实现下节将要介绍的流量工程的很好的平台。

3. MPLS 的路由与交换功能

在讨论 RSVP 时,我们强调了 RSVP 不负责路由。但与 Intserv 与 Diffserv 不同,MPLS 不仅是关于 QoS 机制的协议,它更重要的是有关路由和交换的技术。传统的 IP 路由器按照目的 IP 地址来查看和确定下一段的路由,这种靠最长前缀匹配查表的方法一般用软件实现,是妨碍路由器处理速度提高的重要因素。而 MPLS 采用的是类似于虚电路的方法,用一个短的固定长度的标记作为路径连接表的索引,因此很容易利用高速的硬件来实现包的交换。

MPLS 的一个重要特点是在节点处控制功能和转发功能的分离,图 6-21 给出了这个概念的图示。在 LSR 中,控制单元负责路由的选择、控制协议 LDP 的执行、标记的分配与发布及标记信息库的形成等;而转发单元则只负责根据标记信息库建立标记转发表和对已标记的包进行简单的转发操作。这种分离的方式允许两个功能模块分别独立地演变和扩展,这给系统的发展提供了极大的灵活性。MPLS 集成了网络第三层的路由功能和第二层的转发(交换)功能,它的控制部分能支持 IP(v4 和 v6)路由或任何其他第三层协议,而转发功能则可以建立在多种第二层技术之上,例如 ATM、帧中继、PPP 和以太网等。这就是在 MPLS 名称中强调"多协议"的由来。

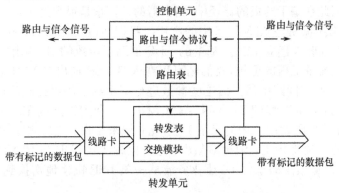

图 6-21 标记交换中控制和转发功能的分离

通用 MPLS(Generalized MPLS,**GMPLS**)是 IETF 和 OIF(Optical Internetworking Form)对 MPLS 扩展的一组协议,其框架由 RFC 3945 定义。GMPLS 利用 MPLS 控制和转发功能分离的特点,着重对控制功能进行了扩展。它通过原来 MPLS 控制部分中的大部分功能以及一些新加入的扩展功能来建立(和撤销)不同类型的连接通路。这使得它不仅支持分组(包)交换技术,也能够支持时分复用(TDM)交换、λ 交换(即波长交换)和光纤(端口)交换等技术。GMPLS 允许在一个节点中用一个统一的控制模块控制所有这些交换方式,从而建立起不同类型的连接通路。这大大降低了异构传输网络集成时在网络控制和管理方面的成本,也使得 GMPLS 成为下一代核心网最重要的技术之一。

6.7.4 流量工程和基于约束的寻径

综合服务和 DS 在网络负荷较大的情况下,能够保证 QoS 要求较高的数据流的性能下降较小。但是当网络负荷很轻时,"尽力而为"的网络性能也很好,与综合服务和 DS 相差很小,那我们为什么不从避免拥塞的角度来解决 QoS 保障的问题呢? 这就是**流量工程**(Traffic Engineering,TE)[5]的出发点。

引起网络拥塞的原因可能是全部网络资源已经耗尽,即所有的路由器和链路都过负荷;也可能是由于网络负荷的不均衡,例如使用选择最短路径的动态路由协议(RIP,OSPF 和 IS_IS 等[2])往往会造成在两个节点的最短路径上的路由器和链路发生拥塞,而最长路径上的路由器和链路空闲。在前一种情况中,消除拥塞的唯一方法只能是将网络的基础设施升级;而对于后一种情况则存在更有效地利用已有设施提高网络性能的余地。流量工程就是针对这种情况,设法均衡网络流量以避免拥塞的措施,而**基于约束的寻径**(Constraint-based Routing,CR)[6]则是自动实现流量工程的一个重要工具。

基于约束的寻径,顾名思义,是在寻径时考虑到多个约束条件,它由 QoS 寻径演变而来。在 QoS 寻径中,对于给定 QoS 要求的某个业务流(或会聚业务流),路由器选择的是最有可能满足其 QoS 要求的路径。而基于约束的寻径不仅考虑 QoS 要求,而且考虑所选择的路径是否满足网络负荷均衡的要求,因此,在确定一条路径时,其依据不仅是网络的拓扑结构,还包括业务流的 QoS 要求、链路当前可利用的资源,以及其他一些网络管理者制定的有关规定。

为了实现基于约束的寻径,路由器需要不断地将链路的当前状态信息(例如剩余带宽)公布给其他路由器,并根据这些信息计算路径。在计算最佳路径时可以考虑的约束条件有带宽、延时、延时抖动、错误率、路径的段数和费用等。但是约束条件太多,使该最佳化问题变得十分复杂。比较可行和合理的办法是只考虑带宽和路径段数的约束,此时寻径算法比较简单,常见的 Bellman-Ford 算法 或 Dijkstra 算法都可以使用[7]。由于即使在网络拓扑结构不变的情况下,链路状态信息也随时间不断变化,因此在基于约束的寻径中,路由器的计算量是很大的。

流量工程的一个实例就是它在 MPLS 中的应用。我们知道,在 MPLS 中,在数据传输之前需要通过标记分发协议 LDP 来建立 LSP。基本的 LDP 借助于传统的 IP 路由协议(如 OSPF、BGP 等[2])进行寻径。引入流量工程的思想,我们则可以在入口 LSR 向出口 LSR 请求标记的时候,同时给出有关的 QoS 参数,中间路由器根据这些参数进行基于约束的寻径和相应的资源预留,从而建立起 LSP。这种支持流量工程的 LDP 称为 **CR-LDP**[8]。利用扩展的 RSVP 信令协议(**RSVP-TE**)[9]代替 LDP 也可以实现 MPLS 中的流量工程,此时原来在收发主机之间的协商扩展到在入口和出口 LSR 之间进行。值得指出,当网络状况发生变化时,CR-LDP 和 RSVP-TE 都允许在不中断业务和不重复进行带宽预留的条件下,让业务流从一条 LSP 快速地切换到另一条流量较小的 LSP 上去。

6.8　无线网络对多媒体信息传输的支持

6.8.1　无线传输的特点

无线连接省去了布线,为组建网络带来很大的灵活性和方便性;同时允许用户终端是移动的,这包括移动到新的地点再接入和在移动的过程中持续进行通信两种情况。与有线(光缆、铜缆等)网络相比,无线传输存在着其特殊的问题。

(1) 频带利用

无线电波是指频率从 100 kHz 到 100 GHz 的电磁波,其中按照波长的长短可分为长波、中波、短波、超短波、微波、红外等频段。波长越短,天线的尺寸越小。无线信道具有广播性,一个发射机发送,在其电波覆盖范围内的多个接收机可以同时接收。由于在同一个区域内两个发射机使用同一频率进行发送会形成相互干扰,因此各个国家对频率的使用都需要经过授权。例如,将某个频段划分给通信,另一频段划分给导航或广播等。这也说明频率资源的宝贵。频带利用率是无线通信系统设计的一个重要指标。

(2) 信号衰减和噪声干扰

无线信号的能量随着传播距离 D 的加长而衰减。在真空中能量按 D^{-2} 衰减,在实际环境中则有可能按 $D^{-3.5}$,甚至 D^{-5} 衰减。信号衰减到一定程度,将不能正确地接收。同时,无线电波在开放的空间中传播容易受到外界噪声和干扰的影响,这导致无线信道的误码率比有线信道高得多,例如光缆传输的误码率通常在 $10^{-12} \sim 10^{-9}$,而无线信道中则达到 $10^{-4} \sim 10^{-3}$,严重时甚至可到 10^{-2}。对于使用无需进行频率申请的频段(如工业、科学和医学应用的频段)的网络,例如无线局域网,不仅可能受到相邻同类网络的干扰,还可能受到其他设备,例如日光灯、微波炉等的干扰。

（3）多径效应

在发射机电波覆盖范围内的障碍物（如家具、建筑和山川等）都是无线电波的散射体，障碍物产生与入射波同频的、幅度畸变而相位依赖于入射角的反射波。此时用户终端除了接收到一个从发送端来的直达波外，还接收到多个不同角度到达的反射波，在不同时间从不同角度到达的反射波可能具有不同的相位，它们之和构成了在空间和时间上不断变化的干扰场，这称为**多径效应**。由于干扰场的影响，直达信号在很短距离上的衰落可能达到 20 dB。同时，由于各种反射波到达接收端的路径（传输延时）不同，发送一个窄脉冲，接收信号可能会是一个脉冲串，这种现象称为**时间弥散**，它会引起码间干扰。

（4）多普勒频移

当在通信过程中接收终端发生移动时，所有频率均产生与移动角速度成正比的频率偏移，称为**多普勒频移**。因此发送一个单音信号，可能接收到一个非零带宽频谱的信号。

由于无线信道的上述特点，使得物理层技术成为无线网络设计中的关键问题。

6.8.2 无线局域网（WiFi）

无线局域网，简称 **WLAN**（Wireless LAN），是通过无线介质（无线电波或红外波）连接的室内或园区计算机网络。IEEE 802.11 系列的 WLAN 是无线局域网的典型代表。WLAN 工业界的 Wi-Fi 联盟（Wireless Fidelity Alliance）制定的 **Wi-Fi** 标准与 IEEE 802.11 兼容。

802.11 系列是关于 MAC 层和物理层的标准。它定义了若干不同的物理层。在各物理层之上使用同样的 MAC 子层；在 MAC 子层之上，提供以太网类型的服务。在本节中我们重点介绍 MAC 子层，因为它包含研究多媒体信息传输所关心的对 QoS 的支持。

1. 无线局域网的构成

WLAN 的基本结构单元称为**基本服务集** BSS（Basic Service Set）。一个 BSS 是一组站点，它们由给定的 MAC 协议来解决对共享介质的接入。由一个 BSS 所覆盖的地域称为基本服务区域 BSA（Basic Service Area），其最大直径为 100m。WLAN 可以两种方式组网：自组织（Ad hoc）网络和基础设施（Infrastructure）网络。单个的 BSS 即为一个**自组织网络**[见图 6-22（a）]，这样的网络可以随时随地组成和拆除。一组 BSS 各自通过一个**接入点 AP**（Access Point）连接到**分配系统 DS**（Distribution System）中则构成扩展服务集 ESS（Extended Service Set）。在这里 BSS 类似于移动网中的蜂窝，AP 则类似于基站（见 6.8.3 节）。ESS 可以通过称之为门户（Portal）的设备连接到网关上，实现与有线网络的互联。这组 BSS、DS 和门户就构成了**基础设施网络**[见图 6-22（b）]。

在一个 ESS 中，DS 的功能是：(1)在 AP 之间和 AP 与门户之间传递 MAC 层的服务数据单元（SDU）；(2)当 MAC SDU 具有多播或广播地址时，或当发送站选择使用分配服务时，负责同一 BSS 中各站之间的 MAC SDU 传送。总之，在 ESS 中，DS 使站点主机 MAC 层以上的协议层感觉它们好像是处在同一个 BSS 中一样。DS 可以通过无线或者有线网络来实现。

如果一个站点想要加入图 6-22（b）的网络，它首先需要选择一个 AP 与之建立联系，然后才能通过该 AP 收、发数据。当它欲离开网络时，需要撤销与该 AP 的联系。802.11 标准还定义了再建连（Reassociation）服务，允许站点将与一个 AP 已经建立的联系转移到另一个 AP。

IEEE 820.11 已经定义了几个物理层标准，表 6-3 给出了它们的一些主要参数，其中 DSSS/FHSS 分别为直接序列和跳频扩展频带（Direct-Sequence/Frequency-Hopping Spread Spectrum）调制；OFDM 为正交频分复用（Orthogonal Frequency Multiplexing）调制。

除了 802.11a 和 b 外，其他标准都采用了 OFDM 技术。**OFDM** 将若干并行的数据流分别调制到多个频率相近的正交子载波上，从而提高总的传输速率。802.11n 和 ac 中采用了更宽的信道带宽和**多输入多输出 MIMO**（Multiple Input Multiple Output）技术。MIMO 使用多天线系统，通过

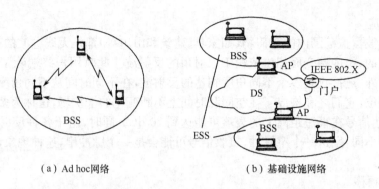

|(a) Ad hoc网络|(b) 基础设施网络|

图 6-22   无线局域网的构成

每个天线发送的独立数据流(空间流)经过空分复用后,其总数据传输速率相比于采用单天线系统的标准有很大的提升。同时,由于智能天线的使用,802.11n 的覆盖范围扩大到几平方公里,这使得 WLAN 的移动性有了很大提高。

表 6-3   802.11 物理层标准

802.11	频率(GHz)	带宽(MHz)	数据率(Mb/s)	MIMO	调制方式
	2.4	22	1,2	1×1	DSSS/FHSS
a	5	20	6~54	1×1	OFDM
b	2.4	22	1~11	1×1	DSSS
g	2.4	20	6~54	1×1	OFDM
n	2.4/5	20/40	高至 72.2/150	4×4	OFDM
ac	5	20/40/80/160	高至 96.3/200/ 433.3/866.7	8×8	OFDM
ad	60	2160	高至 6750	1×1	单载波/OFDM

2. 分布式协调功能(DCF)

虽然 WLAN 在高层提供以太网类型的服务,而且和以太网一样是一个广播型的网络,但它却不能采用以太网的 MAC 协议——CSMA-CD。原因是:(1)同一站点的发送信号功率通常远大于接收信号功率,因此不能像有线网那样通过检测"总线"上的异常信号电平来发现"碰撞"。(2)在有些情况下,例如图 6-23(a)所示,A、C 两站同时欲向中间的 B 站发送信号,而 AC 之间的距离又大于各自的电波覆盖范围(如图中圆圈所示),即二者相互侦听不到对方的发送信号,因此二者可能同时向 B 传送信号,导致在 B 站信号的碰撞。这称为**隐藏站问题**。在另外一些情况下,如图 6-23(b)所示,B 正在向 A 发送数据(B 不接收),而与 B 相距较近的 C 欲向 D 发送数据。由于 C 在 B 的覆盖范围之内,它侦听到 B 向 A 传送的信号而误认为通向 D 的无线信道已被占用,事实上 D 在 B 的覆盖范围之外,C 是可以向 D 传送信号的。这称为**暴露站问题**。暴露站问题不会引起"碰撞",但降低了频带资源的利用率。

由于不能通过侦听来发现碰撞,因此在 WLAN 中使用肯定确认(ACK)的方法来通知发端发送是否成功。如果收不到 ACK,说明碰撞(或噪声)致使传送的数据丢失,需要重新发送。为了减少碰撞引起的带宽损失,WLAN 的 MAC 协议注重碰撞的回避,因而称为 **CSMA-CA**(Carrier Sensing Multiple Access with Collision Avoidance)。如果一个站侦听到在规定长度的时间段内[该时间段称为**帧间距离 IFS**(Inter-Frame space)]或者更长的时间内信道一直是空闲的,从原理上讲,它可以开始发送数据。但为了防止侦听到 IFS 信道空闲的多个站同时发送数据而形成碰撞,协议要求每个站还要继续侦听一段时间,这称为进入**退避(Back off)状态**。继续侦听的这段时间称为**竞**

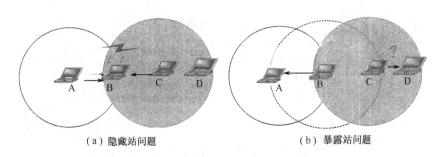

（a）隐藏站问题　　　　　　　　　　　（b）暴露站问题

图 6-23　相邻站之间的侦听

争窗，各站竞争窗的大小是随机选择的。如果在竞争窗内信道一直空闲，站点在窗结束时进行发送。由于各站竞争窗的大小不同，因此大大降低了信号发生碰撞的概率。如果此发送不成功（无ACK），则该站须重新进入一个新的退避状态，且竞争窗加大一倍。以上过程称为**物理载波侦听**。

除了物理侦听外，WLAN 的 MAC 层还需要进行**虚拟载波侦听**。这实际上是一套握手机制：在传送数据前，发送端[如图 6-23（a）中 A]先向收端（如图中 B）发送一个 RTS（Request-to-Send）帧；如果接收端 B 允许接收，则返回一个 CTS（Clear-to-Send）帧。侦听到 CTS 的其他站（在 B 的覆盖范围而未必在 A 的覆盖范围之内）必须等待一段时间以让 A 完成发送，这解决了隐藏站问题。而侦听到RTS 帧而听不到 CTS 帧的其他站，则可以尝试进行另外的发送（发送另外的 RTS），因为它们的信号可能不会对 AB 之间的通信造成影响，这解决了暴露站问题。

发送站或接收站在自己 RTS 或 CTS 帧的帧头中给出接下来的数据传输（包括 ACK）所需要的时间，即其他站需要等待的时间。收到 RTS 和/或 CTS 的其他站根据此值将自己的一个称为**网络分配矢量**（Network Allocation Vector，NAV）的时间计数器置位，等到这段时间结束后再对信道重新进行侦听。收到 RTS 的站也要将 NAV 置位，是为了防止在 ACK 期间发送区域内的碰撞，这种碰撞可能由在接收站覆盖范围之外的站引起。

CSMA 和 RTS/CTS 握手机制构成了 WLAN 的基本接入方式，称为**分布式协调功能 DCF**（Distributed Coordination Function）。它既可以用于自组织网络，也可以用于基础设施网络。站点发送每一个帧都需要通过物理和虚拟载波双重侦听，才能取得介质的使用权。图 6-24 给出一个站 2 欲向站 1 和站 4 欲向站 3 进行发送的示例。图中 DIFS 表示采用 DCF 时的帧间距离，SIFS 表示较短的 IFS（short IFS），即 SIFS＜DIFS。在发送 CTS、数据和 ACK 之前只等待 SIFS，这说明这些帧具有较高的优先级。图中站 2 和站 4 的竞争窗分别为 7 个和 9 个时隙，站 2 先结束退避状态，因而获得了介质使用权。值得注意的是，站 4 在竞争窗内侦听到介质被占用，它将自己的竞争窗计数暂停，并保留剩余的窗大小（两个时隙）。在 NAV 结束后，由于剩余窗较小，站 4 获得了介质的使用权。这种方法有利于保证各站接入的公平性。站 6 收不到站 2 的 RTS，但能收到站 1 的CTS，它根据 CTS 置位自己的 NAV。

3. 点协调功能（PCF）

从前面的讨论可以看出，DCF 提供的是尽力而为的服务，网络上的各站点公平地竞争介质的使用权；而下面将要介绍的 PCF、EDCF 和 HCF 则提供不同程度的 QoS 服务。PCF、EDCF 和HCF 建立在 DCF 之上（见图 6-25），它们与 DCF 并存，并只能在基础设施网络上应用。

点协调功能 PCF（Point Coordination Function）支持面向连接的非竞争性服务。在一个 BSS中，位于 AP 内的一个**点协调器 PC**（Point Coordinator）负责控制各站的介质使用权，这有利于对实时媒体流传输带宽的保障。

PC 周期性地发送一个**信标**（Beacon）帧，标志一个非竞争重复周期的开始（见图 6-26）。发送信标帧所等待的时间 PIFS 要小于 DIFS（但大于 SIFS），这意味着 PC 比普通站有更高的发送优先

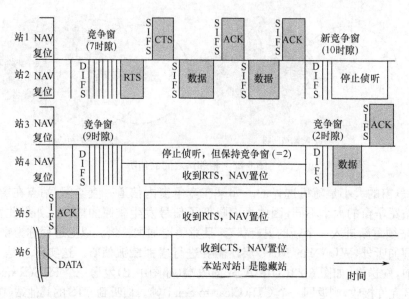

图 6-24　DCT 时序

级。非竞争重复周期的长度是一个可调整的参数,它通过信标帧告知各个站。整个周期的一部分由非竞争业务使用,余下的为竞争(DCF)业务使用。在周期起始处,所有站将自己的 NAV 计数器置到最大非竞争时间(预设参数),在此期间所有站都处于等待状态。PC 在发送信标帧之后发送一个帧,它可以是非竞争授予(CF-Poll)帧、数据帧或数据＋CF-Poll,其中 CF-Poll 指定哪一个站可以发送数据。被指定发送的站返回一个帧,它可以是非竞争应答(CF-Ack)或者数据＋(CF-Ack)。PC 在收到应答帧后再发送一个混合帧,其中 CF-Poll 指定下一个可以发送的站,而 CF-Ack 是对前一帧的应答。当 PC 发送一个 CF-End 帧时,表示非竞争期的结束,所有站将自己的 NAV 置零,从而进入 DCF 竞争期。

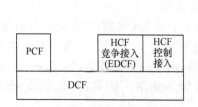

图 6-25　820.11 MAC 层结构

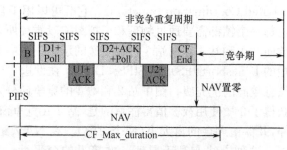

D1,D2 PC发送的帧;U1,U2 被指定站发送的帧;B 信标帧

图 6-26　PCF 帧传输

　　PCF 提供了一定程度的 QoS 保障,但还存在不少问题。首先,在 PC 需要发送信标帧启动下一个非竞争重复周期时,上一个周期内的竞争业务可能尚未结束传输,PC 需要等到介质空闲才能进行下一个信标的发送。每一个周期信标的延时可能不相同,造成各周期的非竞争期传输时间的抖动,这对实时媒体的传输是不利的。其次,在非竞争期间,被指定发送的站所占用的发送时间(帧大小)也是不可预知的。当站在通信期间漫游产生物理层切换(速率变化)时,其发送时间 PC 更无法控制,这同样对时间敏感媒体的传输不利。另外,PC 在非竞争期采取轮巡策略轮流授予它的授予站列表中各站发送权,并不管它们当前是否有待发送的数据。显然,这造成一定的带宽浪费。同时,低延时的应用希望非竞争重复周期较短,而长的周期有利于带宽的有效利用。PCF 的非竞争

重复周期不能动态地调整，难以满足不同应用情况下的折中。值得指出，在 PCF 尚未真正进入实际应用时，更好的支持 QoS 的机制——802.11e 已经出现。

4. 增强型 DCF(EDCF)

802.11e 与表 6-3 列出的 802.11a、b、g 和 n 不同，后者是关于物理层的标准，而 802.11e 是关于 MAC 层的标准。802.11e 规定了两种进一步支持 QoS 的接入协调功能：EDCF 和 HCF。

增强型分布式协调功能 EDCF(Enhanced DCF)支持最多 8 种服务等级(优先级)。如图 6-27 所示，具有不同优先级的包进入 MAC 层后分别映射到 8 个**接入类别**(Access Category, AC)的队列中。这些 AC 共同竞争一个**传输机会** TXOP(Transmission Opportunity)，并各自独立地进行退避操作，这称为**虚拟 DCF**，就好像一个站包含了 8 个虚拟站一样。每一个 AC 有自己可设置的一组参数，如帧间距 AIFS(Arbitration IFS)、最小和最大竞争窗 CWmin 和 CWmax、持续因子 PF(Persistence Factor)等，其中 AIFS≥DIFS，PF 决定在发送不成功时新竞争窗的大小(在 DCF 中，新竞争窗简单地扩大为旧窗的 2 倍)。PC 可以根据当前网络状态动态地调整这些参数。虽然帧间距和竞争窗越小，其对应的 AC 优先级越高，由接入而引入的延时越小，但竞争窗减小，碰撞的可能性加大。当不止一个 AC 同时结束自己的退避状态时，调度器将 TXOP 给予优先级最高的 AC，其他 AC 进入新的退避状态，从而避免了本站内部的虚拟碰撞。

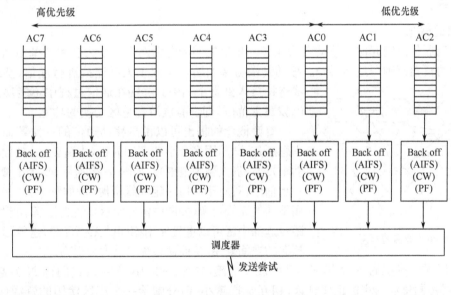

图 6-27　EDCF 实现模型

5. 混合协调功能(HCF)

混合协调功能 HCF(Hybrid Coordination Function)使用一个能感知 QoS 的点协调器，称为**混合协调器 HC**，来控制介质的接入。与 PCF 中的 PC 类似，HC 通过周期性地发送信标帧启动非竞争重复周期。整个重复周期分为非竞争期和竞争期两部分。在非竞争期内，由 HC 按照划分优先级业务或面向连接业务的 QoS 要求，通过 QoS CF-poll 帧向站授予一定长度的 TXOP。TXOP 的长短决定了该站可以发送数据的多少(可以多于一帧)，这有效地提高了非竞争接入时的信道利用率。同时 HCF 提供了一个称之为**控制竞争**(Controlled Contention)的机制让 HC 了解各个站的 QoS 需求。控制竞争期由 HC 发起，在此期间内，各站向 HC 发送称为业务规范 TSPEC(Traffic Specification)的信令帧，告知 HC 自己期望的 QoS 参数(TXOP 大小)。在非竞争期 HC 则根据各站的报告进行调度，以保障它们的 QoS。TSPEC 的使用也避免了 HC 将发送权授予那些没有数据等待发送的站。

在重复周期的竞争期内,各站按照 EDCF 规则竞争介质的使用权。但是 HCF 的一个重要的特征是,在竞争期间 HC 也可以进行 TXOP 的授予。HC 不经退避只等待 PIFS 空闲(比一般站和 EDCF 有更高的优先级)就可直接发送 QoS CF-poll,授予特定站传输机会。EDCF 和点协调功能的混用,这是混合协调这个名称的由来。

在 HCF 中,HC 清楚地知道它所给出的每一个 TXOP 的长度,这有利于它进行 QoS 调度。同时 HCF 规定如果某个站不能在它的 TXOP 期间,或者不能在下一个信标帧望到来的时刻之前,完成完整的传输过程(包括 ACK),则该站不能进行发送,这就避免了下一个重复周期的延时问题。

6.8.3 蜂窝移动通信网

计算机和通信技术的发展使得任何人在任何时间和任何地方以低成本互相进行通信的理想距离现实越来越接近,无线通信则由于能够提供方便的个人通信服务而逐渐成为其中的核心技术之一。使用无线电波作为传输介质的传输网络都称为无线网络。按照系统使用的通信体制和技术,无线网络可以划分成蜂窝移动通信、寻呼移动通信、集群移动通信、卫星通信、微波传输、无线局域网、无线城域网和无线个域网等。在本节中我们关心的是,在终端移动过程中能够保持通信的蜂窝移动通信系统。

1. 蜂窝的概念

蜂窝移动通信系统起源于移动电话业务。早期的移动电话网由一个大功率的基站和移动终端组成。基站的覆盖范围可达 50 km。移动终端与基站通过全双工无线连接进行通信,基站通过有线连接接入到骨干网中。终端在通信过程中不能离开基站的电波覆盖范围,即没有漫游和越区切换的功能。

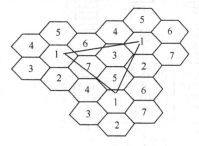

图 6-28 蜂窝的概念

蜂窝概念的提出可以说是移动通信的一次革命。它的基本思想是,试图用多个小功率发射机(小覆盖区)来代替一个大功率发射机(大覆盖范围)。如图 6-28 所示,每个小覆盖区分配一组信道,对应于使用一组无线资源(例如频率)。相邻小区使用不同的无线资源(如图中标号所示),使之相互不产生干扰,相距较远的小区可以重复使用相同的无线资源,这就形成了无线资源的**空间复用**,从而使系统容量大为提高。

使用不同无线资源的 N 个相邻小区构成一个簇,在图 6-28 中,$N=7$,我们称 N 为**重用系数**。N 越大,使用相同资源的小区距离越远,相互干扰越小,但分配给一个小区使用的资源(总资源的 $1/N$)越少。

在蜂窝小区中,移动终端之间不能直接互通,需要通过基站转接。终端向基站的发送称为**上行线路**,反之,称为**下行线路**。终端与基站之间的接口称为无线接口,也称为**空中接口**。基站除空中接口外,还有一个与骨干网连接的接口。

在蜂窝的概念提出来之后,由于系统的覆盖区内有多个小区而用户终端又可以任意移动,这就带来了两个问题:第一,系统如何能够确定用户当前的位置;第二,通信过程中,移动终端从一个小区进入另一个小区,提供服务的基站发生变化,如何保持通信不中断。这两个问题合起来统称为**移动性管理**问题。

此外,蜂窝系统中多个用户之间相互通信还涉及交换的问题;它们与蜂窝系统外的用户进行通信涉及与固定通信网的互通问题。因此,蜂窝系统除基站外,还有基站控制器、移动交换中心、与其他网络互通的节点(网关)、一些用于位置和身份管理的数据库,以及完成鉴权、认证功能的节点等。这些设备合起来构成了蜂窝移动系统的**基础设施**,或称为蜂窝系统的**骨干网**。

2. 多址接入

同一小区内的众多用户终端如何共同使用分配给该小区的一组无线资源,称为**多址接入**问题。WLAN 采用争用信道的 MAC 协议来解决这个问题,而在蜂窝网中采用的方法则是:将资源划分成子信道,每一个子信道分配给一个用户终端使用。根据信道划分方法的不同,有以下三种接入方式。

(1) 频分多址(FDMA)

在 FDMA 中,信道可利用的总带宽被分成 M 个互不重叠的子带,每一个终端可以利用分配给它的一个子带连续地传送信息。因此,FDMA 比较适合于面向连接的流式业务的传送;对于突发式的业务,其资源利用率较低。假设信道支持的总数据率为 R bits/s,在忽略各子带之间的保护频带间隔的情况下,每个终端可传输的最大数据率为 R/M bits/s。

(2) 时分多址(TDMA)

在 TDMA 中,各个终端轮流使用整个信道。将信道的使用时间划分成周期,在每一个 TDMA 周期中又划分 M 个时隙。一个用户终端可以在所分配的时隙中周期性地传送信息。当一个用户的数据率较大时,可以分配给它多个时隙,在这一点上,TDMA 比 FDMA 更为灵活。但在 TDMA 中,在每个时隙之前要加入前导(Preamble)信号,以便于接收机与所接收信号的同步,这增加了一些开销。假设信道支持的总数据率为 R bits/s,在忽略时隙之间的保护间隔的情况下,每个终端可传输的最大数据率为 R/M bits/s。

(3) 码分多址(CDMA)

与 FDMA 和 TDMA 中各终端在不同频段或不同时间上占用信道不同,在 CDMA 中,各个站同时占用信道的整个频带。各站发送信号的区别在于它们由不同的码所产生,接收站只有使用正确的码字,才能接收到所想要的发送端的信号。

图 6-29 为 CDMA 的原理框图。假设用户数据率为 R_1 b/s(带宽为 W_1),在传输之前,将用户数据的每一个比特(+1 或 -1)都与 G 比特的一个特定的伪随机码字相乘。所谓伪随机码是指虽然由确定的方法(如带有反馈的移位寄存器)产生,但近似具有白噪声性质(码字在非常长的周期后才会重复)的码,也称为**片码**(Chip Code)。在这里,伪随机码也由 +1 和 -1 构成,但其比特宽度比信号比特窄 G 倍,其带宽 $W \gg W_1$。与信号比特相乘后的伪随机码仍是原来的或极性相反的 G 比特,因此通过相乘信号带宽由 W_1 扩展到了 W。在接收端,如图所示,解调后的基带信号如果和一

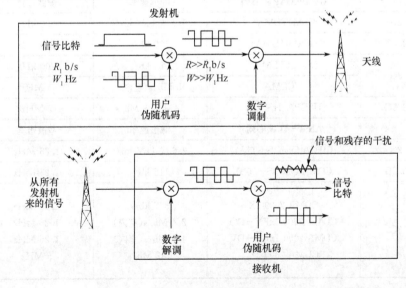

图 6-29　CDMA 原理

个与发端相同的伪随机码字相关(G个比特分别相乘再求和),会得到一个幅值为G的正或负(取决于信号比特的正负)的峰值。如果与解调信号相关的伪随机码字与发送端的不同,则由于码的伪随机性,相关后的输出为接近于零的噪声。

由上讨论可以看出,只要每一对收、发终端使用各自独特的伪随机码字,就可以若干对终端同时占用整个信道进行通信,这就是码分多址名称的由来。在 CDMA 中,当信道支持的总数据率为 R b/s 时,每个终端可传输的最大数据率也为 R b/s。

3. 蜂窝移动通信系统的发展

第一代移动通信系统采用模拟技术和 FDMA。在北美的标准称为 **AMPS**(Advanced Mobile Phone System),在欧洲和亚洲的标准称为 **TACS**(Total Access Communication System)和 **NMT**(Nordic Mobile Telephony)。在第一代移动网上,数据传输需要使用调制解调器,其典型的数据率为 9.6 kb/s。

第二代移动通信网使用数字技术,而在接入方式上则分为 TDMA 和 CDMA 两大类。采用 TDMA 的欧洲标准为 **GSM**(Globe System for Mobile Communications),北美标准为 IS(Interin Standard)系列(IS—54/136);而北美的 **IS—95** 是一个 CDMA 标准。我国的第二代系统采用了 GSM 和 CDMA 两种标准。GSM 是一种电路交换的网络。通用分组无线服务 **GPRS**(General Packet Radio Service)将 GSM 扩展使之支持分组交换的数据业务。在 GPRS 中,8 个 TDMA 时隙合并在一起,组成一个统计复用的信道,为多个用户所共享。当单个用户独占 8 个时隙时,理论上的最高传输速率为 171.2 kb/s。

短信的成功和因特网无线接入的需求,推动了蜂窝网的无线接入从电路交换进一步向分组交换的方向转化;在另一方面,多媒体业务的潜在需求对蜂窝网的传输速率提出了更高的要求。同时,新的频段也被划分给移动通信使用。因此,国际电联于 1998 年提出了 **IMT—2000**(International Mobile Telecommunication—2000)的需求建议书。此后,该项目被称为第三代系统 **3G** 或 **UMTS**(Universal Mobile Telecommunications System)。国际电联最终接受的第三代移动通信标准有 3 种:WCDMA、CDMA 2000 和 TD-SCDMA。它们都是基于宽带 CDMA 的技术,即在更宽的频带上扩展信号,具有更大的容量和更高的抗衰落和抗干扰能力。表 6-4 给出了从 2G 到 3G 逐步演进的系列标准。

表 6-4 从 2G 到 3G 移动通信网的演进

	GSM—MAP 核心网	峰值速率	载波带宽
2G	GSM(TDMA)	9.6 或 14.4 kb/s	200 kHz
2.5G	GPRS(TDMA)	170 kb/s	200 kHz
3G	EDGE(TDMA)	384 kb/s	200 kHz
	WCDMA	2 Mb/s(室内)	5 MHz
3.5G	HSDPA/HSUPA	14.4/5.8 Mb/s	5 MHz
	ANSI—41 核心网	峰值速率	载波带宽
2G	CDMA One(IS—95A)	9.6 或 14.4 kb/s	1.25 MHz
2.5G	CDMA One(IS—95B)	115 kb/s	1.25 MHz
3G	CDMA 2000 1X	307 kb/s	1.25 MHz
	CDMA 2000 1xEV—DO	2.4 Mb/s(室内)	1.25 MHz
	CDMA 2000 1xEV—DV	4.8 Mb/s(室内)	1.25 MHz
	CDMA 2000 3X	>2 Mb/s	5 MHz

表中给出两个系列的标准(表中第二列)演进过程。一个系列是 **3GPP**(Third Generation Partnership Project)组织致力的 GSM 的演进,他们定义的 WCDMA 空中接口主要在 GSM—MAP 核心网上应用。另一个系列是北美的 **TIA**(Telecommunication Industry Association)致力的 IS—95 的演进,他们定义的 CDMA 2000 空中接口用于 ANSI—41(或 IS—41)核心网。除此之外,**TD—SCDMA**(Time Division-Synchronous CDMA)是我国提出的不经过 2.5 G 的 3G 标准。WCDMA 和 CDMA 2000 都采用频分双工 FDD(Frequency Division Duplex)模式,而 TD-SCDMA 则采用的是时分双工 TDD(Time Division Duplex)模式。所谓 FDD 是指使用分离的两个对称频带分别进行上、下行传输。对于对称业务,如电话,上下行频谱能得到充分利用;而对于非对称业务,如因特网接入,上行数据少而下行数据多,则频带利用率低。TDD 是指采用同一频带进行上、下行传输,上下行各自占有不同的时隙。由于时隙分配的灵活性,特别适合于非对称的分组交换数据业务,下行数据量大可以占用比上行更多的时隙。TDD 的频谱利用率高,但需要在基站同步和较高的峰值/平均功率比下工作。

在 3G 移动通信网中,典型的数据率对于室内静止应用可达 2 Mb/s,对于室外低速和高速应用,则分别为 384 kb/s 和 128 kb/s。因此,真正意义上的多媒体应用只有在 3G 网络上才能得以开展。

国际电联在 2005 年为第四代移动通信网提出了 **IMT advanced** 的需求建议书。3GPP 和 3GPP2 提出的 **LTE**(Long Term Evolution)发展计划,成为各种移动网络向 4G 演进的统一途径。LTE-advanced 是 LTE 继续演进的版本,并已被国际电联批准为 **4G** 的两个系列标准之一(另一系列为 6.8.4 节将要介绍的 WiMAX)。LTE-advanced 系列包括 FDD-LTE(由 WCDMA 演进而来)和 TD-LTE(由 TD-SCDMA 演进而来)两种标准。它们均采用 OFDM 和智能天线阵技术,如 MIMO。在多址接入方面,则采用 **OFDMA**(OFDM Access),或其他频域统计复用技术。

智能手机和社交网络的发展促进了 4G 的进程。4G 原始的目标是在高速移动环境下峰值传输速率为 100Mb/s,低速移动或静止环境下 1Gb/s(相当多的声称 4G 的网络并未达到此要求);有较低的双程延时;核心网是一个全 IP 的网络,包括语音通信也不再支持电路交换的方式。因此,4G 可以支持许多宽带的多媒体业务,例如手机电视、宽带因特网接入、网络游戏,甚至 HDTV 等。

回顾移动通信发展的历史,从 1981 年诞生的第一代开始,大体上是 10 年更新一代。国际电联于 2015 年为第 5 代系统提出了 **IMT-2020** 的需求建议书。5G 与 4G 相比,要有明显提高的传输速率、明显降低的延时和支持密集用户群同时工作的能力。例如,数万用户同时获得几十 Mb/s 的速率;同一楼层的众多办公人员同时获得 1Gb/s 的速率,或者同时连接数十万无线传感器的能力等,从而能够支持高端的多媒体应用,例如,支持可穿戴的终端、虚拟现实、汽车自动驾驶等具有高可靠性要求的机器与机器之间通信。

为了获得更多的频率资源,5G 将研究在 6GHz 以下与其他应用共享频段,以及利用 6GHz 以上频段的可能性。

6.8.4 无线城域网(WiMAX)

本节讨论基于 IEEE 802.16 系列的网络。WiMAX 论坛制定的 WiMAX(Worldwide Interoperability for Microwave Access)标准与 802.16 兼容。最初 WiMAX 的目标是作为下节将要介绍的 xDSL 和同轴电缆的替代方案,提供“最后一公里”的宽带无线接入。后来其服务半径延伸到 50 公里左右,可以覆盖一个城市的区域,成为无线城域网(WMAN)的解决方案。在增强了它的移动性和带宽之后,目前已被国际电联接受为 4G 移动网的标准之一。

1. 系统结构

图 6-30 是 802.16 系统的简要结构图。初期的 802.16 工作在 10~66 GHz 频段,其目标是在

基站天线的覆盖范围内,对众多的用户站点提供宽带接入。它是一个一点到多点的协议,用户站点需要通过基站进行连接,相互之间不能直接进行通信。由于工作波长很短,因此必须保证电波在空间能够直线(Line Of Sight,**LOS**)传播,粗略地说,也就是在基站和用户站点天线之间的连线上(实际是连线周围一定区域内)应该不受地球曲率或其他物体的阻挡。显然,在满足这个条件的设计中,基站和用户站点都是固定不可移动的。而随后制定的若干 802.16 标准工作在较低的频段(2~11 GHz)上,此时,在用户站点间或用户站点与基站之间不要求电波的直线传播。

在图 6-30 中,建筑物内部或园区内的用户可以通过 802.11 WLAN 或 802.16 连接。802.16 的基站还可以与蜂窝移动通信的基站相连,作为蜂窝系统基站间的传输手段。由此可见,802.16 提供了从替代数字用户线路(DSL)和同轴电缆的"最后一公里"接入(见 6.9 节)到替代有线骨干网的一套完整的无线城域网解决方案。与 WiFi 相比,WiMAX 可以提供更高的传输速率、远距离的宽带接入和服务更多的用户,但是它的安装和运行成本较高,传输延时长,且功率消耗较大。

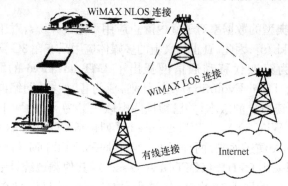

图 6-30　802.16 系统

2. MAC 层和物理层

与 802.11 类似,802.16 只包含对物理层和 MAC 层的定义,其中 MAC 层又分为业务特定会聚子层 CS(Service Specific Convergence Sublayer)、MAC 通用子层 CPS(Common Part Sublayer)和安全子层 SS(Security Sublayer)。CS 层将收到的网络层数据转换成 MAC 数据包,完成网络层到 MAC 层业务流识别符和连接识别符的映射等。802.16 标准支持多种类型数据的传输,为此它定义了两种 CS:ATM CS 和分组 CS,其中分组 CS 可以完成 IPv4、IPv6、以太网和虚拟 LAN 到 802.16 的转换。MAC CPS 完成接纳控制、自动重传、带宽分配、连接建立和管理等功能。SS 提供认证、密钥交换和加密等功能。

802.16 的物理层具有很强的鲁棒性,它提供几种不同形式,以便在不同的环境下能以最少的相互干扰在最长的距离上提供最大的带宽。同时,它还可以针对每个用户站点进行以帧为基础的调制方式和信道纠错编码方案的自适应调整。例如在小区中心信号较强的区域内,使用支持高传输速率但易受干扰的 64QAM 调制;在小区的中间地带使用 16QAM;在小区边沿地区使用传输速率较低但抗干扰能力较强的 QPSK。基站则在上行和下行信道周期性地发送特定的消息帧向用户说明当前上、下行信道所使用的调制方式和前向纠错码的类型。

802.16 标准使用自适应天线系统,并支持**空时编码**(Space-Time Codes)多天线和多输入多输出(MIMO)天线系统。

3. 介质接入和 QoS 支持

802.16 MAC 层是面向连接的。所有的业务,包括无连接业务,都要映射到连接上。每一个业务流和它所对应的连接分别有特定的标识符标识,这为定义基于流或连接的 QoS 参数和带宽分配提供了条件。

802.16 MAC 层在很多方面借鉴了电缆数据传输标准 DOCSIS(见 6.9.3 节)。例如在介质接入方面,上、下行信道的分配都由基站控制。下行(从基站到用户站点)信道采用广播方式,各用户站点只选择接收基站分配给自己的子信道(时隙)上的信号。在上行信道上,用户站点在每个传输周期中的规定时间区间内,向基站提出使用上行信道的请求;基站根据请求分配给接纳的站点以所需的带宽(时隙)。因此,与 DOCSIS 一样,用户上行数据的传输不存在竞争,而只有在规定的请求时间区间内才可能存在多个用户请求消息的冲突。当发生请求消息的碰撞时,802.16 也采用截断二进指数回退窗算法解决。

用户站点需要为每一个连接发出申请上行信道的请求消息,请求中所申请的带宽可以是需要的总带宽,或是在已有带宽的基础上希望再增加的带宽。请求消息可以在规定的有竞争的时间区间内,也可以在已分配的无竞争的时隙中传送。申请附加带宽的消息还可以以捎带(piggyback)的方式传送。基站收到请求后,根据该连接所申请的带宽、该连接上的业务流所需的 QoS 参数(延时、带宽)和当前可利用的网络资源为该连接分配时隙。在有些情况下,基站只为用户站点分配带宽,用户站自己再负责将此带宽分配给本站所有的连接。同时,802.16 还借鉴了 DOCSIS 的业务流调度技术,它能够像 DOCSIS 一样支持:①主动提供传输机会;②实时邀请;③非实时邀请;④尽力而为等不同 QoS 等级的服务(见 6.9.3 节)。按需动态分配带宽和对多类别 QoS 的支持是 802.16 区别于其他无线网络的一个重要特点。

4. 802.16 标准

表 6-5 给出一些 802.16 系列标准。

表 6-5　802.16 标准

| | 802.16d(802.16—2004) | | 802.16e | 802.16m |
	802.16	802.16d		
频　带	10~66 GHz	2~66 GHz	2~6 GHz	2.6~5.8 GHz
传播方式	LOS	NLOS	NLOS 和移动	NLOS 和移动
传输速率	32~134 Mb/s (28 MHz 信道)	75 Mb/s (20 MHz 信道)	15 Mb/s (5 MHz 信道)	下行:128MB/s(高速), 1Gb/s(固定) (20MHz 信道)
移 动 性	固定	固定、游牧	固定、游牧、中低车速	固定和低、中、高速
小区半径	2~5 km	7~10 km,最大 50 km (点到点,且取决于天线高度、功率等)	2~5 km	几十 km

从 802.16e 开始的标准已将终端的移动性考虑在内,因此称为移动 WiMAX。特别是 802.16m(也称为 **WiMAX2**)已被国际电联所接受为 4G 移动网的标准之一,它支持与无线局域网(802.11)和蜂窝移动网之间的漫游。

5. 无线网络的发展与融合

从整个 6.8 节我们看到,蜂窝移动通信网对用户移动性有很好的支持,它的演进主要体现在数据传输速率的逐步提高。而另外两种无线传输网络,即无线局域网(802.11)和无线城域网(802.16),也在不断地发展。这两种网络原本具有较高的传输速率,但只支持用户在静止或低速运动状态下工作。由于设计目标越来越趋同和越来越多的相同技术(如 OFDM、OFDMA 和 MIMO等)的采用,这两种网络对用户移动性支持的程度逐渐趋向于与蜂窝移动网络相匹敌。可以预期,未来这 3 种无线网络的性能将处于类似的范畴,因此可能构成竞争和互补的格局,并最终形成一个全 IP 化的无线宽带移动网络。

6.8.5 无线网络中多媒体传输的特殊问题

以无线网络(蜂窝网、WLAN、WiMAX 等)作为底层传输机制的 IP 网除了具有一般 IP 网的普遍性问题外,还具有自己特殊的问题。从多媒体信息传输的角度看,这主要表现在如下几个方面:

1. 噪声和干扰引起高的误码率

如 6.8.1 节所述,无线信道上传输的比特错误和突发错误比有线信道上可能高出几个数量级。在有线网络上由于传输误码很少,包的丢失主要由网络拥塞引起的节点缓存器溢出造成;而在无线网络上,丢包则主要由信道的传输错误造成。这使得原有的 TCP 协议在无线网上不再适用,因为利用丢包来判断网络拥塞的 TCP 的拥塞控制功能(见 9.2.1 节)将会极大地降低吞吐量。无线网的固有时延和突发错误也可能引起大量的数据重传。因此在无线网络中要对 TCP 进行较大的改动(见 9.2.4 节)。

除此之外,虽然在无线网络的物理层和数据链路层已经采取差错控制措施,如前向纠错码、自动请求重发等,但误码和丢包仍然是上层多媒体系统需要面对的重要问题。解决这一问题的方式通常包括:打包方式(7.8.5 节)、传输层差错控制(9.3 节)和编码层差错控制(9.4 节)等;同时,将上述措施与下层的机制,如路由或其他物理层和链路层参数,一起进行优化也是一个重要的途径。后者称为**跨层优化技术**。本书对跨层优化没有进一步的讨论,有兴趣的读者请参阅有关文献。

2. 衰落引起信道容量的动态变化

从发射端来的直达电磁波和由障碍物反射产生的散射波相叠加,在空间上形成类似于驻波的变化的电磁场,其场强峰值和谷值之间的距离可以小至 1/4 波长,对于典型的蜂窝系统和 WLAN 而言约为几个厘米。在这样的场中,当接收终端的位置发生移动、或者障碍物移动改变了场强的分布,接收信号的质量会发生相当大的变化。这种衰落效应可以看成为无线信道的容量随时间而随机地变化。在现代移动通信系统的物理层采用好的纠错码的情况下,信道容量在传输一个数据包的时间内可以认为是一个不变的常数;而从传输一个数据包到另一个数据包,信道容量的变化则取决于若干因素,例如接收终端的移动速度等。同时对于许多系统而言,如果在某个时刻信道容量显著高于或低于典型值,则至少在数个数据包的传输期间都会保持该值。显然,当移动系统的数据传输速率大于信道容量时产生丢包;而发生一连串的丢包则相当于信号中断。

解决衰落引起信道容量动态变化问题的一种有效方法是,让数据通过相互独立的多种途径到达接收端,如果一种途径的失败概率为 p,两种途径失败的概率则降低到 p^2;当 p 较小时,性能的改善是显著的。因此,几乎所有现代移动通信系统都从不同角度引入了数据传输方式多样性的思想。

(1) 时间多样性。对信号进行分组纠错编码,即将 k 个信息符号加上 $(n-k)$ 个冗余符号构成具有一定纠错能力的符号组进行传输(9.3 节),可以看做是实现时间多样性的一种方法。此时,分组码分组长度的选择应该使得传输一个分组的时间能够覆盖衰落时间变化的范围。

(2) 频率多样性。衰落是与频率相关的,因此采用多个频带或者一个带宽足以覆盖各种衰落条件的频带进行传输可以提高数据接收的可靠性。例如,802.11 WLAN 所使用的频带宽度就可以满足频率多样性的要求。

(3) 天线多样性。发送终端或接收终端或者二者使用多个天线,这就为信息传输提供了多条空间传输的路径。近年来,多天线技术(如 MIMO)已经在移动通信系统的设计中受到广泛的重视。

(4) 路径多样性。它与多天线系统一样为数据传输提供多条空间传输路径,不同之处在于它使用位于不同地点的发射机进行发送,这些发射机通过有线网络获得数据。显然,要使这些发射机同步地发射同一数据是困难的,也是浪费的,因此我们更感兴趣的是发射机分别发送互补信息的情况。研究表明[10],将适当的信源编码和纠错编码与多路径传输(包括多天线的情况)相结合可以提高视频传输的质量和鲁棒性,10.4 节将要介绍的**多描述编码**就是一种可以用于多路径传输的信源编码方式。

在应用层上,根据当前信道带宽动态地调整多媒体系统传输码流的码率,也是解决无线信道容量动态变化的一个有效途径。8.6 节将要介绍的动态自适应 HTTP 流传输就是可以采用的方法。

3. 漫游和小区切换引起的包丢失

当移动终端在通信过程中漫游并从一个小区切换(Handoff)到另一个小区时,可能发生短时间的传输路径中断,使得一连串的数据包丢失。在另一方面,当移动终端进入新的小区时,可能由于前后两个小区的接入技术不同(如 WCDMA 和 WLAN)或用户数量的不同,终端的可利用带宽发生变化,或者还可能造成新小区内的网络拥塞,从而导致数据包的丢失。因此在切换过程中减少包丢失,并使视、音频流自适应地平滑调整到新的可利用带宽是研究者仍在工作的课题。已经提出的思路包括:①新的网络层移动性管理技术以减少传输路径中断引起的包丢失;②新的传输层技术以避免拥塞并保证数据的可靠传输;③接收终端在小区切换之前对切换时间进行估计,然后通过加大发送端发送速率或降低接收端播放速率在接收端缓存器中为切换期间准备足够的数据,以避免视、音频流播放的中断,等等。例如,在欧洲手持设备电视标准 DVB-H 中,采用了类似于时分复用的**时间片**技术,每一个时间片以全部带宽突发传送一种业务(例如一个频道)的数据,接收某一种业务的终端只在特定时间片接收和缓存数据,在其他时间片可以对邻近蜂窝进行监测并进行平稳无缝的切换。

4. 终端处理能力和功率的限制

移动通信系统的终端是可移动的,并可以在任何地方和任何时间使用,因此经常以电池作为电源,其功率和寿命受到限制。同时,终端设备体积较小,这就使得它在内存容量和数据处理能力方面受到限制。多媒体通信系统的设计必须考虑到这些限制。

终端功率的限制也使得**功率控制**成为除拥塞控制(9.2 节)和差错控制(9.3 与 9.4 节)之外,在无线多媒体系统的 QoS 控制和跨层优化等方面需要考虑的另一个重要问题。

6.9　宽带用户接入网

用户接入网一般指市话端局(本地通信节点)到用户之间的网络。用于多媒体传输的宽带接入网络主要包括本节的数字用户线路、光缆接入、光纤同轴电缆混合接入,以及前面介绍的以太网、无线局域网、3G 以后的移动通信网和 WiMAX 等。

6.9.1　数字用户线路

在电话网中普遍使用一对铜线构成的本地环路将用户与电话局相连。在铜线构成的早期用户环路中,线路拼接、线径改变和桥接接头等造成的传输特性的不均匀,使得线路只能用于模拟的低频窄带语音传输。到了 20 世纪 80 年代,由于自适应数字滤波和大规模集成电路技术的发展,使自适应回波抑制和均衡技术进入了实用化阶段,能够对线路传输的不均匀性进行精确的补偿,从而形成了利用铜线传输高速数据的**数字用户线路** DSL(Digital Subscriber Line)。在 DSL 上,除了 3.4kHz 以下的语音通信外,对高端频带(10kHz 至几十 MHz)的利用形成了一系列的宽带接入技术,统称为 xDSL。

1. 高速数字用户线路(HDSL)

HDSL(High-Speed DSL)通常用来提供双向的 E1(2 Mb/s)接入,服务范围大约为 3.6 km。一个 HDSL 用户使用 2 对双工速率为 1176 kb/s 的线路合起来构成 E1。使用 2 对线路的原因是为了降低每一对线路上的工作频率,因为工作频率越高,通过线间耦合电容形成的串话和信号能量在传播过程中的衰耗越严重。

近年出现的 **SDSL**(Symmetric DSL)可以在单对线上提供对称的 E1 接入,传输距离 5.5 km。

2. 非对称数字用户线路(ADSL)

ADSL(Asymmetrical DSL)是在一对线上进行非对称双向传输的技术。由于只需要一对电话线,因而比较适于家庭使用。如图 6-31 所示,利用频分复用的方法,常规的电话仍使用原来的低频段,而高速数据则调制到高频段上传输,其中下行方向的数据率高,而上行方向的数据率较低。对于一般的用户而言,信息查询是所需要的主要业务,因此,这种非对称的信道比 HDSL 更为经济。

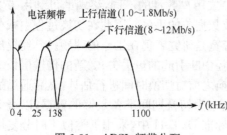

图 6-31　ADSL 频带分配

图 6-32(a)给出了一个 ADSL 回路的简要方框图。在中心(电话局)的 ADSL 机架中完成下行、上行数据的调制/解调,以及与电话的混合与分离;在用户端的网络终接单元中利用滤波器将电话和数据信号分离,并完成上行、下行数据的调制/解调。数据信道与终端设备(电视机或微机)的接口,对于电视机而言,是机顶盒 STB(Set-Top-Box);对微机,则可以直接接入。

ADSL 上行占用频带 26～137.8 kHz,下行占用 138～1100 kHz,其上行信号速率为 1.0～1.8Mb/s,下行速率可达 8～12 Mb/s;传输距离为 4～8km。ADSL 和所有的 xDSL 一样,其实际传输速率会受传输距离和线路质量的影响。

ADSL-Lite 是一种简化的 ADSL 标准,也称为 G. Lite, Universal ADSL。它占用的频带在 25～500 kHz,其上行和下行速率分别为 32～512 kb/s 和 64 kb/s～1.5 Mb/s。如图 6-32(b)所示,它在用户端不使用网络终接单元作为分离器,降低了成本,简化了安装手续,但此时妥善地解决对电话的干扰是需要考虑的主要问题。

ADSL2 与 ADSL 占用的频带相同。它的上、下行传输速率增加不多,分别为 1.3～3.5Mb/s 和 12 Mb/s;其主要改进在传输距离加长,以及有桥接头和受射频干扰等情况下传输性能的改善等方面。

ADSL2＋和之前的 ADSL 各种标准不同,它将频带上限由 1.1 MHz 扩展到 2.2MHz,因此其传输速率增加了一倍,上行达到 1.4～3.3 Mb/s,下行速率最高可达 24 Mb/s。

3. 甚高速数字用户线路(VDSL)

VDSL(Very-High-Speed DSL)常常用在光缆到路边或光缆到企业(见 6.9.2 节)的网络中,作为最后一段连接到用户终端的铜线。它占用的频带较高(25 kHz～12 MHz),传输距离为500 m～1 km。传输速率在双向对称应用时可达 25 Mb/s;在非对称应用时,下行可达 52 Mb/s,上行为 16 Mb/s。

VDSL2 将占用频带扩展到了 30 MHz,在 0.5 km 的传输距离上,其上、下行速率均可达到100 Mb/s。当距离增加到 1 km 时,速率为 50 Mb/s;增加到 4～5 km 时,下行速率仍可达1～4 Mb/s。因此,VDSL2 不像 VDSL 那样,只能限制在短距离的传输上。

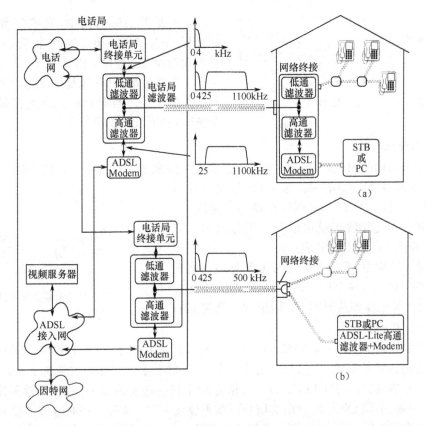

图 6-32 (a)ADSL 结构；(b)ADSL－Lite 结构

6.9.2 光缆接入

光缆直接铺设到用户家中或接近用户的路边,可以为用户提供高速率(25～51 Mb/s)和高信噪比的信道,这是很吸引人却也造价最高的一种方案。由于光缆铺设的拓扑结构直接影响到造价,因此本节重点讨论这一问题。

1. 单星形结构

单星形结构如图 6-33 所示,其中 OLT(Optical Line Termination)是设在交换局内的光线路终端,ONU(Optical Network Units)为用户端的光网络单元,V₅ 是交换机与接入网之间的接口标准。由图可见,光缆从 OLT 辐射出来,构成到用户的点到点的线路。

由于在 ONU 端光电转换设备的费用较高,因此单星形结构仅适合于向大企业单位提供服务。此时每个 ONU 通过一个用户端的复用器与众多的电话线相连。如果向个人用户提供服务,由于每条光缆所连的电话线数少,平均每根光缆所需的光电转换设备的费用则升高;在极端的状况下,一条电话线需要一条光缆相连,这显然是不经济的。

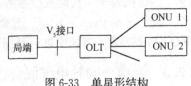

图 6-33 单星形结构

2. 有源多星形结构

有源多星形结构如图 6-34 所示。在这种结构中,多个 ONU 可以共用一根交换局端的光缆。在有源复用节点上,从多个 ONU 来的光信号转换成电信号,然后复用在一起,并转换成光信号以共用一根局端的光缆。

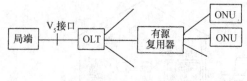

图 6-34 有源多星形结构

在有源多星形结构中,光缆的费用显然会降低,但却增加了有源节点的设备、安装、维护及供电等方面的投资。同时,由于在 OLT 和 ONU 之间插入了电传输部分(有源复用器),形成限制光缆容量扩充的瓶颈。当需要在光缆上提供更高速率的服务时,必须改造复用节点。

3. 无源多星形结构

无源多星形结构的出现使得光缆接入真正成为一种现实可行的手段。图 6-35 所示为它的基本结构,它和有源多星形结构一样,多个 ONU 可以共用一条局端光缆,而且从 OLT 到 ONU 全部是光通路,一个光发射机和一个光接收机就可以支持所有的用户终端,这进一步降低了铺设网络的成本。

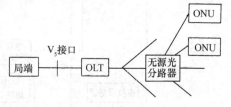

图 6-35 无源多星形结构

在无源星形结构中,下行方向通过无源分路器将光信号分配到各个 ONU;在上行方向上,分支器又将从各个 ONU 来的信号汇集到共同的 OLT,形成一棵树形的点到多点的双工传输系统。

在无源星形结构上实现一点到多点的通信需要采用复用技术。OLT 利用 TDM(或波分复用 WDM)技术将要送到各 DNU 的信号复用成一个信号,然后采用广播方式传送下去,各 ONU 则选择自己对应的频道接收。将各 ONU 的上行信号复用到一起要困难一些,因为这要求各 ONU 必须是同步的,否则,不同 ONU 所发出的信号可能重叠在一起。实际上在时分多址接入(TDMA)的移动通信中也有同样的问题,处于不同位置上的手机所发出的信号也是通过时分复用返回到一个公共的基站的。移动通信中利用一个称之为测距协议(Ranging Protocol)的方法来避免各手机返回信号的混叠,类似的方法也借用到 ONU 上行信号的复用中去。通常,使用这种方法使距离 OLT 20 km 范围内的 ONU 达到同步是不困难的。由于光缆中信号的衰耗很小,因此,无源多星形结构接入的服务范围可达 20 km。

上行和下行各使用一根光缆是最简单的实现双向通信的方法,这称为**空分双工**。而在一根光缆中传输两个方向的信号就必须有一定的方法将两个方向的信号区分开来。最常见的是利用不同波长,例如 1 310 nm 和 1 577 nm 的光波传送不同方向的信号,这称为**波分双工**。

4. ONU 的配置

如果用户端的 ONU 只对一个家庭提供服务,则称为光纤到家庭 FTTH(Fiber-to-the-Home);如果 ONU 向若干条线路提供服务,则构成光纤到企业 FTTB(Fiber-to-the-Business)、光纤到路边 FTTC(Fiber to-the-Curb)等。显然后面几种方式比 FTTH 更为经济。当几个用户线共用一个 ONU 时,需要在 ONU 中进行复用/解复用。从 ONU 到最终用户点之间通常用不长的铜线连接。

6.9.3 光缆—同轴电缆混合接入

1. 网络结构

早期的有线电视 CATV(Cable Television)网络是由同轴电缆构成的多枝杈的大型树状网络,有线电视中心(行业术语称之为**头端**,即 Headend)在树根处,枝杈伸向用户家庭。由于电信号在同轴电缆中衰耗较大,特别是当利用的频带较宽时,高频的衰耗更为明显,因此每隔一定的距离需要加入放大器提高信号的增益,以增大传输距离。这些数目众多的级联放大器往往使网络工作的可靠性降低。

由于光缆中信号损失很少,在 CATV 网的干线上使用光缆,如图 6-36 所示,可以去掉影响信号质量和可靠性的干线放大器并消除电源供给问题,从而在很大程度上提高了网络传输的稳定性。这种结构称为**光缆－同轴电缆混合方式** HFC(Hybird Fiber/Coax)。光缆从头端呈星形或环形辐射出去,在住宅小区附近通过混合节点与通往各个家庭的树状小型同轴电缆网相连。一个混合节点所服务的小区称为一个服务区。头端之间、头端和主头端之间还可以通过光缆环(如 SDH 环)相连,以构成更大规模的网络。与早期的 CATV 网相比,HFC 网不仅可靠性增加,而且由于光缆的容量很大,而每个服务区内用户数较少,如 500 户左右,因此有利于向宽带接入网的方向发展。早期的大型树状网上往往有 1 万～2 万的用户,如此多的用户共享有限的同轴电缆带宽,显然是不适合作为多媒体的宽带接入途径的。

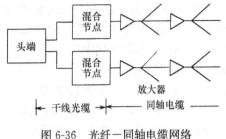

图 6-36　光纤－同轴电缆网络

2. 频带分配

在 HFC 网上除了有线电视服务之外,可以采用频分复用的方法加入其他的服务(如数据、电话、VOD 等)。HFC 可利用的频带主要由同轴电缆的特性决定。现代同轴电缆的带宽可达 750 MHz、860 MHz 甚至于 1 GHz,传输距离为 300 到 600m。图 6-37 给出了一种典型频带分配方案。在 50～550 MHz 频段传送电视节目,550～750 MHz 频段传送下行(从头端至用户)的数据,如 VOD 和其他数据业务,5～42 MHz 频段传上行的数据,750～1 000 MHz 频段预留给双向业务,如个人通信。值得注意的是,HFC 的上行和下行频段是混合节点之后(服务区内)的所有用户所共享的,这一点与 ADSL 中每个用户独占一对双绞线的情况不同。

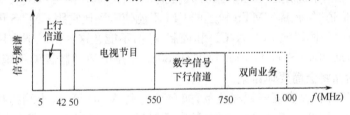

图 6-37　典型的 HFC 频带分配

3. 双向数字信道

有线电视网是单方向的模拟广播信道,在提供交互式多媒体服务时需要将它改造为双向数字信道。双向改造包括在同轴电缆段将单向放大器改造成双向放大器,以及在光缆段增加上行的光端设备和上行光缆(或波长);数字调制技术则用来使上、下行数字信号适配进原来的模拟信道。

上行信道使用同轴电缆的 5～42 MHz 频段,这一频段对无线设备(如无线广播、寻呼和移动台)和家用电器产生的干扰很敏感,而树形的分支结构又使在各用户端受到的干扰在会聚点叠加,这称为"**漏斗效应**"。漏斗效应使上行信道的信噪比降低。采用抗干扰能力较强的先进的调制技术,以及在用户接口处设置滤波器阻断未使用的频段等方法可以部分地解决这一问题。另一种解决方案是划分频带时避开最易受干扰的频段而选用较高的频段,例如 42～108 MHz,作为上行信道;或者减少服务区内的用户数以减少引入上行信道的干扰。后者同时可以使每一个用户占用的上行信道带宽增加,有利于采用抗干扰能力较强的调制技术。上行信道在许多现有的商业系统中采用 QPSK 或 16QAM 调制。由于上行信道频带较窄,又不像下行信道那样有规范的频道划分,为了有效地利用频带资源,常常将该频段划分成一系列子频段,使网络运营者可以针对不同业务进行分配,也可以动态地进行频率分配。典型的上行比特率根据使用子频段的带宽可以从 128kb/s 到 10Mb/s。

HFC 的下行信道按 8MHz 的宽度划分成不同的频道。下行数字信号(数字电视或音频广播、点播电视、数据、电话等)采用多进的残余边带调幅(VSB/AM)、多进正交调幅(QAM)或正交频分复用(OFDM)技术调制到中频,再经高频调制后进入相应的频道。其中 QAM 的频谱利用率较高,例如 64 QAM 可以达到 5 b/s·Hz,在一个 8 MHz 的标准频道内可以传输速率约 40 Mb/s 的数据,也就是说,在原来一路模拟电视(加伴音)的频带中,可以传 6 路 6 M MPEG2 的数字电视。

如前所述,HFC 的上行和下行信道都是共享的,下行信道按固定频道划分,其频带资源可以由头端设备进行分配,而由上百个用户共用的上行子信道则存在着多址接入的问题。此外,利用 HFC 网络传送多媒体数据时,其上行和下行信道均需要采用前向纠错编码来提高抗干扰的能力。

4. 系统结构

图 6-38(a)给出了一个支持交互式多媒体应用的 HFC 系统的简要方框图。该系统仍保持原来传输模拟(或数字)电视的功能。模拟(或数字)电视通过地面广播、卫星广播或光缆线路传输到头端,在头端经过频率转换送进有线电视的相应频道。在用户端,模拟电视信号直接进入模拟电视机,数字电视信号则需经过机顶盒 STB(解调和解码)转换成模拟信号再接入模拟电视机。

在提供宽带数据业务,如 IP 电话、因特网接入时,头端有一个**电缆调制解调终端设备 CMTS**(Cable Modem Termination System),其简要方框如图 6-38(b)示,其中 H.323 是 IP 电话的一个标准(见 8.2.3 节)。在 CMTS 中,来自 LAN 或 WAN 的数据经过调制/解调以适应 HFC 上行和下行传输信道的频带要求。在用户端完成对应功能的装置称为**电缆调制解调器 CM**(Cable Modem),它的输出端为一个、或多个以太网接口[见图 6-38(a)]。CMTS 和电缆调制解调器的功能相当于一个路由器,用户终端像通过永久性虚连接直接接到这个路由器的本地以太网段上一样。在下行方向上,IP 包在指定的频道上以广播方式传播,所有的 CM 都可以接收到。但在上行方向上,多个 CM 在争用信道时,距离 CMTS 较远的 CM 不能侦听到比它距 CMTS 更近的 CM 的发送情况,因此,一般的 MAC 协议如 CSMA/CD 和控制令牌,不能在这种情况下应用。**DOCSIS**(Data-Over-Cable Service Interface Specification)/IEEE 802.14 是电缆调制解调系统广泛采用的标准。对于这个标准我们后面将会简要地讨论。

图 6-38(a)的系统在提供交互式视频业务,如交互电视、VOD 等时,头端的视频服务器能够同时输出多个视频码流。这些码流经过复接器、数字调制(如 64 QAM)和高频调制到指定的频道上,然后与其他频道信号混合进行传输。在接收端,机顶盒接收该频道上的高频信号将其解调成数字基带信号,并完成解压缩和 D/A 变换,最后将恢复出的模拟信号送到电视机。用户通过输入设备(如遥控器)发出的交互/点播命令,需要通过上行信道送给视频服务器。如果机顶盒中内嵌了电缆调制解调器,则交互命令可通过上行数据信道传输。

5. 电缆系统数据传输标准

我们在这里简要介绍 **DOSIS**/IEEE 802.14 标准的原理。

在电缆数据传输中,CM 之间不能相互直接通信,需要经过 CMTS 转发。同时,CM 是一个无硬盘设备,需要 CMTS 对它进行配置和管理,此外 CMTS 还负责对上行多址接入进行控制。

为了实现对 CM 的配置,除了连接在 CM 上的用户终端有各自的 MAC 地址外,CM 本身有自己的 48 位 MAC 地址。图 6-39 表示出电缆数据传输的协议栈。图中双箭头的实线表示逻辑路径,双箭头的虚线和点画线表示物理路径。为了使 IP 层以下的层对用户都是透明的,在 CM 中对 IP 包的传递在 MAC 子层进行,因此 CM 的作用相当于桥;而在 CMTS 中,IP 包的传递在 IP 层进行,因此 CMTS 对于所有连接在电缆上的用户终端而言相当于因特网的接入网关。CM 和 CMTS 分别还有 MAC 层和 IP 层以上的协议栈,其作用是完成对 CM 的配置和管理。在 CM 完成注册和配置之后,CMTS 给予它一个服务标识 SID(Service Identifier)。

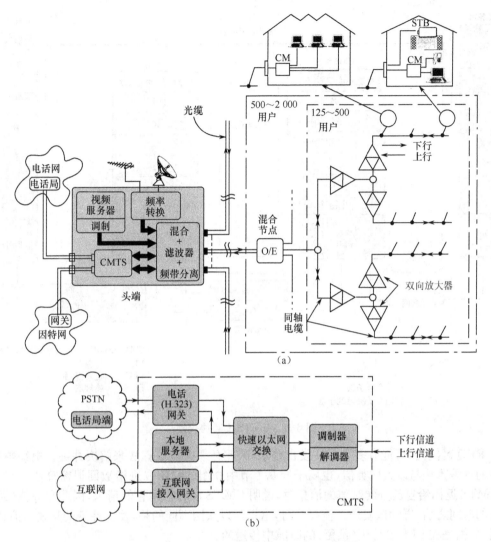

图 6-38 (a)HFC 系统构成;(b)CMTS 框图

如前所述,CM 不能完全侦听到所有其他 CM 的发送情况,需要 CMTS 对上行多址接入进行控制。首先,上行信道按照固定的时间间隔分成一系列传输周期,每个周期又分为多个等间隔的小时隙。在一个传输周期内,有一段时间(包括若干小时隙)作为各 CM 申请上行信道的时间,称为 **REQ 区间**;其他时间用来传输上行数据。当 CM 需要传输数据时,它在当前周期的 REQ 区间内向 CMTS 发出要求一定带宽的请求。CMTS 根据接纳算法决定是否接纳请求并分配给它一定数量的小时隙,这个信息连同该 CM 的 SID 一起在下行信道中广播。提出请求的 CM 获知分配给它的时隙位置后,在下一周期的相应时间内发送自己的数据。如果获知分配给它的时隙数为零,则表示尚未被接纳,还需要等待再一个周期。

HFC 网络通常覆盖一个相对广阔的地域,信号在电缆中的传播时间不能忽略。由于距 CMTS 的距离不同,每个提出请求的 CM 收到返回信息的时间也不同。要使各 CM 发送的数据在到达 CMTS 时正好准确地处在分配给它的时隙中,这就要求:①各 CM 的时钟与 CMTS 的主时钟同步;②每个 CM 必须事先知道它到 CMTS 的双程延时。同步和测距都需要在 CM 传输数据之前的初始化过程中完成。这里的问题和解决方案与 6.9.2 节中介绍的无源多星形结构上行信道类似。

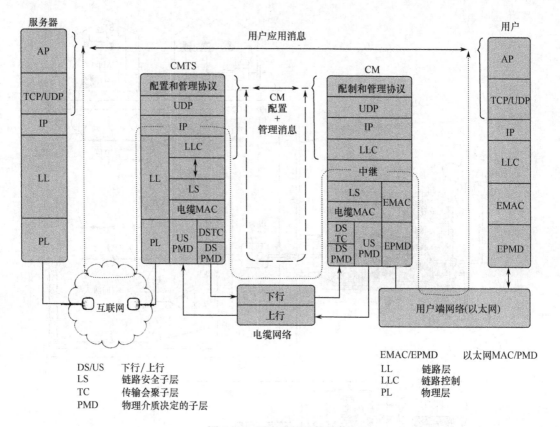

图 6-39 CMTS/CM 协议栈

在 REQ 区间内,可能有多个 CM 发出请求,因此必须有竞争算法来解决冲突。电缆数据传输中使用的竞争算法与以太网类似,也属于 6.5.1 节中介绍的截断二进指数回退窗算法。当 CM 收不到 CMTS 返回给自己分配时隙的消息时,说明 CMTS 没有收到它的请求,因此它等待(回退)一个随机的时间之后,再尝试发送。需要注意,这里与以太网不同的是,发生冲突的是请求消息,而不是数据;数据是在 CMTS 分配(预留)的时隙中传送的。

由于数据传输带宽(时隙)是由 CMTS 统一分配的,因此电缆数据传输系统可以支持不同级别的 QoS。除了"尽力而为"的服务外,它还支持以下服务:

(1) 主动提供传输机会(Unsolicited Grant):为实时媒体传输周期性地预留固定的时隙,适于固定包长的实时媒体的传输;

(2) 实时邀请(Real-Time Polling):CMTS 周期性地向传输实时媒体数据的 CM 发出预留带宽的邀请,适于变包长的实时媒体的传输;

(3) 带有静默检测的主动提供传输机会(Unsolicited Grant with Activity Detection):在为一个 CM 主动提供传输机会时,如果 CMTS 发现该 CM 没有利用这些传输机会,例如正处于语音的静默期,则停止分配给它传输机会。如果 CM 再度有数据发送,它向 CMTS 发出请求,CMTS 恢复对它的主动提供传输机会的服务;

(4) 非实时邀请(Non-Real-Time Polling):此服务用于大数据量,例如大文件的传输。CMTS 周期性地向 CM 发出预留带宽的邀请(避免了请求消息的竞争),这可以在网络负荷较重时,缩短传输大文件的时间。

6.10 网络融合的水平模型

许多年来，我们所获得的各种信息服务是通过不同的网络提供的，移动电话、普通电话、计算机业务和电视分别由蜂窝移动网、公用电话网、计算机网（局域网、城域网等）和广播电视网（地面、卫星、电缆电视网等）所支持。每个网络有自己独立的接入系统、骨干传输和交换系统，这种提供多种业务的方式如图 6-40(a) 所示，称为**垂直模型**。垂直模型显然不利于提供各种媒体集成在一起的多媒体业务。正如 1.5.1 节所总结的，近年来通信网、计算机网和广播电视网络融合的趋势正在改变这种模型，不同类型的传输技术和接入技术将逐渐统一到一个框架下，各种业务都在 IP 之上提供。图 6-40(b) 给出了下一代网络的示意图，图中不同的终端通过不同的接入网接入到统一的传输网络上，各种业务都通过这个统一的传输网络（由不同类型的传输技术构成）传送。图 6-40(c) 给出了 (b) 的层次结构，这种模型称为**水平模型**。水平模型的好处是，应用、控制和传输完全分离，各个层可以独立于其他层进行演变和改进。我们在 6.7.3 节讨论 GMPLS 时看到的，控制层和连接层（也称承载层）的分离就是一个很好的例子。

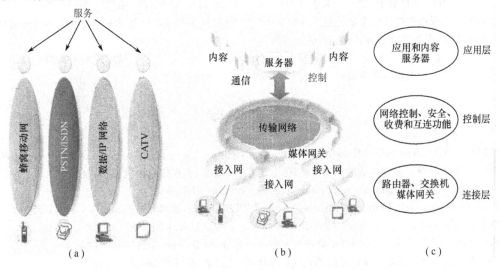

图 6-40　网络融合的垂直模型和水平模型

在水平模型的框架下，2004 年 ITU－T 在它的两个建议中对下一代网络 **NGN**（Next Generation Network）的基本特征作了定义[11,12]，其中主要包括：①它是一个包交换的网络；②具有 QoS 机制；③与业务有关的功能独立于底层与传输有关的技术；④能够让用户自由地通过有线和无线宽带网络接入他们想要的业务；⑤支持固定和移动的终端，为用户提供无处不在的一致的服务。

习 题 六

6-1 什么是传输延时、传播延时和端到端的延时？多媒体会议业务的实时性要求针对的是以上三种中的哪一种延时？

6-2 从通信建立时间、传输延时、延时抖动、带宽利用率、对实时业务的支持、包传输次序及丢失和 QoS 保障等方面对下列网络进行比较：(1) 电路交换与分组交换网络；(2) 面向连接与无连接网络。

6-3 假设欲在北京、天津、上海、广州、重庆、武汉、沈阳和乌鲁木齐 8 个城市之间通过 DDN 或 N－ISDN 线路召开电视会议，并以北京为主会场。而已购买的 MCU 设备每个只有 4 个端口，试做如下设计：

(1) 完成上述业务的网络逻辑结构图；(2) 设备安装地点（城市）和线路连接图。

6-4 你对计算机网络中的桥、网关和路由器的作用有哪些了解？

6-5 IP 多播协议 IGMP 的工作方式为:①主机通过包括本地网上所有站点的多播地址发送一个 IGMP 消息说明自己要参加哪个组,本地多播路由器收到此消息后,将此信息分发给其他多播路由器以建立多播路由;②本地多播路由器周期性地检查本地网上的主机是否仍在组内,如果在连续几次检查中,没有主机应答表示它仍在组内,则本地路由器停止向其他多播路由器分发本地网组成员的信息。问:

(1) 为什么多播路由器需要了解本地网上有无组成员?

(2) 该协议如何支持组成员的动态变化?

(3) IGMP 消息采用的是无 QoS 保障的 IP 报文,如果请求消息丢失,会发生什么情况? 如果应答消息丢失,又会发生什么情况?

(4) 如果一个主机与两个子网相连,则它只需要在其中一个子网上加入多播组。以一个跨子网的电话会议为例,说明为什么。

6-6 请对 IP 网的 Intserv 和 diffserv QoS 保障机制的复杂度和性能做出评价。它们能够提供定性的还是定量的、确定的还是统计意义上的 QoS 保障?

6-7 你如何理解 RSVP 作为信令协议在 DS 服务中的应用?

6-8 业务流的概念是什么? 这一概念是如何在 IPv6 中得到应用的?

6-9 什么是半双工和全双工工作? 吉比特以太网和传统的以太网在哪些方面相同,在哪些方面不同?

6-10 从图 6-31 和图 6-37 来看,能否认为通过 HFC 用户可以获得比 ADSL 高的带宽? 为什么?

6-11 假设在一个无线网络的整个覆盖范围内的信号都足够强,但是在某些区域信号会被建筑物等所阻挡。在这样的情况下,是否存在隐藏站问题? 解释原因。

6-12 在光纤-同轴电缆接入中,上、下行的频带是如何划分的? 在下行信道中如何实现数十甚至上百个数字电视节目的广播? 在上行信道中如何实现众多用户的不同指令的上传?

参考文献

[1] F. Fluckiger, Understanding Networked Multimedia Applications and Technology, London: Prentice Hall, 1995

[2] [美]F. Halsall 著. 多媒体通信. 蔡安妮,孙景鳌等译. 北京:人民邮电出版社,2004

[3] N. F. Mir, Computer and Communication Networks, Prentice Hall, 2007

[4] F, Le Faucheur, et al., Multiprotocol label switch(MPLS)support of differentiated sevecise, RFC 3270, 2002

[5] D. Awduche, et al., Requirements for traffic engineering over MPLS, RFC 2702, 1999

[6] E. Crawtey et al., A framework for QoS-based routing in the Internet, RFC 2386, 1998

[7] [美]T. H. Cormen 等著. 算法导论(第二版 影印版). 北京:高等教育出版社,2002

[8] B. Jamoussi, et al., Constraint-based LSP setup using LDP, RFC 3212, 2002

[9] D. Awduche, et al., RSVP-TE: Extensions to RSVP for LSP tunnels, RFC 3209, 2001

[10] S. Mao, et al., "Multipath video transport over ad hoc networks," IEEE wireless communication, Aug. 2005, 42-49

[11] ITU-T Rec. Y. 2001, General overview of NGN functions and characteristics, 2004

[12] ITU-T Rec. Y. 2011, General principles and general reference model for next generation network, 2004

第 7 章　多媒体同步与数据封装

7.1　概述

本章将讨论两个并不相同,但又互有联系的问题:多媒体同步与多媒体数据封装。

同步是在各类通信系统中经常遇到的一个概念,它往往与统一的时间基准(或者说时钟)相关联。例如收、发端的同步表示收、发端时钟是同频率和同相位的;网同步表示全网有统一的时钟等。而本章所讨论的是**媒体同步**,它虽然与时钟同步有密切的关系,但是所包含的概念更为宽泛。媒体同步是由多媒体数据所具有的独特特征而引发出的问题,换句说话,只有在多媒体系统中才有多媒体同步的问题。也正因为如此,本章对多媒体同步的讨论需要从介绍多媒体数据的特点开始。

数据封装是指多媒体数据(包括已经压缩后的音视频)在进行传输和存储之前如何对其包装。如果存储,需要用一定格式的文件将其封装;如果传输,则需要用一定格式的传输层协议将其打包,以适配底层的传输网络。在本章的开始我们将会看到,多媒体数据的特点是不仅包含媒体内容,还包含它们之间的同步关系,因此多媒体数据的封装同时要考虑到同步关系的封装。这就是本章讨论的两个问题的相关联之处。

本章首先在分析多媒体数据的特点之后,介绍多媒体同步的概念和实现多媒体同步的基本方法。然后,分别讨论广播应用和宽带应用所使用的传输协议,以及存储应用所使用的文件格式。所谓**广播应用**是指通过地面、卫星或电缆传播的数字广播电视和移动数字电视(如 DVB-H);而**宽带应用**则是指通过因特网传播的各种流式多媒体应用。我们将在 7.7 和 7.8 节中分别介绍这两类应用的传输层协议;在 7.9 节介绍典型的多媒体文件格式。这些协议和文件格式给出了媒体数据及其同步关系的封装方法。针对不同的封装方法,还将给出一些实现多媒体同步的示例。最后,本章将介绍 MPEG 为全 IP 网络制定的新一代多媒体传输协议 **MMT**。

7.2　多媒体数据

7.2.1　连续媒体数据与静态媒体数据

已在 1.2 节中讲过,多媒体数据是由在内容上相互关联的文本、图形、图像、动画、语音和活动图像等媒体数据构成的一种复合信息实体。多媒体数据的形成过程,就是这些不同类型数据在计算机的控制之下合成的过程。在这一过程中,每一种媒体数据都是以数字化的方式被表示、存储、传输和处理的。其中,有着严格时间关系的音频、视频等类型的数据称为**实时媒体**数据或**连续媒体**(Continuous Medium)数据,其他类型的数据被称做**非实时媒体**数据、**离散媒体**(Discrete Medium)数据或者**静态媒体**数据。一般地讲,在涉及多媒体数据时,意味着这种复合数据体中至少包含一种非实时数据和一种实时数据。

虽然不同媒体类型的数据都可以表示为数字信号,但其特点各不相同。按数据对时间的敏感性和数据生成方式的差别,可以将不同媒体类型的数据划分为表 7-1 所示的几类。

表 7-1 媒体数据的成分

时间敏感性 生成方式	连续媒体(敏感)	静态媒体(不敏感)
获取(源自现实世界)	声音、视频信号	静止图像
合成(由计算机完成)	动画	文本、图形

声音、视频和静止图像通常是由某种采集设备(如麦克风、摄像机、扫描仪等)直接获取,经 A/D 转换后进入计算机系统的,这称为获取数据;由计算机生成的动画、文本、图形等数据则称为**合成(Synthetic)数据**。不过,随着语音合成技术、光字符识别技术 OCR(Optical Character Recognition)等新技术的应用,这种划分的界线变得越来越模糊。

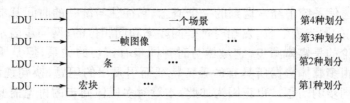

图 7-1 H. 262 码流中 LDU 的不同划分

连续数据可以看成是由**逻辑数据单元** LDU(Logical Data Unit)构成的时间序列,或称为**流(Stream)**。LDU 的划分由具体的应用、编码方式、数据的存储方式和传输方式等因素决定。例如,对于符合 H. 262 标准的视频码流,一个 LDU 可以是一个宏块、一个条、一帧图像,或者是构成一个场景的几帧图像(如图 7-1 所示)等。连续数据的各个 LDU 之间存在着固定的时间关系,例如以一帧图像为一个 LDU,则相继的 LDU 之间的时间间隔为 40 ms(见图 7-2)。这种时间关系是在数据获取时确定的,而且要在经过存储、处理、传输之后在播放过程中保持不变,否则就会损伤媒体显示时的质量,例如产生图像的停顿、跳动,或声音的间断等。在静态数据内部则不存在这种时间关系。

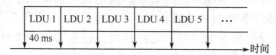

图 7-2 连续媒体 LDU 之间的相对时间关系

7. 2. 2 多媒体数据内部的约束关系

多媒体数据所包含的各种媒体对象并不是相互独立的,它们之间存在着多种相互制约的关系(或称同步关系)。反之,毫无联系的不同媒体的数据所构成的集合不能称为多媒体数据。多媒体数据内部所固有的约束关系可以概括为基于内容的约束关系、空域约束关系和时域约束关系[1]。

1. 基于内容的约束关系

基于内容的约束关系是指,在用不同的媒体对象代表同一内容的不同表现形式时,内容与表现形式之间所具有的约束关系。这种约束关系在数值分析中应用得比较多,例如对原始数据进行分析的结果可以用报表、图形、或者动画的形式反映在最终提交给用户的多媒体文档中。由于人们对于不同类型的媒体有着不同的感受,如报表给人以精确详尽的感觉,图形显得直观,而动画则能让人更好地了解数据的演变过程,因此采用多种表现形式能够使用户对于原始数据有一个全面的认识。

为了支持这种约束关系,多媒体系统需要解决的主要问题是,在多媒体数据的更新过程中确保不同媒体对象所含信息的一致性,即在数据更新后,保证代表不同表现形式的各媒体对象都与更新后的数据对应。解决这一问题的一种办法是,定义原始数据和不同类型媒体之间的转换原则,并由系统而不是由用户来完成对多媒体文档内容的调整。

2. 空域约束关系

空域约束关系又称为**布局**(Layout)**关系**,它用来定义在多媒体数据显示过程中的某一时刻,不同媒体对象在输出设备(如显示器、纸张等)上的空间位置关系。这种约束关系是排版、电子出版物与著作等系统中要解决的首要问题。由这些系统生成的多媒体文档被称为**结构化文档**。

办公室文档结构 ODA(Office Document Architecture)是一种定义结构化文档的国际标准,由 ISO 制定(ISO 8613 系列),后为 ITU 所支持,并更名为开放性文档结构(T.410 协议系列)。ODA 标准主要针对办公环境下常见的文档类型(如信件、报告、备忘录等),以及由文字处理程序生成的文档(可包含文本、图形、图像)而制定。早期的 ODA 标准不支持声音、活动图像等连续媒体;经扩展后的标准 HyperODA 文档可以支持声音、活动图像、超级链以及对各数据体之间时域关系的定义[2]。

ODA 定义了逻辑文档结构和布局文档结构,并采用树状模型对这两种结构进行层次化描述。文档内容(即各媒体对象)被存放在叶子中,叶子的属性表明了数据的媒体类型。文档的逻辑结构表示内容的组织方式,如章节、标题、注解等;布局结构则描述了各数据体之间的空域关系。媒体对象和基本布局对象之间存在着确定的映射关系,而基本布局对象和输出设备的某一矩形区域相对应,其位置可以根据输出设备上的某一固定点或与其他基本布局对象的相对关系来标注。如图 7-3 所示,多个基本布局对象又可构成复合布局对象,从而形成表示媒体对象间空域关系的树状结构。

3. 时域约束关系

时域约束关系(或称时域特征)反映媒体对象在时间上的相对依赖关系,它主要表现在如下两个方面:

(1) 连续媒体对象的各个 LDU 之间的相对时间关系;

(2) 各个媒体对象(包括连续媒体对象以及静态媒体对象)之间的相对时间关系。

连续媒体对象内部 LDU 之间的时间约束关系已在图 7-2 中做了说明。图 7-4 给出了媒体对象之间的相对时间关系的例子。图中表示声音 1 和电视图像同时播放,继而播放三幅静止图像(P_1、P_2、P_3),然后播放一段动画,动画期间插入声音 2。

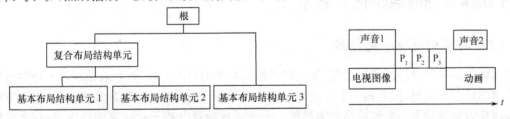

图 7-3　ODA 的布局文档结构　　　　图 7-4　不同媒体对象之间的时间约束关系

媒体对象之间的时域约束关系按照确立这种关系的时间来区分,可以分为**实时**(Live)**同步**和**综合**(Synthetic)**同步**两种。实时同步是指在信息获取过程中建立的同步关系。例如,人的口形动作和声音之间的配合,通常称为**口形**(或**唇**)**同步**(Lip-Sync);又如,当处于不同地点的多个与会者在各自的计算机上观看同一幅图表,其中一人用箭头指着图表作解说时,出现在其他人的屏幕上的箭头必须和解说一致,这称为**指针同步**(Pointer-Sync)。口形同步与指针同步都属于实时同步。综合同步是指在分别获取不同的信息之后,再人为地指定的同步关系。在播放时,系统将根据指定的同步关系显示有关的信息。在图 7-4 所示的例子中,录像片断、3 幅静止图像和动画之间的串联顺序就属于综合同步关系。综合同步可以事先定义,也可以在系统的运行过程中定义。例如在一个导游系统中,根据用户即时输入的要求,系统自动地产生对某条旅游路线的解说,配合介绍该条路线的录像也同时播放。解说与录像之间的时间约束关系就是在运行过程中指定并执行的。

在上述 3 种约束关系中,时域特征是最重要的一种。当时域特征遭到破坏时,用户就可能遗漏或者误解多媒体数据所要表达的信息内容。例如在观看体育比赛的现场直播时,电视画面的暂时中断或不连贯,会妨碍观众对比赛过程的准确了解,而这种画面的中断或不连贯就是时域特征遭到破坏的具体表现。由此可以理解,时域特征是多媒体数据语义的一个重要组成部分。时域特征被破坏,也就破坏了多媒体数据语义的完整性。在本章后面的叙述中,将只讨论有关时域约束关系方面的问题。

7.2.3 多媒体数据的构成

根据上面的讨论,多媒体数据的构成可以用图 7-5 来表示。其中主体部分是不同媒体(如文字、图形、图像、声音和活动图像)的数据,这些数据包含了所要表达的信息内容,称为构成多媒体数据的**成分数据**。除了成分数据之外,它们之间的约束关系(同步关系)也是构成多媒体数据的不可缺少的组成部分。这些约束关系称为**同步规范**(Synchronization Specifications)。在存储和传输成分数据时,必须同时存储和传输它们之间的同步关系。在对成分数据作处理时,必须维持它们之间的同步关系。当只考虑时域同步关系时,时域同步规范由**同步描述数据**和**同步容限**两部分组成。同步描述数据表示媒体内部和媒体之间的时间约束关系,同步容限则表示这些约束关系所允许的偏差范围。

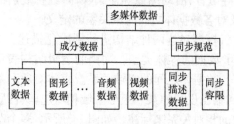

图 7-5 多媒体数据的构成

上述结构反映了多媒体数据与传统的计算机数据的本质区别,并由此产生了多媒体系统中的同步问题。多媒体同步所研究的主要问题是:

(1) 如何表示(描述)多媒体数据的时域特征;

(2) 在处理多媒体数据的过程中(如采集、传输、存储、播放等),如何维持时域特征。完成第二项工作的机制称为**同步机制**。

7.3 多媒体数据时域特征的表示

7.3.1 时域场景和时域定义方案

对多媒体数据的时域特征进行抽象、描述以及给出必要的同步容限,是在表示时域特征的过程中所要完成的任务。这里,抽象是一个忽略与时域特征不相干的细节(如数据量、压缩及编码方式等)、将多媒体数据概括为一个时域场景的过程。一个时域场景由若干时域事件构成,每一个时域事件都是与多媒体数据在时域中发生的某个行为(如开始播放、暂停、恢复以及终止播放等)相对应的。时域事件可以认为是瞬时完成的(例如在第 6 秒开始播放一段电视图像等),也可以认为是持续一段时间的(例如播放过程持续 6 分钟等)。如果一个时域事件在场景中的位置可以完全地确定,称该事件为**确定性时域事件**,否则就是**非确定性时域事件**。例如,暂停播放、恢复播放等事件在时域场景中的位置不能事先确定,只有在播放多媒体对象的过程中,才能够根据用户交互的实际情况确定下来。凡是包含有非确定性时域事件的场景为非确定性时域场景,反之则为确定性时域场景。例如对图 7-6 所示的两个时域场景来说,图(a)场景中不含有任何非确定性时域事件,因而是确定性时域场景。在图(b)场景中,由于 p 事件和 r 事件的位置有待于在具体播放过程中确定,所以这两个事件为非确定性时域事件,它们使得 e_4、s_5、e_5 成为非确定性时域事件。这些非确定性时域事件的存在决定了(b)场景为非确定性时域场景。由于在每次播放同一个多媒体对象的过程中,非确定性时域事件在场景中的位置往往是不相同的,这就意味着表示及处理非确定性时域场景的难度,要比确定性时域场景大得多。

在将一个多媒体对象抽象为一个时域场景之后,需要利用某种**时间模型**对场景加以描述。时间模型是一种数据模型,由若干基本部件以及部件的使用规则构成。它是在计算机系统内部为时域场景建模的依据。建模的结果通过某种形式化语言转化为形式化描述,这种形式化描述就是同步描述数据。时间模型及相应的形式化语言则合称为**时域定义方案**(Temporal Specification Scheme)[3]。

为了使同步机制能够了解并维持多媒体对象的时域特征,除了同步描述数据以外,还需要向同步机制提出必要的服务质量要求,这种要求是用户和同步机制之间,在应当以何种准确程度来维持时域特征方面所达成的一种约定。这种约定就是我们在前面所说的同步容限。

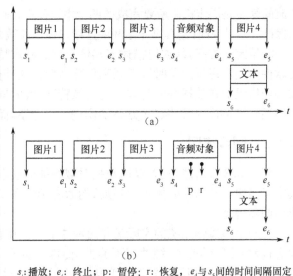

s_i:播放; e_i:终止; p:暂停; r:恢复, e_4 与 s_5 间的时间间隔固定

图 7-6 确定性时域场景和非确定性时域场景

7.3.2 时域参考框架

时域参考框架(如图 7-7 所示)是研究多媒体同步的一个很好的基础。它不仅有助于分析、比较各种时间模型的优缺点,也为综合不同模型的优点并结合具体应用来定义新的时间模型提供了思路。

图 7-7 时域参考框架

时域参考框架由多媒体场景、时域定义方案和同步机制 3 部分构成。多媒体场景是对多媒体数据时、空等方面特征抽象的结果,反映了多媒体数据在这些方面所具备的语义,而时域场景则是多媒体场景的一个重要组成部分,是时域定义方案处理的对象。

如前所述,时域定义方案是在计算机系统内为时域场景建模并对建模结果进行形式化描述的方法,由时间模型和形式语言两部分构成。前者为时域定义方案的语义部分,而后者为其语法部分。其中时间模型由基本时间单位、关联信息和时间表示技术 3 部分组成。基本时间单位是用来定位时间的元素,如时刻或时间间隔。关联信息描述时域事件的组织方式,例如可以用时刻(如几点几分开始)或间隔(如持续 10 分钟)定义某个时域事件在时域场景的位置,也可以用事件间的相互关系(如 B 事件发生于 A 事件之后第 3 秒)来描述时域事件的次序。而时间表示技术则是时间模型依照关联信息来定义场景中各事件与时间轴之间对应关系的方法。通过时域定义方案把时域场景转化为同步描述数据。同步描述数据则是同步机制处理的对象。

同步机制是一种服务过程,它能够了解同步描述数据所定义的时域特征,并根据用户所要求的同步容限,完成对该特征的维护(在处理、传输和运行过程中保证时域特征不遭到破坏)。**流内同步**

与**流间同步**是同步机制所要完成的两个主要任务,前者旨在维护连续媒体对象内部的时域关系,后者以保持媒体对象间(连续媒体之间或连续媒体与离散媒体之间)的时域关系为目的。

时域定义方案,即如何描述多媒体数据的时域特征,通常是多媒体著作软件中涉及的问题,这类软件为用户提供定义时域关系和创建多媒体文档的一组工具。由于本书着重于多媒体通信,仅关心如何维护在数据获取时建立的时域特征(实时同步),不涉及时域特征的人为指定,因此,我们对描述时域特征的时域定义方案不作进一步介绍,而主要讨论维护实时时域特征的同步机制。

7.3.3 同步容限

如 7.2.3 节所述,对多媒体数据时域特征的表示包含同步描述数据和同步容限两个部分,前者决定了多媒体数据在时域中的布局,而后者则包含了对同步机制服务质量的要求。二者结合起来称为同步规范。

在一个多媒体系统的实际运作过程中,总存在着一些妨碍准确恢复时域场景的因素,例如其他进程对 CPU 的抢占、缓冲区不够大、传输带宽不足等,这些因素往往导致在恢复后的时域场景中,时域事件间的相对位置发生变化(如图 7-8 所示)。我们将这种变化称为**事件间偏差**(Skew)。属于同一媒体对象的时域事件之间的偏差称为**对象内偏差**,不同媒体对象的时域事件之间的偏差为**对象间偏差**。偏差的存在必然会造成多媒体同步质量的降低,而同步容限则包含了用户对偏差许可范围的定义。同步机制需依据同步容限,保证在恢复后的时域场景中,事件间的偏差在其许可范围之内。

对多媒体同步质量的评估方式,直接影响着用户对偏差许可范围的规定。由于很难找到定义偏差许可范围的客观标准,通常采用的办法是主观评估。虽然由主观评估所得到的偏差许可范围并不是十分准确,但仍可作为设计多媒体同步控制机制的参照。对于对象内的偏差,人们能够察觉 30 ms 左右的图像信号的不连续性,而一个连续的单音调的声音信号间断 1 ms 便能察觉得到。对于对象间的偏差,表 7-2 给出了由主观评估所得到的大致许可范围[1]。

表 7-2 媒体间偏差的许可范围

媒体		条件	许可范围
视 频	动画	相关	±120 ms
	音频	Lip-syn	±80 ms
	图像	重叠显示	±240 ms
		不重叠显示	±500 ms
	文本	重叠显示	±240 ms
		不重叠显示	±500 ms
音 频	音频	紧密耦合(立体声)	±11 μs
		宽松耦合 (会议中来自不同参加者的声音)	±120 ms
		宽松耦合(背景音乐)	±500 ms
	图像	紧密耦合(音乐与乐谱)	±5 ms
		宽松耦合(幻灯片)	±500 ms
	文本	字幕	±240 ms

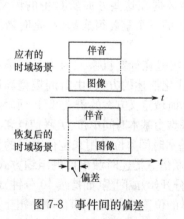

图 7-8 事件间的偏差

7.4 分布式多媒体系统中的同步

我们将信息获取、处理、存储和播放都在一台多媒体计算机中进行的系统称为单机系统,而信息的提供者(信源)和接收者(信宿)相处异地、需要由网络相连接的系统称为**分布式多媒体系统**。虽然在单机系统中也存在媒体同步的问题,但是在分布式系统中的同步问题则更为重要。

7.4.1 分布式多媒体系统的结构

图 7-9 给出了分布式多媒体系统可能具有的结构。图(a)所示的是只有一个信源和一个信宿的情况，称为点对点结构。可视电话是这种结构的一个典型应用。图(b)是一点对多点结构，由一个信源向多个信宿发送信息。远程教学、IPTV 等应用都属于这种情况。图(c)为一个信宿、多个信源的结构，这可以是一个用户从分布式数据库中得到查询的结果，例如从一个数据库中得到视频信息，而从另一个库中获得相关的音频信息。图(d)则是多点对多点的情况。在这里用户构成了一个组，组内的用户可以为信源，也可以为信宿，或者既是信源又是信宿，多媒体会议就是这种结构的典型例子。

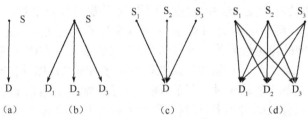

图 7-9　分布式多媒体系统的结构

在有多个信宿的情况下，多媒体同步除了要考虑媒体内部和媒体之间的同步外，还存在一个特殊的问题，就是在一些应用中，从一个信源传输到多个信宿的信息，无论信宿距离信源远近，都希望在所有的接收地点同步地播放，以达到"公平性"。例如，在交互式远程教学中，教师提出的问题应该让所有同学同时听到，以便回答；在 1.5.2 节中提到的"社交电视"中，所有观看者在同一时刻应该看到相同的画面，以便相互实时地交谈和评论。这种同步通常称为**多目的地同步**，或**组同步**，或群同步。要求从多个源发送到同一或多个接收端的媒体流同步地播放，也属于组同步问题。

7.4.2 影响多媒体同步的因素

在分布式多媒体系统中，信源产生的多媒体数据需要经过一段距离的传输才能到达信宿。在传输过程中，由于受到某些因素的影响，多媒体数据的时域约束关系可能被破坏，从而导致多媒体数据不能正确地播放。下面将可能影响多媒体同步的因素，分别叙述如下：

1. 延时抖动

信号从一点传输到另一点所经历的延时的变化称为**延时抖动**。系统的很多部分都可能产生延时抖动。例如从磁盘中提取多媒体数据时，由于存储位置不同导致磁头寻道时间的差异，各数据块经历的提取延时有所不同；在终端中，由于 CPU、存储单元等资源的不足可能导致对不同数据块所用的处理时间不等；在网络传输方面如 6.2.1 节所述，也存在着许多因素使信源到信宿的传输延时出现抖动。

延时抖动将破坏实时媒体内部和媒体之间的同步。图 7-10 给出了网络延时抖动对同步破坏的例子。在信源端，视频流和音频流内各自的 LDU 之间是等时间间隔的，两个流的 LDU 之间在时间上也是对应的。在信宿端，由于各个 LDU 经历的传输延时不同，视频流和音频流内部 LDU 的时序关系出现了不连续，二者之间的对应关系也被破坏。

2. 时钟频率偏差

在无全局时钟的情况下，分布式多媒体系统的信源和信宿的时钟频率可能存在着偏差。由于在多媒体系统中，时钟是时间计量的基准，因此我们常常从时间、而不是从频率的角度来对两个时钟进行比较。在某个时刻两个时钟显示的时间差别称为二者的相对**时间偏差**(offset)。如果两个

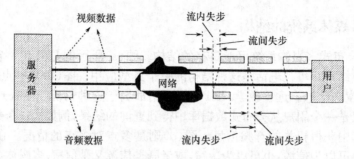

图 7-10 传输延时抖动对多媒体同步的破坏

时钟的频率不同,则二者的时间变化快慢(速度)不同,这个差别称为相对计时速度偏差,也可以称为相对**频率偏差**(skew)。两个时钟计时速度(频率)变化率的差别,称为二者的相对**频率漂移**(drift)。频率漂移与时钟的稳定性有关。收、发时钟之间如果只存在固定的时间偏差不会对多媒体同步造成破坏。如果二者之间存在频率偏差或频率漂移则对多媒体同步产生影响。

多媒体数据的传送是基于发送时钟进行的,而它的播放则是由信宿端的本地时钟驱动的。如果信宿的时钟频率高于信源的时钟频率,经过一段时间后可能在收端产生数据不足的现象,从而使连续媒体播放产生停顿;反之,则可能使收端缓存器溢出,图 7-11 描述了这两种情况。图中从原点开始的直线表示各 LDU 的发送时刻,箭头的长度表示每个 LDU 的传输延时,T 为播放的起始延时,从 T 开始的直线表示各 LDU 开始播放的时刻。两条直线的斜率差反映了收、发时钟的频差,深色区域代表 LDU 在缓存器内停留的时间。从图(a)看出,由于接收时钟频率低于发送端,一段时间后缓存器会溢出。当接收时钟频率高于发送端时,从图(b)看出,一段时间后播放时刻已经早于 LDU 的到达时刻(缓存器变空)。

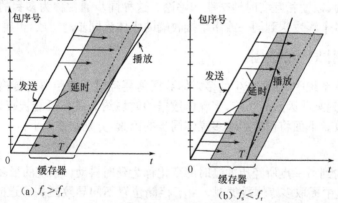

图 7-11 收发时钟频率偏差对多媒体同步的影响

3. 不同的采集起始时间或不同的延时时间

在多个信源的情况下[如图 7-9(c)和(d)],信源必须同时采集和传输信息。例如一个信源采集图像信号,另一个采集相关联的伴音信号,如果二者的采集的起始时间不同,在接收端同时播放这两个信源送来的媒体单元必然出现同步的问题。两个信源到信宿的传输延时不等或者打包／拆包、缓存等时间的不同,也会引起同样的问题。又如会议多个参与者的信号需要在某个中间节点混合成一个信号后,传送给其他(或所有)参与者,如果参与者的发送起始时间不同或到中间节点的传输延时不同,在信宿端则得不到按正确时间关系混合的信号。

4. 不同的播放起始时间

在有多个信宿的情况下[见图 7-9(b)和(d)],各信宿的播放起始时间应该相同。如前所述,在某些应用中,公平性是很重要的。如果用户播放的起始时间不同,获得信息早的用户较早地对该信息作出响应,这对其他用户就是不公平的了。以上 3 和 4 两个因素通常为组同步中存在的问题。

5. 数据丢失

传输过程中数据的丢失相当于该数据单元没有按时到达播放器,显然会破坏同步。

6. 网络传输条件的变化

我们在第 6 章中看到,在一些重要的网络上,例如 IP 网等,网络的传输延时、数据的丢失率均与网络的负载有关,因此在通信起始时已经同步的数据流,经过一段时间后可能因网络条件的变化而失去同步。

7.4.3 多级同步机制

在实际的多媒体系统中,同步机制往往不是作为一个独立的模块存在的,而是分散于系统的各个部分,即每个部分都要采取自己的同步措施,分别保证各自的同步关系。这些部分包括:

(1) 采集多媒体数据及存储多媒体数据时的同步;

(2) 从存储设备中提取多媒体数据时的同步;

(3) 发送多媒体数据时的同步;

(4) 多媒体数据在传输过程中的同步;

(5) 接收多媒体数据时的同步;

(6) 各类输出设备内部的同步。

其中(3)~(5),即发送、传输和接收过程中的同步控制是分布式多媒体系统中特有、而单机系统中没有的,可以总称为**多媒体通信的同步机制**,这将是我们在以后几节讨论的重点。值得指出,本章所讨论的有关同步的方法和思想也可以推广应用到(1)、(2)和(6)中。

在同步机制中,通常首先进行连续媒体的流内同步;然后进行不同媒体流的流间同步;最后再考虑连续媒体和静态媒体之间的同步。由于静态媒体对象自身没有时间特征,而且静态媒体对象与连续媒体对象之间的同步容限又较宽松,两者间的同步控制比较容易实现,所以在多媒体通信中,静态媒体对象的传输以及静态媒体对象和连续媒体对象间的同步控制并不是需要解决的主要问题。我们将主要讨论连续媒体的流内和流间的同步控制。

至于多目的地同步(组同步),由于近年来一些新兴多媒体应用(如社交电视等)的出现,重新激发了研究者在这方面的研究兴趣。组同步技术尚在发展之中,因此本书将不作相应的讨论。

7.5 连续媒体同步的基本方法

建立和维护连续媒体同步的算法已经有很多,它们通常包括如下的几个部分[4]。

(1) 基本控制

多媒体同步的核心问题是要保证接收端多媒体的播放能够严格地遵从源端所定义的媒体单元之间的时间关系。为了让接收端了解这种关系,一个常见的做法是,源端在向外发送 LDU 时在其包头上附加上同步信息,例如**时间戳**(Time Stamp)、**序列号**或**同步标记**(Sync Mark)等。时间戳通常以时钟脉冲的记数表示,代表该 LDU 的生成或发送时刻(按发送端本地时钟计)。如果 LDU 是周期性发送的,则可用序列号代替时间戳。在每个单独的媒体流中插入同步标记,则通常是用来指示接收端在该时间点上检查和调整流间同步的。

几乎在所有的算法中,接收端都有一个**接收缓存器**。到达收端的 LDU 首先进入缓存器,然后按照同步信息的要求输出到播放器播放,如图 7-12 所示。

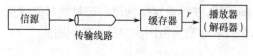

图 7-12　接收缓存器

如果在分布式多媒体系统中存在一个**全局时钟**，例如整个系统内所有的收、发端都通过网络时间协议 **NTP**(Network Time Protocol)、精准时间协议 **PTP**(Precision Time Protocol)或 GPS 同步到一个高稳定度和高精度的时钟源上，如**国际协调时间 UTC**(Coordinated Universal Time)，那么接收端可以通过时间戳确切地了解 LDU 在源端的生成/发送时间。如果收、发两端的本地时钟不同步，那么接收端只能通过时间戳了解 LDU 之间的相对时间间隔。

（2）预防性控制

分布式系统中存在多种因素可能导致多媒体数据时域关系被破坏，因此同步机制的设计必须预先考虑到对这些因素有一定程度的容忍，这就是预防性控制所要完成的任务。恰当地设计接收缓存器的大小是达到此目的的一种常用措施。如果缓存器容量无限大，相当于把整个媒体流全部传送到接收端后再进行播放，显然无论多么大的延时抖动或收发时钟频率偏差都会被缓存器滤除，但此时起始播放延时却可能达到不可容忍的地步。此外，如果媒体流是在通信过程中实时产生的（如可视电话），这种方法也是不可行的。因此，在滤除破坏同步因素的影响和播放起始延时之间取一个合理的折中，是缓存器容量设计需要考虑的主要问题。解决这个问题通常依赖于对网络延时抖动的估计，我们将会从 7.6.1 节看到一个例子。

当缓存器容量固定时，一般也需要根据当前缓存量的多少采取一定措施预防缓存器溢出或变空而导致大面积时域关系被破坏。例如，当缓存量超过某个上限阈值、有溢出风险时，可以有计划地（隔几个 LDU、或在音频静默期、或在视频码流相对不重要的部分）删除一些数据；当缓存量低过某个下限阈值、有变空风险时，重复使用一些数据或插入一些冗余数据。对缓存量的控制也可以通过提高播放频率（降低发送频率）/降低播放频率（提高发送频率）来完成。上述控制当然会影响播放质量，但是主动、有计划的控制比缓存器突然失控溢出或变空引起的播放质量下降要轻得多。

在传输多个媒体流时，可以将每个流分成段，然后将各个流的段交替衔接成一个流进行传输。这对于防止流间同步的破坏有一定好处，因为需要同步播放的不同媒体的数据段总是在相邻时刻传输的。同时，这也允许接收端使用较小的接收缓存器。

（3）再同步控制

这是在流内和流间同步已经被破坏（称为**失步**）时采取的措施，目的是重新恢复同步。恢复同步的过程称为**再同步**。

失步时的接收缓存器溢出或变空，可以通过与预防性控制的数据删除/重复、提高/降低播放速率或降低/提高发送速率类似的方法来解决。一般来说，增/删数据比改变频率容易实现，且对主观听、视觉的影响较小。在使用改变发送速率的方法时，系统需要有一个反馈环路，以便将接收端的同步（或失步）情况告知发送端，以进行适当的发送速率的调整。

在考虑流间再同步时，通常选择其中一个流的时间轴作为基准，这条流称为**主流**(Master)，其余流称为**从流**(Slave)。当检测到媒体流之间的同步关系遭到破坏时，保持主流的播放速率不变，调整从流的播放速率。比较从流与主流速率的快慢，然后加速或减缓从流播放速度，也可以暂停、重复或跳过某些从流数据单元，以达到与主流的一致。

主流的选择一般根据媒体流的重要性、时钟的精确程度等因素来确定。对于音频流和视频流而言，由于听觉对声音的不连续性比视觉对图像不连续的敏感程度要高，因而通常选择音频流为主流，视频流为从流。当然，如果具体应用中有某些特殊的调整功能，例如可以调整声音的静默期的长短的话（听觉对静默期长短的变化不敏感），也可以做相反的选择。

（4）网络条件的监测

7.4.2 节指出，网络传输条件的变化是影响同步的一个因素。像 IP 网这样分组（包）传输的网络,网络负载的变化会导致延时、抖动及丢包的变化,因此在一些同步算法中包括了对网络状态的监测和对延时、延时抖动的估值,以便根据这些估值,动态地调整同步算法。

7.6 同步算法举例

本节以两种流内同步的算法作为例子,具体说明一个完整的同步算法是如何由上节介绍的几个组成部分构成的。由于流间同步与多个媒体流的存储或传输方式(使用各自的信道,还是复接成一个流)以及传输网络有关,因此我们将在本章后几节介绍存储文件格式和传输层协议时结合具体情况进行讨论。

7.6.1 基于播放时限的流内同步算法

在图 7-12 所示的系统中,假设发送端时钟和接收端(播放)时钟没有频率偏差和频率漂移,并且在发送端实时媒体内部是同步的,即各个 LDU 的发送时间间隔为一常数。若第 i 个 LDU 的发送时刻为 $t(i)$,则其到达接收端的时刻 $a(i)$ 为

$$a(i) = t(i) + d(i) \tag{7-1}$$

式中,$d(i)$ 为第 i 个 LDU 的传输延时。为了分析的简单,假设延时抖动限定在一个范围之内,即

$$d_{min} \leqslant d(i) \leqslant d_{max} \tag{7-2}$$

要保证播放的不间断,第 i 个 LDU 的播放时刻 $p(i)$ 必须晚于它的到达时刻 $a(i)$,即

$$p(i) \geqslant a(i) \qquad (i = 1, 2, \cdots) \tag{7-3}$$

这就是说,$p(i)$ 规定了第 i 个 LDU 到达的最后期限。

由于播放过程必须保持数据内部原有的(在发送端的)时间约束关系,所以在信源和信宿本地时钟频率相同的假设下,每个 LDU 有如下关系:

$$p(i) - p(i-1) = t(i) - t(i-1) \qquad (i = 2, 3, \cdots) \tag{7-4}$$

即

$$p(i) - p(1) = t(i) - t(1) \qquad (i = 2, 3, \cdots) \tag{7-5}$$

其中 $t(1)$ 和 $p(1)$ 分别表示第一个 LDU 的发送和播放时刻。由式(7-1)和式(7-5)得到

$$p(i) - a(i) = p(1) - a(1) - [d(i) - d(1)] \qquad (i = 2, 3, \cdots) \tag{7-6}$$

根据式(7-3),上式可转化为

$$p(1) - a(1) \geqslant [d(i) - d(1)] \qquad (i = 2, 3, \cdots) \tag{7-7}$$

在**最坏情况**下,保证上式成立的条件是

$$p(1) - a(1) = \text{Max}\{[d(i) - d(1)] \mid i \in (2, 3, \cdots)\} = d_{max} - d_{min} \tag{7-8}$$

式(7-8)说明,在延时抖动限定在一定范围的条件下,接收端在接收到第 1 个 LDU 之后,必须推迟一段时间 $D = (d_{max} - d_{min})$ 再开始播放,才能保持整个播放过程不间断。时间 D 为**起始时刻偏移量**,或起始延时。图 7-13 给出了上述情况的示意图。图中各 LDU 的发送时刻是等间距的,其接收时刻用倾斜的箭头指出。考虑可能发生的最坏情况是,第 1 个 LDU 的延迟时间最小

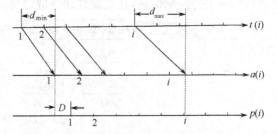

图 7-13 实时数据的发送、接收和播放时间关系

(如图所示)。如果接收到第 1 个 LDU 时就立即播放,那么对于任何一个传输延时大于 d_{min} 的 LDU,当需要播放它时它都没有到达。如果将播放的起始时间定在 D,则延时最大的第 i 个 LDU 的播放时

刻正好与它的到达时刻相同,这就消除了播放的不连续。

值得注意,接收端缓存器不仅能够滤除延时抖动的影响(保证缓存器不变空),还要保证在任何情况下不发生溢出。现在根据这一要求来推导缓存器的最大容量。

第 i 个LDU在缓存器中缓存的时间为 $[p(i)-a(i)]$,由式(7-6)和式(7-8)得到

$$B_t = \mathrm{Max}\{[p(i)-a(i)] | i \in (2,3,\cdots)\}$$
$$= (d_{\max} - d_{\min}) - \min\{[d(i)-d(1)] | i \in (2,3,\cdots)\} \tag{7-9}$$

式中,B_t 为LDU的最大缓存时间。当 $d(1)=d_{\max}$, $d(i)=d_{\min}$ 时,$[d(i)-d(1)]$ 具有最小值,因此缓存器的最大容量 B 为

$$B = \lceil B_t \cdot r \rceil = \lceil 2(d_{\max} - d_{\min}) \cdot r \rceil \tag{7-10}$$

式中,$\lceil \ \rceil$ 为取整,r 为播放速率,它的单位为每秒钟传输的LDU的个数。对于变比特率的媒体流,如何将以媒体单元为单位的缓存器容量转化为字节数是一个需要慎重处理的问题。对于常速率媒体流,原则上讲转化是很简单的,但如果缓存容量只有几帧,而以H.26X或MPEG等方法压缩的视频流每个LDU(1帧)的数据量很不相同,此时如何有效地进行单位转化也是需要注意的。由于同步只与时间有关,对于连续媒体,时间可以间接地用LDU的个数表示,因此在讨论同步问题时,我们将只以时间或媒体单元的个数来表示缓存器的容量。

在这个例子中,式(7-8)给出了最坏情况下的起始延时,即 $d(1)$ 为最小延时值 $d_{\min}$ 时的情况。这适用于收、发时钟可能存在时间差(本例开始时只假设二者之间无频率偏差)的情况,因为接收端无法知道 $d(1)$ 的具体数值。如果系统中存在一个全局时钟(如UTC),那么收端可以通过第一个LDU的到达时刻 $a(1)$ 和它的时间戳 $t(1)$ 得知 $d(1)=a(1)-t(1)$,那么起始延时则为

$$p(1)-a(1) = d_{\max} - d(1) \tag{7-11}$$

式(7-11)所示的起始延时一般小于式(7-8)所示的延时;在最坏情况下 $d(1)=d_{\min}$ 时才相等。

7.6.2 基于缓存数据量的流内同步算法

图7-14给出了采用这种同步方法的两种系统模型,每一种都包括一个控制环路,其区别在于环路是否将信源和传输线路包含在内。接收缓存器的输出按本地时钟的节拍连续地向播放器提供媒体数据单元,缓存器的输入速率则由信源时钟、传输延时抖动等因素决定。由于信源和信宿时钟的频率偏差、传输延时抖动或网络传输条件变化等影响,缓存器中的数据量是变化的,因此要周期性地检测缓存的数据量,如果缓存量超过预定的警戒线,例如快要溢出,或者快要变空,就认为存在不同步的风险,需要采取步骤进行预防性控制。在图(a)中,控制在信宿端进行,可以通过加快或放慢信宿时钟频率,也可以删去或复制缓存器中的某些数据单元,使缓存器中的数据量逐渐恢复到警界范围之内的正常水平。在图(b)中,类似的措施是在信源端进行。在需要进行控制时,通过网络向信源反馈有关的控制信息,让信源加快或放慢自己的发送速率。

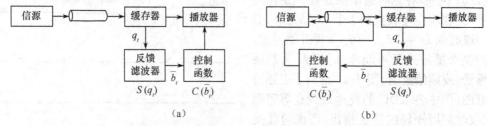

图7-14 基于缓存数据量控制的系统模型

现在具体讨论环路的工作原理。设 t 时刻的缓存数据量为 q_t,通过环路滤波器 $S(q_t)$ 得到平滑后的缓存数据量 $\bar{b}_t$。典型的环路滤波器采用几何加权平滑函数:

$$\bar{b}_t = S(q_t) = \alpha \cdot \bar{b}_{t-1} + (1-\alpha)q_t \tag{7-12}$$

式中，$\alpha \in [0,1]$ 为平滑因子。上述环路滤波器实际上是一个一阶低通滤波器，由式(7-12)很容易得到它的 Z 变换表达式，要保证滤波器稳定，需要满足 $\alpha < 1$。在环路中使用低通滤波器的目的是，将由短期(高频)延时抖动引起的缓存数据量的波动平滑掉，只有由时钟频率偏移、网络传输条件改变等因素导致的长期(低频)缓存量变化才会触发控制函数 $C(\bar{b}_t)$ 的工作。α 的数值直接影响控制的灵敏度。如果 α 过大，控制机制启动太缓慢，可能导致缓存器的变空、或溢出；如果 α 过小，延时抖动引起的缓存量的微小变化也会不必要地启动控制机制，导致系统的不稳定或振荡。

控制函数 $C(\bar{b}_t)$ 将 $\bar{b}_t$ 与预先设定的缓存量警戒线相比较(见图 7-15)，在正常情况下，$\bar{b}_t$ 在上警戒线 UW 和下警戒线 LW 之间浮动。如果 $\bar{b}_t > UW$、或者 $\bar{b}_t < LW$，则分别表示缓存器有溢出、或者变空的危险，必须启动控制机制。这时以图 7-14(a)所示系统为例，信宿可参照下式调整自己的播放速率[5]：

$$R' = R(1 + R_C) \tag{7-13}$$

$$R_C = \frac{\bar{b}_t - [LW + (UW - LW)/2]}{L} \tag{7-14}$$

式中，R 为正常播放速率，R_C 为相对调整比率，L 为调整期(即在该段时间内改变播放速率)。在调整期 L 结束时，$C(\bar{b}_t)$ 检查 $\bar{b}_t$ 是否回到正常水平，如果是，不再进行调整；如果 $\bar{b}_t$ 仍在警戒线之外，则再启动一个新的调整期。显然，在调整期 L 内，播放的连续性会受到一定程度的破坏，特别是音频速率较大的变化将使人耳感觉到音调变化。如果通过删去或重复缓存器中的数据单元来实现控制，则在每一个调整期内，删去或重复的数据量可以是一个固定值，也可以是一个变化值，该值正比于 $\bar{b}_t$ 超出警戒线的数据量。如果一次调整不能使 $\bar{b}_t$ 回到正常水平，则再启动一个新的调整周期。此种调整方法不引起声音音调的变化，只会出现轻微咯咯声；而对视频，则会出现画面的跳动或暂停。

现在来讨论图 7-15 所示的缓存器的容量。式(7-10)给出了在延时 $d \in [d_{\min}, d_{\max}]$ 条件下，保证媒体内部同步所需的缓存器容量 B。在图 7-15 中，用 B 作为 LW 和 UW 之间的容量。这意味着，当延时 d 在预先选定的范围 $[d_{\min}, d_{\max}]$ 内时，其抖动可以通过缓存 B 得到补偿，流内同步能够得到保证；当 d 超过上述范围时，就需要启动预防性控制机制。

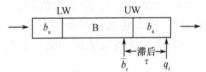

图 7-15　缓存器数据量控制

由于反馈滤波器的作用，q_t 的变化反映到 $\bar{b}_t$ 的变化需要经过一段时间 τ。例如，q_t 已经高于 UW，$\bar{b}_t$ 则还需要经过 τ 时间后才会高于 UW。我们称 q_t 超过警戒线的时刻为产生不同步风险的时刻，而 $\bar{b}_t$ 超过警戒线的时刻为 $C(\bar{b}_t)$ 检测到风险的时刻。图 7-15 中附加的缓存器容量 b_a(以时间计算)至少应该足够容纳这一段时间之内的数据，否则在 $C(\bar{b}_t)$ 检测到风险状态之前，缓存器就已经溢出而使数据丢失。如果容量 b_a 能覆盖从风险的产生、检测和重新同步的整个时间段，便可以使失步对播放质量的影响减至最小。同样，q_t 低于 LW 的情况也可以作类似的分析。值得注意，在缓存器容量如图 7-15 所示的情况下，只有第 1 个 LDU 超过了 LW 之后，才能按式(7-8)规定的时间开始播放。因而 b_a 越大，播放的起始延时时间越长。

对于图 7-14(b)所示的系统，由于传输线路被包含在反馈环路之内，使得检测到失步风险的时刻到预防性同步调整之间增加了一个传输延时，因此在设计缓存器容量 b_a 时，必须考虑到这个延时。同时应注意，向信源反馈控制信息的时间间隔要长于环路的响应时间(包括上述传输延时)，否则容易引起系统的不稳定。

7.7 广播应用的传输层协议

本节介绍广播应用的传输层数据封装及同步问题。广播应用采用的传输层协议是 MPEG2 传送流（MPEG2 Transport Stream），简称 **MPEG2 TS**。这类应用的特点是在专门的高速串行数字链路（如大气层无线电、卫星、电缆或移动信道）上同时向所有用户单向传输多路数字电视信号。为了适配这样的链路，已压缩编码的音、视频码流需要以适当的方式进行数据封装，并将多路信号复接成一个信号（一串比特流），然后进行信道编码和高频调制（本书不涉及后两部分内容）才能进入信道。MPEG2 TS 规定了其中的数据封装和复接/分接的基本格式。

7.7.1 MPEG2 TS 数据封装与复接/分接

MPEG2 TS 实际上是 MPEG2 的系统层（ISO/IEC 13818-1）协议，在国际电联的协议系列中称为 ITU-T H.222.0。

1. 节目流和传送流

在 MPEG2 TS 中，已压缩的视频或音频码流称为**基本比特流**（Elementary Bit Stream）。将基本比特流分段，按应用的需要打成长度不同的包，就形成**包基本码流 PES**（Packetized Elementary Stream）。MPEG2 TS 规定了两种 PES 的复接方式[见图 7-16(a)]。第 1 种复接方式将 1 个或多个 PES 包组合，并加上包头构成**大包**（pack），然后通过交替传送不同流的大包将几个流复接成一个流，称为**节目流 PS**（Program Stream）。需要注意，这里复接的 PES 流必须是来自同一节目的（如视频及其伴音），即它们有共同的时间基准（时钟）。另一种方式是将 PES 包连同 PES 的包头都看成是数据，将这些数据分成等长度的段，重新打成长度固定的包，并加上包头，称为**传送包**（Transport Packet）。然后轮流传送不同 PES 流的传送包，形成**传送流 TS**（Transport Stream）。一般规定，PES 包的始端要放在传送包的起始处。因此，如果上一个传送包还未填满的话，则要插进一些冗余比特将其填满。图 7-16(b)和(c)给出了 PS 和 TS 复接的数据流的示例。

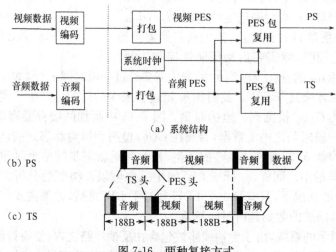

图 7-16 两种复接方式

除了视频和伴音信号以外，其他媒体数据、附加数据、控制数据等也都可以在经过打包之后复接到同一个 TS 上。由于传送包头中含有**包标识符 PID**（Packet Identification），用于标识该包属于哪一个流，因此所复接数据的类型不必事先限制，只要给以适当的 PID 就可随时插入。例如，在传输一个需要付费的节目之前，可以先插入密钥的传送。此外，如果在将来出现新型业务时，新业务的基本码流也可以很容易地插入而无须作硬件方面的改动。对于接收机来说,所接收的 TS 中不管复接了多少种码流,只要在固定位置上找到包头中的 PID,就可以将每一种码流的包一一分离出来。对于节目流来说,PES 包头中有**流标识符 SID**(Stream ID),与 PID 的作用类似,借助于 SID 很容易实现不同流的插入和分离。

PS 复接方式允许包长不固定,比较简单,有利于保持数据的逻辑结构(如一帧数据打成一个包),且有较高的效率(不需要在应用数据不等于包装的整数倍时填充冗余字节),但在信道产生误码或失去同步的情况下,检错、纠错和再同步处理都比较复杂,因此这种方式适用于在几乎无误码的环境(如 VCD 或 DVD)中使用。而 TS 复接方式比较适于在通信时存在误码的情况。传送包是等长的,在检测到误码时,因为已知包的长度,从下一个无误码包开始就可以使数据流的接收恢复正常。同时,在等长包上容易进行信道编码,例如在卫星、电缆和地面数字电视中,都是在传送包上进行数据交错和纠错编码的。在网络传输时,定长包也便于网络节点的处理和带宽分配。

PES 包的长度可随业务类型的不同而不同,其允许的最大长度为 2^{16} 个字节。集合了几个 PES 包的大包的长度没有具体规定。因为节目流旨在无误码环境中应用,因此一般包长较长,包头的开销较小。传送包的长度规定为 188 个字节。由于人们曾经期望多媒体业务在 ATM 网上传送(见 1.5.1 节),因此当初选择 188B 是为了与 ATM 信元长度和 ATM 适配层相匹配。

图 7-17(a)和(b)分别给出 TS 和 PES 包的结构。在它们的包头中,除了流标识符 PID(或 SID)和 7.7.2 节将要讨论的定时及同步信息外,还有一些是专门支持电视广播所特别要求的功能的。例如在 TS 包头和适配头中,

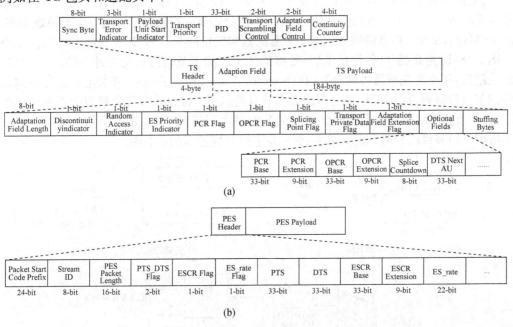

图 7-17　(a)TS 和(b)PES 的包结构

(1) 加扰控制指示(Transport Scrambling Control)。在有些情况下,节目必须**有条件地接收**(Conditional Access),例如收费节目只有交费后才能收看。为此发送端将传送包中的有效数据加扰。所谓**加扰**,是将数据流按某种规律变成伪随机序列。解扰时利用传送包头中的一个专门区域(或另一个专门的 PES 流)将解扰的密钥传给收端,使已交费的收端能将加扰的数据恢复成正常信号。解扰的密钥还可以随时间不断更换。传送包头中的加扰控制指示用来标志该包中的数据(包头信息永远不加扰)是否加扰;如果已加扰,应该用哪一种密钥来解扰。

（2）随机接入指示（Random Access Indicator）。当用户开机或转换频道时，接收机的解码器是从节目的中途开始工作的。我们知道，只有 I 帧图像不需要参照前面的信息来解码，因此只有从 I 帧开始，解码器才能正常工作。我们将 I 帧的起始点称为**随机接入点**（Random Access Point）。在适配头中有一个标志位，标志着该传送包中是否含有随机接入点。

（3）在节目播送过程中，有可能需要插入另一段节目，例如地方台可能在中央台节目中插入本地的广告。与频道转换类似，本地节目必须在随机接入点插入，同时还必须保证插入信号不引起解码器缓存器的变空或溢出。本地节目以传送包的形式插入原节目流。在适配头中有一个拼接倒计数标志（Splice Countdown），在节目切换前的几个包开始计数，当计到 0 时是原节目的最后一个包，计数到 -1 则是另一个节目的开始。由于解码器在节目切换前后接收到的两个包的时钟信息 PCR（见 7.7.2 节）属于两个节目源，两者的时钟是各自独立的。如果这时解码器时钟盲目地继续以锁相方式来跟踪的话，很可能完全失去同步。为了防止这种情况，在切换后的第一个传送包的适配头中，用改变**拼接头标志位**（Splicing Point Flag）的办法告诉解码器 PCR 已经更换，应当直接改变时钟的相位。

（4）除以上功能外，适配头还可以扩大，以支持某些专门的或者新的功能。

2. 单节目和多节目传送流的复接/分接

传送流的复接分两个层次进行。在底层，将所有共用同一时间基准（即使用同一时钟）的基本码流（例如视频和伴音的 PES）复接成一个单节目传送流。在高层，使用不同时钟的节目传送流（例如不同电视台的节目流）再复接汇合成一个多节目 TS 流，或称为**系统码流**。图 7-18(a) 给出一个底层复接的例子。除了基本码流之外，还有一个控制码流。控制码流传送一个**节目映射表 PMT**（Program Map Table），用来说明组成这个节目的基本码流的 PID 号，以及这些基本码流之间的关系等。图 7-18(b) 是高层（也称作系统层）复接的例子。除了节目传送流之外，还有一个 PID = 0 的系统控制流，用来传送**节目关联表 PAT**（Program Association Table），该表给出携带不同的节目映射表的节目控制码流的 PID。要分离出某个节目的码流，首先从节目关联表中查到节目映射表的 PID，再从节目映射表中找到构成该节目的所有基本码流的 PID，分接设备就可以根据查到的 PID 将所需要的节目流分离出来。图 7-18(c) 是上述分接过程的示意图。

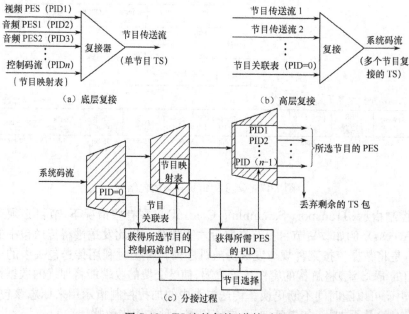

图 7-18　TS 流的复接/分接过程

顺便指出,在传送流中除了 PAT 和 PMT 之外,还可能包含有网络信息表 **NIT**(Network Information Table)和条件接收表 **CAT**(Conditional Access Table)。PAT、PMT、NIT 和 CAT 合起来称为**节目特定信息 PSI**(Program-Specific Information)。NIT 是节目的广播者用来传送与网络有关的信息的,CAT 则包含与条件接入或与扰码有关的信息。PSI 作为特殊数据在控制码流 TS 包的载荷中传送。

7.7.2 MPEG2 TS 定时信息及同步

如 7.5 节同步的基本控制方法中所述,源端在向外发送 LDU 时应该附加上同步信息,以使接收端能够依据这些信息在播放过程中重建多媒体的同步。本节将介绍 MPEG2 TS 中封装在 PES 包头和 TS 包适配头(Adaptation Field)中的同步信息,以及利用这些信息实现收、发时钟同步和流间同步的例子。

1. 时钟信息与时钟同步

我们知道,收发时钟的同步是保证连续媒体流正确播放的重要条件。为了使接收端能够获得源端时钟的信息,在数据封装过程中必须周期性地插入时钟消息,这是由 TS 包适配头中的 **PCR**(Program Clock Reference)携带的。PCR 的数值代表 PCR 最后一个字节产生时的时钟计数,它分成两个部分[见图 7-17(a)]:一部分为 33b 的 PCR_base,是系统时钟 27MHz 经 300 分频后的脉冲记数值;另一部分为 9b 的 PCR_Ext,是以系统时钟脉冲计数表示的余数。二者结合起来表示的 PCR 值是

$$PCR = PCR\_base \cdot 300 + PCR\_Ext \tag{7-15}$$

或者
$$PCR' = [PCR\_base/(90 \times 10^3)] + [PCR\_Ext/(27 \times 10^6)] \tag{7-16}$$

其中 PCR 以 27MHz 脉冲计数表示,而 PCR′ 的单位则为秒。为防止收端时钟的漂移,对于多节目 TS 流,PCR 至少间隔 0.1 秒传送一次,以使收端能持续跟踪发端的时钟。相类似地,在单节目的 PS 流包头上的 **SCR**(System Clock Reference)具有与 PCR 同样的功能,并且至少间隔 0.7 秒发送一次。

系统时钟频率应该有较高的准确性和稳定性。MPEG2 TS 要求系统时钟 SC 满足下述条件:
$$27MHz - 810Hz \leqslant SC \leqslant 27MHz + 810MHz$$
$$SC \text{ 变化率} \leqslant 75 \cdot 10^{-3} Hz/s \tag{7-17}$$

MPEG2 TS 是用于广播应用的,它通过在数据封装过程中插入的 PCR 向所有接收机发布自己的时钟信息;接收机则需要利用硬件或软件的锁相环路 PLL(Phase Locked Loop)使自己的本地时钟同步于源端的系统时钟。图 7-19 给出一个基于 PCR 的时钟同步的例子。在一般的锁相环路中,本地振荡器频率与输入频率在相位比较器中进行相位比较,其输出反映了二者的频率偏差,因此将相位比较器的输出经低通滤波器滤除高频分量(相位抖动)以后,去控制本地压控振荡器 VCO 的频率,使之与输入频率相等。但是在

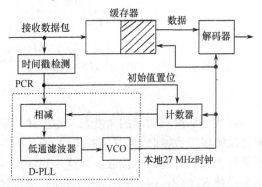

图 7-19 基于 PCR 的时钟同步

MPEG2 TS 系统中,媒体流是以分组(包)的形式传输的,PLL 的输入信号不是连续正弦波或脉冲串,无法与本地时钟信号进行比较。因此在图 7-19 的电路中,采用了比较 PCR 的方法。PCR 检测模块检测所接收的数据包中的 PCR,然后计算 PCR 与本地时钟计数值之间的差值,如果收、发时

钟频率没有偏差,该差值为一常数;如果有偏差,该差值经滤波后控制本地 VCO,使本地时钟达到与发送端时钟频率的一致。

2. 时间戳与流间同步

MPEG2 TS 规定了两种时间戳:(1)解码时间戳 **DTS**(Decoding Time Stamps),代表该数据单元开始解码的时刻;(2)显示时间戳 **PTS**(Presentation Time Stamps),代表该数据单元开始播放的时刻。二者都用 33b 的 90kHz 时钟脉冲的计数值表示[见图 7-17(b)]。数据流中 PTS 的间隔不应大于 0.7s,而对 DTS 没有要求。由于在广播类应用中,视频的压缩常常采用 GOP 的结构,经双向预测的 B 帧需要在后向参考帧解码后才能解码,但在播放时却应该在后向参考帧之前显示(见图 4-6),因此需要用 DTS 和 PTS 来表示这种时间上的差别。对于音频和无 B 帧的视频,同一数据单元的 DTS 和 PTS 是相同的。

DTS 和 PTS 都封装在 PES 包头内,而不像 PCR 是封装在 TS 包头内的,因为 DTS 和 PTS 表示的是单一媒体流内数据单元之间的时间关系,而 PCR 代表的是系统(可能不只包含一种媒体类型)的时钟。DTS、PTS 不仅可以用于控制流内同步,也可以用于流间同步。当两个媒体流(如视频与其伴音)需要同步显示时,播放器选择具有同样 PTS 的视、音频单元同时播放,以达到二者的同步。

下面我们以一个简化的复接器(见图 7-20),说明基于 DTS 的流间同步。该复接器将一对已打成 TS 包的音、视频流,以及系统的定时(PCR)和服务信息(PSI)等辅助信息,复接成一个单节目 TS 流。在 7.5 节的预防性控制中提到传输多个流时,交替传输每个流的包对防止流间同步的破坏有一定好处,因为需要同步播放的不同媒体的包是在相邻时刻传输的。在复接器中,何时输出何种类型的包是由包调度器决定的。由于不同媒体(如音、视频)的数据量有很大差异,要保证同步播放的媒体数据在"相邻时刻"被传送并非易事。

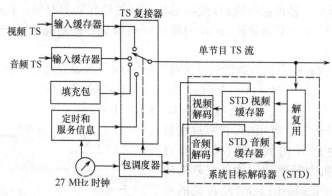

图 7-20　单节目 TS 流复接的例子

让我们从流间同步的角度来考虑上述问题。我们希望在接收端音、视频流可以同步地解码,即解码某帧视频数据时,与它具有相同 DTS 的音频数据也已存在于接收端的缓存器中可以解码,从而能够支持二者的同步播放。从这一想法出发,我们在复接端利用一个虚拟的解码器,称为**系统目标解码器 STD**(System Target Decoder)来模拟接收端的操作(每隔一个帧周期从 STD 缓存器中取出一帧具有相同 DTS 的音频和视频数据),从而为复接器的包调度提供依据。STD 的缓存器应保证不上溢和下溢,即保证当前要解码的数据在缓存器中。

在保证 PCR 和服务信息传送的同时,包调度器可以采用的一个策略是:对当前在复接器输入缓存器中等待的视频和音频数据单元到达各自的 STD 缓存器的时间 t_v 和 t_a 进行估计,并计算 $\min\{DTS_v - t_v, DTS_a - t_a\}$,其中 DTS_v 和 DTS_a 分别为视频和音频数据单元的解码时间戳,且

DTS$_v$=DTS$_a$(保持流间同步),大括弧中的差值代表该数据单元在 STD 缓存器中停留的时间。包调度器选择差值较小的媒体的数据包为复接器输出,以防止该媒体 STD 缓存器下溢。同时,如果视频和音频 STD 缓存器均没有再容纳一个数据包的空间时,复接器为防止两个 STD 缓存器的上溢,不输出视、音频包,而输出一个填充包,以保持复接流速率的恒定。填充包在解复用时被丢弃。

7.8 宽带应用的传输层协议

所谓宽带应用是指形式众多的双向交互应用,例如各类点播或用户请求的多媒体服务,以及可视电话/会议等。这类应用通常在因特网和移动因特网(或称以 IP 技术为平台的网络)上传输,因此本节将介绍因特网的通用传输层协议 TCP/UDP 和应用于实时媒体的实时传输层协议 RTP/RTCP,并结合这些协议讨论多媒体同步的问题。

7.8.1 应用层分帧和集成层次处理

在 6.1 节中我们看到,开放系统互连的七层参考模型(OSI-RM)采用了层次化的协议结构。在这个模型中,每一层实现一种相对独立的功能,某一层不需要知道它的下一层是如何实现的,仅需要知道下一层通过层间接口所提供的服务。在物理层,数据传送的基本单元称为"帧";在网络层,数据的传送单元是"分组",或称"包";在传输层则为"报文"。当报文较长时,先将其分割成几个分组,再交给网络层传输。由于传输层之上的各层不再关心信息的传输问题,所以对于高层而言就好像是在两个传输层实体之间有一条端到端的通信通路,因此传输层是十分关键的一层。图 7-21 给出了 OSI-RM 各层在终端和网络节点中的相互关系。

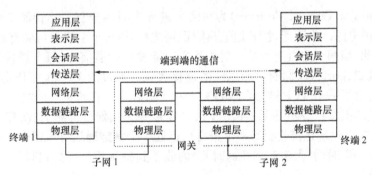

图 7-21 开放系统互连

层次化的协议结构有着易于实现、便于维护、灵活性好、易于标准化等明显的优点。但是,它所采用的下层服务与上层的应用完全屏蔽开的方法,在多媒体通信中存在着一些问题。对于连续媒体来说,传输的实时性是十分重要的,当接收端检测到传输过程中所产生的差错时,可能不要求发送端重新传送丢失的信息,而是根据所丢失信息的内容采取某种补救的措施。例如,对于按H.262 编码的码流来说,由于采取了帧间编码,某一个宏块数据的丢失不仅导致本帧,还将导致后续帧相关位置上图像质量的恶化。一种补救的措施是在本帧中用相邻宏块的数据代替(或内插出)丢失的数据。对于离散媒体的要求则不同,例如某些控制信号,实时性要求不高,而对准确性要求高,当出现传输差错时要求发端重传往往是必需的。由上看出,在多媒体通信中,对数据传输过程中产生的差错如何处理是和应用密切相关的。但是在层次化协议结构中,下层的服务不了解上层的应用。传统的传输层协议,例如 TCP,对于上层应用提交给 TCP 服务的数据流,TCP 实体仅根据协议,而不是根据应用需要来划分数据单元,得到所谓的**协议数据单元 PDU**(Protocol Unit)。由于 TCP 的 PDU 与上层应用所提交的数据的特征(如图像帧、声音样值等)之间没有明确的关系,因而很难针对不同的应用对 PDU 进行不同的处理。

要解决上述问题就需要由上层应用来完成对数据流的划分,这样得到的数据单元称为**应用数据单元 ADU**(Application Data Unit),每个 ADU 相对于原始数据流有明确的含义,例如一个 ADU 对应于一帧图像,或若干个声音样值等。传输层协议将 ADU 作为一个整体来处理,即 ADU 可以进一步被分为若干 PDU,但某个 PDU 发生差错时,传输层协议应能判断该 PDU 属于哪个 ADU,以便根据应用作适当的处理。这就是**应用层分帧 ALF**(Application Layer Framing)的思想[6]。

传统的层次化协议结构的另一个特点是,每一个数据单元必须被逐层处理。这种次序的约束在一定程度上妨碍了协议执行的效率。**集成层次处理 ILP**(Integrated Layer Processing)是另一种协议设计原则[6],其基本思想是在可能的情况下,将对数据的串行操作转换成并行操作,以充分发挥并行处理器、或多任务操作系统的能力,提高协议的执行效率。例如前面提到的报文丢失问题,可以由传输层通知上层发生差错的是哪一个 ADU,由上层作相应的处理;又如对于报文次序颠倒的问题,传统的方式是首先由传输层实体解决报文的排序,再交给应用层作下一步处理。而在某些情况下,例如对于只进行帧内编码的码流,由于没有采用帧间编码,其解码过程较少受到报文到达次序的影响,ADU 的排序与解码完全可以并行地处理,等等。

总之,ALF 和 ILP 原则阐明了数据的传输服务应面向于具体应用这一现代通信协议的设计思想,对于多媒体信息的传输尤其有着重要的意义。

7.8.2 传统的因特网传输层协议 TCP 与 UDP

传统的因特网协议栈中有两类传输层协议,即 TCP 和 UDP。

1. TCP

TCP(Transmission Control Protocol)为在两个进程之间的全双工比特流交换提供可靠的串行通信通道,或称虚电路。由于通过 IP 地址只能识别主机,而每个主机上可能有多个应用程序(或进程)在运行。因此,当两个主机上的某一对进程之间需要进行通信时,每个进程需要向各自的操作系统申请一个**端口**(port),以标明它们之间的连接关系。通过两个主机的 IP 地址和端口号,这一对进程之间就建立了一个 TCP **连接**(虚电路)。一个进程可以有若干个全双工的 TCP 连接。

尽管下层提供的报文服务不是无差错的,TCP 连接却必须保证可靠的、次序不颠倒的比特流传输。为此,TCP 规定收端在接收到每一个报文后返回一个**肯定确认**(Positive Acknowledgment)信号。如果发端在一定时间(大于双程往返时间)内收不到确认信号(称为**超时**),则自动从未收到确认的报文开始重传。

为了有效地进行传输和进行流量控制,TCP 采用了滑动窗口的机制。窗口内的数据可以连续发送而无须等待确认,但窗口的移动必须等待确认信号到达后才能进行。接收方告知发送方期望收到的数据字节的最小序列号(确认号),这就隐含地告诉了对方,比确认号少一号的数据字节已经收妥,此时窗口可以滑动到确认号处。图 7-22 给出一个数据字节顺序传送的例子。当收到确认信号 ACK 后,窗口移动到图示位置,从而第 17 个字节可以开始传送。显然,当窗口的大小足够覆盖在双程往返时间内可传送的字节数时,传输效率最高。

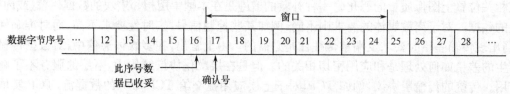

图 7-22 确认号与窗口的含义

所谓**流量控制**是指使速率高的发端所发送的数据流不超出速率低的接收端的接收能力的控制过程。TCP 的流量控制也使用滑动窗口机制,不过窗口的尺寸是可变的。每个从接收端返回的确认信号都包括已接收到的字节数和一个窗口通告(Window Advertisement)。窗口通告给出接收端缓存器还剩余多少空间,根据这个信息发送端改变窗口的大小。若接收端缓存余量大,则增大窗口;反之,则减小窗口。

TCP 还具有**拥塞控制**功能,我们将在 9.2.1 节中具体介绍。

对于多媒体信息传输而言,尽量减少传输过程的延时是十分重要的,定期地传送肯定确认信号会增加数据传输的延时,特别是在长距离传输的情况下影响更大。一般地讲,采用**否定确认**(Negative Acknowledgment)要好一些。同时,重传机制不利于保持音频和视频数据流的连续性。此外,多媒体应用中也不一定总是需要全双工的连接,例如在视频点播系统中,控制信号需要双向连接,而视频信号只需要简单的单向通道即可。最后,TCP 不支持多播。这些都是 TCP 不利于多媒体信息传输的因素,TCP 适合于要求可靠传输的非实时数据。

不过在网络带宽充足(重传较少)和接收端容忍一定的起始延时以缓存足够数据的情况下,TCP 可以用来传输实时媒体数据。特别是近年来人们提出了动态自适应流传输技术,该技术利用了 TCP 可靠传输和有流量和拥塞控制的优点,规避它延时长的缺点,使得 TCP 成为实时媒体流在 IP 网上传输的重要协议,我们将在 8.6 节予以详细的讨论。

2. UDP

UDP(User Datagram Protocol)建立在 IP 之上,它与 IP 一样提供无连接的数据报文传输。UDP 的功能是将在主机之间交换的数据加上简单的头信息形成 UDP 报文,并检查数据校验和(Checksum);然后再将 UDP 报文封装到 IP 报文的数据区。报文丢失、次序颠倒、流量控制和拥塞控制等都需要在高层协议中解决。UDP 的简单和高效率使得其实时性比 TCP 要好,且支持多播和广播,但它没有传输层面向连接的功能,这对于提供多媒体信息传输所需要的 QoS 保障是不利的。在实际应用中另一个值得注意的问题是,一些防火墙会阻隔 UDP 报文以防止黑客通过 UDP 注入恶意数据。因此使用 UDP 传输视频数据的多媒体会议、视频点播及 IPTV 等系统均需要注意穿越防火墙的问题。

7.8.3 实时传输层协议 RTP 与 RTCP

实时传输层协议(Real-Time Transport Protocol,**RTP**)是由 IETF 的音频/视频传输工作组为实时媒体设计的传输协议,并已被包括国际电联在内的其他国际标准化组织所接受。

实时传输层协议(RFC 3550)定义了 RTP 的数据报文格式和使用规则,它主要用来为实时数据的应用提供点到点或多点通信的传输服务。伴随 RTP 的还有一个控制协议,称为 **RTCP**(Real-Time Transport Control Protocol)。RTP/RTCP 较好地体现了 ALF 原则。图 7-23 给出了 RTP/RTCP 在因特网协议栈中的位置。RTP 通常运行于 UDP 之上,也可运行于 TCP 之上。

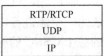

图 7-23 RTP/RTCP 栈

1. RTP

两个 或者多个用户之间建立的 RTP 连接称为 **RTP 会话**(Session)。对于一个参加者而言,会话由一对传输层地址(一个网络层地址加上两个端口地址;一个端口为 RTP 报文的发送/接收所使用,另一个端口为 RTCP 报文的发送/接收所使用)所标识。与 MPEG2 TS 将多种媒体流复用成一个流不同,在一个 RTP 会话上通常只传送一种媒体类型的数据,因而同时传送的音频和视频一般由各自的 RTP 会话连接,用户数据被封装在 RTP 报文中传输。

为了实现根据应用进行分帧的原则，RTP定义了两类文件，即**格式文件**（Format Document）和**轮廓文件**（Profile Document）。格式文件规定了将某种媒体流划分成ADU的原则，以及ADU的格式。RTP已经为H.26x视频流、MPEG视频流以及各种编码格式的音频流等分别制定了格式文件，例如H.264码流的格式文件为RFC 6184。用户也可以根据自己的需要定义新的格式文件。轮廓文件则规定了某类应用对RTP的具体使用方法。

图7-24给出了RTP报文的格式，它包括固定长度的头和载荷两部分。RTP头中的V记录版本号，P表示该包中有无填充字节，X表示在固定头之后有无附加的扩展头。**负载类型域**（PT）说明载荷的数据类型和编码方式，在RTP的默认轮廓文件（RFC 3551）中，对一些常见的音、视频编码规定了PT的具体取值。不同的PT值对应于不同的格式文件，也就对应着不同的划分ADU的方法。由于每个RTP包都包含PT域，因此在通信过程中允许改变编码方式，这在有些情况下，如因网络可利用带宽发生变化需要动态地改用对带宽要求较少的编码方式时，是十分有用的。

图7-24 RTP报文格式

对RTP报头中**标记域**（M）协议并没有硬性的规定，但通常用来指示连续码流中的某些特殊位置，例如视频帧的边界、音频码流中非静默期的开始等。32b的**时间戳域**给出与该报文相关的定时关系，通常是指该包第一个字节的取样时间（按本地时钟计量），也可以像MPEG/RTP（RFC 2038）规定的那样，与MPEG码流的显示时间戳PTS有相同的含义等。对于某一个应用而言，以上域具体表示哪种含义，在构成该应用的各个实体所共同约定的轮廓文件中定义。时间戳为收端恢复原码流在发端的定时关系提供了依据；同时也为不同码流，例如音频和视频码流之间的同步提供了依据。在有些应用中，例如视频会议，音频和视频码流分别通过两个独立的RTP会话传送，以便处理能力不同的终端选择只接收音频、或同时接收音频和视频。这时音频和视频为两个独立的RTP流，它们在UDP/IP端口上复用。显然，此时发端或收端需要根据时间戳进行流间同步。

如图7-23所示，RTP通常使用不可靠的UDP传输服务，包丢失和包次序颠倒是可能发生的。RTP包头中的**序列号域**可以用来检测上述问题。值得注意，在有些情况下，例如一个视频帧被分成几个RTP包，而时间戳又采用显示时间戳PTS时，这些RTP包具有同样的时间戳，利用序列号来确定它们丢失与否和它们之间的次序就显得更为重要了。

RTP支持多方多媒体会议，会议中产生数据的与会者（发言人）称为提供源**CSRC**（Contributing Source）。多个CSRC产生的数据可能通过一个混合设备（如6.4.2节讲的多点控制器）复接或合成为一个流进行传输。为了让接收者了解合成流的来源，合成流RTP包头中给出了构成该合成流的各个CSRC的标识符（通常是其IP地址）和CSRC的总个数（CC域）。同步源**SSRC**（Synchronization Source）标识符则标明负责发送RTP包和设置RTP包时间戳及序列号的实体。当RTP包来自混合器时，该域为混合器的标识符，而不是任何一个提供源的标识符。

已编码的视、音频流可以直接分段装进RTP包的载荷，也可以分别打成TS包后再放入RTP包的载荷。

值得注意，RTP并不对媒体流在网络中传输的实时性提供任何保障，它只提供一个适合于实时媒体传输的数据封装方法。它一般不使用TCP，因而不存在TCP重传延时大、不支持多播等缺点。它在UDP之上增加了面向连接、可检测包丢失和次序颠倒等功能，弥补了UDP不可靠传输服务的不足。同时，RTP符合ALF原则，其包头中含有能够表示数据特点的信息（M域），使得应用程序无须解码就可以找到码流中的某些特殊点（如帧或宏块的边界），以便于处理。

2. RTCP

RTCP 是一个控制协议，它的报文不携带用户数据，只携带与会话有关的控制信息。RTCP 的主要功能，一是发送端通过接收端周期性地反馈回来的 RTCP 报文监测通信质量，如包丢失率、延时及延时抖动等；二是在多方会话中，与会各方通过交换 RTCP 报文获得系统时钟信息、监测通信质量、了解参加会话的用户数，以及实现简单的会话控制功能（如参加/退出会话、识别参加者的身份等）。

RTCP 报文总共有发送者报告、接收者报告、源描述、再见和应用相关功能 5 种类型，其中最重要的是**发送者报告 SR**（Sender Report）和**接收者报告 RR**（Receiver Report）两种。图 7-25 给出了 SR 报文的格式，SR 是一个复合报文，除了发送者自己的信息外，还包含它接收其他会话参与者的消息。图中 V、P、PT 和 SSRC 域与 RTP 报文头中的定义相似；RC 域为 SR 中包含接收者报告块的个数；长度域给出 SR 的总长。

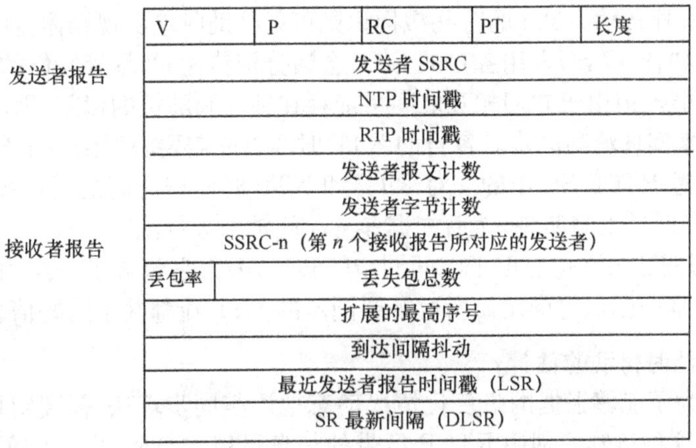

		V	P	RC	PT	长度	
发送者报告		发送者 SSRC					
		NTP 时间戳					
		RTP 时间戳					
		发送者报文计数					
		发送者字节计数					
接收者报告		SSRC-n（第 n 个接收报告所对应的发送者）					
	丢包率	丢失包总数					
		扩展的最高序号					
		到达间隔抖动					
		最近发送者报告时间戳（LSR）					
		SR 最新间隔（DLSR）					

图 7-25　RTCP SR 报文格式

SR 的发送者报告部分给出了有关发送时间和发送数据量的信息。其中 64b 的 **NTP 时间戳**给出发送当前报文的全局时间，即按网络时间协议 NTP 计量的时间；RTP 时间戳的定义方式与 RTP 包头相同。发送者报文计数和发送者字节计数则分别表示发送者从会话开始到当前报文发送时，已经发送的 RTP 报文数和字节数。

SR 的接收者报告部分用于向其他会话参与者报告接收它们发送的 RTP 报文的情况。SSRC_i 是第 i 个接收者报告块对应的会话参与者的标识符。**包丢失率域**表示从上一个 RTCP 报告以来的 RTP 包的丢失率，它等于这段时间内丢失的包数除以应收到的 RTP 包数。丢失包总数域表示自 RTP 会话开始以来累计丢失的 RTP 包数。扩展的最高序号域的低 16 位表示接收到的最后一个 RTP 包的序列号，高 16 位表示序号循环的次数（序号超过 65 535 后置零为一个循环）。**到达间隔抖动域**给出延时抖动的估计值，估计方法将在下面介绍；最近发送者报告时间戳 **LSR**（Last SR Timestamp）域为接收到的 SSRC_i 的最后一个发送者报告中的 NTP 时间戳；SR 最新间隔 **DLSR**（Delay Since Last SR）域为接收到 SSRC_i 的最后一个发送者报告的时间到本接收报告发送时间之间的间隔。

RR 与 SR 的格式类似，只是它只反映接收其他会话参与者信息的情况，没有自身作为发送者的发送者报告部分。

在举行大型会议的环境下，众多参与者之间需要相互交换 RTCP 报文，这将显著增加网络的负担。为了降低 RTCP 对带宽的占用，协议规定 RTCP 报文的发送间隔不得小于 5 秒，实际的发送间隔通常选为 $[0.5, 1.5]$ 内均匀分布的一个随机数与 5 秒相乘之积。乘以随机数的目的是避免多个参与者同时发送 RTCP 报文。协议还规定 RTCP 报文占用的带宽应小于会话带宽的 5%;所有参与者占用的总带宽不大于会话带宽的 25%。

3. SRTP/SRTCP

SRTP/SRTCP(RFC 3711)是加密的 RTP/RTCP。由于 IP 网的一般安全措施,如 IPSec(RFC 2401)和 TLS/SSL(RFC 2246),是采用 TCP 的或不支持多播等,不适用于 RTP/RTCP,所以由 SRTP/SRTCP 为 RTP/RTCP 提供加密、消息认证和数据保护的功能。

7.8.4 RTP/RTCP 定时信息及同步

1. 定时信息与流间同步

RTP 包头中的 32b SSRC 标识可以用来唯一地确定多媒体会话中的 RTP 源。16b 的序列号标识可以用来检测包丢失和在接收端恢复原有的包次序,因为运行于 UDP 上的 RTP 并不能像 TCP 那样保证包的顺序传输。32b 的时间戳标识则可以帮助收端实现媒体流内部的同步。

当不同的媒体(如音、视频)采用各自的 RTP 会话分别传输时,尽管它们的 RTP 时间戳可以用来实现自身的流内同步,但由于它们相互之间可能存在独立和随机的偏差,因而不能通过直接比较 RTP 时间戳的方法来实现流间同步。各自的 RTP 时间首先需要映射到一个各个媒体共享的参考时间轴上,这可以通过 RTCP SR 中的一对 RTP 和 NTP 时间戳之间的对应关系将各自的本地时钟映射到全局(NTP)时钟上来实现,然后根据参考时间轴来进行流间同步。

此外,RTP 的**源描述**报文也有助于流间同步的实现,因为它包含了一组用户信息,可以将 SSRC 标识符与用户的唯一标识符绑定。所有需要同步的 RTP 流都共享这些信息。

2. 双程延时和延时抖动的估计

7.5 节中提到,为了能够根据网络变化情况动态地调整同步算法,需要对网络状态进行监测。RTP/RTCP 提供了这种机制。利用 RTCP 携带的信息可以计算收、发两端的双程延时和延时抖动。假设如图 7-26 所示,A 站在时间 T_1 发送了 RTCP SR 报文;B 站在时间 T_2 接收到该报文,随后在时间 T_3 发送了 RTCP RR 报文;A 站在时间 T_4 接收到 B 站发送的报文,那么 AB 之间的**双程延时** T 为:

$$T = T_4 - T_3 + T_2 - T_1 = T_4 - \text{DLSR} - \text{LSR} \tag{7-18}$$

上式中的 T_1 就是 RR 报文中的 LSR,而 $(T_3 - T_2)$ 即为 RR 中的 DLSR。

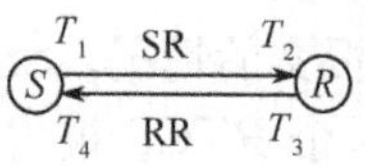

相邻两个(第 i 个和第 $i-1$ 个)RTP 报文的传输延时(到达间隔)差 D 为

$$D(i, i-1) = (R_i - S_i) - (R_{i-1} - S_{i-1}) \tag{7-19}$$

图 7-26 双程延时的估计

其中 R 和 S 分别为对应的 RTP 报文的接收和发送时间,R 由收端在接收到该报文时的本地时间决定,而 S 由该 RTP 报文的时间戳域给出。

报文传输延时差的平均值定义为**延时抖动** J,它可以通过下式估计。

$$J(i) = \alpha J(i-1) + (1-\alpha) \mid D(i, i-1) \mid \qquad 0 \leqslant \alpha \leqslant 1 \tag{7-20}$$

上式与式(7-12)一样采用了几何加权平滑函数,我们已经知道,这相当于 $J(i)$ 为 $D(i,i-1)$ 经过一阶低通滤波后得到的结果。在接收报告到达间隔抖动域中返回的就是当前抖动的估计值 $J(i)$。

3. 基于 NTP 的时钟同步

如前所述,RTP 时间戳可以通过 RTCP 包含的一组(NTP, RTP)时间戳映射到全局时间轴上。在有些情况下,也可以直接让所有站点的时钟都同步到一个统一的 NTP 时钟上去。在因特网中,常常通过**网络时间协议** NTP(Network Time Protocol)[7] 来解决一对站点、或多个站点间的时钟频率偏差问题。具体做法是,由中央时间服务器维护一个高精确度和高稳定度的时钟(网络时钟),各站点将此信号作为调整本地时钟的基准,图 7-27 说明获得时间基准的过程。客户端在本地时间 A 向 NTP 服务器发送一个带有发送时刻 A 的 NTP 包,服务器在本地时间 B 收到该包,然后在本地时间 C 将一个带有时刻 A、B 和 C 的包发送回客户端,客户端在本地时间 D 收到。假设客户端到服务器的实际单程延时为 d,在这段路程上由收、发时钟频率不同而产生的时间偏差为 off-set,则 $B-A=d+\text{offset}$,且 $D-C=d-\text{offset}$,

$$d = (B+D-A-C)/2 \tag{7-21}$$
$$\text{offset} = (B+C-A-D)/2 \tag{7-22}$$

式(7-22)检测到的时间偏差相当于一般锁相环中相位比较器的输出。

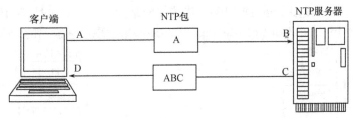

图 7-27　NTP 包的传送

在实际应用中,检测到的延时和时间偏差会受到延时抖动的影响。NTP 规定了一个"锁相环路"的结构[7],在这个结构中,利用滤波、选择和加权等方法得到最为可靠的时间偏差值,然后该值经环路滤波器控制本地的 VCO。经过这样的调整,各站点的时钟同步的精度可保持在 10 ms 之内。

7.8.5　包长的选择与包头压缩

1. 包长的选择

MPEG2 TS 中对 TS 包的全长有固定的限制(188B),而 RTP/RTCP 中对报文长度并无规定的数值。因此,本节将对包长的选择做一个一般性的讨论。

在 7.7.1 节中我们对包长固定和不固定的优缺点进行了讨论,现在将讨论在一个多媒体系统中,数据包长度的选择应该考虑的因素:

(1) 包头所占的比例

应用数据在分段打包时,每一个包要加一个包头,如果包长过短,包头在整个包中占的比例大,每个包所携带的应用数据少,则传输效率降低,或者说打包的代价高。

(2) 处理延时

可以理解,包的长度越大,由于中间节点必须将包完整接收下来,才能转发给下一个节点,因此传输延时越长。但是长包可以减少节点查找路由表的次数。

(3) 链路带宽利用率

对于同样的数据量来说,长包的包间隔少,因而链路层带宽利用率较高。

(4) 网络最大传输单元

许多分组交换的网络有限定的最大传输单元 **MTU**。如果包长大于目的接入网或中间网络的 MTU,目的地网关或中间路由器将包拆分成几个较小的单元,其长度由途径网络的 MTU 决定,这往往是我们不希望的。下面以在令牌环和以太网上的两个主机间的通信为例来说明这个问题。假设位于令牌环上的主机 A 有一段长为 7000 B 的数据(包括传输层协议包头)要向以太网上的主机 B 传送。由于令牌环的 MTU=4000 B,IP 报头长 20 B,一个令牌环帧最大的可用数据长为 3980 B,在分段时所有用户数据段(最后一段除外)的长度须是 8 字节的整数倍,因此用户数据被分为一个 3976 B 和一个 7000−3976＝3024 B 的包传送(见图 7-28 左侧)。当这两个包到达以太网接入网关时,由于以太网的 MTU＝1500 B,除去 IP 包头 20 B,一个以太网帧的最大可用数据长度为 1480 B(可被 8 整除),从 A 来的每个包要进一步分成三个小包,每个小包的长度见图 7-28 右侧。主机 B 将这 6 个包重组成 7000 B 的数据块,传送到对等的传输层。如果传输层采用的是 TCP 协议,那么这 6 个包中的任何一个丢失,都会导致 7000 B 数据的重传;如果传输层采用的是 RTP/UDP 协议,丢失一个包则可能导致接收到的其余 5 个包也无法利用。而在 IPv6 中,如果包长大于 MTU,路由器不进行拆分直接将包丢弃。由此看出,传输层的最大数据分段应该限制在传输网络的 MTU 之内,同时根据 ALF 原则该数据段应该是独立可处理的。例如,如果将一帧视频数据放入一个 RTP 包、包长超过 MTU 的话,更为合理的方案则是在应用层将帧分成条(或 MB),每一个长度不大于 MTU 的 RTP 包包含 1 个或多个条(或 MB)。当传输网络的 MTU 未知时,源 IP 可以利用互联网控制报文协议 **ICMP**(Internet Control Message Protocol)来发现沿途链路的 MTU。

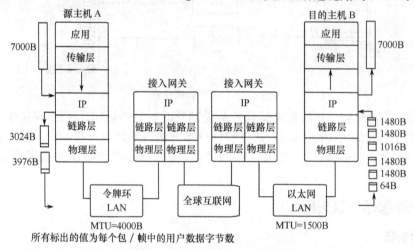

图 7-28　因特网报文的分段和重组

（5）传输网络的错误率

假设信道产生随机错误,且误码率为 P。当每一个数据包包含的比特数为 N 时,一个包中至少包含一个错误的概率为

$$P_N = 1 - (1-P)^N \approx NP \tag{7-23}$$

当 $NP<1$ 时,右边的近似式成立。上式说明 N 越大,包发生错误的概率就越大。假设发生错误的包必须丢弃(或重传),则包越长,丢失(或重传)的可能性越大。因此,对于误码率较高的信道应该选择较短的包长,例如无线信道的误码率一般为 10^{-3},包长通常选择在 100 B 左右,甚至更短。而在有线网络上,包长则主要依据 MTU 来确定。

2. 包头压缩

音、视频数据在进入链路层之前需要经过 RTP/UDP/IP 封装,表 7-3 给出各层封装引入的包头长度。对于 IPv4 和 IPv6 而言,网络第 3 和 4 层包头总长分别为 40 B 和 60 B。另外,为了保证实时性,多媒体数据的有效载荷一般较小,例如 IP 电话(VoIP)的载荷为 15～20 B。与载荷相比过长的包头使得链路效率大大降低,这对低速链路的影响尤为突出。

当我们仔细地审视这些包头时,不难发现其中存在很大的冗余。对于属于同一包流的包,一些头字段是不变(静态)的,例如源和目的地址、源和目的端口,以及媒体类型等。对于同一包流中的连续的包,一些头字段是线性递增的,例如序列号和时间戳等;只有少数头字段是每个包都变化的。我们将这些情况总结在表 7-4 中。如果对那些在包头中一直保持不变的字段,只在包流开始传送时发送一次;而对那些线性变化的字段采用差分预测编码,则可大幅度地减小包头的开销,这即是

包头压缩的概念。RTP/UDP/IP 包头一般可压缩到 2～5 B。假设 RTP/UDP/IPv6 包头为 60 B，VoIP 载荷为 20 B，将包头压缩至 2B，链路有效吞吐量可以提高 3.6 倍。

表 7-3　RTP/UDP/IP 包头长度

协　议	包头长度
RTP	12B
UDP	8B
IPv4/v6	20B/40 B

表 7-4　RTP/UDP/IP 头字段属性

	RTP	UDP	IPv6
静态	版本号；P；X；CC；PT；同步源标识符	源端口；目的端口	版本号；业务等级；流标志；下一个包头域；源地址；目的地址
线性变化	序列号；时间戳		段数限制
变化	M	校验和	

包头压缩通常在用户到边缘接入设备的低速率串行链路中进行，在接入设备中包头经过解压缩恢复成标准的 RTP/UDP/IP 包头后进入高速骨干网。如图 7-29 所示，对每一个包流在压缩和解压缩器中都保存着预测编码的参考包头。如果在传输过程中发生包丢失，那么压缩器和解压缩器中的参考包头将不对应(也称为不同步)，解压缩后的包头将发生错误。这个问题在无线链路上更为严重。一个好的包头压缩方案应该提供迅速恢复压缩和解压缩双方参考包头同步的机制。

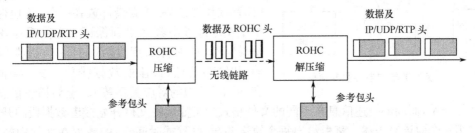

图 7-29　包头压缩方框图

早在 20 世纪 90 年代初 IETF 就制定了包头压缩的协议 RFC 1144，该协议仅针对 TCP/IP 包头压缩，目前已广泛地应用在 IP 协议栈中来提高低速串行链路的效率。近年来由于无线网络和多媒体应用的发展，IETF 相继制定了 RFC 3095 鲁棒包头压缩 **ROHC**(Robust Header Compression)和 RFC 3545 RTP 增强压缩 **ECRTP**(Enhanced Compressed RTP)两个协议。ECRTP 用于具有长延时、包丢失和序号颠倒链路上 RTP/UDP/IP 的包头压缩；ROHC 用于高差错率和长延时链路(例如无线链路)上 RTP/UDP/IP 的包头压缩。ROHC 比 ECRTP 具有更好的抗差错性能，这是以实现的复杂度增高为代价的。

7.9　多媒体文件

多媒体文件是用于多媒体存储的数据封装方式。ISO 制定的基础媒体文件格式 **BMFF**(Base Media File Format)是一个基本的格式，该格式也被 3GPP 等组织所接受，它包含媒体数据、结构和定时信息。**MP4**(ISO/IEC 14496-14)是 BMFF 的一个实例，本节将以 MP4 为例对多媒体文件加以介绍。

7.9.1　支持多媒体流式应用的文件

多媒体数据以文件形式存储之后，可能在本地被读取和播放，也可能由服务器读取，然后以媒体流的形式传输到远距离外的客户端，在客户端进行播放。大多数的宽带应用(例如 1.4.5 节介绍的视频点播等)都采取后一种方式，因此希望多媒体文件格式能有效地支持这类应用。

在这些应用中，服务器需要从文件中读出媒体数据，然后按照传输协议要求将数据封装成包（如 RTP/UDP 包），再通过 IP 网络输送给用户。图 7-30 表示出这个读取、封装和发送的过程。由于对每一个用户都需要启动这样一个过程，当流服务器向数百个到数千个用户提供服务时，提高每一过程的效率就显然尤为重要。因此在流式应用系统中存储媒体数据的文件（称为**流媒体文件**）通常与用于本地播放的文件（如 AVI 等）在格式上有所不同，它的格式应该能够支持边读取、边播放，并且能够方便服务器对数据的封装，以提高流服务器的工作效率。值得注意，存储已编码的媒体数据的文件格式与媒体数据的编码格式（如 H.264）是两个不同的概念。文件格式规定的是数据的存放方法，不同编码格式的数据可以以同一种文件格式存放。

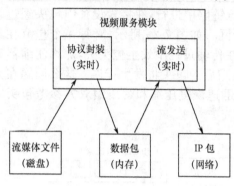

图 7-30　流服务器的主要业务流程

一个流媒体文件通常包含媒体数据本身、描述媒体数据的元数据和索引三个部分的内容。按时间顺序排列的媒体数据序列构成"**轨道**"（Track）；不同的媒体（如音频和视频）放在不同的轨道上。为了服务器提取数据的方便，媒体数据通常按相等的播放时间间隔分割成段，而具有流间同步关系的媒体数据段（如音频和视频）常常交错排放在一起，这使得流间同步在发送过程中容易得到保证。**元数据**描述文件的全局信息（如文件长度、播放时间、轨道类型和数目等）和局部信息（如段的数据排放方式、与播放时间和/或 RTP 包的对应关系等）。全局描述信息一般出现在文件的开始，而局部描述信息在不同的文件格式中可能放在文件开始或者数据段的开始部分，甚至单独用一个轨道来表述。**索引**给出每个轨道各数据段（或时间点）的数据在文件中的偏移量，以便于实现节目播放时的拖放功能和对特定时间点的搜索。

流式应用系统众多的用户终端可能是**异构**的，即具有不同的图像分辨率、处理能力和接入带宽。为了给异构的用户群提供服务，最简单的方法是将同一节目压缩成具有不同码率的几个版本，服务器根据用户的需要选择对应的版本进行输出，例如对使用手机和电缆调制解调器的用户可以分别传送 512 kb/s 和 1 Mb/s 的码流。当服务器拥有同一节目不同速率的几个版本时，还可以在节目传送过程中改变输出速率（从不同的版本中读取数据），以适应网络带宽的动态变化。因为当带宽下降时，传送一个与网络带宽相适应的低码率的码流，在接收端获得较低质量的完整图像，与传送高于带宽的高码率码流造成大量丢包、在接收端得不到完整图像的情况相比，用户的主观感受要好得多。为了支持如上应用，通常将精心排放的同一节目的几个不同码率的版本放在同一个流媒体文件的若干个"轨道"上，此时生成的文件称为**多速率文件**。

值得注意，改变码流速率时轨道间的切换需要在 I 帧处进行，以防止在新流的起始处发生帧间预测参考帧的缺失。因此，要想在网络带宽发生变化时及时地进行流的切换，就需要减小相邻 I 帧之间的距离，这将引起编码效率的降低。为了克服这个缺点，在 H.264 中引入了 **SP 帧**的概念。SP 帧是特殊编码的 P 帧，在该帧进行流切换不会引起新流起始处参考帧的缺失。有兴趣对此做进一步了解的读者可参考文献[8]。顺便指出，与 SP 帧的作用类似，H.264 中还引入 **SI 帧**[8]用于不同节目流之间的切换，这在有些应用场合，例如 IPTV 中变换频道时是十分有用的。

具有代表性的流媒体文件包括 MOV、3GP、RM、RMVB、ASF、FLV 和 MP4 等。

7.9.2　MP4 文件格式

MP4 是 ISO BMFF 的一个实例，也称为 MPEG4 封装格式，它是一种灵活和广泛使用的视音频数据存储文件格式，支持本地播放和流式应用。MP4 文件的基本单元是称为"**盒**"（box）的容器。

每个盒具有图 7-31(a)所示的结构。盒可以层层嵌套,最外层的盒主要有 ftyp、moov 和 mdat 三种类型。ftyp 一般出现在所有盒之前,描述文件的全局元信息;moov 中包含描述各条轨道的元信息;而 mdat 中则是音、视频媒体数据。图 7-31(b)给出一个简化的 MP4 文件结构,其中表示出 moov 和 mdat 与它们内部的主要子盒之间的嵌套关系。

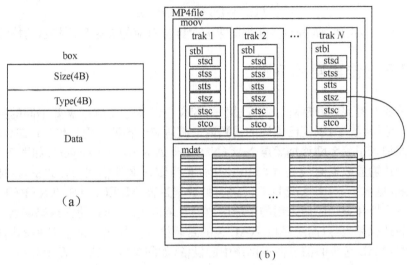

图 7-31 简化的 MP4 文件结构

不同速率/编码方式的视、音频序列,或不同语言的音频序列分别放在不同的轨道上。在 mdat 中,媒体数据以**采样**(sample)为单位存储,视频的一个采样通常为一帧数据,音频的一个采样则为一个或多个音频样值。若干个采样组成一个**块**(chunk),通常对应 1 秒左右的数据。在一个块中,采样按播放时间顺序排列连续存放;而块的排列可以不是顺序的。在流式应用中,往往将同时播放的音视频块交错排列顺序存放,以利于服务器的提取。在 moov 中,每一个轨道由对应的 track 盒中一组子盒进行描述,其中最重要的是**采样表盒** stbl[见图 7-31(b)]。stbl 包含若干重要的成员,其中 stsd 说明采样的编码方式和配置;stss 指出可以随机接入或进行码流(轨道)切换的帧(也称关键帧或同步帧)的位置[图 7-31(b)mdat 中灰色条];stts 描述每个采样的时长,通过对 stts 的解析可以得到采样与解码时间之间的映射关系;stsz 和 stsc 分别给出每个采样的大小和每个块含有的采样数;stco 指出每个块在文件中的偏移量(字节数);ctts 给出解码时间和显示时间的偏移量。可以看出,服务器或客户端播放器通过以上信息很容易搜索到所需的数据。

MP4 还支持进行流传输时使用的**索引**(hint)**轨道**,它在 moov 中也有相应的描述信息。音、视频分别有自己的索引轨道,一种媒体也可以有多个索引轨道,支持不同传输协议的索引轨道的采样也放在 mdat 中。索引采样含有音视频数据传输层打包的信息,如一个视频采样对应的 RTP 包数、包头、序列号等。服务器根据索引轨道描述信息找到对应的索引采样,然后按索引采样给出的信息可以方便地对音、视频采样进行打包和传送。

7.9.3　MP4 的同步信息

在 MP4 中,三个层次(moov、track 和 mdat)盒子的头部都含有时间信息。这些信息包括 32b 或 64b 的该盒子的创建时间、修改时间、时间单位(秒),以及按时间单位计算的显示时长。

MP4 的时间戳信息由采样表(stbl)中的 stts 和 ctts 盒子所携带。一个采样包含与单个时间戳相关联的数据(如视频一帧)。通过 stts 盒子,可以得到该盒中第 n 个样值的解码时间[9]

$$\mathrm{DT}(n+1) \approx \mathrm{DT}(n) + \mathrm{stts}(n) \tag{7-24}$$

其中,DT(n)和DT($n+1$)分别为第 n 个和第 $n+1$ 个样值的解码时间,stts(n)是第 n 个采样在 stts 的时间—采样表中对应的条目所指示的持续时间。

当采样的解码时间与显示时间(在 MP4 中称为 Composite Time)不一致时,需要用 ctts 来说明。ctts 盒子中第 n 个样值的显示时间[9]

$$CT(n)=DT(n)+ctts(n) \tag{7-25}$$

其中 ctts(n)与 stts(n)类似,是由 ctts 获得的第 n 个样值对应的表条目所指示的持续时间。

7.10 编码层与传输层的适配

从以上几节我们看到,多媒体的广播应用、宽带应用以及存储应用需要不同的数据封装方式,且使用不同的传输协议。为了使已编码的视频数据流适应于各种应用环境,H.264/H.265 在编码层和传输层之间加入了一个**网络抽象层 NAL**(Network Abstraction Layer),如图 7-32 所示。图中最下层是不同的传输层数据封装格式,其中 MP4FF 为多媒文件格式,H.32X 为在国际电联制定的视听会议系统(见 8.2 节)中依据 H.241 进行的数据封装,MPEG2 TS 和 RTP/IP 则分别是 7.7 和 7.8 节介绍的广播和宽带应用采用的传输层数据封装格式。NAL 使得编码层独立于传输层,只专注于有效地表达视频内容;而统一的 NAL 包的封装格式又提供了适应各种不同应用的传输层的灵活性。同时,NAL 包头的信息使得网络中的设备(如网关)可以根据需要直接对媒体数据包进行适当处理。例如,网关对包丢失严重的信道可以重复多次传送携带重要编码参数的 NAL 包;向带宽较窄信道或处理能力低的终端进行传输时,丢弃含有不重要编码数据的 NAL 包(如第 10 章将要介绍的分层编码的高层数据)。此外,在 H.264 中,借助于 NAL 实现的数据分割(见图 7-32 虚线框)为增强媒体流的可靠传输提供了工具,我们将在 9.4.2 节中予以讨论。

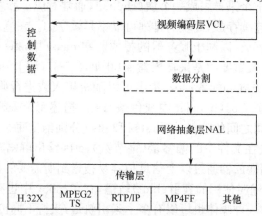

图 7-32 H.264/H.265 的网络抽象层

已编视频码流被打成 NAL 包。一个 NAL 包具有整数个字节。第 1 个字节(对 H.265 而言为两个字节)为包头,用来说明包的类型;余下的字节为载荷,包含包头所说明的类型的数据。由一个编码器所产生的一系列 NAL 包,称为 NAL 包流。

对于要求以顺序的比特(或字节)流传输的系统,例如广播信道要求的 MPEG2 TS,需要在比特流中插入标识符来指示 NAL 包的边界。为此,NAL 要在每个 NAL 包之前加一个 3 个字节的独特的比特串,叫做**起始码前缀**。如果已编码流中偶然出现与起始码前缀相同的比特串,则需要在码流中插入一些填充比特,以防止被接收端错误地认为这里是一个 NAL 包的开始。发送端也可以插入少量的其他数据,来帮助接收端迅速进行包的定位,例如定位字节边界等。对于要求以包的形式进行传输的系统,例如 IP 网中的 RTP/UDP,传输层则可以直接对 NAL 包进行打包,而不再需要起始码前缀。此时在将图像划分为条进行编码时,通常考虑将一个条的数据打成一个 NAL 包,使其成为一个可以独立解码的单元。同时,NAL 包的长度要小于底层传输网络的 MTU。

NAL 包分为两种类型:视频编码(VCL)包和非视频编码(Non-VCL)包。前一种的载荷是已编码的视频数据;后一种的载荷是与之相关的附加数据。附加数据包括对整个序列解码至关重要的参数集,或辅助解码的补充增强信息 **SEI**(Supplemental Enhancement Information)和视频可用性信息 **VUI**(Video Usability Information)等。这些辅助信息包括视频的定时信息、所用的彩色空间、3D 立体帧的打包方式,以及其他辅助显示的信息等。

7.11 下一代多媒体传输协议

7.11.1 对下一代传输协议的需求

随着多媒体技术和应用的迅速发展,近年来广播应用和宽带应用出现了逐渐融合的趋势。从信道的角度看,专门的高速单向信道,如卫星、电缆等,对向亿万用户提供专业质量的视音频服务非常有效,但缺乏交互的功能;基于 IP 的网络可以提供很好的交互功能,而同时向数量众多的用户传输高质量内容的能力不足。如果能够同时借助于这两种网络来进行多媒体传输,则可以取各自其优、而弥补各自之不足。从用户的角度来看,用户希望能够个性化地、灵活地获取多种多媒体内容,而并不关注它们来自哪个内容提供源或经何种网络传输。

图 7-33 给出了两种新型应用的例子,其中(a)表示由广播信道传送来的电视节目在超高清的电视屏幕上显示,同时显示的还有通过因特网及本地存储介质获得的与电视节目相关的附加信息;(b)表示通过广播网络传送的电视节目既可被电视机,也可被笔记本电脑所接收,并且两种终端还可以同时通过因特网获取另外的信息,例如在电视机上看中央台广播的球赛,但听自己喜欢的网上评论员的解说。在这些新应用中,组成同一多媒体内容的不同成分(视频、音频、或伴随的数据等)经由不同的网络传输,用户在终端上灵活地选择接收他需要的那部分数据。

近年来因特网技术和 Web 技术的发展为实现多媒体的新型应用打下了一定的基础。一方面如第 6 章所述,固定和移动网络的带宽有了显著的增加,其 QoS 的改善再配合应用层的一些技术,使视、音频在因特网上的传输质量有了很大的提高;在另一方面,Web 技术的主要国际标准化组织——万维网联盟 **W3C**(World Wide Web Consortium)于 2014 年 10 月发布了 **HTML5**。这是一个十分重要的标准。我们从 1.4.2 节知道,HTML 是描写超文本文件的语言。HTML 以前的版本只允许对文字、图形、图像等非实时媒体进行操作,如果想在网页上插入音、视频,则需要打开另外的应用(如 Windows 媒体播放器)来进行播放。各种播放器通常遵从各自公司的私有标准。HT-ML5 的主要特点在于能够以浏览器和解析器等理解的语言将音频和视频嵌入进 Web 页面,使得支持 HTML5 的浏览器无需插件就可以将非实时媒体和实时媒体的呈现统一于一体。以上两方面的成果使得我们可以期待,IP 将成为下一代广播应用的主要的底层传输协议,而 HTML5 将作为下一代广播应用的内容描述和呈现的技术,从而支持广播应用与因特网多媒体应用的融合。

在这样的形势下,显然 7.7~7.9 节介绍的数据封装方法都不能满足需要,为了支持经由混合网络传输的新型多媒体应用,制定下一代的传输层协议就势在必行了。这个协议应该满足如下的要求:(1)支持灵活和动态地获取并组合经由不同网络传输的多媒体数据,而不只是顺序地接收预先复用好的由一种网络传送的音、视频流(像现在的广播应用只能接收 MPEG2 TS);(2)容易在存储和传输格式之间进行转换,因为向分布在广阔地域上众多用户提供服务时,通常需要在内容提供的源端和用户之间设立缓存服务器,由缓存服务器将接收到的源端发送的媒体流缓存成文件,再在用户需要时以媒体流的形式发送给用户,因此格式转换是频繁的;(3)支持在一个应用中混合使用

(a)

因特网

附加音频

视频

广播网络

音频

其他应用

因特网

(b)

图 7-33　新型多媒体应用

来自于多个源(不同媒体提供源、缓存服务器或本地文件等)的多媒体数据。

7.11.2　MPEG 多媒体传输协议(MMT)

MMT(MPEG Multimedia Transport)作为 ISO/IEC MPEG-H 标准的一部分,即 ISO/IEC 23008-1,是 MPEG 于 2014 年公布的为全 IP 网络设计的新一代多媒体数据封装和传输协议。MMT 所包含的部分由图 7-34 中灰色的方框所示,它们构成封装、传输和信令三大功能模块。MMT 既支持传输(图左下)也支持存储(图右下)应用。图中 HTTP 为 1.4.2 节介绍的超文本数据交换协议。从下面的讨论我们将会看到,MMT 综合汲取了 MPEG2 TS、RTP/RTCP 和 BMFF 的特点,是一个既适用于存储应用,又适用于宽带应用和广播应用的数据封装和传输协议。

1. MMT 封装

在 MMT 中,媒体数据采取像洋葱一样的层层封装。已编码流分割成可以被独立解码的段(不需要依赖其他部分的数据作为解码时的参考图像),例如一个或多个 GOP,称为**接入单元 AU**(Access Unit)。一个或整数个 AU 组成 MMT 的一个**媒体处理单元 MPU**(Media Processing Unit)。可被独立解码(或处理)的非实时数据,例如一幅图像、一个文件也可以构成一个 MPU。属于同一媒体(如一个视频、音频或数据流)的 MPU 构成一个媒体**资产**(**Asset**),相当于 MPEG2 TS 的基本码流。每个 Asset 有自己的 ID。构成一个多媒体节目的所有 Asset,例如一个视频流加上多个伴音流和一个字幕流等,组成一个**节目包**(**Package**)。节目包中如 7.2.3 节所指出的那样,除了成分数据(资产)外,还应该包括各资产之间的空域(在屏幕何处显示)和时域约束关系。这些关系由**组**

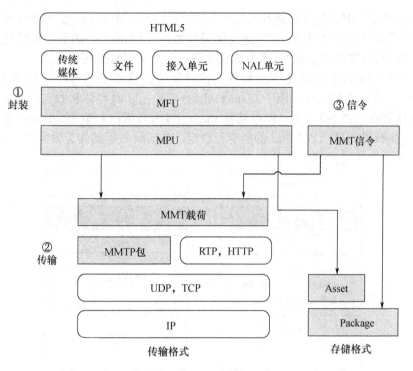

图 7-34 MMT 协议

合信息 CI(Composition Information)描述。此外,节目包中还包含提供网络传输特性的信息,称为
资产传递特性 ADC(Asset Delivery Characteristics)。ADC 给出传输 MMT 资产所需要的 QoS 信
息。底层网络可据此信息进行配置,或者在将多个资产复用成一个流传输时,根据此信息进行调
度。一个节目包可能有多个 ADC,以适应不同的传输网络。图 7-35 给出了整个节目包以及它的
传输环境的示意图。

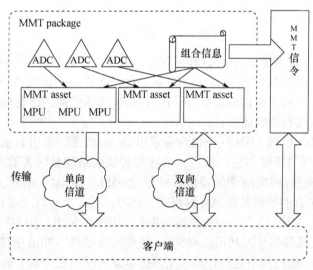

图 7-35 MMT 数据模型及与传输环境的关系

MPU 是 MMT 的基本数据处理单元。为了使客户端具有动态地自行组装媒体流的能力,
MPU 被设计成在客户端无需其他任何信息就可处理(包括解码)的独立单元。因此,MPU 除了包
含的媒体数据可被独立解码外,还包含着用于配置解码器的元数据。MPU 的第一个字节就标志

着解码的开始。无论 MPU 包含的是什么类型、或以什么格式编码的数据,只要接收到 MPU 的第一个字节,客户端就可以开始对该 MPU 进行解码和处理,而无需另外的信令来触发。这对广播应用是很有好处的,因为在广播应用中,客户端没有双向信道来传输交互命令。

为了便于在存储格式和传输格式之间的转换,MPU 借鉴了 ISO BMFF 的格式。一个 MPU 存为一个以 mpuf 为标志的文件。图 7-36(a)和(b)分别给出实时媒体和非实时媒体的 MPU 文件结构。实时媒体数据像在 MP4 中一样存储在 mdat 中,由轨道信息索引。moov 包含一个或多个轨道,并给出有关解码和显示该 MPU 的所有元数据。非实时数据则作为数据项(item)存储在 meta 盒子中。每一个非实时数据文件存为一个项。

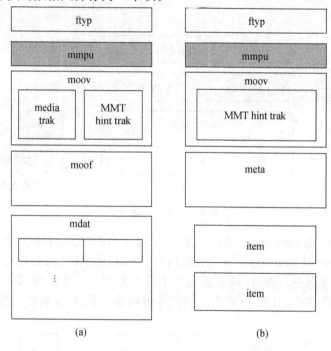

图 7-36　MPU 文件

MPU 的 mmpu 盒子装载着 Asset ID 和序列号。根据这些信息很容易确定它属于哪个媒体流以及它在流中的位置。如果我们设定 Asset ID 是一个全球唯一的标识符(标准允许,但并未强制性限定这样做),那么无论从任何物理地址、任何内容提供源或任何网络传输来的 MPU,在客户端都能很容易地被组装成完整的媒体流。

为了支持流传输,MPU 像 MP4 一样也含有索引(hint)轨道。索引轨道中的采样提供如何将 MPU 打成适合于底层网络传输的包的信息。当底层传输网络的最大传输单元 MTU 小于 MPU 时,MPU 可以被分割成段,构成所谓的媒体分割单元 **MFU**(Media Fragment Unit)再进行传输。对于实时媒体,MFU 包含的数据是可独立解码或丢弃的,如 H.264/H.265 的 NAL 包。索引轨道中的采样则作为对应的 MFU 的头。索引轨道还提供 MFU 在 MPU 中的序列号、它的优先级以及与其他 MFU 的依赖关系等信息。利用这些信息,底层网络虽然不知道所传输的数据的类型或编码方式,但仍然可以在传输过程中进行针对应用数据单元 ADU(见 7.8.1 节)的适当的 QoS 处理,例如,在拥塞时丢弃低优先级的包。

2. MMT 传输

MMT 定义了应用层协议和载荷格式来支持 MPU 的有效传输。如图 7-34 所示,MPU 被打成 MMT 协议包,称为 **MMTP 包**(MMT Protocol Packet),然后经分组网络传输。图 7-37(a)给出

MMTP 包头的格式。其中 V 代表版本号；R 的作用与 RTP 报文头的 M 域类似，可用来标记随机接入点。MMT 既支持单一媒体流的传输，也支持多个媒体的 MMTP 包复用成一个包流的传输（RTP 不能这样做）。packet_id 用于在多路媒体流复用时标识 MMTP 包属于哪个流，类似于 MPEG2 TS 中的 PID。packet_counter 用来对复用后的包序列计数，以便迅速检测包的丢失；C 域用来指示是否使用 packet_counter 这个域；而 packet_sequence_number，则是针对单个 packet_id 流的包序列号。time-stamp 表示 MMTP 包的 UTC 发送时刻。如果收端时钟也同步到 UTC 时钟上，通过时间戳域就可以对传输延时和抖动进行估计。source_FEC_playload_ID 指示 MMTP 包的载荷所使用的应用层前向纠错码 **AL-FEC**(Aplication Level-Forward Error Correction)的类型，是否使用这个域由 FEC 域指示。使用 AL-FEC 对载荷进行保护，可以降低包丢失的影响，提高传输质量。9.3.3 节将对 AL-FEC 的基本原理予以介绍；而 MMT 使用的 AL-FEC 由 ISO/IEC 23008-10 定义。包头的扩展域在标准中没有作规定，留给特定的应用使用。

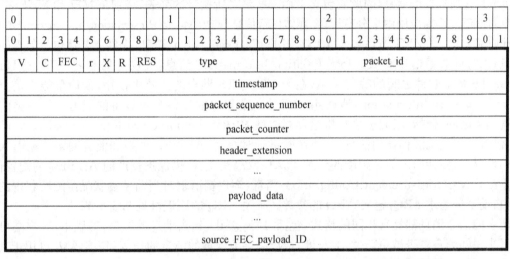

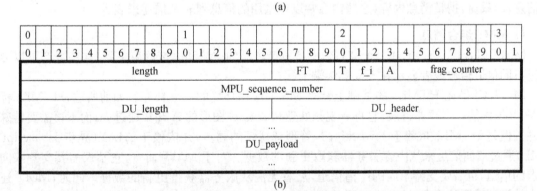

图 7-37　MMTP 包(a)包头和(b)载荷的结构

MMTP 包的载荷分为 4 种类型(由包头的 type 域标识)：①信令信息；②一般文件传输 **GFD**(Generic File Delivery)；③MPU；④修补符号(在包丢失时传递 AL-FEC 所需要的修补符号)。图 7-37(b)给出 MPU 模式下的载荷结构。其中 FT 域指示数据类型，是 MPU 元数据、影片片断元数据，还是 MFU。MPU 元数据载荷包括 ftyp、mmpu、moov、meta 盒子以及它们之间的盒子；影片片断元数据载荷包括 moof 和 mdat 盒子，但不包括其中的媒体数据。

在 7.8.3 节中我们知道，RTP 需要为不同类型和不同编码格式的媒体制定各自的报文格式文件，然而在 MMT 协议中无需这样做。为了对不同种类的媒体采用一个通用的格式，MMT 引入了

传输数据单元 **DU**(Delivery Data Unit)的概念。对于 MFU 类型的载荷来说,一个 DU 可以是实时媒体的一个完整的 MFU,或者是非实时媒体的一个完整的项。在这两种情况下,DU_header 有所不同。当一个 DU 由多个 MMTP 包的载荷传输时,f_i 域标明载荷是否是 DU 的一个分段,也可用于标明载荷是否是 DU 的第一个或最后一个分段。frag_counter 域标明由连续的 MMTP 包所携带的当前 DU 的分段的计数。一个 MMTP 包的载荷也可以传输多个小的 DU。此时 A 域用来指示载荷中是否包含多个 DU。当包含 2 个以上的 DU 时,在每个 DU_header 的前面加入 DU_length,以便给出每个 DU 的长度。

3. MMT 信令

MMT 信令为客户端提供媒体播放和传输的信息,共分为两大类。一类信令类似于 MPEG2 TS 中的节目映射表 PMT 和节目关联表 PAT,包括:①节目包接入 **PA**(Package Access)消息:提供快速接入一个节目包所需要的信息,因此它包含下面一些消息所携带的列表,特别是 MPI 和 MPT 表,这在只有单向信道的广播应用中十分有用;②媒体显示信息 **MPI**(Media Presentation Information)消息:提供全部或部分 CI;③MMT 节目包表 **MPT**(MMT Package Table)消息:提供此节目包所包含的资产的信息;④时钟关系信息 **CRI**(Clock Relation Information)消息:提供全局时钟 NTP 或 UTC 与 MPEG2 TS 系统时钟之间的映射关系,在 MMT 与 TS 混合的系统中使用;⑤设备能力信息 **DCI**(Device Capability Information)消息:说明播放此节目包的设备需要具备的能力。另一类信令是与传输相关联的,包括:①假想接收机缓存器模型 **HRBM**(Hypothetical Reciever Buffer Model)消息:提供管理接收机缓存器的信息,以便在网络延时抖动、AL-FEC 处理和混合网络传输引入延时变化的情况下,保持固定的端到端的延时;②**AL-FEC** 消息:提供保护资产的 AL-FEC 的配置信息;③测量配置 **MC**(Measurement Configration)消息:客户端请求对当前传输状况监测所获得的测量值;④自动重传请求 **ARQ**:定义 ARQ 的参数。有关 ARQ 的原理可见 9.3.1 节。

所有的信令消息都具有相同的格式,包括:1)消息 ID:给出消息的类型;2)版本:客户端可利用版本号来得知消息是否被更新过;3)长度:给出以字节计算的消息的长度;4)扩展域:可用于其他附加信息;5)载荷:携带消息内容,这些内容常以可重用的消息列表及描述来表示。

4. MMT 组合信息

MMT 组合信息 CI 描述一个节目包中各资产之间的空域和时域约束关系,这些资产可以分别通过不同信道传输或者显示在不同的终端上。

MMT CI 是在 HTML5 的基础上针对 MMT 应用环境的一个补充。如前所述,HTML5 标志着 Web 技术的一个重要进展,它将音视频处理和 2D、3D 图形的 API 集成进去,而不再需要特殊的插件。但是 HTML5 依赖于 Javascript 来管理音视频的同步,并依赖于 AJAX(异步 Javascript 和 XML)通过双向信道来从内容服务器获取更新的数据。对于 MMT 而言,它不仅需要支持双向点对点的信道,也需要支持单向的广播信道,后者无法从服务器获得更新的数据。同时,MMT 还需要支持资源受限的设备,这些设备可能无法实时地处理 Javascript。为了满足这些需求,MMT 引入了 CI 文件来为使用 HTML5 的设备提供动态和丰富的服务。CI 文件使服务的提供者可以用"声明"的办法来给出同步关系,并用一条新的 CI 或 CI 的新版本来进行同步信息的更新(如改变某个媒体的播放时间或位置)。CI 可以与媒体内容一起在广播或多播信道中发布,因此不需要回传信道就可以动态地改变多媒体播放的时间布局。

CI 文件使用 XML 语言描述,因此很容易用 Javascript 解析并在浏览器环境中应用。一个 CI 文件包含两个主要部分:⟨View⟩和⟨Mediasync⟩。⟨View⟩提供多媒体内容在空间上的布局,即哪些内容在屏幕的何处显示。更进一步地,MMT 还为未来的**多屏业务**提供了条件。通过⟨View⟩可以指定某些多媒体内容在主屏幕上显示,另一部内容则在附加的另外的屏幕显示。一个 CI 可以有多个〈View〉表示不同的显示布局。〈MediaSync〉定义多媒体内容之间的时间关系。它可以利用 UTC 时间指定媒体播放的绝对起始和结束时间,也可以以 HTML5 文件中定义的某个事件或媒体元素作为参考,用相对时间来指定其他内容的起始和结束时间。

图 7-38 给出了 MMT CI 与 HTML5 文件之间的关系。各个媒体的静态空间布局由 HTML5 的〈div〉元素描述。当需要动态地改变空间布局时,可以由 MMT CI 的〈divLocation〉描述,而不需要再加载另一个 HTML5 文档。媒体的播放时间关系由 MMT CI 的〈MediaSync〉所携带。

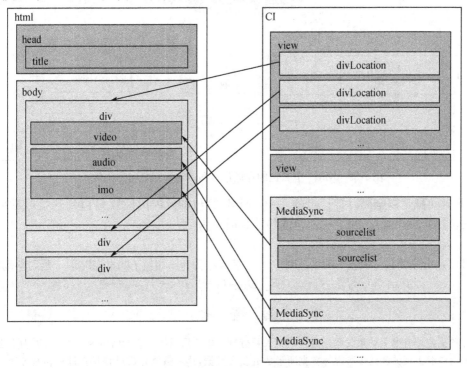

图 7-38　MMTCI 与 HTML5 的关系

通过 HTML5 和 MMT CI 将多媒体的静态布局和播放的动态行为分开,使得多媒体内容的创建更为简单,也容易适应各种不同的应用环境;同时,保持了与 HTML5 的完全兼容。

5. 存储和传输格式的转换

图 7-39 给出将一个 MMT 节目包串接起来形成文件用于存储和下载时(左半部),以及打成 MMTP 包进行流传输时(右半部)的数据结构。从图看出,二者都是以 MPU 为基本单元的,因此存储格式和传输格式之间的转换简单易行。这对于简化网络中的缓存服务器的操作是十分有利的。

7.11.3　MMT 定时信息及同步

如前所述,MMT CI 包含了节目包中各资产的空域和时域同步关系,规定了资产在屏幕上的显示位置及播放顺序。

MMT 假设系统(所有收、发端)同步于一个全局时钟,如 UTC。对于实时媒体而言,每个 MPU 中的第一个 AU 的显示时间由 moof 中的 traf 盒子或者信令消息所携带;MPU 中每个 AU 的显示时长以及解码和显示顺序存放在 MPU 头中。因此,无论 MPU 从何处、经何种网络传输,接收端都能将它们按正确的定时关系拼接起来。如果接收端要替换掉某一个 MPU,也无需改变其余 MPU 的定时信息。

与 RTP 类似,借助于 MMTP 包头中的时间戳,可以在接收端对网络的延时和抖动进行估计。

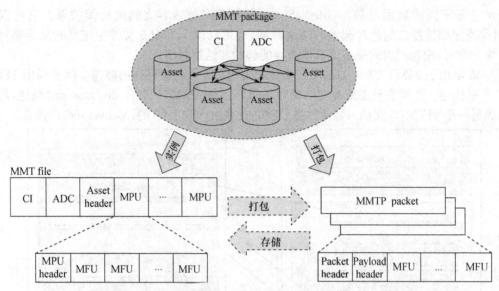

图 7-39　MMT 节目包的存储格式和传输格式之间的关系

由于 MMT 时间戳是以全局时钟计量的，一个 MMTP 包的延时时间就是包到达接收端的时间减去它的发送时间（时间戳）。两个相邻包的传输延时差为

$$D_{MMT}(i,j)=(T_{A,j}-T_{D,j})-(T_{A,i}-T_{D,i}) \tag{7-26}$$

其中 $T_{A,i}$ 和 $T_{A,j}$ 分别为包 i 和包 j 的到达时刻，$T_{D,i}$ 和 $T_{D,j}$ 为包 i 和包 j 的发送时刻。延时抖动则为[10]

$$J_{MMT}(i)=J_{MMT}(i-1)+[\,|D_{MMT}(i-1,i)|-J_{MMT}(i-1)\,]/16 \tag{7-27}$$

习　题　七

7-1　多媒体数据内部有哪些约束关系？这些约束关系分别是怎样形成的？它如何体现了 1.2 节中所讲的"多媒体数据是由内容上相关联的多种媒体数据所形成的复合数据，这一数据合成过程是在计算机控制下完成的"的特点？

7-2　简述实现流内和流间同步的基本算法。

7-3　一个远端数据库内存有一个 60s 的、频率为 30 帧/s 的视频短节目。该节目以 MPEG-1 压缩方式存储，每帧平均数据量为 50kb。此节目经由一条带宽为 512kb/s 的通信线路传送到接收端（见习题 3 图）。

(1) 在数据库内此节目所需的存储空间（MB）是多大？

(2) 此线路能否实时地传输节目？如果不能，应如何解决这个问题？计算接收端的起始延迟时间以及为保证接收端正常播放所需要的缓存器的大小。

7-4　在习题 4 图所示的具有全局时钟的实时多媒体系统中，发送端将压缩后的每一帧图像打在一个包中传送，每个包的包头有表示该包发送时间的 UTC 时间戳 $T(i), i=1,2,3\cdots$

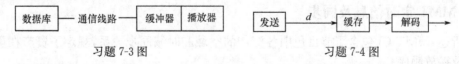

习题 7-3 图　　　　　　　　　习题 7-4 图

(1) 保证接收端连续播放的条件是什么？

(2) 若网络传输延时 $d(i)\in[\Delta_{\min},\Delta_{\max}]$，为保证播放的连续性，接收端应该在什么时刻开始播放？其缓存器应为多大？与公式(7-8)和公式(7-9)表示的结果有什么相同和不同？

(3) 假设网络传输延时 d 为一符合正态分布的随机变量，其均值为 μ，方差为 σ^2，在保证连续播放概率 $\eta\geqslant99\%$ 的条件下，接收端应该在什么时刻开始播放（用解析式表达）？

7-5　服务器按自己的时钟向客户端传输一个长度为半小时、帧率为 25 帧/秒、码率为 128 kb/s 的视频节目，客户端按本地时钟播放，二者的时钟偏差为 10^{-4}秒/秒（服务器慢于客户端的）。假设客户端收到第一帧数据就开始播放,能否在保证观看质量的情况下连续播放完整个节目? 假设累积时间差小于一个帧周期不会明显影响播放的观看质量,试提出一种起始延时最小且实现起来最简单的能保证客户端连续播放质量的方法(不考虑网络延时抖动)。

7-6 MPEG2 码流中,I、P 和 B 帧 PES 包头中的 PTS 和 DTS 是否相同?

7-7 查阅 RTP/RTCP 协议,了解在默认情况下 H.264 视频流所对应的格式文件和轮廓文件的有关规定。根据 RTP 报文头中的哪一部分信息可以确定该报文是否是某一帧的起始点? 你还可以从报文头中了解到哪些有关视频码流的信息?

7-8 据统计,目前在因特网(IPv4)上传输的包平均包长为 355B,问:
(1)当包格式改换成 IPv6 后,平均包长为多少?
(2)在使用 IPv4、且没有包头压缩时 RTP/UDP/IPv6 包头引入的开销为多少(以百分比表示)? 如果每个包的包头压缩至 2 B,引入的开销又是多少?

7-9 假设在一个多媒体系统中,采用 UDP 传输实时媒体数据,并且希望传输效率尽可能地高。在你所使用的计算机环境中,分别测试长度为 256、512、1024、2048、4096 和 8192 字节的消息的平均传输速率,并解释原因。
(提示:观察你所在的网络的最大传输单元 MTU 的大小。)

7-10 设视频和音频流经 MPEG 压缩后速率分别为 2.5 Mb/s 和 256 kb/s,将它们转换成 TS 流,视频和音频流分别增加 7% 和 20% 的包头开销;若它们经 RTP/UDP/IP/Ethernet 传输,试计算最终所需要的最小信道带宽。

7-11 在一个平均误码率为 10^{-4} 的信道中,假设数据包只要出现错误就被丢弃,如果使包丢失率不大于 10^{-1},求最大包长。

7-12 说明 MMT 为什么既适合于存储应用、又适合于传输应用;它的哪些部分分别借鉴了 MPEG2 TS、RTP/RTCP 和 BMFF,又通过什么措施将它们融合成一个统一的协议的。

7-13 说明在 MMT 中是怎样描述各媒体元素的空间和时间约束关系的;当这些约束关系发生变化时是如何告知接收端的。

参 考 文 献

[1] G. Blakowski and R. Steinmetz,"A media synchronization survey:reference model,specification and case studies,"IEEE JSAC,Vol. 14,No. 1,1996,5-35

[2] W. Appelt, Hyper ODA,ISO/IEC/JTC1/SC18/WG3,1996

[3] M. J. Perez-Luquc and T. D. C. Little,"A temporal reference framework for multimedia synchronization,"IEEE JSAC,Vol. 14,No. 1,1996,36-51

[4] Y. Ishibashi, et al.,"A comparative survey of synchronized algorithms for contiuuous media in network environments,"IEEE conf. on local computer networks,2000,337-348

[5] K. Rothermel and T. Helbig,"An adaptive protocol for synchronizing media streams,"Multimedia Sys. Vol. 5,1997,324-336

[6] D. D. Clark, et al.,"Architectural considerations for a new generation of protocols,"Proc. ACM SIGCOMM,1990,200-208

[7] D. L. Mills,"Internet time synchronization:the network time protocol,"IEEE Trans,Comm. Vol. 38,No. 10,1991,1482-1493

[8] M. Karcgewicg and R. Kurceren,"The SP-and SI-frames design for H. 264/AVC,"IEEE Trans. CSVT ,Vol. 13,No. 7,2003,637-644

[9] Belogui, et al. ,"Understanding timelines within MPEG standards,"IEEE Comm. Surveys & Totorials,Vol. 18,No. 1,2016,368-400

[10] K-D. Seo, et al.,"A new timing model design for MPEG media transport(MMT),"IEEE Int. Symp. on Broadband multimedia systems and broadcasting,2012,1-5

第8章 多媒体通信终端与系统

8.1 概述

在第 7 章我们提到的三大类应用中,涉及多媒体通信的有两类:广播应用和宽带应用。前者是指地面、卫星、电缆和移动数字电视广播,而本章将要讨论的各种多媒体通信终端与系统则属于宽带应用的范畴。根据所使用的技术的不同,我们可以将宽带应用的终端与系统作如下的划分。

首先,从系统结构来看,可以分成会话与会议系统和流式应用系统两种类型。在会话类系统中通话的两端是对等的,因此使用双向对称的信道。8.2 和 8.3 节将分别介绍遵循国际电联标准的和基于 IP 网 SIP 协议的两类会话和会议系统。由于多媒体会议常常包括参与人员的协同工作,8.4 节将简单介绍协同工作方面的技术。流式应用或称为流媒体应用,是目前因特网上最广泛的多媒体应用。这类应用通常采用客户机/服务器结构,用户提出请求、信息中心向用户返回所请求的多媒体内容,因此系统使用双向非对称的信道,上行带宽窄,下行则需要宽带传送。

其次,从传输层协议来看,流媒体系统又可以进一步分为基于 RTP/UDP 的系统和基于 HTTP/TCP 的系统,8.5 节和 8.6 节将分别给予讨论。8.7 节则将介绍部署在广阔地域上服务于众多用户的大规模流式应用系统,这包括具有客户机/服务器结构的内容分发网络、利用用户节点进行内容分发的对等网络,以及基于云的内容分发网络。

8.2 国际电联 H 系列的会话与会议系统

8.2.1 视听通信终端的一般框架

人们知道,接入通信网的设备(电话机、传真机、交换机等)必须遵从相应的国际标准,否则不同国家和不同厂家生产的设备之间将不能互通,也就不能达到通信的目的。对于多媒体通信设备也是如此。本节将介绍国际电联为视听通信系统(Audiovisual Communication System)制定的有关标准,这些标准主要是针对电路交换网络上的多媒体会议和可视电话业务的(H.323 除外)。由于各种传输网络已逐步转向以 IP 为平台,所以其中一些系统目前已经不再或较少使用,但其中涉及的一些概念和技术还是有用的,因此我们仍保留了对它们的简单介绍。

视听业务在两个、或多个用户之间提供图像和伴音的实时通信,其中图像通常是活动图像,但也可以为静止图像、图形或者其他形式。ITU-T 第 15 研究组为在几种主要网络环境下使用的视听系统制定了标准,这些标准都归结在 H 系列建议中。图 8-1 给出了 H 系列视听通信终端的一般框架,其中通信控制信号和应用数据可以和压缩编码后的音频和视频信号复接在一起,也可以直接进入网络的适配层;呼叫则是通过信令协议建立通信连接的过程。在通信系统中,所谓信令特指用于建立、拆除、监控和管理通信连接所需要的控制信号。

8.2.2 同步电路交换网视听业务标准(H.320)

H.320 是国际电联为同步电路交换网(如 N-ISDN 和 DDN)进行视听业务制定的标准。

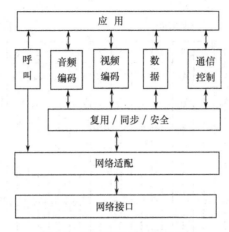

图 8-1　视听终端的一般框架

H. 320 描述整个系统,与之相关的一系列建议则定义构成系统的各个部件。图 8-2 给出了 H. 320 终端的协议参考模型,图中呼叫控制采用 N-ISDN 的信令协议 Q. 931,视频编码采用实时性强的 H. 261、H. 263 和 H. 264 标准,音频编码主要针对语声信号,包括 G. 711(未压缩的 PCM 信号)、 G. 728(16kb/s),以及高质量语音压缩的 G. 722 等标准,复接采用 H. 221 标准。数据控制协议 T. 120 系列、H. 239 和通信控制协议 H. 242 则将在 8.2.6 节中介绍。

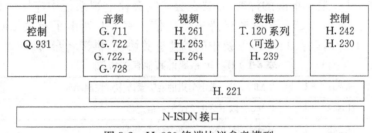

图 8-2　H. 320 终端协议参考模型

　　如 6.4.1 节所述,N-ISDN 是一个电路交换的网络,它提供 64kb/s(B 信道)、384kb/s(H0 信道)和 1536/1920kb/s(H11/H12 信道)的速率。与 MPEG2 TS 和 RTP 等包复用的方法不同,在 H. 320 中音、视频数据和控制信号是通过时分复用的方法送入信道的,H. 221 为对应的复用标准。

　　H. 221 标准规定每 80 个字节(10 ms)的数据构成一帧。每个字节的对应比特构成一个 8 kHz 的子信道,例如所有字节的第 1 比特构成第 1 个子信道(见图 8-3)。第 8 个子信道称为**公务子信道 SC**(Service Channel)。在 SC 中,前 8 个比特作为**帧校准信号 FAS**(Frame Alignment Signal)。FAS 给出帧的校准(同步)信息、告警信号以及错误检测等。SC 的第二个 8 比特称为**比特率分配信号 BAS**(Bit-Rate Allocation Signal)。BAS 实际上是通信控制信号,用来描述终端具备的能力、信道的构成(当采用多个 B 信道时)、控制与指示信号等。SC 的第三个 8 比特作为**加密控制信号 ECS** (Encryption Control Signal)。SC 的剩余带宽可以由用户数据所占用。

　　图 8-3 所示为 N-ISDN 基本接口的两个 B 信道(2×64 kb/s)共同使用时子信道的占用示例。除了公务子信道之外,第一个 B 信道的第 0~5 个子信道传输音频数据,其余子信道传输视频数据,图中 A_1、A_2…和 V_1、V_2…分别代表音频和视频数据的第 1、2、…、n 个比特。从图上可以看出,这实际上是一种**同步时分复用**的方法。不同媒体的数据分别在所分配的固定的时隙中传送,因而它们各自占有的带宽是固定的。当需要传送用户数据时,数据也可以占用某一个或几个子信道。如果某种媒体的速率低于分配给它的子信道的速率,剩余的带宽不能为其他媒体所使用。

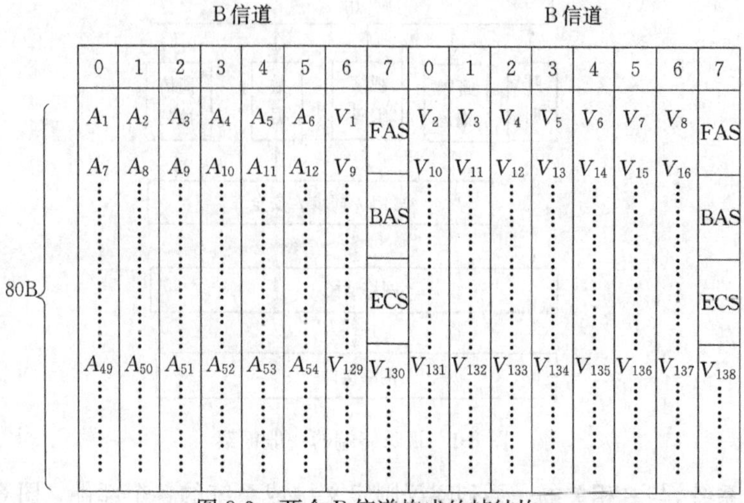

	B信道								B信道							
	0	1	2	3	4	5	6	7	0	1	2	3	4	5	6	7
	A_1	A_2	A_3	A_4	A_5	A_6	V_1	FAS	V_2	V_3	V_4	V_5	V_6	V_7	V_8	FAS
	A_7	A_8	A_9	A_{10}	A_{11}	A_{12}	V_9		V_{10}	V_{11}	V_{12}	V_{13}	V_{14}	V_{15}	V_{16}	
80B								BAS								BAS
								ECS								ECS
	A_{49}	A_{50}	A_{51}	A_{52}	A_{53}	A_{54}	V_{129}	V_{130}	V_{131}	V_{132}	V_{133}	V_{134}	V_{135}	V_{136}	V_{137}	V_{138}

图 8-3　两个B信道构成的帧结构

依照与图 8-3 相类似的方法，相邻的 $n \times 64$ kb/s 信道可以组合以获得更高的信道容量，如 H0、H12/H11 等。在接收端，解复用器首先找到一帧的开始，然后按 BAS 给出的信息将复接的码流分离成单一媒体的数据流。

H.320 系统是 ITU 最早批准的标准，主要在会议室会议电视系统中应用。我们知道，对于电路交换的网络，需要加入 MCU 设备来支持多点通信。表 8-1 列出了有关 MCU 的协议，例如 H.231、H.243 和 H.230，以及 H.320 系统中的其他有关协议，供读者参考。

表 8-1　H.320 系统的其他有关协议

H.231	2 Mb/s 以下数字信道的视听系统多点控制单元
H.242	2 Mb/s 以下终端之间的通信规程
H.243	多个终端与 MCU 之间的通信规程
H.230	帧同步控制与指示信号
H.233	视听业务的加密系统
H.234	视听业务的密钥管理与认证
H.281	电视会议远端摄像机控制规程
H.228	通过 H.281 和 H.228 实现会议终端间的互控
H.224	同步信道的集合

8.2.3　分组交换网视听业务标准(H.323)

H.323 原来是针对没有 QoS 保障的局域网环境的视听业务而制定的，只要带宽和延时满足要求，它也可以应用到更大范围，如城域网和广域网。1997 年国际电联重新定义了 H.323，使它成为在不保证 QoS 的分组交换网上的标准。在这种环境下，参加视听会议的所有终端、网关和多点控制单元(MCU)，以及对它们进行管理的**网守 GK**(Gate Keeper)的集合，称为一个带(Zone)，或称为**域**(Domain)。一个域中至少有一个以上的终端，可以有、也可以没有网关或 MCU，但必须有一个、也只能有一个 GK。图 8-4 给出了一个 H.323 系统的域。由于 LAN 对接入没有控制，因此引入 GK 对域内的终端进行接纳控制以防止拥塞。同时 GK 还具有限制某个终端所使用的带宽、进行地址翻译和域控制等功能。由此看出，GK 的存在对于改善在无 QoS 保障的分组网上的视听业务的质量是有益的。H.323 网关用于 H.323 与其他类型的终端，如 H.320 和传统的公共电话系统等之间的连接；MCU 则提供会议管理以及视频、音频信号的混合与切换等功能。我们将在 MCU 中完成音频、视频信号的混合与切换功能的部分称为**多点处理器** MP(Multipoint Processor)，完成其余功能的部分称为**多点控制器** MC(Multipoint Controller)。由于局域网支持多播，因此在 H.323 域中可以没有 MCU，会议由分布在终端、网关或 GK 上的 MC 进行分布式管理；而音视频信号则由每个会议终端利用多播向所有其他终端传送。

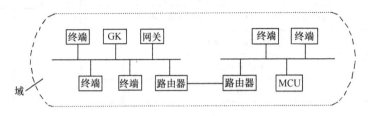

图 8-4　H.323 系统的域

在分组网上的 H.323 终端的协议参考模型如图 8-5 所示。由于缺乏 QoS 保障，H.323 终端使用低码率的音频和视频编码标准，如 G.723.1、G.728 和 H.263、H.264 等。在使用 H.264 时，需要按照 ITU-T H.241 的要求进行 NAL 的打包。在单纯的 LAN 上使用时，音频还可以采用 G.711，G.722，G.729。音、视频信号采用实时传输协议 RTP，并使用非可靠传输层服务 UDP 进行传输。图中涉及媒体打包和控制的 H.225.0 层定义在传输层（如 TCP/UDP/IP）之上，与 H.225.0 有关的协议栈如图 8-6 所示。在进行任何通信之前，H.323 终端必须先找到一个 GK，并在那里注册。用来传输注册、接纳和状态信息的非可靠信道称为 **RAS 信道**。在启动一次通信时，首先通过 RAS 信道向 GK 传送一个接纳请求。当被接纳后，则通过一个可靠信道利用 Q.931 进行呼叫，该可靠信道的传输层地址可能是接纳被接受时返回的，也可能是呼叫方已知的。呼叫过程结束后建立起一个可靠的 H.245 控制信道。一旦控制信道在收、发端之间建立起来之后，则开始能力交换协商和为音频、视频及应用数据建立子信道。我们知道，连续媒体和离散媒体在传输方面的要求很不相同，不同的媒体采用不同子信道传输，可以对各子信道提出不同的 QoS 要求，从而有效地利用系统和网络的资源。

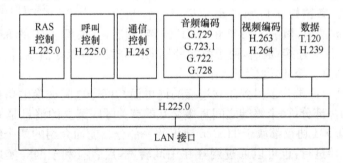

图 8-5　H.323 终端协议参考模型

H.323 建立呼叫的具体过程如图 8-7 所示。

（1）首先主叫终端向网守发送接入请求（ARQ）消息；

（2）网守回应接入确认（ACF）或者接入拒绝（ARJ）消息；

（3）如果呼叫请求被接受，则主叫终端打开一个用于 Q.931/H.225.0 的 TCP 连接向被叫终端发送建立连接请求（Setup）消息；

（4）被叫终端向主叫终端回复呼叫开始进行（Call proceeding）的消息，表明收到了请求；

（5）被叫终端为了加入通话，向网守发送 ARQ；

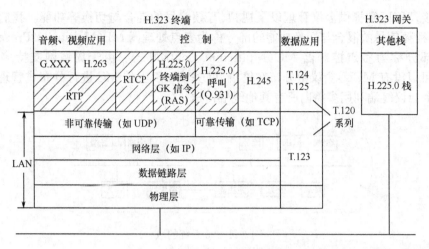

图 8-6　与 H.225.0 相关的协议栈

（6）网守回复 ACF 或 ARJ；

（7）如果得到允许，被叫终端向主叫终端发送 Alerting 消息，该消息等效于在公用电话网上建立呼叫时听到的振铃信号；

（8）然后，被叫终端拿起话机并向主叫终端发送建立连接（Connect）的消息，此消息携带着用于 H.245 的 TCP 地址；

（9）主叫端与收到的 TCP 地址建立连接，并与被叫终端进行 H.245 的能力协商，如使用何种音、视频编码器，以及传输媒体信息的逻辑信道的地址（即 RTP 会话的地址）等；

（10）两个终端正式开始传输音、视频 RTP 流。

当两个终端通话完毕之后，二者交换 H.245 的 Close Logical Channel 消息，撤销媒体传输逻辑信道；然后，互换 H.245 的 End Session 消息，撤销 H.245 的 TCP 连接；随后，互换 Q.931 的 Release Complete 消息，撤销 H.225.0 的 TCP 连接；最后，两个终端分别向网守发送 DRQ 消息请求中止连接，网守向它们分别回复 DCF 消息。至此，通信正式中止。

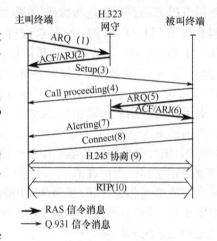

图 8-7　通过网守的呼叫建立过程

在呼叫过程中，两个终端为了得到建立连接的许可而与网守之间交换的信息是**注册、认可、状态信令协议**（RAS）的一部分，两个终端之间直接交互的有关呼叫建立的消息是 Q.931 信令协议的一部分，而 RAS 和 Q.931 协议都属于 H.225 建议的一部分。前面介绍的两个终端之间交换的信令可以在终端之间直接进行，也可以通过网守在中间转发，后者有利于网守实现对通话的监测和控制。

H.225.0 不仅描述 H.323 终端之间，也描述 H.323 终端与在同一 LAN 上的 H.323 网关之间的传输方法。在这里，LAN 可以是一个网段，也可以是用桥或路由器连接起来的企业网，但是使用过大的网（如几个互联的 LAN）会导致视听业务质量的明显下降。H.225.0 给用户提供方法以确定质量下降是不是由 LAN 拥塞而引起的，并提供采取相应对策的步骤。

从图 8-6 可以看到，音频、视频、应用数据和控制信号分别经 UDP 和 TCP 传输，因此，在 H.323 中这些媒体的复用和解复用操作由 UDP（TCP）/IP 层来完成；而音、视频通过各自的 RTP 会话传输，它们之间的同步则如 7.8.4 节所述依赖于 RTP 时间戳来建立。

8.2.4 公用电话网视听业务标准(H.324)

H.324 标准应用于模拟的公共电话网上的视听业务终端。图 8-8 给出了 H.324 终端的协议参考模型。图中视频和音频信号分别采用低码率压缩算法 H.263＋和 G.723.1。控制协议仍采用 H.245。为保证可靠性,传输控制消息的子通道具有差错恢复与重传机制,这可以通过使用 LAPM (V.42 Link Access Procedure for Modems)或 SRP(Simplified Retransmission Protocol)来实现。对于像电子白板等这样共享应用的数据,可以通过 V.14 和 LAPM 等数据协议提供可靠传输。H.324 的呼叫部分遵从各国公用电话网的信令协议。各逻辑通道的复接遵循 H.223 协议。H.223 是一个面向连接的复接协议,它可将任意数目的逻辑通道复用到一条电路交换的信道上。

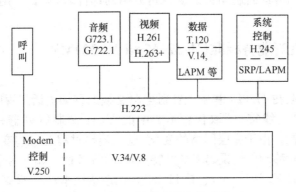

图 8-8　H.324 终端的协议参考模型

多路复接由多路复接层和适配层组成,适配层在复接层之上。适配层根据不同媒体的需要处理逻辑帧的形成、差错控制、包排序和重传等。在 H.223 中定义了三种适配层,其中 AL 1 用于变速率帧信息,它依赖于高层进行差错控制;AL 2 用于数字音频信号,AL 3 用于数字视频信号。三种适配层的特性不同,具有低延时的子信道允许较高的差错率;可靠的子信道则可能有较长的延时。为了减小延时,在 AL 3 中视频数据通常被打成小的变长包,例如 100 B 左右。每个包加 16 比特 CRC 以供检错。AL 3 还允许重传(可选项),但只有重传的信息能在它的解码时刻之前到达时,使用这个可选项才有意义。

在复接层中,经过各个逻辑子信道的适配层打包(逻辑帧)的音频、视频、应用数据和控制信号等按字节交替传送,形成一个流。图 8-9 表示 H.223 的复接原理,其中(a)给出一个复接字节流的结构。该流分为许多独立的段,每段称为一个**复接层 PDU**(MUX-PDU)。段间由 HDLC 标识 F (01111110)分隔。为防止数据流中出现的 01111110 被误认为标识 F,需要采用**比特填充**技术,即在数据流中填充非信息比特,例如在连续 5 个“1”之后填充 1 个“0”,以降低数据流中出现与标识 F 相同的情况的概率。在接收端,将填充比特去掉,恢复原数据流。此外,每个 MUX-PDU 开头有一个头字节 H,用来说明后面的信息字节 I 是如何排列的,即逻辑子信道的组成方式。图 8-9(a)表示出其中一个 MUX-PDU 内音频 A、视频 V、应用数据 D 和控制字节 C 的组合情况。值得注意,适配层输出的包并不一定能完整地放入一个 MUX-PDU,换句话说,适配层形成的一个逻辑帧可以拆分封装到几个 MUX-PDU 中去。

H.223 的复接方式十分灵活,这体现在头字节 H 的使用上。H 中包含一个 4 比特的**复接码**。复接码是图 8-9(b)所示复接表的索引,发端和收端都拥有这个表(表由发端决定,在使用前通过 H.245 传送给收端),表的每个条目表示逻辑信道的排列方式及每个信道占用的字节数。在通信过程中,发端通过简单地修改头字节中的复接码,能够很容易地快速改变对可用带宽的分配;收端根据接收到的复接码查表,即可将 MUX-PDU 中的字节正确地拆分成各个媒体流。

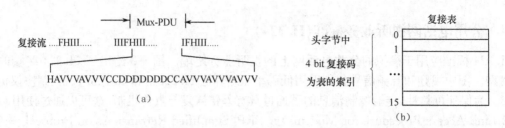

图 8-9　H. 223 复接原理：(a)复接字节流结构；(b)复接表

复接的比特流经 V. 34 调制/解调器转换成模拟信号，以便在公用电话网上传送。当调制/解调器中的网络信令与数据传输的启动会话规程是分离的部件时，V. 250 用于提供对调制/解调器（或网络）的控制。

8.2.5　移动电话网视听业务标准（H. 324M 和 3G-324M）

1. H. 324M

H. 324M 是国际电联在 H. 324 基础上针对电路交换的移动电话网视听业务终端与系统提出的标准。H. 324M 除用"无线接口"取代图 8-8 中的 V. 34 调制解调器外，其余部分与图示的 H. 324 协议参考模型相同。由于底层网络的变化，建立连接过程有一些变化，这些改变由 H. 324 Annex C 定义。同时针对移动信道误码率高的特点，H. 324M 做了如下两个方面的改进：(1) 采用抗误码性能好的视频编码 H. 263＋＋，它是 H. 263＋的改进版本；(2) 提高 H. 223 的抗误码性能，其成果总结在 H. 223 Annex A/B/C/D 中。

H. 223 原来是以 V. 34 连接为传输途径的。在 V. 34 连接上，典型的误码率为 10^{-6}，这在相当长的时间（许多秒）内可以看做信道是无差错的，但对于无线信道，我们已经知道误码率可能高达 10^{-3}，因此有必要提高 H. 223 传输的可靠性。改进后的 H. 223 提供多个层次的复接层，使制造商可以根据不同的应用环境在抗误码的鲁棒性、实现的复杂性和代价等方面折中选择。Level 0 是原来的 H. 223（见 8.2.4 节），MUX-PDU 是可变长度的，并用 8 比特的标识 F 分开［见图 8-10(a)］。图中头字节中 MC 为复接码，CRC 为复接码校验，PM 为逻辑帧结束标记。标识符的长度太短以及为避免应用数据与标识符相同而采用的比特填充是导致 Level 0 对差错敏感的原因，因此在 Level 1 中使用了 16 比特长的同步标识符［见图 8-10(b)］，同时不再使用比特填充技术。虽然应用数据中也可能出现与 16 比特标识符相同的情况，但毕竟概率很小，不使用比特填充技术问题也不大。在 Level 2 中，除了也使用 16 比特的标识符外，在头信息中增加了复接载荷长度域 MPL［见图 8-10(c)］，这为接收端搜寻下一个标识符提供了进一步的信息。同时，整个头信息进行了 Golay 编码以便于检错。在 Level 1 和 2 中，MUX-PDU 的长度是整数个字节，而在 Level 0 中，由于比特填充，其 MUX-PDU 的长度有可能不是整数字节。在搜索同步标识符时，字节对齐的特征有利于减少遭遇信息比特与标识符相同的概率。

在 H. 223 的 Level 1 和 2 中没有对适配层（在应用层和复接层之间）作任何改变，而在 Level 3（Annex C）中，引入了针对高误码信道的 AL1M、AL2M 和 AL3M，分别用于应用数据和控制信号、音频以及视频。Level 3 的复接层与 Level 2 基本相同，而 AL1M、AL2M 和 AL3M 中则引入了检错、前向纠错、数据交错和重传。这些检错和纠错方法的基本原理，我们将在 9. 3 节中介绍。

2. 3G-324M

3G-324M 是 3G PP 和 3G PP2 根据 H. 324M 为 IMT-2000 制定的电路交换网络视听业务标准。3G-324M 终端协议参考模型如图 8-11 所示。它指定 H. 263 为视频强制性标准，MPEG4（而不是 H. 264）simple@level 0 为推荐标准。在语音方面，指定 AMR（Adaptive Multi-Rate）编码为

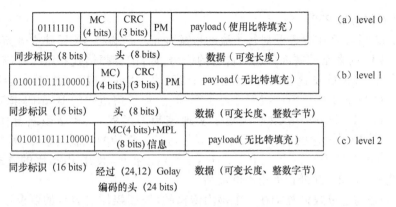

图 8-10　H.223 复接层次

强制性标准,G.723.1 为推荐标准,提供 4.75～12.2 kb/s 的传输速率。在控制信道上,使用了控制信道分段和重组层 CCSRL(Control Channel Segmentation and Ressembly Layer)以及编号简单重传协议 NSRP(Numbered Simple Retransmission Protocol),以保证 H.245 消息的可靠传输。在复接层上,采用 H.223 Annex A 和 B(Level 1 和 2),而 Annex C 和 D(level 3)是可选项。有关编码和呼叫控制的详细规定可参考 3G TS 26.111 和 TS 26.112 规范。

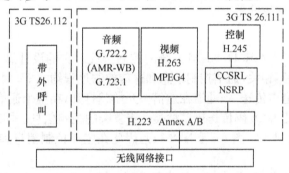

图 8-11　3G-324M 终端协议参考模型

8.2.6　视听系统的通信控制协议

通信控制的主要功能包括:能力交换与通信模式的确定、子通道(逻辑通道)管理、身份认证、密钥分发、动态模式转换(参加、退出会议、速率转换等)、远程应用功能控制、流量控制和多点控制/响应等。所谓能力交换,是指通信的双方将自己的能力(如总传输速率、是否具备语音和视频信号同时通信的能力、可处理的压缩编码/解码方式、数据传输是否采用 T.120 协议、实时媒体流采用的编码格式等)互相交换、协商,以确定此次通信采用哪些模式。通信过程中 QoS 的缩放(如网络带宽变化时相应地改变分辨率或帧率)通过动态模式转换实现。远程应用功能包括对远端摄像机的控制、凝固图像、快速刷新、静噪以及维修时信号的环回等。而多点会议控制则包括会议的申请、加入和退出、发言权控制、主席控制、数据令牌控制和同时打开多个会议等。

ITU-T 最早制定的控制协议是用于 H.320 系统的 H.242/H.243/H.230(见表 8-1),而用于其他 H 系列系统的控制协议为 H.245。此外,针对多媒体会议中的应用数据传输,即对共享数据的控制,ITU-T 还制定了 T.120 系列的协议和 H.239 协议。下面对这几种控制协议分别做简单的介绍。

1. H.242/H.243/H.230

系统控制协议 H.242 主要涉及对每个流的带宽协商。终端与 MCU 建立连接之后,终端内的系统控制就向 MCU 的多点控制部分通知自己的能力,如视/音频格式和压缩标准,以及每个信道所建议的比特率等。MCU 从这些能力中商定一个最小集,以使各成员都能参加会议。

在 8.2.2 节对 H.221 的分析中我们已经了解到,公务子信道中的 BAS 码携带着通信控制的消息,而 H.242/H.243/H.230 协议则规定了实现控制的过程,二者必须结合使用。由于一个 BAS 码只有 8 比特,所能表达的消息数目有限,要传送较为复杂的控制信息时,需要采用单字节扩展(SBE)或多字节扩展(MBE)的 BAS 码。不过,尽管可以扩展,使用 BAS 码的方式所能表达的控制消息数目仍然是有限的,此外扩展也不够灵活。

由于 BAS 码是与连续媒体复接在一个帧内传输的,连续媒体对误码的要求不高,但控制信息的传输却需要保证可靠性。因此一个 BAS 码除了 8 个信息比特外,还加上了 8 个纠错比特,以使其在有一定误码的条件下能够正常工作。

H.242/H.243/H.230 能够实现的主要控制功能除能力交换外,还包括通信模式确定、模式转换、远程应用功能控制和多点会议控制。早期的视听业务着重于语声和会话者图像的传递,数据的交互是很少的。因此这组协议具有良好的实时性,发送端和接收端可以同步地进行模式转换,适合于对连续媒体流的通信控制,但是它对应用数据的多点控制能力较差。这组协议主要应用于会议室型的系统,实现起来也比较简单。

2. H.245

H.245 是 H.323、H.324 和 H.324M 系统的控制协议。它的设计思想与 H.242 有显著的区别。首先,它与复接标准不相关,通信控制消息和通信控制过程均在 H.245 中定义。其次,控制消息在一个专有的逻辑通道中传送,该通道在通信一开始就打开,在整个通信过程中不关闭。采用专有的逻辑通道显然可以比 BAS 码传送更多种类和更复杂的控制信息。同时,该信道总是建立在可靠的传输层服务之上(见图 8-6、图 8-8 和图 8-11),因此在定义控制消息和过程时不需要考虑差错控制。

H.245 分为 3 个基本部分,即句法、语义和过程。第一部分是用 ASN.1 定义的控制消息句法。语义部分描述句法元素的含义,并提供句法的制约条件。过程部分则用 SDL 图(Specification and Description Language)定义交换控制消息的协议。

H.245 实现的控制功能主要有:能力交换与通信模式确定、对特定的音频和视频模式的请求及模式转换、逻辑通道管理、对各个逻辑通道比特率的控制、远端应用控制、确定主、从终端和修改复接表等。不同的控制功能对应于不同的实体,每个实体负责产生、发送、接收和解释与该功能有关的消息。实体间相对独立,相互之间只通过与 H.245 的使用者间的通信进行联系(见图 8-12)。模块化的结构与封装使得 H.245 具有良好的扩展性和实时性。

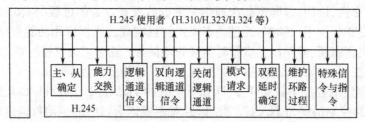

图 8-12 在 H 系列终端中的 H.245 实体

H.245 有管理多个逻辑信道的功能。逻辑信道可以是单向的,也可以是双向的。每一个逻辑信道号代表一个特定的信道。在进行能力交换之后、多媒体数据的实际传输之前,终端通过逻辑信道信令（打开/关闭）为编码/解码分配资源。要求打开一个逻辑信道的请求中包含着对所要传输的数据类型的描述（如 6 Mb/s 的 H. 262 MP@ML），此信息提供给接收端以分配解码资源。发送端收到接收端的肯定确认信号之后，才正式开始数据的传送。接收端也可以拒绝发端建立逻辑信道的请求。多个逻辑信道可以按复接标准复接成单一的比特流，打开逻辑信道的请求消息中标明该信道复接时的位置。可以看出，逻辑信道的建立与在该信道上传送的数据类型是相关联的，因此 H. 245 既适合于对连续媒体的控制，也适于对突发数据和大块数据流的通信控制。

我们在 8.2.4 节中已经了解到复接表的概念，描述信息流复接方式的复接表是通过 H. 245 传送的。假设一个复接表包含 16 个复接项，即 16 种复接方式，转换复接模式（如网络拥塞需要转换到低速率模式）时，复接层只需要在这 16 种方式中选一种即可，因此模式转换速度很快。H. 245 考虑了加密控制，可以打开/关闭加密控制逻辑信道。在模式转换的速度和加密控制两个方面，H. 245 与 H. 242 同样具有较好的性能。

3. T. 120 系列

T. 120 系列标准是 ITU-T 针对音图（Audiographic）会议而制定的多点通信控制协议，它由一组协议构成。我们在对 H 系列系统的分析中看到，它通常作为可选项对应用数据（Data/Telematic）进行控制。

T. 120 协议的系统模型如图 8-13 所示，其中由 T. 123、T. 122/T. 125 和 T. 124 构成的**通信基础设施**（Communication Infrastructure）是整个体系结构的核心。

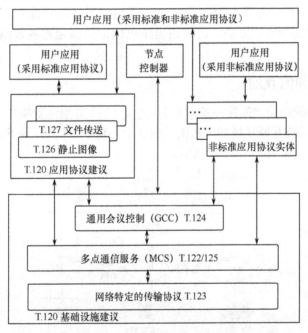

图 8-13　T. 120 协议系统模型

T. 123 负责向上层提供可靠、有序和具有流量控制的数据传输服务，而且可以使会议建立在PSTN、同步电路交换和分组交换等多种网络之上。T. 122/T. 125 定义**多点通信服务** MCS（Multipoint Communication Service）。MCS 支持任意多个应用实体之间的全双工多点通信，这些互联的应用实体可以存在于不同的网络环境之中，并可以对应于多个独立的会议。T. 124 提供通用会议控制 GCC（Generic Conference Control）服务，具有创建、控制和终止会议的功能。T. 120 协议还定义了一些具体应用的标准，如静态图像传输（T. 126）、多点的二进制文件传输（T. 127）等。

T.120 多点通信的控制能力是很强的。通过 T.122/T.125 的 MCS 域管理可以灵活地组网；可以方便地组成多级多点会议，将两个同时召开的会议合成一个，或将一个会议分成两个等。但是，由于协议的复杂性，T.120 不宜应用在实时性要求较高的连续媒体传输中，这就是在 H 系列系统中只采用它作为应用数据通信控制的原因。

4. H.239

在多媒体会议中，除了与会者相互看得见、听得着之外，常常需要共同观看一些资料，如幻灯片、电子白板、或计算机屏幕上的文档、图表等。这些画面虽然可以作为用户数据或静止图像通过 T.120 系列建立的数据会议实现共享，但是由于 T.120 系列协议的复杂性，ITU-T 于 2003 年制定了 H.239 协议，以较为简单的技术来支持上述应用。和本节前面讨论的几个协议不同，H.239 不能称为真正意义上的通信控制协议，它可以看做是 H.245 和 H.320 系统的控制协议的扩展。

在会议期间除了传送与会者画面的视频通道外，再建立一个专门的视频通道传送幻灯片、白板等图像是实现资料共享的一个简单手段。对于使用 H.245 的 H.300 系统，通过 H.245 可以建立多个视频逻辑通道；而在 H.320 系统中只能建立一个视频通道，因此 H.239 的第一个功能就是提供一种方式使 H.320 系统能增加一个（或几个）视频通道。H.239 的第二个功能是通过"**角色标记**"为视频通道指定所扮演的角色。"角色"定义了该通道中视频流的用途和终端（或 MCU）对它的处理方法，例如传送与会者画面的通道的角色为"实况（live）"；传送共享资料的通道为"演示"（Presentation）。通常"实况"视频通道是双向的；"演示"视频则是单向传输的，以便降低终端处理和 MCU 分发的复杂性。因为每个与会者都有可能要做演示，所以"演示"角色是由令牌控制的，H.239 规定了令牌的传递和管理方法。逻辑通道角色标记的指定在收发双方进行能力集协商时完成。

8.2.7 H 系列系统间的互通

工作在不同网络上的终端之间应该能够互通，这是 ITU-T 制定标准中考虑的重要目标之一。图 8-14 是一个 H 系列系统互通环境的示意图。在这个环境中，H.323 是互通的基准，不同的 H 系列终端通过不同的网络连接到 H.323 的域中。

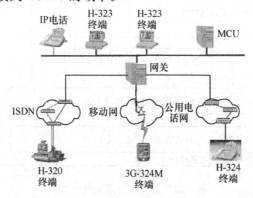

图 8-14 H 系列系统间的互通

网关（Gateway）在不同系统的互联中扮演着极其重要的角色。首先它通过对不同信令信号的转换在不同类型终端之间建立（或撤销）通信链路；其次在通信过程中，它负责不同协议下的控制命令、复接方式和媒体编码格式等的转换。ITU-T 为这些转换制定了 H.246 标准。互通的终端最好采用相同的音频、视频和数据格式，以避免在网关中进行编码格式的转换而引起音、视频信号质量的下降和附加延时。

8.3 基于 SIP 的会话与会议系统

从对 H 系列的终端与系统的讨论中我们看到,除了通话人的话音和图像的传输外,一个会话与会议系统还必须具备呼叫建立、通信连接、能力集交换、逻辑子信道建立和通话模式转换等功能。本节将讨论利用因特网协议实现这些功能的方法。

8.3.1 会话发起协议(SIP)

会话发起协议 SIP(Session Initiation Protocol)最初是 IETF 针对在 IP 网上建立多媒体会话业务而制定的一组协议中的一个,这组协议包括:会话发起协议 SIP(RFC 3261)、会话描述协议 SDP(RFC 2327)、会话发布协议 SAP(RFC 2974)和简单会议控制协议 SCCP(draft-IETF)。SIP 也可以在其他的多媒体应用中使用,如即时通信、网络游戏、邮件或事件的通知等。由于 SIP 的简单、灵活和扩展性好的优点,近年来它已为多个国际组织,如国际电联、3GPP/3GPP2 等所接受,并发展成为 IP 网上的**信令协议**。因此 SIP 是下一代网络中最重要的通信协议之一。

SIP 是一个应用层控制协议,处于传输层之上。SIP 消息通常使用 5060 端口,可以通过 TCP、SCTP(RFC 4960,另一种提供可靠传输服务的因特网协议)或 UDP 传输。SIP 支持多播,可以使用多播支持会议呼叫。

1. SIP 地址

SIP 使用**统一定位标识符 URI**(Uniform Resource Identifier)来唯一地标识终端,SIP URI 由用户名和主机名两部分组成(用户名@主机名)。为了便于使用,与电子邮件的地址类似,SIP 地址由用户名和域名表示,如 SIP:Zhang@bupt.edu.cn,表示 Zhang 在北京邮电大学的 SIP 地址。SIP 还提供安全 URI,例如 SIPS:Zhang@bupt.edu.cn。使用 SIPS URI 时,从主叫端到被叫端的所有 SIP 消息都经过**安全加密传输层 TLS**(Transport Layer Security)传输。经扩展后,SIP 还可以支持其他类型(如普通电话号码等)的地址。每个终端须向本域内的注册服务器注册。注册时,注册服务器完成 SIP 地址和 IP 网中标识主机地址和应用程序的 URI 之间的绑定,同时将此信息记录在**位置服务**的数据库中。

2. SIP 会话建立

与每个电话局中有一台本地交换机一样,每一个域中有一台 **SIP 代理服务器**,负责完成 SIP 消息的路由。图 8-15 给出 SIP 终端通过代理服务器进行呼叫的过程。主叫终端中的**用户代理客户 UAC**(User Agent Client)首先向本地代理服务器发出 Invite 请求消息,请求消息的头字段中包含本次会话的标识符、主叫地址、被叫地址和希望建立的会话类型等。图中主叫和被叫地址分别为 SIP:Zhang@bupt.edu.cn 和 Wang@macro.com。代理服务器 A 收到请求后,向主叫方回复一个响应消息(Trying),说明收到并正在处理 Invite 消息。代理服务器 A 通过位置服务查询被叫方是否在本域内,如果是,将 Invite 直接转发给被叫方;如果不是,则通过特定类型的**域名服务 DNS**(RFC 3263)或轻量级目录接入协议 **LDAP** 等提供的位置服务来获得被叫终端所在域的代理服务器 B 的 IP 地址,将 Invite 转发给 B,并在转发前将自己的地址加进 Invite 头的 Via(经由)字段中。B 收到请求消息后,向 A 返回响应消息 Trying,并通过位置服务找到被叫方的 IP 地址(及端口号和传输协议),在 Invite 头的 Via 字段中加入自己的地址后,将请求消息转发给被叫终端的**用户代理服务器 UAS**(User Agent Server)。

被叫端收到 Invite 消息后发出振铃,并向 B 返回 Ringing 的响应消息,此消息又经 A 后到达主叫端。由于被叫端从 Invite 消息的 Via 字段知道了途径服务器的地址,所以 Ringing 消息无须

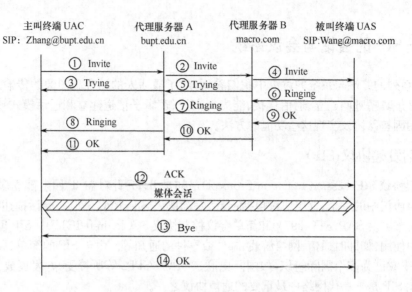

图 8-15　SIP 会话的建立和拆除

通过 DNS 和位置服务就能返回到主叫端。在回传过程中，每个代理服务器根据 Via 字段得知下一跳的地址，并删去自己的地址。当 Wang 拿起话机时，被叫终端(UAS)返回 OK 响应消息；如果被叫终端忙或无人应答，则返回一个错误消息。假设 OK 消息返回到主叫端(UAC)，主叫端送一个 ACK 消息给被叫端确认连接的建立。由于主叫端和被叫端已经通过 Invite/OK 消息交换的头信息知道相互的 IP 地址，因此从 ACK 之后消息交换不再经过代理服务器 A 和 B。至此，通过 Invite/OK/ACK 三次握手 SIP 会话建立。

会话建立后，主叫和被叫双方开始进行媒体数据的交换。媒体数据交换直接采用通话双方的 IP 地址，而不必使用原来 SIP 信令消息的路径。会话结束时，Wang 挂机，被叫端送出 Bye 消息；主叫端则以 OK 回应，终结此次会话。

值得注意：(1)一个 SIP 用户可以注册多个 SIP 网络终端(通常在一个域中)。在这种情况下，代理服务器可按优先级逐个尝试建立会话，如在上例中，如果 Wang 的电话忙，代理服务器 B 可以将从 Zhang 来的 Invite 消息转发给 Wang 的视频电子邮件服务器，这称为**呼叫转移**。另一种选择是 B 将 Invite 消息同时转发给这两种终端，此种操作称为**分支**(Forking)。(2)SIP 是一个客户端/服务器协议，如前所述，发起方称为客户(UAC)，响应方称为服务器(UAS)。在会话建立过程中，代理服务器需要对终端发送来的请求做临时响应；而相对下一跳代理服务器，代理服务器本身是一个 UAC。因此代理服务器同时具有 UAC 和 UAS 功能。

3. 重定位功能

图 8-16 表示一个 SIP 重定位功能的例子。由于位置的可移动性，用户可能注册多个不在同一域内的 SIP 地址，例如图中 Wang 有 Wang@macro.com 和 Wang@micro.edu 两个地址。当主叫方 Zhang 呼叫 Wang 时，macro 域中的 SIP 代理服务器 B 发现 Wang 不在本域中，则向**重定向服务器**发出请求(见图中③)。重定向服务器通过位置服务得到 Wang 的另一 SIP 地址，并将此地址告知主叫方所在域的代理服务器 A(④)。A 通过 DNS 获知新地址域代理服务器 C 的地址，并将主叫端的 Invite 消息直接转发给 C(⑤)。C 再通过本域的位置服务获得 SIP：Wang@micro.edu 的 IP 地址，将 Invite 消息转发给被叫端(⑥)。在图 8-16 中为了清楚起见，我们没有标明相关的响应消息。

当用户注册有多个位置的地址时，重定向服务器返回一个位置列表，由代理服务器进行所有的用户定位的尝试。

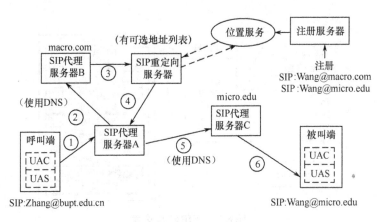

图 8-16   重定位呼叫过程

4. 会话模式更改

SIP 允许在通话过程中对会话的特性进行修改,例如当网络条件变坏时,通话的一方希望关闭视频、只使用音频继续通话,这可以如下方式实现:希望更改会话模式的一方向对方送 Invite 消息,该消息包含对新模式的描述,并且标明当前会话的标识,使对方知道是一条更改消息,而不是一个新的 Invite 请求。收到 Invite 消息的一方回复 OK 消息表示接受更改,回复出错消息表示拒绝。无论对哪种回复,发出更改请求的一方都响应 ACK。若对方接收请求,会话以新模式进行;若拒绝,当前会话仍以原模式进行,并不会中止。

8.3.2   SIP 消息格式和会话描述协议(SDP)

我们知道在分组网上建立多媒体会话时,除了建立传输层的连接外,很重要的还必须获得双方的 RTP 地址和进行能力集的协商。在 SIP 中这是通过 SIP 消息的**消息体**来完成的。

图 8-17 给出 SIP 消息的格式,它主要分为起始行、消息头和消息体 3 个部分,其中消息头和消息体之间用空行隔开。对于请求消息,起始行给出请求消息的类型(如图中 Invite);对于响应消息,起始行给出请求是否成功及失败类型、原因。消息头所提供的信息便于代理服务器对消息进行处理。图的左侧给出 Invite 消息的一部分头信息,其中 Call-ID 为会话的标识符,From 和 To 与电子邮件中类似,给出主叫和被叫方的 SIP 地址,Via 字段包括从主叫到沿途各代理服务器的 SIP 版本号/传输层协议、IP 地址和端口号等,从而为响应消息提供返回的路径。在 8.3.1 节中我们已讲到请求消息每经过一个代理服务器,该服务器就把自己的地址信息加进 Via,而响应消息在返回过程中每经过一个代理服务器,该服务器就将自己的地址从 Via 中删除。Contact 字段给出呼叫转移或重定位操作所使用的同一用户的多个终端的 IP 地址。Content-Type 和 Content-Length 分别表示消息体所包含的内容类型(即会话的类型)和消息体的长度。

SIP 会话中编码格式的协商和 RTP 地址交换等通过 SIP 消息体进行。消息体是采用**会话描述协议 SDP**(Session Description Protocol)对会话进行描述的一段文本。SDP 是一种文本描述语言,由 IETF RFC 2327 所规定。SIP 消息携带 SDP 消息体就像电子邮件携带附件和 HTTP 消息携带 Web 页面一样。图 8-17 的右侧给出 SDP 消息体的结构,它包括会话级信息和媒体描述两部分,图中列出了每一部分的主要字段。会话级参数包括会话名、会话创建者及会话活跃时间等,而媒体参数包括信息流类型(如音频或视频)、端口号、传输协议(如 RTP)、编码格式等。

主叫方通过 Invite 的消息体说明它欲发起的会话的详细信息(如编码格式等);被叫方通过 OK 的消息体回复它愿意接受的会话的类型。这样两个步骤就完成了双方对能力集的协商。如果被叫方不支持主叫方提出的媒体格式,主叫方在收到这样的响应消息后,必须重新生成新的 Invite 消息。

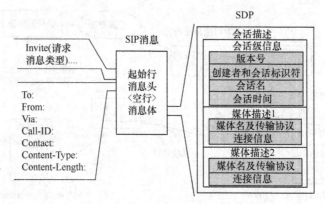

图 8-17 SIP 消息格式

8.3.3 IP 电话(VoIP)

所谓 IP 电话(VoIP)就是通过 IP 网(如因特网)进行的实时语音通信,或者兼有说话人声音和图像的实时多媒体会话。它的终端可以是普通电话机、手机或计算机上的专用软件,甚至于直接通过浏览器进行(使用 1.5.2 节中提到的 WebRTC 技术)。

显然,8.2.3 节介绍的 H.323 是一种 VoIP 系统,它从电信的角度出发,将一些电信协议修改之后应用到 IP 网络上,例如它完全引用了 N-ISDN 的 Q.931 呼叫信令协议。但是在 IP 网络上建立多媒体会话的机制与电信网的情况并不完全相同。在电信网中,电话呼叫建立的过程也就是在TDM 网络中预留话路(时隙)的过程,一旦呼叫连接成功,就可以开始端到端的通信。而对于建立IP 电话来说,还需要获得双方的 RTP 地址、进行能力集(如编码方式等)协商等,Q.931 并不具备这些功能,因此在 H.323 中,呼叫成功之后只是打开了一个 H.245 的控制子信道,通过这个子信道进行 H.245 的消息交换才能完成上述功能,从而打开音、视频子信道开始端到端的通信。这就造成了 H.323 会话的建立过程十分复杂。

SIP 可以替代图 8-6 中 H.323 的 RAS、呼叫建立(Q.931)和系统控制(H.245)协议,构成另一种 VoIP 系统。通过 8.3.1 和 8.3.2 节我们知道,SIP 在建立连接的过程中,通过 Invite/OK 消息的消息体就可以完成能力集和传输地址的协商,比 H.323 要简单。同时,SIP 信令消息在 IP 网中的传输路径和多媒体数据流的传输路径是相互独立的,这给 SIP 的应用提供了很大的灵活性,使它能够应用于音视频、数据等多种会话以及网关之间的通信。

表 8-2 给出 SIP 和 H.323 信令的一个简单比较。

表 8-2 H.323 信令与 SIP 的比较

	H.323 信令	SIP
设计思路	从传统电话模式移植到 IP 网上	将多媒体会话当做因特网的一个应用,为其增加信令
用户定位功能	无	有
信令多播	无	有
消息编码	ASN.1 二进编码需使用特殊的代码生成器进行语法分析	基于文本,简单易懂
会话协商	通过 Q.931 建立控制信道,再通过 H.245 协议协商,建立时间较长	在呼叫建立连接过程中利用 SDP 描述的消息体进行协商
会话管理	由 MCU 集中管理时便于带宽管理,但对大型会议易形成瓶颈	分布式管理,不易计费
传输层协议	信令信道/TCP	UDP,TCP,SCTP

值得指出,在 H.323 协议的最新版本中,会话建立和协商的时间已经缩短。但是 SIP 由于它的良好特性,如信令消息与媒体传输相互独立,并与底层网络的具体形式无关(只要支持 IP);能够重用因特网的许多协议(如 DNS、RTP 等),无须建设新的基础设施;适用于任何 IP 设备(如终端、网关等);扩展性好等,使其成为不仅是视听系统,而且是下一代通信网的信令协议。

在基于 SIP 的 VoIP 中,音、视频的压缩和数据封装采用与 H.323 终端相同的协议。像 H 系列系统间的互通一样,当 VoIP 与传统电话系统之间互通时也需要经过网关。图 8-18 给出一个示例。图中的媒体网关将话音等媒体信息在网络边界上进行时分多路(TDM)帧和 IP 包之间的转换;信令网关负责 SIP 与电路交换的公共电话网(PSTN 与 ISDN)信令之间的转换,公共电话网的信令协议是 7 号信令(SS7);媒体网关控制器则通过媒体网关控制协议 MGCP(RFC3435)或者国际电联制定的 H.248(也称为 MEGACO)协议与网关进行状态和控制信息的交换,控制和协调网关的工作。对媒体网关控制器之间的通信规程 MGCP 没有作规定,因此可以采用 SIP 或 H.323等协议进行。

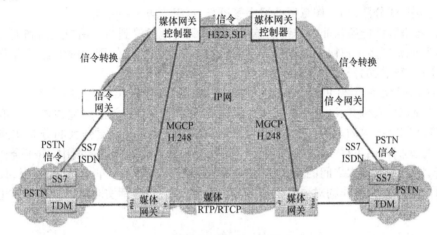

图 8-18　媒体网关控制

在 IP 网上构成会议系统时,需要利用 SIP 注册服务器实现类似于 H.323 网守的功能;同时与 H.323 系统一样,需要有 MCU(或者 MC)进行会议控制。

早期的 VoIP 提供商完全模仿传统电话网的结构和服务模式,例如,模仿电话号码,通过运营商的虚拟交换机(软交换)来进行呼叫控制等。第二代提供商建立了自己封闭的系统和软件,例如 Skype,使用户在一定程度上有自由通话的便利,但难以让第 3 方的硬件或软件介入。第三代提供商则追求所谓的**联合 VoIP**(Federated VoIP),即采用分散的地址系统(如提供电话号码和因特网域名系统之间映射的 ENUM)来识别和定位用户,不需要集中的虚拟交换中心来进行路由等,以使公共因特网的任意两个自治域上的用户可以自由地进行 VoIP 的通信。

8.4　协同计算与组通信

8.4.1　协同计算的概念

协同计算(Collaborative Computing),或称为**计算机支持的协同工作** CSCW(Computer Supported Cooperative Work),是指两个或两个以上的人使用各自的计算机合作完成一项工作、或共同解决同一个问题。能够支持这样的组工作的系统被称为**群件**(Groupware)。群件的实质在于为协同工作的合作者创造一个共享的空间,以使他们能有效地完成同一项工作。

CSCW 通常通过对某些特征的区分来进行分类。图 8-19 给出了从时间、空间和用户规模进行分类的情况。从时间上来看，CSCW 分为异步和同步的两种。在异步 CSCW 中，合作者的协作活动发生在不同的时间段内，例如电子邮件发信人的发信时间和收信人的读信时间是不同的；而同步 CSCW 中的协作活动则发生在同一时间内，例如在电视会议、即时通信或实时决策系统中，合作者实时地进行交谈和讨论。从地点上来看，协作可能发生在同一地点，例如在同一房间中进行的会面；协作也可能在处于不同地域的合作者之间进行，这些合作者通过 LAN 或 WAN 进行通信。从用户规模上看，有一个用户与另一个用户之间的协作，也有两个以上的用户或多个用户组之间的协作。除了以上三种分类方法外，CSCW 的分类还可以依照控制方式（集中、或分散）和合作意识的强弱等进行，这里不再一一介绍。

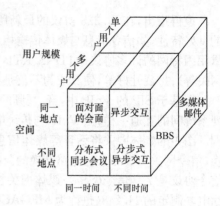

图 8-19　协同计算的分类

人们通常希望群件能够从非协作型的单用户模式无缝地过渡到两个用户之间和多个用户之间的协作模式，例如希望多用户协同工作的文字编辑器与单用户独立使用的编辑器具有类似的界面和工具。但是用户规模的任意扩展并不是一个容易达到的要求。

对 CSCW 的研究始于 20 世纪 80 年代中期，在随后的年代里，CSCW 逐渐形成了一个与分布式系统、计算机通信、人机交互、人工智能和社会科学等多门学科相关的研究领域。近年来随着多媒体技术和高速网络技术的发展，CSCW 与电视会议结合产生了功能更强大的分布式同步协同计算系统，这就是我们在第 1 章中讨论的多媒体合作工作系统。在这样的系统中，由于合作者之间听得见、看得着，增强了人和人之间的交流。同时，在这类系统的共享工作空间（如白板、共享的编辑器等）中，操作是实时的，操作的对象不仅包括静态媒体，也可以包括实时媒体。本节讨论的主要是这类系统。

8.4.2　组通信

组通信（Group Communication）是指能够支持同步（或异步）协同工作的多个用户之间的通信。图 8-20 给出了一个组通信的支撑模型。由图看到，组通信是建立在支持多播的网络之上的。多播提供了有效地完成一点至多点或多点至多点数据传输的手段，而构成协同工作的环境还需要组通信来支持。图中的组通信代理由**组聚集**（Group Rendezvous）、会议和应用共享三个主要部分构成。

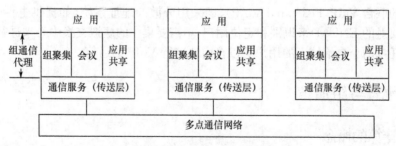

图 8-20　组通信支撑模型

组聚集向用户提供组织组活动的方法，以及获取关于组成员、正在进行的组活动和其他静态或动态信息的方法。组聚集通常分成同步和异步的两类。同步方法使用目录服务和显式邀请。通过目录服务（如 X.500）用户可以获取存储在信息库中的有关组活动的名称、参加者、参加者的角色和权限等信息。所谓显式邀请是指组活动的发起者需要通过点对点、或点对多点的方式向合作者发出邀请，才能组织起组活动。异步组聚集可以通过电子邮件或公告牌来实现，即将正在（或将要）进行的组活动及其参加者的有关信息放在邮件中或公布在公告牌上。此外，WWW 也提供了一种查询组活动信息的方法。

组通信代理的会议部分对实时媒体的通信进行管理。组活动参与者的图像和声音的交换是十分重要的，因为它创造了参与者"面对面"会见的感觉。对于视频和音频数据的传输及通信控制已在 8.2 和 8.3 节中做了详细的讨论，在这里我们仅就会议（组活动）的控制方式做一些补充。会议控制方式一般分为集中式和分布式两种：

（1）在集中式会议控制中，发起者首先向合作者发出显式邀请（这暗含着发起者已知合作者的地址，而这些地址可以从中央目录服务器中获得），每一个合作者要回复发起者它是否愿意参加会议。然后在愿意参加的合作者之间进行会议有关策略的协商，同时将有关会议的信息存入中央信息库，并利用可靠的消息传递机制将共享的会议状态信息通知所有参加者。这种控制方式的优点是控制方便，而且对每一个参与者而言，会议状态信息是一致的。其缺点是，当有一个新成员加入会议时，必须向每一个成员发送会议状态变更的消息，在新的会议状态建立之前有较长的延时。此外，在会议期间如果某一个参与者的链路发生故障，会议状态将被破坏，即使该链路恢复，会议状态也不见得马上恢复。因此，集中控制方式比较适合于规模较小、组成员不变动的静态组活动。

（2）在分布式会议控制中，会议的发起者首先通过多播实体建立一个多播空间向合作者发布有关会议的消息，会议就算建立了。愿意参加会议的合作者只需加入到特定的多播实体（如多播地址）中去，并通过组聚集发布它已参加会议的消息即可。在分布式控制方式中，会议状态是由每一个参与者通过多播将各自的状态传送给其他的参与者而建立的，由于在此种方式中对组成员没有全局的管理，因此每一个成员所了解到的会议状态可能是不同的。为了保持一定的一致性，会议状态消息要利用非可靠的消息传送机制周期性地传送。这种松散的分布式控制方式的优点是用户规模容易扩展，同时对故障的容忍性好，在某一段通信链路的故障排除之后，很容易重新建立起新的会议状态；其缺点是会议的参与者对会议状态的了解可能是不同的。松散控制比较适合于在WAN 范围内、组成员经常动态变化的情况。MBone 中的简单会话（Light-Weight Sessions）就是分布式控制的一个例子。

组通信代理的第三部分是对共享应用的控制。如前所述，群件的实质在于为协同工作的合作者创造一个共享的空间。会议聚集和会议控制为合作者创造了一个"见面"的**共享会议空间**，而参加会议的合作者还需要有共同完成某一项工作的**共享工作空间**。共享工作空间又可以进一步划分为共享的操作空间和共享的信息空间，前者指一种允许工作组内任何成员对同一应用进行操作的机制，如白板、共享的编辑器等；后者是一种允许组成员创建、存储、浏览和提取共享多媒体信息的系统，如多用户的多媒体数据库系统。组成员可以通过后者将会议过程记录进数据库，也可以在会议期间提取出库中的资料供所有成员讨论。由于前者是实现协同计算的至关重要的机制，我们将在下节中给予专门的介绍。

8.4.3　应用共享控制

应用共享意味着每个组成员都可以对共享的应用程序（如编辑器）进行操作，而当其中某个成员进行操作之后，程序要将共享对象（如被编辑的文件）执行该操作的结果反映给每一个组成员。通常，共享对象在共享窗口中显示，成员甲对共享对象进行操作的结果不但更新自己的共享窗口中的内容，也对其他成员的共享窗口中的内容做同样的更新。

1. 共享工作空间的结构

共享工作空间的结构与会议控制方式相类似，也存在集中式和分布式两种。它们之间的不同之处是,在这里集中和分散是针对数据的分布而言的,而在会议控制中则是针对控制信息的走向而言的。

图8-21(a)给出了集中式的共享工作空间结构。应用程序的执行只在某一个成员处进行,任何一个组成员的操作指令都送到这个节点,而应用程序执行的结果(被某个操作改变了的共享对象)被送给所有其他的组成员。集中方式的优点是容易维护,因为只有一份应用程序在对共享对象进行操作。同时,利用这种方式也容易将原来为单用户设计的应用程序改变为组工作方式。集中式结构的缺点是每一次操作后,都要将结果传送给所有组成员。对于图像类的对象,结果输出的数据量是很大的,需要占用大的通信带宽。此外,当进行操作的组成员和应用程序分处两地的话,从发出操作指令到操作结果返回的响应时间也比较长。

分布式或称为复制式结构如图8-21(b)所示。在这种结构中,每一个组成员处都有一份应用程序的复制版本,一个成员发出的操作指令被送往所有成员处,各处的应用程序分别执行该操作,并将结果显示在本地共享窗口内。这种方式明显的优点是操作指令的数据量很小,占用的通信带宽少,而且操作在本地执行,因此结果返回到界面快、响应时间短。复制式结构的缺点是维护比较困难,因为程序在不同地点分别执行,难以保持数据的一致性,可能在经过一段时间的操作之后,各组成员在共享窗口中看到的内容已经不一样了。在复制式结构中,应该尽量避免使用取决于定时信号的操作(如按下鼠标使显示屏滚动),因为这种操作会产生不确定性。此外,究竟在何时(预先、或在会话开始时、还是在需要时)和以什么样的方法将共享应用的复制版本分发到各处也是值得考虑的问题。

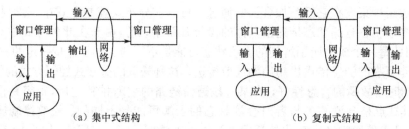

图 8-21　共享工作空间结构

2. 发言权控制

在共享工作空间中,每一个组成员都可以对共享的应用进行操作,因此实现应用共享所涉及的一个重要问题是并发控制,即解决组成员对共享空间访问的冲突。这也就是所谓的发言权(Floor)控制,只有持有发言权(或令牌)的组成员才能对共享对象进行操作。对发言权控制的讨论一般分为策略和机制两个方面。策略规定组成员请求、获得和释放发言权的方法,例如可以同时操作的用户数和操作的粒度(如访问字符,还是访问段落)等。策略需要通过相应的机制得以实现。

人们已经提出多种发言权控制的机制,如集中加锁、令牌传递和依赖性检测等[1]。最简单的发言权控制机制是在任何给定时刻只有一个组成员拥有发言权,在其他成员请求时,该组成员才把发言权传递给另一个发出请求的组成员。

3. 工作组界面

如何有效地显示共享的工作空间也是应用共享中需要考虑的问题。通常你所见即我所见WYSIWIS(What-You-See-Is-What-I-See)是设计组界面时遵循的基本原则,因为工作组的所有成员应当同时看到某个操作的结果,否则组成员就不能"平等地"对共享空间中所发生的事件做出反应。但在另一方面,组成员也希望有一部分私有的空间,这导致了在一些系统的界面中出现公共和私有窗口之分,称之为松弛的 WYSIWIS,或者你所见不是我所见 WYSINWIS(What-You-See-Is-Not-What-I-See)。此时,保持组成员公共窗口内容的一致性就具有更重要的意义。

在工作组界面中用多种方法标识其他组成员的操作结果对于提高工作效率是有益的。例如，用黄、红、蓝、黑色字体分别表示文件中新近的和不是新近的以及未作修改的结果；又如在公有窗口中用阴影标出某段文字，表示此时有一个组成员正在自己的私有窗口推敲、修改该段内容，其他组成员就会去考虑其他段落，等等。在同步会议系统中，也可以通过语音交谈来协调组成员对共享空间的操作。

8.4.4 协同工作的发展

随着多媒体技术的发展，分散在广阔地域上与视听会议相结合的协同工作也越来越向创造一个面对面共同工作的"真实环境"的方向发展。图 8-22 是这样一个环境的示意图，分别在 A 和 B 两地的 3 个人像共同站在一个白板前一样讨论和修改白板上的内容。更进一步地说，在沉浸式的协同工作环境中，使用不同终端设备(计算机、笔记体、智能手机等)的人们可以"电子出席"(Telepresence)在 3D 虚拟会议室中，共同创建、修改各种办公软件、共享音视频内容、进行私下个别交谈，等等。

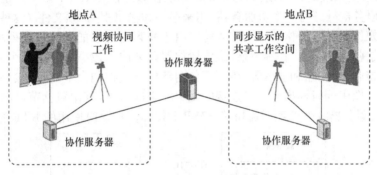

图 8-22 多媒体协同工作示例

8.5 基于 RTP/UDP 的流媒体系统

8.5.1 流媒体的概念

在信息服务和娱乐领域中应用的多媒体系统通常具有服务器——客户端的结构，如节目中心通过服务器向用户(客户端)进行多媒体内容的广播、点播和直播服务。其具体的做法是，将包含视频和音频信息的节目预先录制下来，存储在服务器硬盘或光盘等介质中；然后节目中心按预定的时间表从服务器中提取出节目通过有线或无线网络向用户进行**广播**，或按照用户(或用户组)提出的请求向其传送特定的节目，后者称为**点播**。所谓**直播**，则是指节目制作者对视/音频信号进行现场采集和压缩，然后传送到节目中心的服务器，经服务器再向用户进行广播。与视听通信系统收发两端对等不同，这类多媒体系统的结构是不对称的，服务器和用户终端在复杂性和处理能力上有很大差异，上行(用户终端到服务器)和下行(服务器到用户终端)信道的带宽通常也是不同的。由于在这类多媒体系统中，视/音频信息通常是预先采集、压缩和存储好的，因此此类应用称为**存储视频**(Stored Video)应用。与此相对应，视听系统中视、音频信号边采集、边压缩、边传输到接收端(不经过服务器)的情况(如多媒体会议)，则称为**实时视频**(Live Video)应用。

在存储视频应用中，一种做法是将存储的视频数据以文件形式通过因特网全部**下载**到用户终端，然后终端通过读取本地文件实现视频的连续播放。这种方式可以避免传输带宽不足或延时抖动过大对播放质量的影响，但是由于视、音频文件一般都很大，因此需要用户端有较大的存储容量；

同时带宽越窄,下载时间越长,用户等待的时间就越长,有时甚至需要等待数十分钟。如果用户端在接收到文件前面一部分数据时,例如几秒或几十秒后就播放,与此同时,服务器不间断地向用户提供后续的数据,则可以大幅度减少用户等待的时间。这种边传输、边播放的方式称为**"流媒体"**(Streaming Media)方式。实际上,流媒体并不是一种媒体,而是实时媒体的一种传输和工作模式。流媒体服务器可以单播、多播或广播的方式向用户提供服务。对于实时视频应用(如可视电话)而言,视/音频数据不言而喻总是边传输、边播放、以流的方式工作的,因此流媒体的概念只在存储视频应用中被强调。

8.5.2 系统结构与工作过程

基于 RTP/UDP 的流媒体系统利用 UDP 实时性较好的特点来进行音、视频数据的传输;同时又在 UDP 之上,采用 RTP 对数据进行封装,以克服 UDP 不可靠传输带来的丢包、包次序颠倒等缺点。

图 8-23 给出这类系统的典型结构,这也是早期的视频点播和 IPTV 等采用的结构。图中在服务器端,除 Web 服务器外还有一个流服务器,用来存储和输出视/音频文件。这些文件采用 7.9 节介绍的支持实时媒体流传输的格式,如 MP4 等。由于视频比音频的数据量大得多,**流服务器**也称为**媒体服务器**,或视频服务器。在客户端,媒体播放器则分成了数据和控制两个部分,其数据部分负责媒体数据的接收、解压缩和显示等,控制部分则负责产生控制命令对播放过程进行控制,如快进、快退、暂停等。图中同时标出了各对连接中使用的通信协议,其中包括节目浏览和选择时使用的 HTTP;控制流服务器操作的**实时流协议 RTSP** 和媒体流传输时使用的 RTP 协议。

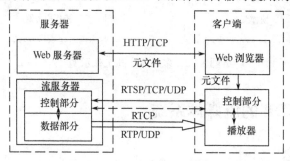

图 8-23 基于 RTP/UDP 的流媒体系统结构

图 8-24 表示出图 8-23 所示系统在工作时控制信息的交互过程,其具体步骤如下:

(1) 用户通过网页点击自己想看的节目,浏览器向所选超链的 URL 指明的 Web 服务器发出 GET 请求,索要相关的**元文件**。

(2) Web 服务器向浏览器返回 GET 响应消息,其中包括元文件内容(音、视频文件的 URL 地址,以及媒体内容类型等描述信息)。

(3) 浏览器根据返回消息得知媒体文件内容类型,然后选择相应的媒体播放器(音频或视频),把元文件内容传送给该播放器的控制部分。

(4) 播放器控制部分从元文件内容中读出媒体文件的 URL,并向具有该 URL 的流服务器发送 RTSP SETUP 请求消息,申请建立 RTSP 会话。在这一过程中,还要传送一系列的参数,例如媒体文件名、RTSP 会话号、要求操作的模式、RTP 端口号和认证信息等。如果这些都是可接受的,流服务器的控制部分返回 RTSP SETUP 应答消息,其中包括由服务器分配的唯一的 RTSP 会话标识符。该会话标识符在此后的所有 RTSP 请求消息中使用。

(5) 当用户按下播放器的"播放"按钮时,播放器控制部分向流服务器控制部分发送 RTSP

图 8-24 图 8-23 所示系统

PLAY 请求消息(包括会话标识符)。流服务器根据会话标识符知道读取权限已经认证,则向播放器控制部分返回确认消息。播放器收到确认消息后做接收数据流的准备。

(6) 服务器控制部分启动数据部分的媒体流读取和传输机制,向播放器在会话建立请求消息中给出的 RTP 端口传输媒体流。

(7) 播放器收到媒体流后,将数据放入播放缓存器;经过预定的起始延时后,播放器开始从缓存器中读取数据,并进行解压缩和显示。

(8) 播放过程中用户可能要做暂停和快进、快退等操作,这些操作命令通过相应的 RTSP 请求消息传送到服务器控制部分,使服务器进行相应的操作。

(9) 当用户按"结束"按钮时,播放器控制部分向服务器控制部分发出 RTSP TEARDOWN 请求;服务器返回响应消息后,此次 RTSP 会话结束。

从上面的工作过程我们可以看出,播放器从接收到媒体数据到开始播放也要有一个延时,其大小取决于网络传输的延时抖动,一般是较小的(几秒)。在这种系统中,一旦会话建立,服务器就向客户端持续不断地**推送**视/音频数据。此外,RTSP 控制协议的引入使得对播放过程进行录像机式的操作(暂停、快进等)成为可能,在下一节中我们将对该协议作进一步的讨论。

8.5.3 实时流协议(RTSP)

实时流协议(Real-Time Streaming Protocol,RTSP)是一个应用层协议,在 IETF RFC 7826 中定义。RTSP 的目标是在两个终端间建立媒体会话,并对一个或多个实时媒体流进行控制,在典型应用中它不负责实时媒体本身的传输;实时媒体流通过其他协议(默认为 RTP)传输。RTSP 的作用是对流服务器进行"网络远程控制",以实现与录像机相似的控制功能。

RTSP 相对于流服务器的作用类似于 HTTP 相对于 Web 服务器,因此 RTSP 在语法和操作上采用与 HTTP 相似的方法,这使得 HTTP 的扩展机制在大多数情况下都可以加进 RTSP。同时,RTSP 报文可以由标准的 HTTP 或 MIME(Multipurpose Internet Mail Extention)解析器解析。RTSP 可以重用 HTTP 的缓存、代理及安全机制。但是 RTSP 也与 HTTP 有重要的区别,例如,(1)RTSP 与它所控制的媒体数据可以通过不同协议和不同通道传送(如 RTSP 通过 TCP,数据通过 RTP/UDP)，换句话说，媒体数据是在"带外"传送的。（2）HTTP 是一个不对称的协议，客户端发出请求，服务器应答；而 RTSP 是对称的，客户端和服务器均可发出请求。（3）HTTP 是一个无状态协议，即发送一个命令后，连接会断开，且命令之间没有依赖性；而 RTSP 是有状态的，以便在请求确认后很长时间内，仍可设置参数控制媒体流。

通过对图 8-23 所示系统的讨论，我们已经对 RTSP 的工作过程有了基本的了解。对 TCP 和 UDP 来说，RTSP 服务器的默认端口都是 554。在 RTSP 中没有"RTSP 连接"，只有"RTSP 会话"的概念。在一个 RTSP 会话中，用户端可以打开或关闭多个可靠传输层连接（如 TCP），也可以使用无连接协议（如 UDP）向服务器传送 RTSP 请求消息。在建立 RTSP 会话之前，客户端需要以某种方式（在图 8-24 的系统中是通过 HTTP）获得一个播放描述文件（即元文件）。对该文件的格式 RTSP 没有做限制，例如描述文件可以采用 SDP 表示，但该文件应包括此播放过程有几个媒体流、每个流的参数（如编码方式等）、存储每个流的文件名和流服务器的 URL（同一播放过程的不同流，如音频和视频，可以存放在不同的服务器上），以及使用的协议栈等内容。客户端和服务器也可以通过直接交换 RTSP DISCRIBE 请求和响应消息来获得媒体描述信息。针对每一条媒体流，客户端和服务器都需要通过交换 RTSP SETUP 请求和响应消息来建立一个 RTSP 会话。

RTSP 消息由命令行及参数、若干头字段和消息体构成。RTSP 消息是文本形式的，当增加新参数时有自说明的作用。由于消息中的参数不多，再加上使用 RTSP 命令的频率很低，因此文本式消息处理效率较低的缺陷在这里并不是问题。

最后需要指出，RTSP 不仅支持单播，也支持由服务器选择或由用户选择地址的多播。RTSP 不仅能如图 8-24 所示那样控制服务器提取和传输媒体流的过程，还支持"邀请"一个服务器加入到正在进行的会议中来播放或记录共享的文件，会议参与者均可对该服务器进行远程操纵；以及支持服务器通知用户有新的媒体流加入到正在进行的播放过程中，这在实况转播的情况下十分有用。

8.5.4　流服务器

流服务器是图 8-23 系统中的重要设备，也是最昂贵的设备。首先它需要强调操作系统的实时性。通常我们在工业控制机中也常常采用实时操作系统，但在那里操作系统的实时性体现在对（事件）中断的响应上；而在流服务器中则主要体现在对媒体流的处理过程中保证流的连续性。虽然传统的操作系统和文件系统并未对流服务器的设计提供特殊的支持，但由于目前磁盘的数据传输速率远远高于一个连续媒体流的码率，如好的硬盘的数据传输速率可以从几十到二、三百 MB/s，而符合 MPEG-2 标准的视频流的码率为 2～6Mb/s，经压缩的具有 CD 质量音频流的码率大约为 0.2Mb/s，因此，只要采用恰当的技术，流服务器可以同时完成多条连续码流的实时输出。而由多个服务器构成的服务器阵列则可以提供更多的码流输出。涉及流服务器的技术包括与操作系统有关的任务调度、资源管理、磁盘调度，以及与存储子系统有关的数据在物理介质上的排放方式等。下面我们分别予以讨论。

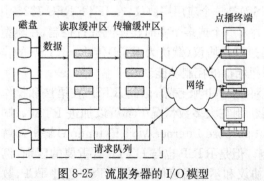

图 8-25　流服务器的 I/O 模型

1. 任务调度

当为许多用户服务时，流服务器按照一定的策略（称为任务调度）快速地把第一个用户在一段时间内所需要的数据取出来放在缓存区 1 内（见图 8-25），紧接着把第二个用户在这段时间内所需要的数据提取出来放在缓存区 2 内，等等；与此同时，服务器的输出线程按照用户播放速率的要求把每个缓存区中的数据轮流放上线路，使线路上的每个流都是连续不间断的。同时,不等缓存区中的数据用完,服务器又把每个用户在下一段时间所需要的数据提取出来放入缓存区。因此流服务器为一个用户服务的过程可以被抽象为一个由若干带有时限的任务构成的序列,其中每项任务负责从存储介质中读取一定数量的数据并传送给用户,每项任务的时限与该段数据的预定播放时刻相对应。由于连续媒体的播放时刻具有明显的周期性,各项任务的时限也呈现出周期性的特点。

图 8-26 给出了使用两种常用算法 **EDF**(Earliest Dead-line First)和**速率单调调度**(Rate Monotonic Scheduling)同时为一个高速码流和一个低速码流服务时进行任务调度的例子。在 EDF 中,时限越早的任务越早执行。由图看出,高速流的任务 1 和低速流的任务 A 首先被执行,然后执行时限较早的高速流任务 2。在速率单调调度算法中,任务按其所要求的速率预先设定优先级,按优先级决定执行的顺序。图中低速流的任务 A 在高速流的任务 1 之后执行,在 A 未完成之前出现高速流 2,由于任务 2 的优先级高,因此先执行 2,而剩余的任务 A 在任务 2 完成后执行。一般来说,速率单调算法在 CPU 利用率小于 69% 时可以满足所有任务的时限[2];而 EDF 能达到 100% 的CPU 利用率,但在过负荷情况下有一些任务的时限可能得不到满足。

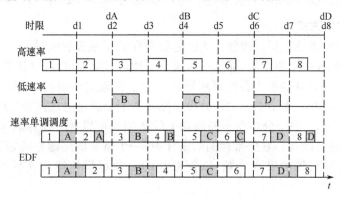

图 8-26 任务调度的两种算法

2. 资源管理

资源管理的主要功能为**接纳控制**和**资源分配**。接纳控制模块负责在新用户到来时,判断能否在继续满足现有各用户服务要求的前提条件下为新的用户提供服务;资源分配模块则在接纳新用户时为其预留资源。

接纳控制根据系统当前的剩余资源以及申请所需的处理来判断是否为该用户提供服务。系统的剩余资源通常由 CPU 循环周期内的剩余时间(如图 8-26 所示)来标度,而对于申请的处理则需要根据用户所要求的 QoS 级别以不同的方式来确定。具体地讲,当用户要求得到确定性保障时,处理开销由最坏情况下处理一个申请所花费的时间来表示;而当用户申请统计保障时,处理开销的确定则有赖于流服务器对处理申请所花时间的统计规律的分析。应当说,由于申请的处理时间会受到磁盘调度方式、连续媒体数据在磁盘上的排放方式以及连续媒体码率的波动情况等诸多因素的影响,所以对处理时间变化规律的分析往往十分困难,而一旦流服务器确定了处理时间的统计特征,接纳控制则可利用处理时间的某种统计平均值来表示申请的处理开销。当用户要求"尽力而为"服务时,流服务器对能否满足一个用户申请的时限不做任何承诺。此时,服务器可以通过采取一些措施(如降低连续媒体的质量等)来降低处理申请所花费的开销,以便尽可能满足更多申请的时限,而客户端也可通过加大等待时间等方法来尽力保障连续媒体的正常播放。显然,以最坏情况下申请的处理时间来判断是否接纳新用户,系统资源利用率较低,也就是说,当流服务器提供 QoS的确定性保障时,它所能同时服务的用户数目比提供统计性保障时要少。

与接纳控制相对应,流服务器的资源分配也分为确定性的和统计性的。确定性资源分配机制按最坏情况为接纳的新用户预留资源;而统计性资源分配机制则允许小概率的 QoS 降低以换取资源的更高利用率。

3. 磁盘调度

当连续媒体数据在磁盘上按一般离散媒体数据的方式存储时,我们通常利用缓存器和特殊的磁盘调度算法来减少数据读取的延时抖动,以保障媒体流的连续性。

在磁盘调度机制接收并处理来自多个进程的磁盘读或写请求时,处理一个请求所花费的时间由以下因素决定:**寻道时间** 即磁盘的读/写头由当前位置移动到指定磁道所花费的时间。**旋转延时** 即磁盘的读/写头移动到指定磁道后,相应的扇区旋转至读/写头位置所花费的时间。**数据传输速率** 即单位时间内所能读或写的数据量。

上述三个因素中,寻道时间对处理一个请求所需时间的影响最大,因此传统的磁盘调度算法主要考虑降低寻道时间和公平地为各进程提供服务。常见的传统磁盘调度算法有 FCFS 和 SCAN 等。当考虑到实时媒体提取所要求的时限时,人们还提出过 SCAN-EDF[3],GSS[4]等算法。

4. 媒体数据的排放方式

除了调度算法之外,媒体数据的排放方式也是影响存储子系统吞吐量的一个重要因素。如果一个视频文件全部存储在一个磁盘上,那么存取这个文件的并发用户数,也就是可以同时观看这个视频节目的用户数,由该磁盘的最大吞吐量所限制。为了突破这个限制,人们提出了**条带**(Strip)存储方法。在这种方法中,一个多媒体文件分段存储在若干个磁盘上,这些磁盘可以并行地进行存取,其结构如图 8-27 所示。由于分布在不同磁盘上的数据块可以并行地存取,这就成倍地提高了磁盘系统(磁盘阵列)的吞吐量。在条带存储的设计中,一个重要的问题是确定单个磁盘上存储数据块的大小和一个文件跨越的磁盘个数,以使磁盘的负载尽量均衡和文件的提取时间尽可能地小[5]。

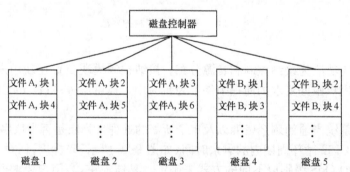

图 8-27 数据的条带存储

8.5.5 IPTV

IPTV 通俗地讲就是不通过地面、卫星和电缆电视网,而是通过 IP 网看电视。按照国际电联给予的比较严谨的定义则是:在达到所要求的 QoS、安全、交互性和可靠性水平的可管理的 IP 网上传递包括电视、视频、音频、图形和数据等的多媒体业务。IPTV 也是一种要求视/音频数据边传输、边播放的流式应用系统,它与通常所说的流媒体的区别是,流媒体通过公共因特网传输、一般在微机或手持设备上观看;而 IPTV 是在可管可控(具有一定 QoS 保障)的 IP 网上传输、具有广播电视质量(可在电视机上观看)的流媒体系统。为了保证网络的可管可控,IPIV 通常只部属在同一家网络提供商的网络上。

IPTV 既然是电视业务就应当像传统的广播电视那样提供较高的图像质量,并且具有从内容提供商到用户家庭的传递和分发节目的完整机制。IPTV 的带宽应该高于 1 Mb/s,对于 HDTV 可能在十几 Mb/s~几十 Mb/s,因此用户需要有宽带接入。为了保证较高的图像质量,对网络的时延和丢包率也有较高的要求。图 8-28 给出了一个 IPTV 系统的基本组成部分,其中内容提供商制作并拥有具有自主版权的节目;服务提供商从内容提供商处获得节目,将其纳入自己的业务并以流传输的方式提供给用户;网络提供商提供从服务提供商到用户之间的网络连接;用户则消费和享受节目。在用户端,可能只有一台终端设备(机顶盒+电视机,或者智能电视机),也可能是连接多台设备的家庭网络。

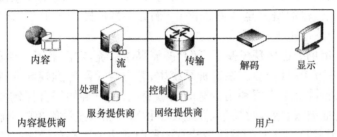

图 8-28　IPTV 系统参考模型

IPTV 的基本业务包括:(1)直播电视。服务提供商通过传统的广播传输途径(如卫星、电缆或地面广播)接收内容提供商提供的节目,并将其转换成自己的业务所规定的格式后,以多播形式通过网络提供商提供的传输网络和用户家庭网络将节目传送到用户端设备上;(2)时移电视。用户可以回看几小时或几天前的节目,或者从头观看一个当前已在实时播出的节目;(3)点播电视。服务提供商通常通过物理介质(如磁带、光盘等)从内容提供商处获得节目,将其转换成自己业务所规定的格式后存储在本地服务器内,然后根据用户的需要以单播方式通过网络提供商提供的传输网络和用户家庭网络将节目传送到用户终端设备上;点播电视允许用户进行录像机式(快进、快退、暂停等)操作;(4)混合模式。用户通过传统广播电视传输通道直接从内容提供商接收电视节目,同时通过网络提供商提供的传输网络获取点播内容的服务。这种形式允许在收看电视广播的同时,获得相关的辅助信息或进行交互操作。

图 8-28 中服务提供商运营的设备总称为 IPTV 的**头端**。头端中的直播电视服务器和 VOD 服务器分别负责向用户提供直播和点播服务,其中 VOD 服务采用 8.5.2 节介绍的系统结构。头端的其他功能还包括数字版权保护、加密和**电子节目表 EPG**(Electronic Program Guide)生成等。

有多个国际组织为 IPTV 制定了标准。例如,因特网流媒体联盟 **ISMA**(Internet Streaming Media Alliance),欧洲电信标准协会 **ETSI**(European Telecomunications Standards Institute)等。这些标准规定了视音频编码格式、存储文件格式和数据封装格式等。在 ISMA 的标准中,音、视频采用各自独立的 RTP 流传送,两者在 UDP/IP 端口上复用。采用独立的流有利于没有视频接收能力的终端单独对音频流进行接收。在 ETSI 的标准中,视、音频和用户数据先复用成一个单节目或多节目的 MPEG2 TS 流,然后再封装成 RTP 包在 UDP/IP 上传输。这种格式与欧洲数字视频广播 **DVB**(Digital Video Broadcasting)标准的流传输格式相同,因而也称为 DVB over IP。

8.6　基于 HTTP/TCP 的流媒体系统

8.6.1　HTTP/TCP 流传输技术的发展

相比于传统因特网上传输的静态数据,实时数据最大的不同在于,它的流传输有严格的时间约束,以保证流内和流间的同步。例如,视频每 40ms 播放一帧图像,如果下一帧图像不能按时到达,则会引起播放视频的停顿。由于传统的因特网不是为多媒体的传输而设计的,其传输层协议 TCP 和 UDP,如 7.8.2 节所述,都有不适合于多媒体传输之处。

由于 UDP 的实时性比 TCP 要好,因此在相当长的一段时间内,人们倾向于通过 UDP 传输实时媒体流,并随之进行了许多努力。一方面,通过引入 RTP/RTCP 来解决 UDP 报文丢失、次序颠倒等不可靠传输的问题;通过应用层的拥塞控制(见 9.2.3 节)来解决 UDP 没有拥塞控制和流量控制的问题;在另一方面,如第 6 章所述,尽量增加网络的带宽和提供 QoS 保障(资源预留、限制延时、抖动和丢包的范围)的能力。前一节介绍的基于 RTP/UDP 的流媒体系统就是在此基础上形成的。人们对 RTP 流传输的研究至今尚未停止,例如 IETF 最近的 RTP 多媒体拥塞控制(RFC 8083)、多路径 RTP(Internet-draft)等。

在 2000 年左右,市场上也出现过基于 TCP 的流媒体系统,它们采用一种称为**顺序下载**的机制来工作(我们将在下一节予以讨论)。在这种系统中,客户端无需等到视频文件下载完毕就可以播放。但是为了应对因特网上用户可利用带宽的动态变化,客户端的缓存器需要预先存储一部分视频数据才能开始进行播放,起始延时长(几秒至几十秒)。同时,这种简单的措施也不能完全防止播放的停顿。因此,基于 RTP/UDP 的系统曾经在一段时间内成为高质量流媒体系统的主流。

然而,基于 RTP/UDP 的流式系统在一些方面上并不能完全满足应用的需求。RTP 流要求服务器为每一个客户端维护一个独立的会话,并协调 RTCP 和 RTSP 的传输,这使得流服务器的造价很高,不利于大规模系统的部署和扩展。另外,在许多情况下,RTP 流不能穿越防火墙和 NAT(网络地址转换)网络。因此随着因特网带宽的不断增加,人们开始热心于使用协议成熟、布设广泛、价格低廉的 HTTP/TCP 来进行媒体流的传输。针对因特网"尽力而为"、用户带宽不稳定的特征,如果将长视频文件分割成像短视频那样长的段,分段传输;同时在整个流的传输过程中,通过选择编码速率不同的分段来动态地调整媒体流的速率,以适应当前的网络带宽,应该是实现实用的 HTTP 流传输的一个可行方案。基于这种思想,一些公司推出了相应的系统,例如 Apple 的 HT-TP Live Streaming、微软的 Smooth Streamig 和 Adobe 的 HTTP Dynamic Streaming 等。但是这些系统是封闭的,有各自不同的文件分割方式、解析方法和客户端协议等。为了推动 HTTP 流传输技术的广泛应用,MPEG 与 3GPP 和 OIPF(Open IPTV Forum)等组织密切合作,于 2011 年底公布了 ISO/IEC 23009—1 标准,也称为 **MPEG DASH**(Dynamic Adaptive Streaming over HTTP)标准。DASH 后来也被 DVB 所接受。

目前,基于 HTTP 的动态自适应流传输已经迅速成为公共因特网上实时媒体流传输的主流技术。图 8-29 给出一个应用场景的示意。图中,在广域网上利用现有的 HTTP 服务器和 HTTP 代理服务器进行媒体内容的分发;不同的终端,从智能手机到高清电视机,通过无线或有线接入网接入,都可以经因特网获得媒体流数据。

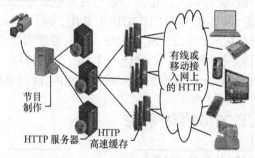

图 8-29 动态自适应流传输的应用

8.6.2 顺序式流传输

基于 HTTP/TCP 的流媒体系统源于传统的 Web 技术。最初的 Web 页面只包括文字和图像,当用户选择某个页面时,包含这个页面的文件首先从 Web 服务器下载到用户终端,然后终端的浏览器将页面呈现在显示器屏幕上。如果页面中包含有视、音频片断,下载时间会较长。图 8-30 给出利用 Web 服务器传输视/音频的系统结构。当用户在网页上点击一个连接视、音频的超链时,浏览器将它当做一个文本文件那样处理,因此,浏览器的 HTTP 先与超链指明的服务器上的 HT-TP 建立 TCP 连接,然后请求得到超链指明的文件。当浏览器接收服务器送来的文件时,从服务器应答消息的头部得知文件内容类型(如 Audio/MP3),浏览器就调用相应的播放器(如音频播放器),并把接收到的文件传送给播放器。这种方法的缺点是,先要把文件完全下载,再由浏览器将文件传送到播放器,当文件很大时,将引入不可接受的延时。

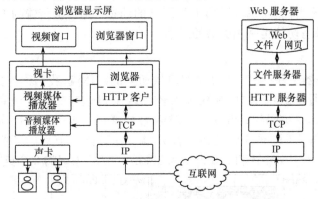

图 8-30　利用 Web 服务器传输视/音频文件的结构

图 8-31 给出一种改进方案。采用这种方案时,每一个视/音频文件都伴随有一个**元文件**(Metafile)。同时,网页超链所指的地址是元文件 URL,而不是视/音频文件本身的 URL。因此,当用户点击超链时(GET 请求),服务器返回的 GET 应答消息中包含元文件的内容。浏览器像在图 8-30 所示系统那样通过返回消息得知文件内容类型,调用相应的播放器;不同的是将元文件的内容(而不是视/音频文件)传送给播放器。播放器判断接收到的是元文件,则从中读出视/音频文件的 URL,继续按通常的 HTTP/TCP 协议获取视/音频文件的内容。播放器开始接收到视/音频数据后直接将它们放进播放缓存器,在规定的起始延时之后,播放器从缓存器中取出数据进行解压缩和

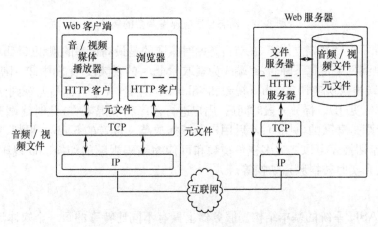

图 8-31　利用 Web 服务器和元文件传输视/音频流的结构

播放。这种方法消除了通过浏览器获得视/音频文件所引起的时延,并能在结束文件传输前就开始播放,称为顺序下载,或者顺序式流传输(Progressive Streaming)。在这种方法中视/音频文件仍然是通过 HTTP/TCP 传输的,我们知道 TCP 能保证传输的无差错性,故而视/音频的传输质量较好,但在网络可用带宽不足时,它的重传机制引入大的延时。一个粗略的估计是,在可用的 TCP 吞吐量大于 2 倍的媒体流速率时,TCP 可以提供好的流传输[6]。由于因特网的带宽很不稳定,因此此种方式较适合于传输短视频。在传输长视频时,为了防止延时过大造成的播放中断,播放需要等缓存器中有足够多的数据后才开始,用户需要等待的起始延时仍然较长。同时,在这种系统中,没有对视/音频文件的传输进行控制的机制,因此只能顺序播放,而不能进行快进、快退等操作,这也是顺序流式传输这个名称的由来。

8.6.3 动态自适应流传输

本节介绍以 DASH 为代表的基于 HTTP/TCP 的动态自适应流传输的工作原理。8.6.1 节提到的几个著名公司的私有协议也采用类似的原理。

1. 自适应流切换

在 DASH 中,服务器上保存有一组或多组可供切换的媒体流,我们称为**自适应集**(Adaptation Set)。例如在图 8-32 所示的例子中,有视频和音频两个自适应集。视频集中含有同一节目的 5Mb/s、2Mb/s 和 500kb/s 编码的码流,以及一个**特技模式**(Trick Mode)码流,它只含帧率很低的 Ⅰ 帧,专供快进、快退等 VCR 操作时使用。音频集中含有同一节目的环绕立体声、128kb/s 和 48kb/s AAC 编码的 3 个中文伴音和 128kb/s 和 48kb/s AAC 编码的 2 个英文伴音。

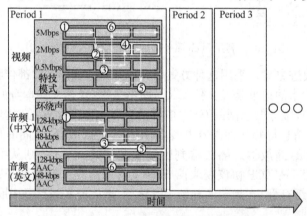

图 8-32 动态自适应速率调整的例子

假设用户终端不支持环绕立体声,在节目开始时索取的是最高速率的视频(5Mb/s)和 128kb/s 的中文伴音。当监测到网络带宽下降后,终端改为索取 2Mb/s 的视频段(见图中②);随着网络带宽下降到不足 2Mb/s,终端再次切换到 500kb/s 视频和 48kb/s 的伴音(见③);而后监视到网络带宽回升,切换回 2Mb/s 的视频(见④)。播放一段时间后,用户进行暂停和快退操作,此时终端开始索要特技模式的视频,而伴音则是静默的(见⑤);然后用户继续播放英文伴音的 5Mb/s 视频(见⑥)。

利用自适应流切换还可以实现多视角视频和可伸缩编码视频的切换、3D 视频、不同字幕的叠加、广告动态插入和实时转播频道切换等。

2. 系统结构

图 8-33 是 DASH 系统的基本结构。服务器上具有不同比特率的每一个媒体流称为一个 Representation。每一个 Representation 按时间顺序划分成若干个周期(Period);每个周期包含有一个

或多个数据段(Segment 或 Chunk)。段是客户端播放所实际使用的媒体数据文件。段中的数据可以采用 ISO BMFF 或 MPEG2 TS 封装。每个段通常包含几秒钟的视频数据,且有自己的统一资源定位符 URL。在每个周期内可能有一个或多个自适应码流集供客户端选择。一个节目有一个媒体演示描述文件,称为 **MPD**(Media Presentation Description)。MPD 给出节目及其周期和段的描述数据,以及包含的自适应集等信息。DASH 客户端首先通过 HTTP GET 请求/应答消息从服务器获得节目的 MPD;客户端也可以通过电子邮件等其他方式(标准并未规定)获得 MPD。为了提供更多的灵活性,MPD 还可以分成若干部分,通过多次下载获得。客户端获得并解析 MPD 后,按照自己的终端能力、当前网络状况和个人的喜好通过自适应速率控制算法发出请求索取想要的数据段。由于每个段都有自己的 URL,因此可以通过 HTTP GET 或带有字节范围的 Partial GET 请求/应答消息下载任何一个想要的段。客户端将收到的段重新拼接成流进行播放,并继续根据监测到的当前网络带宽,按时请求自适应集中合适的后续数据段。

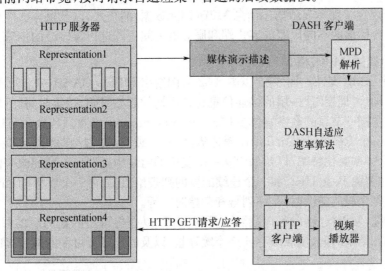

图 8-33　DASH 系统结构

图 8-34 表示客户端的下载过程。在会话开始时,客户端连续下载视频段,尽可能快地填充接收缓存器。当进入稳定状态后,客户端则在自适应速率控制算法的控制下周期性地下载新的视频段(图中"on"的期间)。一个段必须完全下载后才能播放。一个稳态的 on-off 周期一般对应于一个段的数据播放时间。接收缓存器中通常保持有几个段,以防止播放的中断。

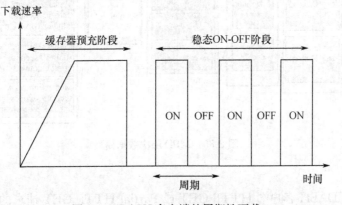

图 8-34　DASH 客户端的周期性下载

由上看出，与 RTP/UDP 流式系统中服务器以**"推"**模式进行流传输的方式不同，在 DASH 中，HTTP 是一个无状态的协议，会话由客户端管理。客户端以**"拉"**的方式从服务器获得数据，这极大地减轻了服务器的负担，而且流速率的调整无须与服务器协商，使播放和动态速率调整很及时。同时，客户端可以从不同的服务器获得同一个流的不同段，这有利于服务器机群的负载均衡和容错机制。

DASH 可以利用现有的标准 HTTP 服务器、代理服务器及内容分发网络进行工作。几乎所有的防火墙和 NAT 网络支持 HTTP 连接。如前所述，DASH 也能够像 RTP/UDP 系统一样支持快进、快退等 VCR 式的操作。此外，已有的顺序式流传输系统很容易升级到 DASH。因此基于 HTTP 的流媒体系统在近几年有蓬勃的发展，并成为因特网视频应用中十分重要的技术。

8.6.4　MPEG DASH 标准

DASH 标准规定了媒体演示描述信息 **MPD**（即元数据）的格式，以及媒体文件分割的数据段的格式。这使得符合标准的不同厂家的客户端和服务器之间可以进行媒体流的传输。

1. 媒体演示描述（MPD）格式

MPD 是一个 XML 文件。图 8-35 以图 8-32 为例给出 MPEG DASH 标准的 MPD 的格式，它具有层次化的结构。"周期"这一层的描述信息包括周期的起始时间、持续时间、所包含的自适应集等。自适应集包含同一节目的数条媒体流（数个 Representation）。自适应集也可以包含子标题或其他元数据。每一个 Represeutation 给出媒体流类型（音或视频）、封装格式、编解码器类型、图像分辨率（或音频采样率）、比特率，以及如何从一个复用的封装中提取出单独的流等信息。最下一层是段，媒体段的位置由 Base URL 和一个连续的段的列表给出，或由一个模板（Template）给出。段的描述信息给出每个段的持续时间、序列号和起始时间等。

对于实况转播，MPD 还给出客户端需要更新 MPD 以获得可用的新内容的时间、用全局时间给出的节目起始和结束时间、接收缓存器最小缓存量，以及固定或者可变的段持续时间等。

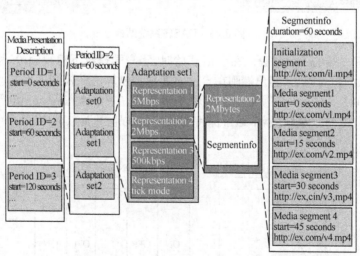

图 8-35　MPD 层次数据模型

2. 段格式

一个段是响应 DASH 客户端 HTTP GET 或 Partial HTTP GET 请求的实体，段的长度可为 1～10 秒，或者长到 10 秒～2 小时。一个媒体流的第一段可能是初始段，包含初始化 DASH 客户端解码器所需的信息。每一个段有一个唯一的 URL（可能包括字节范围）、一个索引和显式或隐式的起始时间及持续时间。对于实时转播，还包括段存活的起始和中止时间。每一个段包含至少一个随机接入点(I帧或SI帧)，从该点开始播放或切换流不需要之前的数据就可以进行解码。段的持续时间可以是固定的，也可以是变化的。在实况转播时，后一个段的持续时间可以由前一个段所携带。客户端根据URL索取段；根据起始时间和持续时间将段重组成流。

一个段可以作为一个独立文件存储，在直播中常常采用这种形式。从图8-35右侧可以看出，在那个例子中，段是放在MP4文件里的，点播应用中常采取这种形式。DASH为ISO的基础媒体文件格式(BMFF)和MPEG2 TS，定义了存放段的容器的格式。而MP4是BMFF的一个实例。由此可见，DASH客户端播放器能够播放复用或未经复用的码流。

从7.9.2节我们知道，MP4文件的基本单元是"盒"。DASH定义了一种利用**段索引盒**来下载子段的方法。索引盒给出子段和段中随机接入点的持续时间和字节偏移量的信息。DASH客户端可以根据这些信息通过Partial GET请求下载这些子段。段的索引信息可以放在一个盒里并置于段的开始[见图8-36(a)]，也可以分散在许多盒中。图8-36给出了几种分散放置的方法：分层式、纯链式和混合式。图中深色块代表索引盒，浅色块代表子段，箭头表示出根据箭尾的索引信息可以下载的子段。

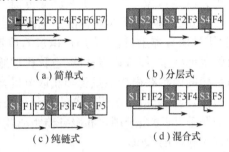

(a) 简单式 　　 (b) 分层式

(c) 纯链式 　　 (d) 混合式

图8-36　段的索引信息

分散放置索引的好处是，避免段开始处有过多的辅助信息，以减小下载的起始时延。

每一个段中还可以包含国际协调时间UTC，使客户端可以控制自己的时钟漂移。相同的媒体内容可以存储在多个URL，即多个服务器上，客户端可以从其中任何一个下载，从而最大化自己可利用的网络带宽。

3. 其他

DASH目前定义了5种范畴：MPEG2 TS的简单和主(Main)范畴，以及ISO BMFF的点播、实时转播和主范畴。每一种范畴规定了MPD和段格式中的一些限制。

最后，作为客户端的选项，DASH定义了QoE参数测量和向网络提供商的服务器反馈测量结果的格式和协议。主要的参数包括：HTTP请求/应答事务、切换事件、平均吞吐量、起始播放延时、缓存器充满程度、播放周期的列表和MPD信息等。DASH还定义了一个对段或子段加密的通用标准，它支持客户端采用不同的数字版权管理(DRM)机制。

4. 自适应速率控制

DASH并不直接控制流的传输速率，只依赖于TCP的流量控制和拥塞控制来规范流的传输。客户端如何监测网络状态和评价QoE，如何防止播放时缓存器的下溢，在已知当前网络可利用带宽的条件下，如何选择自适应集中的数据段来优化QoE(获得最好播放质量、最小质量波动和最小起始延时等)，以及如何在TCP拥塞机制(见9.2.1节)之上进行流速率的自适应调整等仍是需要解决的问题。我们将在9.2.5节予以讨论。

8.7　覆盖广阔地域的流媒体系统

8.7.1　内容分发网络(CDN)

8.5和8.6节介绍的流媒体系统均具有服务器－客户端的结构。当用户分布在广阔的地域上时，由中心服务器直接向这些用户提供服务需要占用大量的长途通信资源。比较经济的做法是将节目复制或通过长途线路传送到靠近用户的小区服务器，再由小区服务器向本区的用户提供服务。

这就需要在 IP 网上构架一个**内容分发网络 CDN**(Content Distribution Network),将中心服务器上的节目传送到各边缘代理(小区)服务器。

1. 内容分发网络的结构

内容分发网络 CDN,也称为内容传送网络(Content Delivery Networks),是构架在 IP 网上的一种**叠加**(Overlay)网络,它由分布在广阔地域范围上的一组 CDN 服务器组成。CDN 起源于 20 世纪 90 年代初期,原本针对 Web 内容的分发而提出,现在扩展到实时媒体的传送上。基于 HTTP 的流媒体系统原则上说可以沿用 Web CDN 的基础设施,而基于 RTP 的流媒体系统则要求边缘代理服务器是 8.5.4 节那样的视频服务器。

图 8-37 给出 CDN 结构的示意图。当用户向系统请求一个节目时,该请求被转发到离他最近的 CDN 服务器上,这称为用户请求的**重定向**。如果重定向所指向的服务器保存有用户所请求节目的复制版本,那么该服务器(也称**代理服务器**)向用户传递节目数据流;如果没有,则该服务器通过系统的**内容路由**功能找到和获取节目,然后传递给用户。由于用户由邻近的边缘代理服务器提供服务,因此降低了源服务器的负载和长途干线网的流量,节约了网络资源,使系统可以为更多的用户服务;同时由于用户和服务器距离较近,传输延时、延时抖动、丢包率相对较低,因而可以给用户提供较好的 QoE。

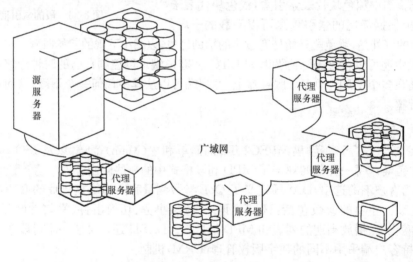

图 8-37　内容分发网络

用户的重定向可以通过固定的配置来实现,即某一群用户由固定的服务器提供服务;也可以通过其他方法动态地实现,其中最常用的是基于域名服务(DNS)的方法。我们知道,DNS 的基本功能是建立域名和它对应的服务器的 IP 地址之间的映射关系。利用这一服务,用户的本地 DNS 服务器将用户所请求节目的 URL 转发给重定向 DNS 服务器,重定向 DNS 根据分发网络的 CDN 服务器分布情况将距离转发 DNS 最近的 CDN 服务器的 IP 地址返回给转发 DNS,该 DNS 再将此 IP 地址传送给用户。由于返回的实际是距离用户本地 DNS 服务器最近的 CDN 服务器的地址,因此在使用本方法时,用户必须邻近本地 DNS 才能真正获得"就近"的服务。重定向除了基于 DNS 之外,也可以采用 IPv6 或应用层任播、URL 重写等技术来实现。选择服务器的准则除了物理距离最近之外,也可以加上其他的 QoS 参数,例如服务器负载平衡、延时、网络拥塞状况、用户接入网类型等因素。

通过 CDN 提供的业务可以分为两大类:点播和直播。对于点播业务,如果边缘服务器保存了源服务器的所有节目,那么对于用户的所有请求都可以立即给予服务,但需要占用庞大的存储空间;而如果边缘服务器只在用户提出请求的时候才向源服务器索取节目,则会加大用户的等待时间和核心网络的流量。如何处理好这一矛盾,边缘代理服务器上应该存储哪一部分节目或节目的哪一部分,即它的**缓存策略**,是 CDN 涉及的一项重要技术。此外,我们注意到将海量的来自不同内容提供商的节目存储在一个源服务器(或服务器群)上是不现实的。当众多的节目分别存储在网络的多个节点上时,称为**合作缓存机制**(Cooperative Cashing Scheme),此时如何组织 CDN 及如何找到所请求的节目(**内容路由**)是 CDN 中另一项重要技术。由于短期内在大范围内实现 IP 多播遇到不少困难,因此在 CDN 叠加网络上实现多播,称为**应用层多播**,是实现有效的内容分发的一个替代方案。对于直播业务,CDN 服务器将请求同一节目的用户会聚起来构成多播组,所有多播组的成员在 CDN 上构成多播树。当一个 CDN 服务器收到用户对该节目的请求、而它尚不是多播组的成员时,它通过内容路由将自己加入进多播树。应用层多播是 CDN 中又一项重要技术。下面我们将对上述几种技术分别进行简要的讨论;除此之外,还将简略介绍 DASH CDN 的优化。

2. 代理服务器的缓存策略

代理服务器的缓存策略主要分为**以数据为核心**和**以编码方式为核心**的两类,前者主要针对当前普遍存在的单速率编码的节目,后者则针对同一节目多速率编码的情况。以数据为核心的策略主要考虑的问题是在有限的代理缓存容量下,对哪些节目和节目的哪些部分进行缓存,以及如何对缓存内容进行更新替代,以使用户的平均起始延时最小和占用核心网络的带宽最少,并能支持用户的 VCR 类型的操作。由于占用核心网的带宽多少与需要从源服务器传送到代理服务器的数据量有关,因此也可以用字节命中率来描述这一指标。所谓**字节命中率**是指节目缓存的字节数与节目的总字节数之比。字节命中率越高,需要从源服务器索取的数据量越少。

通常我们对于用户对节目的点击率有一个经验的估计,即 20% 的节目有 80% 的点击率,而其余 80% 的节目只有 20% 的点击率,前者称为热点节目。热点节目一般都完整地存储在代理服务器中,非热点节目则只有每个节目的前一部分存储在缓存器中。当用户点播非热点节目时,代理服务器向用户传输节目的前一部分,同时向源服务器索取节目的后一部分,以保证向用户提供持续的节目流。代理服务器在索取后一部分节目为当前用户提供服务的同时,还可以将此部分数据保存下来以供后续的用户点播,也可以将此部分用完后删去。

热点节目和非热点节目的前一部分通常由源服务器根据节目管理策略主动(用户发出请求前)发送给各代理服务器,这称为**"推"**模式;而用户点播非热点节目时,代理服务器向源服务发出请求,源服务器才向代理服务器发送数据,这称为**"拉"**模式。

在代理缓存器中部分地存储一个节目的方法主要有两种。一种称为**前缀缓存**,即将节目分成前缀和后缀两段,只缓存前缀部分,此时前缀的长度至少要在代理服务器向源服务器发出请求到获得数据这段时间内,足够保证用户的正常播放。另一种方法称为**分段缓存**,即将节目分成长度不等的多个段,距离节目起始点越远的段长度越长。若第 0 段的长度为一个单元,第 i 段的长度则为 2^{i-1};对于任何大于 0 的 i 值,有 $2^{i-1}, 2^{i-1}+1, \cdots, 2^i-1$。与前缀缓存相比,在这种方法中节目被分成了更多的段,每段的长度减小,这使得在设计缓存替换策略时可以对较小粒度的数据块进行操作,因而具有较大的灵活性,有助于字节命中率的提高。但是这两种分段方式都不支持用户的 VCR 操作,更多的分段方式读者可以在相关文献中找到[7]。

随着用户的点播不断有数据从源服务器移进代理服务器;而随着时间的推移,热点节目可能变成非热点节目,那么某段时间内在有限的代理缓存器中应该保留哪些节目或哪些节目的哪些部分,则是**缓存替换策略**需要解决的问题。确定缓存替换策略的准则是提高该时间段内的平均字节命中率和降低平均用户等待时间;而决策通常以用户对某个节目点击的频率为依据,点击频率高的节目获得较大的存储空间,点击率很低的节目被删除。进一步的研究表明,在决定替换策略时,除点击频率之外,节目的播放速率、用户接入类型等也是可以考虑的因素。

以编码方式为核心的缓存策略主要考虑分层编码(见10.2节)的节目的缓存方法。例如,将能够给出低质量图像的基本层数据放置在代理缓存器中,具有低质量终端的用户点播节目时,代理服务器直接从缓存区中输出数据;当具有高质量终端的用户点播同一节目时,代理服务器向源服务器索取增强图像质量的增强层数据,将增强层数据和本地存储的基本层数据一并传输给用户。

3. 合作缓存机制与内容路由

合作缓存是指各个CDN服务器上分别存储着不同的节目,当本地CDN服务器上没有用户点播的节目时,它可以通过内容路由从周围缓存了该节目的CDN服务器索取节目。这一方面避免了一个CDN服务器复制所有节目耗费过多的存储资源,也避免了所有服务器都向源服务器索取节目而使源服务器过负荷。图8-38给出了一个两层合作缓存的结构。地域相邻的服务器构成一个簇,簇内服务器相互连接,每个簇中有一个代表服务器,例如图中簇A中的R_A,各簇的代表服务器互联构成第2层网络。

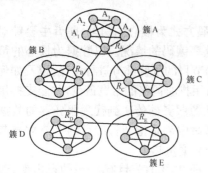

图8-38　由CDN服务器构成的两层叠加网络

如果本地服务器上有用户点播的节目,我们称为本地命中;同理,如果本簇中的服务器和网上任何一个服务器能够提供用户点播的节目则分别称为簇命中和全局命中。总的本地命中数与CDN网总的用户请求数之比称为**本地命中率**,同样可定义簇命中率和全局命中率。这些构成了衡量合作缓存机制性能的重要指标。高的本地命中率和簇命中率表明可以节约更多的网络资源,减轻源服务器负荷,并且由于提供服务的服务器更接近于用户,网络可提供的QoS更高。

如果节目在各个CDN服务器上的分布是预先分配好不变的,那么本地服务器在没有命中的情况下很容易找到具有用户所需节目的服务器,此时的内容路由是很简单的。如果节目在各服务器上的分布是动态变化的,那么内容路由就比较复杂。下面我们以簇内的内容路由为例介绍几种常见的方法。

（1）基于查询的机制

如果本地服务器不含有用户请求的节目,那么它向簇内所有其他服务器发送查询消息,以找到具有该节目的服务器。这种方法的缺点是,网上需要传输大量的查询消息,而且只有在所有响应消息返回之后,才能最终确定簇内不存在该节目,有较长的延时。

（2）基于摘要(Digest)的机制

每个服务器保存一份节目摘要,该摘要中包括簇内其他服务器所保存的节目的清单。当某一个服务器增加或删除节目时,它告知其他服务器对各自的节目摘要作相应的修改,因此本地服务器根据自己的节目摘要就可找到具有用户请求的节目的服务器。这种方法的缺点是服务器需要频繁地相互交换摘要更新信息,否则不能准确地了解节目的存储位置。

（3）基于目录的方法

在这种方法中需要有一个目录服务器,目录服务器负责维护簇内所有服务器的节目信息。CDN服务器在更新自己缓存的节目时只需要通知目录服务器,而在本地没有命中时也只需要向目录服务器发送查询信息。此时目录服务器成为一个关键部件,一旦损坏则整个系统将不能工作。

（4）基于哈希表的方法

一个更有效的方法是簇内每个服务器都保存一个相同的哈希函数,根据节目的URL(或其他唯一性标识)、服务器的唯一性标识(如IP地址)和哈希函数决定节目在哪个服务器上存储。在查找某个节目时根据哈希函数就可以很快找到存储该节目的服务器。但是纯哈希方法,即节目只存储在哈希函数决定的服务器上,虽然使得网络中没有任何冗余的拷贝,节目共享的效率很高,但是可能使本地命中率降低。因此哈希方法往往和其他方法混合使用。

当在簇内找不到用户请求的节目时，就需要进行簇间的路由。此时由于各簇的代表服务器在地域上相互较远，基于哈希表的方法不太适用；而基于摘要的方法要由代理服务器维护包括其他簇的巨大的目录也是十分困难的。

4. 基于代理服务器的应用层多播

在直播应用中，代理服务器作为多播服务的节点构成叠加在 IP 网之上的多播网络。我们知道在 IP 层用 D 类地址来标识多播组，而在应用层多播中用 URL 或其他与应用有关的关键项来标识多播组。所有多播组成员在叠加网络上构成**多播树**，应用层多播的关键问题就是如何构建多播树。

在用于直播的应用层多播中，每个节点（CDN 服务器）是单向传输的，一个多播组构成一个从源服务器出发的单源生成树。如果以延时作为性能的衡量指标，我们希望构建一个最小延时路径生成树，使源到树上每个节点的延时最小。由于端到端的延时通常由传播延时、传输延时和排队延时构成，当端到端的带宽得到保证时，传输延时和排队延时也就得到了限制，因此也可以以可利用的带宽作为性能的衡量指标，构建一个最宽路径生成树，使树链路的最小可利用带宽最大。考虑到核心网的带宽一般比较宽裕，CDN 服务器的接入带宽是限制它同时支持的多播用户数量的主要因素，因此许多算法都以接入带宽，或者接入带宽和延时作为构建树的衡量指标。

从路由的策略来说，应用层多播树可以是静态的，也可以是动态的。所谓静态即是根据对网络状态的长时间的估计，建立 CDN 服务器之间的固定的多播树关系，每当一个多播组形成就利用覆盖该组成员的子树来传递节目信息。所谓动态即指每当一个多播组形成，就根据当前网络状态（如可利用带宽）构建多播树。显然动态方式能够更有效地利用网络资源，但在通信和控制上花费的代价要比静态方式高。此外，多播树的建立可以是集中式的，或者是分布式的。在集中方式中，由中央管理服务器负责收集网络状态信息（可利用带宽、延时等）和所有 CDN 服务器的信息（CPU 能力、剩余接入带宽等），并在此基础上为每一个多播组建立多播树。在分布式方式中，每个 CDN 服务器收集与它相连的本地链路信息和它邻近服务器的信息，每个多播组构建自己的多播树。集中方式比较适合于小规模的 CDN 网络，而分布方式有更好的扩展性。在一次直播过程中，CDN 服务器可能随时加入或退出多播组。如果在每次发生这种情况时就重新构建一个多播树，称为重构方法。重构过程可能影响到仍在传输节目的服务器，因此需要采取适当的方法使仍在工作的服务器从原有树结构平稳地过渡到新的结构。另一种处理节点动态加入和退出的方法称为累积方法。在这种方法中，当一个 CDN 服务器加入多播组时，多播树增加一条单向路径将该服务器连进来；当一个服务器想退出时，如果它没有子节点，则可以从树中将自己删除；否则，它必须保留在树中，直至它的所有子节点都退出为止。可以看出在这种方法中，仍在传输节目的服务器不会受到加入和退出节点的打扰。

5. DASH CDN 的优化

如前所述，DASH CDN 原则上可以使用 Web CDN 的基础设施，这比部署基于 RTP/UDP 的 CDN 要方便和便宜得多。但是 DASH 和 Web 内容分发也有不同之处，DASH 客户端要以"拉"的方式持续从服务器获取数据，并且会各自根据当前网络状况动态地调整自己请求的媒体流的速率。这种客户端驱动的分散机制缺乏客户端、服务器和网络的统一控制和协调，有可能使自适应速率调整的性能不能达到最佳。举例来说，让我们考虑源服务器到代理服务器的带宽小于代理服务器到用户带宽的情况，这在许多代理服务器都向源服务器索求一个热点节目时是常见的。假设客户端请求的某个视频段在代理服务器上命中，客户端根据下载该段的情况估计网络有足够的带宽，于是请求更高视频比特率的下一个段。如果代理服务器恰好没有预存这一段，需要从源服务器去索取，而源与代理服务器之间的带宽较低，这种传输延时的延长，将会让客户端误认为是它与代理服务器间的带宽下降,因此在请求再下一段时要求较低比特率的视频。如果这一段又在代理服务器上命中,上述情况可能再次发生,从而使客户端的播放质量在高与低之间反复振荡。

为了让客户端在进行动态速率调整时能够考虑到网络层面的信息,而且让服务提供商在一定程度上影响客户端的行为,MPEG 在 2017 年制定了一个客户端和服务器之间交换消息的接口协议(ISO/IEC 23009-5),称为服务器和网络协助的 DASH(Server and Network Assissted DASH,**SAND**)。

图 8-39 给出 MPEG SAND 的参考结构。图中 RNE 代表一般 Web CDN 中的网络部件(如缓存服务器),只像传送其他 Web 内容一样传送 DASH 段。DANE 代表能感知 DASH 的网络部件,例如它们可能知道传送的内容是 MPD 或 DASH 段,并能对其进行一些处理,如给予优先权、解析甚至修改内容等。度量服务器也是能感知 DASH 的部件,负责收集用户反馈回来的度量(Metrics)信息。SAND 定义了 4 种消息,其中参数交换传递 PED(Parameters Exchange Delivery)用于DANE 之间的交互;参数交换接收 PER(Parameters Exchange Reception)用于 DANE 到客户端的消息传送;状态消息用于客户端到 DANE 的消息传送;度量消息用于客户端到度量服务器的消息传送。

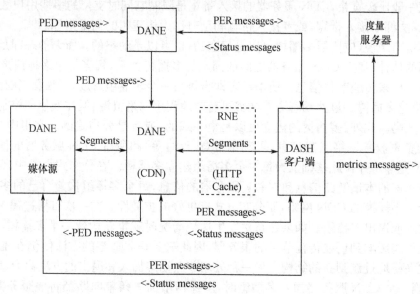

图 8-39   SAND 参考架构

利用度量和状态消息,DASH 客户端可以告知网络(即 DANE)自己要求的网络带宽及视频质量、所需要的 DASH 段,以及可以接受的其他段等,使得服务器可以进行智能的缓存(如预存下一段)和实时处理。利用 PER 消息,服务器可以告知客户端已缓存的视频段、是否有可代替的其他段、传输的定时信息以及网络带宽/QoS 等,使得客户端可以优化自己的速率调整策略。

如何借助 SAND 来设计和改进 DASH CDN 的性能,尚需进一步的工作,这里不再进行讨论。

8.7.2   对等(P-to-P)网络

对等(Peer-to-Peer,简称 P2P)网络也是构建在 IP 网之上的叠加网络。相对于传统的客户机/服务器(C/S)结构而言,在 P2P 网络中用户设备既是终端,又是网络节点,相互之间是对等的。当一个用户想要某个节目时,它不是像在 C/S 结构的流式系统中那样直接从服务器获得数据,而是从曾经接收到过(或正在接收)相同节目的其他多个用户(**节点**)获取数据;在它收到这些数据后,也可以向后续的请求该节目的用户提供数据,即每一个节点既可以作为客户机,也可以作为服务器。

这种做法无需部署众多的代理服务器,可以共享各个用户节点的计算、存储和带宽资源,节约网络建设的费用,并能够很容易地进行系统规模的扩展,无需利用 CDN 就可以达到百万用户的规模。P2P 技术近年来已广泛应用于文件共享、即时通信和 VoIP 中,它在流媒体系统的实际应用也已经获得了巨大的成功。

1. 工作原理

图 8-40 给出一个典型的 P2P 视频流式系统的示意图。系统包括:(1)一组视频**源服务器**。在直播时它转发从卫星、地面或电缆电视系统获得的视频流;在点播时提供存储的视频节目;(2)一组**登录服务器**。它是业务的入口,用户(节点)通过它获知节目表和选择节目,并得到与之距离最近的跟踪服务器的地址,及其他一些功能,如穿越防火墙等;(3)一组**跟踪服务器**。它们保存着所有节点及其持有数据的信息,当有节点查询时,向查询节点返回可供其下载数据的相邻节点的列表;(4)众多的可以自由加入和退出系统的节点,可能是微机、智能手机或其他智能设备。当某个节点获知自己可以下载数据的节点列表后,则与表中节点建立通信连接,并获得自己需要的数据。图中的箭头表示出一个新节点进入系统的建连过程。

为了让多个节点参与同一个节目的数据传输,P2P 系统通常给每一个节目分配一个标识 ID,然后将其分成段,称为**大块**(Chunk)。同一个节目的大块具有相同的 ID,并按播放的时间顺序标以序列号或时间戳。根据这些信息,节点可以知道自己已收到和未收到哪些数据段(大块),并用一个称为**缓存图**(Buffer Map,简称 **BM**)的数据结构记录下来。

如图 8-41 所示,每一个节点具有两个(逻辑上的)缓存器,一个用于本地播放,一个用于参与 P2P 节点之间的数据传输;图中虚线框所示的部分我们称为 **P2P 流引擎**,负责与跟踪服务器和邻近节点的通信联系。节点通过自己的 BM 知道本地播放缺失哪些数据块,并尽力在播放时限之前,从跟踪服务器提供的可供下载这些缺失块的节点处获取数据,以保证播放的连续性。而跟踪服务器则需要各个节点周期性地向它报告自己的状态和 BM,以便向查询节点提供邻近节点的列表。在播放时限之后,数据块从播放缓存器中删除,但还可能继续保留在数据包缓存区中,以供其他节点下载。在直播应用中,所有节点观看的同一节目基本上处于相同时间段,节点之间较容易共享相同的数据,因而数据包缓存区容量较小。在点播的情况下,用户观看的段落可能分散在节目不同的时段上,此时为了节点之间有充分的数据可以共享,数据包缓存区的容量需要较大,可达 1GB(大部分在本机硬盘上)。

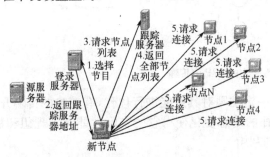

图 8-40　P2P 流系统示意图

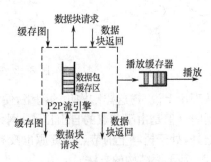

图 8-41　P2P 节点的流引擎

由上看出,P2P 系统需要完成如下三项基本功能:(1)**发现**。使新节点了解系统提供的业务(节目表或频道列表)、该项业务的元数据(文件标识、大小等)和可供下载数据的节点列表;(2)**定位**。使新节点了解跟踪服务器和可供下载数据的节点的位置(IP 地址及端口号);同时新节点也必须报告自己的位置和已存储的数据。这些定位(地址与 BM)信息定期地交换,使跟踪服务器所保存的信息得以及时地更新;(3)**数据传输**。节点下载自己所需要的数据和上载其他节点需要的数据。不同的系统采用不同的数据传输方式和不同的网络拓扑结构。一种传输方式是"**推**",即由进行上载的节点决定数据的接收者;而另一种方式为"**拉**",即由进行下载的节点向一组可提供数据的节点提出数据下载的请求。在节点网络连接拓扑方面,则可以分为基于树结构和基于网结构(Mesh)的两种,后者是一种自组织网络。

2. 网络结构与数据传输

(1) 基于树结构的方法

早期的 P2P 系统多采用树结构的网络。在这种网络中,对等节点像 CDN 应用层多播那样,以源服务器为根构建一个或多个多播树,媒体流以"推"的方式,从根逐级推向树的末梢。通常节点之间采用 TCP 连接。各个中间节点通过其下行信道从父节点接收数据,其上行信道则用来向子节点传输数据。这种方法保证了数据的单路由传输,有较高的传输效率。但是由于利用用户终端来做树的节点,因此存在两个问题:①众多用户随时进入或退出系统造成树结构的高度不稳定;②用户终端的接入信道一般是不对称的(如ADSL),上行信道较窄,如果下端节点只通过一个分支接入上游节点的话,则节点接收到的媒体流速率由它所在树枝上游节点的最小上行信道带宽所限制,从而影响它获得的视频图像的质量。

构建多个多播树可以在一定程度上解决上述问题。图 8-42 给出一个具有三个多播树的例子。本例中,假设了上、下行信道带宽相等。通常源服务器有足够的带宽同时支持多个媒体流的传输,源服务器可以同时传输的媒体流的个数决定了多播树最多的个数。源服务器将一段时间(一个时间窗口)内的数据分成几段,段数等于多播树的个数,在图 8-42 中为 3。源服务器将各段数据分别推送给每个多播树,对于下一个时间窗口的数据也作同样的处理。在图 8-42 中,R1、R2 和 R3 代表各段构成的数据源,实线、虚线和点画线分别代表各段数据的传输路径。以图中节点 7 为例,假设节点 4 退出系统,节点 7 仍然能够收到 3 段数据中的 2 段。显然分段数越多,也就是多播树个数越多(传输路径多),因节点退出而引起的数据丢失量越少,数据传输的鲁棒性越强。

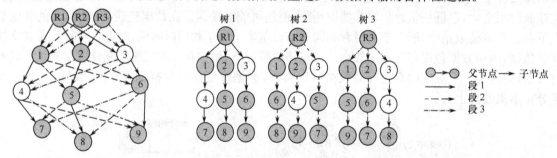

图 8-42　基于树结构的 P2P 流传输

从理论上说,树这样结构化的网络,便于按一定准则对其性能进行优化,有较少的传输开销和下载延时。但是由于节点的自由出入,网络拓扑的动态变化使得它的实际性能并不理想和稳定。除此之外,处于树叶上的节点的资源也没有得到利用。

(2) 基于网结构的方法

在这种网络中,节点周期性地以"拉"的方式向具有自己所需数据的一个或多个邻近节点(父节点)索要数据,这就构成了一个有向网(Directed Mesh),其有向边表示了相应的父子关系。我们以图 8-43 为例说明流传输的过程。当一个节点需要数据时,它通过某种通信协议获得一个邻近节点地址的列表及每个邻近节点的 BM 的列表。如图 8-43(a)中,节点 5 为索要数据的子节点,1、2、3 和 4 为它可能的父节点,节点旁边的大括弧表示在当前时间窗口内它们各自的 BM。节点 5 获得邻近节点和它们的 BM 的列表后,开始数据索取的调度,调度必须满足它的播放时限。图中给出了节点 5 的调度表,如向节点 1 请求数据块 1,向节点 3 请求数据块 2,等等。在完成这一个时间窗口的数据索取之后,父子节点交换 BM 信息,如果父节点离开网络或不具有子节点需要的数据,子节点寻找新的父节点,然后开始下一个窗口的操作。由上看出,每个节点独立地选择自己的一组父节点,其父节点应具有它需要的数据段,并有空余(未分配给其他子节点)的上行信道带宽。同时我们看到,有向网的拓扑是周期性地更新的,与基于树结构的方法相比能更好地适应网络条件的变化,但为此付出的代价则是:①需要频繁地交换定位信息;②加大了数据传输的延时,因为整个过程包括由父节点向子节点传输 BM、子节点向父节点请求某个数据段以及最后实际的数据传输。

如何获得父节点列表来构成有向网,一般有两种方法,一是完全随机和分布式的,另一种是在中央服务器的协助下自治形成。在第一种方法中,节点通过泛洪机制来发现和定位其他节点,即节点首先向其相邻节点发出查询消息,如果某个相邻节点拥有它需要的资源,则返回响应消息;否则,将查询消息转发至自己的相邻节点;如此进行下去,直至消息的生命期(TTL)过期。由此可见,通信的开销是很大的。有的系统通过引入"超级节点"来降低这种开销。不过,许多著名的 P2P 视频流系统,如 PPLive、Joost、PPstream 等,都采用了第二种方法,也就是图 8-40 的典型系统,其中协助组网的中央服务器就是跟踪服务器。通常跟踪服务器在所有观看同一节目的节点中选择一个子集,构成可能的父节点列表返回给查询节点,该节点从列表中选择一个子集发出建连请求。在父子节点的通信连接建立之后,两者交换 BM,然后子节点进行数据索取的调度和数据传输。为了网络管理的需要,每个节点也定期地向跟踪服务器报告自己的状态、BM 及其他统计信息。

一个节点的父节点越多,传输路径越多,与树结构方法中多播树个数越多的情况一样,数据传输的鲁棒性越强。此外,选择什么样的父节点和数据传输的调度也是值得考虑的问题。我们以图 8-43(b) 中两个数据段的传输为例加以说明。图中 R1 和 R2 代表源服务器直接支持的两个节点,结构 1 和 2 表示了两种不同的父节点的选择方法。在第 1 种结构中父节点向两个子节点传输不同的数据段,而第 2 种结构中父节点向两个子节点传输相同的数据段。从节点 5 接收的数据不难看出,第 2 种结构具有较小的深度,即较短的延时。由此我们可以得出结论,父节点向较多的子节点传送较少部分的数据有利于减少传输路径的长度,因此具有高上行带宽的节点应该放置在与源接近的位置上。不过在现有的实际系统中,跟踪服务器返回的父节点列表和子节点建连的父节点都是随机选择的。

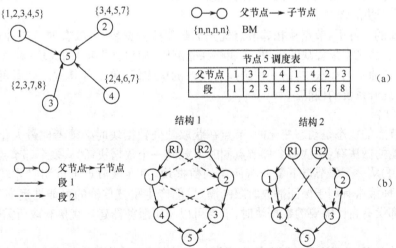

图 8-43 基于网结构的 P2P 流传输(a)"拉"数据调度;(b)不同父节点的选择

3. 其他设计原则

(1) 数据块尺寸的选择

从数据传输的调度出发，希望将节目划分成尽可能小的数据块，以增加调度的灵活性，特别是在节点的上行信道带宽不同的环境下，有利于提高上行信道的利用率。从降低开销的角度而言，希望数据块的尺寸越大越好。这些开销包括：①数据块的头信息（含有序列号、时间戳和认证信息等）；②BM 的频繁交换；③与父节点建连的通信。块越大，一个节目分割的块数越少，表示 BM 所需的比特数越少（如分成 4 个块，BM 为一个 4bit 的矢量），需要连接的父节点数也越少，因此上述 3 项开销均小。而从保证流媒体的实时性出发，则希望把一定大小的块在其播放时限之前送进播放缓存器，这个块应该大到可以观看，而太大又可能致使传输层尚未收集齐块尾部的数据时，块前部的数据已超过了播放时限。

为了满足以上三方面相互矛盾的要求，一个节目通常首先被分成**大块**，大块用来构建 BM。如果大块大小为 2MB，一个 2GB 文件的 BM 为 1kb。大块进一步划分成**块**，块作为媒体播放器的处理单元。假设块大小为 16kB，对于速率小于 1.4Mb/s 的视频流，1 个块相当于几帧左右的数据。块又分成**子块**（例如 1kB），子块是数据传输与调度的最小单元，以期有较高的传输效率和较小的丢包率。

(2) 复制策略

众多节点的数据包缓存区共同构成了一个分布式的 P2P 存储（文件）系统，大块是硬盘存储的基本单元。节点只有拥有一个完整（数据齐全）的大块，才能通过 BM 向其他节点发布和传输该大块的数据。复制策略的目标是以尽可能小的代价，让分布式 P2P 存储系统上的数据能够为尽可能多的节点服务。

首先我们考虑节点缓存的节目数量。单节目缓存意味着节点只缓存正在观看的节目；多节目缓存则是除缓存观看的节目外，还可同时缓存并向其他节点上载另一个节目。其次要考虑的是，是否允许数据的预先提取。如果不允许，节点数据包缓存区中就只有该节点已经观看过的数据。显然，在多节目缓存中，必须允许数据的预取，但同时下载另一个节目可能会影响正在观看的节目。最后要考虑的是，当节点的数据包缓存区充满时，应该删去缓存区中的哪一部分数据。可能采取的策略有删去最早使用过的节目，或最少使用的节目。通常数据的删除以节目为单位，而不是以大块为单位进行，因为后者需要记录有关大块的信息，开销比较大。

(3) 下载数据块的选择

在给定 BM 的条件下，节点从相邻节点优先下载哪些数据块，可以有如下三种选择：①播放时限最近的大块；②系统中最稀缺的大块；③能够独立解码（如包含 I 帧）的大块（在 VOD 需要快退/快进操作时）。在通常的作法中，第一种选择有最高的优先级，第二种其次。后者可以加速稀缺块的扩散，间接地提升系统的性能。

(4) 传输策略

由于相邻节点的状态是动态变化的，节点在获取缺失数据块时必须考虑最大化下载速率和最小化开销。可能的做法有：①从多个邻节点同时下载同一个数据块；②从多个邻节点同时下载多个不同的数据块；③从一个邻节点下载所有所需的数据块，只在该节点不可用时才转向另一个邻节点。显然，第一种策略有利于保证播放时限的满足，但产生重复传输的可能性远高于后两种策略。当所有邻节点都没有自己需要的数据块时，节点可以与源服务器建连直接获取所需数据。

(5) 其他

一个完整的 P2P 视频流系统还需要考虑网络拓扑的管理与控制、穿越防火墙与 NAT 网络、内容认证与加密，以及激励等问题。所谓**激励**，就是使用某种机制让节点在花费资源参与 P2P 合作后，能够及时地获得一些好处，这将激励节点的合作性。目前在一些 P2P 文件共享系统中已经存在激励机制，而商用的 P2P 视频流系统中尚未有使用。

8.7.3　基于云的内容分发网络

1. 云计算的概念

云计算是近年发展起来的一种基于因特网的计算模型。这种模型拥有一个巨大（一般假设无限大）的共享资源池，其中包括网络（跨越广阔地域的无所不在的网络接入）、计算（服务器或 CPU/GPU 阵列）、存储（硬盘阵列、存储区域网络）、应用和服务等硬件和软件，在用户需要时可以实时地以最小的管理成本或用户与服务提供者之间最少的交互向用户提供想要的资源，并按用户所消费的资源收取费用。这种云共享资源的方式类似于通过电力网用户按需共享电能的模式：发电厂供应充足的电能，用户按实际消耗的电能交费。

云计算中一个重要的概念是**"虚拟化"**。虚拟化软件（即超级管理软件）可以将一个物理设备划分成一个或多个易于使用和维护的虚拟机，每个虚拟机完成某项特定的计算任务。例如操作系统层面上的虚拟化构建一个由多个独立虚拟计算设备组成的系统，这样的系统很容易扩展其规模，且空闲资源容易得到有效的分配和利用。更高层面上的虚拟化可以集中使用云的多种资源向用户提供特定的服务。这些服务通常位于 3 个层次，分别称为基础设施作为服务 **IaaS**(Infrastructure as a Service)、平台作为服务 **PaaS**(Plateform as a Service)和软件作为服务 **SaaS**(Software as a Service)。

云计算能够对所提供的服务的质量进行**度量**。为了可靠和有效地管理 *aaS 层上的服务，云系统必须对所使用的计算、存储和网络等资源，以及服务的性能和 QoS 有完全的了解，因此度量技术和工具是十分必要的。由于云按用户每次使用的资源数量收取费用，因此度量也是云计费的核心部分。目前的技术已经允许对云虚拟机的输出提供带宽保障，这使得 CDN 提供商可以通过与云提供商签订服务水平同意书 **SLA**(Service Level Aggrement)来预留带宽资源。

云计算已经在 Web 托管、电子邮件、搜索和游戏等方面得到广泛的应用。

2. 云 CDN 结构

CDN 依赖于分散的边缘代理服务器向附近的用户进行流传输。当媒体内容发生变化（例如从标清电视变为高清电视）或用户地域范围扩展（例如扩展到全球范围）时，必须对基础设施进行昂贵的升级改造。如果基础设施按峰值负载（如所有用户同时请求最大流量）设计，那么在很多时候会达不到峰值负载而造成资源的浪费。云计算虽然也要在广阔的地域上部署服务器等硬件设备，但它的资源是多种应用（如 Web 服务、电子邮件、实时媒体流传输等）共享的，对于每一种应用而言，可以只在需要的时间按需要的数量索取。因此，利用云实现 CDN 是一个灵活和经济的解决方案。除此以外，云还提供计算资源，因此一些信息处理的功能，如编、解码等也可以移到云里完成，这在系统中存在低端用户设备（如智能手机）时更具有意义。

基于云的 CDN 虽然近年来发展很快，但仍属于发展的初期，因此根据云和 CDN 结合的程度不同，有多种不同的结构。例如，有的系统单纯利用云存储代替 CDN 源服务器的存储设备，其他部分仍与传统的 CDN 类似；有的小型 VOD 系统利用云的虚拟机构成流服务器；有的系统则将流服务器、编码软件、搜索引擎和节目存储全部移进云里。图 8-44 给出一个主/从结构的大范围的基于云的 CDN 简图。图中用深浅不同的颜色表示属于不同提供商的云。在这种结构中，主节点像 CDN 中的源服务器一样存储着所有节目，并且负责管理、协调和监测从节点的工作。从节点的作用与传统 CDN 中的边缘服务器相似。当从节点需要获取用户请求的节目时，只需要与主节点进行通信。如果有其他地方的用户发起请求的话，主节点会根据其所要求的 QoS 在邻近用户的地点建立新的从节点。

不只是基于云构建 CDN，媒体处理和服务的许多环节也可能借助于云计算来实现。例如，在 IaaS 层次上，利用分布式资源管理将多个云（如公共云、私有云、社区云等）的资源统筹在一起，以

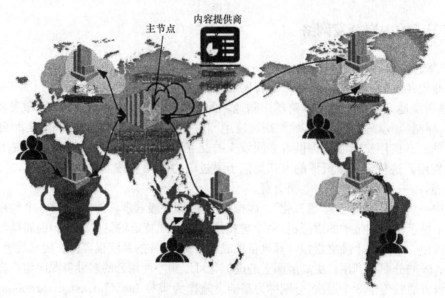

图 8-44　基于云的 CDN 的结构

SLA 指定的水平提供给媒体应用提供商，可以使他们从多个云预留有 QoS 保障的带宽。在 PaaS 层次上，将利用云完成的某项媒体任务（如编解码、内容缓存和路由、内容加标签注释、内容推荐、用户行为分析等等）封装起来并以应用程序接口（API）的形式提供给应用开发者，可以使他们方便和有效地开发自己特定的应用。在 SaaS 层次上，可以在终端用户设备上只保留轻量级的程序，而由云中运行的程序来直接支持媒体服务，这对用户使用小型移动终端时特别有用。这些以及更多的云计算的应用还需要今后的进一步的工作[8]。

习　题　八

8-1　在 H.323 域中，网关、MCU 和网守的功能是什么？为什么一个域中必须有一个网守，而可以没有 MCU？参照图 8-6 说明 H.323 终端的通信建立过程，及实时媒体数据、应用数据、通信控制信号、信令信号各采用什么协议，为什么？

8-2　在图 8-6 的系统中，视、音频分别在两个 RTP 会话中传输，(1)说明在发端是如何进行视、音频流的复用的；在收端又是如何实现二者的流间同步的；(2)参考 RTP/RTCP 报文格式，提出一种在接收端计算平均丢包率的方法。

8-3　分别说明在 H.323 和 SIP 的视听系统中，能力集协商是通过什么协议和如何进行的。

8-4　说明组通信和多点通信这两个概念的联系和区别。

8-5　当若干个相对独立运行的用户（设备、或进程）共享某种资源（传输介质、CPU 时间、存储器以及对某段数据或文件的访问权等）时，通常有如下 4 种基本的处理方法：

(1) 选择一个用户作为主站集中控制资源的分配权；

(2) 建立一个令牌和令牌传递的规则，掌握令牌者占有资源；

(3) 各用户在需要时自由地申请资源，为了防止用户之间的碰撞，将资源加锁。在某个时刻，一把锁只能由一个用户打开；

(4) 允许用户在自由申请资源时发生碰撞，设立检测碰撞和从碰撞状态下恢复正常的机制。

试从资源的利用率、公平性、可靠性和速度等方面对以上方法加以比较，并对每种方法举一你知道的实例。在用户和资源处于同一台机器内和处于分布式环境中两种情况下，上述讨论结果是否相同？

8-6　在一个基于 RTSP 的交互式 VOD 系统中，节目的快进、快退等操作是如何实现的？在 DASH 系统中又是如何实现的？二系统是否可以对视频流的比特率进行调节？如果可以，如何调节？图 8-23 的流服务器要服务于众多的用户因此造价很高（见 8.5.4 节），在 DASH 中存在同样问题吗？解释原因。

8-7 考虑一个 CDN 缓存服务器用前缀缓存策略。假设缓存器大小为 S，有 N 个节目，每个节目的用户点播频率分别为 $r_1, r_2, \cdots, r_N$。定义一个效益函数 $U(l_i) = l_i \cdot r_i$，其中 $l_i, i = 1, 2, \cdots, N$ 为第 i 个节目的前缀长度。请提出一个算法来最大化缓存服务器的效益。

8-8 讨论下述系统的不同和关系：云、服务器群、CDN 和数据中心。

参 考 文 献

[1] C. A. Ellis et al., "Groupware: some issues and experiences," Comm. ACM, Vol. 34, No. 1, 1991, 39-58

[2] J. Y. Chung, et al., "Scheduling periodic jobs that allows enprecise results," IEEE Trans. on Computers, Vol. 19, No. 9, 1990, 1156-1173

[3] A. L. N. Reddy, et al., "I/O issues in a multimedia system," Computer, Vol. 27, 1994, No. 3

[4] P. S. Yu et al., "Grouped sweeping scheduling for DASE-based multimedia storage management," Multimedia System J., 1993

[5] P. Shenoy and H. M. Vin, "Efficient striping techniques for multimedia file servers," Performance Evaluation, Vol. 38, No. 3-4, 1999, 175-199

[6] B. Wang, et al., "Multimedia streaming via TCP: an analytic performance study", ACM Trans. MCCA, Vol. 4, No. 2, 2008

[7] J. E. Wang and P. S. Yu, "Fragmental proxy caching for streaming multimedia objects," IEEE Trans. on Multimedia, Vol. 9, No. 1, 2007, 147-156

[8] M. Wang et al., "An overview of cloud based content delivery networks: research dimensions and state-of-the-art," Lecture Notes in Computer Science, Vol. 9070, 2015, 131-158

第9章　视频数据的分组传输

9.1　概述

在传统的通信系统中,连续媒体信息(模拟或数字的语音和电视信号)是通过电路交换的网络传输的,数据则通过分组交换的网络传输。而在当前的通信系统中,我们已经从第6、7、8章中看到,IP已成为各种网络的网络层事实上的标准。以语音数据分组传输为基础的IP电话和以视频分组传输为基础的流媒体应用,已在通信和多媒体系统中占据主导地位,甚至常期以来自成体系的数字电视广播也正在向IP平台上转移。因此本章将对视频数据在分组传输中遇到的问题加以专门的讨论。

我们已经知道,QoS保障对于视频在分组网上的传输是十分重要的。由于对QoS或QoE满意程度的最终评价者是人,因此在分布式多媒体系统中,QoS的保障不只是多媒体信息传输对网络的要求,而且是一个**端到端**的问题,即从一个终端的应用层到另一个终端的应用层的整个流程中的各个环节均应该具备QoS的保障。例如,当播放从远端数据中心传送来的音频和视频数据流时,只有从远端数据库提取、经传输网络传送、直到终端播放的整个过程中媒体流都得到QoS的保障时,才能获得满意的播放质量。虽然各种分组网络对QoS的保障近年来有不同程度的进展,但还不能满足实时媒体应用的要求,还需要在终端采取一些QoS的保障措施。因此本章讲述的重点将是**应用层QoS控制**,这包括**应用层拥塞控制**和**应用层差错控制**两个方面,其中差错控制又分为在传输层进行的控制和在编码层进行的控制。

9.2　应用层拥塞控制

本节讨论在尽力而为的网络上当发生拥塞时,多媒体终端如何调整自己的发送速率,以避免网络因拥塞而崩溃,同时尽可能地保持高的网络带宽利用率。从第8章我们知道,流媒体系统分为基于UDP和基于TCP的两种。本节在介绍TCP拥塞机制之后,分别针对这两种系统讨论非TCP流的拥塞控制和DASH自适应速率控制。后者也可以理解为DASH的拥塞控制。

9.2.1　TCP拥塞控制

我们在7.8.2节中介绍了TCP的流量控制机制,它使发送速率与接收端缓存器的余量相适配;而**拥塞控制**则是对窗口流量控制的补充,它关注的是发送速率与网络当前负荷情况的匹配,即网络负荷轻时TCP流可以占用相对多的带宽,而拥塞时则需降低发送速率。TCP拥塞控制也采用窗口机制,每一个TCP连接除了拥有一个流量窗口W_s外,还有一个拥塞窗口W_c,只有在两个窗口都打开时才能传送数据。

图9-1给出TCP数据传输中拥塞窗口W_c的打开过程。TCP数据传输的开始阶段称为**慢起始**(Slow Start)。由于不了解当前网络的占用情况,发送端TCP首先只发送一个长度等于本次通信约定的最大段长的数据段**MSS**(Maximum Segment Size),然后启动这个段的重传定时器并等待ACK。如果超时还未收到ACK,则重传这个数据段;否则,将W_c增为2倍MSS。如果这两个数据段的ACK都收到,W_c增为4MSS,等等。从图看出,在慢起始阶段W_c的增长是很快的。当整个

慢起始阶段网络没有拥塞、W_c 达到预先设定的慢起始的门限值时，则进入稳态阶段，称为**拥塞避免阶段**。在这个阶段中为了避免拥塞，每收到一个 ACK，W_c 增加 $1/W_c$，也就是说收到 W_c 中所有数据段的 ACK 后，W_c 增加一个 MSS。这个阶段一直持续到 W_c 达到第二个门限（预定的流量上限值）。自此以后，W_c 保持不变，我们称为 W_c 完全打开，TCP 数据流的流量由流量窗口 $W_s(W_s < W_c)$ 控制。

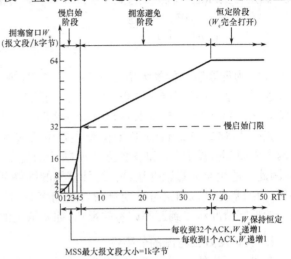

图 9-1 TCP 拥塞控制窗口机制

图 9-1 表示的是网络为轻负载时的情况。如果网络负载加重，就会开始出现丢包的现象。假设由传输差错引起的随机报文丢失可以忽略（≪1％），这个假设在有线网络上是成立的，那末所有检测到的报文丢失都是由于线路（路由器）拥塞引起的。当 TCP 采用称为**快重传**的机制时，即收端 TCP 接收到一个失序的报文段，它必须为已接收的最近一个按序到达的报文发出 ACK。在缓存区中空缺的报文被填补上之前，收端 TCP 必须不断地为每个收到的报文重复这个 ACK，直到空缺填补完成，才为此时收到的所有按序排列的报文发送一个累积的 ACK。因此，当发端 TCP 连续收到具有相同确认号的 ACK 时，可以推测网络有拥塞的迹象，确认号之后的一个报文段很可能丢失了。在 TCP 差错控制中规定，连续 4 次收到具有相同确认号的 ACK（三次收到副本），或者重传定时器超时，则认为报文丢失。前者认为拥塞状况是轻度的；而后者则认为拥塞情况是严重的。在发现轻度拥塞时，TCP 拥塞机制启动，W_c 减低至它的 1/2（而不是降一个 MSS），然后窗口大小线性递增，这称为**快恢复**。图 9-2 给出两次检测到轻度拥塞时 W_c 的变化过程。如果检测到重度拥塞（超时），W_c 重置为一个 MSS，并且以慢起始方式重新获取带宽。

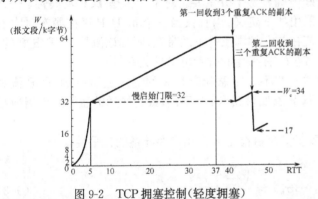

图 9-2 TCP 拥塞控制（轻度拥塞）

从以上分析看出，TCP 在试探性地获取带宽时采取了拥塞窗口增加一个常数（拥塞避免阶段）的策略，而检测到拥塞时则采取窗口大小除 2 的策略。这种调整策略称为**加性增加乘性降低 AIMD**（Additive Increase, Multiplicative Decrease）；这种通过改变窗口大小来改变流量的方法则称为**基于窗口的方法**。

9.2.2 TCP 流量模型和 TCP 友好性

1. TCP 流量模型

TCP 流量模型给出在网络拥塞条件下对一个 TCP 流的流量估值。假设网络处于稳态且忽略超时的情况下，经典的 TCP 流量模型如下：

$$T = \frac{\alpha MSS}{RTT \sqrt{p}} \tag{9-1}$$

式中，RTT 为平均双程延时，p 为包（数据段）丢失率，α 为常数，通常取 $1.5\sqrt{2/3}\approx 1.22$。

由于没有考虑超时，因此在网络拥塞较严重，例如丢包率大于 0.02 时，利用上述模型估计的 TCP 流量与实际值有较大的差距。此时，一个更为精确的模型为[1]：

$$T = \min\left\{ \frac{W_m \cdot \mathrm{MSS}}{\mathrm{RTT}}, \frac{\mathrm{MSS}}{\mathrm{RTT} \cdot \sqrt{\frac{2bp}{3}} + \mathrm{RTO} \cdot \min\left[1, 3\sqrt{\frac{3bp}{8}}\right] p(1+32p^2)} \right\} \tag{9-2}$$

式中，W_m 为拥塞窗口的最大值；b 为每一个 ACK 所确认的包数，当 TCP 使用延时 ACK、且接收两个包返回一个 ACK 时，$b=2$；当 TCP 不使用延时 ACK 时，建议 $b=1$；RTO 为规定的重传超时值，通常取 $\mathrm{RTO}\approx 4\mathrm{RTT}$，或者 $\mathrm{RTO}=\max(4\mathrm{RTT}, 1\text{秒})$。

式（9-1）和式（9-2）说明 TCP 流量主要由丢包率、双程延时和包（分段）大小决定。值得注意，这两个模型都假设 RTT 和 p 独立于所估计的流量，即不考虑当前流量的改变对 RTT 和 p 的影响，因此仅适用于大量数据流进行统计复用的网络环境（如因特网）。当一条瓶颈链路只由少数流共享、而拥塞控制机制又可改变流的发送速率时，式（9-1）和式（9-2）的使用就必须当心，因为该链路上的拥塞情况将受到速率调整的影响；拥塞情况的改变又反过来影响对流量的估值。

2. TCP 友好性与流的公平性

在尽力而为的 IP 网上除了 TCP 流以外，还存在采用其他传输协议的数据流，例如采用 UDP 的视/音频实时媒体流。UDP 没有拥塞控制机制。当网络发生拥塞时，TCP 流各自降低其流量，而 UDP 流仍占有原来的或更宽的带宽，这显然是不公平的。这种不公平性可能导致 TCP"饿死"，严重时甚至产生网络的"拥塞崩溃"。

好的拥塞控制机制应当保证在共享链路上的所有流，无论它们采用何种传输协议，都公平地分享该链路的带宽，即具有**协议公平性**。由于目前 IP 网上存在着大量的 TCP 流，因此非 TCP 的实时媒体流的拥塞控制机制保持与 TCP 的友好性就显得十分重要。对于什么是 **TCP 友好性**（TCP-friendly）目前没有统一的严格界定，本书将采用如下定义：当且仅当一个非 TCP 流在稳态时占有带宽的长期平均值不大于共享链路上 TCP 流在与它相同条件下的带宽，则称该流是 TCP 友好的。有关非 TCP 流在多播情况下 TCP 友好性的定义，有兴趣的读者可参见文献[1]。

值得注意，非 TCP 流对 TCP 流保持友好，并不一定意味着在瓶颈链路上所有的 TCP 流和 TCP 友好流都享有相同的带宽。即使同是 TCP 流如果其 RTT 不同，或者经过的瓶颈路由器数目不同，它们的流量也可能是不同的。

通常人们使用如下的 **Jain 公平指数**来度量共享链路上 n 个用户吞吐量的公平性，

$$J(x_1, x_2, \cdots, x_n) = \frac{\left(\sum_{i=1}^{n} x_i\right)^2}{n \cdot \sum_{i=1}^{n} x_i^2} \tag{9-3}$$

其中，x_i 为第 i 个连接上的吞吐量。当所有 n 个连接有相同的吞吐量时，$J(\cdot)$ 达到最大值 1。

9.2.3 非 TCP 流的拥塞控制

本节介绍采用 UDP 传输的视频流的拥塞控制。图 9-3 给出在单播情况下非 TCP 流进行拥塞控制的基本框图。利用一定的网络反馈机制发送端检测到网络发生某种程度的拥塞时，以与 TCP 友好的方式自适应地降低自己的速率；当拥塞减轻后，则逐步增加速率，重新获取带宽直至达到应有值。相对于利用窗口调整流量的方法而言，这种方法称为**基于速率的控制方法**。

要实现上述结构有三个基本的问题需要解决，即**拥塞检测**、**速率调整**和**调整周期**的确定。对这些问题的不同解决方案形成了不同的拥塞控制算法。顺便指出，这里的速率调整与 4.6 节的速率调整目的不同,这里是为了防止网络的拥塞,而 4.6 节讨论的是保持编码器平均输出速率为恒定值。

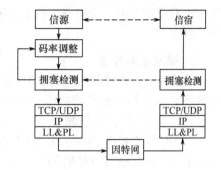

图 9-3　非 TCP 流拥塞控制机制的结构

1. 速率调整方法

（1）加性增加乘性降低（AIMD）方法

早期的控制方法通过简单地模仿 TCP 的拥塞控制机制来达到与 TCP 的友好性,例如在比较著名的 **RAP**(Rate Adaptation Protocol)算法中,发端发送的数据包头内带有序列号,收端对接收到的包返回 ACK,发端利用返回的 ACK 中的序列号检测包丢失或超时,同时对 RTT 进行估计。如果网络没有拥塞（无丢包）,发送端像 TCP 在拥塞避免阶段那样将发送速率周期性地增加一个固定值;如果检测到网络拥塞（丢包或超时）,则立即将发送速率降低到原有值的 1/2。

根据系统控制论,最佳的调整周期与反馈环路的延时有关。所谓反馈延时是指从速率发生变化到检测到网络响应这个变化的时间。对于像 RAP 这样的基于 ACK 的机制来说,反馈延时等于一个 RTT。因此,RAP 速率调整的周期不能小于一个 RTT,否则会引起网络流量的振荡。

（2）基于流量模型的方法

在基于 AIMD 的方法中检测到一个丢包就将发送速率减半,使得速率的变化呈现出图 9-2 所示的 TCP 那样的锯齿形式,这对连续媒体流显然是不合适的。为了使速率变化比较平滑,不少算法根据稳态丢包情况按照 TCP 流量模型式（9-1）或式（9-2）来对速率进行调整,因而被称为**基于模型的方法**。这些方法虽然没有模仿 TCP 的短期行为,但在较长的时间段上仍然是 TCP 友好的。RFC 3448 建议的 **TFRC**(TCP Friendly Rate Control)算法是其中最具代表性的。

TFRC 的速率调整策略如下:

```
If(反馈信息显示接收速率受限
    或者上一次反馈所对应的区间内发送速率已经受限)
    min_rate＝max(2 T_recv,W_init/RTT);
  else//典型情况
    min_rate＝2T_recv;
If(p>0)//拥塞避免阶段
    按式(9-1)计算 TCP 流量 T_calc;
    T＝max[min(T_calc,min_rate),MSS/t_mbi];
  else if(t_now−t≥RTT)//慢起始阶段
    T＝max[min(2T,min_rate),MSS/RTT];
    t＝t_now
```

在慢起始阶段（见第三个 If）,发送端每隔一个 RTT 速率增加约一倍,其中 MSS/RTT 给出慢起始阶段速率的最小值,MSS 为该非 TCP 流的平均包长。当丢包率 $p>0$ 时（见第二个 If）,非 TCP 流将速率降至式（9-1）TCP 流量模型给出的值,以保证与 TCP 的友好性。t_mbi 一般设为 64 秒,它给出发送端长期收不到反馈信息时最大的包间隔,即当 $p>0$ 时,发送端每 64 秒至少发送一个包。我们注意到,在发送速率受限或者链路带宽受限的情况下（见第一个 If）,慢起始期间的发送速率并不一定每隔一个 RTT 就能增加一倍,而是限制到 min_rate,min_rate 最高为接收速率 T_recv 的 2 倍,或者为初始设定的一个值 W_init/RTT。此外,如果发送端在 4RTT 时间内未收到反馈信息（超时）,即网络严重拥塞时,则将发送速率减半,直至停止发送（未表示在上面的伪代码中）。

TFRC 的调整周期也不能小于一个 RTT。TFRC 发送速率的变化比较平滑,有较高的带宽利用率,且与 TCP 是"相对公平"的。所谓相对公平在这里指的是,其发送速率与同样条件下的 TCP

流相比不超过 2 倍。为速率变化平缓所付出的代价则是,TFRC 对网络带宽变化的响应速度要慢于 TCP。

2. 拥塞检测方法

从前面的讨论可以看到,网络拥塞通常是通过丢包率来衡量的,因此对由于拥塞而引起的丢包率的准确估计是拥塞控制中的一个重要问题。

(1) TFRC 的拥塞检测

TFRC 要求接收端在一个 RTT 内至少向发送端反馈一次信息。TFRC 发送包头上带有序列号 i 和该包发送时刻的时间戳 t_i,以及发送端估计的 RTT 值等;反馈信息包头则带有收到的最后一个包的时间戳 t_i、从收到该包到发出反馈信息包的延时 t_delay、上一个 RTT 中的接收速率 T_recv 和估计的丢包率 p 等,其中 T_recv 在前面讲述的速率调整中曾经用到。

发送端在 t_now 时刻收到反馈包,则当前的双程延时 RTT_sample 为

$$RTT\_sample = (t\_now - t\_i) - t\_delay \tag{9-4}$$

双程延时的估计值则为

$$RTT = \alpha RTT + (1 - \alpha) RTT\_sample \tag{9-5}$$

式中,α 通常取 0.9。

为了滤除网络负载瞬间波动的影响,TFRC 不是通过单个丢包,而是通过平均丢包事件间隔来对网络拥塞情况进行估计的。在一个 RTT 之内发生的一个或多个丢包称为一个**丢包事件**。图 9-4 给出若干丢包事件的间隔,图中小方块表示收到的包,X 表示丢包事件的边界。丢包事件以丢包时刻为边界,如果新的丢包时刻与当前丢包事件的起始时刻之差小于 RTT,则新丢包属于当前丢包事件;反之,则从新丢包时刻开始计为下一个丢包事件。由于一个 RTT(一个丢包事件)中丢失的包的个数不等,所以图中丢包事件间隔长度不等,换句话说每个丢包事件间隔中收到包的个数不等。为了反映当前网络的拥塞状况,我们用加权平均丢包事件间隔 S 来估计丢包率 p。

$$\overline{S} = \sum_{i=1}^{n} S_i \cdot W_i / \sum_{i=1}^{n} W_i \tag{9-6}$$

其中

$$W_i = \begin{cases} 1 & (1 < i \leqslant \frac{n}{2}) \\ 1 - \dfrac{i - \frac{n}{2}}{\frac{n}{2} + 1} & (\frac{n}{2} < i \leqslant n) \end{cases} \tag{9-7}$$

则

$$p = 1/\overline{S} \tag{9-8}$$

式 (9-6) 中 W_i 是对不同丢包事件间隔的加权值(见图 9-4 右边);S_i 是第 i 个丢包事件的长度(间隔),也就是这个间隔中收到的包数。n 的取值影响 TFRC 对网络负载变化响应的速度,通常 $n \leqslant 8$。当最后一个丢包事件的间隔(还未结束)大到足以影响平均事件间隔时,n 从最后一个丢包事件间隔开始计;否则,从前一个事件间隔开始计算(图 9-4 所示的情况)。

(2) 基于 RTP/RTCP 的拥塞检测

有的拥塞控制算法利用 RTP/RTCP 获得网络状态信息。我们在 7.8.4 节中已经讲述了通过 RTCP 的 SR 和 RR 报告计算丢包率 p 和双程延时 RTT 的方法。但是 RTCP 的反馈周期较长(最少 5 秒),因此这类算法对网络负载变化的响应比较慢。同时标准的 RTCP 能够报告的最小包丢失率有一定限制,在包丢失率很小时,RTCP 报告 $p = 0$,此时非 TCP 流会占有过多的带宽。

(3) 路由器支持的拥塞检测

前面介绍的拥塞检测方法都是通过在接收端对丢包进行检测来实现的。在某些网络中,路由器可以在输出队列溢出(丢包)之前给出拥塞指示,这称为**显式拥塞指示 ECN**(Explicit Congestion

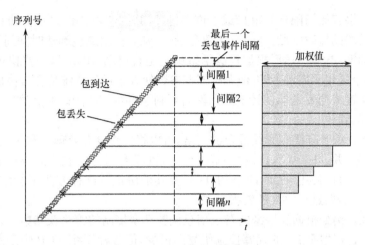

图 9-4　丢失事件加权

Notification,RFC 3168)。这样的路由器使用主动队列管理方法,**随机早期检测**(Random Early Detection ,RED)就是主动队列管理方法的一种。在 RED 中,当一个包送到路由器输出队列时,如果队列的平均长度 L 小于最小阈值 Thmin,则该包进入队列;如果 L 大于最大阈值 Thmax,该包被丢弃;如果 Thmin<L<Thmax,则从队列中随机选取一个包丢弃。如果被随机挑选的包不将其丢弃,而是将其 IP 头中的一个标志位置位;接收端收到这样的包(ECN_包)后就知道网络已经出现了拥塞的迹象,从而将此信息反馈给发送端,使发送端启动拥塞控制机制。在尚未丢包的情况下就获得拥塞指示,对音、视频这样的对时延和丢包都敏感的应用是很有利的。

图 6-10 曾给出 IPv4 报头中的一个字节的"服务类型"域,在 IPv6 中对应于"业务等级"域,该域的最后 2 比特未用。这 2 比特在 ECN 中被用作 **ECN 域**。该域为 00 时表示不使用 ECN;01 和 10 由发送终端置位,表示终端的传输层协议可以感知 ECN;11 由路由器置位,用作拥塞指示。在终端的拥塞控制机制中,对于带有 ECN 指示的包按丢包一样处理。值得注意,实现 ECN 必须路由器和终端均支持相应的协议。

9.2.4　无线网络中的拥塞控制

在有线网络中,TCP 和非 TCP 流的拥塞控制机制,如前所述,都假设所有的丢包是由于路由器的缓存器溢出,即拥塞而引起的。但在无线网络中,情况却复杂得多。由于噪声干扰、多径衰落等原因,无线链路的随机错误和突发错误率很高,一般在 $10^{-3} \sim 10^{-2}$。此外,当移动终端从一个小区漫游到另一个小区时,可能因为切换而产生信号的短时中断。而在无线自组织网络中,终端自由移动形成的网络拓扑动态变化可能引起路由的失败,等等。上述这些原因都会产生单个或连续多个数据包的传输丢失,而此时并不存在路由器缓存器的拥塞问题。如果仍然按照有线网络上的拥塞控制策略去降低源端的发送速率,将极大地降低无线链路的带宽利用率。

针对改善 TCP 在无线网络上的性能,研究者已经提出了许多方法。这些方法大致可以分为如下几类:

(1) 链路层措施。链路层将报文划分为更小的段,根据式(7-23)小的包长有小的丢包率,并引入局部的自动重传机制等,以降低无线链路的传输错误对 TCP 拥塞控制的影响。但这种方法往往引入较大的传输延时波动。

(2) 端到端的措施。这类方法维持 TCP 端到端连接的特性,由终端采取措施而将网络视为黑盒子。TCP 在无线网络上性能降低的原因是因为将所有丢包都视为拥塞、且将拥塞窗口乘性降低(MD),因此利用各种方法区分丢包的成因(拥塞、误码或断连)和调整拥塞控制策略及参数(拥塞窗口、超时定时器、慢起始门限等），就形成了许多种 TCP 的改进协议。一些协议通过分析信号功率的大小来判断线路的短时中断；通过分析双程延时、延时抖动或包到达时间间隔等变化来区分产生丢包的原因是拥塞或误码；然后根据检测结果决定是否启动 MD。另一些协议试图控制 MD 的程度，尽管对每一个丢包都启动 MD，但调整拥塞参数使吞吐量仍然维持在较高的水平上。有一些协议则直接让发送速率与发送端估计的当前网络可利用带宽相匹配。所有这些方法都需要在终端上对 TCP 作较大的修改。

（3）分段处理。对于有线和无线混合的网络，可以将二者分开处理。利用边界基站接收、缓存有线网络的 TCP 包，并返回 ACK；再建立基站与终端的无线连接。在有线连接上维持原有的 TCP 协议；在无线连接上可以使用 TCP、改进的 TCP 或其他协议。这种方法不能维持 TCP 的端到端连接的特性，在基站需要进行协议的转换。

（4）跨层措施。例如根据底层来的跨层信息调整拥塞控制的策略及参数等。

对非 TCP 流在无线网络上的拥塞控制研究还很少，但各种无线 TCP 中采用的方法有一定的借鉴作用。例如，分析单程延时和包到达间隔等的变化规律来区分丢包是由拥塞还是由误码而引起的。通常认为当拥塞出现时，单程延时呈单调上升的趋势；而误码则影响包的到达时间间隔，或者误码引起的丢包比拥塞引起的丢包更具有随机性等。然后，只在拥塞引起丢包时启动拥塞控制机制。

9.2.5 DASH 自适应速率控制

本节讨论 DASH 的自适应速率控制。DASH 建立在 TCP 之上，但是如 8.6.2 节所述，当网络带宽大致是视频比特率的 2 倍时，用 TCP 传输的流才能有较好的播放质量。因此仅依赖于 TCP 的流量控制和拥塞控制机制，不能在保证足够好的用户 QoE 的条件下有效地利用网络的带宽。DASH 的自适应速率控制机制就是力图解决这个问题，同时在多个流共享带宽时保证流之间的公平性。

1. 一般原理和目标

图 9-5 给出 DASH 系统速率控制的示意图，其中包括两个环路。一个是 9.2.1 节讲述的 TCP 拥塞控制的环路，它在网络拥塞时使 TCP 的输出速率尽量与网络可忍受的速率相匹配。另一个环路是 DASH 的自适应速率控制环路，它调整视频的比特率使其与所观测到的 TCP 平均速率相匹配。前一个环路的响应时间与路径的传输延时有关，通常在毫秒量级；而后一个环路的响应时间则较长，通常在秒的量级。

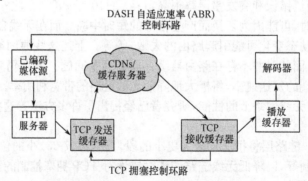

图 9-5　DASH 系统的速率控制

自适应速率控制的目标是：在网络带宽动态变化的情况下，

（1）避免由缓存量不足引起播放的中断；

（2）使视频播放的质量最优；

（3）减少视频质量（视频比特率）的切换次数；

（4）减少从用户请求到视频开始播放的起始延时时间。

上述这些目标往往是互相矛盾的。为了更好地理解这一点，我们先厘清两个概念：DASH 段的下载速率和段的视频比特率。前者指一个段的传输速率，它受网络带宽的影响。当段的数据量固定时，下载速率越高，需要的下载时间越短，对应于图 8-34 中的"on"持续期越短。后者指段内所包含的视频数据的比特率，它由服务器提供的自适应集所确定。如果每个段包含同样播放时长的视频，比特率越高，段所包含的数据量越多，播放时单位时间内从接收缓存器中提取的数据也越多。

现在我们回过头来看上面相互矛盾的 4 个目标。为避免缓存量下溢，可能倾向于选择低比特率的视频，这势必降低视频播放的质量。最大限度地追求视频播放的高质量，可能在网络带宽短时波动时频繁地调整视频的比特率，这会增加质量切换的次数，从而使用户体验下降。在当前网络可利用的带宽充裕时，播放起始采用低比特率的视频可以减小起始延时，但无疑妨碍了视频播放质量达到最优。因此，一个好的自适应速率控制算法需要平衡这些目标，在网络允许的带宽下为用户提供最好的 QoE。

2. 自适应速率控制算法的类型

要实现自适应速率控制首先要监测网络状态的动态变化，了解当前网络的可用带宽；然后根据检测到的网络状态，为下一个段的下载选择合适的视频比特率及请求下载的时间（后者可以称作调度问题），以达到前面列举的目标。在目前提出的算法中，大部分都是由客户端来完成这两项工作的。根据反馈监测信号的不同，这些算法可以分为：基于吞吐量的、基于缓存器的和基于混合/控制理论的 3 种类型[2]。DASH 自适应速率控制算法的研究当前仍然活跃，我们在这里只针对每种类型简单列举几例，使读者有一个概括的了解。

在基于吞吐量的方法中，客户端根据监测过往视频段的接收情况来预测当前网络可利用的带宽。由于不需要像 9.2.3 节的算法那样通过双程延时和丢包率来估计拥塞状况，因此并不需要发送端服务器的参与。例如，检测一个段的提取（下载）时间和它应该播放的时间的比值，可以对当前网络是否拥塞有一个估计。为了更好地平滑掉 TCP 吞吐量的短时波动和个别异常值的影响，有的算法利用过去 N 个段的下载速度的调和平均值（Harmonic mean）来估计当前的吞吐量。又如，根据具有相似特征（如属于同一互联网服务提供商、同一地区等）的会话一般有相似的吞吐量值及动态变化规律的观察[2]，有的算法将会话聚类，并为每一类会话学习一个隐马尔柯夫模型（HMM），然后利用模型从过去的吞吐量来预测当前的吞吐量，等等。依据所估计的吞吐量可以简单地利用类似 AIMD 的方法，或者更复杂的决策函数，例如，当一组用户共享链路时，由流公平性、总带宽利用率和切换次数等构成决策函数，来为下一个段选择适当的视频比特率和请求时间。

基于缓存器的方法根据客户端缓存器的缓存量来选择需要下载的视频段的比特率。一种方法是为缓存器设置一个上警戒线 UW 和一个下警戒线 LW，如图 9-6 的横坐标所示。在会话开始时，选择下载最小视频比特率 R_{min} 的段，使缓存量尽快从零升到 LW，因为低比特率的段单位时间内从缓存器中取走的数据少，只要下载速率大于 R_{min}，缓存量就会上升。反之，当缓存量大于 UW 时，选择下载最大视频比特率 R_{max} 的段。当缓存量在 LW 和 UW 之间时，视频比特率可以按图 9-6 的斜线增加。由于自适应集提供的视频比特率是离散的，因此只有在斜线建议的比特率高于（或低于）自适应集中高一级（或低一级）的视频的比特率时，才从当前比特率切换到高一级（或低一级）的比特率。另一种基于缓存器的方法为缓存器设立 3 个阈值：$0 < B_{min} < B_{low} < B_{high}$。$B_{low}$ 和 B_{high} 之间是目标区域；目标区域的中间值是理想的缓冲量水平 B_{opt}。算法控制接收缓存量在 B_{opt} 附近。还有其他一些基于缓存器的方法，后面我们将比较完整地介绍其中的一个例子。

基于混合/控制理论的方法利用吞吐量估计值和缓存器缓存量两种信号作为表示当前网络状

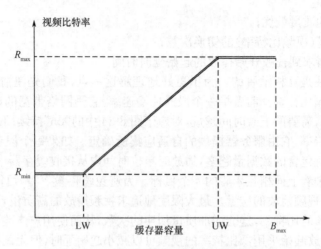

图 9-6　一种基于缓存器容量的速率控制方法

态的参数,然后通过求解控制论或优化方程的方法来选择满足用户 QoE 的视频比特率。例如,一种方法利用当前缓存量和一个参考缓存量之差来驱动控制环路,视频比特率则通过求解一个缓存量之差和当前 TCP 吞吐量的函数来选择。视频比特率的变化将改变缓存量和吞吐量,当缓存量等于参考缓存量时环路达到稳定。另一种算法设定一个目标吞吐量。首先,利用类似于 TCP 的 AIMD 拥塞控制的方法来探测网络状态,若实际吞吐量小于目标值,则增加下载段视频的比特率;若大于目标值,则认为拥塞;然后在速率调整阶段,通过求解一个优化问题来选择视频比特率,以及调整图 8-34 所示的下载周期(即请求下一个段的时间),使得吞吐量和缓存量达到目标值。还有的研究者提出模型预测控制 MPC(Model Predictive Control)的方法。该方法利用平均视频质量、平均质量波动、播放停顿次数和起始延时等定义一个用户 QoE 的度量函数,然后根据当前吞吐量和缓存量求解最大化 QoE 的问题,为下一个视频段选择合适的比特率和请求时间。

目前研究者提出的算法中也有少量是在服务器端应用层和传输层进行自适应速率控制的,其中包括借助于 8.7.1 节介绍的 MPEG SAND 的算法,我们在这里将不作进一步的讨论。

3. 基于缓存量的李雅普诺夫算法(BOLA)

基于缓存器占有量的李雅普诺夫算法 BOLA(Buffer Occupancy Based Lyapunov Algorithm)[3] 是一种基于缓存量的自适应速率控制方法,它已为 DASH 工业联盟的开源 DASH 参考播放器 dash.js[4] 2.0.0 以上版本所采用。

(1) 问题描述

假设一个如下的系统:

① DASH 服务器上的一个文件被分成 N 个段,每个段包含 p 秒钟的数据,且有 M 种比特率可选择。一个第 m 种比特率的段的数据量为 S_m 比特;在这种比特率下,用户可获得的收益为 v_m。这里所说的收益要求是一个随比特率上升而不下降的函数,但是允许用多种方式来定义,这是 BOLA 算法很灵活的地方。例如,考虑到视频比特率从 0.5Mb/s 增加 1Mb/s 到 1.5Mb/s 时用户体验的提升比从 5Mb/s 增加到 6Mb/s 时要明显,我们可以定义 $v_m = \ln(S_m/S_M)$。让可选择的比特率按降序排列,我们有 $v_1 \geqslant v_2 \cdots \geqslant v_M$ 和 $S_1 \geqslant S_2 \cdots S_M$。

② 客户端的接收缓存器容量为 Q_{max} 个段,即可存储 $Q_{max} \cdot p$ 秒的数据。当缓存器充满时,客户端需等待 Δ 秒后再尝试决定是否下载下一段数据。

③ 从客户端到服务器的链路带宽遵从平稳随机过程 $\omega(t)$ 而随时间连续变化,因此,

$$S_m = \int_t^{t'} \omega(\tau) \mathrm{d}\tau$$

其中 t 和 t' 分别是段下载的起始和结束时间。让 $E[\omega(t)]=\omega_{avg}$，则 $E[t'-t]=S_m/\omega_{avg}$。

我们的问题就是为这样的系统设计一个自适应速率控制算法，使用户有最佳的 QoE。

(2) 目标函数

BOLA 考虑从平均播放质量(取决于视频比特率)和平滑播放时间(取决于缓存器不下溢)两个方面来描述用户 QoE。

假设将时间轴分成互不重叠的非均匀时隙，客户端在一个时隙的起始处，如第 k 个时隙的 t_k 处($t_1=0$)，决策是否下载和下载多大比特率的视频段。如果决定下载，下载持续时间为 $T_k=t_{k+1}-t_k$；如果决定不下载(例如缓存器已充满)，则空一个固定长度为 Δ 秒的时隙。T_k 是一个随机变量，它的取值取决于当前链路带宽 $\omega(t)$ 和下载视频段的比特率。BOLA 定义一个指示变量来表示客户端的下载决策：

$$a_m(t_k)=\begin{cases}1 & (\text{在 } k \text{ 时隙下载第 } m \text{ 种比特率的段}) \\ 0 & \text{其他}\end{cases} \tag{9-9}$$

显然，对所有 k，$\sum_{m=1}^{M} a_m(t_k) \leqslant 1$；而 $\sum_{m=1}^{M} a_m(t_k)=0$，代表不下载。

BOLA 首先定义平均收益的期望值为

$$\bar{v}_N \triangleq \frac{E\left\{\sum_{k=1}^{K_N}\sum_{m=1}^{M}[a_m(t_k) \cdot v_m]\right\}}{E\{T_{end}\}} \tag{9-10}$$

其中，K_N 为最后一个段(第 N 段)下载时隙的索引值(注意：k 包括不下载的时隙 Δ 的索引值)，T_{end} 为播放完最后一个段的时间。上式的分子代表了所有 N 个段的总收益。由于必须等整个段下载完毕才能播放，因此 $T_{end}>(t_{K_N}+T_{K_N})$。

然后，定义平均播放平滑性的期望值为

$$\bar{s}_N \triangleq \frac{N \cdot p}{E\{T_{end}\}}=\frac{E\left\{\sum_{k=1}^{K_N}\sum_{m=1}^{M} a_m(t_k) \cdot p\right\}}{E\{T_{end}\}} \tag{9-11}$$

由上式看出，平均平滑性实际上是指平滑播放的时间在总播放时间中所占的比例。

最后，利用 $\bar{v}_N$ 和 $\bar{s}_N$ 定义一个目标函数 $\bar{v}_N+\gamma\bar{s}_N$。那么问题就可以归结为：在模型的约束条件下，设计一个控制算法使 $\bar{v}_N+\gamma\bar{s}_N$ 最大化，其中 $\gamma>0$。原则上说，这个问题可以用动态规划(DP)的方法来求解。但是使用传统的 DP 方法需要已知 $\omega(t)$ 过程的分布，而且涉及很大的状态空间，因为该空间的变量不仅包括 k,t_k，还包括缓存器占有量和缓存器中视频段比特率的种类 m。

为了克服上述困难，BOLA 考虑一种极限情况，即视频文件相当长($N\to\infty$)。此时，式(9-10)和式(9-11)变成

$$\bar{v} \triangleq \lim_{N\to\infty}\bar{v}_N=\frac{\lim_{N\to\infty}E\left\{\dfrac{1}{K_N}\sum_{k=1}^{K_N}\sum_{m=1}^{M} a_m(t_k)v_m\right\}}{\lim_{N\to\infty}E\left\{\dfrac{1}{K_N}\sum_{k=1}^{K_N} T_k\right\}} \tag{9-12}$$

$$\bar{s} \triangleq \lim_{N\to\infty}\bar{s}_N=\frac{\lim_{N\to\infty}E\left\{\dfrac{1}{K_N}\sum_{k=1}^{K_N}\sum_{m=1}^{M} a_m(t_k) \cdot p\right\}}{\lim_{N\to\infty}E\left\{\dfrac{1}{K_N}\sum_{k=1}^{K_N} T_k\right\}} \tag{9-13}$$

相比于式(9-10)和式(9-11)，上两式表示的目标函数得到了两方面的简化：一是独立于 k；另一是用 T_k 代替了 T_{end}。但是直接求解这个优化问题仍然需要已知 $\omega(t)$ 的分布。为了回避这一点，

BOLA 借鉴控制论中保障动态系统稳定性的经典李雅普诺夫优化方法，提出了一个在线的速率控制算法。

(3) 在线算法

如果我们将时隙看成"帧"，并用时隙起始和结束时缓存量的变化（以段数计）定义李雅普诺夫函数的漂移，即定义漂移为 $E\{[Q(t_{k+1})^2 - Q(t_k)^2]/2 | Q(t_k)\}$，其中

$$Q(t_{k+1}) = \max\left[Q(t_k) - \frac{T_k}{p}, 0\right] + \sum_{m=1}^{M} a_m(t_k) \tag{9-14}$$

$Q(t_{k+1})$ 和 $Q(t_k)$ 分别为时隙起始和结束时的缓存量，T_k/p 为 k 时隙中缓存器的输出数据量（可以为分数个段），式中第二项为输入的数据量，那么就可以利用 Lyapunov Optimization over Renewal Frames 方法[5]来求解式（9-12）～式（9-14）的问题。该方法在每个时隙（帧）中贪婪地最小化漂移与惩罚函数之和相对于帧长的比率。因此根据式（9-14），要保持缓存量的稳定（漂移尽量小），需要最小化 $Q(t_k)\left[\sum_{m=1}^{M} a_m(t_k) - T_k/p\right]$；根据式（9-12）和式（9-13），需要最大化 $\left[\sum_{m=1}^{M} a_m(t_k)(v_m + \gamma p)\right]$，以最大化 QoE 目标函数 $\bar{v} + \gamma \bar{s}$；而帧（时隙）长的期望值与 $\sum_{m=1}^{M} a_m(t_k) \cdot S_m$ 存在线性的关系。根据以上分析，并引入一个控制参数 $V > 0$ 来权衡目标函数和缓存量的折中，则对于每个时隙 k，给定初始缓存量 $Q(t_k)$，我们可以通过求解下述优化问题来进行决策，

$$\text{最大化} \quad \frac{\sum_{m=1}^{M} a_m(t_k)[Vv_m + V\gamma p - Q(t_k)]}{\sum_{m=1}^{M} a_m(t_k)S_m}$$

$$\text{从属于} \quad \sum_{m=1}^{M} a_m(t_k) \leqslant 1, \qquad a_m(t_k) \in \{0, 1\} \tag{9-15}$$

由式（9-15）可以得到一个简单的算法：

(1) 如果对所有的 $m, Q(t_k) > V(v_m + \gamma p)$，则不下载；

(2) 否则，在所有的 m 中选择使 $[Vv_m + V\gamma p - Q(t_k)]/S_m$ 最大的 m^*，下载具有第 m^* 种比特率的视频段。

上述算法不需要任何关于 $\omega(t)$ 的知识，而且决策仅取决于当前的缓存量 $Q(t_k)$。参数 γ 的大小权衡播放收益和播放平滑性的重要性；参数 V 的选择受缓存器最大容量 $Q_{\max}$ 的影响。一般选择 $V \leqslant (Q_{\max} - 1)/(v_1 + \gamma p)$。当设计者选定一个收益函数之后，通常设定一个缓存量的下警戒线 LW，当缓存量少于 LW 时，BOLA 总是选择最低比特率的视频段下载。

在基本算法的基础上，文献[3]还提供了针对短视频和避免比特率切换过于频繁的 BOLA 版本。

9.3　传输层差错控制

本节介绍通用的传输层差错控制技术。

9.3.1　自动重传技术（ARQ）

自动重传请求（Automatic Repeat reQuest，ARQ）是一种基于反馈的差错控制机制。在这种机制中，数据流分割成段，每段加上少量的校验比特后发送出去；当接收端通过校验比特检测到数据段中有错误时，则请求重新发送该数据段。ARQ 是物理层和数据链路层经常采用的差错控制方

法;在传输层上采用 ARQ 时,可以利用低层协议检测包丢失,而不一定在包中加入校验比特。

下面介绍几种基本的 ARQ 协议。

1. 停止和等待(Stop and Wait)

在这种方式中,发送端发送一个包然后等待 ACK,接收端收到无差错的包后返回 ACK,发送端收到 ACK 后再发送下一个包;如果等待超时仍未收到 ACK,则重发该包。因此,在任何给定时刻只有一个包没有被确认。由于在等待 ACK 期间信道没有被利用,此种方法的数据传输率较低,也较少在实际中应用。

2. 选择性重传(Selective Repeat)

发送端连续发送数据包,接收端对每一个接收到的数据包返回一个带有该包序列号的 ACK。如果一个包超时仍未收到 ACK,则重传该包;然后继续原来的发送,即假设已发送的包的最大序列号为 a,则继续从 a+1 开始发送。在选择性重传中,数据包是连续发送的,信道利用率较高,但是接收端所收到的包可能次序颠倒,需要缓存和重新排序。

3. 退回 N(Go-back-N)

退回 N 方法与选择性重传一样,发送端连续发送数据包,但是接收端只对按顺序接收的包返回带序列号的 ACK;不按顺序到达的包被丢弃,也不返回 ACK。当发现超时时,发送端从超时的数据包开始重新依次发送。因此这种方法既保证了较高的信道利用率,也不需要缓存和重新排序处理。

利用 ARQ 纠正错误至少引入一个 RTT 的延时,因此在实时媒体的传输中需要谨慎使用。只有在重传的数据包能够在它的播放时限之前到达接收端时,使用 ARQ 才有意义。除此之外,在带宽-延时积接近于发送窗口时,ARQ 可能使吞吐量下降。ARQ 适于在点对点的通信中使用,在多播情况下,各接收端的丢包情况不同,此时使用 ARQ 效率会很低。

9.3.2 前向纠错码

1. 基本定义

纠错编码是基于特定数学的一个技术分支,在本节中将从工程技术的需要出发,力图用最少的数学知识使读者对前向纠错码有一个基本的认识,对其中的许多结论将省略其严格的数学证明。有兴趣进一步了解前向纠错码的读者可参考有关纠错编码的书籍。

发送端在要传送的数据中加入一定的冗余数据,生成特定的码;接收端收到这些码后,通过译码不但能够自动检测错误,而且能够纠正错误,这种码称为前向纠错码(Foward Error Correction,FEC)。前向纠错不需要反馈信息,因而适于在视频数据的传输中应用。常用的前向纠错码为**分组码**和**卷积码**两种,本节主要介绍分组码。

分组码编码器将一组输入符号(代表需要传送的数据)加上冗余信息后转换成一组输出符号。这里讲的符号可以是 2 电平(二进制)的,也可以是多电平的。输出符号组中的符号数比输入的多,这两组符号数目之比称为**编码效率**或**码率**(Code Rate)。例如一个 (n,k) 分组码,意味着 k 个输入符号,加上 $(n-k)$ 个冗余校验符号,产生 n 个输出符号。

某一种码的码字是输出符号所有可能的组合中的一个限定的子集。如果接收到的符号组不是有效的码字(不在限定的子集之内),则说明传输中产生了错误。找到与错误的符号组"距离最近"的有效码字就可能纠正传输差错。这里所说的"距离"为**汉明**(Hamming)**距离**,它用两个码字之间不同的符号的个数来度量。例如有 4 个符号互不相同,则这两个码字之间的汉明距离为 4。如果说某种码的汉明距离为 4,那么意味着该码中任何一对有效码字之间至少有 4 个符号是相互不同的。一般来说,一种码能校正的最多错误个数 $t = (d-1)/2$,其中 d 为**最小码间距离**。

如果一种码通过码的位置的重新排列,或者通过符号的互易(例如对二进码而言,将 0 换成 1,将 1 换成 0)能够变换成另一种码,我们称这两种码是**等效的**。此外,如果一个 FEC 编码器符合线性系统的定义,那么该编码器称为线性编码器。

2. 有限域

为了理解码的运算,有必要介绍一些有限域(或称为伽罗华域)的知识。一个**有限域**由一个有限元素的集合和在这个集合上定义的加法和乘法运算构成,域内进行加法或乘法运算的结果仍是域内的一个元素。域内有一个 0 元素和一个 1 元素,对于域内的任何一个元素 a 满足

$$a + 0 = a$$
$$a \cdot 1 = a \tag{9-16}$$

a 的加法的逆为 $(-a)$,并且

$$a + (-a) = 0 \tag{9-17}$$

a 的乘法的逆为 a^{-1},并且

$$a \cdot a^{-1} = 1 \tag{9-18}$$

法国数学家伽罗华(Galois)已经证明,有限域的大小 p(称为"阶"),记为 $GF(p)$,必须为质数,或质数的幂。当 p 为质数时,有限域由模 p 加法和模 p 乘法运算的余数的集合构成。例如 $p=7$ 时,由模 7 的加法和乘法构成的域为 $\{0,1,2,3,4,5,6\}$。在域中如果任何一个非零元素都可以用某一个元素的幂来表示,那么该元素称为**本原元**(Primitive Element)。每个域中至少有一个本原元。例如在上述例子中,3 是该域的本原元,其他元素可以表示为 $3^0 (=1)$,$3^1 (=3)$,$3^2 (=2)$,$3^3 (=6)$,$3^4 (=4)$,$3^5 (=5)$。

与模 p 加和模 p 乘法相类似,任何两个系数是实数的多项式 $f(x)$ 和 $g(x)$,可以表示成

$$f(x) = q(x) \cdot g(x) + r(x) \qquad (0 \leqslant \text{order}\{r(x)\} < \text{order}\{g(x)\})$$
$$\equiv r(x) \qquad \text{Mod}[g(x)] \tag{9-19}$$

式中,order$\{r(x)\}$ 表示 $r(x)$ 的**阶数**,而 $f(x) \equiv r(x)$,Mod$[g(x)]$ 表示 $f(x)$ 用多项式 $g(x)$ 除后余式为 $r(x)$。

若 m 次多项式

$$f(x) = f_m x^m + f_{m-1} x^{m-1} + \cdots + f_1 x + f_0 \tag{9-20}$$

的系数 $f_i (i=0,1,\cdots,m)$ 仅取 $GF(q)$ 中的元素,则称 $f(x)$ 是 **$GF(q)$ 上的多项式**。例如 $f(x) = x^3 + x + 1$,其系数只取 0 和 1,因此 $f(x)$ 是 $GF(2)$ 上的多项式。如果 $GF(q)$ 上的某个多项式除了常数和本身外,不能再被 $GF(q)$ 上的其他多项式除尽,则该多项式称为**既约多项式**。若 $g(x)$ 是 $GF(q)$ 上的 c 次既约多项式,那么所有次数小于 c、系数取自 $GF(q)$ 的多项式的集合,在模 $g(x)$ 相加和相乘运算下,构成 **$GF(q^c)$ 的有限域**。

当 $GF(p) = q^c$(q 为质数)时,有限域的非零元素由下列方程的根构成

$$x^{q-1} + 1 = 0 \tag{9-21}$$

以 $GF(8) = 2^3$ 的情况为例,式(9-21)分解成

$$x^7 + 1 = (x^3 + x + 1)(x^3 + x^2 + 1)(x + 1) = 0 \tag{9-22}$$

上式中 $GF(2)$ 上的 c 阶既约多项式 $(x^3 + x + 1)$ 和 $(x^3 + x^2 + 1)$ 称为**本原多项式**。选择任何一个本原多项式都可以构成有限域。例如,在模 $(x^3 + x + 1)$ 运算下,$GF(8)$ 的有限域为 $\{0,1,x,x^2,x+1,x^2+x,x^2+1,x^2+x+1\}$。

域的元素可以用域的本原元 α 的幂来表示。在上面 $GF(8)$ 的例子中,$\alpha = x$,在模 (x^3+x+1) 运算下,非零元素可以表示为:$\alpha^0 = 1$,$\alpha^1 = x$,$\alpha^2 = x^2$,$\alpha^3 = x+1$,$\alpha^4 = x^2+x$,$\alpha^5 = x^2+x+1$,$\alpha^6 = x^2+1$。

域的元素也可以用数字形式表示,通常有两种表示方法。一种是幂表示法,即直接给生成元(本原元)的幂指定对应的二进制码,在这里,零元素通常指定为 2^c-1。另一种是组合表示法,即将域内的元素表示成由 α 的幂所构成的多项式,并指定 $000,001,010$ 和 100 分别代表 $0,\alpha^0,\alpha^1$ 和 $\alpha^2,\alpha^n(n>2)$ 的元素则用次数小于 2 的 α 的幂的和表示,并由此得到相对应的二进制表达式。例如,$\alpha^3=\alpha+1(011),\alpha^4=\alpha^2+\alpha(110),\alpha^5=\alpha^2+\alpha+1(111),\alpha^6=\alpha^2+1(101)$。

3. 线性分组码

线性分组码通过下式生成:

$$v=u\cdot G \tag{9-23}$$

式中,u 为输入的信息符号组,v 为输出分组码,G 为一个 $k\times n$ 的**生成矩阵**,其中 k 为输入符号的个数,n 为输出码字的长度。长度为 k 的信息组共有 2^k 种,通过编码器后,对应的码字也应该只有 2^k 个,但是长度为 n 的码字可能有 2^n 个,因此分组码的编码问题就是定出一套规则,从 2^n 个 n 位码中选出 2^k 个作为**有效码字**,其余的 2^n-2^k 个称为禁用码字。k 个线性独立的有效码字的线性组合仍产生另一个有效码字。

对于任意一种分组码,其生成矩阵 G 都可以经过有限次的初等变换化为

$$G=[I_k\mid P] \tag{9-24}$$

其中 I_k 为 $k\times k$ 的单位矩阵,P 为一个 $k\times(n-k)$ 阶的矩阵。用 $[I_k\mid P]$ 生成的分组码与用 G 生成的码是等效的,而且用 $[I_k\mid P]$ 生成的码的前 k 位与输入信息组完全相同,只在后面附加了 $(n-k)$ 个校验位。这种信息组未经变化而出现在码字中的码称为**系统码**。

设 $C=[C_{n-1}\cdots C_1 C_0]$ 为任意一个有效码字,若 $(n-k)\times n$ 阶矩阵 H 满足

$$C\cdot H^T=0 \tag{9-25}$$

则称 H 为该 (n,k) 码的**校验矩阵**(Parity Check Matrix)。由式(9-23)可知,(n,k) 码的所有 2^k 个码字都可由 G 的行的线性组合生成,因此 G 中的每一行也是 (n,k) 码的有效码字。

根据式(9-25)我们有

$$G\cdot H^T=0 \tag{9-26}$$

如果 G 是系统码的生成矩阵,则由式(9-24)和式(9-26)得到 $H=[-P^T\mid I_{(n-k)}]$。因此,对于系统码而言,由 G 可以很容易推出 H,反之亦然。

线性分组码的解码过程如下。

(1) 检查接收到的符号组 v 是否使下列方程成立:

$$v\cdot H^T=0 \tag{9-27}$$

如果式(9-27)成立,则 v 是有效码字。

(2) 如果上式不成立,则发生误码。假设接收的符号组 $v=c+e$,其中 c 为有效码字,e 为错误图形(Error Pattern),那么

$$v\cdot H^T=(c+e)\cdot H^T=e\cdot H^T\equiv S \tag{9-28}$$

式中 S 称为 v 的**伴随式**(Syndrome),它完全由错误图形确定。根据 S 和校验矩阵 H 可以检测错误的位置从而纠正错误。

4. 汉明码

我们在本节以比较简单的汉明码作为例子来理解线性分组码的编、解码过程。任何一个 (n,k) 线性分组码有 $(n-k)$ 个校验位,在二进制的情况下,这 $(n-k)$ 个校验位可以构成 $(2^{n-k}-1)$ 个互不相同的非全零的 $(n-k)$ 比特图形。将这 $(2^{n-k}-1)$ 个不同的比特图形作为列所组成的 $(n-k)\times(2^{n-k}-1)$ 矩阵则为汉明码的校验矩阵 H。例如对于一个 $(7,4)$ 二进汉明码,$(n-k)=3$,有 $(2^3-1)=7$ 种非全零的 3 比特图形:$(001),(010),(011),(100),(101),(110)$ 和 (111)。用这 7 个非零的 3

比特图形作列,构成系统码的校验矩阵 H 为

$$H = \begin{bmatrix} 1 & 1 & 1 & 0 & 1 & 0 & 0 \\ 0 & 1 & 1 & 1 & 0 & 1 & 0 \\ 1 & 1 & 0 & 1 & 0 & 0 & 1 \end{bmatrix} = \begin{bmatrix} P^{\mathrm{T}} & | & I_3 \end{bmatrix} \tag{9-29}$$

由 H 推出系统码的生成矩阵 G(模 2 运算):

$$G = \begin{bmatrix} 1 & 0 & 0 & 0 & 1 & 0 & 1 \\ 0 & 1 & 0 & 0 & 1 & 1 & 1 \\ 0 & 0 & 1 & 0 & 1 & 1 & 0 \\ 0 & 0 & 0 & 1 & 0 & 1 & 1 \end{bmatrix} = \begin{bmatrix} I_4 & | & P \end{bmatrix} \tag{9-30}$$

汉明码的一个特点是校验矩阵 H 中的第 n 列代表码字中第 n 位的伴随式,可以在译码时根据这个特点检测和纠正误码。例如在上例中,假设输入的信息符号组 $u=[0101]$,经(7,4)二进汉明编码后,输出的分组码 $v=u \cdot G=[0101100]$。假如在传输过程中码字的第 2 位上产生了错误,接收到的码 $v'=[0001100]$。利用式(9-28)和式(9-29)计算伴随式 S:

$$S = v' \cdot H^{\mathrm{T}} = [111] \tag{9-31}$$

伴随式与式(9-29)所示的校验矩阵中第 2 列相同,因而接收端知道在第 2 位存在误码,将 v' 中第 2 位 0 改为 1,则得到正确的码字 0101。

5. BCH 码

BCH 码(Bose-Chaudhuri-Hocquenghem Codes)是在实际中应用得比较广泛的分组码。

由于域内的非零元素都是式(9-21)的根,因而 c 阶本原多项式在 $GF(q^c)$ 域中可以分解成一次因式的乘积。例如在 $GF(2^3)$[见式(9-22)]域中则可分解为

$$x^3 + x^2 + 1 = (x+\alpha)(x+\alpha^2)(x+\alpha^4) \tag{9-32}$$

$$x^3 + x + 1 = (x+\alpha^3)(x+\alpha^5)(x+\alpha^6) \tag{9-33}$$

$$x + 1 = (x+\alpha^0) \tag{9-34}$$

当 c 阶本原多项式的一个根 β 找到以后,这个多项式的其他根由下式给出:

$$根\ \beta \Rightarrow 根\ \beta^q,\ \beta^{q^2},\ \beta^{q^3},\ \cdots,\ \beta^{q^c} \tag{9-35}$$

式中,指数是按模 (q^c-1) 计算的。例如,α^3 是 x^3+x+1 的一个根,那么 α^6 和 $(\alpha^3)^4 = \alpha^5$ 也是它的根。

我们可以定义一种码,该码由在 $GF(q^c)$ 中具有某些特定根的多项式构成。例如,如果将根为 α 的多项式作为码的码字(称为**码多项式**),那么所有的码字都能被本原多项式 x^3+x^2+1 整除[参照式(9-32)]。换句话说,本原多项式可以作为码的**生成多项式**。如果用根 β 来定义码,那么所有的码字(码多项式)v 均满足

$$v(\beta) = v_{n-1}\beta^{n-1} + \cdots + v_2\beta^2 + v_1\beta^1 + v_0\beta^0 = 0 \tag{9-36}$$

同理,如果生成多项式 $g(x)$ 以 $\beta_1, \beta_2, \cdots, \beta_j$ 为根,则所有的码多项式也必须以这些元素为根,写成矩阵形式为

$$[v_{n-1} \cdots v_2\ v_1\ v_0] \cdot \begin{bmatrix} \beta_1^{n-1} & \beta_2^{n-1} & \cdots & \beta_j^{n-1} \\ \vdots & \vdots & & \vdots \\ \beta_1^1 & \beta_2^1 & \cdots & \beta_j^1 \\ \beta_1^0 & \beta_2^0 & \cdots & \beta_j^0 \end{bmatrix} = 0 \tag{9-37}$$

具有上面根矩阵(右边的一个)形式的矩阵称为 **Vandermonde 矩阵**。将上式与式(9-27)相比可知,上式中的根矩阵就是该码的校验矩阵的转置 H^{T},且 $j=n-k$。如前所述,由 H 可以很容易得到 BCH 码的生成矩阵 G。

BCH 码由 $GF(q^c)$ 域中 $2t$ 个幂指数连续(即指数逐次递增 1)的根来定义,其码长 $n=(q^c-1)$,最小码间距 $d=2t+1=n-k+1$。这种码可以校正 t 个错误。实际上汉明码也是一种 BCH 码,它由 2 个连续根来定义,可以纠正一个错误。假设我们选择式(9-32)作为生成多项式,在 $GF(2^3)$ 中它的根为 α,α^2 和 α^4,其中两个连续根为 α,α^2。用这两个连续根生成 BCH 码,根据式(9-37),它的校验矩阵为

$$H = \begin{bmatrix} \alpha^6 & \alpha^5 & \alpha^4 & \alpha^3 & \alpha^2 & \alpha^1 & 1 \\ \alpha^{12} & \alpha^{10} & \alpha^8 & \alpha^6 & \alpha^4 & \alpha^2 & 1 \end{bmatrix} = \begin{bmatrix} \alpha^6 & \alpha^5 & \alpha^4 & \alpha^3 & \alpha^2 & \alpha^1 & 1 \\ \alpha^5 & \alpha^3 & \alpha & \alpha^6 & \alpha^4 & \alpha^2 & 1 \end{bmatrix} \tag{9-38}$$

将在对有限域的讲解中定义的 α 的二进制表达式代入上式,得到

$$H = \begin{bmatrix} 1 & 1 & 1 & 0 & 1 & 0 & 0 \\ 0 & 1 & 1 & 1 & 0 & 1 & 0 \\ 1 & 1 & 0 & 1 & 0 & 0 & 1 \\ 1 & 0 & 0 & 1 & 1 & 1 & 0 \\ 1 & 1 & 1 & 0 & 1 & 0 & 0 \\ 1 & 1 & 0 & 1 & 0 & 0 & 1 \end{bmatrix} \tag{9-39}$$

上面矩阵的后 3 行与前 3 行线性相关,因此

$$H = \begin{bmatrix} 1 & 1 & 1 & 0 & 1 & 0 & 0 \\ 0 & 1 & 1 & 1 & 0 & 1 & 0 \\ 1 & 1 & 0 & 1 & 0 & 0 & 1 \end{bmatrix} \tag{9-40}$$

上式与式(9-29)完全相同,说明这样生成的 BCH 码即为一个二进制的(7,4)汉明码。

6. RS 码

一般地讲,一个 q 进制的 BCH 码,每个码字的取值在 $GF(q)$ 域上,而它的生成多项式 $g(x)$ 的根却在 $GF(q^c)$ 域(称为**扩展域**)中。如果码字的取值域和码的 $g(x)$ 的根所在的域相同,则称这类 BCH 码为 **RS 码**(Reed-Solomon Codes)。RS 码在数据通信、数字电视传输和存储系统中得到广泛的应用。

RS 码是一种在 $GF(q)$ 域内的、码长为 $(q-1)$ 的多进制码。如果 $q=256$,则意味着 RS 码是 256 进制的,码长为 255。与一般 BCH 码的生成方法一样,RS 码的校验矩阵 H 和生成矩阵 G 可以根据式(9-37)和式(9-26)获得。

在实际应用中,有时很难找到一个有合适码长或合适信息位长度的分组码,此时可以把一个已知的分组码缩短。所谓**缩短码**是指在 (n,k) 码的 2^k 个码字集合中,挑选前 i 个信息位均为 0 的码字,共有 2^{k-i} 个,组成新的码字的集合。它是原码字集合中的一个子集,该子集组成一个 $(n-i, k-i)$ 分组码,称为 (n,k) 的缩短码。例如(204,188)RS 码是(255,239)的缩短码。由于缩短码中的前 i 位的值均为 0,因此发送时不必传送这 i 位,只传送后面的 $(n-i)$ 位即可。缩短码的纠错能力至少与原来的 (n,k) 码相同。对于 RS 码,缩短之后的最小码间距不改变。由于缩短码是去掉原码的 i 个信息位得到的,编码效率较低,纠错能力又不一定比原码强,所以总的说来缩短码的性能要比原码稍差。

9.3.3 前向删除复原码

传统的前向纠错码(FEC)广泛地应用在点对点的通信线路中,从 ISO 7 层参考模型的角度而言,FEC 多应用于网络的低层,如有线网络的链路层、或无线网络的链路层及物理层,用以检测和纠正线路中发生的随机比特错误和突发错误。在分组网(如 IP 网)中,通常低层检测到不可纠正的错误时将包丢弃;同时丢包也可能如 9.2 节所述由于拥塞而产生,在这两种情况下网络高层(如传

输层)或者收到正确无误的包,或者包丢失,而且包丢失的位置通过低层协议或其他协议(如 RTP)可以精确地获知。这种信道我们称为**删除信道**(Erasure Channel),恢复信道删除错误的码称为**删除复原码**(Erasure Resilient Codes),或称纠删码。删除复原码与传统的前向纠错码针对较短的比特串进行操作不同,删除复原码是针对数据包进行操作的,因此它也常被称为**包级别 FEC**,或应用层 FEC(Applilation Level FEC,**AL-FEC**)。为了抵御传输错误,MMT 采用了 AL-FEC。

1. 包级别线性分组码

一个数据包可能包括几百甚至几千比特,在这里我们假设将大数据包分成多个数据段,对于每个数据段可以进行有限域上的算术运算。根据式(9-23),我们有

$$y = Gx \tag{9-41}$$

其中 x 为输入的信息符号组,y 为输出分组码,G 为一个 $n \times k$ 的生成矩阵。生成矩阵可以通过式(9-37)得到。值得注意,在上式中 x 和 y 分别为 $k \times 1$ 和 $n \times 1$ 的列向量,而在式(9-23)中输入向量 u 和输出向量 v 则分别是 $1 \times k$ 和 $1 \times n$ 的行向量。显然当上式的 G 为式(9-23)中生成矩阵的转置时,上式和式(9-23)是等效的;也就是说,删除复原码的构成和传统的分组码是相同的,只不过对传统纠错码的讨论往往用多项式表示,而对删除复原码的讨论则多采用矩阵的形式。

对于传统的分组码,由于接收到的码字不知道是否存在错误,也不知道错误发生在哪个比特位上,因此译码时需要通过校验矩阵 H 来检测和纠正误码[见式(9-27)和式(9-28)]。但是在删除信道上接收到的(未被删除的)码字肯定是正确的,因此根据式(9-41),若生成矩阵 G 的任意 k 行组成的 $k \times k$ 子矩阵 G_k 都是可逆的(分组码的生成矩阵满足此条件),则只要接收到任意 k 组码字就能通过解 k 个方程恢复出原来的信息符号组。这意味着该码可以纠正 $n-k$(即 $d-1$)个删除错误;而相同的码用于前向纠错时只能纠正 $(d-1)/2$ 个随机比特错误。

图 9-7 给出了包级别 FEC 编、解码过程的示意图。在解码时我们需要知道丢失包的位置以便选择 G 中正确的行构成 G_k,如前所述,这是可以通过低层或其他协议获得的。求出 G_k^{-1},则可以重建信息符号组

$$x = G_k^{-1} \cdot y' \tag{9-42}$$

其中 y' 为接收的 k 组码字。

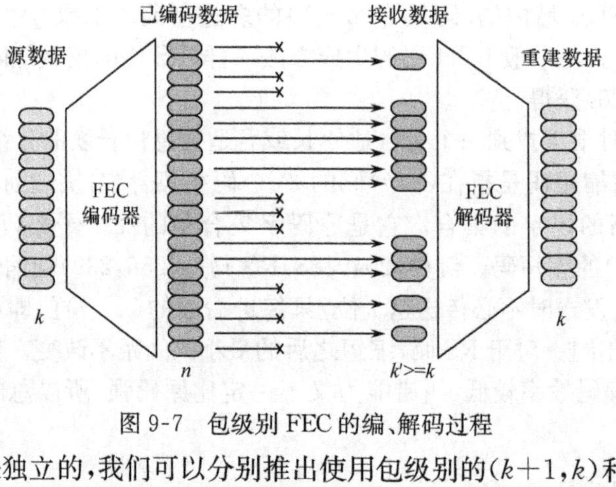

图 9-7 包级别 FEC 的编、解码过程

假设包丢失事件是独立的,我们可以分别推出使用包级别的 $(k+1, k)$ 和 (n, k) FEC 时,接收端的丢包率将分别降至 P_1 和 P_{n-k},如下式(见本章习题 5):

$$P_1 = p[1 - (1-p)^k]$$

$$P_{n-k} = p\left[1 - \sum_{j=0}^{n-k-1} \binom{n-1}{j} p^j (1-p)^{n-j-1}\right] \tag{9-43}$$

式中,p 为信道原有的丢包率。

2. AL-FEC 的构成

用于纠正线路比特错误的传统 FEC 通常通过硬件实现,而包级别 FEC 是在传输层之上进行的,一般由软件实现,因此高效的算法就显得十分重要。首先,我们需要考虑如何对几百甚至几千比特长的包进行编解码操作;其次,如何有效地进行编解码的计算,是另一个需要考虑的问题。

下面我们来考虑第一个问题。

图 9-8 是将长数据包(如一帧视频数据)分割后进行包级别 FEC 的示意图。如图所示,一帧数据被分成 k 段,每段包含 b 个比特。如果最后一段较短,则填充零至 b 比特,然后按纵向完成 (n,k) 码的校验数据的计算,得到 $(n-k)$ 个校验包(图中灰色的包)。正确解码必须知道所使用的码的类型和参数以及每个包所在的位置(序列号),因此需要通过(如图所示的)附加 FEC 头或以其他方式将这些信息传送给接收端。

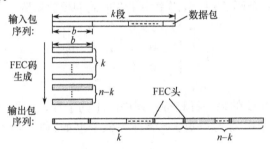

图 9-8 AL-FEC 的生成

一般说来,b 的大小根据应用的需要而确定。值得注意,由于接收端接收到 k 个段后才能解码,b 大则延时加大;而 b 过小,包头(包括 IP 包头和传输层包头)所占比特数的比例加大,使传输效率降低。FEC 校验包生成后进入传输层,IETF 为 FEC 规定了 RTP 负载的格式(RFC 2733)。在 MMT 中,MMTP 包可以采用 AL-FEC,所得到的校验包也由 MMTP 包来传送,ISO/IEC 23008-1 Annex C 定义了相应的格式。

3. 常用的删除复原码

最近 10 年来对删除复原码的研究十分活跃,出现了许多不同类型的删除复原码;同时删除复原码也越来越多地应用于多播协议、大规模存储、数据广播和分布式计算领域。

从删除复原码的构成来说,大致可以分成两类。一是最大距离分离码 **MDS**(Maximum-Distance-Separable Codes),另一类是**稀疏图码**(Sparse Graph Codes)。所谓 MDS 码是指接收到的码长等于信息长度就足以恢复原信息的码。RS 码就是一种 MDS 码;其他构成 MDS 码的方法还有信息离散算法 IDA(Information Dispersal Algorithm)、阵列码(Array Codes)等。低密度奇偶校验码 **LDPC**(Low Density Parity Check Codes)的优良特性引发了另一类删除复原码——稀疏图码的诞生,其中最为著名的一类称为**喷泉(**Fountain)码。初始的喷泉码称为 **Tornado** 码,后来发展为通用删除码(Universal Erasure Codes),或称 **LT 码**。LT 码的进一步扩展成为 **Raptor 码**。稀疏图码在接收端收到 $k(1+\varepsilon)$ 个包后能够以 $(1-\delta)$ 的概率恢复出 k 个信息包来,ε 和 δ 都是非常小的数值。

(1) RS 码

包级别的 FEC 通常采用 $q=2$ 扩展域 GF(2^c) 中的 RS 码,因为 GF(2^c) 域中的元素均可用 c 比特表达,这使数据管理很简单;同时在该域上多项式的系数非 0 即 1,加法和减法是对应系数的模 2 和,可以用简单的异或(XOR)操作来实现。

考虑到编解码的方便,RS 系统码被广泛地应用。RS 系统码的生成矩阵 $\boldsymbol{G}$ 由一个 $k \times k$ 的单位矩阵 $\boldsymbol{I}_k$ 和一个 $(n-k) \times k$ 的矩阵 $\boldsymbol{P}$ 构成:

$$G = \begin{bmatrix} I_k \\ P \end{bmatrix} \tag{9-44}$$

式中，P 为 Vandermonde 矩阵。此时生成的码称为基于 Vandermonde 矩阵的 RS 码，也是经典的 RS 码。如前所述，在解码端根据正确接收的编码包的位置，选择 G 中对应的行构成子生成矩阵 G_k，通过 G_k^{-1} 就可以恢复出原有的 k 个信息包。

根据香农信道编码定理，只要信息速率 R≤信道容量 C，就可以找到一种信道编译码方案，使译码的错误概率随码长 n 的增加按指数规律下降至任意值。由于 RS 码的译码算法具有多项式时间的计算复杂度，故而符号组的长度不能太长，因此其性能不能达到香农容量限。

(2) LDPC 码

LDPC 码也是一类线性分组码。它的名称低密度奇偶校验来源于它的校验矩阵 H 的稀疏性。假设下面的 $m \times n$ 矩阵为一个码长 $n=6$，码率为 1/3 的码的校验矩阵

$$H = \begin{bmatrix} 1 & 1 & 0 & 1 & 0 & 0 \\ 0 & 0 & 1 & 1 & 1 & 0 \\ 1 & 0 & 0 & 0 & 1 & 1 \\ 0 & 1 & 1 & 0 & 0 & 1 \end{bmatrix} \tag{9-45}$$

我们定义 Wr 和 Wc 分别为 H 的每一行和每一列中的 1 的个数。如果 $Wr \ll n$，且 $Wc \ll m$，则称 H 为低密度的。显然我们例子中的式(9-45)不能称为低密度的，通常当 H 非常大的时候才能达到稀疏。

LDPC 码常用称为 **Tanner 图**的形式描述，上面例子中的校验矩阵 H 可以表示为图 9-9 的形式。Tanner 图是一种二分图，图中的节点分为变量节点(v 节点)和校验节点(c 节点)两类，分别对应于 H 的 n 列和 m 行。图中的边只连接类型不同的节点。如果 H 中的元素 $H_{ij}=1$，则 v_j 与 c_i 相连。

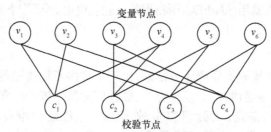

图 9-9　式(9-45)的校验矩阵的图表示

如果 H 中每一列的 Wc 是常数，且每一行的 $Wr = Wc(n/m)$ 也是常数，则该 LDPC 码称为**正则**的。如果 H 是低密度的，但每行或每列的 1 的数目不为常数，则称该码为**非正则**的 LDPC 码。

LDPC 在分组长度很大的情况下其性能可以接近于信道编码定理的香农极限，这也是其他稀疏图码共同具有的优点。但是分组很长，就需要大的校验矩阵 H 和生成矩阵 G。如果利用高斯消去法得到 $H = [P^T | I]$，则 $G = [I | P]$。通常 P 不是稀疏的，直接采用矩阵与符号组相乘来实现编解码的计算复杂度很高，因此 LDPC 的编码和解码都采用了迭代的算法。这些算法进行涉及少量数据的"局部"计算，然后将局部计算的结果通过消息传递到下一部分；这个步骤通常重复数次。这样做的结果使计算复杂度大大降低。最常见的 LDPC 解码算法为**置信传播算法**，或称为消息传递算法，在 Tanner 图上可以直观地理解 LDPC 码的译码过程[6]。但由于 G 需要从 H 经过一定的运算才能得到，所以 LDPC 的编码复杂度还比较高。

(3) LDGM 码

LDGM(Low Density Generator Matrix)码是 LDPC 码的一种特殊形式。LDGM 是线性系统

码,且它的生成矩阵 G 中的 P 是稀疏的,因此编码复杂度远小于一般的 LDPC。LDGM 的校验矩阵也是稀疏的,仍可采用 LDPC 的低计算复杂度的译码算法。

（4）Raptor 码

Raptor 码是一种喷泉码。喷泉码的主要思想是,在发端将 k 个输入数据段（输入符号）进行编码,可以生成无限多个编码符号,接收端只要接收到其中任意 $k(1+\varepsilon)$（ε 很小）个编码符号,就能够以很高（$1-\delta$,δ 很小）的概率恢复出 k 个原始输入符号来。在喷泉码中不存在码长 n 的概念。

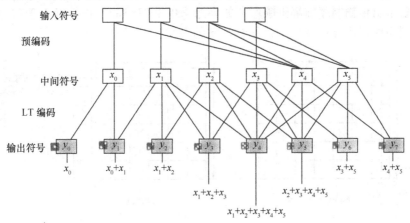

图 9-10　Raptor 码的编码

图 9-10 给出 Raptor 码的编码过程,它分为两个步骤。第一步对 k 个输入符号进行预编码,得到 k' 个中间符号;第二步对中间符号进行 LT 编码得到输出符号。预编码可以采用一般的删除复原码,例如 LDPC 码。在进行 LT 编码时,每一个输出的编码符号是一组（伪）随机抽取的中间符号的异或求和（XOR）。每组进行 XOR 的中间符号的个数是一个特定分布的（伪）随机抽样值（图中输出符号左边的黑框中白点的个数）。这个特定的分布、从这个分布中抽样的机制和随机选择中间符号的机制必须是发端和收端共知的。在译码时,首先使用置信传播算法进行 LT 译码,恢复出一定数量的中间符号,再采用与预编码对应的译码算法,恢复出全部输入符号。Raptor 码生成一个编码符号的计算复杂度为 $O(1)$,解码一个长度为 k 的消息的计算复杂度为 $O(k)$。

4. MMT 使用的删除复原码

在 ISO/IEC 23008-10 中规定了 MMT 可使用的 6 种 FEC 码（见表9-1）。如前所述,每种码在纠错能力和计算复杂度上有各自的优缺点。表中 Pro-MPEG 是基于简单 XOR 的奇偶校验码;RaptorQ 是最新版本的 Raptor;LA-RaptorQ 是可感知层的 RaptorQ,用于分层编码（即可伸缩性编码）的视频。

表 9-1　MMT 的 AL－FEC 码

编号	FEC 码
1	RS 码
2	S-LDPC
3	RaptorQ
4	LA-RaptorQ
5	FireFort-LDGM
6	SMPTE 2022-1(Pro-MPEG)

9.3.4　数据交错

数据交错(Interleave)是提高 FEC 纠正突发错误能力的一种方法。用交错方法构造的码称为**交错码**。形成交错码的方法是,将 i 个分组码排成一个矩阵[见图 9-11(a)],每一行是一个 (n,k) 分组码,i 称为**交错度**。发送端按列的次序自左至右进行传输;接收端接收到此码流后,仍排成与发送端同样的矩阵[见图 9-11(b)],然后以行为单位按原分组码的译码方式译码。图 9-11(a)和(b)中用箭头分别表示出传输顺序和解码顺序。如果原来的分组码能纠正长度小于和等于 t 的错误,经过交错以后则能纠正所有长度小于和等于 $i\times t$ 的突发错误。

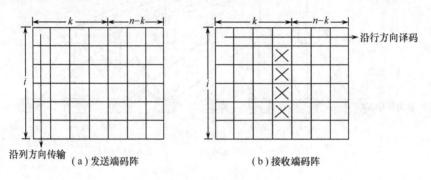

图 9-11　数据的交错

图 9-11(b)中用×表示一个长度为 $m(m<i)$ 的突发错误。错误连续地发生在码阵的列上,因为在传输过程中数据是按列排列的;而解码时,由于是按行解码,这些错误就被分散到行上,每行只有一个错误,即将突发错误分散成了随机错误,因此,每行的 (n,k) 分组码可以将各行的随机错误纠正。对于 $m>i$ 的突发错误,只要分散到每一行上的错误少于 t,都能为分组码所纠正。此外,交错方法可以使用较短的分组码,这比具有同等纠错能力的其他码译码简单。由于上述优点,在信道的传输条件不理想时,数据交错技术与 FEC 一起得到广泛的应用。但是必须注意,使用交错码时需要有较大的缓存区,并引入较大的系统延时。

图 9-12 给出了在进行包级别 FEC 时采用数据交错的示意图。图中编码时每三个信息数据包产生一个校验包(横向),然后按列进行传输;在接收端收到 4 组包后,按行进行解码。

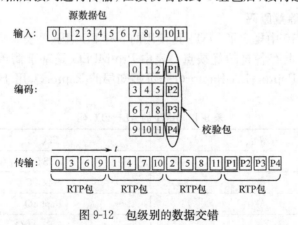

图 9-12　包级别的数据交错

9.3.5　前向差错控制与 ARQ 的结合

我们知道,ARQ 引入较大的延时,而 FEC 引入冗余数据降低了带宽利用率,尤其在丢包率较低的情况下更为显著。在一些应用中,将二者结合起来使用可以有效地提高数据传输的可靠性和带宽利用率。图 9-13 给出了二者结合的两种形式:分层式和集成式。

在**分层式**中,RS 码和 ARQ 是独立操作的。如果 RS 解码器接收到 k 个以上的数据包并正确恢复出 k 个原始信息包,则将解码结果递交给上层;如果接收到的数据包少于 k 个,ARQ 则发出重传请求,直到接收到 k 个包为止。**集成式**的 FEC 和 ARQ 可以有多种形式,例如一种方式是,接收端每检测到丢失一个包就通过 NAK 请求重发一个新的包,直到收到 k 个数据包解码出原来的 k 个原始信息包;发送端则是在依次发送完 k 个信息包后,按重传请求的个数发送校验包。

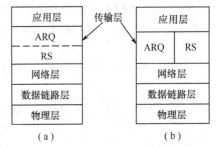

图 9-13　(a)分层式和(b)集成式的混合 FEC 与 ARQ

FEC 和 ARQ 结合使用能够显著提高端到端的吞吐量,所花费的代价是使用了更多的终端资源。一般来说,集成式比分层式的 FEC＋ARQ 性能要好一些,但是复杂程度要高。

9.4　编码层差错控制

9.3 节介绍的传输层差错控制技术是一般通用的错误处理技术,它们在原理上并不依赖于所传送的数据的具体特征,因而这些技术可以应用于视频数据的分组传输,也可以应用于其他数据的传输。除了通用技术以外,针对视频数据的具体特点,在编码层还存在一些专门的差错防护和补偿措施,这便是本节要介绍的内容。这些差错控制措施分别在不同的编码标准中提出,虽然其中的多数在最新的编码标准 H.265 中并未采用,但我们仍将其汇集在这里,以使读者对编码层差错控制所涉及的概念和技术有一个总括的了解。

9.4.1　误码和包丢失对已压缩视频信号的影响

视频压缩编码技术的基本出发点是尽量减少数据中携带的冗余信息,以达到降低码率的目的。但是已编码的码流中携带的冗余信息越少,意味着每个比特携带的信息量越多,误码或包丢失对图像质量所造成的损伤也就越大。

在 MPEG 标准中已编码的数据流具有一定的层次结构,每一层次有一个头。如果误码发生在图像序列头中,有关图像分辨率、帧率等信息被破坏,导致不能对整个序列正确地解码。为了防止这种情况的发生,通常在序列发送过程中要重复传送序列头信息。GOP 头信息与解码的关联较小,因而 GOP 头内的误码对解码不会产生严重的影响。误码如果发生在图像头内则破坏性较大,例如 Picture_start_code 发生错误,解码器可能找不到图像的起始处,在最坏的情况下,整帧图像将被迫丢弃。如果丢弃的这一帧是下一帧图像的参考帧,那么下一帧的解码也受到影响。宏块中的几个参数,如 DCT 的直流系数、宏块的运动矢量等,是参照相邻块的对应参数进行 DPCM 编码的,而 DPCM 在每个条(Slice)的起始处复位(即预测值置为零),因此,如果误码破坏了经 DPCM 编码的参量,那么整个这一条将不能正确地解码,直到正确地检测到下一条的头,解码器才能恢复正常工作。因此条头常称为**再同步标记**。

条内的数据(DCT 系数和运动矢量等)是经过变长编码(VLC)的。由于 VLC 的码长不固定,只根据码表来解码,因此误码可能导致产生码表之外的无效字而无法解码;更坏的情况是,误码产生了码表之内长度不同的另一个码,从而使错误传播下去。以表 3-1 的编码方式 Ⅱ 为例,假设原码流为 0100110… 第 1 位码应译为 S_1。如果第 1 位误码使序列改变为 1100110… 那么前 3 位构成了码表中的有效码字 S_3，解码器无法察觉错误，因而使原序列本来应译成的 $S_1S_2S_1S_3\cdots$ 却变成了 $S_3S_1S_3\cdots$。这种码字边界发生错位的错误称为**失步**。失步会使错误在空间上自左至右传播，一直延续到下一个条（再同步单元）的开始处为止。

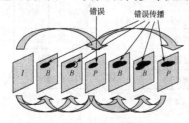

图 9-14 P 帧的错误在
时间方向上的传播

此外，通过帧内和帧间预测编码可能导致错误在空间和/或时间上的传播。例如像前面提到的某个宏块的运动矢量或 DCT 的 DC 分量的错误，将导致同一条内的后续宏块的对应参数的错误。又如在 H.264 和 H.265 中可以进行图像的帧内预测编码，参考块中发生的错误会因此而扩散到其他块中。与错误在空间上传播相类似，在参考帧内发生的任何错误通过帧间预测会在时间方向上传播。图 9-14 给出了 P 帧发生的差错向前和向后传播的情况。

最后需要指出，同样的信道错误率对不同码率的信号产生的影响是不同的。以信元丢失率为 10^{-8} 为例，信元是定义在 1.5.1 节提到的曾经的 ATM 网上的数据包的名称，其载荷为 48B。这个丢失率意味着每 10^8 个信元，或说 $10^8 \times 48 \times 8 = 3.84 \times 10^{10}$ 个信息比特，出一次错误。该数字对于 64 kb/s 的数字电话而言，其发生错误的平均间隔时间为 $3.84 \times 10^{10}/(64 \times 10^3) \approx 6.9$ 天，而对于码率为 40 Mb/s 的 HDTV，则发生错误的平均时间间隔只有 16 分钟左右。一个电话的通话时间一般以分钟计，因此多数电话不会受到干扰；而一个电视节目一般在 1 小时以上，用户会多次察觉信元丢失的影响。

压缩编码旨在消除信号中的冗余，但是冗余信息的减少将导致误码或包丢失对图像质量的损伤增大。因此，在传输条件不理想（错误率较高）的情况下，可以在进行压缩编码时有意识地保留一些冗余信息，以降低已编码流对差错的敏感性。这类压缩编码方式称为**鲁棒编码**（Robust Coding），或**抗误码编码**（Error Resilient Coding）。

9.4.2 抗误码编码

由于预测编码和变长编码是导致差错在时间和空间上传播的主要因素，因此本节将首先介绍针对预测编码提出的抗误码措施：泄漏预测、帧内编码刷新和区域受限的帧间预测；然后介绍针对变长编码提出的抗误码熵编码和可逆变长编码。最后我们将在码流的组织方面，介绍编码单元的划分，以及对重要信息的冗余插入、分类和保护，这些措施也可以提高码流抵御错误的鲁棒性。

1. 泄漏预测

在 3.5.1 节关于预测编码的讨论中我们知道，当使用最佳预测器时，预测的均方误差值最小，即预测增益最高。而**泄漏预测**（Leaky Prediction）选择预测器的系数（$a_i, i=1\cdots N$）小于其最佳值 a_{iopt}，即 $0 \leqslant a_i \leqslant a_{iopt}(i=1,\cdots,N)$。这相当于对最佳预测系数乘以一个因子 $L(0 \leqslant L \leqslant 1)$，称为**泄漏因子**。$L=1$ 表示没有泄漏。$L<1$ 时，泄漏使预测增益和编码效率下降；但是由于预测误差对参考值的依赖性减少，差错沿空间（对帧间预测则为时间）方向上的传播距离随之减小。假设受到错误干扰的帧间预测误差为 D，经过 n 帧之后，D 将衰减到 DL^n。在极端情况下，$L=0$，帧间预测编码退化为帧内编码，差错在时间方向上完全不会传播。

泄漏因子的大小根据所期望的差错衰减速度和编码效率之间的折中考虑来确定。

2. 帧内编码刷新

减少两个 I 帧之间的预测帧（P 帧或 B 帧）的数目，可以减少差错在时间上传播的范围。但是在要求高编码效率的应用中，不允许在码流中有许多 I 帧，此时可以让连续的帧间编码帧中不同位置上的条（或宏块）轮流采用帧内编码，在一定的时间间隔内完成一帧的循环，差错的传播则被限制在这个时间范围之内。这种方法称为**周期刷新 CIR**(Cyclic Intra Refresh)。例如在 H. 261 中，每个 P 帧按扫描顺序依次刷新(帧内编码)一个宏块，对于 CIF 格式的图像，396 帧循环一周。

帧内编码刷新是阻止差错在时间上传播的基本手段。增加每帧刷新的宏块数可以加快差错恢复的时间，但是帧内编码块增加了编码产生的比特数，为了维持码率在信道限制的码率之内，量化步长要相应提高，这意味着在无差错情况下视频质量的降低。因此，如何选择刷新宏块的**数量**和它们的**位置**，以获得差错的鲁棒性和无差错情况下视频质量的最佳折中，是帧内编码刷新中主要考虑的问题。

图 9-15 给出 MPEG4 Annex E **自适应帧内刷新 AIR**(Adaptive Intra Refresh)的示意图。这里每个帧中刷新宏块的个数是固定的，而其位置选择在图像运动比较剧烈的区域，因为相比于静止区域，这些区域的错误通过帧间预测会扩散到更大的范围中。宏块运动剧烈的程度用该宏块经运动补偿后的帧间预测残差 SAD 来衡量，若 SAD 大于前一个帧所有宏块残差的均值，则认为该宏块属于剧烈活动区域，并在图 9-15 所示刷新图(Refresh Map)的对应位置上置 1。每帧编码时根据刷新图按扫描顺序依次完成规定块数的帧内刷新(图中为两个黑色块)，例如第 3 帧刷新了刷新图左上角置 1 的两个宏块，第 4 帧则根据刷新图刷新第 2 列的两个宏块，以此类推。与传统的隔若干帧刷新整个帧一次的方法相比，AIR 的输出速率更平稳，而且无差错情况下的视频质量更好。

帧内刷新宏块的数量和位置的选择还可以有许多其他的策略，例如根据网络差错率的大小，动态地选择每帧刷新的块数；每帧在随机的位置上刷新；根据率失真优化原则选择刷新块的位置和数量等。

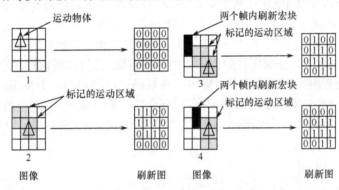

图 9-15　自适应帧内刷新

3. 区域受限的帧间预测

将参考块位置限制在一定的区域之内，能够限制由帧间预测编码引起的差错空间传播的范围。例如，在 H. 263 Annex R 中，运动估值只在对应的 GOB(Group of Block，相当于 MPEG2 中的条)中进行，即当前宏块的运动矢量不能指向前一帧同位 GOB 之外的区域。同时，运动矢量在进行 DPCM 编码时也不参考本 GOB 之外的运动矢量。这样，每个 GOB 就是一个独立的可解码单元。如图 9-16 所示，当一个 GOB 丢失(如图中第 2 帧 GOB 3)后，差错只传播到后续帧的对应 GOB(如图中第 3 帧 GOB 3)之内。

4. 抗误码熵编码

误码引起 VLC 解码失步的原因在于，错误地解释了一个码字可能导致错误地识别下一个码字的边界，从而下一个码字的译码也发生错误。如果使用定长码，则一个码字的错误不会干扰对下一个码字边界的识别。因此**抗误码熵编码 EREC**(Error Resilience Entropy Code)的基本思想就是在保持变长编码高编码效率的同时，在传输时将其放在定长的时段中传送，以避免误码干扰解码器对码边界的识别。

假设有 N 个长度为 b_i 比特的变长码字，$i=1,2,\cdots,N$，编码器首先选择一个能容纳全部数据

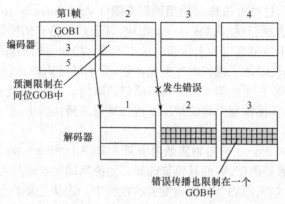

图 9-16　差错在区域受限的帧间编码码流中的传播

的时间长度 $T=\sum_i b_i$，并将 T 分成 N 个等长的时隙 $S_i=T/N,i=1,2,\cdots N$；然后利用一个 N 步的算法将 N 个变长码字装入 N 个等长的时隙中。在该算法的第 n 步中，没有被完全装进时隙的第 i 个码字在时隙 $j=i+\phi_n(\mathrm{mod}\ N)$ 中寻找空隙，以便将自己残留的比特部分地或全部地装入 j 时隙，这里 ϕ_n 是一个伪随机的偏置序列。图 9-13 给出上述编码算法的示例。图中 $N=6,b_i$ 为 $\{11,$ $9,4,3,9,6\}$；数据总长 $T=42,T$ 被分成 6 个长度 $S_i=7$ 的时隙。假设偏置序列 $\phi_n=\{0,1,2,3,4,$ $5,6\}$。如图 9-17 所示，在第 1 步中，第 3、4、6 个码字完全装进了对应的时隙，而第 1、2、5 个还有部分比特未装进对应的时隙。根据 ϕ_n，码字 1 在时隙 $j=1+1(\mathrm{mod}\ 6)=2$ 中寻找空隙；同理码字 2 和 5 分别在时隙 3 和 6 中寻找空隙。结果码字 2 和 5 分别将 2 和 1 个比特装进了时隙 3 和 6。在第 2 步中，码字 1 和 5 根据 $\phi_n=2$ 分别在时隙 3 和 1 中寻找空隙，并将残留比特放进找到的空隙中。以此类推，经过 6 步，所有码字都放进 6 个时隙中。在解码端以类似的 6 个步骤进行译码。首先从每个时隙的开始，按照码表分别搜索合法的码字，遇到合法的码字则解码，剩余的比特留在该时隙中；如果时隙中的所有比特构不成合法码字，则在后续步骤中根据 ϕ_n 到时隙 j 中寻找后续的比特，直至可以译码为止。

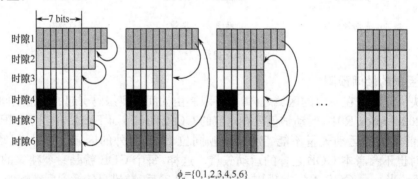

$$\phi_n=\{0,1,2,3,4,5,6\}$$

图 9-17　抗误码熵编码举例

在有传输错误时，由于时隙是等长的，每个码字在固定的位置上开始，因此不会造成失步。同时，这种数据排放方法使错误传播造成的译码错误通常发生在分放于多个时隙的长码上，而根据变长编码原理可知，长码对应于小概率事件，因此对主观视觉质量影响较小。

5. 可逆变长编码

如前所述，传输错误可能导致 VLC 解码的失步，因此当发现错误后，不管后面的数据是否正确接收，通常都需将到下一个再同步标记（如条头）之前的数据全部丢弃。为了尽可能地保留可用的数据,**可逆变长编码**(Reversible VLC,RVLC)在正向解码的同时,还允许从下一个再同步标记开始反向解码,当遇到错误时仅把中间部分的数据丢弃。图 9-18 标示出从两个方向解码可能检测到错误(即遇到无效码字)的 4 种不同情况,其中×表示检测到错误的位置,阴影部分为丢弃的数据。

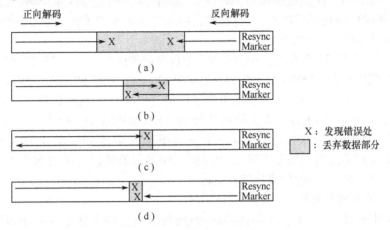

图 9-18　确定双向解码中丢弃数据段的方法

构成 RVLC 码的一种简单的方法是:

(1) 选择一组具有相同**汉明权重**的变长码,即每个码有相同个数的 1(不一定具有前缀特性);

(2) 在每个码字的前后加上相同的前缀和后缀;

(3) 加上 0 作为最短码。

图 9-19 给出了一个示例。图 9-19(a)给出码表,其中每个 VLC 码字的汉明权重均为 1,加上的前缀和后缀分别为一个 1,则每个 RVLC 码字都含有三个 1。无论从前向还是从后向进行 RVLC 译码,除了最短码是以 0 开头的外,其他码字只要收到三个 1 就表示码字的终结。图 9-19(b)给出了相应的译码过程,图中用 X 表示出现错误的比特,并标出了丢弃的数据段。

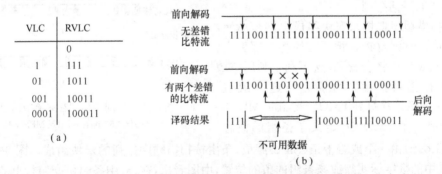

图 9-19　(a)RVLC 码表;(b)传输错误对译码的影响

更复杂的 RVLC 可以由增加更长的前、后缀,或增加比特翻转(0 变 1、1 变 0)的码字构成。除了基于具有相同权重的 VLC 码来构造 RVLC 码外,RVLC 也可以根据其他策略来构成,例如每个 RV-LC 码字含有固定数目的 0 和 1(01,10,0011,1100…)等。一般的 RVLC 与最佳的霍夫曼码相比增加了 2%～3% 的比特率,但是如果仔细地设计让 RVLC 与视频训练序列的 DCT 系数的统计特性尽可能地匹配,则能够使 RVLC 在保持抗误码能力的同时有好的压缩性能。此外,基于 Golomb-Rice 码和 Exp-Golomb 码也可以生成双向可解的码,并保持其良好的编码效率。

在 H.263 Annex D 和 Annex V 中,头信息和运动矢量的预测误差采用 RVLC 进行编码;在 MPEG 4 中则采用 RVLC 对纹理信息(DCT 系数)进行编码。

6. 再同步单元的划分

如前所述,传输错误可能通过 VLC 或 MV 和 DC 系数的预测编码向后传播,一直延续到下一个再同步单元的开始,因此在发现传输错误时,解码器通常将整个当前再同步单元的数据丢弃。为了使这种情况下图像的损伤尽可能地小,有必要仔细地考虑再同步单元的划分问题。

(1) 减少再同步标记之间的间隔

我们知道,条是 MPEG1/2 和 H. 264/H. 265 进行再同步的单元。在 H. 261/H. 263 和 MPEG 4 中,与条对应的再同步单元分别是 GOB 和 Video Packet。当信道的差错率较高时,可以增加每帧图像的条(再同步单元)的个数,即减少条中所包含的宏块(或 CU)数,以使差错在空间上传播的面积减小。但是条数增多将增加条的头信息的开销,降低编码效率。例如对于 4 Mb/s 的 CCIR 601 图像而言,从每条包含 44 个宏块降至 4 个宏块,编码效率降低 12% 左右;在无差错发生的情况下,编码效率的下降将导致图像质量下降 1 dB。但是如果信道的信元丢失率为 10^{-2},这种方法大约可以得到 1 dB 至 5 dB 的图像信噪比增益[7]。

(2) 按相同比特数划分再同步单元

在一些标准例如 H. 261/H. 263 中,将同一行或相邻行上的宏块组成一个再同步单元,称为 GOB。每个单元内的宏块个数是相同的,且再同步标记(GOB 头)都位于图像左侧的起始位置。由于不同区域内的图像复杂程度可能不同,因此编码后每个 GOB 所包含的比特数不同。图 9-20(a) 中的黑色矩形块给出了再同步标记在 H. 263 比特流中的位置的示例,再同步标记之间距离较远的部分对应于图像较复杂的区域。在误码率一定的情况下,包含比特数越多的 GOB 越容易受到传输错误的干扰而被丢弃;而图像复杂区域内的错误在时间和空间上的传播要比在图像简单区域发生的错误更为恶劣。为了对此加以改进,MPEG 4 给出了按相同比特数划分再同步单元的选项。在每个再同步单元(MPEG 4 Video Packet)中宏块的个数可以不同,但包含大体相同的比特数[见图 9-20(b)],这样在图像复杂的重要区域内分布有较密(指在图像空间中)的再同步标记,一旦发生错误能够及早地恢复。在后来的 H. 263 Annex K 中也增加了类似的策略。

(3) 宏块的灵活排列

如果按扫描顺序将相邻宏块组成再同步单元,当发现传输错误时则意味着相邻宏块将全部丢失。我们将在 9.4.3 节中将会看到,这不利于利用空域相关性来进行错误掩盖。为了克服这一缺点,H. 264 给出了**灵活宏块排列 FMO**(Flexible MB Ordering)的选项。在 FMO 中,定义了条组的概念。

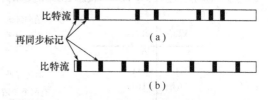

图 9-20　再同步标记在码流中的位置:
(a)H. 263 baseline;(b)MPEG 4

条组(Slice Group)由一个或若干条(Slice)组成,条由按扫描顺序排列的宏块组成。图 9-21 所示为两个例子,其中的数字标明组成该条组的条的位置,由图看出,在(a)中条组由交错行上的宏块(条)组成,而(b)中条组由棋盘格位置上的宏块组成。假设(b)中的第 2 条组丢失,由周围的第 1、3、4 条组的宏块进行双线性内插则可比较容易地将丢失的宏块近似地恢复出来。

7. 插入或重复重要信息

在已编码流中插入或重复传送某些重要的信息,可以增加对码流进行差错处理的鲁棒性。这种技术有时需要和 9.4.3 节将要介绍的错误掩盖技术结合使用。例如在 MPEG 2 标准中,允许传送帧内编码宏块所对应的运动矢量。我们知道帧内编码的宏块在解码时并不需要运动矢量,在无差错的情况下,该矢量在解码时丢弃;但是如果在传输中发生差错,则可以用该矢量进行错误掩盖(见 9.4.3 节),使差错对主观视觉的影响降低。又如在 H. 264 中允许重复传送一帧图像或它的一部分(条),在一般情况下,解码器丢弃冗余的帧或条;而当有传输错误时,则可利用冗余数据来填补受损伤的区域。

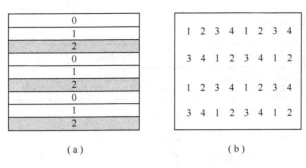

（a）　　　　　　　　　　（b）

图 9-21　H.264 灵活的宏块排列：(a)交错式；(b)棋盘格式

冗余的帧或条可以采用不同的参数编码,例如冗余条采用比原有条更大的 QP(更粗糙的量化步长),以便以比较小的冗余比特来换取差错处理的鲁棒性。

我们知道解码所需要的一些最重要的信息,例如图像尺寸、编码类型等通常包含在帧头中,如果帧头由于传输错误而损坏,解码器将由于无法解码而丢弃整个帧。为了降低帧头对错误的敏感性,MPEG 4 中引入了**头扩展码 HEC**(Header Extension Code)。如图 9-22 所示,在每一个 Video Packet(再同步单元)中有一个比特的 HEC 域,如果该比特置 1,则它后面跟着有一个重复的帧头(称为 VOP 头)。解码器通过将此帧头与帧起始位置上的帧头进行比较可以确认帧头的正确性;如果帧起始位置上的帧头发生错误,解码器可以利用后续的帧头进行解码而不至于将整个帧丢弃。H.263 Annex W 也有类似的帧头重复措施。

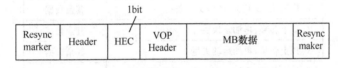

图 9-22　MPEG 4 的头扩展码

8. 数据分割

所谓**数据分割**是指打乱传统的按扫描顺序排列数据的方式,而是将数据按重要性不同进行组合形成码流,以便在后续处理中提高抵御差错的能力。

图 9-23(a)给出了一个 MPEG 4 再同步单元中各宏块数据通常的排列顺序,其中下标表示宏块序列号,COD 表示该宏块是否编码,MCBPC 表示宏块的编码模式和色差块是否编码,CBPY 表示宏块中的 4 个块是否编码,DQUANT 表示当前宏块与前一个宏块量化参数的增量,后面是经差分编码之后的 MV 和 64 个 DCT 系数值。上述信息是按宏块排列的,且 MV 和 DCT 系数是变长编码的,因此解码器检测到错误时无法定位发生错误的具体位置,只能将整个 Video Packet 丢弃。图 9-23(b)给出了使用 MPEG 4 数据分割时各个数据分量的排列位置,在这里所有宏块与运动有关的信息(当编码基于对象时还包括对象的形状)和与 DCT 有关的信息用一个称为 **MBM**(Motion/DC Boundary Mark)的字段分开。MBM 是一个特殊选择的码字,它与 MV VLC 表中任何可能的有效码字组合均保持汉明距离为 1,因此能够从 MV VLC 表中唯一地解码。由于 MBM 的存在,解码器通过是否检测到 MBM 可以判断错误发生在运动部分还是纹理(DCT)部分。如果错误发生在运动部分,整个 Video Packet 被丢弃(或置为 Skip 模式);如果发生在纹理部分(当前再同步单元的 MBM 已正确检测到),则只丢弃纹理部分,正确接收的运动信息仍可以用来进行运动补偿,从而能够恢复出质量稍差的图像(残差信息丢失)。

MPEG 2 也具有类似的选项,它将数据按重要性分成两部分,分别称为 Partition 0 和 Partition 1。表 9-2 列出了它的 4 种数据分割方式。

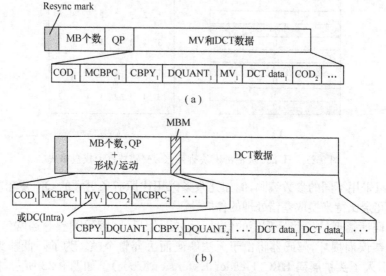

图 9-23 MPEG 4 Video Packet 中各数据分量的位置
(a)无数据分割；(b)采用数据分割

表 9-2 **MPEG 2 数据分割方法**

Partition 0	Partition 1
1. 序列头、GoP 头、图像头和条头	其余数据
2. 以上各项，再加宏块头	其余数据
3. 以上各项，再加运动矢量	其余数据
4. 以上各项，再加 n 个已编码的 DCT 系数	其余数据

H.264 则利用 NAL 层对已编码的视频数据进行数据分割。对于视频编码数据，如果不进行数据分割，可以将一个条的已编码数据封装进一个 VCL NAL 包内[见图 9-24(a)]。若在传输中数据被破坏，整个条将丢弃。为了提高抵御传输差错的能力，可以将已编码数据按重要性分开封装。H.264 的 NAL 层为数据分割的 VCL NAL 包定义了三种类型的载荷：PartA,B 和 C[见图 9-24(b)]。Part A 为头信息，包含 MB 类型、量化参数和运动矢量等；Part B 包含帧内编码的残差；Part C 包含帧间编码的残差。显然 Part A 是最重要的，若在传输中遭到破坏，整个条不能被解码；Part B 其次，因为帧内编码的条可以阻止传输差错传播。如果 Part A 被正确接收，那么可以解码 A、或 A 与 B(C 被损坏)、或 A 与 C(B 被破坏)，得到质量降低的图像。

在 H.264 和 H.265 中，将一段时间内不改变而影响多个帧解码的重要数据(如序列头和帧头等)集中在一起构成"**参数集**"。其中**序列参数集**包括影响整个序列的参数，例如序列的标识、帧数的限制、编码时采用的参考帧的数目、图像分辨率和扫描方式等。**图像参数集**包括影响一帧或多帧图像的参数，如图像的标识、初始量化参数、条组数量和熵编码方式等。由于其重要性，参数集作为 Non-VCL NAL 包的载荷单独封装，并可以重复多次传送，或通过具有高传输可靠性的手段传送(详见下面的不均衡保护)，以保证解码端能够可靠接收。

9. 不均衡保护

当数据分割成比较重要和不太重要的部分之后，对它们分别加以不同程度的保护措施，或采用可靠性不同的逻辑子信道传输，称为**不均衡保护**。数据分割加上不均衡保护能够有效地提高编码的容错性能。对不同重要性信息的不均衡保护可以通过多种手段来实现。例如在支持不同优先级传输的网络中，如 IPv6 或 Diffserv 等，重要的信息采用高优先级传输、不重要信息采用低优先级传

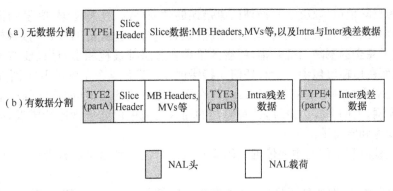

图 9-24 H. 264 一个条的 NAL 单元

输;或在无线网络中,重要信息采用高功率、不重要的采用低功率传输。又如,对重要信息加以强的 FEC 或长的交错深度保护,非重要信息以弱的,甚至不加 FEC 或数据交错保护等。采用不同的传输协议是实现不均衡保护的另一种方法,例如视频数据本身采用 RTP/UDP 传输,特别重要又不变动的数据,如流媒体系统中的元数据、H. 264 和 H. 265 的参数集等可以采用更可靠的传输机制(如 TCP 或 H. 245)传输。当这类信息采用与视频数据不同的逻辑子信道(协议)传输时,称为"**带外**"传输。

10. 编码端协助的错误检测

在 H. 264 和 H. 265 中,可以利用 NAL 层的特定 SEI 消息来帮助解码器进行错误检测和补偿。例如在 H. 265 中,称之为已解码图像哈希的 SEI 消息携带着由相关图像的解码样值导出的校验和,这可以帮助解码器进行错误检测。又如,称之为 SOP(Structure of Picture)描述的 SEI 消息包含对多个连续图像的时域结构和分层帧间预测关系的描述。某些中间设备(如 MCU)或终端解码器可以根据此描述信息迅速检测帧的丢失,或者判定一个条丢失引起的错误在时间上传播的范围,从而采取相应的补救措施。

9.4.3 错误掩盖

我们在 9.3 节中讲过,FEC 和数据交错只能在一定程度上纠正传输错误;无限制地自动重传虽然可以保证数据传输的可靠性,但在实时性要求较高的多媒体应用中又不宜采用,因此,接收端接收到的码流仍然可能存在传输错误。9.4.2 节中讲述的抗误码编码能够在一定程度上抑制错误的影响,但是传输错误还是会导致解码后图像质量的损伤。所谓**错误掩盖**(Error Concealment)就是在解码端采取一定措施部分地恢复被传输错误所破坏的图像,使其对人的视觉的影响减至最小。不难理解,恢复被破坏图像的基本思路是利用视频图像在空间和时间上的相关性;同时,人的视觉系统可以容忍一定程度的信号失真,这些就构成了实现各种错误掩盖算法的基础。

1. 错误检测与定位

在进行错误掩盖之前必须首先进行错误的**检测**和**定位**,也就是说,必须首先知道在图像的什么位置和什么范围内发生了错误。在 9.3.3 节我们知道在删除信道上,网络的高层(应用层和传输层)或者收到正确无误的包,或者包丢失;而且包丢失的位置可以通过低层协议或其他协议(如 RTP 序列号)准确地获知。如果在发送端根据应用层分帧的思想来封装传输层及底层的包,例如将可独立解码的再同步单元、或数据分割的一个部分、或 FEC 的一个段封装成一个传输层包,那么已知丢包的位置就可以推断出图像受损伤的对应位置。

基于 IP 的网络一般认为属于删除信道,但是 IP 网络的底层(链路层和物理层)可以有许多不同的类别并遵从各种不同的协议,例如有线网或无线网、4G 或 WLAN 等,每一个具体的网络能否视为一个完全的删除信道,取决于其物理信道错误的性质(随机比特错误、突发错误或节点缓存器溢出等)以及物理层和链路层的检错与纠错措施(是否包含对包载荷的检错与纠错、检错与纠错的强度等)。在这里**完全的删除信道**是指,所有的错误在底层都被检测出,且只要有不能纠正的错误就将包丢弃,因而在传输层包中不含有任何比特错误。不满足这个条件的 IP 网络我们称为不完全的删除信道。在不完全删除信道上或直接构建在面向比特流的信道(如传统的广播信道或有线或无线的电路交换网)上的多媒体系统,其解码器的输入码流中可能包含比特错误,此时就需要在解码层进行错误检测和定位了。

解码层错误检测和定位的主要依据是码流句法的合法性和语义的合理性,下面列举了一些典型的判则:

(1) 码字的合法性:例如是否是 VLC 表中合法的码字,DCT 系数值是否在允许的取值范围之内等;

(2) 数据单元数目的合法性:例如 8×8 块的 DCT 系数个数是否超过 64,宏块中的块数是否超过编码模式给出的数值,宏块数是否超出条头中给出的数值等;

(3) 参数取值的合理性:例如解码后的 MV 值是否超出给定的运动估值搜索范围,量化参数是否在标准规定的范围之内等。

图 9-25　差错检测与定位

当根据上述判则在码流中检测到问题时,我们并不能确定传输错误就发生在检测到问题的地方,也有可能发生在此前的某处(见图 9-25)。因此在检测到问题时,通常的做法是将当前再同步标记到下一个再同步标记之间的数据全部丢弃(除了在采用 RVLC 或者数据分割时可以挽回一部分数据)。

2. 空间域错误掩盖方法

自然图像中相邻区域亮度和色彩的低频变化是平缓的,因此如果一个或几个 MB 丢失,最简单的掩盖方法就是利用周围正确接收的宏块内插出丢失的块来。图 9-26 给出了一个例子,图中粗线框表示丢失的块。如图 9-26 所示,通常只采用最靠近丢失块的边缘像素来进行内插,内插得到的丢失块中位于 (x,y) 的像素值 $p(x,y)$ 为

$$p(x,y) = \frac{1}{d_L + d_R + d_T + d_B} [d_L p_R(x_2,y) + d_R p_L(x_1,y) + d_B p_T(x,y_1) + d_T p_B(x,y_2)]$$

(9-46)

式中,d_L、d_R、d_T、d_B 分别为丢失像素到左、右、上和下边缘像素的距离。为了避免使用距离丢失像素过远(相关性较小)的边缘像素,也可以将丢失块分为 4 部分(如图虚线所示),每一部分内的像素只用距自己最近的两个边缘像素来内插,例如图中用 $p_R(x_2,y)$ 和 $p_B(x,y_2)$ 来估计 $p(x,y)$。

在空间域内进行错误掩盖的另一种简单方法是,用周围正确接收块的亮度和色度均值(或中值)来代替丢失的块。这可以直接在像素域内进行计算,也可以利用周围块 DCT 域的直流分量(或加上低频分量)的均值(或中值)作为丢失块的对应 DCT 系数值来实现。

以上两种方法是基于灰度平滑变化的思想的,因此所得到的掩盖块会模糊原有图像的细节。利用边缘连续性来设计算法可以在一定程度上改善这种情况。例如图 9-27 所示,如果在相邻正确接收的宏块中检测到一条延伸到丢失块的明显边缘,那么假设该边缘在丢失块中是一条直线(如图中 OO' 所示),直线两侧的像素分别采用对应侧邻域正确接收的像素进行内插,则可以在丢失块中保留该边缘,从而在一定程度上改善错误掩盖后图像的主观质量。

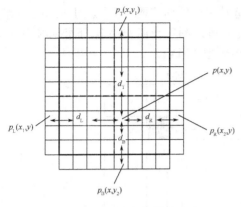

图 9-26 空间域内的错误掩盖

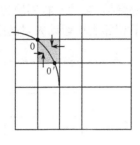

图 9-27 考虑边缘连续性
的空域错误掩盖

在图 9-28(a)和(b)中我们分别给出孤立块丢失和一行块丢失时的图像;(c)和(d)分别给出使用双线性内插掩盖后的结果。图 9-28(a)和(b)可以看成是使用图 9-21 所示 H.264 的两种 FMO 时,一个条组丢失所产生的错误图形。由于图像受损失的区域比较孤立,因此有利于进行空间域的错误掩盖。

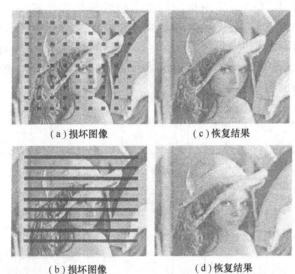

(a)损坏图像   (c)恢复结果

(b)损坏图像   (d)恢复结果

图 9-28 (a)与(b):受损伤的图像;(c)与(d):经空间域错误掩盖后的对应图像

3. 时间域错误掩盖方法

利用视频序列在时间上的相关性是进行错误掩盖的另一个途径。当一幅图像有大面积损伤时,利用时域掩盖方法比利用本图像内正确接收部分进行的空域掩盖更为有效。假设图像受损宏块的运动矢量没有丢失、只丢失了纹理(运动补偿后的残差)部分,这种情况通常在编码端采用数据分割和不均衡保护的情况下发生,此时简单地将 MV 指向的前帧参考块补贴到受损宏块的位置上即可。因为只丢失了运动补偿后的残差,错误掩盖的效果是较好的。

当受损宏块的运动矢量丢失或运动矢量与残差都丢失时,首先需要对受损宏块的 MV 进行估计,然后采用 MV 的估计值所指向的参考块来掩盖丢失块。对丢失的 MV 进行估计的最简单的办法是,假设 MV=0,即将前帧同位宏块复制到丢失宏块的位置。当图像运动较为剧烈时,此种方法的效果将不能令人满意。估计丢失宏块 MV 的其他方法还包括:①令 MV 等于前帧同位宏块的运动矢量[见图 9-29(a)]；②令 MV 等于空间邻域宏块运动矢量的均值或中值[见图 9-29(b)]等。通常一个宏块受损，它的左右邻域的宏块也往往受损，此时可以利用受损宏块上、下相邻宏块的运动矢量或上下相邻宏块运动矢量的中值或均值来估计受损块的 MV。

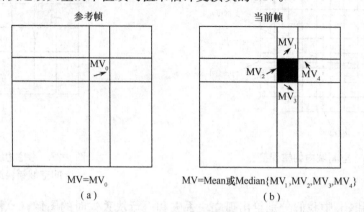

图 9-29　运动矢量的估计

边界匹配算法 BMA（Boundary Matching Algorithm）根据边界匹配情况在一组待选的 MV 中选择一个最佳的估值作为丢失块的运动矢量。待选的 MV 可以包括上述各种方法所估计的 MV 值。所谓边界匹配则是指，用某个 MV 所指向的参考帧数据块来代替丢失块时，替代块的内边缘像素[图 9-30(a)中的深色部分]与丢失块周围宏块边缘像素[(b)图中灰色部分]的差值最小。图 9-31 给出了在宏块丢失率为 30% 时，分别用 MV＝0、前帧同位宏块 MV、周围宏块 MV 均值以及 BMA 进行时域错误掩盖的结果。从图(e)可以看到，使用 BMA 算法时，图像的主观质量最好，图像上部的背景有比较整齐的边沿。

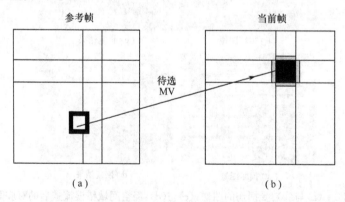

图 9-30　边界匹配算法

不难理解，采用 H.264 FMO 模式使图像受损区域相对孤立，不仅有利于空域错误掩盖，对时域的错误掩盖也是有益的。除了以上介绍的各种比较简单的算法外，无论是对于时域还是空域错误掩盖，研究者还提出了众多的其他算法，性能好的算法通常复杂度较高。在实际应用中，需要在掩盖效果与计算复杂度和实时性之间折中选择。

4. 编码模式的恢复

在有些情况下，宏块的编码模式信息可能丢失。此时，恢复丢失宏块编码模式的最简单的办法是，假设该宏块是帧内编码宏块，然后采用空域方法进行错误掩盖。

恢复丢失宏块编码模式的另一种方法是，从周围宏块的编码模式信息来对丢失块的编码模式进行估计。图 9-32 列举了针对 P 帧和 B 帧的一种估计方法，例如图 9-32(a)所示，若丢失块的上、

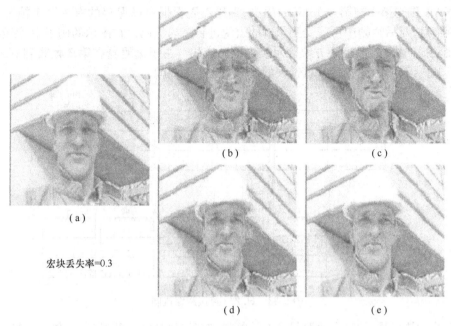

图 9-31　宏块丢失率为 30% 时的时域错误掩盖

(a)原始图像;(b)MV=0;(c)MV=前帧同位宏块 MV;(d)MV=周围宏块 MV 均值;(e)BMA 方法

下两个宏块都是前向预测的,丢失块的模式也认为是前向预测的;若其中一个是帧内模式,另一个是前向预测模式,则丢失块认为是前向预测模式,等等。

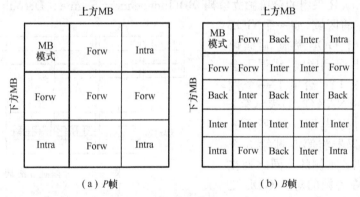

(a) P帧　　　　　　　　(b) B帧

图 9-32　编码模式的估计

9.4.4　编解码器交互差错控制

前两节分别介绍了编码器和解码器各自独立地采取的差错控制方法,如果在多媒体系统中存在从接收端到发送端的反向信道,则双方可以交互地工作获得更好的差错控制性能。通常这些控制方法基于如下假设:只要差错存在的时间不太长,人是能够容忍的,因此限制差错传播的时间就成为了这些方法的基本出发点。

1. 错误跟踪

在 H.263 使用的这种方法中,编码器保存了最近传输的几帧中的 GOB 错误预测信息;所谓错误预测信息是指第 n 帧的某个 GOB 受损时,第 $n+1$ 到 $n+d-1$ 帧图像中的哪些部分受到影响。如果解码器检测到一个 GOB 受损,它向编码器返回一个否定确认(NAK)信号,如图 9-33 所示,解码器返回 NAK 告知第 1 帧第 3 个 GOB 丢失；编码器则根据自己保存的有关第 1 帧第 3 个 GOB 的错误预测信息，对后续帧中可能受到影响的宏块进行帧内编码。在图示的例子中，深色块表示因错误传播而受损的宏块，白色小方块表示帧内编码宏块。由于编码器在第 3 帧收到 NAK，从第 4 帧开始执行帧内编码，因此在接收端错误的传播中止于第 3 帧。

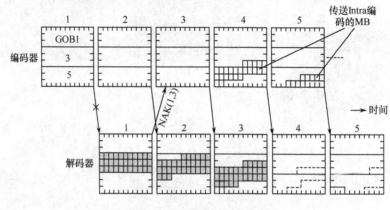

图 9-33 H.263 错误跟踪机制

上述方法的缺点是：①错误跟踪是一个计算量和存储量都很大的过程；②传送大量的帧内编码宏块使码率显著增加。对后者的一个改进方案是，编码端对可能受损的宏块仍进行帧间编码，但将预测时的参考块限制在前帧未受损的区域。

2. 分段独立解码

在 H.263 Annex R 采用的**分段独立解码 ISD**（Independent Segment Decoding）中，运动估值和补偿都限制在特定的区域（如一个 GOB 内）内进行；因此一个 GOB 受损，后续帧中只有对应的 GOB 受到影响，错误不会在空间上扩散。图 9-34 给出了一个例子，从接收端返回的 NAK(2,3) 表示第 2 帧第 3 个 GOB 受损。与图 9-33 所示的工作过程类似，编码器将第 5 帧第 3 个 GOB 改为帧内编码。本例的不同之处在于，错误总是限制在各帧的对应 GOB 之

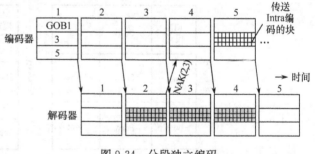

图 9-34 分段独立编码

内。由于省去了错误跟踪的过程，因此计算复杂度下降；但由于运动估值和搜索范围受限，编码效率有所降低。

3. 参考图像选择

在 H.263 Annex N 和 Annex U 采用的**参考图像选择 RPS**（Reference Picture Selection）中，编、解码器都保存着前几帧的解码图像，通过选择正确接收的帧作为参考帧来中止错误在时间上的传播。图 9-35(a) 和 (b) 分别给出了它的两种模式。在图 (a) 所示的 NAK 模式中，解码器在检测到第 2 帧第 3 个 GOB 丢失时，向编码器返回 NAK(2,3)；编码器得知第 2 帧受损后，则以第 1 帧而不是第 4 帧作为第 5 帧编码的参考帧，并将此信息告知解码端，因此自第 5 帧之后由第 2 帧引起的错误传播中止。由图看出，该方法可以将错误传播的范围限制在信道的双程延时之内。RPS 可以如上所述在帧的级别上进行，也可以在 GOB 或宏块级别上实行，即仅改变受损 GOB 或宏块的参考图像，其余未受损 GOB 的参考图像仍为距离最近的前一帧，这样可以降低 RPS 在编码效率上的损失。

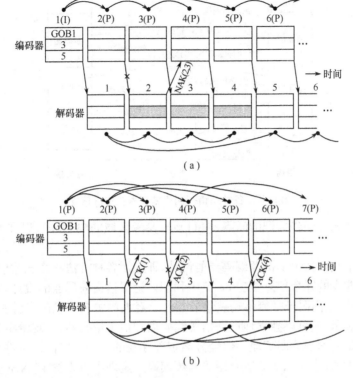

图 9-35 参考图像选择 (a) NAK 模式; (b) ACK 模式

RPS 的另一种模式如图 9-35(b)所示。在该模式中,解码器对每一个正确接收的帧都会向编码器返回一个 ACK 确认消息,只有被确认过的帧才会作为参考帧。如图中第 3 帧未被确认,因此第 5 和第 6 帧都以第 2 帧为参考;直到收到第 4 帧的确认后,第 4 帧才被用作第 7 帧的参考。与 NAK 模式相比,ACK 模式的错误传播范围较小,但参考帧距离当前帧较远,因此编码效率较低。ACK 模式一般用于双程延时较短的情况。

MPEG 4 中也有一个与 RPS 类似的模式,称为 **NEWPRED**。在该模式中,帧间预测的参考帧随解码器返回的信息而自适应地调整。

9.5 差错控制小结

图 9-36 总结了我们所讲过的各种差错控制措施在多媒体通信系统中的位置,其中也包括网络低层的差错控制。数据链路层和物理层采用的差错控制措施包括 CRC、FEC、面向比特的数据交错和自动请求重传(ARQ)等,根据信道的不同各种网络采取的具体措施可能很不相同。图中的传输层打包策略应根据信道的错误率大小、有利于错误的检测和定位,以及解码的独立性等因素综合考虑。8.2.5 节中对 H.223 的讨论则给出了在面向比特的网络上提高复用层容错性能的例子。图 9-36 中的可伸缩编码(分层编码)和多描述编码将分别在 10.2 节和 10.4 节中详述。分层编码可以看成是数据分割的一种方式,其中基本层码流比增强层码流对解码端图像的重建更为重要,重点保护基本层码流可以增强整个码流抵御错误的能力。图中所示的其他措施均在 9.3 和 9.4 节中已经讲述。

当存在接收端到发送端的反馈信道时,不仅可以进行如图所示的编解码器交互差错控制,发送端还可以根据反馈的当前网络状态信息(如错误率和可利用的带宽)进行**自适应**的差错控制,例如,在传输层自适应地调整包级别 FEC 的强度或 ARQ 的次数限制;在编码层自适应地调整编码参数

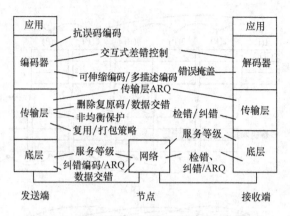

图 9-36　各种差错控制措施在系统中的位置

（如帧内编码块数、插入再同步标记的间隔、帧间预测参考区域的限制等），以在当前网络条件下获得最优的性能。

　　在第 3 和 4 章中我们讨论了信源编码器的设计，即采用各种方法尽力压缩信源的码率，使已压缩码流中含有尽可能少的冗余信息；在 9.3 节中我们讨论了信道编码器的设计，即在压缩码流中加入冗余数据（FEC），以提高码流抵御传输差错的能力。经典的香农信息论告诉我们，只要信源以低于信道容量的速率表示，就可以独立地设计信源编码器和信道编码器，实现给定失真下压缩码流的无差错传输。这就是所谓的**分离定理**。但是分离定理存在的一个重要假设条件是信源编码和信道编码的长度是无穷大的，这从 3.3.3 节介绍的信源编码正定理中可以看出［N 充分大时式（3-28）成立］，类似的条件在信道编码定理中也能看到（见 9.3.3 节）。显然，在有实时要求的实际多媒体通信系统中，这个假设不能严格成立；换句话说，此时分开设计信源编码器和信道编码器不能真正达到分离定理所给出的性能。因此联合考虑信源和信道编码器的设计，即**信源—信道联合编码**吸引了不少学者的注意。目前在这方面的研究多数集中在保持信源和信道编码器各自独立但是联合优化它们的参数上，其中信源和信道编码之间的比特分配是讨论得较多的问题，即在信源编码速率与信道编码速率之和满足给定的信道速率的限制下，如何合理地分配信源编码和信道编码占用的比特数，以使端到端的总失真最小。在这里，总失真包括量化（信源编码）引起的和传输错误引起的重建图像失真两个部分。值得指出，目前信源—信道联合编码技术的研究主要针对的是比特错误，在包删除信道上针对压缩包流的研究成果还不是很多。

习　题　九

9-1　为了与 TCP 友好，非 TCP 流在拥塞时按照 TCP 流量公式［式（9-1）或（9-2）］给出的速率来调整自己的流量大小，此时公式中的双程延时 RTT 和数据包大小 MSS 是下列情况的哪一种：（1）该流自己的 RTT 和 MSS；（2）该流所在网络上 TCP 流的 RTT 和 MSS。

9-2　假设一个 128 kb/s 的压缩视频流在通过网络时，其 MSS＝1 500 B，RTT＝2s，使用 TFRC 进行拥塞控制（不考虑 min_rate 的作用）：
　　（1）在传输过程中发现丢包率 $p＝4\%$，速率应调整到多少才能保证对 TCP 的友好性？
　　（2）在上述调整之后 5s，p 恢复到 0，此时速率应如何调整？作速率—时间图表示（1）和（2）的结果。
　　（3）给出几种发送端实现码流速率改变的方法，并从复杂度和重建图像质量两个方面比较这些方法的优缺点。

9-3　HTTP/TCP 不适于流媒体传输的一个重要原因是 TCP 吞吐量的不稳定（锯齿状变化），尤其在拥塞或信道差错存在的情况下，可能阻断数据通道。请说明 DASH 是如何解决这个问题的？同时说明 HTTP/TCP 还有哪些不支持实时媒体流传输的地方，DASH 是如何处理的？

9-4　自适应速率调整能够减少起始延时和缓存数据量吗？在起始时用户通常请求最小比特率的视频段；当发现下载速率高于请求的视频比特率时，转而申请比特率较高的视频段；当发现下载速率恶化时再转而申请较低比特率的视频段。如果在起始时用户就申请最高比特率的视频段,情况如何? 试对这两种策略进行比较。

9-5 设网络上每个包的丢失率相同(均为 p)、且相互独立,采用 (n,k) 删除复原码,(1)推导解码后的残余丢包率式(9-43)。[提示:假设一个包丢失了,它能否被纠正呢? 这取决于其他 $(n-1)$ 个包的情况。]

(2)若 N_p 代表连续 n 个包中丢失的包的个数,当 $N_p > (n-k)$ 时,丢失的包不可恢复,试根据 $P = E\{N_p\}/n$,其中 $E\{\}$ 代表均值,推导解码后的残余丢包率 P。

(3)当使用 $(7,4)$ 码时,验证根据(1)和(2)的公式进行数值计算得到的结果相同。

9-6 假设无线网络的误码率为 2×10^{-4},进行 FEC 时使用的数据包长度为 100B(包括 RTP/UDP/IP 压缩包头和底层包头),求:(1)网络丢包率(包中有一个错误即丢弃);(2)使用 $(255,239)$ RS 码后的丢包率;(3)使用 $(32,16)$ 缩短码后的丢包率;(4)这两种码的编码效率。

9-7 设 $(7,4)$ 二进汉明码的校验矩阵为

$$\boldsymbol{H}_1 = \begin{bmatrix} 0 & 0 & 0 & 1 & 1 & 1 & 1 \\ 0 & 1 & 1 & 0 & 0 & 1 & 1 \\ 1 & 0 & 1 & 0 & 1 & 0 & 1 \end{bmatrix}$$

试导出系统码的生成矩阵,并证明所生成的汉明码与由式(9-29)所生成的码是等效的。

9-8 对于由一个 $t=10$ 的 $(207,187)$ RS 码构成的序列进行 $i=52$ 的交错(见下图),求该系统可纠正的突发错误的最大长度为多少 μs? 如果信道误码是均匀分布的,数据交错的效果如何?

9-9 在抗误码编码中,阻止错误在时间域上传播的基本措施是下列方法中的哪一种(只选一个):(1)使用定长编码;(2)插入同步头;(3)数据分割;(4)使用帧内编码;(5)采用非均衡保护。

习题 9-8 图

9-10 假设使用霍夫曼码传送下列字符串:ABACADABAC。(1)给出霍夫曼码树和相应的码表;(2)该码的编码效率是多少? 为什么达不到1? (3)如果该序列在传输中,第三个 A 的码字的第 1 位发生错误(0 变 1,或 1 变 0),请写出解码后的字符串,能否检测出码字错误及错误的位置;(4)如果对字符串重新用可逆变长编码进行编码:{A:111;B:1011;C:10011;D:100011},写出编码后的序列;(5)如果传输中第二个 A 的码字的第 1 位发生错误,标出发生错误的字段,并给出可正确解码的字符。

9-11 设有 $(7,3)$ 分组码,试问作为前向纠错码在噪声信道上使用时,能纠正错误的个数是多少? 作为删除复原码在分组交换信道上使用时,能纠正的错误个数又是多少? 解释二者相同或不同的原因。

9-12 说明 MPEG2 码流在误码率很低的环境下应用和在误码率较高的信道上传输的两种不同情况下,

(1) 每幅图像划分的 slice 应该多些还是少些? 说明原因;

(2) 应采用 PES 复用还是 TS 复用? 说明原因;

(3) 在误码率较高的信道上传输时,按相等数目的宏块来划分 slice 好,还是按相等数目的比特来划分 slice 好? 为什么?

参考文献

[1] J. Widmer,et al.,"A survey on TCP-friendly congestion control,"IEEE Network,May/June,2001,28-37

[2] J. Kua,et al.,"A survey of rate adaptation techniques for dynamic adaptive streaming over HTTP,"IEEE Comm. Survey & Tutorials,Vol. pp,Issue 99,2017,1-1.

[3] K. Spiteri, et al., "BOLA:near optimal bitrate adaptatin for online vedios," 2016, http://arxiv.org/abs/1601.06748

[4] "dash. js player,"2016,https://github.com/Dash-Indutry-Forum/dash. js/wiki

[5] M. J. Neely,"Stochastic network optimazation with application for communication and queueing systems,"Synthesis Lectures on Comm. Networks,Vol. 3,No. 1,2010,1-211

[6] T. Richardson and R. Urbanke,Modern Coding Theory,Cambridge Univ. Press,2008

[7] ISO/IEC 13818-2 Information Technology-Generic Coding of Moving Pictures and Audio,Annex D,1994

第10章 视频在异构环境中的传输

10.1 概述

在许多多媒体应用中,例如多媒体会议、IPTV 和点播电视等,发送端需要向具有不同 QoS 要求的多个用户提供同一种服务(如与同一个人交谈、或观看同一个节目),此时,如何有效地向这些用户提供不同质量的视频码流是本章讨论的主要问题。

为了对这个问题有进一步的了解,首先让我们考虑一个异构的网络环境,即在该网络中,某部分子网的速率高,而另一部分子网的速率低。对于传统的数据传输(例如文件下载)而言,子网的速率只影响数据传输的时间,不管通过低速网还是通过高速网下载连接在主干网上的某个服务器内的文件,所得到的文件是相同的,只是下载的时间长短不同而已。而当分别连接在高速和低速子网上的两个终端之间进行点对点的多媒体通信时,在通信正式开始之前二者可以进行 QoS 协商,然后在一个商定的较低的 QoS 水平(即低速率)上相互通信。在上述两种情况中,发送端都只需要具有一种质量(码率)的已压缩视频。但是在**一点对多点**的多媒体通信中,例如服务器同时向两个接入速率不同的终端传送同一节目,或者多媒体会议中连接在高速子网上的发送端,既需要实时地向连接在高速子网上的与会者传送高码流,又需要同时向连接在低速子网上的与会者传送低质量(低速率)码流。在这种情况下,如果发送端只提供一种质量(一种码率)的视频流就不能满足不同用户的需要了。例如服务器只提供 800kb/s 的视频码流,通过局域网接入的用户甲可以获得良好的视频观看质量,而通过 512kb/s 的 ADSL 接入的用户乙则由于带宽的限制而不能获得连续和稳定的视频图像。这时如何将一个发送码流"剪裁"到满足不同接收端所要求的质量就是必须考虑的了。通常,完成 QoS"剪裁"功能的实体称为 **QoS 过滤器**(Filter)。过滤(即已编码流的速率转换)一般在高速和低速子网的衔接处(网关)进行。在异构网络中,过滤功能可以进行多次。图 10-1 给出了使用 2 次过滤的例子。

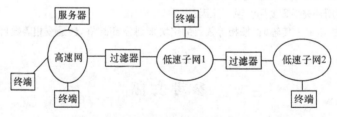

图 10-1 已编码流的过滤

除了网络条件不同以外,造成接收端 QoS 要求不同的原因还有终端处理能力和显示能力的不同(例如手机的存储和 CPU 处理能力低,只能显示小尺寸的图像,而 PC 的存储和处理能力高、能显示高清晰度或超高清晰度的图像等),以及应用的需求不同和愿意承担的通信费用不同等。不同性能(带宽、延时等)或使用不同协议的网络和具有不同 QoS 要求的终端结合在一起则构成我们所说的异构环境。

除了异构环境外,在不能提供稳定 QoS 的网络(如 IP 网)上,可能需要动态地调整视频的速率,以适应当前的网络带宽(如在动态自适应 HTTP 流媒体系统中);或者当网络负荷过重时,需要降低发送的视频流速率,以避免过多的丢包(如在 9.2 节的拥塞控制中),也需要进行码流速率的转换。

最简单的提供多种质量的视频流的方法是在发送端用多个视频编码器对同一视频序列进行编码,得到多个不同质量的视频流,例如形成**多速率流媒体文件**,或者同时向不同带宽的信道传输不同速率的同一节目。但是对同一视频内容编码形成的多个独立的视频流之间存在大量的冗余信息,因此在存储和传输时将占用相当多的存储空间和带宽资源。

获得不同速率码流的另一个简单办法是,通过所谓的**丢帧过滤器**丢弃掉码流中的 B 帧 /P 帧,将输出码流所需的带宽降低。但这种方法只能改变帧率,且不一定能保证相等的帧间隔,因此在速率变化较大时,重建图像质量不高。

第 3 种提供多种质量视频流的方法是对视频序列进行**可伸缩性视频编码 SVC**(Scalable Video Coding)。所谓可伸缩性编码是指,对一个高质量的视频序列进行一次编码,但允许从该已编码流中截取出某一部分进行解码得到质量比原视频低的序列,而对整个码流解码则得到与原视频质量基本相同的序列来。可伸缩性视频编码为视频流在异构环境中的传输提供了灵活的方式,此时网关处的 QoS 过滤、或低能力终端的接收都变得十分简单,只需要从码流中截取适当的部分就可以了;但是 SVC 与一般的(非可伸缩性)编码方式相比编码效率要低,例如对于相同的视频质量,SVC 码流的速率比一般编码码流可能高 $10\% \sim 50\%$,甚至于更多。

第 4 种提供多种质量的视频流的方法是采用**视频转码**(Transcoding)技术,即在 QoS 要求发生改变的节点处(如图 10-1 的过滤器)将已压缩视频流转换成适合于新 QoS 要求的视频流。视频转码包括已压缩视频流在不同码率、不同空间分辨率、不同帧率和不同压缩标准之间的转换。视频转码的算法复杂度比早期编码标准的可伸缩性视频编码要低,是工程上较易实现的一项技术。

我们将在 10.2 和 10.3 节中分别对可伸缩性视频编码和视频转码进行讨论。在 10.4 节中我们将介绍另一种编码方式,称为**多描述编码 MDC**(Multiple Description Coding)。多描述编码也可以在异构环境中应用,但它更重要的应用还是在噪声信道上的传输。

10.2 可伸缩性编码

10.2.1 可伸缩性编码的概念

可伸缩性编码可以通过**分层编码**(Layered Coding),也可以通过**嵌入式编码**来实现。图 10-2 给出了分层编码、解码系统的方框图。图中基本层码流给出低质量的图像;增强层可以有多层(见图中虚线所示),基本层和增强层码流的逐层结合给出质量逐级递增的图像,即分层编码器的输出支持数种质量的服务,而解码器通过选择码流层次不同的子集可以将图像质量"剪裁"到所需要的水平。在这里,图像质量不只限于从空间分辨率(大尺寸图像还是小尺寸图像)的角度评价,也可以从帧率或量化误差来评价。因此可伸缩性编码包括**空域**(分辨率)可伸缩性、**时域**(帧率)可伸缩性和**质量**(信噪比)可伸缩性 3 个维度。

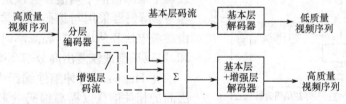

图 10-2　分层编码系统

可伸缩性编码不仅如前节所述,可以在异构环境中提供视频传输的灵活性,还可以用来在传输条件变坏时保持系统性能在可接受的水平。例如当网络发生拥塞时,网络节点可能要被迫丢弃一些数据。在一般编码的码流中,数据的丢失不仅造成丢失部位图像的缺损,而且误差还会在空间上和时间上扩散(见9.4.1节)。如果采用分层编码,节点在拥塞时只丢弃增强层的数据,那么接收端通过接收基本层数据仍能收到完整的图像,只不过质量降低一些而已。同时,分层编码可以看成是一种数据分割的方式,基本层数据比增强层有更高的重要性;对基本层和增强层进行不均衡保护,能够在强噪声条件下保持完整图像的接收,尽管此时的质量有所降低。

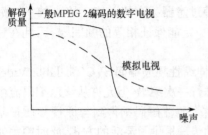

图 10-3　噪声对解码图像质量的影响

另一个可能应用分层编码的例子是在数字电视的地面或卫星广播中。通常对已压缩的码流采用前向纠错码(FEC)来提高其抗误码的能力,但是 FEC 所能纠正的错误个数是有限的,当接收条件恶化(例如在广播覆盖区的边沿地带)时,传输错误只要比 FEC 所能纠正的错误多一个,FEC 就不再起作用,解码的图像质量将突然下降,可能到达不可接受的程度,这通常称为**数字截断**(Digital Cutoff)。而在模拟电视广播中,则不会发生这种情况,随着信噪比的下降(接收机靠近覆盖区的边沿)图像质量是逐渐下降的。图 10-3 表示出在这两种情况下图像质量下降的情况。如果采用分层编码,将基本层数据用低误码信道(如大功率发射,或使用更强的 FEC)传送,而增强层数据用高误码信道(如低功率发射、或简单的 FEC)传送,那么随着信噪比的降低,增强层数据虽然不能很好地被接收,但基本层数据仍能被接收,并给出虽然质量不太好但是完整的图像,即可以近似像模拟电视广播那样实现接收质量的逐步下降。

10.2.2　空间域可伸缩性编码

采用空间域可伸缩性编码的目的在于提供空间分辨率不同的分层编码码流。在这种编码方式中,原始图像在水平和垂直方向上分别进行下取样得到低分辨率(一般是原图像的 1/4)的图像,然后对该图像再进行下取样,将分辨率进一步降低,如此重复,直到得到所需要的最低分辨率图像。如图 10-4 所示,不同尺寸的图像构成一个金字塔,最低分辨率的图像(金字塔顶层)作为基本层进行编码,其余不同分辨率的图像分别作为增强层编码。

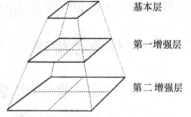

图 10-4　空间分辨率不同的图像

MPEG 2、H.263 和 MPEG 4 都支持两层(基本层和一个增强层)的空间可伸缩性编码,其原理方框图如图 10-5 所示。原始图像经下取样后得到基本层图像,对基本层图像按一般编码方式进行编码。另一方面,解码后的当前基本层图像经内插构成当前高分辨率图像的预测值。与此同时,像在一般编码中一样,前一个已编码的高分辨率图像经运动补偿后也产生一个当前高分辨率帧的预测值。在每个宏块进行编码时,选择两个预测值中产生预测误差较小的一个或两个预测值的平均值作为该宏块进行预测编码的参考。解码器采用与编码器相同的参考宏块,因此由参考宏块和从增强层码流解码得到的预测误差之和,可以正确地恢复出高分辨率图像来。

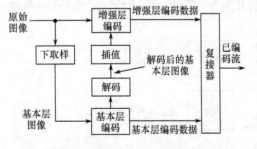

图 10-5　空间域可伸缩性编码原理方框图

在 H.264 的可伸缩性编码中,为了进一步利用层间的相关信息以提高编码效率,分辨率可伸缩性编码增加了 3 种层间预测模式:

(1)帧内编码宏块纹理的层间预测

当增强层宏块使用帧内预测模式进行编码时,除采用本层帧内预测模式外,还定义了 Intra_Base 宏块模式。Intra_Base 宏块采用低分辨率层相对应位置的宏块对增强层宏块进行纹理预测。在预测之前,首先需要对低分辨率图像宏块进行去块效应滤波,以消除宏块内部边界和外部边界的块效应;然后再对宏块各方向进行 4 像素的边界延拓;最后,根据低层与高层分辨率之比进行插值得到预测纹理信息。

(2) 运动信息的层间预测

在对增强层运动信息编码时,除 H. 264/AVC 规定的运动预测模式外,还增加了两种层间运动信息预测模式:Base_Layer_Mode 和 Quarter_Pel_Refinement_Mode。

当宏块采用 Base_Layer_Mode 预测模式时,宏块的运动信息(运动矢量、宏块分割模式以及参考帧序号)完全采用低层对应宏块的运动信息,不再进行额外的运动信息编码。由于当前层与低层存在下采样过程,其宏块的运动矢量及分割模式也应根据比例进行缩放。例如:当分辨率的伸缩为常见的 1/2 下采样时,低层的运动矢量均扩大为原来的 2 倍。而当低层对应宏块分割模式采用 direct、16×16、16×8、8×16 和 8×8 时,当前层宏块均采用 16×16 分割模式;当低层对应宏块分割模式为 8×4、4×8 或 4×4 时,当前层宏块分别采用 16×8、8×16 和 8×8 分割模式;当低层对应宏块采用帧内编码模式时,当前层宏块采用 Intra_Base 模式进行帧内编码宏块纹理的层间预测。

当宏块采用 Quarter_Pel_Refinement_Mode 预测模式时,宏块分割模式及参考帧序号的预测与 Base_Layer_Mode 模式相同,其差别主要在运动矢量的预测上。Quarter_Pel_ Refinement_ Mode 模式对从低层获得的运动矢量在 x 和 y 方向上各编码一个 1/4 像素精度的修正量 $\{-1,0,1\}$,将修正量加上低层获得的运动矢量后得到当前层宏块的运动矢量。此模式仅在低层分辨率低于当前层分辨率时有效。

(3) 帧间编码宏块残差信息的层间预测

对于帧间编码的宏块,由于各层运动信息之间具有较强的相关性,因此宏块经运动补偿之后得到的残差信息也具有较强的相关性,有时候对残差信息做层间预测也能提高编码效率。但是对残差信息的层间预测并不总是能提高编码效率的,如果当前层运动信息与低层运动信息差别较大时,由于不同层的预测宏块差别较大,导致各层间残差信息相关性降低,这时对残差信息采用层间预测将降低编码效率。只有当各层运动信息一致或接近一致时,对残差信息采用层间预测才能提高编码效率。当前宏块的残差信息是否采用层间预测模式用 residual_prediction_ flag 标志表示。

如果当前层与低层分辨率不同时,需要对低层残差信息进行像素插值。如果分辨率之比为 1∶2,采用插值滤波器 $[1,1]/2$ 进行插值,其他情况下则采用 H. 264/AVC 规定的 1/4 像素插值方式。

10.2.3 时间域可伸缩性编码

采用时间域可伸缩性编码的目的是提供帧率在一定范围内变化的分层编码的码流。MPEG 2、H. 263 和 MPEG 4 支持 2 层时域可伸缩性编码。其具体做法是,首先将原始图像序列沿时间轴进行隔帧(2∶1)的抽取,抽取后得到的低帧率序列按一般方式编码得到基本层码流,剩余的帧再编码构成增强层码流。增强层编码器与一般的编码器也类似,只是在进行运动补偿时可以采用增强层图像或采用重建的基本层图像作为参考帧。

H. 264 可伸缩性编码提供如下两种可选模式来实现时域可伸缩性编码。

1. 分级 B 帧结构

由于预测编码采用闭环结构,视频流中丢弃 I 帧和 P 帧都将引起后续帧的解码误差并导致误差扩散。为了避免这种情况的发生,解码时所能丢弃的帧只有 B 帧。传统的 B 帧不作为其他帧的参考图像,因此如果采用传统的预测编码结构,帧率的改变只有一级可改,例如 IBPBP… 的 30 帧／秒序列结构,在帧率上只能降为 IPP… 的 15 帧／秒的序列。为了增加帧率可伸缩的层次,在 H. 264 可伸缩性编码中提出了分级 B 帧的概念,第 i 级 B 帧 B_i 可以作为第 $i+1$ 级 B 帧 B_{i+1} 的参考帧。图 10-6 即为可实现 4 级帧率可伸缩的分级 B 帧预测模型。调整帧率时,通过依次丢弃 GOP 中的 B_3、B_2、B_1 帧,便可将帧率成 2 倍地下降。

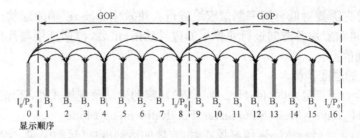

图 10-6　分级 B 帧的 GOP 结构

2. 基于运动补偿的时域滤波(MCTF) 分解

在信号分解中,**提升小波**在保持完全重构信号方面具有结构上的优势,无论进行线性或非线性滤波,提升小波都能容易地实现信号的完全重构,因此 **MCTF**(Motion Compensated Temporal Filtering) 分解采用基于提升小波的开环编码结构。在可伸缩性编码中,开环编码结构与闭环编码结构相比,它采用原始图像作为预测图像,能够有效地避免预测误差扩散。

MCTF 分解主要分三个步骤。

① **分解**:序列图像 $S[k]$ 在时间上分解为奇帧 $S[2k+1]$ 和偶帧 $S[2k]$。

② **预测**:预测过程是将偶帧图像 $S[2k+2r_i]$ 的线性组合作为奇帧图像 $S[2k+1]$ 的预测图像 $P(S[2k])$,将 $S[2k+1]$ 与 $P(S[2k])$ 相减得到高频信息图像 $H[k]=S[2k+1]-P(S[2k])$。

由于序列图像在时间域上的强相关性基于运动,因此预测图像 $P(S[2k])$ 也是基于运动的,即

$$P(S[2k]) = \sum_{i=1}^{t} \alpha_i S[x-MV_x, y-MV_y, 2k+2r_i] \tag{10-1}$$

其中 $\sum_{i=1}^{t} \alpha_i = 1$,$(MV_x, MV_y)$ 为像素点 (x,y) 的运动矢量。

在式(10-1) 中,当 $t=1$,$r_1=0$ 时,MCTF 采用 Haar 滤波器,其预测图像 $P_{\text{Haar}}(S[2k])$ 为

$$P_{\text{Haar}}(S[2k]) = S[x-MV_x, y-MV_y, 2k] \tag{10-2}$$

对于 Haar 滤波器,预测过程相当于 H. 264 中的 P 帧预测模式。

在式(10-1) 中,当 $t=2$,$\alpha_1=\alpha_2=1/2$,$r_1=0$,$r_2=1$ 时,MCTF 采用 5/3 滤波器组,其预测图像 $P_{5/3}(S[2k])$ 为

$$P_{5/3}(S[2k]) = \frac{1}{2}(S[x-MV_x, y-MV_y, 2k] + S[x-MV_x, y-MV_y, 2k+2]) \tag{10-3}$$

对于 5/3 滤波器,其预测过程相当于 H. 264 中的 B 帧预测模式。

③ **更新**:更新过程是将高通信息图像 $H[k-r_i]$ 的线性组合作为更新图像 $U(H[k])$ 加入到偶帧图像 $S[2k]$ 中,得到低频信号图像 $L[k]=S[2k]+U(H[k])$。与预测过程相似,其更新图像也是基于运动的,即

$$U(H[k]) = \sum_{i=1}^{s} \beta_i H[x-\tilde{M}V_x, y-\tilde{M}V_y, k+\tilde{r}_i] \tag{10-4}$$

其中 $(\tilde{M}V_x, \tilde{M}V_y)$ 为 (x,y) 的运动矢量,可通过预测过程得到的运动矢量反解得到。

与预测过程相对应,若 MCTF 采用 Haar 滤波器,则取 $s=1$,$\beta_1=1/2$,$\tilde{r}_1=0$,其更新图像 $U_{\text{Haar}}(H[k])$ 为

$$U_{\text{Haar}}(H[k]) = \frac{1}{2} H[x-\tilde{M}V_x, y-\tilde{M}V_y, k] \tag{10-5}$$

若 MCTF 采用 5/3 滤波器,则取 $s=2$,$\beta_1=\beta_2=1/4$,$r_1=-1$,$r_2=0$,其更新图像 $U_{5/3}(H[k])$ 为

$$U_{5/3}(H[k]) = \frac{1}{4}(H[x-\tilde{M}V_x, y-\tilde{M}V_y, k-1] + H[x-\tilde{M}V_x, y-\tilde{M}V_y, k]) \tag{10-6}$$

序列图像经过一次 MCTF 分解后,得到一组低通图像 $L[k]$ 和一组高通图像 $H[k]$,在视频解码时,若只解码低通图像,可以得到帧率降为一半的视频序列。一般的,对视频序列做3次 MCTF 分解可实现4级帧率可伸缩性码流。

10.2.4 质量可伸缩性编码

视频编码的客观质量一般用解码重构图像的峰值信噪比来衡量,因此质量可伸缩性也称为**信噪比可伸缩性**,它提供不同视觉质量的分层编码的码流。

MPEG 2 和 H. 263 支持2层的信噪比可伸缩编码,图 10-7 给出了这种模式的简要方框图。在基本层中,DCT 系数用一个粗量化器(量化步长大)量化,量化后的系数构成基本层数据;然后对粗量化后的 DCT 系数和量化之前的实际值之差(即量化误差)再进一步用一个细量化器进行量化,则构成增强层的数据。普通的 MPEG 2 解码器可以对基本层码流解码得到信噪比较低的图像。要得到高信噪比的图像必须在解码过程中将增强层携带的 DCT 系数的误差值加到基本层的粗量化 DCT 系数上,再进行 IDCT。一般地,利用这种方式产生少量的层数,因而码率只有几种变化,通常称为**粗粒度 SNR 可伸缩性**。

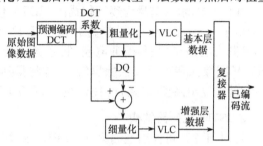

图 10-7　信噪比可伸缩编码器简单方框图

MPEG 4 提出了一种实现**细粒度** SNR 可伸缩性(Fine Granularity Scalability,**FGS**)的方法。在这种方法中,增强层的数据(DCT 系数的残差)采用一个很小的量化步长量化,然后进行**位平面编码**,即将每个宏块量化后的系数残差值以二进制表示,首先从最重要比特 MSB(Most Significant Bit)平面进行变长编码,然后依次进行其余平面的编码,直到最不重要比特 LSB(Least Significant Bit)平面。这样形成的增强层码流可以在多个点(对应不同的比特平面)截断,从而提供质量(码率)变化的更大灵活性。

H. 264 可伸缩性编码既支持粗粒度、也支持细粒度的 SNR 可伸缩性编码。在 H. 264 可伸缩性编码的 FGS 中,增强层对原始图像与前一质量重建图像之间的差值图像进行编码,每一个增强层数据的量化步长为前一层量化步长的一半,这称为**渐次增进**(Progressive Refine)。增强层码流可以在任意点被截断,以得到逐步精细的视频图像。为了实现这一目标,需要将数据按重要性程度排序,重要数据优先被扫描编码。因此不同于 H. 264/AVC 基于变换块的 Z 字形扫描方式,FGS 采用基于全帧的扫描方式,按变换系数的频带顺序扫描系数,即 FGS 首先扫描全帧所有块的亮度 DC 系数及扫描色度 DC 系数,然后再扫描所有块的第1个 AC 系数,如此下去直至结束。同时将变换系数分为重要系数和非重要系数,进行两次扫描:

第一遍扫描编码(重要性扫描):对所有在基本层和前一增强层中对应位置系数为0的系数(称为非重要性变换系数)进行扫描编码;

第二遍扫描编码(精细化扫描):对所有在基本层和前一增强层中对应位置系数非0的系数(称为重要性变换系数)进行扫描编码。

10.2.5 可伸缩性编码的联合应用

1. MPEG 2 可伸缩性编码联合应用

时域、空域和质量可伸缩性编码可以联合使用构成更多层次的分层编码。例如图 10-8(a) 和 (b) 给出 MPEG 2 中的2个例子。在(a) 中,首先将输入的高清晰度电视(HDTV)信号经下取样成普通电视信号,再用信噪比可伸缩编码器将普通电视信号编码形成基本层(0层)和第1个增强层

（1层）的数据。然后对0层和1层数据共同解码得到的高信噪比的普通电视信号进行内插，作为输入的高清晰度电视信号的预测值，预测误差值编码形成的即为第2增强层（2层）的码流。

层次	可伸缩性	应　用
0		普通电视
1	信噪比	高质量电视
2	空间域	HDTV

(a)

层次	可伸缩性	应　用
0		普通电视
1	空间域	隔行扫描的 HDTV
2	时间域	逐行扫描的 HDTV

(b)

图 10-8　MPEG 2 中可伸缩性编码的联合应用

在(b) 中，输入信号为逐行扫描的 HDTV 信号。从该信号的每2帧中抽取1帧组成的序列其帧率降低了一半，相当于一个隔行扫描的 HDTV 信号。对这个低帧率序列进行空间域的可伸缩性编码，其基本层（0层）提供普通电视（低分辨率、低帧率）质量的图像，而0层和1层数据提供低帧率的 HDTV 图像。如果将第2层数据解码，并将得到的序列与由0和1层数据解码得到的序列复接在一起，就能恢复出高帧率（逐行扫描）的 HDTV 序列来。

2. JSVM 编码器结构

针对 H.264 可伸缩性编码，由 MPEG 和国际电联组成的 JVT 提出了一个**联合可伸缩视频模型 JSVM**(Joint Scalable Video Model)。JSVM 是一个基于 DCT 变换的可伸缩视频编解码框架（见图 10-9），它同时可以实现 3 个维度的视频可伸缩性，提供质量、帧率和分辨率上可伸缩的码流。编码器先对视频序列进行空间下采样，得到不同层次分辨率的图像序列，然后对每一层次分辨率序列图像依次（从低分辨率到较高分辨率）进行基于 H.264/AVC 的核心编码。在对每一分辨率图像序列编码时，先对图像序列进行时间域上的图像分解，以实现时域上的可伸缩性。同时对同一帧率和分辨率的视频序列采用粗粒度或渐次增进（FGS）SNR 可伸缩性编码。

由于存在多个层次的分辨率序列，此时的 H.264/AVC 预测编码将支持层间预测技术。

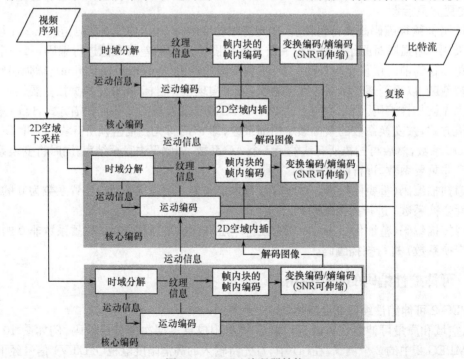

图 10-9　JSVM 编码器结构

10.2.6　基于小波变换的可伸缩性编码

小波变换是一种时频局部化变换,它将信号分解到不同的尺度空间上进行处理,这种思想完全与可伸缩性编码吻合。基于小波变换的可伸缩性视频编码框架具有更灵活的可伸缩性。3.8节介绍的 EZW 算法、SPIHT 算法和 EBCOT 算法都是适合静态图像的一种可伸缩性编码(嵌入式编码)。目前基于小波变换的视频编码框架,也都符合可伸缩性视频编码的要求。对于视频序列,小波变换增加了时间维度,由于序列图像在时间上的相关性是基于运动的,因此在时间维度上,也往往采用前述的 MCTF 技术实现。

10.2.7　H.265 的可伸缩性编码

对可伸缩性编码的研究和标准化已经有 20 多年的历史,但是它的市场应用却远不及一般单层编码的视频发展得那么迅速。即使在许多适合于可伸缩性编码应用的场合,人们还是在使用多速率编码(文件)或者转码,其中主要的原因在于可伸缩性编码实现的复杂性。从 10.2.2 节到 10.2.5 节我们看到,SVC 编码器有自己独特的结构。为了提高编码效率,无论是帧内还是帧间预测编码都可以本层或者下层的重建块作为参考块,同时还可以进行层间的残差预测等,这使得可伸缩性编码不能重用一般的单层编码器。SVC 增强层宏块(即编码单元)的句法和解码过程均不同于单层编码器宏块的句法和解码过程。即使是基本层的编解码也不能直接使用单层编解码器,因为一般单层编解码器缺乏为增强层的编解码提供基本层宏块级信息(宏块类型、残差等)的接口。

1. 系统结构

为了克服上面的缺点,H.265 的 SVC 采用了一个可以重用单层编解码器的结构,期望这种新结构能够简化 SVC 的实现,从而促进 SVC 的市场应用。图 10-10 给出一个 3 层 SVC 编码的例子。输入视频序列通过下采样得到不同分辨率的图像。基本层(BL)的编码器就是一个一般的单层 H.265 编码器;增强层(EL)的编码器与单层编码器在编码单元(CU)一级的逻辑完全相同,只是在条头和条以上的高层句法上有所区别,这就大大简化了 SVC 编解码器的实现代价。图中的 T/Q 和 IT/IQ 分别为变换/量化和反变换/反量化,DPB 为解码图像缓存器。BL 的解码图像经过层间处理模块变换成与 EL 相同的格式(例如对于空间域可伸缩性而言,变换到与 EL 相同的分辨率)后进入 EL DPB;对于时域可伸缩性,采用类似于图 10-6 的分层预测结构来分层,下层解码图像则可直接进入 EL DPB,与 EL 层的解码图像一起作为 EL 帧编码的参考图像。无论来自 EL 还是 BL 的参考图像均在 EL DPB 中作为多参考帧用参考图像列表(list 0,list 1)和列表中的编号来标记,这就使得 EL 编码器在 CU 层面上可以采用与单层编码器相同的逻辑(包括句法解析、解码重建、环路滤波及相关的处理等),只是条层和条层以上的句法需要给出层间依赖关系和采取哪种层间处理等信息。由于参考帧中包含来自下层的图像,所以能够有效地支持层间预测,提高编码效率;而下层提供给上层的信息只是解码重建的图像,无需特殊的宏块层接口,因此 BL 可以采用标准的 H.265 单层编码器。

在 H.265 SVC 中,基本层的码流也可以来自外部,即可以是来自其他编码器甚至其他编码标准(如 H.264、MPEG2 等)的 BL 码流。这称为混合编码器可伸缩性。在这种情况下,重建 BL 图像进入 EL DPB 的同时,还需要提供一些与 BL 图像有关的其他信息。EL 编码器的其余部分则与 BL 码流来自同一系统时的情况相同。

H.265 除了支持常规的空间域、时间域和质量可伸缩性编码外,还支持 3 种新的可伸缩性编码:①**混合编码器可伸缩性**:前面已经提到允许基本码流由非 H.265 编码器生成;②**比特深度可伸缩性**:BL 为低比特深度(如 8b),EL 为高比特深度(如 10b);③**色域可伸缩性**:我们在图 2-6 的色度图中看到,BT-709(HDTV) 比 BT-2020(UHDTV) 所能表达的彩色范围要窄。在色域可伸缩性中,通常前一个色域作为基本层,后一个为增强层。与先前的标准一样,H.265 的 6 种可伸缩模式也可

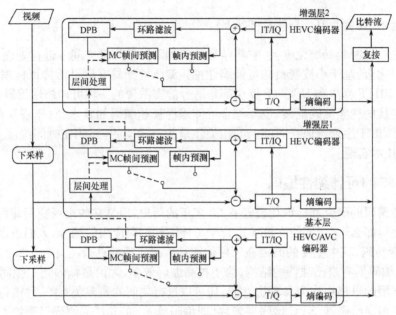

图 10-10　3 层 H.265 可伸缩编码的结构

以混合使用。特别是空间域、比特深度和色域可伸缩性的混合使用，可以生成在 UHDTV 和 HDTV 之间伸缩的码流。

2. 层间参考图像处理

当下层重建图像的分辨率、比特深度或色域与当前层不同时，需要经过层间处理达到与当前层一致，才能作为当前层的参考图像。H.265 的层间处理包括 3 个部分：纹理重采样、运动场重采样和色域映射。

（1）纹理重采样

纹理重采样在增强层和它的参考层（下层）图像分辨率和/或比特深度不同时进行。在从下层图像生成增强层参考图像时，我们首先需要确定增强层参考图像的样点在参考层图像上的亚像素位置，然后通过一个重采样滤波器内插出亚像素位置上的像素值。H.265 SVC 支持任意比例（横向和纵向比大于等于 1）的尺度变化、层间切割和灵活的重采样相位。

从 3.4.3 节我们知道要进行任意比例（例如 n/m）的采样率转换，首先需要将输入取样率 mf 内插到输入和输出取样率的最小公倍数 mmf，然后再按频率 nf 进行下采样。根据这个原理在 H.265 SVC 中，假设增强层和参考层分辨率之比为 N（即 $n/m = N$），那么首先将参考层图像在水平和垂直方向上同时进行 16 倍的上采样，然后再对该上采样图像进行 $M = 16/N$ 倍的下采样。当然在实际实现的过程中，我们并不需要内插出 16 倍图像所有的样点，只需要计算下采样后保留的那些样点值。

图 10-11 给出层间切割的对应关系。给定增强层参考图像的样点位置 (x_e, y_e)，那么对应的参考层图像的亚像素位置 $(x16_R, y16_R)$ 可按下式确定（以参考层的

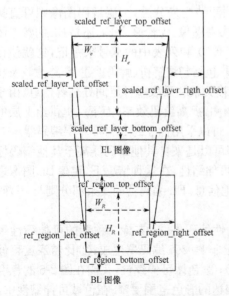

图 10-11　切割参数

1/16 像素为一个单位）：

$$x16_R = ((x_e - \text{offset } X_e) \cdot S_h - (P_x \cdot S_h + 8)/16 + 2^{11}) \gg 12 + \text{offset } X_R \tag{10-7}$$

$$y16_R = ((y_e - \text{offset } Y_e) \cdot S_v - (P_y \cdot S_v + 8)/16 + 2^{11}) \gg 12 + \text{offset } Y_R \tag{10-8}$$

其中，S_h 和 S_v 分别为增强层和它的参考层的水平和垂直分辨率之比的倒数（利用 W_e、H_e 和 W_R、H_R 计算，且以 $16b$ 定点运算精度），P_x 和 P_y 分别为要求的水平和垂直方向的重采样相位（以增强层的 1/16 像素为单位）；$\text{offset } X_e$ 和 $\text{offset } Y_e$ 分别为增强层参考图像中切割区域的水平和垂直偏移，$\text{offset } X_R$ 和 $\text{offset } Y_R$ 则分别为在参考层图像上的水平和垂直偏移。这些偏移量分别对应于图 10-11 中 EL 和 BL 图像的左、右和上、下偏移。

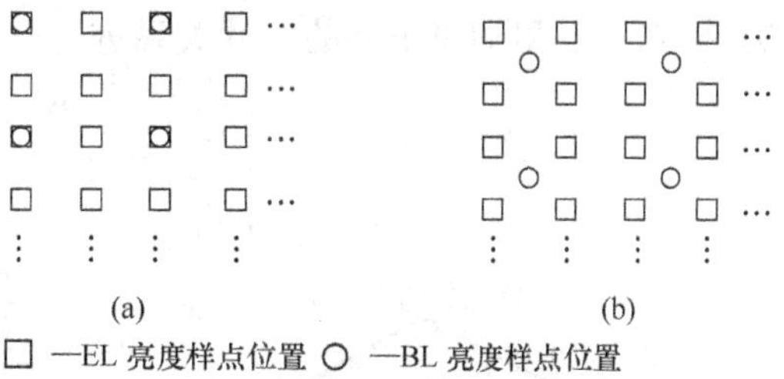

(a)　　　　　　(b)

□ —EL 亮度样点位置　○ —BL 亮度样点位置

图 10-12　1：2 重采样的两种相位

式(10-7) 和式(10-8) 中的重采样相位可以通过图 10-12 来理解。其中图(a) 是零相位的，即重采样样点与参考层原图像的样点重合；图(b) 中的两层样点是以图像中心对齐的。采用不同的内插滤波器可以在不同的相位上获得内插的样值。表 10-1 给出 H.265 支持的前 8 个相位的重采样内插滤波器。由表看出，黑体字所示的滤波器与 H.265 运动估值中使用的内插滤波器相同。

表 10-1　H.265 SVC 亮度重采样滤波器

相位	内插滤波器系数							
1/16	0	1	−3	63	4	−2	1	0
2/16	−1	2	−5	62	8	−3	1	0
3/16	−1	3	−8	60	13	−4	1	0
4/16	**−1**	**4**	**−10**	**58**	**17**	**−5**	**1**	**0**
5/16	−1	4	−11	52	26	−8	3	−1
6/16	−1	3	−9	47	31	−10	4	−1
7/16	−1	4	−11	45	34	−10	4	−1
8/16	**−1**	**4**	**−11**	**40**	**40**	**−11**	**4**	**−1**

重采样首先在水平方向上进行滤波，然后在垂直方向上进行滤波。当参考层图像的比特深度与增强层不同时，在进行垂直滤波之后，利用右移操作使重采样图像比特深度与增强层一致，再作为增强层的参考图像。

（2）运动场重采样

从 4.4.2 节我们知道 H.265 支持 Merge 和 AMVP 两种模式的 MV 帧间预测，二者都是从一个运动矢量候选集中选择一个最好的作为当前 PU 运动矢量的预测值。候选集中的运动矢量来自于空域和/或时域的相邻块，而时域相邻块则来自于多参考帧中的某一帧。由于在 SVC 中，参考层的图像已经经过层间处理进入增强层的多参考帧列表，因此也可以用来提供时域候选 MV。但是对于空间域可伸缩性编码，由于增强层和参考层的图像分辨率和/或切割参数不同，需要将参考层图像的运动场映射到层间参考图像上作为它的运动信息。为了节省存储空间，参考层图像的运动场经压缩后以 16×16 的块存储，增强层当前 PU 的时域候选 MV 由对应的参考层图像的同位块的运动参数导出[1,2]。同位块的判定需要像纹理重采样一样考虑两层之间的空域比例因子和切割参数。上述方法实现了运动信息的层间预测，也并不改变 HEVC 单层编码器 CU 层面的逻辑和句法。

（3）彩色映射

H.265 通过一个三维的查找表将基本层图像样值从基本层的彩色空间映射到增强层彩色空

间,从而获得增强层图像的样值。当空间可伸缩性与色域可伸缩性同时使用时,为了降低计算的复杂度,先进行彩色空间的映射,然后再进行空间域的重采样。

基于查找表的彩色映射将 YCbCr 空间划分成 $8\times2\times2$ 的立方体,如图 10-13 所示。在亮度维度上是均匀划分的,Cb 和 Cr 维度上可以均匀或不均匀地划分,图中 Cb_offset 和 Cr_offset 表示非均匀划分时的可调阈值。由于彩色样值通常分布是不均匀的,因此非均匀划分更为合理。对于每一个立方体,彩色映射通过下面的线性关系进行

$$
\begin{bmatrix} y'_E \\ u'_E \\ v'_E \end{bmatrix} = \begin{bmatrix} a_Y & b_Y & c_Y \\ a_u & b_u & c_u \\ a_v & b_v & c_v \end{bmatrix} \begin{bmatrix} y_R \\ u_R \\ v_R \end{bmatrix} + \begin{bmatrix} o_Y \\ o_u \\ o_v \end{bmatrix} \tag{10-9}
$$

其中 y_R, u_R 和 v_R 分别为输入的参考层图像的亮度和彩色值,a_i, b_i, c_i 和 o_i, $i=Y,u,v$,分别为映射系数和偏移值,y'_E, u'_E 和 v'_E 分别为输出增强层图像的亮度和彩色值。针对图 10-13 所示的每个小立方体,在编码器中都推导出一组映射系数和偏移值。

在进行式(10-9)的映射时,亮度样值应该与彩色样值是对齐的,即应该对应于景物的相同位置。注意到在最常用的 4:2:0 格式中,彩色分辨率是亮度的 1/2,而且其样值在垂直方向上与亮度样值相差 1/2 像素(见图 2-15),因此需要利用一个 2 抽头或 4 抽头的滤波器内插出 Y 取样结构位置上的彩色样值,然后再进行式(10-9)的彩色映射获得 Y 的映射值。同理,要获得彩色取样结构上的样值,需要先计算 Y 在彩色取样结构位置上的值,再进行相应的彩色映射。

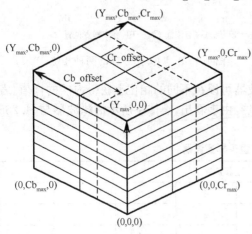

图 10-13 3D 彩色空间的划分

10.3 视频转码

视频转码是指将某种编码格式的视频压缩码流转换成另一种编码格式的视频压缩码流。视频转码主要实现下述 4 种视频流的转换:

(1) 码率转换:通过对变换系数二次量化等速率控制技术可以将高码率的视频流转换成适合当前信道带宽的低码率的视频流;

(2) 空间分辨率转换:通过下采样与上采样技术可以将当前视频序列的分辨率进行缩小或放大;

(3) 时间分辨率转换:通过抽帧减少当前视频序列的帧率;

(4) 语法转换:将符合某种压缩标准句法的视频流转换成另一种压缩标准的视频流。

上述 4 种功能也可以进行灵活地组合,以符合实际应用的需求。

与可伸缩性视频编码相比,视频转码技术将视频流转换成适合异构网络传输及采用不同解码标准终端的视频流,终端用户不需要更换新的解码器就可以获得合适的视频流。而 H.265 之前的可伸缩性视频编码需要终端用户使用可伸缩性视频解码器,这将增加终端用户的额外开销。尤其对于某些低功耗的便携式终端,可伸缩性视频解码器也会增加电能消耗,这将导致设备持续使用时间的降低。因此从工程应用的角度来看,视频转码在过去很长时间内比可伸缩性视频编码更具备产品化优势。

10.3.1 视频转码框架

视频转码是将某种编码格式视频流转换成另一种编码格式视频流的一个工具,只要输入流和

输出流符合一定的标准,视频转码器就能与其他视频应用工具完全兼容,因此,视频转码存在多种可选的框架,但其实质就是一个视频解码器与一个视频编码器在不同程度上的级联。

1. 开环视频转码框架

开环视频转码对输入视频流先进行变长解码和反量化,再根据新目标码率调整量化台阶,重新进行量化和变长编码,得到输出视频流。开环视频转码框架如

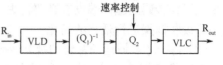

图 10-14　开环转码框架

图 10-14 所示。这种转码框架省去了解、编码的 DCT／逆 DCT 变换、运动补偿等模块,所以运算复杂度非常低。另外,转码时解出一个宏块即可进行再量化和编码,所以也不需要任何帧存,转码延迟小、所需要的存储资源也非常小。

但是这种开环结构中解码参考帧和编码参考帧不一致,从而引起误差漂移,这种误差将不断累积传递,直到出现帧内编码的帧或宏块。如果相邻两个帧内编码帧之间的间隔很大的话,将导致图像质量明显下降。而且如果在开环转码结构中进行帧率和分辨率转换的话,这种误差的累积传递将更大,因此开环转码结构一般适用于转码设备简单、仅做码率转换且对图像质量要求不高的情形。

2. 闭环视频转码框架

闭环视频转码主要解决开环转码框架中由于解码器参考帧和编码器参考帧不一致而引起的误差漂移问题,它在处理残差帧信息时增加了运动补偿模块,以避免由于两端参考帧不一致而引起的误差漂移。根据视频转码中运动补偿模块接口数据的不同,闭环视频转码框架有多种运算复杂度不同的框架。

（1）完全的像素域解编码器级联框架

完全的像素域解、编码器级联框架将输入的视频压缩流进行完全解码,再重新编码生成新的符合要求（指定码率、帧率、分辨率和标准格式）的视频压缩流,如图 10-15 所示。在这个框架中,解码端将输入视频流进行完全解码得到原始图像,然后进行相应的编码预处理（如分辨率转换、帧率转换等）,最后进入编码器进行独立的编码,因此该框架具有高度的灵活性,可以实现视频转码的所有需求。同时,由于解码和编码完全独立,利用该转码框架进行转码不会引起误差漂移,转码后所得的视频主、客观质量一般也是最优的。实现完全的像素域解编码器级联框架也相对比较容易,只需将解码器、编码预处理和编码器简单连接即可,不需要增加新的模块。

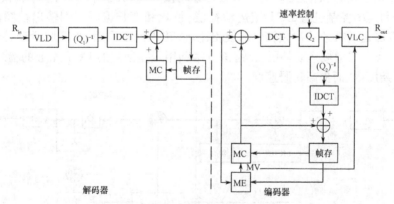

图 10-15　像素域级联转码框架

然而完全的像素域解编码器级联框架也是运算复杂度很高的转码框架,因为它包括了完整的解码和编码所需的运算,而解码器中的 IDCT 变换、编码器中的 DCT 和 IDCT 变换、运动估计是计算量很大的模块,尤其是运动估计模块,约占整个编码器运算量的 60%。另外,由于解码和编码完全独立,视频数据需要在解码器端和编码器端分别缓存,对存储资源的要求也比较高。

与一般的视频编码不同,视频转码的输入视频流已经是经过视频压缩之后的码流,因此输入数据本身带有视频压缩的各种有用信息,如运动信息、DCT变换后的系数以及速率控制参数等。这些信息在视频转码的编码端没有必要再去计算一遍,可以合理地利用输入端信息对完全的像素域解编码器级联框架进行适当的简化。

(2) 基于像素域运动补偿的视频转码框架

基于像素域运动补偿的视频转码框架对输入流进行变长解码、反量化、逆DCT变换和反运动补偿,得到完全重构的图像数据,然后根据转码要求进行编码预处理(分辨率转换、帧率转换等),最后利用原有的编码信息(帧类型、运动信息等)和速率控制进行运动补偿、DCT变换、量化和变长编码得到输出视频流,如图10-16所示。与完全的像素域解编码级联框架相比,该转码框架减少了编码端运算复杂度非常高的运动估计模块,提高了视频转码的速度。

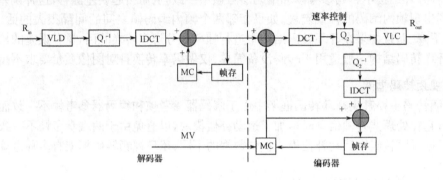

图 10-16   基于像素域运动补偿的视频转码框架

然而,当视频转码中宏块类型、帧率或分辨率发生变化时,序列图像在时间上的相关性将发生变化,因此输入端的运动矢量可能并不是最优的,此时完全使用原有的运动信息将会造成图像质量的下降。为了弥补质量损失,运动矢量再利用模块需要进行简单的运动矢量再估计以修正原有运动矢量,减少图像质量损失。

(3) 基于DCT域运动补偿的视频转码框架

基于DCT域运动补偿的视频转码框架对输入流进行变长解码、反量化和DCT域反运动补偿,得到DCT域的图像数据,然后根据转码要求进行编码预处理(分辨率转换、帧率转换等),最后利用原有的编码信息和速率控制进行DCT域运动补偿、量化和变长编码得到输出视频流,如图10-17所示。与基于像素域运动补偿的视频转码框架相比,该转码框架采用DCT域运动补偿技术来替代DCT/反DCT变换和像素域运动补偿模块。该技术利用残差信息的DCT系数的稀疏特性,可以有效地降低运算复杂度,从而提高转码速度。

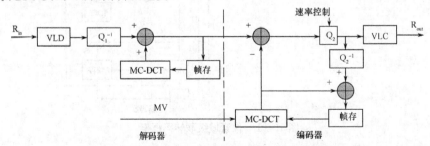

图 10-17   基于DCT域运动补偿的视频转码框架

当然采用DCT域运动补偿的视频转码框架也存在一定的局限性,在某些转码需求下(如支持去块效应技术或分辨率转换),精确的DCT域上的运动补偿运算量也非常高,因此,需要采用一些逼近算法来近似计算DCT域运动补偿,目前这方面的研究还不多。

10.3.2　运动向量的再利用

视频转码应该充分的利用输入视频流的编码信息（如运动信息、纹理信息和速率控制信息等），在编码端相应地降低运动估计、纹理信息编码和速率控制等的运算复杂度，从而达到在保持视频图像主、客观质量的要求下提高转码速度的目的。因此视频转码的关键技术也主要集中在对原有编码信息的利用上，主要包括：运动向量的再利用、DCT 域运动补偿（MC-DCT）、速率控制的再量化等。

基于运动补偿的帧间预测是去除序列图像时间冗余度的一项关键技术，一般地，运动估计越精确，预测后的残差信息能量越少，视频编码效率也就越高。然而运动估计也是视频编码中最耗计算资源的。在视频转码中，通过充分利用输入视频流的运动信息，我们可以尽可能地避免复杂的运动估计，以减少资源开销和提高转码速度。在简单的转码情况下（如相同压缩标准的视频流仅做码率转换），其运动信息可以在转码中完全重用。然而对于一些较为复杂的转码，原输入码流的运动信息往往需要进行一定的重估计和校正，这些技术也就是运动向量再利用技术。

1. 空间分辨率改变下的运动矢量映射

在基于块匹配的运动估计中，块的尺寸一般为 16×16 的宏块。当视频图像空间分辨率发生改变时，其宏块的划分也随之发生改变，因此输出视频流的运动信息将做相应的变换。例如在常见的视频图像 2∶1 下采样过程中，原视频图像相邻的 4 个宏块经下采样后变成一个宏块，此时需要从原来 4 个运动矢量中获得一个运动矢量（如图 10-18 所示）。常见的方法主要有：

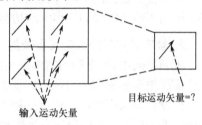

目标运动矢量=？

输入运动矢量

图 10-18　2∶1 下采样下的 MV 映射

（1）自适应运动矢量下采样方法[3]

设输入运动矢量分别为 $mv_i, i = 1, 2, 3, 4$，输出运动矢量为 mv，则可将这 4 个输入运动矢量进行加权平均得到 mv，计算公式如下：

$$mv = \frac{1}{2} \sum_{i=1}^{4} mv_i A_i \Big/ \sum_{i=1}^{4} A_i \tag{10-10}$$

其中 A_i 为 P 帧第 i 个宏块残差数据中非零 AC 系数的个数。

（2）主运动矢量方法

按一定的准则在 4 个运动矢量中选择一个运动矢量作为输出宏块的运动矢量（称为主运动矢量），典型的准则有：最小距离准则和低频 DCT 系数用可视化量化矩阵归一化准则。

利用最小距离准则从 4 个输入运动矢量获得主运动矢量 mv 如下：

$$mv = \frac{1}{2} \arg \Big\{ \min_{i \in (1,2,3,4)} \sum_{\substack{j=1 \\ j \neq i}}^{4} \| mv_i - mv_j \|_p \Big\} \tag{10-11}$$

当 $p = 2$ 时，其距离为欧式距离 $\| mv_i - mv_j \|_2 = \sqrt{(mv_{ix} - mv_{jx})^2 + (mv_{iy} - mv_{jy})^2}$，相应的最小距离准则为最小欧式距离准则[4]；

当 $p = 1$ 时，其距离为 $\| mv_i - mv_j \|_1 = | mv_{ix} - mv_{jx} | + | mv_{iy} - mv_{jy} |$；

当 $p = \infty$ 时，其距离为 $\| mv_i - mv_j \|_\infty = \max(| mv_{ix} - mv_{jx} |, | mv_{iy} - mv_{jy} |)$，相应的最小距离准则为最大距离最小准则[5]。

综合考虑转码复杂性、重构图像的质量以及编码比特数等因素，最大距离最小准则比其他两种距离准则具有微弱的优势。

低频 DCT 系数用可视化量化矩阵归一化准则[6] 根据人类视觉特性，将宏块低频 DCT 系数用可视化量化矩阵（Visual Quantization Matrix，VQM）归一化，选择使归一化后低频 DCT 系数

ACT_i 最大的运动矢量做为主矢量。ACT_i 的计算方法如下式：

$$ACT_i = \sum_{k=1}^{4} \sum_{m,n=1,2,3} (\mid DCT_k(m,n) \mid \times VQM(m,n)) \qquad (10\text{-}12)$$

其中 $DCT_k(m,n)$ 为第 i 个宏块第 k 个 DCT 块在位置 (m,n) 的 DCT 系数，因为人类视觉系统对高频系数不敏感，所以此处只选用 DCT 系数的前 9 个较低频系数。通过比较 ACT_i 的大小我们可以得到主运动矢量：

$$mv = \frac{1}{2} mv_i \mid_{ACT_i 最大} \qquad (10\text{-}13)$$

（3）主运动矢量精细化方法

在主运动矢量和其他三个运动矢量简单平均构成的搜索窗内，求最小均方差（MSE）所对应的运动矢量。

（4）运动矢量的加权和方法

对于任意比例的下采样视频转码，一般采用运动矢量的加权和[7] 方法获得输出运动矢量，它特别适用于输入宏块和输出宏块边界不对齐的情况。

2. 帧率改变下的运动矢量映射

视频转码中，当序列的帧率发生改变时，预测编码的参考帧也会发生改变。此时，新的运动矢量往往需要根据相邻多帧图像间运动关系进行重新估算。

假设原输入视频流中连续三帧图像 P_0、P_1、P_2，依次采用帧间预测编码，在转码输出流中帧率发生改变，其中 P_1 在转码时发生跳帧。MB_i 为 P_2 中任一宏块，运动矢量 $mv_{i,2\rightarrow1}$ 为宏块 MB_i 从 P_2 到 P_1 的运动矢量。由于 P_1 发生跳帧，在输出视频流中，P_2 的参考帧变为 P_0。宏块 MB_i 从 P_2 到 P_0 的运动矢量 $mv_{i,2\rightarrow0}$ 可以通过 MB_i 在 P_1 中的参考宏块的运动信息得到。假设 MB_i 在 P_1 中的参考块 B_{ref} 被 P_1 中相邻的 4 个宏块 MB_{j1}，$j = 1,2,3,4$ 所覆盖（如图 10-19 所示），每个宏块从 P_1 到 P_0 的运动矢量为 $mv_{j1,1\rightarrow0}$，$j = 1,2,3,4$。在这 4 个宏块中，若存在某宏块 MB_{k1}，满足 B_{ref} 被 MB_{k1} 覆盖的部分最大，这意味着宏块 MB_{k1} 的运动向量占有更大的权重。所以，新的运动矢量可以表示为：

$$mv_{i,2\rightarrow0} = mv_{i,2\rightarrow1} + mv_{k1,1\rightarrow0} \qquad (10\text{-}14)$$

若 4 个宏块中，B_{ref} 被 4 个宏块均匀覆盖，则参考运动矢量 mv 可以由矢量距离最小原则确定：

$$Sum_j = \sum_{k=1,k\neq j}^{4} \parallel mv_{j1,1\rightarrow0} - mv_{k1,1\rightarrow0} \parallel \qquad (10\text{-}15)$$

$$mv = mv_{k1,1\rightarrow0}, \qquad 其中 \; k = \arg(\min_j Sum_j) \qquad (10\text{-}16)$$

$mv_{i,2\rightarrow0}$ 可以表示为：

$$mv_{i,2\rightarrow0} = mv_{i,2\rightarrow1} + mv \qquad (10\text{-}17)$$

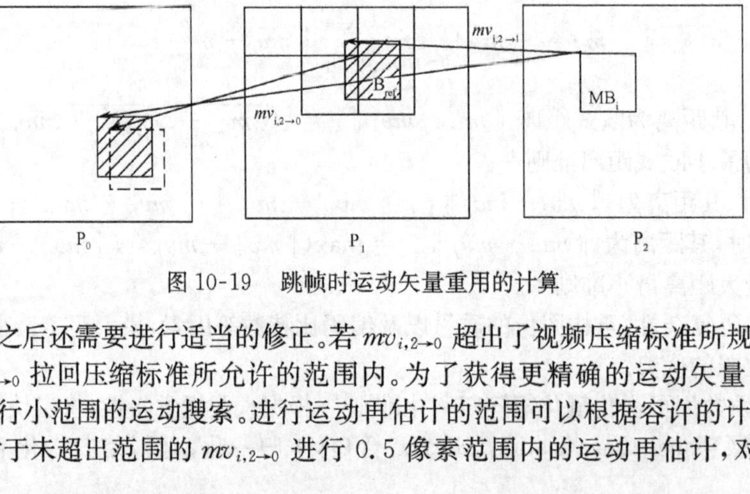

图 10-19　跳帧时运动矢量重用的计算

$mv_{i,2\rightarrow0}$ 确定之后还需要进行适当的修正。若 $mv_{i,2\rightarrow0}$ 超出了视频压缩标准所规定的运动范围，则还需要将 $mv_{i,2\rightarrow0}$ 拉回压缩标准所允许的范围内。为了获得更精确的运动矢量，可以进一步以 $mv_{i,2\rightarrow0}$ 为中心进行小范围的运动搜索。进行运动再估计的范围可以根据容许的计算复杂度决策。实验结果表明，对于未超出范围的 $mv_{i,2\rightarrow0}$ 进行 0.5 像素范围内的运动再估计，对于超出范围的

$mv_{i,2\to0}$ 进行 2 像素范围内的运动再估计，已经可以获得较为理想精度的运动矢量。

10.3.3 DCT 域的运动补偿

在 DCT 域做运动补偿可以避免进行费时的 DCT 变换和反 DCT 变换，同时也可以减少缓存开销，从而受到人们的关注。单就运动补偿而言，在像素域实现运动预测是非常简单的，根据运动向量就可以直接找到预测的像素块。但是对于 DCT 域，因为 DCT 变换是基于块的（通常为 8×8，在 H.264 中为 4×4），所以预测块与参考块之间的 DCT 块通常边界是不对齐的，此时需要将在像素域的处理过程在 DCT 域等价地表示出来。

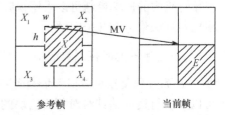

参考帧　　　　　　　当前帧

设 $\hat{X}_1$，$\hat{X}_2$，$\hat{X}_3$ 和 $\hat{X}_4$ 为参考帧中 4 个相邻 8×8 块的 DCT 系数矩阵，其相应的像素值矩阵为 X_1，X_2，X_3 和 X_4。图 10-20 的当前帧中阴影部分块 E 可由参考帧中阴影块 X 预测得到，预测块与 DCT 块边界存在偏

图 10-20　8×8 块运动矢量及参考块的关系

移，记水平偏移量为 w，垂直偏移量为 h。则在像素域中，X 可以由 X_1，X_2，X_3 和 X_4 进行相应的矩阵变换得到：

$$X = \sum_{i=1}^{4} C_{i1} X_i C_{i2} \tag{10-18}$$

其中
$$C_{11} = C_{21} = U_h = \begin{bmatrix} 0 & I_h \\ 0 & 0 \end{bmatrix} = \begin{bmatrix} 0 & 1 & 0 & \cdots & 0 \\ 0 & 0 & 1 & \cdots & 0 \\ \vdots & \vdots & \vdots & & \vdots \\ 0 & 0 & 0 & \cdots & 1 \\ 0 & 0 & 0 & \cdots & 0 \end{bmatrix}^{8-h} \tag{10-19}$$

$$C_{12} = C_{32} = L_w = \begin{bmatrix} 0 & 0 \\ I_w & 0 \end{bmatrix} = \begin{bmatrix} 0 & 0 & \cdots & 0 & 0 \\ 1 & 0 & \cdots & 0 & 0 \\ 0 & 1 & \cdots & 0 & 0 \\ \vdots & \vdots & & \vdots & \vdots \\ 0 & 0 & 0 & 1 & 0 \end{bmatrix}^{8-w} \tag{10-20}$$

$$C_{31} = C_{41} = L_{8-h}, \quad C_{22} = C_{42} = U_{8-w} \tag{10-21}$$

像素块 X 相应的 DCT 系数矩阵 $\hat{X}$ 为：

$$\hat{X} = SXS^T = \sum_{i=1}^{4} SC_{i1}X_iC_{i2}S^T = \sum_{i=1}^{4} SC_{i1}S^TSX_iS^TSC_{i2}S^T = \sum_{i=1}^{4} \hat{C}_{i1}\hat{X}_i\hat{C}_{i2} \tag{10-22}$$

其中
$$\hat{C}_{11} = \hat{C}_{21} = \hat{U}_h = S\begin{bmatrix} 0 & I_h \\ 0 & 0 \end{bmatrix}S^T = \left(S\begin{bmatrix} 0 & 1 & 0 & \cdots & 0 \\ 0 & 0 & 1 & \cdots & 0 \\ \vdots & \vdots & \vdots & & \vdots \\ 0 & 0 & 0 & \cdots & 1 \\ 0 & 0 & 0 & \cdots & 0 \end{bmatrix}S^T\right)^{8-h} \tag{10-23}$$

$$\hat{C}_{12} = \hat{C}_{32} = \hat{L}_w = S\begin{bmatrix} 0 & 0 \\ I_w & 0 \end{bmatrix}S^T = \left(S\begin{bmatrix} 0 & 0 & \cdots & 0 & 0 \\ 1 & 0 & \cdots & 0 & 0 \\ 0 & 1 & \cdots & 0 & 0 \\ \vdots & \vdots & & \vdots & \vdots \\ 0 & 0 & 0 & 1 & 0 \end{bmatrix}S^T\right)^{8-w} \tag{10-24}$$

$$\hat{\boldsymbol{C}}_{31} = \hat{\boldsymbol{C}}_{41} = \hat{\boldsymbol{L}}_{8-h}, \quad \hat{\boldsymbol{C}}_{22} = \hat{\boldsymbol{C}}_{42} = \hat{\boldsymbol{U}}_{8-w} \tag{10-25}$$

由于$\hat{\boldsymbol{C}}_{i1}$和$\hat{\boldsymbol{C}}_{i2}$都是常数矩阵,而DCT系数矩阵$\hat{\boldsymbol{X}}_i$经过量化和反量化之后,大部分系数都是0,因此式(10-22)可以根据矩阵的稀疏特性寻找相应的快速算法,以减少运算复杂度。

10.3.4 转码的速率控制

视频转码中的速率控制可以采用视频编码中相应的速率控制算法。然而直接采用视频编码中的速率控制算法将存在几个问题:

第一,在Q域的速率控制算法中,往往根据$R-Q$非线性模型$R = S\left(\dfrac{X_1}{Q} + \dfrac{X_2}{Q^2}\right)$确定量化步长$Q$,模型中$S$为编码复杂度,即运动补偿后残差图像像素的绝对值和。在视频编码中,编码复杂度参数S可以在进行运动估计时对相应宏块的SAD值累加得到。然而在视频转码中往往不再进行运动估计,为了计算S,必须重新进行一次残差帧图像像素值的绝对值求和,这将增加速率控制算法的计算复杂度。

第二,在视频转码中,原输入视频流中编码比特数、量化参数等编码信息可以更轻松地得到,而这些信息比模型估计值更精确。如果能有效地利用这些已有编码信息,速率控制将精确高效。

基于上述原因,在视频转码中,相关速率控制的改进主要集中在将已有编码信息应用于速率控制相关模型上。我们可以通过下面介绍的ρ域速率控制算法比较在视频编码和视频转码中两者的异同。

在4.6.4节中讲过,DCT系数量化后所需编码速率R与DCT系数中零系数所占的百分比ρ之间存在近似的线性关系。ρ域速率控制算法利用R-ρ线性模型,由欲编码的目标速率R确定相应的ρ值,然后通过量化参数QP与ρ之间的QP-ρ模型,确定量化参数QP,从而使编码比特数控制到目标比特数。

1. 视频编码中的ρ域速率控制算法[8]

在视频编码中,ρ域速率控制算法主要分三大步骤:

(1) 预分析

在对新的一帧图像进行编码前,首先需要对其进行预分析,以确定R-ρ线性模型以及QP-ρ映射表。

确定R-ρ线性模型采用两点法,利用已知的两点(R_1, ρ_1)和(R_2, ρ_2),可以得到

$$R(\rho) = \left(\frac{R_1 - R_2}{\rho_1 - \rho_2}\right)\rho + \left(\frac{\rho_1 R_2 - \rho_2 R_1}{\rho_1 - \rho_2}\right) \tag{10-26}$$

其中,(R_1, ρ_1)为令$QP = 1$时,量化编码后得到的速率以及零系数的百分比,而(R_2, ρ_2)为前帧图像编码速率和量化后零系数的百分比。若当前图像是第一帧编码图像,可设(R_2, ρ_2)为$(0, 1)$,式(10-26)简化为

$$R(\rho) = \left(\frac{R_{\text{ate}}\mid_{QP=1}}{\rho_1 - 1}\right)(\rho - 1) \tag{10-27}$$

为了降低计算复杂度,对(R_1, ρ_1)的计算也可以采用模型近似得到。例如在H.263压缩标准中,当$QP = 1$时,DCT系数编码速率可以近似估计为:

$$R_{\text{ate}}\mid_{QP=1} \cong \frac{1}{N_P}\left(\sum_{x=-25}^{25} \text{BIT}[x/2] \cdot (D_0(x) + D_1(x)) + \sum_{i=1}^{N_M} 8 \cdot \text{INTRA\_dc}_i + L \cdot 22\right) \tag{10-28}$$

式中,N_P为一帧图像的像素数;N_M为一帧图像的宏块数;x表示DCT系数的值;$D_0(x)$和$D_1(x)$分别表示当前帧中帧间编码宏块和帧内编码宏块的DCT系数的分布直方图;L表示Level大于25和小于-25的系数的个数;$\text{BIT}[\ ]$表示系数为x时编码所用的比特数;INTRA_dc_i表示第i宏块中帧内dc系数的个数。

QP-ρ 关系可以通过如下公式得到：

$$\rho(QP) = \frac{1}{N_M \cdot 384} \sum_{|x| < 2QP} D_0(x) + \frac{1}{N_M \cdot 384} \sum_{|x| < 2.5QP} D_1(x) \tag{10-29}$$

通过 QP-ρ 映射关系以及 ρ 值，可以求得相应的 QP。

（2）帧级速率控制

帧级比特分配可以沿用一般编码中的比特分配算法获得当前帧图像的目标速率，然后利用第一步中得到的 R-ρ 模型求得 ρ 值，然后根据 QP-ρ 模型求得帧级量化参数 QP_{frame}。

（3）宏块级速率控制

帧级速率控制的误差一般比较大，为了精确地逼近目标速率，往往会进行宏块级的速率控制。在宏块级速率控制中，主要也是完成宏块级的 R-ρ 线性模型、QP-ρ 模型，以及宏块级的目标比特分配等。

每编码一个宏块后，可以根据图像当前的编码信息，对 R-ρ 模型进行更新。设第 i 个宏块编码的比特数为 B_i，DCT 系数中零系数的个数为 z_i，则第 i 个编码速率 R_{i+2} 和零系数百分比 ρ_{i+2} 为

$$R_{i+2} = \frac{B_i}{16 \times 16}, \quad \rho_{i+2} = \frac{z_i}{16 \times 16 + 8 \times 8 \times 2}$$

更新后的 R-ρ 模型为

$$\hat{R}(\hat{\rho}) = a + b \cdot \hat{\rho} \tag{10-30}$$

其中
$$b = \frac{\sum_{k=1}^{n} R_k \rho_k - \frac{1}{n}\left(\sum_{k=1}^{n} R_k\right)\left(\sum_{k=1}^{n} \rho_k\right)}{\sum_{k=1}^{n} \rho_k^2 - \frac{1}{n}\left(\sum_{k=1}^{n} \rho_k\right)^2}, \quad a = \frac{1}{n}\sum_{k=1}^{n} R_k - b \cdot \frac{1}{n}\sum_{k=1}^{n} \rho_k \tag{10-31}$$

$n = i + 2$，(R_1, ρ_1) 和 (R_2, ρ_2) 为预分析所得的两个点。

在编完第 i 个宏块后还需要对 $QP - \rho$ 模型进行更新：

$$\rho_{i+1,N_M}(QP) = \frac{1}{384 \times (N_M - i)}\left[\sum_{|x| < 2QP} D_{i+1,N_M}^0(x) + \sum_{|x| < 2.5QP} D_{i+1,N_M}^1(x)\right] \tag{10-32}$$

其中 $D_{i,j}^0(x)$ 表示从第 i 个宏块到第 j 个宏块中帧内预测块 DCT 系数的分布直方图，而 $D_{i,j}^1(x)$ 则为第 i 个宏块到第 j 个宏块中帧间预测块 DCT 系数的分布直方图。

当 R-ρ 模型和 QP-ρ 模型完成更新后，可以根据新的模型计算更为精确 $\hat{\rho}$ 和量化参数 $\hat{QP}$。为了保证平滑的图像质量，一般还要求量化参数不小于 $QP_{\text{frame}} - 2$。

2. 视频转码中的 ρ 域速率控制算法

在视频编码中，建立 R-ρ 线性模型的两个点 (R_1, ρ_1) 和 (R_2, ρ_2) 一般为编码前一帧得到的 $(R_{\text{prev}}, \rho_{\text{prev}})$ 以及量化参数 $QP = 1$ 时得到的 $(R_{QP=1}, \rho_{QP=1})$。在视频转码中，由于输入视频流已经经过一次量化，R-ρ 关系仅在原量化参数以上部分保持线性关系，因此 $(R_{QP=1}, \rho_{QP=1})$ 对模型已经失效。另外，从输入视频流中能很容易得到当前帧原有的编码信息 $(R_{\text{current}}, \rho_{\text{current}})$，这个编码信息比原模型中前帧信息 $(R_{\text{prev}}, \rho_{\text{prev}})$ 能更准确的反映当前帧的情况。所以，在视频转码的预分析模块中，常采用 $(R_{\text{current}}, \rho_{\text{current}})$ 和量化参数 $QP = 32$ 时得到的 $(R_{QP=32}, \rho_{QP=32})$ 建立 R-ρ 线性模型。

10.4 多描述视频编码

10.4.1 多描述编码的概念

所谓**多描述编码 MDC**（Multiple Description Coding）是指，一个源信号被编码成几个码流，每

一个码流称为一个描述。当由一个源生成的各个描述的码流分别经不同的信道传输时,如果传输是不可靠的,接收端只要收到其中任何一个或几个码流,就可以恢复出低质量的信号;若能接收到全部码流,则可以恢复出高质量的原信号来。这看起来与 SVC 有些类似,不过与 SVC 不同的是,MDC 生成的各个码流具有相同的重要性,而在 SVC 中,基本层码流必须保证可靠传输,如果收不到基本层码流,仅从增强层码流不能重建出任何有用的信号。从以上分析看出,MDC 可以用于对异构终端的服务,能力低的终端只对一个码流解码,能力高的终端对所有码流解码;但是 MDC 最重要的应用场合还是视频在具有多径传输能力的不可靠网络上的传输。由于它与 SVC 的相似性,我们才将它放在 SVC 之后、而没有放在第 9 章差错控制中讲述。

图 10-21 给出一个两个描述的 MDC 的编、解码示意图。图中包含一个编码器和 3 个解码器,编码器产生的两个描述码流分别经两个噪声信道传输。这两个信道可以是收、发端之间的两个独立的

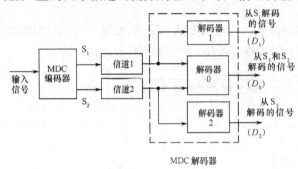

物理信道,如无线 Ad hoc 网络中的两条路径;也可以是在收、发端之间只有一个物理信道,但通过时间交错或频率复用形成两个逻辑信道。在后一种情况下,例如在因特网上,在同一信道上交替传送 2 个描述的数据包,如果包长足够大,则可以认为两个逻辑信道上丢包的统计特性是近似独立的。无论是物理信道还是逻辑信道,如果一条路径中断,接收端还能够对从另一条路径接收到的描述解码,得到质量降低的图像。

图 10-21　多描述编码与解码

在解码端,图 10-21 中的三个解码器在一段时间内只有一个在工作。在某个时刻,如果解码端只收到描述 1(或描述 2),则只有解码器 1(或 2)工作,重建出一个低质量的信号;如果同时收到 2 个描述,则解码器 0 工作,重建出一个高质量的信号来。我们将解码器 1 和解码器 2 称为**边解码器**,解码器 0 称为**中心解码器**;边解码器和中心解码器的重建失真分别称为**边失真**和**中心失真**。当两个描述的码率相同,且边失真相等时,称为**平衡 MDC**。

在图 10-21 中,假设每个描述的速率为 $R_1 = R_2$ 比特/样值,总速率 $R = R_1 + R_2$;解码端的边失真为 $D_1 = D_2$,中心失真为 D_0。我们知道,普通的单描述编码器的设计目标是在给定码率 R 下,使失真 D_0 最小;其性能通常由率-失真函数 $R(D_0)$ 来度量。对于多描述编码器,我们则需要在给定码率 R 下,同时使中心失真 D_0 和边失真 D_1 最小。这是一个互相矛盾的目标。假设将单描述编码器的输出简单地分成两部分以交替的方式传输来形成 2 个描述,D_0 可以达到最小,而 D_1 则可能大到不能容忍的程度;而在另一种极端情况下,即每一个描述都采用单描述编码器输出的码流,则 D_1 可达到最小,但此时总码率变成 $2R$,中心失真 D_0 要大于速率约束为 $2R$ 的单描述编码码流产生的失真。

为了衡量多描述编码器的性能,我们定义一个**冗余率—失真函数**(Redundancy-Rate Distortion,RRD)。假设一个最好的单描述编码器在速率 R^* 时产生的失真为 D_0,而多描述码编码器在速率 R 时产生的中心失真也为 D_0,则称 $\rho = R - R^*$ 为冗余,它是多描述编码器为降低边失真 D_1 而引入的附加比特,即 RRD 函数 $\rho(D_1; D_0)$ 表示在中心失真为 D_0 时使边失真达到 D_1 所附加的比特数。假设 2 条多描述传输路径发生故障的概率为 $p_1 = p_2 = p$,则多描述编码器的设计目标可以归结为

$$\min_{z,M}[(1-p)^2 D_0 + 2p(1-p)D_1] \tag{10-33}$$
$$\text{subject to} \qquad R \leqslant R_{\max}$$

其中 M 代表多描述编码器的参数集,z 代表与之对应的单描述编码器的参数集。D_0 只与 z 有关,而 D_1 与 z 和 M 都有关。将总速率 R 写成 $R = R^*(z) + \rho(M,z)$,式(10-30)变成

$$\min_z \{(1-p)^2 D_0(z) + \lambda R^*(z) + \min_M [2p(1-p)D_1(z,M) + \lambda \rho(M,z)]\} \qquad (10\text{-}34)$$

上述优化问题可以看成是一个在最小化平均失真的条件下，如何将总速率 R 在 R^* 和 ρ 之间进行分配的问题。如果 D_0 由应用的需求所限定，则 z 和 R^* 被固定；那么优化问题所需要解决的只是式 (10-34) 中大括弧内部的最小化问题。

10.4.2　多描述的生成

正像 SVC 可以从时间域、空间域或信噪比等不同方面构造不同层次的码流一样，由源信号生成多个描述的方法也有很多，本节将介绍几种典型的方法。要使所产生的多个描述具有相同的重要性，即从每一个描述都可以重建出具有可接受质量的信号，显然每一个描述都需要包含源信号的某些基本信息，因此各个描述之间是相关的。这种相关性使得解码器能够从所接收到的描述去估计丢失的描述，从而提供可接受的重建质量；而在另一方面，描述之间的相关性也增加了总（中心）码流中的冗余，使得 MDC 的编码效率低于一般的单描述编码。这在式 (10-33) 和式 (10-34) 的推导过程中我们已经有所认识。

1. 多描述量化

图 10-22(a) 表示一个 $[-1,1]$ 区间内的 4b 均匀量化器，在量化电平旁边标注的是对应的 4b 码字。不管我们采用什么方法，都难以满意地将这个量化器的 4b 输出分成两个描述，因为任何一个描述如果不包含最高比特的话，重建的结果都是很不准确的。图 10-22(b) 给出另一种设计，深色和浅色的横线分别表示两个 3b 量化器的输出电平，两组输出电平是相互交错的。输入信号（图像信号或变换系数）经这两个量化器分别量化可以产生源信号的两个描述，每一个描述给出信号的一种粗量化结果（3b），而将两个描述结合起来则可增加 1b 的分辨率，得到更精细的量化结果。例如，如果 $q_1(x) = 110, q_2(x) = 101$，那么从图看出只收到第 1 个描述时，重建的信号值为 $x = 9/16$；只收到第二个描述，重建 $x = 7/16$；两个描述都收到时，x 必然在 $[7/16, 9/16]$ 内（见图中横向箭头所示区域），因而得到重建值 $1/2$。在此例中，每个样值需要用 6b 传输（两个信道），而重建的最好质量只与一个 4b 量化器输出相当，其中的冗余是为了保证每一个描述都能提供可接受的重建质量而引入的。

图 10-22(b) 的量化器是如何设计出来的呢？首先假设一个普通的量化器 α，它的输出电平的动态范围被划分成若干个间隔，每个间隔用一个号码标记，我们称这个号码为**索引**（Index）。然后考虑 MD 量化器 α_0，它对每一个输入样值 x 产生一对码字 (i_1, i_2)。在解码端，两个边解码器分别对 i_1 和 i_2 解码，中心解码器对 (i_1, i_2) 解码。图 10-22(c) 给出图 (b) 的两个量化器输出码字 i_1 和 i_2 组合所构成的矩阵，矩阵元素中所写的数字 $0 \sim 14$ 就是按 x 值增加排列的 α 的索引值。例如索引值 11 对应的 $(i_1, i_2) = (110, 101)$。在矩阵中为索引指定位置的方法必须是可逆的，即中心解码器可以从 (i_1, i_2) 重建出 α 的输出值。从图 (c) 我们看到，64 个矩阵位置只有 15 个被占据，其余的空格代表了冗余信息；而边解码器的重建质量由任何行或列上数字的最大差值（图中为 1）所决定。

图 10-23(a) 给出另一种索引安排方式，与之对应的 MD 量化器如图 (b) 所示。这种索引安排方式比图 10-22(c) 所示的方式冗余度（空格）少，但边解码器的重建质量要差（每行或列上数字的最大差值为 3）。这从图 10-23(b) 所示的 MD 量化器可以更清楚地看到，图中深色和浅色的横线分别代表 2 个量化器的输出电平。相比于图 10-22(b) 的量化器，图 10-23(b) 中的 2 组电平有较少的重叠部分，例如，$q_1(x) = 100$ 意味着 x 处于区间 $[1/4, 3/8] \cup [1/2, 3/4]$，如果再知道 $q_2(x) = 100$ 则意味着 x 处于区间 $[1/2, 5/8]$（见图中横向箭头所示区域）。由于每个量化器只有 6 个输出电平，我们可以称它为 $\log_2 6 = 2.61$b 的量化器。同样达到最好重建质量为 4b 的精度，它比图 10-22(b) 的量化器所用的比特数要少。

有兴趣对 MD 标量量化器设计作进一步了解的读者可参考文献[9]。类似的方法也可以推广到

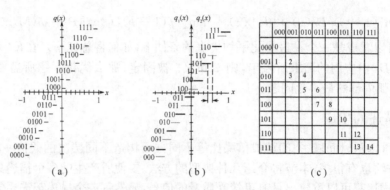

图 10-22　(a)一般量化器；(b)一种两描述 MD 量化器；(c)对应的索引分配

矢量量化器，但由于维数的增多，索引分配的难度和编码的复杂程度大为增加。

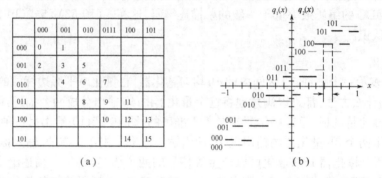

图 10-23　(a)另一种索引分配；(b)对应的 2 描述 MD 量化器

2. 空间域或时间域分解

将空域中一部分像素作为一个描述，余下的部分作为另一个描述，然后对每个描述分别编码，是实现 MDC 的又一种途径。如前所述，为了使边失真足够小，两个描述之间应该存在足够的相关性。直接对一幅图像进行 2：1 梅花点结构的下采样，可以得到两个尺寸比原图像小的图像作为两个描述。由于图像内容在空间上是连续变化的，这两个描述之间存在一定的相关性。不过为了保证二者之间的相关性足够强，通常我们并不直接对原图像进行下采样，而是首先对它作 2D DCT；然后在 DCT 域内对两个方向填充零，获得一个 4 倍于原图像尺寸的矩阵，并对其进行 2D IDCT；最后对反变换获得的大图像进行下采样得到两个描述，分别进行编码。图 10-24 表示了这个过程，其中图(a)为编码器结构；图(b)为填零后的 DCT 矩阵；图(c)为反变换后的图像矩阵。○和♣分别表示经 2：1 梅花点结构采样获得的 2 个子图像的像素位置。图(c)中通过交叉取样获得多个子图像的方法常称为**多相分解**(Polyphase Decomposition)。从数字信号处理的知识我们知道，在频率域内填零相当于在空间域内进行内插。通过内插，图像更为平滑，增加了两个描述之间的相关性。在接收端，如果收到 2 个描述，则分别将其解码，并将两个解码后的子图像重新组成大图像，然后按上面填零的逆过程，即作 DCT、丢弃填充部分再作 IDCT，恢复出原尺寸的图像来。如果只接收到一个描述，则首先将该描述解码得到一个子图像，然后利用此图像对丢失子图像进行估计，例如用图(c)中的同一列上最邻近的已知像素或上、下、左、右 4 个相邻像素估计丢失像素，得到上采样的大图像；最后按填零的逆过程恢复出原尺寸的图像来。由于这种方法存在编码前填充、解码后又去除填充的过程，因此也称为**预处理—后处理**方法。

另一种在空间域进行分解的方法是，对原图像的每 1 列作 1D DCT，然后如图 10-25(a)所示，在列方向上填充同样长度的零，构成一个长矩阵；对该矩阵的每一列作 1D IDCT，得到 2 倍于原图像

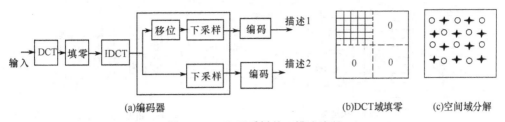

(a)编码器 (b)DCT域填零 (c)空间域分解

图 10-24　2D 下采样的 2 描述编码

高度的一个大图像,最后按行交错地对此图像下采样,得到两个与原图像尺寸相同的子图像;对每个子图像独立地进行图像或视频编码,则产生两个描述。在接收端,如果收到两个描述,则分别对它们解码,并将 2 个解码后的图像重新组合为 2 倍高度的大图像;然后按 1D DCT(列)、丢弃填充部分及 1D IDCT(列)的步骤完成填零的逆过程,恢复出原图像。如果只收到一个描述,则将该描述解码,然后按图 10-25(b)的步骤获得重建图像,其中从一个子图像对另一个子图像进行估值的方法与 2D 填零时的情况类似。与基于 2D 的 MDC 相比,只在一个方向上填零,使运算量下降;同时由于组合图像比 2D 时的小,提高了中心编码的效率。

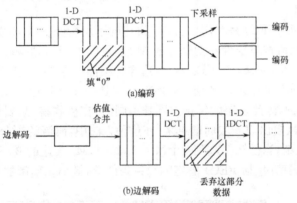

(a)编码

(b)边解码

图 10-25　1D 下采样的 2 描述编码

　　类似的思想也可以应用在对时间域、变换系数域或运动矢量场等的下采样上[10,11],以得到一个信号的不同描述。此外,上面介绍的填零方法可以看做是一种增加描述之间相关性的预滤波手段,好的预滤波方法有助于在降低边重建失真和提高中心编码效率上取得折中。同时,找到好的分解策略也是值得考虑的问题。

3. 多描述变换编码

　　如 3.6 节所讲,变换编码通常被用来解除输入样值之间的相关性,变换后的系数是相互独立的。但是在这里,我们希望通过变换编码将输入样值转换成变换系数,以便将变换系数分成几个子集,每个子集独立进行编码,从而构成几个描述的码流。我们已经知道,为了能从接收到的描述估计出传输中丢失的描述,各个描述之间必须存在一定的相关性,相关性的大小决定了重建边失真的大小;而在另一方面,为了在给定的边失真下 MDC 有高的编码效率,每个描述内部的样值之间应该是相互独立(无冗余)的。图 10-26(a)给出了一个实现上述目标的 2 描述变换编码的一般框架。在该框架中,首先采用 KL 变换消除输入图像(或视频帧)样值之间的相关性,然后通过后一个变换引入达到给定边失真所需要的冗余。后一个变换因此而称为**相关变换**(Correlating Transform)。

　　图 10-26(b)是采用一种称为**配对相关变换 PCT**(Pairwise Correlating Transform)的 MDC 编码器的示意图。在图中,首先对图像块作 $N \times N$(例如 8×8)的 KL 或 DCT 变换,然后将 N^2 个系数两两配对,得到 $N^2/2$ 个系数对(A, B),对每个系数对进行如下的相关变换,

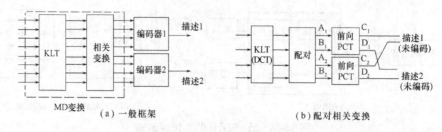

图 10-26　多描述变换编码

$$\begin{bmatrix} C \\ D \end{bmatrix} = \boldsymbol{T} \begin{bmatrix} A \\ B \end{bmatrix}$$ (10-35)

其中 $\boldsymbol{T}$ 为 2×2 的变换矩阵。变换后系数对中的两个元素 C 和 D，分别形成两个描述。从上述过程我们可以看出，两个描述之间通过 $\boldsymbol{T}$ 引入了相关性；而由于各个系数对之间是独立的，因此在同一个描述内部样值之间是不相关的。对于图（b）所示的系统，参考文献[12]讨论了在给定冗余度下使边失真最小的最佳变换的具体形式和最佳配对方法等问题，有兴趣的读者可作进一步的阅读。

4. 多描述前向纠错

多描述前向纠错（MD-FEC）是利用 9.4.2 节讲述的不均衡保护（UEP）来生成多描述码流的一类方法。假设我们将源码流按重要性不同划分成 M 层（见图 10-27），并将第 k 层划分成 k 个等长的部分（或称包），每层由一个 (M,k) RS 码来保护，这样每层都产生 M 个包；然后，取出所有层中的第 k 个包构成多描述码的第 k 个描述，共形成 M 个描述（见图）。由于每层信息包的数量 k 不同，采用同样长度 M 的 FEC 来保护，因此各层的保护力度是不同的。在接收端，只要接收到 k 个描述（任何 k 个），就能利用 RS 解码恢复出前 k 层的信息来。在这种方法中，码流的冗余度（也就是边失真）可以通过改变层的划分来控制。当已知接收到 k 个（$k=1,2,\cdots,M$）描述的概率时，最佳的分层（$R_1,R_2,\cdots,R_M$）可以通过在总码率（包括 FEC）固定的约束条件下，最小化期望的失真来得到[13]。

图 10-27　多描述前向纠错

从上面的分析可以看出，采用 MD-FEC 可以从任何形式的可伸缩性编码 SVC 很容易地生成多描述码流，这使得 MD-FEC 成为一种常见的生成 MD 码流的工具。此时，图 10-27 所示的分层和分流的过程以 GOP 为单位进行。

10.4.3　视频多描述编码

当将多描述编码应用到视频序列中时，必须注意以下问题。为了提高编码效率，几乎所有的视频编码方案都采用了帧间预测的方法；我们知道在帧间预测编码中，如果收、发两端的参考图像有差异，则会由于失配而产生重建图像的误差，且这种误差还会传播下去，直到出现帧内编码时误差传播才会中止。在 MDC 中，如图 10-21 所示，接收端可能接收到 2 个也可能只接收到某一个描述，在这两种情况下，接收端所具有的参考图像是不相同的；而发送端对接收端究竟能接收到几个描述并不知情,因此收、发两端参考图像的失配是很可能发生的,这也就决定了失配和误差传播是视频 MDC 设计中需要考虑的主要问题。

使收、发两端完全不发生失配的一种方法是在发端使用两个预测器,其中每个预测器只针对一个描述进行预测。例如对视频序列在时间上进行 2∶1 的下采样构成两个描述,每一个描述采用一个一般的单描述编码器编码,则无论接收端收到一个还是两个描述的码流,都不会有失配发生。在发送端只使用一个预测器也有可能不发生失配,此时用来进行预测的参考信息必须同时包含在两个描述之中。一个这样的例子是,用 H.263 的二层 SNR 可伸缩性编码产生两个描述,每个描述都包含基本层,而增强层数据则分段交替地放在两个描述中。如果接收端只收到一个描述,则恢复出基本层图像。由于在发送端采用基本层信息进行预测,因此接收端无论收到一个还是两个描述都不会产生失配。

如果在发送端只采用一个与单描述编码相同的预测器,那么完全没有附加的冗余引入,在接收端收到两个描述时,预测误差最小;但是在接收端只收到一个描述时将发生严重失配。例如,每一个描述都包含单描述编码器产生的运动矢量和直流(及若干低频)DCT 系数,其余 DCT 系数则分别交替放在两个描述中,那么在接收端接收到两个描述时编码效率与单描述编码一样高,但在只接收到一个描述时边失真很大。

除上述完全不失配和完全失配(无冗余)两种极端情况之外,更多的视频 MD 编码器设计在失配程度和预测效率之间选择适当的折中[14]。此外,在完全失配的方案中还可以在每个描述中增加失配校正信息,以降低边失真。

习 题 十

10-1 列举在多媒体信息查询、多媒体会议、VOD,以及数字电视广播等业务中,使用可伸缩性编码的必要性。

10-2 比较图 10-9 和图 10-10 所示的三层可伸缩性编码的编码器的简要方框图,说明在这两种标准中实现时域和空域可伸缩性编码方法的不同。

10-3 针对一个未使用可伸缩性编码的一般 MPEG 2 码流,提出两种从已编码流中提取出低质量图像序列子集的方法。查阅 MPEG 2 系统层协议(ISO/IEC 13818—1),并以一个单节目的传送流为例,在计算机上编程实现两种方法的一种。

10-4 假设一个采用量化参数 QP＝28 压缩的视频,解压缩到像素域后再采用 QP＝28 进行压缩,那么前后两个视频的文件大小和视频质量相同吗?

10-5 根据 10.4.2 节的介绍设计两种产生视频 2 描述码流的方法,(1) 分别说明 2 描述码流的编码过程;(2) 分别分析它是否存在失配;(3) 比较两种方案的失配程度和冗余大小。

参 考 文 献

[1] X. Xiu, et al., "TE5:results on Test 5.4.1 on motion field mapping,"JCTVC－O0031,Geneva,2013

[2] J. Chen, et al.,"Non-TE5:on motion mapping in HEVC,"JCTVC－L0336,Geneva,2013

[3] B. Shen, et al.,"Adaptive motion-vector resampling for compressed video downscaling," IEEE Trans. CSVT, Vol. 9, No. 6, 1999,929-936

[4] J. Xin, et al., "An HDTV-to-SDTV spatial transcoder," IEEE Trans. CSVT,Vol. 12, No. 1,2002,998-1008

[5] 杜耀刚,蔡安妮,孙景鳌. DCT 域快速下采样运动向量滤波器. 微电子学与计算机,2005 年第 22 卷第 3 期,84-88

[6] A. A. Yusuf, et al., "An HVS-based motion vector composition algorithm for spatial resolution transcoding,"Inter. Conf. of Information Technology:Coding and Computing,Vol.2, 2004,682-688

[7] Y. Q. Zhang, et al., "Arbitrary downsizing video transcoding using fast motion vector reestimation," IEEE Signal Processing Letters, Vol. 9, No. 11, 2002,352-355

[8] Jong-Yun and Hyun Wook Park, "A rate Control algorithm for DCT-based video coding using simple rate

estimation and linear source model", IEEE Trans. CSVT, Vol. 15, No. 9, 2005,1077-1085

[9] V. A. Vaishampayan, "Design of multiple description scalar quantizers,"IEEE Trans. IT, Vol. 39,1993,821-834

[10] C. Kim and S. Lee, "Multiple description coding of motion fields for robust video transmission,"IEEE Trans. CSVT, Vol. 11,2001,999-1010

[11] S. Wenger, "Video redundancy coding in H. 263+,"Conf, AV service over packet networks,1997

[12] Y. Wang, et al., "Multiple description coding using pairwise correlating transform,"IEEE Trans. IP, Vol. 10, 2001,351-366

[13] A. E. Mohr, et al., "Unequal loss protection: graceful degradation of image quality over packet erasure channels through forward error correction,"IEEE JSAC, vol. 18,2000,819-829

[14] Y. Wang, et al., "Multiple description coding for video delivery,"Proc. IEEE, Vol. 93, No. 1,2005,57-70